经典教材辅导用书

高等代数学习指导与题解

高教版《高等代数》(第5版)
(张禾瑞　郝钖新编)

陈光大　编

华中科技大学出版社
中国·武汉

内 容 简 介

本书对张禾瑞、郝钢新编的由高等教育出版社出版的《高等代数》(第5版)的全部习题作了详细解答.在各章习题解答前对该章的知识要点进行了简明扼要的概述,其后又通过“补充讨论”给出了部分习题的其他解法、适当说明及相关知识的扩充、简介等.编排方式与教材一致.全书理论严密、思路清晰、方法新颖、步骤详实,力图让读者获得科学、周密的指导,同时感受切实的便利.

书末选编的大量的综合练习题与解答,视野广阔、内容精炼、构思巧妙,同样会带给读者诸多裨益.

本书适合作为高等学校数学院系本科生及其他各类院校的学生学习高等代数、线性代数的辅导读物,也可供电大、函大、职大、教育学院、管理学院相关专业的学生和教师参考,还可作为备考硕士研究生入学考试的考生的辅导书.

前　　言

由高等教育出版社出版的张禾瑞、郝鈵新编的《高等代数》曾获国家教委高等学校优秀教材一等奖，长期以来在全国高等院校被广泛用作教科书.

本书对《高等代数》(第5版)中的习题作了详尽的解答.作为教学辅助读物，希望能给广大读者的学习和使用带来帮助和便利.

本书的特点如下.

1. 每章题解之前，对该章知识要点作了简明扼要的概述，便于读者理解、回顾和掌握主要内容、知识要领和单元概貌.

2. 对新增题和其他部分习题给出了独立的全新的解答或解答方法，从中特别注意了科学的严密性和可接受性，一切分析论证都以所服务的教材及其他已学知识为依据和出发点.

3. 对各种与计算有关的问题，不仅给出了结果，也给出了解答过程，以求更全面地揭示解题思路、方法与步骤，便于读者检查、比较和参考.

4. 在各章末尾的“补充讨论”中，给出了部分习题的其他解法或适当说明、相关知识的拓展及简介等.

5. 书末选编了8套近100道综合练习题及其全部解答，这些题都出自一些著名高校、科研院所的考试用题和全国历届考研试题，相信读者从中会得到有益的训练和启示.

本书在编写过程中得到华中科技大学周芬娜同志和武汉纺织大学黄光谷同志的热情帮助和悉心指导，谨向他们致以深切的谢意.

由于时间仓促，水平所限，书中难免存在种种疏漏之处，恳请各位读者提出宝贵意见.

编　者

2011.1

目　录

第1章　基本概念

知识要点

1. 适合一定条件的事物的全体称为**集**或**集合**. 组成集合的事物叫做该集合的**元素**. 如果 a 是集合 A 的元素，就说 a **属于** A，记作 $a\in A$；或者说 A 包含 a，记作 $A\ni a$. 否则，就说 a **不属于** A，记作 $a\notin A$；或者说 A 不包含 a，记作 $A\not\ni a$. 含有有限多个元素的集合称为**有限集合**，由无限多个元素组成的集合称为**无限集合**，不含任何元素的集合称为**空集**，记为 $\varnothing$. 如果一个集合 A 是由一切具有某一性质的元素所组成的，就用记号 $A=\{x\mid x$ 具有某一性质$\}$ 来表示.

如果集合 A 的每一元素都是集合 B 的元素，就说 A 是 B 的**子集**，记作 $A\subseteq B$ 或 $B\supseteq A$. 约定空集是任意集合的子集. 如果集合 A 与 B 是由完全相同的元素组成的，就说 A 与 B **相等**，记作 $A=B$.

由集合 A 的一切元素和集合 B 的一切元素所组成的集合叫做 A 与 B 的**并集**，记作 $A\cup B$；由集合 A 与 B 的公共元素所组成的集合叫做 A 与 B 的**交集**，记作 $A\cap B$.

设 A、B 是两个集合，$A\times B=\{(a,b)\mid a\in A,b\in B\}$ 称为 A 与 B 的**笛卡儿积**（简称积）.

2. 设 A、B 是两个非空集合. A 到 B 的一个**映射**指的是一个对应法则，通过这个法则，对于集合 A 中每一元素 x，有集合 B 中一个唯一确定的元素 y 与它对应. 常用字母 $f,g,\cdots$ 表示映射，用记号 $f:A\to B$ 表示 f 是 A 到 B 的一个映射. 如果通过映射 f，与 A 中元素 x 对应的 B 中元素是 y，就写为 $f:x\mapsto y$，y 叫做元素 x 在 f 之下的**象**，记作 $f(x)$. A 中一切 x 的象作成 B 的一个子集，用 $f(A)$ 表示，即 $f(A)=\{f(x)\mid x\in A\}$，它叫做 A **在 f 之下的象，或映射 f 的象**. 如果 $f(A)=B$，就称 f 是 A 到 B 上的一个**满射**. 如果对于 A 中任意两个元素 x_1 和 x_2，只要 $x_1\neq x_2$，就有 $f(x_1)\neq f(x_2)$，就称 f 是 A 到

B 的一个**单射**. 如果 $f:A\to B$ 既是满射，又是单射，就称 f 是 A 到 B 的**双射**. 如果存在集合 A 到 B 的一个双射，也说在 A 与 B 的元素之间存在着**一一对应**.

设 $f:A\to B$ 是 A 到 B 的一个映射，$g:B\to C$ 是 B 到 C 的一个映射，规定 $g\circ f:A\to C$；对一切 $x\in A$，$(g\circ f)(x)=g(f(x))$. $g\circ f$ 称为 f 与 g 的**合成**.

若给定映射 $f:A\to B$，$g:B\to C$，$h:C\to D$，那么 $h\circ(g\circ f)$ 和 $(h\circ g)\circ f$ 都是 A 到 D 的映射，且 $h\circ(g\circ f)=(h\circ g)\circ f$.

设 j_A、j_B 分别是非空集合 A、B 上的**恒等映射**，令 $f:A\to B$ 是集合 A 到 B 的一个映射，那么以下两个条件等价：(i) f 是一个双射；(ii) 存在 B 到 A 的一个映射 g，使得 $g\circ f=j_A$，$f\circ g=j_B$，并且当条件(ii)成立时，映射 g 是由 f 唯一确定的. 满足条件(ii)的映射 $g:B\to A$ 叫做 f 的**逆映射**，记作 f^{-1}.

设 A 是一个非空集合，那么 $A\times A$ 到 A 的映射叫做集合 A 的一个**代数运算**.

3. 正整数集 $\mathbf{N}_+$ 的任意一个非空子集 S 必含有一个最小数，也就是这样一个数 $a\in S$，对于任意 $c\in S$，都有 $a\leqslant c$.

设有一个与正整数 n 有关的命题. 如果(i) 当 $n=1$ 时，命题成立；(ii) 假设 $n=k$ 时命题成立，则 $n=k+1$ 时命题也成立；那么这个命题对于一切正整数 n 都成立. 这就是被广泛应用的**第一数学归纳法原理**. 至于第二数学归纳法原理，只要将上面的假定(ii)换成“假定命题对于一切小于 k 的自然数成立，则命题对于 k 也成立”，其余不做任何改动即可得到.

4. 设 a,b 是两个整数，如果存在一个整数 d，使得 $b=ad$，就说 a **整除** b（或 b 被 a 整除），用符号 $a|b$ 表示，这时 a 叫做 b 的一个**因数**，b 叫做 a 的一个**倍数**. 如果 a 不整除 b，就记作 $a\nmid b$. 整除有许多基本性质，如 $a|b$ 且 $b|a\Rightarrow b=a$ 或 $b=-a$ 等.

设 a,b 是整数且 $a\neq 0$，那么存在一对整数 q 和 r，使得 $b=aq+r$ 且 $0\leqslant r<|a|$. 满足以上条件的整数 q 和 r 是唯一确定的. q 和 r 分别称为 a 除 b 所得的**商**和**余数**.

设 a,b 是两个整数. 满足下列条件的整数 d 叫做 a 与 b 的一个**最大公因数**：(i) $d|a$ 且 $d|b$；(ii) 如果 $c\in\mathbf{Z}$，且 $c|a$，$c|b$，则 $c|d$. $a_1,a_2,\cdots,a_n$ 的最大公因数类似定义. 如果 d 是 $a_1,a_2,\cdots,a_n$ 的一个最大公因数，那么 $-d$ 也是一个最大公因数；$a_1,a_2,\cdots,a_n$ 的两个最大公因数至多相差一个符号，非负的那一个记作 $(a_1,a_2,\cdots,a_n)$. 如果 $(a_1,a_2,\cdots,a_n)=1$，就说这 n 个整数 $a_1,a_2,\cdots,$

a_n **互素**.

设 d 是整数 $a_1,a_2,\cdots,a_n$ 的一个最大公因数,那么存在整数 $t_1,t_2,\cdots,t_n$,使得 $t_1a_1+t_2a_2+\cdots+t_na_n=d$. n 个整数 $a_1,a_2,\cdots,a_n$ 互素的充要条件是存在整数 $t_1,t_2,\cdots,t_n$,使得 $t_1a_1+t_2a_2+\cdots+t_na_n=1$.

一个正整数 $p>1$ 叫做**素数**,如果除 ±1 和 $\pm p$ 外,没有其他的因数. 一个素数如果整除两个整数 a 与 b 的乘积,那么它至少整除 a 与 b 中的一个.

5. 设 S 是复数集 $\mathbf{C}$ 的一个非空子集,如果对于 S 中任意两个数 a,b 来说,$a+b,a-b,ab$ 都在 S 内,那么就称 S 是一个**数环**. 设 F 是一个数环,又:(i) F 含有一个不等于零的数;(ii) 如果 $a,b\in F$,且 $b\neq0$,则 $\frac{a}{b}\in F$;那么就称 F 是一个**数域**. 任何数域都包含有理数域 $\mathbf{Q}$.

习题解答

1.1 集　　合

1. 设 $\mathbf{Z}$ 是一切整数的集合,X 是一切不等于零的有理数的集合. $\mathbf{Z}$ 是不是 X 的子集?

答 不是. 因为 $0\in\mathbf{Z}$,但 $0\notin X$.

2. 设 a 是集合 A 的一个元素,记号 $\{a\}$ 表示什么? 写法 $\{a\}\in A$ 对不对?

答 $\{a\}$ 表示仅有一个元素 a 构成的集合. $\{a\}\in A$ 写法不对,应为 $\{a\}\subseteq A$.

3. 设 $A=\{x|x\in\mathbf{R},-1\leqslant x\leqslant1\}$;$B=\{x|x\in\mathbf{R},x>0\}$;$C=\{x|x\in\mathbf{R},-1<x<2\}$;写出 $A\cap(B\cup C)$ 和 $A\cup(B\cup C)$.

解 由 $B\cup C=\{x|x\in\mathbf{R},-1<x<+\infty\}$,进一步得到

$$A\cap(B\cup C)=\{x|x\in\mathbf{R},-1<x\leqslant1\};$$

$$A\cup(B\cup C)=\{x|x\in\mathbf{R},-1\leqslant x<+\infty\}.$$

4. 写出含有四个元素的集合 $\{a_1,a_2,a_3,a_4\}$ 的一切子集.

解 共有 2^4 个子集. 它们是 $\varnothing$,$\{a_1\}$,$\{a_2\}$,$\{a_3\}$,$\{a_4\}$,$\{a_1,a_2\}$,$\{a_1,a_3\}$,$\{a_1,a_4\}$,$\{a_2,a_3\}$,$\{a_2,a_4\}$,$\{a_3,a_4\}$,$\{a_1,a_2,a_3\}$,$\{a_1,a_2,a_4\}$,$\{a_1,a_3,a_4\}$,$\{a_2,a_3,a_4\}$,$\{a_1,a_2,a_3,a_4\}$.

5. 设 A 是含有 n 个元素的集合,A 中含有 k 个元素的子集共有多少个?

答 共有$\binom{n}{k}$个.

6. 下列论断哪些是对的,哪些是错的?对于错的举出反例,并且把错误的论断改正过来.

(i) $x\in A\cup B$ 且 $x\notin A\Rightarrow x\in B$;

(ii) $x\in A$ 或 $x\in B\Rightarrow x\in A\cap B$;

(iii) $x\notin A\cap B\Rightarrow x\notin A$ 且 $x\notin B$;

(iv) $x\notin A\cup B\Rightarrow x\notin A$ 且 $x\notin B$.

解 (i)对.

(ii) 错. 例如,$A=\{1,2\}$,$B=\{2\}$,$1\in A$ 但 $1\notin A\cap B$. 应改为$x\in A$或 $x\in B\Rightarrow x\in A\cup B$.

(iii) 错. 例如,A、B 同(ii)所设,$1\notin A\cap B$ 但 $1\in A$. 应改为$x\notin A\cap B\Rightarrow x\notin A$或 $x\notin B$.

(iv) 对.

7. 证明下列等式:

(i) $(A\cup B)\cup C=A\cup(B\cup C)$;

(ii) $A\cap(A\cup B)=A$;

(iii) $A\cup(B\cap C)=(A\cup B)\cap(A\cup C)$.

证 (i) $x\in(A\cup B)\cup C\Rightarrow x\in A\cup B$ 或 $x\in C$. 当 $x\in C$ 时,$x\in B\cup C$,从而 $x\in A\cup(B\cup C)$;当 $x\in A\cup B$ 时,$x\in A$ 或 $x\in B$,即有 $x\in A$ 或 $x\in B\cup C$,从而 $x\in A\cup(B\cup C)$,故对任意 $x\in(A\cup B)\cup C$,总有 $x\in A\cup(B\cup C)$,于是 $(A\cup B)\cup C\subseteq A\cup(B\cup C)$.

类似可证 $A\cup(B\cup C)\subseteq(A\cup B)\cup C$,故$(A\cup B)\cup C=A\cup(B\cup C)$.

(ii) 显然 $A\cap(A\cup B)\subseteq A$;又 $x\in A\Rightarrow x\in A\cup B$,所以 $x\in A\cap(A\cup B)$,于是 $A\subseteq A\cap(A\cup B)$,故 $A\cap(A\cup B)=A$.

(iii) $x\in A\cup(B\cap C)\Rightarrow x\in A$ 或 $x\in B\cap C$. 若 $x\in A$,则 $x\in A\cup B$且 $x\in A\cup C$,从而 $x\in(A\cup B)\cap(A\cup C)$;若 $x\in B\cap C$,则$x\in B$且 $x\in C$,从而 $x\in A\cup B$且 $x\in A\cup C$,于是 $x\in(A\cup B)\cap(A\cup C)$,这就证明了 $A\cup(B\cap C)\subseteq(A\cup B)\cap(A\cup C)$. 反之,若 $x\in(A\cup B)\cap(A\cup C)$,则 $x\in A\cup B$ 且 $x\in A\cup C$. 由此可知 $x\in A$,或者 $x\in B$ 且 $x\in C$,即 $x\in B\cap C$. 于是 $x\in A\cup(B\cap C)$,这就证明了$(A\cup B)\cap(A\cup C)\subseteq A\cup(B\cap C)$. 综上所述,可得

$$A\cup(B\cap C)=(A\cup B)\cap(A\cup C).$$

8. 证明例2的第二个等式.

证 设 $x\in C-(A\cup B)$,那么 $x\in C$,但 $x\notin A\cup B$,$x\notin A$ 且 $x\notin B$,从而 $x\in C-A$ 且 $x\in C-B$,故 $x\in(C-A)\cap(C-B)$. 反之,设 $x\in(C-A)\cap(C-B)$,那么 $x\in C-A$ 且 $x\in C-B$,故 $x\in C$ 但 $x\notin A$ 且 $x\notin B$. 于是 $x\in C$ 且 $x\notin A\cup B$,从而 $x\in C-(A\cup B)$,所以 $C-(A\cup B)=(C-A)\cap(C-B)$.

9. 证明:$A\cap(B-C)=(A\cap B)-C$;$A-B=\varnothing\Leftrightarrow A\subseteq B$.

证 先证第一个结论. 如果 $x\in A\cap(B-C)$,那么 $x\in A$,同时 $x\in B-C$,由后者知 $x\in B$ 但 $x\notin C$. 于是 $x\in A\cap B$ 且 $x\notin C$,故 $x\in(A\cap B)-C$. 反之,如果 $x\in(A\cap B)-C$,那么 $x\in A\cap B$ 但 $x\notin C$,即 $x\in A$ 且 $x\in B$ 但 $x\notin C$,故 $x\in A\cap(B-C)$. 这就证明了第一个结论成立.

再证第二个结论. 如果 $A-B=\varnothing$,那么当 $x\in A$ 时,必有 $x\in B$(否则,$x\in A$ 且 $x\notin B$,就有 $x\in A-B$,这与 $A-B=\varnothing$ 矛盾),故 $A\subseteq B$. 反过来,如果 $A\subseteq B$,那么对任何 $x\in A$,都有 $x\in B$,因而不存在 x 满足 $x\in A$ 但 $x\notin B$,故 $A-B=\varnothing$. 于是第二个结论成立.

1.2 映　　射

1. 设 A 是前100个正整数所成的集,找一个 A 到自身的映射,但不是满射.

解 令 $f:A\to A$,$f(x)=|x-50|+1$. 对任意 $x\in A$,有唯一 $f(x)\in A$ 与之对应,故 f 是 A 到自身的映射,但 $f(A)\neq A$. 例如,不存在 $x\in A$,使 $f(x)=100$,故 f 不是满射.

2. 找一个全体实数到全体正实数集的双射.

解 对任意 $x\in\mathbf{R}$,令 $f:x\mapsto 2^x$,则 f 是全体实数 $\mathbf{R}$ 到全体正实数 $\mathbf{R}_+$ 的映射. 若 $2^{x_1}=2^{x_2}$,则 $2^{x_1-x_2}=1\Rightarrow x_1=x_2$,所以 f 是单射. 又对任意 $y\in\mathbf{R}_+$,存在 $x=\log_2 y\in\mathbf{R}$,使 $f(x)=f(\log_2 y)=2^{\log_2 y}=y$,所以 f 是满射. 综上所述知 f 为双射.

3. $f:x\mapsto\dfrac{1}{x}$ 是不是全体实数集到自身的映射?

答 不是. 因为 $x=0$ 时,$f(0)$ 没有意义.

4. 设 f 定义如下:

$$f(x)=\begin{cases} x, & x<0, \\ 1, & 0\leqslant x<1, \\ 2x-1, & x\geqslant 1. \end{cases}$$

f 是不是 $\mathbf{R}$ 到 $\mathbf{R}$ 的映射？是不是单射？是不是满射？

答　f 是 $\mathbf{R}$ 到 $\mathbf{R}$ 的映射，但不是单射（例如，$f(0)=f\left(\frac{1}{2}\right)=1$），也不是满射（例如，不存在 $x\in\mathbf{R}$，使 $f(x)=0$）.

5. 令 $A=\{1,2,3\}$，写出 A 到自身的一切映射.

解　记映射 $f:1\mapsto i_1,2\mapsto i_2,3\mapsto i_3$ 为 $\begin{pmatrix}1 & 2 & 3\\ i_1 & i_2 & i_3\end{pmatrix}$，其中 $i_1,i_2,i_3\in A$，它们可以相同，也可以不同. 因此，映射的总数是 1，2，3 三个数允许重复排列的总数，即 $3^3=27$ 个；当且仅当 i_1,i_2,i_3 互不相同时映射是双射，共有 $3!=6$ 个.

6. 设 a,b 是任意两个实数，且 $a<b$，试找出一个 $[0,1]$ 到 $[a,b]$ 的双射.

解　设 $x\in[0,1]$，令 $f:x\mapsto a+(b-a)x$，则 f 是 $[0,1]$ 到 $[a,b]$ 的映射. 若 $f(x_1)=f(x_2)$，则有

$$a+(b-a)x_1=a+(b-a)x_2\Rightarrow x_1=x_2,$$

可见 f 是单射. 又对任意 $y\in[a,b]$，有

$$\frac{y-a}{b-a}\in[0,1],\quad f\left(\frac{y-a}{b-a}\right)=a+(b-a)\cdot\frac{y-a}{b-a}=y,$$

则 f 也是满射. 因而 f 是 $[0,1]$ 到 $[a,b]$ 的双射.

7. 举例说明：对于一个集合 A 到自身的两个映射 f 和 g 来说，$f\circ g$ 和 $g\circ f$ 一般不相等.

解　取 $A=\mathbf{R}$. 设映射 $f:x\mapsto x+1$，$g:x\mapsto x^3$. 于是 $g\circ f:x\mapsto(x+1)^3$，而 $f\circ g:x\mapsto x^3+1$，可见 $f\circ g$ 与 $g\circ f$ 一般不相等.

8. 设 A 是全体正实数所成的集合，令 $f:x\mapsto x$，$g:x\mapsto\frac{1}{x}$，$x\in A$.

(i) g 是不是 A 到 A 的双射？

(ii) g 是不是 f 的逆映射？

(iii) 如果 g 有逆映射，g 的逆映射是什么？

答　(i) g 是 A 到 A 的双射. 因为若 $x_1\neq x_2$，则 $\frac{1}{x_1}\neq\frac{1}{x_2}$，故 g 是单射；又对任意 $x\in A$，有 $\frac{1}{x}\in A$，使 $g\left(\frac{1}{x}\right)=x$，故 g 是满射. 因而 g 是双射.

(ii) 因为一般地 $(g\circ f)(x)=g(x)=\frac{1}{x}\neq x$，即 $g\circ f\neq j_A$，g 不是 f 的逆映射.

(iii) 对任意 $x\in A$，$(g\circ g)(x)=g\left(\frac{1}{x}\right)=x$，所以 g 的逆映射是 g.

9. 设 $f:A\to B$，$g:B\to C$ 是映射，又令 $h=g\circ f$，证明：

(i) 如果 h 是单射，那么 f 也是单射；

(ii) 如果 h 是满射，那么 g 也是满射；

(iii) 如果 f、g 都是双射，那么 h 也是双射，并且

$$h^{-1}=(g\circ f)^{-1}=f^{-1}\circ g^{-1}.$$

证　(i) 反证法. 若 f 不是单射，则有 $x_1,x_2\in A$，$x_1\neq x_2$，使 $f(x_1)=f(x_2)$. 于是

$$h(x_1)=(g\circ f)(x_1)=g(f(x_1))=g(f(x_2))=(g\circ f)(x_2)=h(x_2),$$

说明 h 也不是单射，与假设矛盾.

(ii) h 是满射 $\Rightarrow$ 对任意 $z\in C$，有 $x\in A$，使 $h(x)=(g\circ f)(x)=g(f(x))=z$，即有 $y=f(x)\in B$，使 $g(y)=z$，所以 g 也是满射.

(iii) 设 $z\in C$，因 g 是满射，存在 $y\in B$，使 $g(y)=z$. 又因 f 是满射，存在 $x\in A$，使 $f(x)=y$. 所以 $h(x)=(g\circ f)(x)=g(y)=z$，$h$ 是满射. 又若 $x_1,x_2\in A$，且 $x_1\neq x_2$，由于 f 是单射，$f(x_1)\neq f(x_2)$；再由 g 是单射知，$g(f(x_1))\neq g(f(x_2))$，即

$$(g\circ f)(x_1)\neq(g\circ f)(x_2),$$

所以 $h(x_1)\neq h(x_2)$，h 是单射. 综上可知 h 是双射. 注意

$$h\circ(f^{-1}\circ g^{-1})=(g\circ f)\circ(f^{-1}\circ g^{-1})=g\circ(f\circ f^{-1})\circ g^{-1}=j_C,$$

同理可证

$$(f^{-1}\circ g^{-1})\circ h=j_A,$$

其中 j_C，j_A 分别表示 C 和 A 的恒等映射，所以 $h^{-1}=f^{-1}\circ g^{-1}$.

10. 判断下列规则是不是所给的集合 A 的代数运算：

	集　合　A	规　　则
(1)	全体整数	$(a,b)\mapsto a^b$
(2)	全体整数	$(a,b)\mapsto -ab$
(3)	全体有理数	$(a,b)\mapsto 1$
(4)	全体实数	$(a,b)\mapsto \frac{a}{b}$

解　(1)不是. 因 $(2,-1)\mapsto 2^{-1}\notin A$.

(2)是.

(3)是.

(4)不是.因(2,0)无对应元素.

1.3 数学归纳法

1. 证明:$1\cdot 1!+2\cdot 2!+\cdots+n\cdot n!=(n+1)!-1$.

证 用数学归纳法.当 $n=1$ 时,$1\cdot 1!=1=(1+1)!-1$,命题成立;假设当 $n=k$ 时命题成立,即有

$$1\cdot 1!+2\cdot 2!+\cdots+k\cdot k!=(k+1)!-1,$$

于是,当 $n=k+1$ 时,有

$$\begin{aligned}&1\cdot 1!+2\cdot 2!+\cdots+k\cdot k!+(k+1)\cdot(k+1)!\\&=[(k+1)!-1]+(k+1)\cdot(k+1)!\\&=(k+2)\cdot(k+1)!-1=[(k+1)+1]!-1,\end{aligned}$$

命题成立,故命题对一切正整数 n 成立.

2. 设 h 是一个正整数,证明 $(1+h)^n\geqslant 1+nh$(n 是任意自然数).

证 用数学归纳法.当 $n=1$ 时,$(1+h)^1=1+h\geqslant 1+1\cdot h$,命题成立;假设当 $n=k$ 时命题成立,即 $(1+h)^k\geqslant 1+kh$,则

$$\begin{aligned}(1+h)^{k+1}&=(1+h)^k(1+h)\geqslant(1+kh)(1+h)\\&=1+(k+1)h+kh^2\geqslant 1+(k+1)h,\end{aligned}$$

命题也成立,故命题对一切正整数 n 成立.

3. 证明二项式定理:$(a+b)^n=a^n+\binom{n}{1}a^{n-1}b+\cdots+\binom{n}{r}a^{n-r}b^r+\cdots+b^n$,其中 $\binom{n}{r}=\dfrac{n(n-1)\cdots(n-r+1)}{r!}$.

证 用数学归纳法.

当 $n=1$ 时,$(a+b)^1=a+b=a^1+\binom{1}{1}a^{1-1}b$,命题成立;假设当 $n=k$ 时,命题成立,即

$$(a+b)^k=a^k+\binom{k}{1}a^{k-1}b+\cdots+\binom{k}{r-1}a^{n-(r-1)}b^{r-1}+\binom{k}{r}a^{k-r}b^r+\cdots+b^k,$$

于是 $(a+b)^{k+1}=(a+b)^k\cdot(a+b)$

$$=\left[a^k+\binom{k}{1}a^{k-1}b+\cdots+\binom{k}{r-1}a^{k-r+1}b^{r-1}+\binom{k}{r}a^{k-r}b^r+\cdots+b^k\right](a+b)$$

$$=a^{k+1}+\left[1+\binom{k}{1}\right]a^kb+\cdots+\left[\binom{k}{r-1}+\binom{k}{r}\right]a^{k-r+1}b^r+\cdots+b^{k+1}$$

$$=a^{k+1}+\binom{k+1}{1}a^kb+\cdots+\binom{k+1}{r}a^{(k+1)-r}b^r+\cdots+b^{k+1},$$

命题成立,故命题对一切正整数 n 成立.

4. 证明第二数学归纳法原理(参见教材中 1.3 节定理 1.3.2).

证 用反证法.假设命题不是对一切正整数都成立.令 S 表示使命题不成立的正整数所成的集合,那么 $S\neq\varnothing$.于是由最小数原理可知,S 中有最小数 h.因为命题对于 $n=1$ 成立,所以 $h\neq 1$,从而命题对于一切小于 h 的自然数成立.再由教材中定理 1.3.2 之条件 2°:"假设命题对于一切小于 k 的自然数成立,则命题对于 k 也成立",于是 $n=h$ 时命题也成立,因此 $h\notin S$,导致矛盾.

5. 证明:含有 n 个元素的集合的一切子集的个数等于 2^n.

证 用数学归纳法.设 A 为含有 n 个元素的集合.当 $n=1$ 时,A 的全部子集只有 $\varnothing$ 和 A,共有 $2=2^1$ 个,命题成立.假设 $n=k$ 时命题成立,即 A 的一切子集共有 2^k 个,考虑 $n=k+1$ 的情形,取 A 中唯一元素记为 b,那么 A 的一切子集分为包含 b 和不包含 b 的两种.A 中 b 以外的元素有 k 个,设由它们构成的子集为 A_1.显然,A_1 的一切子集就是 A 的不包含 b 的一切子集,有 2^k 个;将 b 与 A_1 的一切子集逐个作并集,就得到 A 中包含 b 的一切子集,也有 2^k 个,故 A 的一切子集总共有 $2^k+2^k=2^{k+1}$ 个,命题成立.故命题对一切正整数 n 成立.

1.4 整数的一些整除性质

1. 对于下列的整数 a,b,分别求出以 a 除 b 所得的商和余数:

(i) $a=17,b=-235$;　　(ii) $a=-8,b=2$;

(iii) $a=-9,b=-5$;　　(iv) $a=-7,b=-58$.

解 (i) 由 $-235=17\times(-14)+3$,得商 $q=-14$,余数 $r=3$.

(ii) 由 $2=(-8)\times 0+2$,得 $q=0,r=2$.

(iii) 由 $-5=(-9)\times 1+4$,得 $q=1,r=4$.

(iv) 由 $-58=(-7)\times 9+5$,得 $q=9,r=5$.

2. 设 a,b 是整数且不全为 0,而 $a=da_1,b=db_1,d,a_1,b_1\in\mathbf{Z}$.证明:$d$ 是 a 与 b 的一个最大公因数必要且只要 $(a_1,b_1)=1$.

证 因 a,b 不全为 0，且 $a=da_1,b=db_1$，所以 $d\neq 0$.

必要性. 若 d 是 a,b 的最大公因数，则有 $u,v\in \mathbf{Z}$，使 $au+bv=d$，各边除以 d，得 $a_1u+b_1v=1$，从而 $(a_1,b_1)=1$.

充分性. 由于 $a=da_1,b=db_1$，d 是 a,b 的公因数. 若 $(a_1,b_1)=1$，则有 $u,v\in\mathbf{Z}$，使 $a_1u+b_1v=1$，各边乘以 d 得 $au+bv=d$. 于是对 a,b 的任何公因数 $c\ (c\neq 0)$，必有 $c\mid d$，故 d 为 a,b 的最大公因数.

3. 设 a,b 是不等于 0 的整数. 满足下列两个条件的正整数 m 叫做 a 与 b 的最小公倍数：(i) $a\mid m,b\mid m$；(ii) 如果 $h\in\mathbf{Z}$ 且 $a\mid h,b\mid h$，则 $m\mid h$. 证明：

(a) 任意两个不等于 0 的整数 a,b 都有唯一的最小公倍数；

(b) 令 m 是 a 与 b 的最小公倍数，而 $d=(a,b)$，则 $|ab|=dm$.

证 (a) 设 $(a,b)=d$，$a=a_1d,b=b_1d$，于是 $d\neq 0$. 取 $m=|a_1b_1d|$，显然 $a\mid m,b\mid m$. 又若有 $h\in\mathbf{Z}$，使 $a\mid h$ 且 $b\mid h$，则 $h=a_1dk=b_1dJ$，于是 $a_1k=b_1J$. 注意 $(a_1,b_1)=1$，存在 $u,v\in\mathbf{Z}$，使 $a_1u+b_1v=1$. 将此式两边乘以 k，得 $a_1ku+b_1kv=k$，结合前述可知 $b_1\mid k$，$k=b_1r$，从而 $h=a_1dk=a_1db_1r=mr$，$m\mid h$，即 m 是 a,b 的最小公倍数. 由最大公因数的唯一性知，最小公倍数唯一.

(b) 由 (a) 知，$m=|a_1b_1d|$，其中 $d=(a,b)$，$a_1d=a,b_1d=b$，从而 $|ab|=|a_1db_1d|=dm$.

4. 设 p 是一个大于 1 的整数且具有以下性质：对于任意整数 a,b，如果 $p\mid ab$，则 $p\mid a$ 或 $p\mid b$. 证明：p 是一个素数（教材中定理 1.4.5 的逆命题）.

证 用反证法. 设 p 为非素数，$p=p_1p_2$，则 $1<p_1<p$，$1<p_2<p$. 取 $a=p_1,b=p_2$，显然 $p\mid ab$，但 a,b 都不能被 p 整除，与假设矛盾.

5. 设 $p_1,p_2,\cdots,p_n$ 是两两互不相同的素数，而 $a=1+p_1p_2\cdots p_n$.

(i) 证明 $p_i\nmid a\ (i=1,2,\cdots,n)$；

(ii) 利用 (i) 证明素数有无穷多个.

证 (i) 因 $a\cdot 1-(p_1p_2\cdots p_n)\cdot 1=1$，所以 a 与 $p_1p_2\cdots p_n$ 互素，$p_i\nmid a\ (i=1,2,\cdots,n)$.

(ii) 用反证法. 若素数有限并设全体素数为 $p_1,p_2,\cdots,p_N$. 令 $p=1+p_1p_2\cdots p_N$，如果 p 是素数，则 p 不同于 $p_1,p_2,\cdots,p_N$ 中的任何一个，矛盾；若 p 不是素数，则 p 必能分解成 $p_1,p_2,\cdots,p_N$ 中一些素数的乘积. 但由 (i) 知，任何 $p_i\nmid p\ (i=1,2,\cdots,N)$，亦导致矛盾. 故素数有无穷多个.

1.5 数环和数域

1. 证明：如果一个数环 $S\neq\{0\}$，那么 S 含有无限多个数.

证 设 $a\neq 0, a\in S$，则 $a+a=2a\in S$，从而 $3a,4a,\cdots,na,\cdots$ 均属于 S，且 $i\neq j$ 时 $ia\neq ja$. 可见，S 含有无限多个数.

2. 证明：$F=\{a+bi\mid a,b\in\mathbf{Q}\}$ 是数域.

证 $1=1+0\mathrm{i}\in F$，F 非空且含有非零元. 若 $a+b\mathrm{i}\in F$，$c+d\mathrm{i}\in F$，则

$$(a+b\mathrm{i})\pm(c+d\mathrm{i})=(a\pm c)+(b\pm d)\mathrm{i}\in F,$$

$$(a+b\mathrm{i})(c+d\mathrm{i})=(ac-bd)+(ad+bc)\mathrm{i}\in F,$$

由此可知 F 是数环. 又当 $c+d\mathrm{i}\neq 0$ 时，$c^2+d^2\neq 0$，于是

$$\frac{a+b\mathrm{i}}{c+d\mathrm{i}}=\frac{(a+b\mathrm{i})(c-d\mathrm{i})}{(c+d\mathrm{i})(c-d\mathrm{i})}=\frac{ac+bd+(bc-ad)\mathrm{i}}{c^2+d^2}=\frac{ac+bd}{c^2+d^2}+\frac{bc-ad}{c^2+d^2}\mathrm{i}\in F,$$

故 F 是数域.

3. 证明：$S=\left\{\dfrac{m}{2^n}\,\middle|\, m,n\in\mathbf{Z}\right\}$ 是一个数环. S 是不是数域？

证 $\dfrac{1}{2}\in S$，S 非空. 若 $a=\dfrac{m_1}{2^{n_1}}\in S$，$b=\dfrac{m_2}{2^{n_2}}\in S$，则

$$a\pm b=\frac{m_1}{2^{n_1}}\pm\frac{m_2}{2^{n_2}}=\frac{m_1 2^{n_2}\pm m_2 2^{n_1}}{2^{n_1+n_2}}\in S,\quad ab=\frac{m_1}{2^{n_1}}\cdot\frac{m_2}{2^{n_2}}=\frac{m_1m_2}{2^{n_1+n_2}}\in S,$$

故 S 是数环.

但若 $a=\dfrac{1}{2}$，$b=\dfrac{3}{2}$，则 $\dfrac{a}{b}=\dfrac{1}{3}\notin S$，故 S 不是数域.

4. 证明：两个数环的交还是一个数环；两个数域的交还是一个数域. 两个数环的并是不是数环？

证 (i) 设 S_1,S_2 是两个数环，$a,b\in S_1\cap S_2$，于是 $a,b\in S_1$ 且 $a,b\in S_2$，从而 $a\pm b,ab\in S_1$ 且 $a\pm b,ab\in S_2$，因此 $a\pm b,ab\in S_1\cap S_2$，$S_1\cap S_2$ 是数环.

(ii) 设 F_1,F_2 是两个数域，则有理数域 $\mathbf{Q}\subseteq F_1\cap F_2$，$F_1\cap F_2$ 显然包含有非零数. 设 $a,b\in F_1\cap F_2$，则 $a,b\in F_1$ 且 $a,b\in F_2$，于是 $a\pm b,ab\in F_1$ 且 $a\pm b,ab\in F_2$. 当 $b\neq 0$ 时，$\dfrac{a}{b}\in F_1$ 且 $\dfrac{a}{b}\in F_2$，因而 $a\pm b,ab,\dfrac{a}{b}(b\neq 0)\in F_1\cap F_2$，故 $F_1\cap F_2$ 是数域.

(iii) 两个数环的并不是数环. 如 $S_1=\{2n\mid n\in\mathbf{Z}\}$，$S_2=\{5n\mid n\in\mathbf{Z}\}$，显然 $2\in S_1$，$5\in S_2$，因而 $2\in S_1\cup S_2$，$5\in S_1\cup S_2$，但 $2+5=7\notin S_1\cup S_2$，故 $S_1\cup S_2$ 不是数环.

5. 设 n 是一个整数，令 $n\mathbf{Z}=\{nz\mid z\in\mathbf{Z}\}$，由教材中 1.5 节例 1，$n\mathbf{Z}$ 是一个数环. 设 $m,n\in\mathbf{Z}$，记 $m\mathbf{Z}+n\mathbf{Z}=\{mx+ny\mid x,y\in\mathbf{Z}\}$. 证明：

(i) $m\mathbf{Z}+n\mathbf{Z}$ 是一个数环；

(ii) $m\mathbf{Z}\subseteq n\mathbf{Z}\Leftrightarrow n\mid m$；

(iii) $m\mathbf{Z}+n\mathbf{Z}=d\mathbf{Z}$，其中 $d=(m,n)$ 是 m 与 n 的最大公因数；

(iv) $m\mathbf{Z}+n\mathbf{Z}=\mathbf{Z}\Leftrightarrow(m,n)=1$.

证 (i) 因 $m,n\in m\mathbf{Z}+n\mathbf{Z}$，所以 $m\mathbf{Z}+n\mathbf{Z}$ 非空. 设 $a=mx_1+ny_1$，$b=mx_2+ny_2$ 都属于 $m\mathbf{Z}+n\mathbf{Z}$，那么

$$a\pm b=m(x_1\pm x_2)+n(y_1\pm y_2)\in m\mathbf{Z}+n\mathbf{Z},$$

$$\begin{aligned}ab&=(mx_1+ny_1)(mx_2+ny_2)=m^2x_1x_2+mnx_2y_1+mnx_1y_2+n^2y_1y_2\\&=m(mx_1x_2+nx_2y_1+nx_1y_2)+n(ny_1y_2)\in m\mathbf{Z}+n\mathbf{Z},\end{aligned}$$

故 $m\mathbf{Z}+n\mathbf{Z}$ 是数环.

(ii) 必要性. 设 $m\mathbf{Z}\subseteq n\mathbf{Z}$，因 $m\in m\mathbf{Z}$，所以 $m\in n\mathbf{Z}$，于是存在 $x\in\mathbf{Z}$，使 $m=nx$，即 $n\mid m$.

充分性. 若 $n\mid m$，不妨设 $m=ny$，$y\in\mathbf{Z}$. 于是对任意 $x\in\mathbf{Z}$，$mx=nxy\in n\mathbf{Z}$，从而 $m\mathbf{Z}\subseteq n\mathbf{Z}$.

(iii) 设 $a\in m\mathbf{Z}+n\mathbf{Z}$，那么 $a=mx+ny=d(m_1x+n_1y)$，其中 $m_1,n_1,x,y\in\mathbf{Z}$，所以 $a\in d\mathbf{Z}$，即 $m\mathbf{Z}+n\mathbf{Z}\subseteq d\mathbf{Z}$. 反之，若 $b=dz\in d\mathbf{Z}$，因 $(m,n)=d$，有 $u,v\in\mathbf{Z}$，使 $mu+nv=d$，从而

$$b=dz=muz+nvz\in m\mathbf{Z}+n\mathbf{Z},$$

于是 $d\mathbf{Z}\subseteq m\mathbf{Z}+n\mathbf{Z}$，故 $m\mathbf{Z}+n\mathbf{Z}=d\mathbf{Z}$.

(iv) 充分性. 若 $(m,n)=1$，则由(iii)知 $m\mathbf{Z}+n\mathbf{Z}=\mathbf{Z}$.

必要性. 因 $1\in\mathbf{Z}=m\mathbf{Z}+n\mathbf{Z}$，所以存在 $u,v\in\mathbf{Z}$，使 $mu+nv=1$，故 $(m,n)=1$.

补充讨论

(一) 部分习题的其他解法或适当说明.

1. 关于“1.2 节　映射”中的第 2 题，拿函数语言来说，就要寻找定义域为全体实数而函数值集合为全体正实数的单调函数. 从五种初等函数的性质加以分析，不难找到前面的答案. 但函数 $y=x^2$，$x\in(-\infty,+\infty)$ 不符合要求，因为一方面函数值包含数 0，超出了正实数范围；另一方面，函数不单调，不是单射，自然也不构成双射. 其他较简单的答案还有 $y=\dfrac{\pi+2\arctan x}{\pi-2\arctan x}$，

$x\in(-\infty,+\infty)$等，此函数写成映射即 $f:R\to R,x\to\dfrac{\pi+2\arctan x}{\pi-2\arctan x}$.

2. 关于"1.2 节　映射"中习题 9(i)的结论也可直接给出证明.

证　如果 $x_1,x_2\in A$ 且 $f(x_2)=f(x_1)$，那么

$$h(x_2)=g\circ f(x_2)=g(f(x_2))=g(f(x_1))=g\circ f(x_1)=h(x_1).$$

因 h 是单射，所以 $x_2=x_1$. 可见，当 $f(x_2)=f(x_1)$ 时必有 $x_2=x_1$，故 f 为单射.

3. "1.3 节　数学归纳法"中题 3 的解答用到等式 $\binom{k}{r-1}+\binom{k}{r}=\binom{k+1}{r}$，说明如下：

$$\begin{aligned}\binom{k}{r-1}+\binom{k}{r}&=\frac{k(k-1)\cdots[k-(r-1)+1]}{(r-1)!}+\frac{k(k-1)\cdots(k-r+1)}{r!}\\&=\frac{k(k-1)\cdots(k-r+2)}{(r-1)!}\cdot\left(1+\frac{k-r+1}{r}\right)\\&=\frac{k(k-1)\cdots[(k+1)-r+1]}{(r-1)!}\cdot\frac{k+1}{r}\\&=\frac{(k+1)[(k+1)-1]\cdots[(k+1)-r+1]}{r!}=\binom{k+1}{r}.\end{aligned}$$

（二）小结.

1. "最小数原理"在数学归纳法的证明和整数的整除性质讨论中多次运用，起到关键作用，在随后的学习与解题过程中还会遇到. 那看似显然的结论、重要的理论价值和各种应用环境值得细心领会和揣摩.

2. 要准确理解映射及其相关概念，甚至包括一些记号在内. 要弄清楚各个映射的对象和"象"是什么，是从哪个集合映射到哪个集合. 对于逆映射存在性相关定理(如定理 1.2.1)最好能放下书本，独立给出证明.

第2章　多　项　式

知识要点

1. 数环R上一个文字x的多项式或**一元多项式**指的是形式表达式$a_0+a_1x+a_2x^2+\cdots+a_nx^n$，其中$n$是非负整数，而$a_0,a_1,a_2,\cdots,a_n$都是$R$中的数.$a_0$叫做**零次项**或**常数项**，$a_ix^i$叫做$i$**次项**，$a_i$叫做$i$**次项系数**.数环$R$上的系数不全为零的多项式总可唯一地写成这种形式，并使$a_n\neq 0$.a_nx^n叫做该多项式的**最高次项**，非负整数n叫做该**多项式的次数**.一元多项式常用符号$f(x),g(x),\cdots$表示.多项式$f(x)$的次数可简记为$\partial^\circ(f(x))$.系数全为零的多项式没有次数，称为**零多项式**.

2. 两多项式的**相等**、多项式的**加法**和**乘法**运算与中学相应定义一致.多项式的加法和乘法运算满足**加法交换律**、**加法结合律**，**乘法交换律**、**乘法结合律**、**乘法对加法的分配律**.

设$f(x)$和$g(x)$是数环R上的两个多项式，并且$f(x)\neq 0$，$g(x)\neq 0$，那么

(i) 当$f(x)+g(x)\neq 0$时，

$$\partial^\circ(f(x)+g(x))\leqslant\max(\partial^\circ(f(x)),\partial^\circ(g(x)));$$

(ii) $\partial^\circ(f(x)g(x))=\partial^\circ(f(x))+\partial^\circ(g(x))$；

(iii) $f(x)\cdot g(x)=0$必要且只要$f(x)$和$g(x)$中至少有一个是零多项式；

(iv) 若$f(x)g(x)=f(x)h(x)$，且$f(x)\neq 0$，那么$g(x)=h(x)$.

以$R[x]$表示数环R上一个文字x的多项式的全体，把在其中定义了加法和乘法运算的$R[x]$叫做数环R上的一个**多项式环**.

3. 设F是一个数域，$F[x]$是F上的一元多项式环.$f(x)$、$g(x)\in F[x]$.如果存在$h(x)\in F[x]$，使$g(x)=f(x)h(x)$，就说$f(x)$**整除(能除尽)**$g(x)$，记为$f(x)\mid g(x)$，否则记为$f(x)\nmid g(x)$.当$f(x)\mid g(x)$时，称$f(x)$为$g(x)$的

一个因式.

多项式整除性具有一系列性质，例如，每一个多项式 $f(x)$ 都能被 $cf(x)$ 整除. 如果 $f(x)\mid g(x)$，$g(x)\mid f(x)$，那么 $f(x)=cg(x)$. 以上两式中的 c 都是 F 中一个不等于零的数. 其他性质更是明显的. 注意：若 $g(x)=0$，那么 $g(x)$ 只能整除零多项式.

设 $f(x)$ 和 $g(x)$ 是 $F[x]$ 的任意两个多项式，并且 $g(x)\neq 0$，那么在 $F[x]$ 中可以找到多项式 $q(x)$ 和 $r(x)$，使 $f(x)=g(x)q(x)+r(x)$，这里要么 $r(x)=0$，要么 $r(x)$ 的次数小于 $g(x)$ 的次数. 满足以上条件的多项式 $q(x)$ 和 $r(x)$ 只有一对，它们分别称为 $g(x)$ 除 $f(x)$ 所得的**商式**和**余式**，可以通过**带余除法**得到. 当且仅当 $g(x)$ 除 $f(x)$ 所得余式 $r(x)=0$ 时，$g(x)$ 整除 $f(x)$. 设数域 $\bar{F}$ 含有数域 F，而 $f(x)$ 和 $g(x)$ 是 $F[x]$ 的两个多项式，如果在 $F[x]$ 中 $g(x)$ 不能整除 $f(x)$，那么在 $\bar{F}[x]$ 中 $g(x)$ 也不能整除 $f(x)$.

4. 令 $f(x)$ 和 $g(x)$ 是 $F[x]$ 的两个多项式. 若 $F[x]$ 的一个多项式 $h(x)$ 同时整除 $f(x)$ 和 $g(x)$，那么 $h(x)$ 叫做 $f(x)$ 与 $g(x)$ 的一个**公因式**. 设 $d(x)$ 是 $f(x)$ 与 $g(x)$ 的一个公因式，且能被 $f(x)$ 与 $g(x)$ 的每一个公因式整除，那么 $d(x)$ 叫做 $f(x)$ 与 $g(x)$ 的**最大公因式**. $F[x]$ 的任意两个多项式 $f(x)$ 与 $g(x)$ 一定有最大公因式. 除一个零次因式外，$f(x)$ 与 $g(x)$ 的最大公因式是唯一确定的. 通常约定，最大公因式指的是最高次项系数是 1 的那一个，并以符号 $(f(x),g(x))$ 表示. **辗转相除法**是求最大公因式的常用方法.

若 $d(x)$ 是 $F[x]$ 的多项式 $f(x)$ 与 $g(x)$ 的最大公因式，则在 $F[x]$ 中可求得多项式 $u(x)$ 与 $v(x)$，使等式 $f(x)u(x)+g(x)v(x)=d(x)$ 成立. 如果 $F[x]$ 的两个多项式除零次多项式外不再有其他的公因式，就说这两个多项式**互素**. $F[x]$ 的两个多项式 $f(x)$ 与 $g(x)$ 互素的充要条件是：在 $F[x]$ 中可求得多项式 $u(x)$ 与 $v(x)$，使 $f(x)u(x)+g(x)v(x)=1$.

若多项式 $f(x)$ 和 $g(x)$ 都与多项式 $h(x)$ 互素，那么乘积 $f(x)g(x)$ 也与 $h(x)$ 互素. 若多项式 $h(x)$ 整除多项式 $f(x)$ 与 $g(x)$ 的乘积，而 $h(x)$ 与 $f(x)$ 互素，那么 $h(x)$ 一定整除 $g(x)$. 若多项式 $g(x)$ 与 $h(x)$ 都整除多项式 $f(x)$，而 $g(x)$ 与 $h(x)$ 互素，那么乘积 $g(x)h(x)$ 也整除 $f(x)$.

5. 令 $f(x)$ 是 $F[x]$ 的一个次数大于零的多项式，若 $f(x)$ 在 $F[x]$ 中只有平凡因式 $c(c\neq 0)$ 或 $cf(x)$，就说 $f(x)$ 在 F 上（或 $F[x]$ 中）**不可约**. 若 $f(x)$ 除平凡因式外，在 $F[x]$ 中还有其他因式，就说 $f(x)$ 在 F 上（或在 $F[x]$ 中）**可约**. 如果多项式 $p(x)$ 不可约，那么 F 中任一不为零的元素 c 与 $p(x)$ 的乘积

$cp(x)$也不可约. 而对于任意多项式 $f(x)$，要么 $p(x)$与 $f(x)$互素，要么 $p(x)$整除 $f(x)$. 如果多项式 $f(x)$与 $g(x)$的乘积能被不可约多项式 $p(x)$整除，那么至少有一个因式被 $p(x)$整除.

$F[x]$的每一个 $n(n>0)$次多项式 $f(x)$都可以分解成 $F[x]$的不可约多项式的乘积. 设 $f(x)$是 $F[x]$的一个次数大于零的多项式，并且

$$f(x)=p_1(x)p_2(x)\cdots p_r(x)=q_1(x)q_2(x)\cdots q_s(x),$$

此处 $p_i(x)$与 $q_j(x)$ $(i=1,2,\cdots,r;j=1,2,\cdots,s)$都是 $F[x]$上的不可约多项式，那么 $r=s$，并且适当调换 $q_j(x)$的次序后可使 $q_i(x)=c_ip_i(x)$ $(i=1,2,\cdots,r)$，其中 c_i 是 F 的不为零的元素. 将多项式$f(x)$写成首项系数乘以互不相同的不可约因式乘幂之积的形式：

$$f(x)=ap_1^{k_1}(x)p_2^{k_2}(x)\cdots p_t^{k_t}(x),$$

就得到 $f(x)$的**典型分解式**，每个多项式的典型分解式是唯一确定的.

6. $F[x]$的多项式 $f(x)=a_0+a_1x+a_2x^2+\cdots+a_nx^n$ 的**导数**指的是$F[x]$的多项式 $f'(x)=a_1+2a_2x+\cdots+na_nx^{n-1}$；$f(x)$的 k 阶导数可记为$f^{(k)}(x)$. 设 $p(x)$是多项式 $f(x)$的一个 k $(k\geqslant1)$重因式，那么 $p(x)$是 $f(x)$的导数的一个 $k-1$ 重因式. 多项式 $f(x)$没有重因式的充要条件是 $f(x)$与它的导数 $f'(x)$互素.

7. 给定 $R[x]$的一个多项式 $f(x)=a_0+a_1x+\cdots+a_nx^n$ 和一个数 $c\in R$，以 c 代替 $f(x)$中的 x，得到 R 的一个数 $f(c)=a_0+a_1c+\cdots+a_nc^n$，叫做**当 $x=c$ 时 $f(x)$的值**. 由此得到 R 到 R 的一个映射，它是由多项式 $f(x)$确定的 R 上的一个**多项式函数**.

设 $f(x)\in R[x]$，$c\in R$，用 $x-c$ 除 $f(x)$所得的余式等于当 $x=c$ 时 $f(x)$的值 $f(c)$. $f(c)$可通过比带余除法更简单的**综合除法**得到. 如果 $f(c)=0$，那么 c 叫做 $f(x)$在数环 R 中的一个**根**. 数 c 是多项式 $f(x)$的根的充要条件是 $f(x)$能被 $x-c$ 整除. 若 $f(x)$的次数 $n\geqslant0$，那么 $f(x)$在 R 中至多有 n 个不同的根. 设 $f(x)$、$g(x)\in R[x]$，它们的次数都不大于 n，若是以 R 中 $n+1$ 个或更多的不同的数来代替 x，每次所得 $f(x)$与 $g(x)$的值都相等，那么 $f(x)=g(x)$. $R[x]$的两个多项式 $f(x)$和 $g(x)$相等，当且仅当它们所定义的 R 上的多项式函数相等.

给定数环 R 里 $n+1$ 个互不相同的数 $a_1,a_2,\cdots,a_{n+1}$ 及任意$n+1$个不全为零的数 $b_1,b_2,\cdots,b_{n+1}$ 后，至多存在 $R[x]$的一个次数不超过 n 的多项式 $f(x)$，能使 $f(a_i)=b_i(i=1,2,\cdots,n+1)$. 如果 R 还是一个数域，那么这样的

多项式存在,例如,

$$f(x)=\sum_{i=1}^{n+1}\frac{b_i(x-a_1)\cdots(x-a_{i-1})(x-a_{i+1})\cdots(x-a_{n+1})}{(a_i-a_1)\cdots(a_i-a_{i-1})(a_i-a_{i+1})\cdots(a_i-a_{n+1})}.$$

这个公式叫做**拉格朗日插值公式**.

8. 任何 n $(n>0)$次多项式在复数域中有 n 个根(重根按重数计算). 复数域 $\mathbf{C}$ 上任一 n $(n>0)$次多项式可以在 $\mathbf{C}[x]$中分解为一次因式的乘积. 复数域上任一次数大于 1 的多项式都是可约的. 若实系数多项式 $f(x)$有一个非实的复数根 α,那么 α 的共轭数 $\bar{\alpha}$ 也是 $f(x)$的根,并且 $\bar{\alpha}$ 与 α 有同一重数. 实数域上不可约多项式,除一次多项式,只有含非实共轭复数根的二次多项式. 每一个次数大于零的实系数多项式都可以分解为实系数的一次和二次不可约因式的乘积.

9. 若是一个整系数 n $(n>0)$次多项式 $f(x)$在有理数域上可约,那么 $f(x)$总可以分解成次数小于 n 的两个整系数多项式的乘积. 设 $f(x)=a_0+a_1x+\cdots+a_nx^n$ 是一整系数多项式,若能找到一个素数 p,使(i)最高次项系数 a_n 不能被 p 整除,(ii)其余各项的系数都能被 p 整除,(iii)常数项 a_0 不能被 p^2 整除,那么多项式 $f(x)$在有理数域上不可约. 有理数域上任意次的不可约多项式都存在,例如,$f(x)=x^n+2$,n 为任意整数.

设 $f(x)=a_0x^n+a_1x^{n-1}+\cdots+a_n$ 是一个整系数多项式. 若有理数$\dfrac{u}{v}$是 $f(x)$的一个根,这里 u 和 v 是互素的整数,那么(i)v 整除 $f(x)$的最高次项系数 a_0,而 u 整除 $f(x)$的常数项 a_n,(ii) $f(x)=\left(x-\dfrac{u}{v}\right)q(x)$,$q(x)$是一个整系数多项式.

10. 设 R 是一个数环,且 $1\in R$,令 $x_1,x_2,\cdots,x_n$ 是 n 个文字,形如 $ax_1^{k_1}x_2^{k_2}\cdots x_n^{k_n}$ 的表示式叫做 R 上 $x_1,x_2,\cdots,x_n$ 的一个**单项式**,其中 $a\in R$,$k_1,k_2,\cdots,k_n$ 是非负整数,数 a 叫做这个单项式的**系数**. 有限个单项式用加号连接起来,得到一个形式表达式

$$a_1x_1^{k_{11}}x_2^{k_{12}}\cdots x_n^{k_{1n}}+a_2x_1^{k_{21}}x_2^{k_{22}}\cdots x_n^{k_{2n}}+\cdots+a_sx_1^{k_{s1}}x_2^{k_{s2}}\cdots x_n^{k_{sn}},\quad a_i\in R,$$

其中 $k_{ij}(i=1,2,\cdots,s;j=1,2,\cdots,n)$ 是非负整数,叫做 R 上一个 n **元多项式**,其一般形式可写成 $\sum a_{i_1i_2\cdots i_n}x_1^{i_1}x_2^{i_2}\cdots x_n^{i_n}$,其中 $\sum$ 仍表示有限项的和,$a_{i_1i_2\cdots i_n}\in R$,且只有有限多个不为零,$i_1,i_2,\cdots,i_n$ 都是非负整数.

R 上 n 元多项式定义的相等概念、加法和乘法运算及其运算规律与中学代数相同. 我们把数环 R 上一切 n 个文字 $x_1,x_2,\cdots,x_n$ 的多项式所形成的集

合，连同定义的加法和乘法叫做 R 上一个 n **元多项式环**. 在讨论两个多项式的和与积的次数问题中，常用多项式的**字典排列法**，此时排在第一个位置的那一项叫做多项式的**首项**.

数环 R 上两个 n 元多项式 $f(x_1,x_2,\cdots,x_n)$ 与 $g(x_1,x_2,\cdots,x_n)$ 的乘积的首项等于这两个多项式首项的乘积. 特别地，两个非零多项式的乘积也不等于零. 数环 R 上两个不等于零的 n 元多项式的乘积的次数等于这两个多项式次数之和.

给定 R 上一个 n 元多项式 $f(x_1,x_2,\cdots,x_n)$，定义函数(映射) f，使得 $R^n\to R,(c_1,c_2,\cdots,c_n)\mapsto f(c_1,c_2,\cdots,c_n)$，则这函数称为由 $f(x_1,x_2,\cdots,x_n)$ 确定的**多项式函数**. 如果对于任意 $(c_1,c_2,\cdots,c_n)\in R^n$，都有

$$f(c_1,c_2,\cdots,c_n)=0,$$

那么

$$f(x_1,x_2,\cdots,x_n)=0.$$

设 $f(x_1,x_2,\cdots,x_n)$ 与 $g(x_1,x_2,\cdots,x_n)$ 是数环 R 上 n 元多项式，如果对于任意 $(c_1,c_2,\cdots,c_n)\in R^n$，都有

$$f(c_1,c_2,\cdots,c_n)=g(c_1,c_2,\cdots,c_n),$$

那么

$$f(x_1,x_2,\cdots,x_n)=g(x_1,x_2,\cdots,x_n).$$

11. 设 $f(x_1,x_2,\cdots,x_n)$ 是数环 R 上一个 n 元多项式，如果对于这 n 个文字 $x_1,x_2,\cdots,x_n$ 的指标集 $\{1,2,\cdots,n\}$ 施行任意一个**置换**后，$f(x_1,x_2,\cdots,x_n)$ 都不变，那么就称 $f(x_1,x_2,\cdots,x_n)$ 是 R 上一个 n **元对称多项式**.

设 $f(x_1,x_2,\cdots,x_n)=\sum a_{i_1i_2\cdots i_n}x_1^{i_1}x_2^{i_2}\cdots x_n^{i_n}$ 是数环 R 上一个 n 元多项式，以 n **元初等对称多项式** σ_i 代替 $x_i(1\leqslant i\leqslant n)$，得到关于 $\sigma_1,\sigma_2,\cdots,\sigma_n$ 的一个多项式

$$f(\sigma_1,\sigma_2,\cdots,\sigma_n)=\sum a_{i_1i_2\cdots i_n}\sigma_1^{i_1}\sigma_2^{i_2}\cdots\sigma_n^{i_n}.$$

如果

$$f(\sigma_1,\sigma_2,\cdots,\sigma_n)=0,$$

那么一切系数

$$a_{i_1i_2\cdots i_n}=0,$$

即

$$f(x_1,x_2,\cdots,x_n)=0.$$

数环 R 上每一个 n 元对称多项式 $f(x_1,x_2,\cdots,x_n)$ 都可以表示成初等对称多项式 $\sigma_1,\sigma_2,\cdots,\sigma_n$ 的系数在 R 中的多项式，并且这种表示法是唯一的. 设 $f(x)$ 是数域 F 上的一个一元 n 次多项式，它的最高次项系数是 1. 令 $\alpha_1,\alpha_2,\cdots,\alpha_n$ 是 $f(x)$ 在复数域内的全部根(重根按重数计算)，那么 $\alpha_1,\alpha_2,\cdots,\alpha_n$ 的每一个系数取自 F 的对称多项式都是 $f(x)$ 的系数的多项式(它的系数在 F 内)，因此是 F 的一个数.

习题解答

2.1 一元多项式的定义和运算

1. 设 $f(x)$,$g(x)$和 $h(x)$是实数域上的多项式. 证明:若

$$f^2(x)=xg^2(x)+xh^2(x), \qquad ①$$

那么 $f(x)=g(x)=h(x)=0$.

证 由 $f^2(x)=x[g^2(x)+h^2(x)]$,若 $g^2(x)+h^2(x)=0$,则$f(x)=g(x)=h(x)=0$. 若 $g^2(x)+h^2(x)\neq 0$,则 $f^2(x)\neq 0$. 设$\partial^\circ(f^2(x))=2l$,$\partial^\circ(g^2(x)+h^2(x))=2m$,其中 $l,m\in\mathbf{Z}$,$l\geqslant 0$,$m\geqslant 0$,由教材中定理 2.1.1(ii)有 $2l=2m+1$,这不可能. 故只能有

$$f(x)=g(x)=h(x)=0.$$

2. 求一组满足式①(见上题)的不全为零的复系数多项式$f(x)$,$g(x)$和$h(x)$.

解 取 $f(x)=0$,$g(x)=x$,$h(x)=\mathrm{i}x$ 即可.

3. 证明:

$$1-x+\frac{x(x-1)}{2!}-\cdots+(-1)^n\frac{x(x-1)\cdots(x-n+1)}{n!}$$
$$=(-1)^n\frac{(x-1)\cdots(x-n)}{n!}.$$

证 用数学归纳法.

当 $n=1$ 时,上式左边$=1-x$,右边$=(-1)^1\dfrac{x-1}{1!}=1-x$,命题成立. 假设当 $n=k$ 时命题成立,即有

$$1-x+\cdots+(-1)^k\frac{x(x-1)\cdots(x-k+1)}{k!}=(-1)^k\frac{(x-1)\cdots(x-k)}{k!},$$

那么,当 $n=k+1$ 时,有

$$1-x+\cdots+(-1)^{k+1}\frac{x(x-1)\cdots(x-k)}{(k+1)!}$$
$$=(-1)^k\frac{(x-1)\cdots(x-k)}{k!}+(-1)^{k+1}\cdot\frac{x(x-1)\cdots(x-k)}{(k+1)!}$$
$$=(-1)^k\frac{(x-1)\cdots(x-k)}{k!}\left(1-\frac{x}{k+1}\right)$$

$$=(-1)^{k+1}\frac{(x-1)\cdots[x-(k+1)]}{(k+1)!},$$

命题成立. 故命题对一切正整数 n 成立.

2.2　多项式的整除性

1. 求 $f(x)$ 被 $g(x)$ 除所得的商和余式：

(i) $f(x)=x^4-4x^3-1, g(x)=x^2-3x-1$；

(ii) $f(x)=x^5-x^3+3x^2-1, g(x)=x^3-3x+2$.

解　(i) 用带余除法.

$$\begin{array}{r|l} x^4-4x^3+0+0-1 & x^2-3x-1 \\ \cline{2-2} x^4-3x^3-\ x^2 & x^2-\ x-2 \\ \cline{1-1} -x^3+\ x^2+0-1 & \\ -x^3+3x^2+\ x & \\ \cline{1-1} -2x^2-\ x-1 & \\ -2x^2+6x+2 & \\ \cline{1-1} -7x-3 & \end{array}$$

于是得商 $q(x)=x^2-x-2$，余式 $r(x)=-7x-3$.

(ii) 方法同(i)，$q(x)=x^2+2, r(x)=x^2+6x-5$.

2. 证明：$x\mid f^k(x)$ 必要且只要 $x\mid f(x)$.

证　充分性. 若 $x\mid f(x)$，又 $f(x)\mid f^k(x)$，于是有 $x\mid f^k(x)$.

必要性(用反证法). 若 $x\nmid f(x)$，设 $f(x)=xq(x)+a$，其中常数 $a\neq0$，那么

$$f^k(x)=[xq(x)+a]^k=\sum_{l=0}^{k-1}\binom{k}{l}a^l[xq(x)]^{k-l}+a^k,\quad a^k\neq0,$$

等式右边的项除 a^k 外都能被 x 整除，而 a^k 为零次多项式，不能被 x 整除，故右边和式不能被 x 整除，这与 $x\mid f^k(x)$ 矛盾.

3. 令 $f_1(x), f_2(x), g_1(x), g_2(x)$ 都是数域 F 上的多项式，其中 $f_1(x)\neq0$，且 $g_1(x)g_2(x)\mid f_1(x)f_2(x), f_1(x)\mid g_1(x)$. 证明：$g_2(x)\mid f_2(x)$.

证　设　$f_1(x)f_2(x)=g_1(x)g_2(x)h(x),\quad g_1(x)=f_1(x)k(x)$，

于是得

$$f_1(x)f_2(x)=f_1(x)k(x)g_2(x)h(x),$$

注意 $f_1(x)\neq0$，由消去律，有 $f_2(x)=g_2(x)h(x)k(x)$，从而 $g_2(x)\mid f_2(x)$.

4. 实数 m,p,q 满足什么条件时多项式 x^2+mx+1 能够整除 x^4+px+q?

解 由带余除法

$$
\begin{array}{l|l}
x^4+0+0+px+q & x^2+mx+1 \\
\cline{2-2}
x^4+mx^3+\ x^2 & x^2-mx+(m^2-1) \\
\cline{1-1}
\quad -mx^3-\ x^2+px+q & \\
\quad -mx^3-m^2x^2-mx & \\
\cline{1-1}
\qquad (m^2-1)x^2+(m+p)x+q & \\
\qquad (m^2-1)x^2+m(m^2-1)x+(m^2-1) & \\
\cline{1-1}
\qquad\qquad [(m+p)-m(m^2-1)]x+(q-m^2+1) &
\end{array}
$$

知 $x^2+mx+1|x^4+px+q \Leftrightarrow r(x)=[(m+p)-m(m^2-1)]x+(q-m^2+1)=0$

$$\Leftrightarrow m+p-m(m^2-1)=0 \text{ 且 } q-m^2+1=0,$$

即
$$p=m^3-2m,\quad q=m^2-1.$$

5. 设 F 是一个数域,$a\in F$. 证明:$x-a$ 整除 x^n-a^n.

证 由带余除法可得

$$x^n-a^n=(x-a)(x^{n-1}+ax^{n-2}+\cdots+a^{n-1}),$$

所以 $x-a|x^n-a^n$.

6. 考虑有理数域上多项式

$$f(x)=(x+1)^{k+n}+(2x)(x+1)^{k+n-1}+\cdots+(2x)^k(x+1)^n,$$

其中 k 和 n 都是非负整数. 证明:

$$x^{k+1}|(x-1)f(x)+(x+1)^{k+n+1}.$$

证
$$
\begin{aligned}
&(x-1)f(x)+(x+1)^{k+n+1}\\
&=-[(x+1)-2x][(x+1)^k+(2x)(x+1)^{k-1}+\cdots\\
&\quad+(2x)^k](x+1)^n+(x+1)^{k+n+1}\\
&=-[(x+1)^{k+1}-(2x)^{k+1}](x+1)^n+(x+1)^{k+n+1}\\
&=2^{k+1}x^{k+1}(x+1)^n,
\end{aligned}
$$

所以
$$x^{k+1}|(x-1)f(x)+(x+1)^{k+n+1}.$$

7. 证明:x^d-1 整除 x^n-1 必要且只要 d 整除 n.

证 必要性. 设 $l\in \mathbf{Z}$ 且 $n=ld+r$,其中 $0\leqslant r<d$. 由带余除法,有

$$x^n-1=(x^d-1)(x^{n-d}+x^{n-2d}+\cdots+x^{n-ld})+x^{n-ld}-1,$$

当 $x^d-1|x^n-1$ 时,有 $\quad r(x)=x^{n-ld}-1=0,$

从而
$$r=n-ld=0,\quad 即\quad d\mid n.$$

充分性. 若 $d\mid n$,令 $n=md$,则
$$x^n-1=(x^d)^m-1=(x^d-1)[(x^d)^{m-1}+(x^d)^{m-2}+\cdots+x^d+1],$$
所以
$$x^d-1\mid x^n-1.$$

2.3 多项式的最大公因式

1. 计算以下各组多项式的最大公因式:

(i) $f(x)=x^4+3x^3-x^2-4x-3$, $g(x)=3x^3+10x^2+2x-3$;

(ii) $f(x)=x^4+(2-2\mathrm{i})x^3+(2-4\mathrm{i})x^2+(-1-2\mathrm{i})x-1-\mathrm{i}$, $g(x)=x^2+(1-2\mathrm{i})x+1-\mathrm{i}$.

解 (i) 对 $f(x)$ 与 $g(x)$ 施行辗转相除法,为避免分数系数,有时用非零整数乘被除式或除式.

把 $f(x)$ 先乘以 3,再用 $g(x)$ 来除.

$$\begin{array}{rl}
3x^4+9x^3-3x^2-12x-9 & \big|\ 3x^3+10x^2+2x-3 \\
3x^4+10x^3+2x^2-3x & \big|\ x-1 \\
\hline
-x^3-5x^2-9x-9 & \\
\left(\begin{array}{l}\text{乘以 3,}\\ \text{再相除}\end{array}\right)-3x^3-15x^2-27x-27 & \\
-3x^3-10x^2-2x+3 & \\
\hline
-5x^2-25x-30 &
\end{array}$$

约去 -5,取第一余式 $r_1(x)=x^2+5x+6$.

用 $r_1(x)$ 除 $g(x)$.

$$\begin{array}{rl}
3x^3+10x^2+2x-3 & \big|\ x^2+5x+6 \\
3x^3+15x^2+18x & \big|\ 3x-5 \\
\hline
-5x^2-16x-3 & \\
-5x^2-25x-30 & \\
\hline
9x+27 &
\end{array}$$

约去 9,取第二余式 $r_2(x)=x+3$.

再用 $r_2(x)$ 除 $r_1(x)$,结果 $r_1(x)$ 被 $r_2(x)$ 整除,即 $x^2+5x+6=$

$(x+3)(x+2)$，所以 $r_2(x)$ 即为 $f(x)$ 与 $g(x)$ 的最大公因式，亦即 $(f(x),g(x))=x+3$.

(ii) 仍用辗转相除法.

$$
\begin{array}{l|l}
x^4+(2-2i)x^3+(2-4i)x^2+(-1-2i)x+(-1-i) & x^2+(1-2i)x+(1-i) \\
\hline
x^4+(1-2i)x^3+(1-i)x^2 & x^2+x-i \\
\hline
\qquad x^3+(1-3i)x^2+(-1-2i)x+(-1-i) & \\
\qquad x^3+(1-2i)x^2+(1-i)x & \\
\hline
\qquad\qquad -ix^2+(-2-i)x+(-1-i) & \\
\qquad\qquad -ix^2+(-2-i)x+(-1-i) & \\
\hline
\qquad\qquad\qquad\qquad 0 &
\end{array}
$$

$f(x)$ 被 $g(x)$ 整除，故

$$(f(x),g(x))=g(x)=x^2+(1-2i)x+(1-i).$$

2. 设 $f(x)=d(x)f_1(x)$，$g(x)=d(x)g_1(x)$. 证明：若 $(f(x),g(x))=d(x)$ 且 $f(x)$ 和 $g(x)$ 不全为零，则 $(f_1(x),g_1(x))=1$；反之，若 $(f_1(x),g_1(x))=1$，则 $d(x)$ 是 $f(x)$ 与 $g(x)$ 的一个最大公因式.

证 由 $(f(x),g(x))=d(x)$ 且 $f(x)$，$g(x)$ 不全为零，得 $d(x)\neq 0$，且有 $u(x)$，$v(x)$ 使 $f(x)u(x)+g(x)v(x)=d(x)$，各边除以 $d(x)$，得

$$f_1(x)u(x)+g_1(x)v(x)=1,$$

故

$$(f_1(x),g_1(x))=1.$$

反之，如果 $d(x)=0$，那么 $f(x)=g(x)=0$，$d(x)$ 是 $f(x)$ 与 $g(x)$ 的最大公因式；如果 $d(x)\neq 0$，由 $(f_1(x),g_1(x))=1$，有 $u_1(x)$，$v_1(x)$ 使

$$f_1(x)u_1(x)+g_1(x)v_1(x)=1,$$

从而得到

$$f(x)u_1(x)+g(x)v_1(x)=d(x).$$

若有 $h(x)\mid f(x)$ 且 $h(x)\mid g(x)$，则 $h(x)\mid d(x)$，故 $d(x)$ 是 $f(x)$ 与 $g(x)$ 的一个最大公因式.

3. 令 $f(x)$ 与 $g(x)$ 是 $F[x]$ 的多项式，而 a,b,c,d 是 F 中的数，并且 $ad-bc\neq 0$，证明：

$$(af(x)+bg(x),cf(x)+dg(x))=(f(x),g(x)).$$

证 设 $f_1(x)=af(x)+bg(x)$，$g_1(x)=cf(x)+dg(x)$，

$$d(x)=(f(x),g(x)).$$

由于 $$d(x)\mid f(x),d(x)\mid g(x),$$

从而 $$d(x)\mid f_1(x),d(x)\mid g_1(x),$$

即 $d(x)$是 $f_1(x),g_1(x)$的一个公因式. 再设 $\varphi(x)$是 $f_1(x),g_1(x)$的任一公因式,则

$$\varphi(x)\mid f_1(x),\varphi(x)\mid g_1(x).$$

由 $f_1(x),g_1(x)$的假设及 $ad-bc\neq 0$,可解得

$$f(x)=\frac{d}{ad-bc}f_1(x)-\frac{b}{ad-bc}g_1(x),$$

$$g(x)=\frac{-c}{ad-bc}f_1(x)+\frac{a}{ad-bc}g_1(x),$$

从而知 $$\varphi(x)\mid f(x),\varphi(x)\mid g(x),$$

即 $\varphi(x)$也是 $f(x),g(x)$的一个公因式,所以 $\varphi(x)\mid d(x)$. 由定义知

$$d(x)=(f_1(x),g_1(x)),$$

于是 $$(af(x)+bg(x),cf(x)+dg(x))=(f(x),g(x)).$$

4. 证明:

(i) $(f,g)h$ 是 fh 和 gh 的最大公因式;

(ii) $(f_1,g_1)(f_2,g_2)=(f_1f_2,f_1g_2,g_1f_2,g_1g_2)$.

证 (i) 设 $$(f,g)=d,\quad f=df_1,\quad g=dg_1,$$

则 $$fh=f_1dh,\quad gh=g_1dh,$$

所以 dh 是 fh,gh 的一个公因式. 又因存在 u,v,使 $fu+gv=d$,所以 $fhu+ghv=dh$,对于 fh,gh 的任一公因式 d_1,必有 $d_1\mid dh$,故

$$(fh,gh)=dh=(f,g)h.$$

(ii) 记 $$(f_1,g_1)=d_1,\quad (f_2,g_2)=d_2,$$

显然 d_1d_2 同时整除 $f_1f_2,f_1g_2,g_1f_2,g_1g_2$,从而 d_1d_2 是它们的一个公因式. 又由于存在 $u_i,v_i(i=1,2)$,使

$$f_1u_1+g_1v_1=d_1,\quad f_2u_2+g_2v_2=d_2,$$

从而 $$d_1d_2=f_1f_2u_1u_2+f_1g_2u_1v_2+g_1f_2v_1u_2+g_1g_2v_1v_2,$$

因此对于 $f_1f_2,f_1g_2,g_1f_2,g_1g_2$ 的任一公因式 φ,有 $\varphi\mid d_1d_2$,所以

$$(f_1,g_1)(f_2,g_2)=d_1d_2=(f_1f_2,f_1g_2,g_1f_2,g_1g_2).$$

5. 设 $f(x)=x^4+2x^3-x^2-4x-2,\quad g(x)=x^4+x^3-x^2-2x-2$

都是有理数域 **Q** 上的多项式.求 $u(x),v(x)\in\mathbf{Q}[x]$,使得

$$f(x)u(x)+g(x)v(x)=(f(x),g(x)).$$

解 对 $f(x)$ 与 $g(x)$ 施行辗转相除法,得

$$f(x)=g(x)\cdot 1+(x^3-2x),$$

$$g(x)=(x^3-2x)(x+1)+(x^2-2),$$

$$x^3-2x=(x^2-2)\cdot x,$$

由此可知 x^2-2 是 $f(x)$ 与 $g(x)$ 的最大公因式,而

$$\begin{aligned}x^2-2&=g(x)-(x^3-2x)(x+1)=g(x)-[f(x)-g(x)\cdot 1](x+1)\\&=f(x)[-(x+1)]+g(x)(x+2),\end{aligned}$$

从而有 $$u(x)=-(x+1),\quad v(x)=x+2.$$

6. 设 $(f,g)=1$,令 n 是任意正整数,证明:$(f,g^n)=1$.由此进一步证明,对于任意正整数 m,n,都有 $(f^m,g^n)=1$.

证 由于 $(f,g)=1$,故存在 u,v,使 $fu+gv=1$.两边取 n 次方,得

$$(fu+gv)^n=1\Rightarrow\sum_{k=0}^{n-1}\binom{n}{k}(fu)^{n-k}\cdot(gv)^k+(gv)^n=1$$

$$\Rightarrow f\cdot u_1+g^n\cdot v_1=1,$$

即 $(f,g^n)=1$.将 g^n 记作 g^*,于是 $(f,g^*)=1$.由上面结果关于 f,g 的对称性,可得 $(f^m,g^*)=1$,即 $(f^m,g^n)=1$.

7. 设 $(f,g)=1$,证明:

$$(f,f+g)=(g,f+g)=(fg,f+g)=1.$$

证 由 $(f,g)=1$ 知,存在 u,v,使 $fu+gv=1$.将 $fu+gv=1$ 变形得

$$f(u-v)+(f+g)v=1,$$

可见 $(f,f+g)=1$;同理,可证 $(g,f+g)=1$.又因 f,g 都与 $f+g$ 互素,由互素多项式性质知,fg 也与 $f+g$ 互素,故

$$(fg,f+g)=1.$$

8. 证明:对于任意正整数 n 都有 $(f,g)^n=(f^n,g^n)$.

证 若 $f=g=0$,则 $(f,g)=0$,结论显然成立.若 f,g 不全为零,则 $(f,g)\neq 0$.设

$$(f,g)=d,\quad f=f_1d,\quad g=g_1d,$$

则 $$f^n=f_1^nd^n,\quad g^n=g_1^nd^n,$$

可见 d^n 是 f^n 与 g^n 的公因式.又由上面习题 2 及习题 6 知

$$(f_1,g_1)=1,\quad (f_1^n,g_1^n)=1,$$

从而

$$d^n=(f^n,g^n).$$

于是

$$(f,g)^n=d^n=(f^n,g^n).$$

9. 证明:若 $f(x)$与 $g(x)$互素,并且 $f(x)$与 $g(x)$的次数都大于 0,那么教材中定理 2.3.3 中的 $u(x)$与 $v(x)$可以如此选取:使得$u(x)$的次数低于 $g(x)$的次数,$v(x)$的次数低于 $f(x)$的次数,并且这样的 $u(x)$与 $v(x)$是唯一的.

证　由于$(f(x),g(x))=1$,故存在 $u_1(x),v_1(x)$,使

$$f(x)u_1(x)+g(x)v_1(x)=1.$$

注意$\partial^\circ(f(x))>0,\partial^\circ(g(x))>0,f(x)\nmid v_1(x),g(x)\nmid u_1(x)$.否则$f(x)\mid 1$或$g(x)\mid 1$,矛盾.若$\partial^\circ(u_1(x))\not<\partial^\circ(g(x))$且$\partial^\circ(v_1(x))\not<\partial^\circ(f(x))$,则存在 $q_1(x),q_2(x)$,及 $u(x),v(x)$,使

$$u_1(x)=g(x)q_1(x)+u(x),\quad v_1(x)=f(x)q_2(x)+v(x),$$

而

$$\partial^\circ(u(x))<\partial^\circ(g(x)),\quad \partial^\circ(v(x))<\partial^\circ(f(x)).$$

于是有

$$\begin{aligned}&f(x)(g(x)q_1(x)+u(x))+g(x)(f(x)q_2(x)+v(x))\\&=f(x)u(x)+g(x)v(x)+f(x)g(x)(q_1(x)+q_2(x))=1.\end{aligned}$$

由于

$$\partial^\circ(f(x)u(x))<\partial^\circ(f(x)g(x)),$$
$$\partial^\circ(g(x)v(x))<\partial^\circ(f(x)g(x)),$$

所以上式中 $q_1(x)+q_2(x)=0$,从而有

$$f(x)u(x)+g(x)v(x)=1,$$

且

$$\partial^\circ(u(x))<\partial^\circ(g(x)),\quad \partial^\circ(v(x))<\partial^\circ(f(x)).$$

其他情形类似可证.

若还存在 $u^*(x),v^*(x)$,使

$$f(x)u^*(x)+g(x)v^*(x)=1,$$

且

$$\partial^\circ(u^*(x))<\partial^\circ(g(x)),\quad \partial^\circ(v^*(x))<\partial^\circ(f(x)),$$

那么

$$f(x)(u(x)-u^*(x))+g(x)(v(x)-v^*(x))=0.$$

若 $u(x)-u^*(x)\neq 0$,那么 $v(x)-v^*(x)\neq 0$,注意

$$f(x)\mid g(x)(v(x)-v^*(x)).$$

由于$(f(x),g(x))=1$,所以 $f(x)\mid v(x)-v^*(x)$.但$\partial^\circ(v(x)-v^*(x))<$

$\partial^\circ(f(x))$,矛盾.故

$$u(x)-u^*(x)=0 \quad 或 \quad u^*(x)=u(x).$$

同理可证 $v^*(x)=v(x)$,即所论 $u(x),v(x)$是唯一的.

10. 如何选取 k,使 $x^2+(k+6)x+4k+2$ 与 $x^2+(k+2)x+2k$ 的最大公因式是一次的.

解 应用辗转相除法,即

$$\begin{array}{ll|l} & x^2+(k+6)x+4k+2 & x^2+(k+2)x+2k \\ \cline{3-3} & x^2+(k+2)x+2k & 1 \\ \cline{2-2} r_1(x) & 4x+2k+2 & \end{array}$$

将 $x^2+(k+2)x+2k$ 乘以 4,再除以 $4x+2k+2$,即

$$\begin{array}{ll|l} & 4x^2+4(k+2)x+8k & 4x+2(k+1) \\ \cline{3-3} & 4x^2+2(k+1)x & x+k+3 \\ \cline{2-2} & (2k+6)x+8k & \\ (乘以2,再相除) & 4(k+3)x+16k & \\ & 4(k+3)x+2(k+1)(k+3) & \\ \cline{2-2} r_2(x) & 16k-2(k+1)(k+3) & \end{array}$$

由题意知,$4x+2k+2 \mid 4x^2+4(k+2)x+8k$,即最后余式 $r_2(x)=16k-2(k+1)(k+3)=0$,解得 $k=1$ 或 $k=3$.故当取 $k=1$ 或 $k=3$ 时,最大公因式是一次的.

11. 证明:如果$(f(x),g(x))=1$,那么对于任意正整数 m,有

$$(f(x^m),g(x^m))=1.$$

证 因$(f(x),g(x))=1$,故存在 $u(x),v(x)$,使 $f(x)u(x)+g(x)v(x)=1$,这说明等式左边含 x 的项全部抵消,只剩常数 1,故以 x^m 代替 x,仍有

$$f(x^m)u(x^m)+g(x^m)v(x^m)=1,$$

记 $u_1(x)=u(x^m),v_1(x)=v(x^m)$,则有

$$f(x^m)u_1(x)+g(x^m)v_1(x)=1,$$

即

$$(f(x^m),g(x^m))=1.$$

12. 设 $f(x),g(x)$是数域 F 上的多项式,$f(x)$与 $g(x)$的最小公倍式指的是 $F[x]$中满足以下条件的一个多项式 $m(x)$:

(a) $f(x)\mid m(x)$且$g(x)\mid m(x)$；

(b) 如果$h(x)\in F[x]$且$f(x)\mid h(x)$，$g(x)\mid h(x)$，那么$m(x)\mid h(x)$.

(i) 证明：$F[x]$中任意两个多项式都有最小公倍式，并且除了零次因式的可能差别外，是唯一的.

(ii) 设$f(x)$，$g(x)$都是最高次项系数为1的多项式，令$[f(x),g(x)]$表示$f(x)$和$g(x)$的最高次项系数是1的那个最小公倍式，证明：

$$f(x)g(x)=(f(x),g(x))[f(x),g(x)].$$

证　(i) 若$f(x)=0$或$g(x)=0$，则$f(x)$与$g(x)$有最小公倍式0. 若$f(x)\neq 0$且$g(x)\neq 0$，设$(f(x),g(x))=d(x)$，则$d(x)\neq 0$且有$u(x)$，$v(x)$，使

$$f(x)u(x)+g(x)v(x)=d(x),\quad f_1(x)u(x)+g_1(x)v(x)=1,$$

其中
$$f(x)=f_1(x)d(x),\quad g(x)=g_1(x)d(x).$$

取$m(x)=f_1(x)g_1(x)d(x)$，显然$f(x)\mid m(x)$，$g(x)\mid m(x)$，即$m(x)$是$f(x)$，$g(x)$的公倍式. 又若有$h(x)$，使$f(x)\mid h(x)$，$g(x)\mid h(x)$，而$h(x)=f(x)k(x)=g(x)j(x)$，则有

$$f_1(x)d(x)k(x)=g_1(x)d(x)j(x)\Rightarrow f_1(x)k(x)=g_1(x)j(x).$$

由$f_1(x)\mid g_1(x)j(x)$且$(f_1(x),g_1(x))=1\Rightarrow f_1(x)\mid j(x)$，$j(x)=f_1(x)l(x)$，所以

$$f_1(x)k(x)=g_1(x)f_1(x)l(x),$$

从而$h(x)=f(x)k(x)=d(x)f_1(x)k(x)=d(x)g_1(x)f_1(x)l(x)=m(x)l(x)$，即$m(x)\mid h(x)$，故$m(x)$是$f(x)$，$g(x)$的最小公倍式.

若$m_1(x)$，$m_2(x)$都是$f(x)$，$g(x)$的最小公倍式，那么

$$m_1(x)=m_2(x)s(x),$$

$$m_2(x)=m_1(x)t(x)\Rightarrow m_1(x)=m_1(x)t(x)s(x),$$

从而$(t(x),s(x))=0$，故$s(x)$，$t(x)$都是零次多项式.

(ii) 设
$$(f(x),g(x))=d(x),$$

$$f(x)=f_1(x)d(x),\quad g(x)=g_1(x)d(x),$$

其中$d(x)$是最高次项系数为1的多项式，那么由题设知，$f_1(x)$，$g_1(x)$最高次项系数也是1. 由(i)有

$$[f(x),g(x)]=m(x)=f_1(x)g_1(x)d(x),$$

故
$$\begin{aligned}(f(x),g(x))[f(x),g(x)]&=d(x)f_1(x)g_1(x)d(x)\\&=f_1(x)d(x)g_1(x)d(x)\end{aligned}$$

$$=f(x)g(x).$$

13. 设 $g(x)\mid f_1(x)\cdots f_n(x)$，并且 $(g(x),f_i(x))=1\ (i=1,2,\cdots,n-1)$，证明：$g(x)\mid f_n(x)$.

证 由于 $(g(x),f_i(x))=1\ (i=1,2,\cdots,n-1)$，利用互素多项式性质可知 $h(x)=f_1(x)f_2(x)\cdots f_{n-1}(x)$ 与 $g(x)$ 互素. 又由于 $g(x)\mid f_1(x)\cdots f_n(x)=h(x)f_n(x)$，而 $(g(x),h(x))=1$，由互素多项式性质知，$g(x)\mid f_n(x)$.

14. 设 $f_1(x),f_2(x),\cdots,f_n(x)\in F[x]$，证明：

(i) $(f_1(x),f_2(x),\cdots,f_n(x))=((f_1(x),\cdots,f_k(x)),(f_{k+1}(x),\cdots,f_n(x)))$，$1\leqslant k\leqslant n-1$，

(ii) $f_1(x),f_2(x),\cdots,f_n(x)$ 互素的充要条件是存在多项式 $u_1(x),u_2(x),\cdots,u_n(x)\in F[x]$，使得

$$f_1(x)u_1(x)+f_2(x)u_2(x)+\cdots+f_n(x)u_n(x)=1.$$

证 (i) 设

$$d(x)=((f_1(x),\cdots,f_k(x)),(f_{k+1}(x),\cdots,f_n(x))),$$

那么 $\quad d(x)\mid(f_1(x),\cdots,f_k(x)),\quad d(x)\mid(f_{k+1}(x),\cdots,f_n(x))$，

从而 $d(x)\mid f_i(x)\ (i=1,2,\cdots,n)$，即 $d(x)$ 是 $f_1(x),f_2(x),\cdots,f_n(x)$ 的公因式.

设 $\varphi(x)$ 是 $f_1(x),\cdots,f_n(x)$ 的任一个公因式，易见

$$\varphi(x)\mid(f_1(x),\cdots,f_k(x)),\quad \varphi(x)\mid(f_{k+1}(x),\cdots,f_n(x)),$$

从而 $\quad \varphi(x)\mid((f_1(x),\cdots,f_k(x)),\quad (f_{k+1}(x),\cdots,f_n(x)))=d(x)$，

所以 $\quad (f_1(x),\cdots,f_n(x))=d(x)$

$$=((f_1(x),\cdots,f_k(x)),(f_{k+1}(x),\cdots,f_n(x))).$$

(ii) 充分性. 若有 $u_1(x),u_2(x),\cdots,u_n(x)$，使

$$f_1(x)u_1(x)+\cdots+f_n(x)u_n(x)=1,$$

而 $h(x)\mid f_i(x)\ (1\leqslant i\leqslant n)$，则 $h(x)\mid 1$，因而 $h(x)$ 是零次多项式，故

$$(f_1(x),f_2(x),\cdots,f_n(x))=1,$$

即 $f_1(x),f_2(x),\cdots,f_n(x)$ 互素.

必要性. 先用数学归纳法将教材中定理 2.3.2 推广到 n 个多项式的最大公因式.

当 $n=2$ 时，设 $(f_1(x),f_2(x))=d_2(x)$，由教材中定理 2.3.2 有多项式 $u(x),v(x)$，使

$$f_1(x)u(x)+f_2(x)v(x)=d_2(x).$$

假设 $n=s-1$ 时结论成立，即 $(f_1(x),\cdots,f_{s-1}(x))=d_{s-1}(x)$ 时有多项式 $u_1'(x),\cdots,u_{s-1}'(x)$，使

$$f_1(x)u_1'(x)+f_2(x)u_2'(x)+\cdots+f_{s-1}(x)u_{s-1}'(x)=d_{s-1}(x),$$

那么当 $n=s,(f_1(x),\cdots,f_s(x))=d_s(x)$ 时，因

$$\begin{aligned}(d_{s-1}(x),f_s(x))&=((f_1(x),\cdots,f_{s-1}(x)),f_s(x))\\&=(f_1(x),\cdots,f_{s-1}(x),f_s(x))=d_s(x),\end{aligned}$$

有多项式 $p(x),q(x)$，使

$$d_{s-1}(x)p(x)+f_s(x)q(x)=d_s(x).$$

以所设 $d_{s-1}(x)$ 的表达式代入，得

$$(f_1(x)u'_1(x)+\cdots+f_{s-1}(x)u_{s-1}'(x))p(x)+f_s(x)q(x)=d_s(x),$$

从而有多项式 $u_1(x),u_2(x),\cdots,u_s(x)$，使

$$f_1(x)u_1(x)+\cdots+f_s(x)u_s(x)=d_s(x),$$

其中　$u_i(x)=u_i'(x)p(x)\ (i=1,2,\cdots,s-1),\quad u_s(x)=q(x).$

故教材中定理 2.3.2 对任意 n 个多项式的最大公因式成立.

现在转到问题(ii). 当 $f_1(x),f_2(x),\cdots,f_n(x)$ 互素，即 $(f_1(x),f_2(x),\cdots,f_n(x))=1$ 时，令 $s=n,d_s(x)=1$，由上面讨论的结果知，有多项式 $u_1(x),u_2(x),\cdots,u_n(x)$，使

$$f_1(x)u_1(x)+f_2(x)u_2(x)+\cdots+f_n(x)u_n(x)=1.$$

15. 设 $f_1(x),f_2(x),\cdots,f_n(x)\in F[x]$，令

$$I=\{f_1(x)g_1(x)+f_2(x)g_2(x)+\cdots+f_n(x)g_n(x)\mid g_i(x)\in F[x],1\leqslant i\leqslant n\}.$$

比较教材中的定理 1.4.2，证明：$f_1(x),f_2(x),\cdots,f_n(x)$ 有最大公因式.

（提示：如果 $f_1(x),f_2(x),\cdots,f_n(x)$ 不全为零，取 $d(x)$ 是 I 中次数最低的一个多项式，则 $d(x)$ 就是 $f_1(x),f_2(x),\cdots,f_n(x)$ 的一个最大公因式.）

证　如果 $f_1(x)=f_2(x)=\cdots=f_n(x)=0$，则 0 是它们的最大公因式. 设 $f_i(x)$ 不全为零，因 $f_1(x),f_2(x),\cdots,f_n(x)\in I$，则 I 内有非零多项式. 由最小数原理，I 中必有次数最低的多项式，设为 $d(x)$，则 $d(x)$ 整除所有 $f_i(x)$ $(i=1,2,\cdots,n)$，否则，例如 $d(x)\nmid f_1(x)$，就有

$$f_1(x)=d(x)q(x)+r_1(x),\quad r_1(x)\neq 0,$$

且　$$\partial^\circ(r_1(x))<\partial^\circ(d(x)).$$

由于
$$\begin{aligned}r_1(x)&=f_1(x)-d(x)q(x)\\&=f_1(x)-[f_1(x)g_1(x)+\cdots+f_n(x)g_n(x)]q_1(x)\\&=(1-g_1(x)q_1(x))f_1(x)-g_2(x)q_1(x)f_2(x)-\cdots\end{aligned}$$

$$-g_n(x)q_1(x)f_n(x)\in I,$$

与 $d(x)$是 I 中次数最低的多项式相矛盾.故 $d(x)\mid f_i(x)$ $(i=1,2,\cdots,n)$.又因 $d(x)$是 $f_1(x),f_2(x),\cdots,f_n(x)$的组合,$f_1(x),f_2(x),\cdots,f_n(x)$的任何公因式都能整除 $d(x)$,故 $d(x)$是 $f_1(x),f_2(x),\cdots,f_n(x)$的最大公因式.

2.4　多项式的分解

1. 在有理数域上将以下多项式分解为不可约因式的乘积:

(i) $3x^2+1$;　　(ii) x^3-2x^2-2x+1.

解　(i) 该多项式在有理数域不可约,不能分解.否则,设 $3x^2+1=3(x+a)(x+b)$,其中 a,b 为有理数,比较两边系数得$3(a+b)=0$ 及 $3ab=1$.以$b=-a$代入后式有 $3a^2=-1$,这是不可能的.

(ii)
$$\begin{aligned}x^3-2x^2-2x+1&=x^3+x^2-3x^2-3x+x+1\\&=x^2(x+1)-3x(x+1)+(x+1)\\&=(x+1)(x^2-3x+1).\end{aligned}$$

注意 x^2-3x+1 在有理数域不可约.否则,设

$$x^2-3x+1=(x+a)(x+b),$$

其中 a,b 为有理数,则该式也是实数域上的一个不可约因式分解.但在实数域中,即

$$x^3-3x+1=\left(x-\frac{3}{2}\right)^2-\frac{5}{4}=\left(x-\frac{3-\sqrt{5}}{2}\right)\left(x-\frac{3+\sqrt{5}}{2}\right),$$

由分解的唯一性得 a,b 分别为$\frac{3-\sqrt{5}}{2}$和$\frac{3+\sqrt{5}}{2}$,这与 a,b 是有理数矛盾.

2. 分别在复数域、实数域和有理数域上将多项式 x^4+1 分解为不可约因式的乘积.

解　由复数的 n 次方根可得 x^4+1 在复数域上的分解式为

$$x^4+1=\left(x-\frac{\sqrt{2}}{2}(1+\mathrm{i})\right)\left(x-\frac{\sqrt{2}}{2}(1-\mathrm{i})\right)\left(x+\frac{\sqrt{2}}{2}(1+\mathrm{i})\right)\cdot\left(x+\frac{\sqrt{2}}{2}(1-\mathrm{i})\right).$$

在实数域上的分解式为

$$x^4+1=(x^2+1)^2-2x^2=(x^2+\sqrt{2}x+1)(x^2-\sqrt{2}x+1).$$

在有理数域中 x^4+1 不可约.

3. 证明:$g^2(x)\mid f^2(x)$,当且仅当 $g(x)\mid f(x)$.

证　充分性显然成立.下证必要性,即 $g^2(x)\mid f^2(x)$,则$g(x)\mid f(x)$.

若 $g(x)=0$，那么 $f(x)=0$，所以 $g(x)\mid f(x)$.

若 $g(x)\neq 0$，设 $(g(x),f(x))=d(x)$，$f(x)=f_1(x)d(x)$，$g(x)=g_1(x)d(x)$，则 $d(x)\neq 0$，且 $(g_1(x),f_1(x))=1$. 由 $g^2(x)\mid f^2(x)\Rightarrow g_1^2(x)\mid f_1^2(x)$，$g_1(x)\mid f_1^2(x)$，$g_1(x)$是 $g_1(x)$与$f_1^2(x)$的公因式. 又由互素多项式性质知，$(g_1(x),f_1^2(x))=1$，故$g_1(x)=c\ (c\neq 0)$，$g(x)=cd(x)$，所以 $g(x)\mid f(x)$.

4. (i) 求 $f(x)=x^5-x^4-2x^3+2x^2+x-1$ 在 $\mathbf{Q}[x]$内的典型分解式；

(ii) 求 $f(x)=2x^5-10x^4+16x^3-16x^2+14x-6$ 在 $\mathbf{R}[x]$内的典型分解式.

解 (i)
$$\begin{aligned}f(x)&=x^4(x-1)-2x^2(x-1)+(x-1)=(x-1)(x^4-2x^2+1)\\&=(x-1)(x^2-1)^2=(x-1)^3(x+1)^2.\end{aligned}$$

(ii) 类似可得 $f(x)=2(x-1)^2(x-3)(x^2+1)$.

5. 证明：数域 F 上一个次数大于零的多项式 $f(x)$是 $F[x]$中某一不可约多项式的幂的充分且必要条件，是对于任意 $g(x)\in F[x]$，或者$(f(x),g(x))=1$，或者存在一个正整数 m，使得$f(x)\mid g^m(x)$.

证 必要性. 设 $f(x)=p^m(x)$ ($p(x)$不可约)，则对于 $F[x]$中的任意 $g(x)$，或者$(p(x),g(x))=1$，或者 $p(x)\mid g(x)$. 在前一情形有$(f(x),g(x))=1$；在后一情形因 $p^m(x)\mid g^m(x)$，即有 $f(x)\mid g^m(x)$.

充分性. 用反证法. 设 $f(x)$满足条件但有典型分解式
$$f(x)=cp_1^{r_1}(x)p_2^{r_2}(x)\cdots p_s^{r_s}(x),$$
其中 $s>1$，则当 $g(x)=p_1(x)$时，$(f(x),g(x))=p_1(x)\neq 1$ 且$f(x)\nmid g^m(x)$，这与假设条件矛盾. 故必有 $s=1$，即 $f(x)=cp_1^{r_1}(x)$.

6. 设 $p(x)$是 $F[x]$中一个次数大于零的多项式. 如果对于任意 $f(x)$，$g(x)\in F[x]$，只要 $p(x)\mid f(x)g(x)$，就有 $p(x)\mid f(x)$或$p(x)\mid g(x)$，那么$p(x)$不可约.

证 用反证法. 设 $p(x)$满足条件但可约，于是
$$p(x)=p_1(x)p_2(x),$$
其中 $p_1(x)$，$p_2(x)$是次数小于 $p(x)$的两个多项式. 取
$$f(x)=p_1(x),\quad g(x)=p_2(x),$$
显然 $p(x)\mid f(x)g(x)$，但 $p(x)\nmid f(x)$且 $p(x)\nmid g(x)$，与假设矛盾. 故 $p(x)$不可约.

2.5 重 因 式

1. 证明下列关于多项式的导数公式：

(i) $(f(x)+g(x))'=f'(x)+g'(x)$；

(ii) $(f(x)g(x))'=f'(x)g(x)+f(x)g'(x)$.

证 (i) 不失一般性，设

$$f(x)=a_0+a_1x+\cdots+a_nx^n,\quad g(x)=b_0+b_1x+\cdots+b_nx^n,$$

其中某些 a_i,b_i 可以是 0. 于是

$$\begin{aligned}(f(x)+g(x))'&=((a_0+b_0)+(a_1+b_1)x+\cdots+(a_n+b_n)x^n)'\\&=(a_1+b_1)+\cdots+n(a_n+b_n)x^{n-1}\\&=(a_1+\cdots+na_nx^{n-1})+(b_1+\cdots+nb_nx^{n-1})\\&=f'(x)+g'(x).\end{aligned}$$

(ii) 关于多项式假设同上. 通过比较多项式系数可知，$(f(x)g(x))'$ 中 x^{k-1} 的系数等于 $f(x)g(x)$ 中 x^k 的系数的 k 倍，即

$$k(a_0b_k+a_1b_{k-1}+\cdots+a_kb_0)=k\sum_{i=0}^{k}a_ib_{k-i}.$$

而 $f(x)g'(x)$ 与 $f'(x)g(x)$ 中 x^{k-1} 的系数分别为

$$\sum_{i=0}^{k-1}(k-i)a_ib_{k-i}\quad 和\quad \sum_{i=1}^{k}ia_ib_{k-i},$$

$$\begin{aligned}\sum_{i=1}^{k}ia_ib_{k-i}+\sum_{i=0}^{k-1}(k-i)a_ib_{k-i}&=\sum_{i=1}^{k-1}ia_ib_{k-i}+ka_kb_0+\sum_{i=1}^{k-1}(k-i)a_ib_{k-i}+ka_0b_k\\&=ka_kb_0+k\sum_{i=1}^{k-1}a_ib_{k-i}+ka_0b_k=k\sum_{i=0}^{k}a_ib_{k-i},\end{aligned}$$

故
$$(f(x)g(x))'=f'(x)g(x)+f(x)g'(x).$$

2. 设 $p(x)$是 $f(x)$的导数 $f'(x)$的 $k-1$ 重因式，证明：

(i) $p(x)$未必是 $f(x)$的 k 重因式；

(ii) $p(x)$是 $f(x)$的 k 重因式的充分且必要条件是$p(x)\mid f(x)$.

证 (i) 设 $f(x)=x^3+4$，则 x 是 $f'(x)=3x^2$ 的二重因式，但不是 $f(x)$ 的因式，更不是 $f(x)$的三重因式.

(ii) 必要性. 根据定义，命题显然成立.

充分性. 由于 $p(x)\mid f(x)$，可设 $p(x)$是 $f(x)$的 s 重因式($s\geqslant1$). 于是 $p(x)$是 $f'(x)$的 $s-1$ 重因式. 由题设知 $s-1=k-1$，故 $s=k$.

3. 证明有理系数多项式

$$f(x)=1+x+\frac{x^2}{2!}+\cdots+\frac{x^n}{n!}$$

没有重因式.

证　因　$f'(x)=1+x+\cdots+\frac{x^{n-1}}{(n-1)!}$，　$f(x)=f'(x)+\frac{x^n}{n!}$.

设 $h(x)\mid f(x)$ 且 $h(x)\mid f'(x)$，则

$$h(x)\mid(f(x)-f'(x)),$$

即

$$h(x)\left|\frac{x^n}{n!}\right.,$$

故

$$h(x)=cx^k(c\neq 0,k=0,1,2,\cdots,n).$$

但显然 $cx^k(1\leqslant k\leqslant n)$ 都不是 $f(x)$ 的因式，只能 $k=0$. 于是

$$(f(x),f'(x))=1.$$

由教材中定理 2.5.2 可知，$f(x)$ 没有重因式.

4. a,b 应满足什么条件，下列的有理系数多项式才能有重因式？

(i) $x^3+3ax+b$;　　(ii) $x^4+4ax+b$.

解　(i) 为使 $f(x)$ 有重因式，必需且只需 $f(x),f'(x)$ 有最大公因式 $d(x)\neq 1$. 应用辗转相除法，将 $f(x)$ 乘以 3 后除以 $f'(x)$，即

$$\begin{array}{r|l} & 3x^2+3a \\ 3x^3+0+9ax+3b & x \\ 3x^3\quad+3ax & \\ \hline r_1(x)\qquad 6ax+3b & \end{array}$$

用 $\frac{1}{3}r_1(x)$ 除 $2af'(x)$，即

$$\begin{array}{r|l} & 2ax+b \\ 6ax^2+\ 0\ +6a^2 & 3x-3b \\ 6ax^2+3bx\qquad & \\ \hline -3bx\ +\ 6a^2 & \\ (\text{乘以 }2a\text{，再相除})\quad -6abx+12a^3 & \\ -6abx-3b^2 & \\ \hline r_2(x)\qquad 12a^3+3b^2 & \end{array}$$

为使 $d(x)\neq 1$，必需且只需 $r_2(x)=12a^3+b^2=0$.

(ii) 以$\frac{1}{4}f'(x)=x^3+a$除$f(x)$,即

$$
\begin{array}{r|l}
x^4+0+0+4ax+b & x^3+a \\ \hline
x^4+0+0+\ \ ax & x \\ \hline
r_1(x)\qquad 3ax+b &
\end{array}
$$

以$3a(x^3+a)$除以$r_1(x)$,即

$$
\begin{array}{r|l}
3ax^3+0+0+3a^2 & 3ax+b \\ \hline
3ax^3+bx^2 & x^2-bx+b^2 \\ \hline
-bx^2\quad +0+3a^2 & \\
(\text{乘以 }3a,\text{再相除})\ -3abx^2+0+9a^3 & \\
-3abx^2-b^2x & \\ \hline
b^2x\quad +9a^3 & \\
(\text{乘以 }3a,\text{再相除})\quad 3ab^2x+27a^4 & \\
3ab^2x+b^3 & \\ \hline
27a^4-b^3 &
\end{array}
$$

为使$x^4+4ax+b$有重因式,或$(f(x),f'(x))\neq1$,必需且只需$27a^4-b^3=0$.

5. 证明:数域F上的一个n次多项式$f(x)$能被它的导数整除的充分且必要条件是$f(x)=a(x-b)^n$,这里a,b是F中的数.

证 充分性.依题设$f(x)=a(x-b)^n$,$a\neq0$,$n>0$.于是$f'(x)=na(x-b)^{n-1}$,所以$f'(x)\mid f(x)$.

必要性.对$f(x)$作典型分解,设

$$f(x)=ap_1^{m_1}(x)p_2^{m_2}(x)\cdots p_t^{m_t}(x),$$

其中$p_i(x)$都是不可约因式,则

$$f'(x)=p_1^{m_1-1}(x)p_2^{m_2-1}(x)\cdots p_t^{m_t-1}(x)\varphi(x),$$

$\varphi(x)$与$p_i(x)$ $(1\leqslant i\leqslant t)$互素.由$f'(x)\mid f(x)$知,$\varphi(x)=c$ (c为常数).

于是 $\partial^\circ(f(x))=\partial^\circ(f'(x))+\partial^\circ(p_1(x))+\partial^\circ(p_2(x))+\cdots+\partial^\circ(p_t(x))$,

但 $$\partial^\circ(f(x))=\partial^\circ(f'(x))+1,$$

从而 $$\partial^\circ(p_1(x))+\partial^\circ(p_2(x))+\cdots+\partial^\circ(p_t(x))=1.$$

注意到 $$\partial^\circ(p_i(x))\geqslant1\quad(i=1,2,\cdots,t),$$

故断定$t=1$且$\partial^\circ(p_1(x))=1$,$m_1=n$,即

$$f(x)=a(x-b)^n.$$

2.6　多项式函数　多项式的根

1. 设 $f(x)=2x^5-3x^4-5x^3+1$,求 $f(3)$,$f(-2)$.

解　通过代入计算或综合除法,可得

$$f(3)=109,\quad f(-2)=-71.$$

2. 说数环 R 的一个数 c 是 $f(x)\in R[x]$的一个 k 重根,如果$f(x)$可以被$(x-c)^k$ 整除,但不被$(x-c)^{k+1}$整除.判断 5 是不是多项式 $f(x)=3x^5-224x^3+742x^2+5x+50$ 的根,如果是,是几重根?

解　用 $x-5$ 除 $f(x)$,作综合除法,得

5	3	0	−224	742	5	50
		15	75	−745	−15	−50
	3	15	−149	−3	−10	0

得　　$g_1(x)=3x^4+15x^3-149x^2-3x-10,\quad r_1(x)=f(5)=0.$

再以 $x-5$ 除 $g_1(x)$,仍用综合除法,得

5	3	15	−149	−3	−10
		15	150	5	10
	3	30	1	2	0

得　　$g_2(x)=3x^3+30x^2+x+2,\quad r_2(x)=g_1(5)=0.$

再以 $x-5$ 除 $g_2(x)$,仍用综合除法,得

5	3	30	1	2
		15	225	1130
	3	45	226	1132

得　　$g_3(x)=3x^2+45x+226,\quad r_3(x)=g_2(5)=1132\neq 0.$

由此知,5 是多项式 $f(x)$的根,且为二重根.

3. 设 $2x^3-x^2+3x-5=a(x-2)^3+b(x-2)^2+c(x-2)+d$,求 a,b,c,d.(提示:应用综合除法.)

解　由 $f(x)=2x^3-x^2+3x-5=a(x-2)^3+b(x-2)^2+c(x-2)+d$

$$=((a(x-2)+b)(x-2)+c)(x-2)+d$$

可知，以 $x-2$ 除 $f(x)$ 得余数 d；再以 $x-2$ 除商 $q_1(x)$ 得余数 c；再以 $x-2$ 除第二次商 $q_2(x)$ 得余数 b，易知 $a=2$，也是第三次除法所得之商．算式如下：

2	2	−1	3	−5	
		4	6	18	
	2	3	9	13	$d=r_1=13$
		4	14		
	2	7	23		$c=r_2=23$
		4			
	2	11			$b=r_3=11$
					$a=q_3=2$

结果有 $$f(x)=2x^3-x^2-3x-5$$
$$=2(x-2)^3+11(x-2)^2+23(x-2)+13.$$

4. 将下列多项式 $f(x)$ 表成 $x-a$ 的多项式．

(i) $f(x)=x^5$，$a=1$；

(ii) $f(x)=x^4-2x^2+3$，$a=-2$．

解 (i) 用综合除法．算式如下：

1	1	0	0	0	0	0	
		1	1	1	1	1	
	1	1	1	1	1	1	… r_1
		1	2	3	4		
	1	2	3	4	5	… r_2	
		1	3	6			
	1	3	6	10	… r_3		
		1	4				
	1	4	10	… r_4			
		1					
	1	5	… r_5				
	q_5						

所以，有 $$x^5=(x-1)(x^4+x^3+x^2+x+1)+1,$$
$$x^4+x^3+x^2+x+1=(x-1)(x^3+2x^2+3x+4)+5,$$
$$x^3+2x^2+3x+4=(x-1)(x^2+3x+6)+10,$$
$$x^2+3x+6=(x-1)(x+4)+10,$$

$$x+4=(x-1)+5,$$

综合得　$x^5=(x-1)^5+5(x-1)^4+10(x-1)^3+10(x-1)^2+5(x-1)+1.$

(ii) 仍用综合除法.算式如下：

$$
\begin{array}{r|rrrrrrl}
-2 & 1 & 0 & -2 & 0 & 3 & & \\
 & & -2 & 4 & -4 & 8 & & \\
\hline
 & 1 & -2 & 2 & -4 & 11 & \cdots & r_1 \\
 & & -2 & 8 & -20 & & & \\
\hline
 & 1 & -4 & 10 & -24 & \cdots & r_2 & \\
 & & -2 & 12 & & & & \\
\hline
 & 1 & -6 & 22 & \cdots & r_3 & & \\
 & & -2 & & & & & \\
\hline
 & 1 & -8 & \cdots & r_4 & & & \\
 & q_4 & & & & & &
\end{array}
$$

得　$x^4-2x^3+3=(x+2)^4-8(x+2)^3+22(x+2)^2-24(x+2)+11.$

5. 求一个次数小于 4 的多项式 $f(x)$，使 $f(2)=3,f(3)=-1,f(4)=0,$ $f(5)=2.$

解　由拉格朗日插值公式，得

$$
\begin{aligned}
f(x) &= \sum_{i=1}^{n+1}\frac{b_i(x-a_1)\cdots(x-a_{i-1})(x-a_{i+1})\cdots(x-a_{n+1})}{(a_i-a_1)\cdots(a_i-a_{i-1})(a_i-a_{i+1})\cdots(a_i-a_{n+1})} \\
&= \frac{3(x-3)(x-4)(x-5)}{(2-3)(2-4)(2-5)}-\frac{(x-2)(x-4)(x-5)}{(3-2)(3-4)(3-5)}+0 \\
&\quad +\frac{2(x-2)(x-3)(x-4)}{(5-2)(5-3)(5-4)} \\
&= -\frac{2}{3}x^3+\frac{17}{2}x^2-\frac{203}{6}x+42.
\end{aligned}
$$

6. 求一个 2 次多项式，使它在 $x=0,\frac{\pi}{2},\pi$ 处与函数 $\sin x$ 有相同的值.

解　依题意，有

$$f(0)=\sin 0=0,\quad f\left(\frac{\pi}{2}\right)=\sin\frac{\pi}{2}=1,\quad f(\pi)=\sin\pi=0,$$

按拉格朗日插值公式，有

$$f(x)=\frac{1\cdot(x-0)\cdot(x-\pi)}{\left(\frac{\pi}{2}-0\right)\left(\frac{\pi}{2}-\pi\right)}=-\frac{4}{\pi^2}x(x-\pi).$$

7. 设 $f(x)$,$g(x)$是两个多项式,并且 $f(x^3)+xg(x^3)$可以被 x^2+x+1 整除.证明:$f(1)=g(1)=0$.

证 根据余数定理,可设

$$f(x)=(x-1)f_1(x)+f(1),\quad g(x)=(x-1)g_1(x)+g(1),$$

于是 $f(x^3)+xg(x^3)=((x^3-1)f_1(x^3)+f(1))+x((x^3-1)g_1(x^3)+g(1))$

$$=(x^3-1)(f_1(x^3)+xg_1(x^3))+g(1)x+f(1)$$

$$=(x^2+x+1)q(x)+(g(1)x+f(1)),$$

其中 $$q(x)=(x-1)(f_1(x^3)+xg_1(x^3)).$$

由于 $f(x^3)+xg(x^3)$能被 x^2+x+1 整除,所以 $r(x)=g(1)x+f(1)=0$,从而$f(1)=g(1)=0$.

8. 令 c 是一个复数,并且是 $\mathbf{Q}[x]$ 中一个非零多项式的根.令 $J=\{f(x)\in\mathbf{Q}[x]\mid f(c)=0\}$.证明:

(i) 在 J 中存在唯一的最高次项系数为 1 的多项式 $p(x)$,使得 J 中每一多项式 $f(x)$都可以写成 $p(x)\cdot q(x)$的形式,其中 $q(x)\in\mathbf{Q}[x]$;

(ii) $p(x)$在 $\mathbf{Q}[x]$中不可约.

如果 $c=\sqrt{2}+\sqrt{3}$,求上述的 $p(x)$.

(提示:取 $p(x)$是 J 中次数最低的、最高次项系数为 1 的多项式.)

证 (i) 由于 c 的不同情况,J 中 $f(x)$的最低次数是不同的正整数.设 $p(x)$是 J 中次数最低、最高次项系数为 1 的多项式,则 J 中任一 $f(x)$必可写成 $p(x)q(x)$且 $q(x)\in\mathbf{Q}[x]$.否则,设 $f(x)=p(x)q(x)+r(x)$,其中 $r(x)\neq 0$,$\partial^\circ(r(x))<\partial^\circ(p(x))$,$r(x)$、$q(x)\in\mathbf{Q}[x]$,那么 $r(c)=f(c)-p(c)q(c)=0$,从而 $r(x)\in J$.这与 $p(x)$是 J 中次数最低的多项式矛盾.

若 J 中 $p_1(x)$也满足同样条件,那么

$$p(x)=p_1(x)q_1(x),\ p_1(x)=p(x)q(x)\Rightarrow p(x)=p(x)q(x)q_1(x),$$

$$q(x)q_1(x)=1,\quad 故\quad q(x)=c.$$

又由于 $p(x)$,$p_1(x)$首项系数均为 1,所以 $c=1$.可见 $p_1(x)=p(x)$,即满足条件的 $p(x)$唯一.

(ii) 用反证法.若 $p(x)$在 $\mathbf{Q}[x]$中可约,则有

$$p(x)=p_1(x)p_2(x),$$

其中$p_1(x)$,$p_2(x)$的次数都低于 $p(x)$.由于

$$p(c)=p_1(c)p_2(c)=0,$$

故 $p_1(c)=0$ 或 $p_2(c)=0$,从而 $p_1(x)\in J$ 或 $p_2(x)\in J$.这与 $p(x)$是 J 中次

数最低的多项式矛盾.

设 $c=\sqrt{2}+\sqrt{3}$,因 $p(c)=0$ 且 $p(x)$ 的系数均为有理数,故 $p(x)$ 应同时含有因式 $x-(\sqrt{2}+\sqrt{3})$,$x-(\sqrt{2}-\sqrt{3})$,$x+(\sqrt{2}+\sqrt{3})$,$x+(\sqrt{2}-\sqrt{3})$,再由于 $p(x)$ 次数最低且首项系数为 1,故取

$$p(x)=[x-(\sqrt{2}+\sqrt{3})][x-(\sqrt{2}-\sqrt{3})]\cdot[x+(\sqrt{2}+\sqrt{3})][x+(\sqrt{2}-\sqrt{3})]$$
$$=x^4-10x^2+1.$$

9. 设 $\mathbf{C}[x]$ 中多项式 $f(x)\neq 0$ 且 $f(x)\mid f(x^n)$,n 是一个大于 1 的整数.证明:$f(x)$ 的根只能是零或单位根.

(提示:如果 c 是 $f(x)$ 的根,那么 $c^n,c^{n^2},c^{n^3},\cdots$ 都是 $f(x)$ 的根.)

证　因为 $f(x)\mid f(x^n)$,$f(x^n)=f(x)g(x)$,$g(x)\in\mathbf{C}[x]$,如果 c 是 $f(x)$ 的根,那么

$$f(c)=0,f(c^n)=f(c)g(c)=0,f(c^{n^2})=f(c^n)g(c^n)=0,\cdots,$$

故 $c,c^n,c^{n^2},\cdots$ 都是 $f(x)$ 的根.但由于 $f(x)\neq 0$,$f(x)$ 在 $\mathbf{C}$ 中不同的根是有限的,因而有正整数 $s,t(s<t)$,使 $c^{n^s}=c^{n^t}$,即 $c^{n^s}(c^{n^t-n^s}-1)=0$,故 $c=0$ 或 c 是单位根.

2.7　复数和实数域上多项式

1. 设 n 次多项式 $f(x)=a_0x^n+a_1x^{n-1}+\cdots+a_{n-1}x+a_n$ 的根是 α_1,α_2,$\cdots$,α_n.求:

(i) 以 $c\alpha_1,c\alpha_2,\cdots,c\alpha_n$ 为根的多项式,这里 c 是一个数;

(ii) 以 $\frac{1}{\alpha_1},\frac{1}{\alpha_2},\cdots,\frac{1}{\alpha_n}$(假定 $\alpha_1,\alpha_2,\cdots,\alpha_n$ 都不等于零)为根的多项式.

解　(i) 若 $c=0$,则 $c\alpha_1=c\alpha_2=\cdots=c\alpha_n=0$,可取 $g(x)=x^n$;若 $c\neq 0$,则由

$$f\left(\frac{c\alpha_i}{c}\right)=f(\alpha_i)=0\quad(i=1,2,\cdots,n)$$

可知 $c\alpha_i$ 是 $f\left(\frac{x}{c}\right)=0$ 的根,取

$$g(x)=c^n\cdot f\left(\frac{x}{c}\right)=a_0x^n+a_1cx^{n-1}+\cdots+a_{n-1}c^{n-1}x+a_nc^n$$

即可.

(ii) 由 $f(\alpha_i)=0$ 及 $\alpha_i\neq 0$ $(i=1,2,\cdots,n)$ 知 $f\left(\frac{1}{1/\alpha_i}\right)=0$,即 $\frac{1}{\alpha_i}$ 使 $f\left(\frac{1}{x}\right)$ 的值为 0.取

$$g(x)=x^n f\left(\frac{1}{x}\right)=x^n\left(a_0\cdot\frac{1}{x^n}+a_1\cdot\frac{1}{x^{n-1}}+\cdots+a_{n-1}\cdot\frac{1}{x}+a_n\right)$$

$$=a_0+a_1x+\cdots+a_{n-1}x^{n-1}+a_nx^n,$$

则 $g(x)$是以$\frac{1}{\alpha_1},\frac{1}{\alpha_2},\cdots,\frac{1}{\alpha_n}$为根的多项式.

2. 设 $f(x)$是一个多项式,用$\overline{f}(x)$表示把 $f(x)$的系数分别换成它们的共轭数后所得的多项式.证明:

(i) 若 $g(x)\mid f(x)$,那么 $\overline{g}(x)\mid\overline{f}(x)$;

(ii) 若 $d(x)$是 $f(x)$和$\overline{f}(x)$的一个最大公因式,并且 $d(x)$的最高次项系数是1,那么 $d(x)$是一个实系数多项式.

证 (i) 由 $g(x)\mid f(x)\Rightarrow f(x)=g(x)q(x)\Rightarrow\overline{f}(x)=\overline{g}(x)\overline{q}(x)$,所以 $\overline{g}(x)\mid\overline{f}(x)$.

(ii) 若 $d(x)=(f(x),\overline{f}(x))$,则有 $u(x),v(x)$,使

$$f(x)u(x)+\overline{f}(x)v(x)=dx,$$

所以

$$\overline{d}(x)=\overline{f}(x)\overline{u}(x)+f(x)\overline{v}(x).$$

又由 $d(x)\mid f(x),d(x)\mid\overline{f}(x)$,可得 $\overline{d}(x)\mid\overline{f}(x),\overline{d}(x)\mid f(x)$,所以$\overline{d}(x)=(f(x),\overline{f}(x))$,从而 $d(x)=\overline{d}(x)$,故 $d(x)$是实系数多项式.

3. 给出实系数四次多项式在实数域上所有不同类型的典型分解式.

解 设 $f(x)$是首项系数为 a 的多项式.首先按根的性质分三种情形.

(1) $f(x)$所有根 α_i $(i=1,2,3,4)$都是实根,则

$$f(x)=a(x-\alpha_1)(x-\alpha_2)(x-\alpha_3)(x-\alpha_4).$$

(2) $f(x)$有两个实根及一对非实共轭复根,即 $\alpha_1,\alpha_2,\beta,\bar{\beta}$,

$$f(x)=a(x-\alpha_1)(x-\alpha_2)\cdot[x^2-(\beta+\bar{\beta})x+\beta\bar{\beta}]$$

$$=(x-\alpha_1)(x-\alpha_2)(x^2+p_1x+q_1);$$

(3) $f(x)$有两对非实共轭复根,即 $\alpha,\bar{\alpha},\beta,\bar{\beta}$,故

$$f(x)=a(x^2+p_1x+q_1)(x^2+p_2x+q_2).$$

然后,在各情形下因重因子的数目不同,又分为一些不同的类型.综合得 $f(x)$在实数域上的典型分解式有如下 9 个类型:

$$a(x-b)^4;\quad a(x-b)^3(x-c);\quad a(x-b)^2(x-c)^2;$$

$$a(x-b)^2(x-c)(x-d);\quad a(x-b)(x-c)(x-d)(x-e);$$

$$a(x-b)^2(x^2+px+q);\quad a(x-b)(x-c)(x^2+px+q);$$

$$a(x^2+px+q)^2;\quad a(x^2+p_1x+q_1)(x^2+p_2x+q_2).$$

4. 在复数域和实数域上，分解 x^n-2 为不可约因式的乘积.

解 x^n-2 在复数域上的 n 个根为

$$\varepsilon_k=\sqrt[n]{2}\left(\cos\frac{2k\pi}{n}+i\sin\frac{2k\pi}{n}\right)=\sqrt[n]{2}\varepsilon^k\quad(k=0,1,2,\cdots,n-1),$$

其中 $\varepsilon=\cos\frac{2\pi}{n}+i\sin\frac{2\pi}{n}$，故在复数域上，有

$$x^n-2=(x-\sqrt[n]{2})(x-\sqrt[n]{2}\varepsilon)\cdots(x-\sqrt[n]{2}\varepsilon^{n-1}).$$

容易看出，当 n 为奇数时，仅 ε_0 为实根，其余为成对的非实共轭复根；当 n 为偶数时，ε_0 及 $\varepsilon_{\frac{n}{2}}$ 是实根，其余为成对非实共轭复根. 故在实数域内，当 n 为奇数时，x^n-2 的不可约因式分解式为

$$x^n-2=(x-\sqrt[n]{2})\left(x^2-2\sqrt[n]{2}x\cos\frac{2\pi}{n}+\sqrt[n]{4}\right)\cdot\cdots\cdot\left(x^2-2\sqrt[n]{2}x\cos\frac{(n-1)\pi}{n}+\sqrt[n]{4}\right);$$

当 n 为偶数时，x^n-2 的不可约因式分解式为

$$x^n-2=(x-\sqrt[n]{2})(x+\sqrt[n]{2})\left(x^2-2\sqrt[n]{2}x\cos\frac{2\pi}{n}+\sqrt[n]{4}\right)\cdot\cdots$$

$$\cdot\left(x^2-2\sqrt[n]{2}x\cos\frac{(n-2)\pi}{n}+\sqrt[n]{4}\right).$$

5. 证明：数域 F 上任意一个不可约多项式在复数域内没有重根.

证 设 $p(x)$ 是 F 上不可约多项式，则 $(p(x),p'(x))=1$. 因多项式的最大公因式不因数域扩大而改变，所以在复数域内仍有 $(p(x),p'(x))=1$，故 $p(x)$ 在复数域上无重根.

2.8 有理数域上多项式

1. 证明以下多项式在有理数域上不可约：

(i) $x^4-2x^3+8x-10$；　　(ii) $2x^5+18x^4+6x+6$；

(iii) x^4-2x^3+2x-3；　　(iv) x^6+x^3+1.

证 (i) $a_n=1,a_0=-10$. 素数 $p=2$ 不能整除 a_n，而能整除其他系数，但 a_0 不能被 p^2 整除. 根据艾森斯坦定理，多项式 $f(x)$ 在有理数域上不可约.

(ii) 从素数 $p=3$，看出多项式满足艾森斯坦条件，在有理数域上不可约.

(iii) 设 $g(y)=f(y+1)=(y+1)^4-2(y+1)^3+2(y+1)-3$

$$=y^4+2y^3-2,$$

取 $p=2$，由艾森斯坦定理知，$g(y)$ 在有理数域上不可约，从而 $f(x)$ 在有理数

域上也不可约.

(iv) 设 $g(y)=f(y+1)=(y+1)^6+(y+1)^3+1$
$$=y^6+6y^5+15y^4+21y^3+18y^2+9y+3,$$
取 $p=3$,可见 $g(y)$满足艾森斯坦条件,于是 $g(y)$在有理数域不可约,从而 $f(x)$ 在有理数域上也不可约.

2. 利用艾森斯坦法,证明:若 $p_1,p_2,\cdots,p_t$ 是 t 个不相同的素数,而 n 是一个大于 1 的整数,那么$\sqrt[n]{p_1p_2\cdots p_n}$是一个无理数.

证 考虑多项式 $x^n-p_1p_2\cdots p_t$ 及素数 p_1,因 $p_1,p_2,\cdots,p_t$ 互不相同,多项式满足艾森斯坦判别法,$x^n-p_1p_2\cdots p_t$ 在有理数域上不可约. 因 $n>1$,$x^n-p_1p_2\cdots p_t$ 没有有理根,而 $\sqrt[n]{p_1p_2\cdots p_t}$是它的一个实根,因而为无理数.

3. 设 $f(x)$是一个整系数多项式. 证明:若 $f(0)$和 $f(1)$都是奇数,那么 $f(x)$不能有整数根.

证 用反证法. 设 α 是 $f(x)$的一个整数根,则 $f(x)=(x-\alpha)f_1(x)$. 由综合除法知,商 $f_1(x)$也是整系数多项式,于是
$$f(0)=-\alpha f_1(0),\quad f(1)=(1-\alpha)f_1(1).$$
因为 α 与 $1-\alpha$ 总有一个为偶数,从而 $f(0)$与 $f(1)$至少有一个为偶数,这与题设 $f(0)$,$f(1)$都是奇数矛盾,故 $f(x)$无整数根.

4. 求以下多项式的有理根:

(i) $x^3-6x^2+15x-14$; (ii) $4x^4-7x^2-5x-1$;

(iii) $x^5-x^4-\frac{5}{2}x^3+2x^2-\frac{1}{2}x-3$.

解 (i) $v_j=\pm1$, $u_i=\pm2,\pm7$, $\frac{u_i}{v_j}=\pm2,\pm7$;
$$f(1)=-4,\quad f(-1)=-36.$$
当且仅当 $\alpha=2$ 时,$\frac{f(1)}{1-\alpha}$及$\frac{f(-1)}{1+\alpha}$都是整数,故取$\frac{u_i^*}{v_j}=2$ 进行试验. 由综合除法,得

$$\begin{array}{r|rrrr} 2 & 1 & -6 & 15 & -14 \\ & & 2 & -8 & 14 \\ \hline & 1 & -4 & 7 & 0 \end{array}\qquad\qquad \begin{array}{r|rrr} 2 & 1 & -4 & 7 \\ & & 2 & -4 \\ \hline & 1 & -2 & 3 \end{array}$$

可见,$\alpha=2$ 是所给多项式唯一的有理根,且是单根.

(ii) $v_j=\pm1,\pm2,\pm4$, $u_i=\pm1$, $\frac{u_i}{v_j}=\pm1,\pm\frac{1}{2},\pm\frac{1}{4}$;

$$f(1)=-9,\quad f(-1)=1.$$

当且仅当 $\alpha=-\dfrac{1}{2}$ 时，$\dfrac{f(1)}{1-\alpha}$ 及 $\dfrac{f(-1)}{1+\alpha}$ 都是整数，故取 $\dfrac{u_i^*}{v_j}=-\dfrac{1}{2}$ 进行试验. 由综合除法知，$\alpha=-\dfrac{1}{2}$ 是所给多项式的二重有理根.

(iii) $v_j=\pm1,\quad u_i=\pm1,\pm3,\quad \dfrac{u_i}{v_j}=\pm1,\pm3.$

$$f(1)=-4,\quad f(-1)=0.$$

由综合除法知，$\alpha=-1$ 是 $f(x)$ 的单根，即

$$f(x)=(x+1)\left(x^4-2x^3-\frac{1}{2}x^2+\frac{5}{2}x-3\right).$$

下面讨论

$$f_1(x)=x^4-2x^3-\frac{1}{2}x^2+\frac{5}{2}x-3$$

的有理根，并以

$$2f_1(x)=2x^4-4x^3-x^2+5x-6$$

代替 $f_1(x)$ 进行讨论，它们有相同的根. 这里

$$v_j=\pm1,\pm2,\quad u_i=\pm1,\pm2,\pm3,\quad \frac{u_i}{v_j}=\pm1,\pm2,\pm\frac{1}{2},\pm\frac{3}{2};$$

$$f(1)=-4,\quad f(-1)=-6.$$

由于只有当 $\alpha_1=\dfrac{1}{2},\alpha_2=2$ 时，$\dfrac{f(1)}{1-\alpha}$ 及 $\dfrac{f(-1)}{1+\alpha}$ 才都是整数，故只对 $\dfrac{u_i^*}{v_j}=\dfrac{1}{2}$ 或 2 进行试验. 由综合除法知，2 是 $f_1(x)$ 也是 $f(x)$ 的单根.

综上所述，-1 和 2 是 $f(x)$ 的两个有理单根.

2.9　多元多项式

1. 写出一个数域 F 上三元三次多项式的一般形式.

解　
$$\begin{aligned}f(x,y,z)=&a_{000}+(a_{100}x+a_{010}y+a_{001}z)+(a_{200}x^2+a_{110}xy+a_{101}xz\\&+a_{020}y^2+a_{011}yz+a_{002}z^2)+(a_{300}x^3+a_{210}x^2y+a_{201}x^2z\\&+a_{120}xy^2+a_{111}xyz+a_{102}xz^2+a_{030}y^3+a_{021}y^2z\\&+a_{012}yz^2+a_{003}z^3),\end{aligned}$$

其中 $a_{ijk}\in F$.

2. 设 $f(x_1,x_2,\cdots,x_n)$ 是一个 r 次齐次多项式，t 是任意数. 证明：$f(tx_1,tx_2,\cdots,tx_n)=t^rf(x_1,x_2,\cdots,x_n)$.

证　设 $f(x_1,x_2,\cdots,x_n)=\displaystyle\sum_{s_1+\cdots+s_n=r}a_{s_1\cdots s_n}x_1^{s_1}x_2^{s_2}\cdots x_n^{s_n}$,

则 $$f(tx_1,tx_2,\cdots,tx_n)=\sum_{s_1+\cdots+s_n=r}a_{s_1\cdots s_n}(tx_1)^{s_1}(tx_2)^{s_2}\cdots(tx_n)^{s_n}$$
$$=\sum_{s_1+\cdots+s_n=r}a_{s_1\cdots s_n}t^{s_1+\cdots+s_n}x_1^{s_1}x_2^{s_2}\cdots x_n^{s_n}$$
$$=t^r f(x_1,x_2,\cdots,x_n).$$

3. 设 $f(x_1,x_2,\cdots,x_n)$是数域 F 上一个 n 元齐次多项式,证明:如果 $f(x_1,x_2,\cdots,x_n)=g(x_1,x_2,\cdots,x_n)h(x_1,x_2,\cdots,x_n)$,则 g,h 也是 n 元齐次多项式.

证 用反证法.设 g,h 中至少有一个不是齐次多项式,不妨设 h 不是齐次多项式,其中
$$g=g_1+g_2+\cdots+g_s,\quad 1\leqslant s,$$
$g_i(i=1,2,\cdots,s)$是齐次多项式;
$$h=h_1+h_2+\cdots+h_t,\quad 1<t,$$
$h_j(j=1,2,\cdots,t)$是齐次多项式,并且假定
$$\partial^\circ(g_1)\geqslant\partial^\circ(g_2)\geqslant\cdots\geqslant\partial^\circ(g_s),\quad \partial^\circ(h_1)>\partial^\circ(h_2)>\cdots>\partial^\circ(h_t),$$
于是 $$f=gh=(g_1+g_2+\cdots+g_s)(h_1+h_2+\cdots+h_t)$$
$$=g_1h_1+g_2h_2+\cdots+g_sh_t,$$
其中 g_1h_1 与 g_sh_t 都不能消去.又显然$\partial^\circ(g_1h_1)>\partial^\circ(g_sh_t)$,这与 f 是齐次多项式矛盾,所以 g,h 都是齐次多项式.

4. 把多项式 $x^3+y^3+z^3-3xyz$ 写成两个多项式的乘积.

解 $$x^3+y^3+z^3-3xyz=(x^2+y^2+z^2)(x+y+z)-x^2y-x^2z-xy^2$$
$$-y^2z-xz^2-yz^2-3xyz$$
$$=(x^2+y^2+z^2)(x+y+z)-xy(x+y+z)$$
$$-yz(x+y+z)-xz(x+y+z)$$
$$=(x+y+z)(x^2+y^2+z^2-xy-yz-xz).$$

5. 设 F 是一个数域,$f,g\in F[x_1,x_2,\cdots,x_n]$是 F 上 n 元多项式.如果存在 $h\in F[x_1,x_2,\cdots,x_n]$使得 $f=gh$,那么就说 g 是 f 的一个因式,或者说 g 整除 f.

(i) 证明:每一多项式 f 都可以被零次多项式 c 和 cf 整除,$c\in F,c\neq 0$.

(ii) 说 $f\in F[x_1,x_2,\cdots,x_n]$是不可约的,如果除了(i)中那两种类型的因式外,$f$ 没有其他的因式.证明:在 $F[x,y]$中,$x,y,x+y,x^2-y$ 都不可约.

(iii) 举一反例证明:当 $n\geqslant 2$ 时,类似于一元多项式的带余除法不成立.

(iv) 说 $f,g\in F[x_1,x_2,\cdots,x_n]$是互素的,如果除了零次多项式外,它们没有次数大于零的公共因式.证明:$x,y\in F[x,y]$是互素的多项式.能否找到 $u(x,y),v(x,y)\in F[x,y]$,使得 $xu(x,y)+yv(x,y)=1$?

证 (i) 由于 $c\neq 0,c,\dfrac{1}{c},cf,\dfrac{1}{c}f\in F[x_1,x_2,\cdots,x_n]$.

而
$$f=c\left(\frac{1}{c}f\right)=\frac{1}{c}(cf),$$
所以 $c\mid f,cf\mid f$.

(ii) 先证 $F[x_1,x_2,\cdots,x_n]$中任意一次多项式不可约.设一次多项式 $f\in F[x_1,x_2,\cdots,x_n]$,且 $f=gh$,则由教材中定理 2.9.2 知
$$\partial^\circ(g)+\partial^\circ(h)=\partial^\circ(f)=1,$$
因而 g 与 h 中必有一个是零次多项式,故 f 不可约.特别地,$x,y,x+y$ 都是 $F[x,y]$中的一次多项式,故不可约.又若 x^2-y 可约,只能是
$$x^2-y=(x+ay)(x+b)=x^2+axy+bx+aby,$$
比较两边对应项系数,有 $a=0,b=0,ab=-1$,矛盾.故 x^2-y 不可约.

(iii) 选取二元多项式
$$f(x,y)=x,\quad g(x,y)=y,$$
对于任何二元多项式 $\varphi(x,y)$,要使 $x=\varphi(x,y)y+r(x,y)$ 而 $r(x,y)=0$ 或 c (c 为常数)都是不可能的,故带余除法定理不成立.

(iv) 因为 x 的因式只有 c 与 cx,cx 不是 y 的因式,故 x 与 y 的公因式只有常数 c,且 $c\neq 0$,x 与 y 互素.又对任意 $u(x,y),v(x,y)$,$xu(x,y)+yv(x,y)$ 没有零次项,所以找不到 $u(x,y)$ 与 $v(x,y)$,使
$$xu(x,y)+yv(x,y)=1.$$

2.10 对称多项式

1. 写出某一数环 R 上三元三次对称多项式的一般形式.

解
$$\begin{aligned}f(x,y,z)=&a_{300}(x^3+y^3+z^3)+a_{210}(x^2y+x^2z+xy^2+y^2z+xz^2\\&+yz^2)+a_{111}xyz+a_{200}(x^2+y^2+z^2)\\&+a_{110}(xy+yz+xz)+a_{100}(x+y+z)+a_{000},\end{aligned}$$
其中 $a_{ijk}\in R$.

2. 令 $R[x_1,x_2,\cdots,x_n]$是数环 R 上 n 元多项式环,S 是由 n 元对称多项式所组成的 $R[x_1,x_2,\cdots,x_n]$的子集.证明:存在 $R[x_1,x_2,\cdots,x_n]$到 S 的一

个双射.

（提示：利用对称多项式的基本定理，建立 $R[x_1,x_2,\cdots,x_n]$ 到 S 的一个双射.）

证　设 $\sigma_1,\sigma_2,\cdots,\sigma_n$ 是 $x_1,x_2,\cdots,x_n$ 的初等对称多项式. 对任意 $f(x_1,x_2,\cdots,x_n)\in R[x_1,x_2,\cdots,x_n]$，规定 $\tau:f(x_1,x_2,\cdots,x_n)\to f(\sigma_1,\sigma_2,\cdots,\sigma_n)$，则 $f(\sigma_1,\sigma_2,\cdots,\sigma_n)$ 是 S 中唯一确定的多项式，即 τ 是 $R[x_1,x_2,\cdots,x_n]$ 到 S 的映射，并且若 $g(x_1,x_2,\cdots,x_n)\neq f(x_1,x_2,\cdots,x_n)$，由教材中引理 2.10.1 知 $g(\sigma_1,\sigma_2,\cdots,\sigma_n)\neq f(\sigma_1,\sigma_2,\cdots,\sigma_n)$，所以 τ 是单射. 又对任意 $g(x_1,x_2,\cdots,x_n)\in S$，由对称多项式基本定理知，有唯一的 $h(\sigma_1,\sigma_2,\cdots,\sigma_n)$，使 $g(x_1,x_2,\cdots,x_n)=h(\sigma_1,\sigma_2,\cdots,\sigma_n)$，于是有

$$h(x_1,x_2,\cdots,x_n)\in R[x_1,x_2,\cdots,x_n],$$

使 $$\tau[h(x_1,x_2,\cdots,x_n)]=h(\sigma_1,\sigma_2,\cdots,\sigma_n)=g(x_1,x_2,\cdots,x_n),$$

所以 τ 是满射. 综上所述，τ 是 $R[x_1,x_2,\cdots,x_n]$ 到 S 的双射.

3. 把下列 n 元对称多项式表成初等对称多项式的多项式：

(i) $\sum x_1^3x_2$；　(ii) $\sum x_1^4$；　(iii) $\sum x_1^2x_2^2x_3$.

解　(i) 用未定系数法.

自 f 的首项 $x_1^3x_2$ 的指数开始，写出满足条件的一切可能的指数组，以及对应的 $\sigma_1,\sigma_2,\cdots,\sigma_n$ 的幂的乘积，列表如下：

指数组	对应的 σ_i 的幂的乘积
31000⋯	$\sigma_1^{3-1}\sigma_2=\sigma_1^2\sigma_2$
22000⋯	$\sigma_1^{2-2}\sigma_2^2=\sigma_2^2$
21100⋯	$\sigma_1^{2-1}\sigma_2^{1-1}\sigma_3^1=\sigma_1\sigma_3$
11110⋯	$\sigma_1^{1-1}\sigma_2^{1-1}\sigma_3^{1-1}\sigma_4^1=\sigma_4$

于是设 $$f=\sum x_1^3x_2=\sigma_1^2\sigma_2+a\sigma_2^2+b\sigma_1\sigma_3+c\sigma_4,\qquad ①$$

由于 $$\begin{aligned}f&=\sum x_1^3x_2\\&=(x_1^3x_2+\cdots+x_1^3x_n)+(x_2^3x_1+x_2^3x_3+\cdots+x_2^3x_n)+\cdots\\&\quad+(x_1x_n^3+\cdots+x_{n-1}x_n^3),\end{aligned}$$

令 $$x_1=x_2=1,\quad x_3=x_4=\cdots=x_n=0,$$

有 $$f=2,\quad \sigma_1=2,\quad \sigma_2=1,\quad \sigma_3=\sigma_4=0,$$

代入式①，得 $$2=2^2\times1+a\times1\Rightarrow a=-2;$$

再令 $$x_1=x_2=x_3=1,\quad x_4=x_5=\cdots=x_n=0,$$
有 $$f=6,\quad \sigma_1=3,\quad \sigma_2=3,\quad \sigma_3=1,\quad \sigma_4=0,$$
代入式①,得 $$6=3^2\times 3+(-2)\times 3^2+b\times 3\times 1\Rightarrow b=-1;$$
再令 $$x_1=x_2=x_3=x_4=1,\quad x_5=\cdots=x_n=0,$$
有 $$f=12,\quad \sigma_1=4,\quad \sigma_2=6,\quad \sigma_3=4,\quad \sigma_4=1,$$
代入式①,得
$$12=4^2\times 6+(-2)\times 6^2+(-1)\times 4\times 4+c\times 1\Rightarrow c=4.$$
因此 $$f=\sum x_1^3x_2=\sigma_1^2\sigma_2-2\sigma_2^2-\sigma_1\sigma_3+4\sigma_4.$$

(ii) 同上法.

指数组	对应的 σ_i 的幂的乘积
4000…	σ_1^4
3100…	$\sigma_1^2\sigma_2$
2200…	σ_2^2
2110…	$\sigma_1\sigma_3$
1111…	σ_4

设 $$f=\sum x_1^4=x_1^4+x_2^4+\cdots+x_n^4=\sigma_1^4+a_1\sigma_1^2\sigma_2+b\sigma_2^2+c\sigma_1\sigma_3+d\sigma_4,\quad ②$$
令 $$x_1=1,\quad x_2=-1,\quad x_3=\cdots=x_n=0,$$
得 $$f=2,\quad \sigma_1=0,\quad \sigma_2=-1,\quad \sigma_3=\sigma_4=0,$$
代入式②,计算得 $b=2$;再令
$$x_1=x_2=1,\quad x_3=\cdots=x_n=0,$$
得 $$f=2,\quad \sigma_1=2,\quad \sigma_2=1,\quad \sigma_3=\sigma_4=0,$$
连同 $b=2$ 代入式②,计算得 $a=-4$;再令
$$x_1=x_2=x_3=1,\quad x_4=\cdots=x_n=0$$
及 $$x_1=x_2=x_3=x_4=1,\quad x_5=\cdots=x_n=0,$$
分别计算 f 及 σ_i 的值并代入式②,又可得方程
$$9a+3b+c=-26\quad 及\quad 96a+36b+16c+d=-252.$$
已有 $a=-4,b=2$,于是解得 $c=4,d=-4$,最后得到
$$f=\sum x_1^4=\sigma_1^4-4\sigma_1^2\sigma_2+2\sigma_2^2+4\sigma_1\sigma_3-4\sigma_4.$$

(iii) 分析首项系数后,设
$$f=\sum x_1^2x_2^2x_3=\sigma_2\sigma_3+a\sigma_1\sigma_4+b\sigma_5,\quad ③$$

令 $$x_1=x_2=x_3=x_4=1,\quad x_5=\cdots=x_n=0,$$
得 $$f=12,\quad \sigma_1=4,\quad \sigma_2=6,\quad \sigma_3=4,\quad \sigma_4=1,\quad \sigma_5=0,$$
代入式③,计算得 $a=-3$;又令
$$x_1=x_2=x_3=x_4=x_5=1,\quad x_6=\cdots=x_n=0,$$
得 $$f=30,\quad \sigma_1=5,\quad \sigma_2=10,\quad \sigma_3=10,\quad \sigma_4=5,\quad \sigma_5=1,$$
代入式③并注意 $a=-3$,解出 $b=5$. 所以,有
$$f=\sum x_1^2x_2^2x_3=\sigma_2\sigma_3-3\sigma_1\sigma_4+5\sigma_5.$$

4. 证明:如果一个三次多项式 x^3+ax^2+bx+c 的一个根的平方等于其余两个根的平方和,那么这个多项式的系数满足以下关系:$a^4(a^2-2b)=2(a^3-2ab+2c)^2$.

证 不失一般性,设三次多项式的根满足 $\alpha_1^2=\alpha_2^2+\alpha_3^2$,于是
$$a^2-2b=[-(\alpha_1+\alpha_2+\alpha_3)]^2-2(\alpha_1\alpha_2+\alpha_2\alpha_3+\alpha_1\alpha_3)=\alpha_1^2+\alpha_2^2+\alpha_3^2=2\alpha_1^2.$$
故要证 $$a^4(a^2-2b)=2(a^3-2ab+2c)^2,$$
只要证 $$a^4\cdot 2\alpha_1^2=2[a\cdot 2\alpha_1^2+2c]^2$$
或 $$(a^2\alpha_1-2a\alpha_1^2-2c)(a^2\alpha_1+2a\alpha_1^2+2c)=0.$$

事实上,上式左端第二因式
$$\begin{aligned}a^2\alpha_1+2a\alpha_1^2+2c&=a^2\alpha_1+2a\alpha_1^2-2\alpha_1\alpha_2\alpha_3=\alpha_1(a^2+2a\alpha_1-2\alpha_2\alpha_3)\\&=\alpha_1[(\alpha_1+\alpha_2+\alpha_3)^2-2(\alpha_1+\alpha_2+\alpha_3)\alpha_1-2\alpha_2\alpha_3]\\&=\alpha_1(\alpha_1^2+\alpha_2^2+\alpha_3^2-2\alpha_1^2)=0,\end{aligned}$$
故要证的等式成立.

5. 设 $\alpha_1,\alpha_2,\cdots,\alpha_n$ 是某一数域 F 上多项式
$$x^n+a_1x^{n-1}+\cdots+a_{n-1}x+a_n$$
在复数域内的全部根. 证明:$\alpha_2,\alpha_3,\cdots,\alpha_n$ 的每一个对称多项式都可以表成 F 上关于 α_1 的多项式.

(提示:只需证明,$\alpha_2,\alpha_3,\cdots,\alpha_n$ 的初等对称多项式可以表成 F 上关于 α_1 的多项式即可.)

证 设 $f(\alpha_2,\alpha_3,\cdots,\alpha_n)$ 是关于 $\alpha_2,\alpha_3,\cdots,\alpha_n$ 的任意一个对称多项式,由对称多项式基本定理,有
$$f(\alpha_2,\alpha_3,\cdots,\alpha_n)=g(\sigma_1',\sigma_2',\cdots,\sigma_{n-1}'),\tag{①}$$
其中 $\sigma_i'(i=1,2,\cdots,n-1)$ 是 $\alpha_2,\alpha_3,\cdots,\alpha_n$ 的初等对称多项式. 由于
$$\sigma_1'=\sigma_1-\alpha_1,\quad \sigma_i'=\sigma_i-\alpha_1\sigma_{i-1}'\quad (i=2,3,\cdots,n-1),$$

其中σ_i是$\alpha_1,\alpha_2,\cdots,\alpha_n$的初等对称多项式. 又$\sigma_i=(-1)^i a_i(i=1,2,\cdots,n-1)$是数域$F$中的数,故将它们代入上式可知,$\sigma'_i$是$\alpha_1$与$F$中的数$a_1,a_2,\cdots,a_{n-1}$的一个多项式,不妨记为$p_i(\alpha_1,a_1,\cdots,a_{n-1})=\sigma'_i(i=1,2,\cdots,n-1)$,再将它们代入式①右端,即证明$f(\alpha_2,\alpha_3,\cdots,\alpha_{n-1})$可表为$\alpha_1$与$a_1,a_2,\cdots,a_{n-1}$的多项式,由于$a_1,a_2,\cdots,a_{n-1}$是$F$中的数,即$f(\alpha_2,\alpha_3,\cdots,\alpha_n)$是$F$上关于$\alpha_1$的多项式.

补充讨论

部分习题的其他解法或适当说明.

1. "2.2节　多项式的整除性"中第5题的另一证法.

证　反证法. 假设$x-a$不能整除x^n-a^n,注意$x-a$为一次多项式,由带余除法,应存在数域F上多项式$f(x)$及常数$b\in F$,使

$$x^n-a^n=(x-a)f(x)+b\quad(b\neq 0).$$

令$x=a$,得
$$a^n-a^n=(a-a)f(a)+b,$$
即$b=0$,这与$b\neq 0$矛盾,从而有$x-a\mid x^n-a^n$.

[小结]　此法与前面解答中的方法都用到带余除法,但这里并不要求具体实施,只引用相关定理,简捷明了,理论性强.

2. 对于"2.3节　多项式的最大公因式"12题(a)中关于最小公倍式的存在性问题,这里介绍另一证法.

证　令集合$S=\{M(x)\in F[x]\mid f(x)\mid M(x),g(x)\mid M(x)\}$,由于$f(x)g(x)\in S$,故$S\neq\varnothing$. 设$m(x)$是$S$中次数最低的一个多项式,下证$m(x)$就是$f(x)$与$g(x)$的最小公倍式. 事实上,有

① 显然有$f(x)\mid m(x),g(x)\mid m(x)$;

② 如果$h(x)\in F[x]$,且$f(x)\mid h(x),g(x)\mid h(x)$,那么$m(x)\mid h(x)$. 否则若$m(x)\nmid h(x)$,则存在$u(x),v(x)\in F[x]$,使得

$$h(x)=m(x)u(x)+v(x),$$

其中$0\leqslant\partial^\circ(v(x))<\partial^\circ(m(x))$. 因为$f(x)\mid h(x),f(x)\mid m(x)$,从而$f(x)\mid(h(x)-m(x)u(x))$,即$f(x)\mid v(x)$. 同理,$g(x)\mid v(x)$,这样$v(x)\in S$,这与$m(x)$为$S$中次数最低的一个多项式相矛盾.

综上所述,$m(x)$是$f(x)$与$g(x)$的最小公倍式,由此,最小公倍式的存在

性得到证明.

3.“2.4 节 多项式的分解”中题 3 的另一证明方法.

证 充分性. 若 $g(x)\mid f(x)$,则存在 $h(x)\in F[x]$,使

$$f(x)=g(x)h(x),$$

从而有 $f(x)^2=g(x)^2h(x)^2$,即 $g(x)^2\mid f(x)^2$.

必要性. 若 $g(x)^2\mid f(x)^2$,则设 $f(x)$ 与 $g(x)$ 的所有不可约因式为 $p_1(x),p_2(x),\cdots,p_n(x)$,且

$$f(x)=a_1p_1^{r_1}(x)p_2^{r_2}(x)\cdots p_m^{r_m}(x),$$

$$g(x)=b_1p_1^{s_1}(x)p_2^{s_2}(x)\cdots p_m^{s_m}(x),$$

从而有

$$f(x)^2=ap_1^{2r_1}(x)p_2^{2r_2}(x)\cdots p_m^{2r_m}(x),$$

$$g(x)^2=bp_1^{2s_1}(x)p_2^{2s_2}(x)\cdots p_m^{2s_m}(x),$$

其中有些指数可能为 0. 由于 $g(x)^2\mid f(x)^2$,故 $2r_i\geqslant 2s_i\,(i=1,2,\cdots,m)$,即 $r_i\geqslant s_i$,从而 $g(x)\mid f(x)$.

[**小结**] 应用典型分解式进行论证,直观而有力,结论一目了然.

4.“2.6 节 多项式函数 多项式的根”中第 7 题的另一方法.

证 设 $x^2+x+1=0$ 的两个根为 w_1,w_2,即

$$w_1=\frac{-1+\sqrt{3}\mathrm{i}}{2},\quad w_2=\frac{-1-\sqrt{3}\mathrm{i}}{2}.$$

由 $(x^2+x+1)\mid(f(x^3)+xg(x^3))$,可知 w_1,w_2 也是 $f(x^3)+xg(x^3)$ 的根,故 $f(w_i^3)+w_ig(w_i^3)=0\ (i=1,2)$. 因为 $w_i^3=1\ (i=1,2)$,从而有

$$\begin{cases}f(1)+w_1g(1)=0,\\ f(1)+w_2g(1)=0.\end{cases}$$

注意到系数行列式 $\begin{vmatrix}1 & w_1\\ 1 & w_2\end{vmatrix}\neq 0$,由 Gramer 法则知,$f(1)=g(1)=0$.

[**小结**] 殊途同归,各有特色.

第3章 行 列 式

知识要点

1. n个数码$1,2,\cdots,n$的一个**排列**指的是由这n个数码组成的一个有序组.在一个排列里,如果某一个较大的数码排在某一较小的数码前面,就说这两个数码构成一个**反序**.一个排列里出现的反序总数叫做这个排列的**反序数**.有偶数个反序的排列叫**偶排列**;有奇数个反序的排列叫**奇排列**.把排列里任意两个数码i与j交换一下,而其余数码保持不动,就得到一个新的排列,对于排列施行的这样一个变换叫做一个**对换**,并用符号(i,j)表示.

设$i_1i_2\cdots i_n$和$j_1j_2\cdots j_n$是n个数码的任意两个排列,那么总可以通过一系列对换由$i_1i_2\cdots i_n$得到$j_1j_2\cdots j_n$.每一个对换都改变排列的奇偶性.当$n\geqslant 2$时,n个数码的奇排列与偶排列的个数相等,各为$\frac{n!}{2}$个.

2. 用符号

$$\begin{vmatrix} a_{11} & a_{12} & \cdots & a_{1n} \\ a_{21} & a_{22} & \cdots & a_{2n} \\ \vdots & \vdots & & \vdots \\ a_{n1} & a_{n2} & \cdots & a_{nn} \end{vmatrix}$$

表示的n**阶行列式**指的是$n!$项的代数和,这些项是一切可能的取自其中不同的行与不同的列上的n个元素的乘积$a_{1j_1}a_{2j_2}\cdots a_{nj_n}$.项$a_{1j_1}a_{2j_2}\cdots a_{nj_n}$的符号为$(-1)^{\pi(j_1j_2\cdots j_n)}$,其中$\pi(j_1j_2\cdots j_n)$表示排列$j_1j_2\cdots j_n$的反序数.也就是说,当$j_1j_2\cdots j_n$是偶排列时,这一项的符号为正,当$j_1j_2\cdots j_n$是奇排列时,这一项的符号为负.

从n阶行列式的第$i_1,i_2,\cdots,i_n$行和第$j_1,j_2,\cdots,j_n$列取出元素作乘积$a_{i_1j_1}a_{i_2j_2}\cdots a_{i_nj_n}$,这里$i_1i_2\cdots i_n$和$j_1j_2\cdots j_n$都是$1,2,\cdots,n$这$n$个数码的排列,那么这一项在行列式中的符号是$(-1)^{s+t}$,$s=\pi(i_1i_2\cdots i_n)$,$t=\pi(j_1j_2\cdots j_n)$.

行列式与它的**转置行列式**相等. 交换一个行列式的两行(或两列),行列式改变符号. 如果一个行列式有两行(列)完全相同,那么这个行列式等于零. 把一个行列式的某一行(列)的所有元素同乘以某一个数 k,等于以数 k 乘这个行列式. 一个行列式中某一行(列)所有元素的公因子可以提到行列式符号的外边. 如果一个行列式中有一行(列)的元素全部是零,那么这个行列式等于零. 如果一个行列式中有两行(列)的对应元素成比例,那么这个行列式等于零. 设行列式 D 的第 i 行的所有元素都可以表成两项的和,那么 D 等于行列式 D_1 与 D_2 的和,D 中第 i 行每个元素中的两个加项,分别置于 D_1 和 D_2 中第 i 行的对应位置上,而 D_1 与 D_2 的其他行都和 D 一样. 由此又有:把行列式的某一行(列)的元素乘以同一数后加到另一行(列)的对应元素上,行列式不变.

3. 在一个 n 阶行列式 D 中任意取定 k 行和 k 列,位于这些行列相交处的元素构成的 k 阶行列式叫做**行列式 D 的一个 k 阶子式**. $n(n>1)$ 阶行列式 D 的某一**元素 a_{ij} 的余子式** M_{ij} 指的是在 D 中画去 a_{ij} 所在的行和列后所余下的 $n-1$ 阶子式. 而元素 a_{ij} 的余子式 M_{ij} 赋予符号 $(-1)^{i+j}$ 后,叫做元素 a_{ij} 的**代数余子式**,记作 A_{ij},即 $A_{ij}=(-1)^{i+j}M_{ij}$.

若在一个 n 阶行列式中,第 i 行(或第 j 列)的元素除 a_{ij} 外都是零,那么这个行列式等于 a_{ij} 与它的代数余子式 A_{ij} 的乘积,即 $D=a_{ij}A_{ij}$.

行列式 D 等于它任意一行(列)的所有元素与它们的对应代数余子式的乘积的和,也就是说行列式有依行或依列的展开式:

$$D=a_{i1}A_{i1}+a_{i2}A_{i2}+\cdots+a_{in}A_{in} \quad (i=1,2,\cdots,n),$$
$$D=a_{1j}A_{1j}+a_{2j}A_{2j}+\cdots+a_{nj}A_{nj} \quad (j=1,2,\cdots,n).$$

行列式的某一行(列)的元素与另外一行(列)的对应元素的代数余子式的乘积的和等于零,即

$$a_{i1}A_{j1}+a_{i2}A_{j2}+\cdots+a_{in}A_{jn}=0 \quad (i\neq j),$$
$$a_{1s}A_{1t}+a_{2s}A_{2t}+\cdots+a_{ns}A_{nt}=0 \quad (s\neq t).$$

4. n 个未知量 n 个方程的线性方程组

$$\begin{cases} a_{11}x_1+a_{12}x_2+\cdots+a_{1n}x_n=b_1, \\ a_{21}x_1+a_{22}x_2+\cdots+a_{2n}x_n=b_2, \\ \qquad\qquad\vdots \\ a_{n1}x_1+a_{n2}x_2+\cdots+a_{nn}x_n=b_n \end{cases}$$

的系数构成的 n 阶行列式

$$D=\begin{vmatrix} a_{11} & a_{12} & \cdots & a_{1n} \\ a_{21} & a_{22} & \cdots & a_{2n} \\ \vdots & \vdots & & \vdots \\ a_{n1} & a_{n2} & \cdots & a_{nn} \end{vmatrix}$$

叫做该**方程组的行列式**.

一个含有 n 个未知量、n 个方程的线性方程组当它的行列式 $D\neq 0$ 时，有且仅有一个解，即

$$x_1=\frac{D_1}{D},\ x_2=\frac{D_2}{D},\ \cdots,\ x_n=\frac{D_n}{D},$$

此处 D_j $(j=1,2,\cdots,n)$是把行列式 D 的第 j 列的元素换成方程组的常数项 $b_1,b_2,\cdots,b_n$ 而得到的 n 阶行列式.

习 题 解 答

3.1　线性方程组和行列式

（无习题）

3.2　排　　列

1. 计算下列排列的反序数：

(i) 523146879；　　(ii) $n,n-1,\cdots,2,1$；

(iii) $2k,1,2k-1,2,\cdots,k+1,k$.

解　(i) 设 m_i 为排在数 i 的左边且比 i 大的数的个数，则 $m_1=3,m_2=1,m_3=1,m_4=1,m_5=0,m_6=0,m_7=1,m_8=m_9=0$. 故该排列的反序数 $\pi=\sum\limits_{i=1}^{9}m_i=7$.

(ii) $m_1=n-1,m_2=n-2,\cdots,m_{n-1}=1,m_n=0$，反序数

$$\pi=\sum_{i=1}^{n}m_i=1+2+\cdots+(n-1)=\frac{1}{2}n(n-1).$$

(iii) $m_1=1,m_2=2,\cdots,m_k=k,m_{k+1}=k-1,\cdots,m_{2k-1}=1,m_{2k}=0$，反序数

$$\pi = \sum_{i=1}^{k} m_i + \sum_{i=k+1}^{2k} m_i = \sum_{i=1}^{k} i + \sum_{i=k+1}^{2k}(2k-i)$$
$$= \frac{1}{2}k(k+1) + \frac{1}{2}k(k-1) = k^2.$$

2. 假设n个数码的排列$i_1 i_2 \cdots i_n$的反序数是k，那么排列$i_n i_{n-1} \cdots i_2 i_1$的反序数是多少？

解　在n个数码$1,2,\cdots,n$中，对任一数i，大于i的数有$n-i$个.若在排列$i_1 i_2 \cdots i_n$中，有m_i个比i大的数在i的左边，而有$(n-i)-m_i$个比i大的数在i的右边，那么在排列$i_n i_{n-1} \cdots i_2 i_1$中就恰有$(n-i)-m_i$个比$i$大的数在$i$的左边.注意排列$i_1 i_2 \cdots i_n$的反序数$\pi = \sum_{i=1}^{n} m_i = k$，故排列$i_n i_{n-1} \cdots i_2 i_1$的反序数

$$\pi = \sum_{i=1}^{n} m_i' = \sum_{i=1}^{n}[(n-i)-m_i] = \frac{1}{2}n(n-1)-k.$$

3. 写出4个数码的一切排列.

解　4个数码的一切排列有24个，列出如下：

1 2 3 4	2 1 3 4	3 1 2 4	4 1 2 3
1 2 4 3	2 1 4 3	3 1 4 2	4 1 3 2
1 3 2 4	2 3 1 4	3 2 1 4	4 2 1 3
1 3 4 2	2 3 4 1	3 2 4 1	4 2 3 1
1 4 2 3	2 4 1 3	3 4 1 2	4 3 1 2
1 4 3 2	2 4 3 1	3 4 2 1	4 3 2 1

3.3　n阶行列式

1. 确定六阶行列式

$$D = \begin{vmatrix} a_{11} & a_{12} & \cdots & a_{16} \\ a_{21} & a_{22} & \cdots & a_{26} \\ \vdots & \vdots & & \vdots \\ a_{61} & a_{62} & \cdots & a_{66} \end{vmatrix}$$

中以下各乘积的符号：

(i) $a_{23}a_{31}a_{42}a_{56}a_{14}a_{65}$；　　(ii) $a_{21}a_{13}a_{32}a_{55}a_{64}a_{46}$.

解　(i) $a_{23}a_{31}a_{42}a_{56}a_{14}a_{65} = a_{14}a_{23}a_{31}a_{42}a_{56}a_{65}$，由于

$$\pi(j_1j_2j_3j_4j_5j_6)=\pi(431265)=6,$$

故取正号.

(ii) $a_{21}a_{13}a_{32}a_{55}a_{64}a_{46}=a_{13}a_{21}a_{32}a_{46}a_{55}a_{64}$，由于

$$\pi(j_1j_2j_3j_4j_5j_6)=\pi(312654)=5,$$

故取负号.

2. 写出四阶行列式 $\begin{vmatrix} a_{11} & \cdots & a_{14} \\ \vdots & & \vdots \\ a_{41} & \cdots & a_{44} \end{vmatrix}$ 中一切带有负号且含元素 a_{23} 的项.

解 设所求项为 $a_{1j_1}a_{23}a_{3j_3}a_{4j_4}$，其中 $j_13j_3j_4$ 为 1,2,3,4 的某种排列.求出形如 $j_13j_3j_4$ 所有排列的反序数：

$$\pi(1324)=1,\quad \pi(1342)=2,\quad \pi(2314)=2,$$
$$\pi(2341)=3,\quad \pi(4312)=5,\quad \pi(4321)=6.$$

可知带有负号且含 a_{23} 的一切项为

$$-a_{11}a_{23}a_{32}a_{44},\quad -a_{12}a_{23}a_{34}a_{41},\quad -a_{14}a_{23}a_{31}a_{42}.$$

3. 证明：n 阶行列式

$$\begin{vmatrix} a_{11} & 0 & 0 & 0 & \cdots & 0 \\ a_{21} & a_{22} & 0 & 0 & \cdots & 0 \\ a_{31} & a_{32} & a_{33} & 0 & \cdots & 0 \\ \vdots & \vdots & \vdots & \vdots & & \vdots \\ a_{n1} & a_{n2} & a_{n3} & a_{n4} & \cdots & a_{nn} \end{vmatrix}=a_{11}a_{22}\cdots a_{nn}.$$

证 分析所给行列式的项 $a_{1j_1}a_{2j_2}\cdots a_{nj_n}$.若 $j_1>1$，则 $a_{1j_1}=0$，从而相应的项为 0，略去，故剩余项必满足 $j_1=1$，即含有 a_{11}；由于 $j_1=1$，所以 $j_2\neq1$.但 $j_2>2$ 时，$a_{2j_2}=0$，相应项为 0，略去，故剩余项必满足 $j_2=2$，即含 a_{22}.如此下去，行列式 D 的剩余项必须满足 $j_1=1,j_2=2,\cdots,j_n=n$，即含 $a_{11},a_{22},\cdots,a_{nn}$.但这样的项是唯一的，即 $a_{11}a_{22}\cdots a_{nn}$，并且其中反序数 $\pi(j_1j_2\cdots j_n)=\pi(12\cdots n)=0$，故行列式 $D=a_{11}a_{22}\cdots a_{nn}$.

4. 考察下列行列式：

$$D=\begin{vmatrix} a_{11} & a_{12} & \cdots & a_{1n} \\ a_{21} & a_{22} & \cdots & a_{2n} \\ \vdots & \vdots & & \vdots \\ a_{n1} & a_{n2} & \cdots & a_{nn} \end{vmatrix},\quad D_1=\begin{vmatrix} a_{1i_1} & a_{1i_2} & \cdots & a_{1i_n} \\ a_{2i_1} & a_{2i_2} & \cdots & a_{2i_n} \\ \vdots & \vdots & & \vdots \\ a_{ni_1} & a_{ni_2} & \cdots & a_{ni_n} \end{vmatrix},$$

其中 $i_1 i_2 \cdots i_n$ 是 $1,2,\cdots,n$ 这 n 个数码的一个排列.这两个行列式间有什么关系?

解　由于 D 与 D_1 的差别仅在于列的排列顺序不同,故两行列式绝对值相等.为明确 D 与 D_1 是相等还是反号,我们考察将排列 $i_1 i_2 \cdots i_n$ 变为 $12\cdots n$ 所需对换的次数.设反序数 $\pi(i_1 i_2 \cdots i_n) = \sum_{i=1}^{n} m_i$,其中 m_i 为排在 i 的左边且大于 i 的数码的个数.那么,在排列 $i_1 i_2 \cdots i_n$ 中首先将数字 1 连续左移 m_1 次到达最左边,这时位于数字 2 的左边且大于 2 的 m_2 个数码便恰在 1 与 2 之间,故再将 2 连续左移 m_2 次,数字 2 便恰好位于 1 的右边并与之相邻.再将数字 3 连续左移 m_3 次,…,直到最后.这样总共经过 $m_1 + m_2 + \cdots + m_n = \pi(i_1 i_2 \cdots i_n)$ 次对换,便能将排列 $i_1 i_2 \cdots i_n$ 变成 $12\cdots n$.由此看出,只要对行列式 D_1 中的列施以同样次数的对换便可得到行列式 D,因此 $D_1 = (-1)^{\pi(i_1 i_2 \cdots i_n)} D$.

5. 计算 n 阶行列式

$$\begin{vmatrix} x-a & a & a & \cdots & a \\ a & x-a & a & \cdots & a \\ a & a & x-a & \cdots & a \\ \vdots & \vdots & \vdots & & \vdots \\ a & a & a & \cdots & x-a \end{vmatrix}.$$

解

$$\begin{vmatrix} x-a & a & a & \cdots & a \\ a & x-a & a & \cdots & a \\ a & a & x-a & \cdots & a \\ \vdots & \vdots & \vdots & & \vdots \\ a & a & a & \cdots & x-a \end{vmatrix}$$

$$\xlongequal[\text{加到第 1 行}]{\text{第 2 至 } n \text{ 行}} \begin{vmatrix} x+(n-2)a & x+(n-2)a & \cdots & x+(n-2)a \\ a & x-a & \cdots & a \\ \vdots & \vdots & & \vdots \\ a & a & \cdots & x-a \end{vmatrix}$$

$$=[x+(n-2)a] \begin{vmatrix} 1 & 1 & \cdots & 1 \\ a & x-a & \cdots & a \\ \vdots & \vdots & & \vdots \\ a & a & \cdots & x-a \end{vmatrix}$$

$$=[x+(n-2)a]\begin{vmatrix} 1 & 1 & \cdots & 1 \\ 0 & x-2a & \cdots & 0 \\ \vdots & \vdots & & \vdots \\ 0 & 0 & \cdots & x-2a \end{vmatrix}$$

$$=[x+(n-2)a](x-2a)^{n-1}.$$

6. 计算行列式

$$\begin{vmatrix} a^2 & (a+1)^2 & (a+2)^2 & (a+3)^2 \\ b^2 & (b+1)^2 & (b+2)^2 & (b+3)^2 \\ c^2 & (c+1)^2 & (c+2)^2 & (c+3)^2 \\ d^2 & (d+1)^2 & (d+2)^2 & (d+3)^2 \end{vmatrix}.$$

解 $\begin{vmatrix} a^2 & (a+1)^2 & (a+2)^2 & (a+3)^2 \\ b^2 & (b+1)^2 & (b+2)^2 & (b+3)^2 \\ c^2 & (c+1)^2 & (c+2)^2 & (c+3)^2 \\ d^2 & (d+1)^2 & (d+2)^2 & (d+3)^2 \end{vmatrix}$

$$\xlongequal[\text{将第 } i \text{ 列加上 } i-1 \text{ 列的}-1\text{ 倍}]{\text{从第 4 列开始到第 3 列止，}}\begin{vmatrix} a^2 & 2a+1 & 2a+3 & 2a+5 \\ b^2 & 2b+1 & 2b+3 & 2b+5 \\ c^2 & 2c+1 & 2c+3 & 2c+5 \\ d^2 & 2d+1 & 2d+3 & 2d+5 \end{vmatrix}$$

$$=\begin{vmatrix} a^2 & 2a+1 & 2 & 2 \\ b^2 & 2b+1 & 2 & 2 \\ c^2 & 2c+1 & 2 & 2 \\ d^2 & 2d+1 & 2 & 2 \end{vmatrix}=0.$$

7. 证明：行列式

$$\begin{vmatrix} b+c & c+a & a+b \\ b_1+c_1 & c_1+a_1 & a_1+b_1 \\ b_2+c_2 & c_2+a_2 & a_2+b_2 \end{vmatrix}=2\begin{vmatrix} a & b & c \\ a_1 & b_1 & c_1 \\ a_2 & b_2 & c_2 \end{vmatrix}.$$

证 左边 $\xlongequal[\text{第 1 列}]{\text{各列加到}} 2\begin{vmatrix} a+b+c & c+a & a+b \\ a_1+b_1+c_1 & c_1+a_1 & a_1+b_1 \\ a_2+b_2+c_2 & c_2+a_2 & a_2+b_2 \end{vmatrix}$

$$=2\begin{vmatrix} a+b+c & -b & -c \\ a_1+b_1+c_1 & -b_1 & -c_1 \\ a_2+b_2+c_2 & -b_2 & -c_2 \end{vmatrix}$$

$$\xlongequal{\text{由命题 3.3.4}} 2\begin{vmatrix} a & -b & -c \\ a_1 & -b_1 & -c_1 \\ a_2 & -b_2 & -c_2 \end{vmatrix} = 2\begin{vmatrix} a & b & c \\ a_1 & b_1 & c_1 \\ a_2 & b_2 & c_2 \end{vmatrix} = \text{右边}.$$

8. 设在 n 阶行列式

$$D=\begin{vmatrix} a_{11} & a_{12} & \cdots & a_{1n} \\ a_{21} & a_{22} & \cdots & a_{2n} \\ \vdots & \vdots & & \vdots \\ a_{n1} & a_{n2} & \cdots & a_{nn} \end{vmatrix}$$

中，$a_{ij}=-a_{ji}\ (i,j=1,2,\cdots,n)$. 证明：当 n 是奇数时，$D=0$.

证 由题设可知 $a_{ij}=-a_{ji}$. 特别地，当 $i=j$ 时，$a_{ii}=-a_{ii}\Rightarrow a_{ii}=0$，故可设

$$D=\begin{vmatrix} 0 & a_{12} & a_{13} & \cdots & a_{1n} \\ -a_{12} & 0 & a_{23} & \cdots & a_{2n} \\ -a_{13} & -a_{23} & 0 & \cdots & a_{3n} \\ \vdots & \vdots & \vdots & & \vdots \\ -a_{1n} & -a_{2n} & -a_{3n} & \cdots & 0 \end{vmatrix},$$

于是转置行列式

$$D'=\begin{vmatrix} 0 & -a_{12} & -a_{13} & \cdots & -a_{1n} \\ a_{12} & 0 & -a_{23} & \cdots & -a_{2n} \\ a_{13} & a_{23} & 0 & \cdots & -a_{3n} \\ \vdots & \vdots & \vdots & & \vdots \\ a_{1n} & a_{2n} & a_{3n} & \cdots & 0 \end{vmatrix}=(-1)^n D,$$

从而

$$D=D'=(-1)^n D.$$

当 n 为奇数时，有

$$D=-D\Rightarrow D=0.$$

3.4 子式和代数余子式 行列式的依行依列展开

1. 把行列式

$$\begin{vmatrix} 1 & 0 & -1 & -1 \\ 0 & -1 & -1 & 1 \\ a & b & c & d \\ -1 & -1 & 1 & 0 \end{vmatrix}$$

依第 3 行展开，然后加以计算.

解　$$D=a(-1)^{3+1}\begin{vmatrix}0&-1&-1\\-1&-1&1\\-1&1&0\end{vmatrix}+b(-1)^{3+2}\begin{vmatrix}1&-1&-1\\0&-1&1\\-1&1&0\end{vmatrix}$$

$$+c(-1)^{3+3}\begin{vmatrix}1&0&-1\\0&-1&1\\-1&-1&0\end{vmatrix}+d(-1)^{3+4}\begin{vmatrix}1&0&-1\\0&-1&-1\\-1&-1&1\end{vmatrix}$$

$$=3a-b+2c+d.$$

2. 计算下列行列式：

(i) $D=\begin{vmatrix}1&2&3&4\\2&3&4&1\\3&4&1&2\\4&1&2&3\end{vmatrix}$；　　(ii) $D=\begin{vmatrix}1&1&1&1\\1&2&3&4\\1&3&6&10\\1&4&10&20\end{vmatrix}$；

(iii) $D=\begin{vmatrix}1&4&9&16\\4&9&16&25\\9&16&25&36\\16&25&36&49\end{vmatrix}$；

(iv) $D=\begin{vmatrix}1&a_1&0&0&\cdots&0&0\\-1&1-a_1&a_2&0&\cdots&0&0\\0&-1&1-a_2&a_3&\cdots&0&0\\\vdots&\vdots&\vdots&\vdots&&\vdots&\vdots\\0&0&0&0&\cdots&1-a_{n-1}&a_n\\0&0&0&0&\cdots&-1&1-a_n\end{vmatrix}$；

(v) $D=\begin{vmatrix}a&0&0&\cdots&0&0&b\\0&a&0&\cdots&0&b&0\\0&0&a&\cdots&b&0&0\\\vdots&\vdots&\vdots&&\vdots&\vdots&\vdots\\0&0&b&\cdots&a&0&0\\0&b&0&\cdots&0&a&0\\b&0&0&\cdots&0&0&a\end{vmatrix}_{2n\times 2n}$；

(vi) $D=\begin{vmatrix} 1+a_1 & a_2 & a_3 & \cdots & a_n \\ a_1 & 1+a_2 & a_3 & \cdots & a_n \\ a_1 & a_2 & 1+a_3 & \cdots & a_n \\ \vdots & \vdots & \vdots & & \vdots \\ a_1 & a_2 & a_3 & \cdots & 1+a_n \end{vmatrix}$;

(vii) $D=\begin{vmatrix} 0 & 1 & 2 & 3 & \cdots & n-1 \\ 1 & 0 & 1 & 2 & \cdots & n-2 \\ 2 & 1 & 0 & 1 & \cdots & n-3 \\ \vdots & \vdots & \vdots & \vdots & & \vdots \\ n-1 & n-2 & n-3 & n-4 & \cdots & 0 \end{vmatrix}$;

(viii) $D=\begin{vmatrix} 1-a_1 & a_2 & 0 & \cdots & 0 & 0 \\ -1 & 1-a_2 & a_3 & \cdots & 0 & 0 \\ 0 & -1 & 1-a_3 & \cdots & 0 & 0 \\ \vdots & \vdots & \vdots & & \vdots & \vdots \\ 0 & 0 & 0 & \cdots & 1-a_{n-1} & a_n \\ 0 & 0 & 0 & \cdots & -1 & 1-a_n \end{vmatrix}$.

解 (i) $D\xlongequal[\text{第 1 行并提取公因子}]{\text{第 2,3,4 行加到}}10\begin{vmatrix} 1 & 1 & 1 & 1 \\ 2 & 3 & 4 & 1 \\ 3 & 4 & 1 & 2 \\ 4 & 1 & 2 & 3 \end{vmatrix}$

$$=10\begin{vmatrix} 1 & 0 & 0 & 0 \\ 2 & 1 & 2 & -1 \\ 3 & 1 & -2 & -1 \\ 4 & -3 & -2 & -1 \end{vmatrix}=10\begin{vmatrix} 1 & 0 & 0 & 0 \\ 2 & 1 & 0 & 0 \\ 3 & 1 & -4 & 0 \\ 4 & -3 & 4 & -4 \end{vmatrix}=160.$$

(ii) $D\xlongequal[\text{减去上面的行}]{\text{从第 4 行开始,每行}}\begin{vmatrix} 1 & 1 & 1 & 1 \\ 0 & 1 & 2 & 3 \\ 0 & 1 & 3 & 6 \\ 0 & 1 & 4 & 10 \end{vmatrix}\xlongequal{\text{仿上法}}\begin{vmatrix} 1 & 1 & 1 & 1 \\ 0 & 1 & 2 & 3 \\ 0 & 0 & 1 & 3 \\ 0 & 0 & 1 & 4 \end{vmatrix}$

$$=\begin{vmatrix} 1 & 1 & 1 & 1 \\ 0 & 1 & 2 & 3 \\ 0 & 0 & 1 & 3 \\ 0 & 0 & 0 & 1 \end{vmatrix}=1.$$

(iii) $D \xlongequal[\text{每行加上一行的}-1\text{倍}]{\text{从第4行开始到第3行,}} \begin{vmatrix} 1 & 4 & 9 & 16 \\ 3 & 5 & 7 & 9 \\ 5 & 7 & 9 & 11 \\ 7 & 9 & 11 & 13 \end{vmatrix} = \begin{vmatrix} 1 & 4 & 9 & 16 \\ 3 & 5 & 7 & 9 \\ 2 & 2 & 2 & 2 \\ 2 & 2 & 2 & 2 \end{vmatrix} = 0.$

(iv) 将行列式中第 1 行加到第 2 行,结果中再将第 2 行加到第 3 行,…,这样逐次进行直到最后,得

$$D=\begin{vmatrix} 1 & a_1 & 0 & 0 & \cdots & 0 & 0 \\ 0 & 1 & a_2 & 0 & \cdots & 0 & 0 \\ 0 & 0 & 1 & a_3 & \cdots & 0 & 0 \\ \vdots & \vdots & \vdots & \vdots & & \vdots & \vdots \\ 0 & 0 & 0 & 0 & \cdots & 1 & a_n \\ 0 & 0 & 0 & 0 & \cdots & 0 & 1 \end{vmatrix}=1.$$

(v) 用数学归纳法证明:$D_{2n}=(a^2-b^2)^n$.

① 当 $n=1$ 时,有

$$D_{2n}=D_2=\begin{vmatrix} a & b \\ b & a \end{vmatrix}=(a^2-b^2)^1,$$

结论成立.

② 假定当 $n=k$ 时,结论成立,即 $D_{2k}=(a^2-b^2)^k$,则当 $n=k+1$ 时,有

$$D_{2(k+1)}=\begin{vmatrix} a & 0 & 0 & \cdots & 0 & 0 & b \\ 0 & a & 0 & \cdots & 0 & b & 0 \\ 0 & 0 & a & \cdots & b & 0 & 0 \\ \vdots & \vdots & \vdots & & \vdots & \vdots & \vdots \\ 0 & 0 & b & \cdots & a & 0 & 0 \\ 0 & b & 0 & \cdots & 0 & a & 0 \\ b & 0 & 0 & \cdots & 0 & 0 & a \end{vmatrix}_{(2(k+1)\text{阶})}$$

$$\xlongequal[\text{展开}]{\text{按第1行}} a(-1)^{1+1}\begin{vmatrix} a & 0 & \cdots & 0 & b & 0 \\ 0 & a & \cdots & b & 0 & 0 \\ \vdots & \vdots & & \vdots & \vdots & \vdots \\ 0 & b & \cdots & a & 0 & 0 \\ b & 0 & \cdots & 0 & a & 0 \\ 0 & 0 & \cdots & 0 & 0 & a \end{vmatrix}_{(2k+1\text{阶})}$$

$$+b(-1)^{2(k+1)+1}\begin{vmatrix} 0 & a & 0 & \cdots & 0 & b \\ 0 & 0 & a & \cdots & b & 0 \\ \vdots & \vdots & \vdots & & \vdots & \vdots \\ 0 & 0 & b & \cdots & a & 0 \\ 0 & b & 0 & \cdots & 0 & a \\ b & 0 & 0 & \cdots & 0 & 0 \end{vmatrix}_{(2k+1\text{阶})}$$

$$\xlongequal[\text{按末行展开}]{\text{各行列式}} a(-1)^{1+1}\cdot a(-1)^{(2k+1)+(2k+1)}\cdot D_{2k} + b(-1)^{(2k+1)+1}\cdot b(-1)^{(2k+1)+1}\cdot D_{2k}$$

$$=(a^2-b^2)D_{2k}=(a^2-b^2)^{k+1},$$

结论成立. 故对任何正整数 n,结论成立.

(vi) 将 $2,3,\cdots,n$ 列加到第 1 列,并从第 1 列提出公因式,得

$$D=\left(1+\sum_{i=1}^{n}a_i\right)\begin{vmatrix} 1 & a_2 & a_3 & \cdots & a_n \\ 1 & 1+a_2 & a_3 & \cdots & a_n \\ 1 & a_2 & 1+a_3 & \cdots & a_n \\ \vdots & \vdots & \vdots & & \vdots \\ 1 & a_2 & a_3 & \cdots & 1+a_n \end{vmatrix}$$

$$\xlongequal[\text{加第 1 列的 } -a_j \text{ 倍}]{\text{第 } j(2\leqslant j\leqslant n) \text{ 列}} \left(1+\sum_{i=1}^{n}a_i\right)\begin{vmatrix} 1 & 0 & 0 & \cdots & 0 \\ 1 & 1 & 0 & \cdots & 0 \\ 1 & 0 & 1 & \cdots & 0 \\ \vdots & \vdots & \vdots & & \vdots \\ 1 & 0 & 0 & \cdots & 1 \end{vmatrix}=1+\sum_{i=1}^{n}a_i.$$

(vii) 从第 2 行起,将第 i $(i=2,3,\cdots,n)$行乘以-1加到第 $i-1$ 行,得

$$D=\begin{vmatrix} -1 & 1 & 1 & \cdots & 1 & 1 \\ -1 & -1 & 1 & \cdots & 1 & 1 \\ -1 & -1 & -1 & \cdots & 1 & 1 \\ \vdots & \vdots & \vdots & & \vdots & \vdots \\ -1 & -1 & -1 & \cdots & -1 & 1 \\ n-1 & n-2 & n-3 & \cdots & 1 & 0 \end{vmatrix}=\begin{vmatrix} 0 & 2 & 2 & \cdots & 2 & 1 \\ 0 & 0 & 2 & \cdots & 2 & 1 \\ 0 & 0 & 0 & \cdots & 2 & 1 \\ \vdots & \vdots & \vdots & & \vdots & \vdots \\ 0 & 0 & 0 & \cdots & 0 & 1 \\ n-1 & n-2 & n-3 & \cdots & 1 & 0 \end{vmatrix}$$

$$=(-1)^{n+1}(n-1)\begin{vmatrix} 2 & 2 & \cdots & 2 & 1 \\ 0 & 2 & \cdots & 2 & 1 \\ 0 & 0 & \cdots & 2 & 1 \\ \vdots & \vdots & & \vdots & \vdots \\ 0 & 0 & \cdots & 0 & 1 \end{vmatrix}=(-1)^{n+1}(n-1)\cdot 2^{n-2}.$$

(viii) 用数学归纳法证明所给行列式.

$$D_n = 1+\sum_{j=1}^{n}(-1)^j\prod_{i=1}^{j}a_i$$
$$= 1+(-1)^1a_1+(-1)^2a_1a_2+\cdots+(-1)^na_1a_2\cdots a_n.$$

① 当 $n=1$ 时,$D_1=|1-a_1|=1-a_1=1+(-1)^1a_1$,结论成立.

② 假设当 $n=k-1\ (k\geqslant 2)$ 时结论成立,即

$$D_{k-1}=1+\sum_{j=1}^{k-1}(-1)^j\prod_{i=1}^{j}a_i.$$

那么,当 $n=k$ 时,有

$$D_k=\begin{vmatrix} 1-a_1 & a_2 & 0 & \cdots & 0 & 0 \\ -1 & 1-a_2 & a_3 & \cdots & 0 & 0 \\ 0 & -1 & 1-a_3 & \cdots & 0 & 0 \\ \vdots & \vdots & \vdots & & \vdots & \vdots \\ 0 & 0 & 0 & \cdots & 1-a_{k-1} & a_k \\ 0 & 0 & 0 & \cdots & -1 & 1-a_k \end{vmatrix}$$

$$\xlongequal[\text{加到第 } k \text{ 行}]{\text{第 }1,2,\cdots,k-1\text{ 行}}\begin{vmatrix} 1-a_1 & a_2 & 0 & \cdots & 0 & 0 \\ -1 & 1-a_2 & a_3 & \cdots & 0 & 0 \\ 0 & -1 & 1-a_3 & \cdots & 0 & 0 \\ \vdots & \vdots & \vdots & & \vdots & \vdots \\ 0 & 0 & 0 & \cdots & 1-a_{k-1} & a_k \\ -a_1 & 0 & 0 & \cdots & 0 & 1 \end{vmatrix}$$

$$\xlongequal{\text{按第 } k \text{ 行展开}}(-a_1)(-1)^{k+1}\begin{vmatrix} a_2 & 0 & \cdots & 0 & 0 \\ 1-a_2 & a_3 & \cdots & 0 & 0 \\ -1 & 1-a_3 & \cdots & 0 & 0 \\ \vdots & \vdots & & \vdots & \vdots \\ 0 & 0 & \cdots & 1-a_{k-1} & a_k \end{vmatrix}$$

$$+(-1)^{k+k}\begin{vmatrix} 1-a_1 & a_2 & 0 & \cdots & 0 \\ -1 & 1-a_2 & a_3 & \cdots & 0 \\ 0 & -1 & 1-a_3 & \cdots & 0 \\ \vdots & \vdots & \vdots & & \vdots \\ 0 & 0 & 0 & \cdots & 1-a_{k-1} \end{vmatrix}$$

$$= (-1)^k a_1 a_2 \cdots a_k + D_{k-1} = 1 + \sum_{j=1}^{k-1} (-1)^j \prod_{i=1}^{j} a_i + (-1)^k a_1 a_2 \cdots a_k$$

$$= 1 + \sum_{j=1}^{k} (-1)^j \prod_{i=1}^{j} a_i,$$

结论成立. 故结论对任何正整数 n 成立.

3. 令 $f_i(x) = a_{i0}x^i + a_{i1}x^{i-1} + \cdots + a_{i,i-1}x + a_{ii}$，计算行列式

$$\begin{vmatrix} f_0(x_1) & f_0(x_2) & \cdots & f_0(x_n) \\ f_1(x_1) & f_1(x_2) & \cdots & f_1(x_n) \\ \vdots & \vdots & & \vdots \\ f_{n-1}(x_1) & f_{n-1}(x_2) & \cdots & f_{n-1}(x_n) \end{vmatrix}.$$

解 观察同类型三阶行列式

$$D_3 = \begin{vmatrix} f_0(x_1) & f_0(x_2) & f_0(x_3) \\ f_1(x_1) & f_1(x_2) & f_1(x_3) \\ f_2(x_1) & f_2(x_2) & f_2(x_3) \end{vmatrix}$$

$$= \begin{vmatrix} a_{00} & a_{00} & a_{00} \\ a_{10}x_1 + a_{11} & a_{10}x_2 + a_{11} & a_{10}x_3 + a_{11} \\ a_{20}x_1^2 + a_{21}x_1 + a_{22} & a_{20}x_2^2 + a_{21}x_2 + a_{22} & a_{20}x_3^2 + a_{21}x_3 + a_{22} \end{vmatrix}$$

的构造可知，第 1 行提出公因子 a_{00} 后全部元素是 1，然后分别以第 1 行的适当倍数加到后面各行，可消去各行中的常数项；再从第 2 行提出公因子 a_{10}，然后分别以第 2 行适当倍数加到后面各行，便可消去关于变元 x_i 的一次项；…，直到最后，从第 $n-1$ 行提出公因子 $a_{n-1,0}$，仅剩下一个 n 阶范德蒙行列式，于是有

$$D_n = \begin{vmatrix} f_0(x_1) & f_0(x_2) & \cdots & f_0(x_n) \\ f_1(x_1) & f_1(x_2) & \cdots & f_1(x_n) \\ \vdots & \vdots & & \vdots \\ f_{n-1}(x_1) & f_{n-1}(x_2) & \cdots & f_{n-1}(x_n) \end{vmatrix}$$

$$= a_{00}a_{10}\cdots a_{n-1,0} \begin{vmatrix} 1 & 1 & \cdots & 1 \\ x_1 & x_2 & \cdots & x_n \\ \vdots & \vdots & & \vdots \\ x_1^{n-1} & x_2^{n-1} & \cdots & x_n^{n-1} \end{vmatrix}$$

$$= \prod_{i=0}^{n-1} a_{i0} \prod_{1 \leqslant i < j \leqslant n} (x_j - x_i).$$

3.5 克拉默法则

1. 解以下线性方程组：

$$\text{(i)}\begin{cases} x_1+x_2+2x_3+3x_4=1, \\ 3x_1-x_2-x_3-2x_4=-4, \\ 2x_1+3x_2-x_3-x_4=-6, \\ x_1+2x_2+3x_3-x_4=-4; \end{cases}$$

$$\text{(ii)}\begin{cases} x_1+x_2+x_3+x_4=0, \\ x_2+x_3+x_4+x_5=0, \\ x_1+2x_2+3x_3=2, \\ x_2+2x_3+3x_4=-2, \\ x_3+2x_4+3x_5=2. \end{cases}$$

解 (i) 这个方程组的行列式,得

$$D=\begin{vmatrix} 1 & 1 & 2 & 3 \\ 3 & -1 & -1 & -2 \\ 2 & 3 & -1 & -1 \\ 1 & 2 & 3 & -1 \end{vmatrix}=\begin{vmatrix} 1 & 1 & 2 & 3 \\ 0 & -4 & -7 & -11 \\ 0 & 1 & -5 & -7 \\ 0 & 1 & 1 & -4 \end{vmatrix}=\begin{vmatrix} -4 & -7 & -11 \\ 1 & -5 & -7 \\ 1 & 1 & -4 \end{vmatrix}$$

$$=\begin{vmatrix} 0 & -3 & -27 \\ 0 & -6 & -3 \\ 1 & 1 & -4 \end{vmatrix}=(-3)(-3)\begin{vmatrix} 1 & 9 \\ 2 & 1 \end{vmatrix}=-153.$$

因为 $D\neq0$,可应用克拉默法则.类似地,计算得

$$D_1=\begin{vmatrix} 1 & 1 & 2 & 3 \\ -4 & -1 & -1 & -2 \\ -6 & 3 & -1 & -1 \\ -4 & 2 & 3 & -1 \end{vmatrix}=153,\quad D_2=\begin{vmatrix} 1 & 1 & 2 & 3 \\ 3 & -4 & -1 & -2 \\ 2 & -6 & -1 & -1 \\ 1 & -4 & 3 & -1 \end{vmatrix}=153,$$

$$D_3=\begin{vmatrix} 1 & 1 & 1 & 3 \\ 3 & -1 & -4 & -2 \\ 2 & 3 & -6 & -1 \\ 1 & 2 & -4 & -1 \end{vmatrix}=0,\quad D_4=\begin{vmatrix} 1 & 1 & 2 & 1 \\ 3 & -1 & -1 & -4 \\ 2 & 3 & -1 & -6 \\ 1 & 2 & 3 & -4 \end{vmatrix}=-153.$$

由 $x_j=\dfrac{D_j}{D}$ 得方程组的解为

$$x_1=-1,\quad x_2=-1,\quad x_3=0,\quad x_4=1.$$

(ii) 这个方程组的行列式为

$$D=\begin{vmatrix}1&1&1&1&0\\0&1&1&1&1\\1&2&3&0&0\\0&1&2&3&0\\0&0&1&2&3\end{vmatrix}=16.$$

因为 $D\neq0$,可应用克拉默法则.再计算得

$$D_1=\begin{vmatrix}0&1&1&1&0\\0&1&1&1&1\\2&2&3&0&0\\-2&1&2&3&0\\2&0&1&2&3\end{vmatrix}=16,\quad D_2=\begin{vmatrix}1&0&1&1&0\\0&0&1&1&1\\1&2&3&0&0\\0&-2&2&3&0\\0&2&1&2&3\end{vmatrix}=-16,$$

$$D_3=\begin{vmatrix}1&1&0&1&0\\0&1&0&1&1\\1&2&2&0&0\\0&1&-2&3&0\\0&0&2&2&3\end{vmatrix}=16,\quad D_4=\begin{vmatrix}1&1&1&0&0\\0&1&1&0&1\\1&2&3&2&0\\0&1&2&-2&0\\0&0&1&2&3\end{vmatrix}=-16,$$

$$D_5=\begin{vmatrix}1&1&1&1&0\\0&1&1&1&0\\1&2&3&0&2\\0&1&2&3&-2\\0&0&1&2&2\end{vmatrix}=16.$$

由 $x_j=\dfrac{D_j}{D}$ 得方程组的解

$$x_1=x_3=x_5=1,\quad x_2=x_4=-1.$$

2. 设 $a_1,a_2,\cdots,a_{n+1}$ 是 $n+1$ 个不同的数,$b_1,b_2,\cdots,b_{n+1}$ 是任意 $n+1$ 个数,而多项式

$$f(x)=c_0+c_1x+\cdots+c_nx^n$$

有以下性质:$f(a_i)=b_i\ (i=1,2,\cdots,n+1)$.用线性方程组的理论证明:$f(x)$ 的系数 $c_0,c_1,\cdots,c_n$ 是唯一确定的,并且对 $n=2$ 的情形导出拉格朗日插值

公式.

解　由 $f(x)$ 的性质知,下列等式成立:

$$\begin{cases} c_0+c_1a_1+\cdots+c_na_1^n=b_1, \\ c_0+c_1a_2+\cdots+c_na_2^n=b_2, \\ \qquad\qquad\vdots \\ c_0+c_1a_{n+1}+\cdots+c_na_{n+1}^n=b_{n+1}. \end{cases}$$

将 $c_0,c_1,\cdots,c_n$ 看做未知量,上述诸式给出一个 $n+1$ 个未知量、$n+1$ 个方程的方程组,方程组的行列式

$$D=\begin{vmatrix} 1 & a_1 & a_1^2 & \cdots & a_1^n \\ 1 & a_2 & a_2^2 & \cdots & a_2^n \\ \vdots & \vdots & \vdots & & \vdots \\ 1 & a_{n+1} & a_{n+1}^2 & \cdots & a_{n+1}^n \end{vmatrix},$$

D 是转置的 $n+1$ 阶范德蒙行列式,因 $i\neq j$ 时 $a_i\neq a_j$,$D=\prod\limits_{1\leqslant i<j\leqslant n+1}(a_i-a_j)\neq 0$,由克拉默法则知,方程组有唯一确定的解,故 $f(x)$ 的系数 $c_0,c_1,\cdots,c_n$ 是唯一确定的.

当 $n=2$ 时,$f(x)=c_0+c_1x+c_2x^2$,它满足

$$\begin{cases} c_0+c_1a_1+c_2a_1^2=b_1, \\ c_0+c_1a_2+c_2a_2^2=b_2, \\ c_0+c_1a_3+c_2a_3^2=b_3. \end{cases}$$

将上列诸式看成以 c_0,c_1,c_2 为未知量的方程组,则

$$D=\begin{vmatrix} 1 & a_1 & a_1^2 \\ 1 & a_2 & a_2^2 \\ 1 & a_3 & a_3^2 \end{vmatrix},\quad D_0=\begin{vmatrix} b_1 & a_1 & a_1^2 \\ b_2 & a_2 & a_2^2 \\ b_3 & a_3 & a_3^2 \end{vmatrix},$$

$$D_1=\begin{vmatrix} 1 & b_1 & a_1^2 \\ 1 & b_2 & a_2^2 \\ 1 & b_3 & a_3^2 \end{vmatrix},\quad D_2=\begin{vmatrix} 1 & a_1 & b_1 \\ 1 & a_2 & b_2 \\ 1 & a_3 & b_3 \end{vmatrix},$$

于是
$$c_j=\frac{D_j}{D}\quad(j=0,1,2).$$

$$\begin{aligned} f(x)&=\frac{1}{D}(D_0+D_1x+D_2x^2) \\ &=\frac{1}{D}\{[b_1a_2a_3(a_3-a_2)-b_2a_1a_3(a_3-a_1)+b_3a_1a_2(a_2-a_1)] \end{aligned}$$

$$+[-b_1(a_3^2-a_2^2)+b_2(a_3^2-a_1^2)-b_3(a_2^2-a_1^2)]x$$
$$+[b_1(a_3-a_2)-b_2(a_3-a_1)+b_3(a_2-a_1)]x^2\}$$
$$=\frac{b_1[a_2a_3(a_3-a_2)-(a_3^2-a_2^2)x+(a_3-a_2)x^2]}{(a_2-a_1)(a_3-a_1)(a_3-a_2)}$$
$$+\frac{b_2[-a_1a_3(a_3-a_1)+(a_3^2-a_1^2)x-(a_3-a_1)x^2]}{(a_2-a_1)(a_3-a_1)(a_3-a_2)}$$
$$+\frac{b_3[a_1a_2(a_2-a_1)-(a_2^2-a_1^2)x+(a_2-a_1)x^2]}{(a_2-a_1)(a_3-a_1)(a_3-a_2)}$$
$$=\frac{b_1(x-a_2)(x-a_3)}{(a_1-a_2)(a_1-a_3)}+\frac{b_2(x-a_1)(x-a_3)}{(a_2-a_1)(a_2-a_3)}+\frac{b_3(x-a_1)(x-a_2)}{(a_3-a_1)(a_3-a_2)}.$$

最后的表达式即为拉格朗日插值公式.

3. 设 $f(x)=c_0+c_1x+\cdots+c_nx^n$,用线性方程组的理论证明:若$f(x)$有 $n+1$ 个不同的根,那么 $f(x)$是零多项式.

证 设 $\alpha_1,\alpha_2,\cdots,\alpha_{n+1}$是 $f(x)$的 $n+1$ 个不同的根,于是有

$$\begin{cases} c_0+c_1\alpha_1+\cdots+c_n\alpha_1^n=0, \\ c_0+c_1\alpha_2+\cdots+c_n\alpha_2^n=0, \\ \qquad\vdots \\ c_0+c_1\alpha_{n+1}+\cdots+c_n\alpha_{n+1}^n=0. \end{cases}$$

将上列诸式看成以 $c_0,c_1,\cdots,c_n$ 为未知量的方程组,则它有行列式

$$D=\begin{vmatrix} 1 & \alpha_1 & \cdots & \alpha_1^n \\ 1 & \alpha_2 & \cdots & \alpha_2^n \\ \vdots & \vdots & & \vdots \\ 1 & \alpha_{n+1} & \cdots & \alpha_{n+1}^n \end{vmatrix}=\prod_{1\leqslant i<j\leqslant n+1}(\alpha_j-\alpha_i)\neq 0,$$

由于各方程的右端 $b_i=0\ (i=1,2,\cdots,n+1)$,以上方程组有唯一解 $c_j=\frac{D_j}{D}=0\ (j=0,1,\cdots,n)$,从而$f(x)$为零多项式.

补充讨论

(一) 部分习题的其他解法或适当说明.

1."3.2 节　排列"第 2 题还可按如下思路求解.

解　n 个数码中的任意一对数 i_k、i_m,或在排列 $i_1i_2\cdots i_n$ 中生成一个反

序，或在排列 $i_n i_{n-1}\cdots i_2 i_1$ 中生成一个反序，即在这两个排列中总会生成一个且仅一个反序. n 个数码中不同的两数组有 $\binom{n}{2}$ 个，故总共生成 $\binom{n}{2}=\frac{n(n-1)}{2}$ 个反序. 假设排列 $i_1,i_2,\cdots,i_n$ 的反序数为 k，则排列 $i_n,i_{n-1},\cdots,i_2,i_1$ 的反序数为 $\frac{n(n-1)}{2}-k$.

（二）拉普拉斯(Laplace)定理简介*.

这个定理可以看成是行列式按某一行展开公式的推广，理论应用上有相当价值.

定义 1　在一个 n 阶行列式 D 中任意选定 k 行 k 列($k\leqslant n$). 位于这些行和列的交点上的 k^2 个元素按照原来的位置组成一个 k 阶行列式 M，称为行列式 D 的一个 k 阶子式. 在 D 中画去这 k 行 k 列后余下的元素按照原来的位置组成的 $n-k$ 阶行列式 M' 称为 k 阶子式 M 的余子式.

例 1　在四阶行列式

$$D=\begin{vmatrix}1 & 2 & 1 & 4\\0 & -1 & 2 & 1\\0 & 0 & 2 & 1\\0 & 0 & 1 & 3\end{vmatrix}$$

中选定第 1,3 行，第 2,4 列得一个二阶子式

$$M=\begin{vmatrix}2 & 4\\0 & 1\end{vmatrix},$$

M 的余子式为

$$M'=\begin{vmatrix}0 & 2\\0 & 1\end{vmatrix}.$$

定义 2　设 D 的 k 阶子式 M 在 D 中所在的行、列指标分别为 $i_1,i_2,\cdots,i_k$；$j_1,j_2,\cdots,j_k$，则 M 的余子式 M' 前面加上符号 $(-1)^{(i_1+i_2+\cdots+i_k)+(j_1+j_2+\cdots+j_k)}$ 后称为 M 的代数余子式，也记作 A.

例如，上述例 1 中 M 的代数余子式是

$$A=(-1)^{(1+3)+(2+4)}M'=M'$$

定理(拉普拉斯定理)　设在行列式 D 中任意取定了 k $(1\leqslant k\leqslant n-1)$ 个

* 详细内容可参考：北京大学编《高等代数》(第三版)第二章 § 8.

行.由这 k 行元素所组成的一切 k 阶子式与它们的代数余子式的乘积的和等于行列式 D,即

$$D=M_1A_1+M_2A_2+\cdots+M_tA_t \quad \left(t=\binom{n}{k}\right).$$

例 2 在行列式

$$D=\begin{vmatrix} 1 & 2 & 1 & 4 \\ 0 & -1 & 2 & 1 \\ 1 & 0 & 1 & 3 \\ 0 & 1 & 3 & 1 \end{vmatrix}$$

中取定第1,2行,得 $t=\binom{4}{2}=6$ 个子式,根据拉普拉斯定理得

$$\begin{aligned} D &= M_1A_1+M_2A_2+\cdots+M_6A_6 \\ &= \begin{vmatrix} 1 & 2 \\ 0 & -1 \end{vmatrix}\cdot\begin{vmatrix} 1 & 3 \\ 3 & 1 \end{vmatrix}-\begin{vmatrix} 1 & 1 \\ 0 & 2 \end{vmatrix}\cdot\begin{vmatrix} 0 & 3 \\ 1 & 1 \end{vmatrix}+\begin{vmatrix} 1 & 4 \\ 0 & 1 \end{vmatrix}\cdot\begin{vmatrix} 0 & 1 \\ 1 & 3 \end{vmatrix} \\ &\quad +\begin{vmatrix} 2 & 1 \\ -1 & 2 \end{vmatrix}\cdot\begin{vmatrix} 1 & 3 \\ 0 & 1 \end{vmatrix}-\begin{vmatrix} 2 & 4 \\ -1 & 1 \end{vmatrix}\cdot\begin{vmatrix} 1 & 1 \\ 0 & 3 \end{vmatrix}+\begin{vmatrix} 1 & 4 \\ 2 & 1 \end{vmatrix}\cdot\begin{vmatrix} 1 & 0 \\ 0 & 1 \end{vmatrix} \\ &= (-1)\times(-8)-2\times(-3)+1\times(-1)+5\times1-6\times3+(-7)\times1 \\ &= 8+6-1+5-18-7=-7. \end{aligned}$$

从这个例子来看,利用拉普拉斯定理来计算行列式一般是不方便的.这个定理主要是在理论方面应用.

例 3 证明:两个二阶行列式

$$D_1=\begin{vmatrix} a_{11} & a_{12} \\ a_{21} & a_{22} \end{vmatrix} \quad 和 \quad D_2=\begin{vmatrix} b_{11} & b_{12} \\ b_{21} & b_{22} \end{vmatrix}$$

的乘积等于一个二阶行列式

$$C=\begin{vmatrix} c_{11} & c_{12} \\ c_{21} & c_{22} \end{vmatrix},$$

其中 c_{ij} 是 D_1 的第 i 行元素分别与 D_2 的第 j 列的对应元素乘积之和:

$$c_{ij}=a_{i1}b_{1j}+a_{i2}b_{2j} \quad (i,j=1,2).$$

证 作四阶行列式

$$D=\begin{vmatrix} a_{11} & a_{12} & 0 & 0 \\ a_{21} & a_{22} & 0 & 0 \\ -1 & 0 & b_{11} & b_{12} \\ 0 & -1 & b_{21} & b_{22} \end{vmatrix}.$$

根据拉普拉斯定理，将 D 按前 2 行展开. 因 D 中前两行除去左上角那个二阶子式外，其余的二阶子式都等于零，所以

$$D=\begin{vmatrix} a_{11} & a_{12} \\ a_{21} & a_{22} \end{vmatrix}\cdot(-1)^{(1+2)+(1+2)}\begin{vmatrix} b_{11} & b_{12} \\ b_{21} & b_{22} \end{vmatrix}=D_1D_2.$$

现在来证 $D=C$. 对 D 作初等行变换，将第 3 行的 a_{11} 倍、第 4 行的 a_{12} 倍加到第 1 行，得

$$D=\begin{vmatrix} 0 & 0 & a_{11}b_{11}+a_{12}b_{21} & a_{11}b_{12}+a_{12}b_{22} \\ a_{21} & a_{22} & 0 & 0 \\ -1 & 0 & b_{11} & b_{12} \\ 0 & -1 & b_{21} & b_{22} \end{vmatrix}.$$

再将第 3 行的 a_{21} 倍、第 4 行的 a_{22} 倍加到第 2 行，得

$$D=\begin{vmatrix} 0 & 0 & a_{11}b_{11}+a_{12}b_{21} & a_{11}b_{12}+a_{12}b_{22} \\ 0 & 0 & a_{21}b_{11}+a_{22}b_{21} & a_{21}b_{12}+a_{22}b_{22} \\ -1 & 0 & b_{11} & b_{12} \\ 0 & -1 & b_{21} & b_{22} \end{vmatrix}=\begin{vmatrix} 0 & 0 & c_{11} & c_{12} \\ 0 & 0 & c_{21} & c_{22} \\ -1 & 0 & b_{11} & b_{12} \\ 0 & -1 & b_{21} & b_{22} \end{vmatrix}.$$

这个行列式的前两行也只可能有一个二阶子式不为零，因此由拉普拉斯定理，得

$$D=\begin{vmatrix} c_{11} & c_{12} \\ c_{21} & c_{22} \end{vmatrix}\cdot(-1)^{(1+2)+(3+4)}\begin{vmatrix} -1 & 0 \\ 0 & -1 \end{vmatrix}=C,$$

从而有 $D_1\cdot D_2=C$.

本题的结论对于任意 n 阶行列式也是成立的，它被称为行列式的乘法定理，此处所用方法完全可以给出它的证明.

拉普拉斯定理在矩阵乘积的行列式中还有精彩应用，本书第 5 章末尾再来介绍它.

第 4 章　线性方程组

知识要点

1. 一般线性方程组是指形如

$$\begin{cases} a_{11}x_1+a_{12}x_2+\cdots+a_{1n}x_n=b_1, \\ a_{21}x_1+a_{22}x_2+\cdots+a_{2n}x_n=b_2, \\ \qquad\qquad\qquad\qquad\vdots \\ a_{m1}x_1+a_{m2}x_2+\cdots+a_{mn}x_n=b_m \end{cases}$$

的有 n 个变量、m 个方程的线性方程组. 我们把(i) 交换两个方程的位置，(ii) 用一个不等于零的数乘某一个方程，(iii) 用一个数乘某一个方程后加到另一个方程上，这三种变换叫做**线性方程组的初等变换**. 初等变换把一个线性方程组变为一个与它同解的线性方程组.

2. 用 st 个数 c_{ij} 排成的一个 s 行 t 列的表

$$\begin{pmatrix} c_{11} & c_{12} & \cdots & c_{1t} \\ c_{21} & c_{22} & \cdots & c_{2t} \\ \vdots & \vdots & & \vdots \\ c_{s1} & c_{s2} & \cdots & c_{st} \end{pmatrix}$$

叫做一个 s 行 t 列(或 $s\times t$)**矩阵**，c_{ij} 叫做这个**矩阵的元素**.

由线性方程组的系数排成的矩阵 $\mathbf{A}$ 叫做该线性方程组的**系数矩阵**；由线性方程组的系数和常数项排成的矩阵 $\overline{\mathbf{A}}$ 叫做该线性方程组的**增广矩阵**，即有

$$\mathbf{A}=\begin{pmatrix} a_{11} & a_{12} & \cdots & a_{1n} \\ a_{21} & a_{22} & \cdots & a_{2n} \\ \vdots & \vdots & & \vdots \\ a_{m1} & a_{m2} & \cdots & a_{mn} \end{pmatrix},\quad \overline{\mathbf{A}}=\left(\begin{array}{cccc:c} a_{11} & a_{12} & \cdots & a_{1n} & b_1 \\ a_{21} & a_{22} & \cdots & a_{2n} & b_2 \\ \vdots & \vdots & & \vdots & \vdots \\ a_{m1} & a_{m2} & \cdots & a_{mn} & b_m \end{array}\right).$$

3. 矩阵的行(列)初等变换指的是对一个矩阵施行下列变换：(i) 交换矩

阵的两行(列);(ii) 用一个不等于零的数乘矩阵的某一行(列)的每一个元素;(iii) 用某一数乘矩阵的某一行(列)的每一个元素后加到另一行(列)的对应元素上.

对一个线性方程组施行一个初等变换,相当于对它的增广矩阵施行一个对应的行初等变换,而化简线性方程组相当于用行初等变换化简它的增广矩阵.

通过行初等变换和第一种列初等变换能把系数矩阵化成如下形式:

$$\boldsymbol{A}\to\boldsymbol{B}=\begin{pmatrix}1&0&0&\cdots&0&c_{1,r+1}&\cdots&c_{1n}\\0&1&0&\cdots&0&c_{2,r+1}&\cdots&c_{2n}\\\vdots&\vdots&\vdots&&\vdots&\vdots&&\vdots\\0&0&0&\cdots&1&c_{r,r+1}&\cdots&c_{rn}\\0&0&0&\cdots&0&0&\cdots&0\\\vdots&\vdots&\vdots&&\vdots&\vdots&&\vdots\\0&0&0&\cdots&0&0&\cdots&0\end{pmatrix}.$$

再对增广矩阵施行同样的初等变换,则有

$$\overline{\boldsymbol{A}}\to\overline{\boldsymbol{B}}=\begin{pmatrix}1&0&0&\cdots&0&c_{1,r+1}&\cdots&c_{1n}&d_1\\0&1&0&\cdots&0&c_{2,r+1}&\cdots&c_{2n}&d_2\\\vdots&\vdots&\vdots&&\vdots&\vdots&&\vdots&\vdots\\0&0&0&\cdots&1&c_{r,r+1}&\cdots&c_{rn}&d_r\\0&0&0&\cdots&0&0&\cdots&0&d_{r+1}\\\vdots&\vdots&\vdots&&\vdots&\vdots&&\vdots&\vdots\\0&0&0&\cdots&0&0&\cdots&0&d_m\end{pmatrix}.$$

与增广矩阵 $\overline{\boldsymbol{A}}$ 的变换结果 $\overline{\boldsymbol{B}}$ 相当的方程组与原线性方程组同解.由此不难看出:当 $r<m$ 而 $d_{r+1},\cdots,d_m$ 不全为零时,方程组无解;当 $r=m$ 或 $r<m$ 而 $d_{r+1},\cdots,d_m$ 全为零时,方程组有解,其中若 $r=n$,则有唯一解,若 $r<n$,则有无穷多解.

在方程组有解情况下,与 $\overline{\boldsymbol{B}}$ 相当的等价方程组为

$$\begin{cases}x_{i_1}+c_{1,r+1}x_{i_{r+1}}+\cdots+c_{1n}x_{i_n}=d_1,\\x_{i_2}+c_{2,r+1}x_{i_{r+1}}+\cdots+c_{2n}x_{i_n}=d_2,\\\qquad\qquad\vdots\\x_{i_r}+c_{r,r+1}x_{i_{r+1}}+\cdots+c_{rn}x_{i_n}=d_r.\end{cases}$$

当 $r<n$ 时，还可进一步改写成

$$\begin{cases} x_{i_1}=d_1-c_{1,r+1}x_{i_{r+1}}-\cdots-c_{1n}x_{i_n}, \\ x_{i_2}=d_2-c_{2,r+1}x_{i_{r+1}}-\cdots-c_{2n}x_{i_n}, \\ \quad\vdots \\ x_{i_r}=d_r-c_{r,r+1}x_{i_{r+1}}-\cdots-c_{rn}x_{i_n}, \end{cases}$$

给予未知量 $x_{i_{r+1}},\cdots,x_{i_n}$ 以任意一组数值 $k_{i_{r+1}},\cdots,k_{i_n}$，就得到方程组的一个解为

$$\begin{cases} x_{i_1}=d_1-c_{1,r+1}k_{i_{r+1}}-\cdots-c_{1n}k_{i_n}, \\ \quad\vdots \\ x_{i_r}=d_r-c_{r,r+1}k_{i_{r+1}}-\cdots-c_{rn}k_{i_n}, \\ x_{i_{r+1}}=k_{i_{r+1}}, \\ \quad\vdots \\ x_{i_n}=k_{i_n}. \end{cases}$$

它称为方程组的**一般解**. 由于 $k_{i_{r+1}},\cdots,k_{i_n}$ 可以任意选取，故可得无穷多解，$x_{i_{r+1}},\cdots,x_{i_n}$ 叫做**自由未知量**.

4. 在一个 s 行 t 列矩阵中，任取 k 行 k 列($k\leqslant s,k\leqslant t$)，位于这些行列交点处的元素(不改变元素的相对位置)所构成的 k 阶行列式叫做这个**矩阵的一个 k 阶子式**. 一个矩阵中不等于零的子式的最大阶数叫做这个**矩阵的秩**. 若一个矩阵没有不等于零的子式，就认为这个矩阵的秩是零. 初等变换不改变矩阵的秩.

线性方程组有解的充要条件是它的系数矩阵与增广矩阵有相同的秩. 如果系数矩阵与增广矩阵有相同的秩 r，那么当 r 等于方程组所含未知量的个数 n 时，方程组有唯一解；当 $r<n$ 时，方程组有无穷多解.

5. 设线性方程组有解，它的系数矩阵 $\mathbf{A}$ 和增广矩阵 $\overline{\mathbf{A}}$ 的共同秩 $r\neq 0$，那么可在原方程组的 m 个方程中选出 r 个方程，使得剩下的 $m-r$ 个方程中的每一个都是这 r 个方程的结果，从而解原方程组可归结为解由这 r 个方程所组成的线性方程组. 当 $r=n$ 时，方程组的唯一解可由克拉默法则给出；当 $r<n$ 时，设前 r 个未知量的系数所构成的行列式 $D\neq 0$，那么原方程组与方程组

$$\begin{cases} a_{11}x_1+\cdots+a_{1r}x_r=b_1-a_{1,r+1}x_{r+1}-\cdots-a_{1n}x_n, \\ a_{21}x_1+\cdots+a_{2r}x_r=b_2-a_{2,r+1}x_{r+1}-\cdots-a_{2n}x_n, \\ \qquad\vdots \\ a_{r1}x_1+\cdots+a_{rr}x_r=b_r-a_{r,r+1}x_{r+1}-\cdots-a_{rn}x_n \end{cases}$$

同解，用克拉默法则可得

$$x_1=\frac{D_1}{D},\quad x_2=\frac{D_2}{D},\quad \cdots,\quad x_r=\frac{D_r}{D},$$

其中

$$D_j=\begin{vmatrix} a_{11} & \cdots & b_1-a_{1,r+1}x_{r+1}-\cdots-a_{1n}x_n & \cdots & a_{1r} \\ a_{21} & \cdots & b_2-a_{2,r+1}x_{r+1}-\cdots-a_{2n}x_n & \cdots & a_{2r} \\ \vdots & & \vdots & & \vdots \\ a_{r1} & \cdots & \underbrace{b_r-a_{r,r+1}x_{r+1}-\cdots-a_{rn}x_n}_{\text{第}j\text{列}} & \cdots & a_{rr} \end{vmatrix}.$$

这就给出了求原方程组的解的公式. 如将行列式展开并整理，此公式也可以下式表出：

$$\begin{cases} x_1=d_1+c_{1,r+1}x_{r+1}+\cdots+c_{1n}x_n, \\ x_2=d_2+c_{2,r+1}x_{r+1}+\cdots+c_{2n}x_n, \\ \quad\vdots \\ x_r=d_r+c_{r,r+1}x_{r+1}+\cdots+c_{rn}x_n. \end{cases}$$

6. 一个齐次线性方程组有非零解的充要条件是：它的系数矩阵的秩 r 小于它的未知量的个数 n. 含有 n 个未知量、n 个方程的齐次线性方程组有非零解的充要条件是：方程组的系数行列式等于零. 若在一个齐次线性方程组中，方程的个数 m 小于未知量的个数 n，那么这个方程组一定有非零解.

7. 设

$$f(x)=a_0x^m+a_1x^{m-1}+\cdots+a_m \quad (m>0),$$
$$g(x)=b_0x^n+b_1x^{n-1}+\cdots+b_n \quad (n>0)$$

是复数域 $\mathbf{C}$ 上两个一元多项式. 行列式

$$D=\begin{vmatrix} a_0 & a_1 & \cdots & \cdots & a_m & & & \\ & a_0 & a_1 & \cdots & \cdots & a_m & & \\ & & \ddots & \ddots & & & \ddots & \\ & & & a_0 & a_1 & \cdots & \cdots & a_m \\ b_0 & b_1 & \cdots & \cdots & & b_n & & \\ & b_0 & b_1 & \cdots & \cdots & & b_n & \\ & & \ddots & \ddots & & & & \ddots \\ & & & b_0 & b_1 & \cdots & & \cdots \end{vmatrix} \begin{matrix} \left.\vphantom{\begin{matrix}a\\a\\a\\a\end{matrix}}\right\} n\text{行} \\ \left.\vphantom{\begin{matrix}a\\a\\a\\a\end{matrix}}\right\} m\text{行} \end{matrix}$$

（未写出的元素均为 0）叫做 $f(x)$ 与 $g(x)$ 的**结式**，记为 $R(f,g)$，并有：

(i) 如果 $a_0\neq 0$，而 $\alpha_1,\alpha_2,\cdots,\alpha_m\in\mathbf{C}$ 是 $f(x)$ 的全部根，那么

$$R(f,g)=a_0^n g(\alpha_1)g(\alpha_2)\cdots g(\alpha_m);$$

(ii) 如果 $b_0\neq 0$,而 $\beta_1,\beta_2,\cdots,\beta_n\in\mathbf{C}$ 是 $g(x)$ 的全部根,那么

$$R(f,g)=(-1)^{mn}b_0^m f(\beta_1)f(\beta_2)\cdots f(\beta_n).$$

如果多项式 $f(x),g(x)$ 有公共根,或者 $a_0=b_0=0$,那么它们的结式等于零;反之,如果多项式 $f(x)$ 与 $g(x)$ 的结式等于零,那么要么它们的最高项系数都等于零,要么这两个多项式有公共根.

设 $f(x,y)$ 和 $g(x,y)$ 是两个复系数二元多项式,按 x 的降幂排列写出这两个多项式:

$$f(x,y)=a_0(y)x^s+a_1(y)x^{s-1}+\cdots+a_s(y),$$

$$g(x,y)=b_0(y)x^t+b_1(y)x^{t-1}+\cdots+b_t(y),$$

把 $a_i(y)$ 和 $b_j(y)$ $(i=0,1,\cdots,s;j=0,1,\cdots,t)$ 分别看成是 f 中 x^{s-i} 和 g 中 x^{t-j} 的系数,然后求出 f 和 g 的结式

$$R_x(f,g)=\varphi(y),$$

那么求两个未知量两个方程

$$f(x,y)=0 \quad 和 \quad g(x,y)=0$$

的公共解可归结为求一个未知量的一个方程

$$\varphi(y)=0$$

的根.也就是说,可以从两个方程中消去一个未知量,这个过程通常叫做**未知量的消去法**.

8. 设
$$f(x)=a_0x^n+a_1x^{n-1}+\cdots+a_n$$
是复数域 $\mathbf{C}$ 上一个 n $(n>1)$ 次多项式,令 $\alpha_1,\alpha_2,\cdots,\alpha_n\in\mathbf{C}$ 是 $f(x)$ 的全部根(重根按重数计算),则乘积

$$D=a_0^{2n-2}\prod_{i>j}(\alpha_i-\alpha_j)^2$$

叫做多项式 $f(x)$ 的**判别式**,它与结式有如下关系:

$$R(f,f')=(-1)^{\frac{n(n-1)}{2}}a_0D.$$

多项式 $f(x)$ 有重根的充要条件是它的判别式等于零.

习题解答

4.1　消　元　法

1. 解以下线性方程组:

(i) $\begin{cases} x_1-2x_2+x_3+x_4=1, \\ x_1-2x_2+x_3-x_4=-1, \\ x_1-2x_2+x_3+x_4=5; \end{cases}$　　(ii) $\begin{cases} 2x_1-x_2+3x_3=3, \\ 3x_1+x_2-5x_3=0, \\ 4x_1-x_2+x_3=3, \\ x_1+3x_2-13x_3=-6. \end{cases}$

解　(i) 此方程组的增广矩阵是

$$\left(\begin{array}{cccc|c} 1 & -2 & 1 & 1 & 1 \\ 1 & -2 & 1 & -1 & -1 \\ 1 & -2 & 1 & 1 & 5 \end{array}\right),$$

将第 2 行、第 3 行各加上第 1 行的 -1 倍,矩阵化为

$$\left(\begin{array}{cccc|c} 1 & -2 & 1 & 1 & 1 \\ 0 & 0 & 0 & -2 & -2 \\ 0 & 0 & 0 & 0 & 4 \end{array}\right),$$

由此看到,对应于最后矩阵的线性方程组中有一个方程是 $0=4$,故原方程组无解.

(ii) 写出方程组的增广矩阵并作初等变换:

$$\left(\begin{array}{ccc|c} 2 & -1 & 3 & 3 \\ 3 & 1 & -5 & 0 \\ 4 & -1 & 1 & 3 \\ 1 & 3 & -13 & -6 \end{array}\right) \to \left(\begin{array}{ccc|c} 1 & 3 & -13 & -6 \\ 2 & -1 & 3 & 3 \\ 3 & 1 & -5 & 0 \\ 4 & -1 & 1 & 3 \end{array}\right) \to \left(\begin{array}{ccc|c} 1 & 3 & -13 & -6 \\ 0 & -7 & 29 & 15 \\ 0 & -8 & 34 & 18 \\ 0 & -13 & 53 & 27 \end{array}\right)$$

$$\to \left(\begin{array}{ccc|c} 1 & 3 & -13 & -6 \\ 0 & 1 & -5 & -3 \\ 0 & -8 & 34 & 18 \\ 0 & -13 & 53 & 27 \end{array}\right) \to \left(\begin{array}{ccc|c} 1 & 3 & -13 & -6 \\ 0 & 1 & -5 & -3 \\ 0 & 0 & -6 & -6 \\ 0 & 0 & -12 & -12 \end{array}\right)$$

$$\to \left(\begin{array}{ccc|c} 1 & 0 & 0 & 1 \\ 0 & 1 & 0 & 2 \\ 0 & 0 & 1 & 1 \\ 0 & 0 & 0 & 0 \end{array}\right),$$

最后,矩阵对应的方程组为

$$\begin{cases} x_1 = 1, \\ x_2 = 2, \\ x_3 = 1, \end{cases}$$

与原方程同解,故原方程组有解 $x_1=1, x_2=2, x_3=1$.

2. 证明:对矩阵施行第一种行初等变换相当于对它连续施行若干次第二种、第三种行初等变换.

证　在以下的证明中只具体写出矩阵的第 i 行和第 j 行,其余未写明的元素在作初等变换时都没有变动.

$$\begin{pmatrix} \vdots & \vdots & & \vdots \\ a_{i1} & a_{i2} & \cdots & a_{in} \\ \vdots & \vdots & & \vdots \\ a_{j1} & a_{j2} & \cdots & a_{jn} \\ \vdots & \vdots & & \vdots \end{pmatrix} \xrightarrow[\text{到第 } i \text{ 行}]{\text{第 } j \text{ 行加}} \begin{pmatrix} \vdots & \vdots & & \vdots \\ a_{i1}+a_{j1} & a_{i2}+a_{j2} & \cdots & a_{in}+a_{jn} \\ \vdots & \vdots & & \vdots \\ a_{j1} & a_{j2} & \cdots & a_{jn} \\ \vdots & \vdots & & \vdots \end{pmatrix}$$

$$\xrightarrow[\text{加到第 } j \text{ 行}]{\text{第 } i \text{ 行的} -1 \text{ 倍}} \begin{pmatrix} \vdots & \vdots & & \vdots \\ a_{i1}+a_{j1} & a_{i2}+a_{j2} & \cdots & a_{in}+a_{jn} \\ \vdots & \vdots & & \vdots \\ -a_{i1} & -a_{i2} & \cdots & -a_{in} \\ \vdots & \vdots & & \vdots \end{pmatrix}$$

$$\xrightarrow[\text{到第 } i \text{ 行}]{\text{第 } j \text{ 行加}} \begin{pmatrix} \vdots & \vdots & & \vdots \\ a_{j1} & a_{j2} & \cdots & a_{jn} \\ \vdots & \vdots & & \vdots \\ -a_{i1} & -a_{i2} & \cdots & -a_{in} \\ \vdots & \vdots & & \vdots \end{pmatrix}$$

$$\xrightarrow[\text{乘以} -1]{\text{第 } j \text{ 行}} \begin{pmatrix} \vdots & \vdots & & \vdots \\ a_{j1} & a_{j2} & \cdots & a_{jn} \\ \vdots & \vdots & & \vdots \\ a_{i1} & a_{i2} & \cdots & a_{in} \\ \vdots & \vdots & & \vdots \end{pmatrix}.$$

从以上过程看出,对矩阵施行一次交换两行的初等变换相当于对它连续施行几次另外两种行初等变换.

3. 设 n 阶行列式

$$D=\begin{vmatrix} a_{11} & a_{12} & \cdots & a_{1n} \\ a_{21} & a_{22} & \cdots & a_{2n} \\ \vdots & \vdots & & \vdots \\ a_{n1} & a_{n2} & \cdots & a_{nn} \end{vmatrix} \neq 0,$$

证明:用行初等变换能把 n 行 n 列矩阵

$$\begin{pmatrix} a_{11} & a_{12} & \cdots & a_{1n} \\ a_{21} & a_{22} & \cdots & a_{2n} \\ \vdots & \vdots & & \vdots \\ a_{n1} & a_{n2} & \cdots & a_{nn} \end{pmatrix}$$

化为 n 行 n 列矩阵 $$\begin{pmatrix} 1 & 0 & \cdots & 0 \\ 0 & 1 & \cdots & 0 \\ \vdots & \vdots & & \vdots \\ 0 & 0 & \cdots & 1 \end{pmatrix}.$$

证　由 $D\neq 0$,知矩阵第 1 列元素不全为零. 若 $a_{11}\neq 0$,则用 $\frac{1}{a_{11}}$ 乘第 1 行;若 $a_{11}=0$ 而 $a_{i1}\neq 0$,则将第 i 行的 $\frac{1}{a_{i1}}$ 倍加到第 1 行,原矩阵变为

$$\begin{pmatrix} 1 & a_{12}' & \cdots & a_{1n}' \\ a_{21} & a_{22} & \cdots & a_{2n} \\ \vdots & \vdots & & \vdots \\ a_{n1} & a_{n2} & \cdots & a_{nn} \end{pmatrix} \xrightarrow[\text{等变换可得}]{\text{用第三种行初}} \begin{pmatrix} 1 & a_{12}' & \cdots & a_{1n}' \\ 0 & a_{22}' & \cdots & a_{2n}' \\ \vdots & \vdots & & \vdots \\ 0 & a_{n2}' & \cdots & a_{nn}' \end{pmatrix}.$$

由于新矩阵的行列式 D_1 是原矩阵的行列式 D 的非零倍数,故按第 1 列展开,得

$$D_1=\begin{vmatrix} a_{22}' & \cdots & a_{2n}' \\ \vdots & & \vdots \\ a_{n2}' & \cdots & a_{nn}' \end{vmatrix}\neq 0.$$

再对新矩阵施行同样一些行初等变换,有

$$\begin{pmatrix} 1 & a_{12}' & a_{13}' & \cdots & a_{1n}' \\ 0 & 1 & a_{23}'' & \cdots & a_{2n}'' \\ 0 & 0 & a_{33}'' & \cdots & a_{3n}'' \\ \vdots & \vdots & \vdots & & \vdots \\ 0 & 0 & a_{n3}'' & \cdots & a_{nn}'' \end{pmatrix} \longrightarrow \begin{pmatrix} 1 & * & \cdots & * \\ 0 & 1 & \cdots & * \\ \vdots & \vdots & & \vdots \\ 0 & 0 & \cdots & 1 \end{pmatrix} \longrightarrow \begin{pmatrix} 1 & 0 & \cdots & 0 \\ 0 & 1 & \cdots & 0 \\ \vdots & \vdots & & \vdots \\ 0 & 0 & \cdots & 1 \end{pmatrix}.$$

4. 证明:在前一题的假设下,可以通过若干次第三种初等变换把 n 行 n 列矩阵

$$\begin{pmatrix} a_{11} & a_{12} & \cdots & a_{1n} \\ a_{21} & a_{22} & \cdots & a_{2n} \\ \vdots & \vdots & & \vdots \\ a_{n1} & a_{n2} & \cdots & a_{nn} \end{pmatrix}$$

化为 n 行 n 列矩阵

$$\begin{pmatrix} 1 & 0 & \cdots & 0 & 0 \\ 0 & 1 & \cdots & 0 & 0 \\ \vdots & \vdots & & \vdots & \vdots \\ 0 & 0 & \cdots & 1 & 0 \\ 0 & 0 & \cdots & 0 & D \end{pmatrix}.$$

证　由假设 $D\neq 0$ 知,矩阵第1列元素不全为零.设 $a_{11}\neq 0$,否则 $a_{11}=0$,但 $a_{i1}\neq 0$,那么将第 i 行加到第1行即可.再用第1行的适当倍数加到其他各行,原矩阵化为如下形式:

$$\begin{pmatrix} a'_{11} & a'_{12} & a'_{13} & \cdots & a'_{1,n-1} & a'_{1n} \\ 0 & a'_{22} & a'_{23} & \cdots & a'_{2,n-1} & a'_{2n} \\ \vdots & \vdots & \vdots & & \vdots & \vdots \\ 0 & a'_{n2} & a'_{n3} & \cdots & a'_{n,n-1} & a'_{nn} \end{pmatrix},$$

其中 $a'_{11}\neq 0$.新矩阵的行列式 D_1 与原矩阵行列式 D 相等,故

$$D_1=a'_{11}\begin{vmatrix} a'_{22} & \cdots & a'_{2n} \\ \vdots & & \vdots \\ a'_{n2} & \cdots & a'_{nn} \end{vmatrix}\neq 0.$$

于是对新矩阵仍可用第三种行初等变换,得到

$$\begin{pmatrix} a''_{11} & a''_{12} & a''_{13} & \cdots & a''_{1,n-1} & a''_{1n} \\ 0 & a''_{22} & a''_{23} & \cdots & a''_{2,n-1} & a''_{2n} \\ 0 & 0 & a''_{33} & \cdots & a''_{3,n-1} & a''_{3n} \\ \vdots & \vdots & \vdots & & \vdots & \vdots \\ 0 & 0 & a''_{n3} & \cdots & a''_{n,n-1} & a''_{nn} \end{pmatrix} \longrightarrow \begin{pmatrix} a^*_{11} & a^*_{12} & a^*_{13} & \cdots & a^*_{1,n-1} & a^*_{1n} \\ 0 & a^*_{22} & a^*_{23} & \cdots & a^*_{2,n-1} & a^*_{2n} \\ 0 & 0 & a^*_{33} & \cdots & a^*_{3,n-1} & a^*_{3n} \\ \vdots & \vdots & \vdots & & \vdots & \vdots \\ 0 & 0 & 0 & \cdots & 0 & a^*_{nn} \end{pmatrix}$$

$$\longrightarrow \begin{pmatrix} a^*_{11} & 0 & \cdots & 0 \\ 0 & a^*_{22} & \cdots & 0 \\ \vdots & \vdots & & \vdots \\ 0 & 0 & \cdots & a^*_{nn} \end{pmatrix}.$$

由于在这种变换下,方阵的行列式不变,故最后矩阵的行列式

$$\begin{vmatrix} a^*_{11} & 0 & \cdots & 0 \\ 0 & a^*_{22} & \cdots & 0 \\ \vdots & \vdots & & \vdots \\ 0 & 0 & \cdots & a^*_{nn} \end{vmatrix}=a^*_{11}a^*_{22}\cdots a^*_{nn}=D.$$

注意：当主对角线元素 $a\neq 0,b\neq 0$ 时，反复应用关于行和列的第三种初等变换，有

$$\begin{pmatrix} a & 0 \\ 0 & b \end{pmatrix} \longrightarrow \begin{pmatrix} a & 0 \\ ab & b \end{pmatrix} \longrightarrow \begin{pmatrix} a & a \\ ab & b+ab \end{pmatrix} \longrightarrow \begin{pmatrix} a & a-1 \\ ab & ab \end{pmatrix}$$

$$\longrightarrow \begin{pmatrix} 1 & a-1 \\ 0 & ab \end{pmatrix} \longrightarrow \begin{pmatrix} 1 & 0 \\ 0 & ab \end{pmatrix}.$$

故题中所给矩阵可继续变化：

$$\begin{pmatrix} a_{11}^* & 0 & 0 & \cdots & 0 \\ 0 & a_{22}^* & 0 & \cdots & 0 \\ 0 & 0 & a_{33}^* & \cdots & 0 \\ \vdots & \vdots & \vdots & & \vdots \\ 0 & 0 & 0 & \cdots & a_{nn}^* \end{pmatrix}$$

$$\longrightarrow \begin{pmatrix} 1 & 0 & 0 & \cdots & 0 \\ 0 & a_{11}^* a_{22}^* & 0 & \cdots & 0 \\ 0 & 0 & a_{33}^* & \cdots & 0 \\ \vdots & \vdots & \vdots & & \vdots \\ 0 & 0 & 0 & \cdots & a_{nn}^* \end{pmatrix} \longrightarrow \begin{pmatrix} 1 & 0 & 0 & \cdots & 0 \\ 0 & 1 & 0 & \cdots & 0 \\ 0 & 0 & a_{11}^* a_{22}^* a_{33}^* & \cdots & 0 \\ \vdots & \vdots & \vdots & & \vdots \\ 0 & 0 & 0 & \cdots & a_{nn}^* \end{pmatrix}$$

$$\longrightarrow \begin{pmatrix} 1 & 0 & 0 & \cdots & 0 \\ 0 & 1 & 0 & \cdots & 0 \\ 0 & 0 & 1 & \cdots & 0 \\ \vdots & \vdots & \vdots & & \vdots \\ 0 & 0 & 0 & \cdots & \prod_{i=1}^{n} a_{ii}^* \end{pmatrix} = \begin{pmatrix} 1 & 0 & 0 & \cdots & 0 \\ 0 & 1 & 0 & \cdots & 0 \\ 0 & 0 & 1 & \cdots & 0 \\ \vdots & \vdots & \vdots & & \vdots \\ 0 & 0 & 0 & \cdots & D \end{pmatrix}.$$

这里每次只要对包含主对角线上两个元素的一个二阶子方阵作与上述 $\begin{pmatrix} a & 0 \\ 0 & b \end{pmatrix}$ 相同的变换就行了.

4.2 矩阵的秩 线性方程组可解的判别法

1. 对第一种、第二种行初等变换的证明见教材中定理 4.2.1.

证 (i) 下证交换矩阵的两行(列)不改变矩阵的秩.

设矩阵 $\boldsymbol{A}$ 经交换 i,j 两行得到矩阵 $\boldsymbol{B}$，且秩$(\boldsymbol{A})=r$. 在 $\boldsymbol{B}$ 中任取一个 $r+1$

阶子式D.若D不包含第i行和第j行的元素,则D是$\boldsymbol{A}$的$r+1$阶子式,$D=0$.若D仅包含第i行(或第j行)元素,那么在$\boldsymbol{A}$中有一个与D的元素相同的$r+1$阶子式,只是行的顺序不同,它与D的绝对值相等,所以$D=0$.如果D同时包含第i行和第j行元素,则$\boldsymbol{A}$中有一个与D仅相差一个符号的$r+1$阶子式,所以$D=0$.综上所述,$\boldsymbol{B}$的任一$r+1$阶子式一定为零,所以秩$(\boldsymbol{B})\leqslant r=$秩$(\boldsymbol{A})$.

因为$\boldsymbol{A}$可由$\boldsymbol{B}$交换i,j两行得到,所以秩$(\boldsymbol{A})\leqslant$秩$(\boldsymbol{B})$.从而秩$(\boldsymbol{A})=$秩$(\boldsymbol{B})$.命题得证.

(ii) 下证用一个不等于零的数乘矩阵的某一行(列)不改变矩阵的秩.

设用数$a(\neq 0)$乘矩阵$\boldsymbol{A}$的第i行得到矩阵$\boldsymbol{C}$,且秩$(\boldsymbol{A})=r$.在$\boldsymbol{C}$中任取一个$r+1$阶子式D.若D不包含第i行,它就是$\boldsymbol{A}$的$r+1$阶子式,$D=0$.若D包含第i行,则D是$\boldsymbol{A}$的相应子式的a倍,仍有$D=0$.因而秩$(\boldsymbol{C})\leqslant r=$秩$(\boldsymbol{A})$.但$\boldsymbol{A}$又可由$\boldsymbol{C}$经$\dfrac{1}{a}$乘第$i$行得到,故秩$(\boldsymbol{A})\leqslant$秩$(\boldsymbol{C})$.综合得秩$(\boldsymbol{A})=$秩$(\boldsymbol{C})$,命题得证.

2. 利用初等变换求下列矩阵的秩:

(i) $\begin{pmatrix} 2 & 1 & 11 & 2 \\ 1 & 0 & 4 & -1 \\ 11 & 4 & 56 & 5 \\ 2 & -1 & 5 & 6 \end{pmatrix}$;　　(ii) $\begin{pmatrix} 1 & 1 & 2 & 5 & 7 \\ 1 & 2 & 3 & 7 & 10 \\ 1 & 3 & 4 & 9 & 13 \\ 1 & 4 & 5 & 11 & 16 \end{pmatrix}$.

解　(i) 利用初等变换把所给矩阵化成教材4.1节中(5)型的矩阵,数出含非零元素的行数.

$$\begin{pmatrix} 2 & 1 & 11 & 2 \\ 1 & 0 & 4 & -1 \\ 11 & 4 & 56 & 5 \\ 2 & -1 & 5 & -6 \end{pmatrix} \longrightarrow \begin{pmatrix} 1 & 0 & 4 & -1 \\ 2 & 1 & 11 & 2 \\ 11 & 4 & 56 & 5 \\ 2 & -1 & 5 & -6 \end{pmatrix} \longrightarrow \begin{pmatrix} 1 & 0 & 4 & -1 \\ 0 & 1 & 3 & 4 \\ 0 & 4 & 12 & 16 \\ 0 & -1 & -3 & -4 \end{pmatrix}$$

$$\longrightarrow \begin{pmatrix} 1 & 0 & 4 & -1 \\ 0 & 1 & 3 & 4 \\ 0 & 0 & 0 & 0 \\ 0 & 0 & 0 & 0 \end{pmatrix}.$$

所以秩$(\boldsymbol{A})=2$.

(ii) 同上法,得

$$\begin{pmatrix}1&1&2&5&7\\1&2&3&7&10\\1&3&4&9&13\\1&4&5&11&16\end{pmatrix}\longrightarrow\begin{pmatrix}1&1&2&5&7\\0&1&1&2&3\\0&2&2&4&6\\0&3&3&6&9\end{pmatrix}\longrightarrow\begin{pmatrix}1&1&2&5&7\\0&1&1&2&3\\0&0&0&0&0\\0&0&0&0&0\end{pmatrix}.$$

所以秩$(\mathbf{A})=2$.

3. 证明:一个线性方程组的增广矩阵的秩比系数矩阵的秩最多大1.

证　设线性方程组的系数矩阵和增广矩阵分别为

$$\mathbf{A}=\begin{pmatrix}a_{11}&\cdots&a_{1n}\\\vdots&&\vdots\\a_{m1}&\cdots&a_{mn}\end{pmatrix},\quad \overline{\mathbf{A}}=\left(\begin{array}{ccc|c}a_{11}&\cdots&a_{1n}&b_1\\\vdots&&\vdots&\vdots\\a_{m1}&\cdots&a_{mn}&b_m\end{array}\right),$$

且秩$(\mathbf{A})=r$,那么$\mathbf{A}$的所有$r+1$阶子式全为零.对于$\overline{\mathbf{A}}$的$r+2$阶子式K,若K不包含$\overline{\mathbf{A}}$中最后一列元素,则K是$\mathbf{A}$的$r+2$阶子式,$K=0$.若K包含$\overline{\mathbf{A}}$中最后一列的元素,将K按这一列展开,其$r+1$阶子式都是$\mathbf{A}$的$r+1$阶子式,所以$K=0$.故秩$(\overline{\mathbf{A}})\leqslant r+1$.显然$r=$秩$(\mathbf{A})\leqslant$秩$(\overline{\mathbf{A}})\leqslant r+1$,故结论成立.

4. 证明:含有n个未知量、$n+1$个方程的线性方程组

$$\begin{cases}a_{11}x_1+\cdots+a_{1n}x_n=b_1,\\\qquad\vdots\\a_{n1}x_1+\cdots+a_{nn}x_n=b_n,\\a_{n+1,1}x_1+\cdots+a_{n+1,n}x_n=b_{n+1}\end{cases}$$

有解的必要条件是行列式

$$\begin{vmatrix}a_{11}&\cdots&a_{1n}&b_1\\\vdots&&\vdots&\vdots\\a_{n1}&\cdots&a_{nn}&b_n\\a_{n+1,1}&\cdots&a_{n+1,n}&b_{n+1}\end{vmatrix}=0.$$

这个条件不是充分的,试举一反例.

证　用反证法.若$D\neq0$,则秩$(\overline{\mathbf{A}})=n+1$,但$\mathbf{A}$仅有$n$列,秩$(\mathbf{A})\leqslant n$,从而秩$(\mathbf{A})\neq$秩$(\overline{\mathbf{A}})$,这与方程组有解矛盾.

条件不是充分的,例如,线性方程组

$$\begin{cases}x_1+x_2=3,\\2x_1+2x_2=6,\\x_1+x_2=5\end{cases}$$

虽然有

$$\begin{vmatrix}1 & 1 & 3\\ 2 & 2 & 6\\ 1 & 1 & 5\end{vmatrix}=0,$$

但方程组无解.

5. λ 取怎样的数值时,线性方程组

$$\begin{cases}\lambda x_1+\ \ x_2+2x_3-3x_4=2,\\ \lambda^2 x_1-3x_2+2x_3+\ \ x_4=-1,\\ \lambda^3 x_1-\ \ x_2+2x_3-\ \ x_4=-1\end{cases}$$

有解?

解　原方程组显然与

$$\begin{cases}2x_3+\ \ x_2-3x_4+\ \lambda x_1=2,\\ 2x_3-3x_2+\ \ x_4+\lambda^2 x_1=-1,\\ 2x_3-\ \ x_2-\ \ x_4+\lambda^3 x_1=-1\end{cases}$$

同解.对方程组的增广矩阵作初等变换:

$$\left(\begin{array}{cccc:c}2 & 1 & -3 & \lambda & 2\\ 2 & -3 & 1 & \lambda^2 & -1\\ 2 & -1 & -1 & \lambda^3 & -1\end{array}\right)\longrightarrow\left(\begin{array}{cccc:c}2 & 1 & -3 & \lambda & 2\\ 0 & -4 & 4 & \lambda^2-\lambda & -3\\ 0 & -2 & 2 & \lambda^3-\lambda & -3\end{array}\right)$$

$$\longrightarrow\left(\begin{array}{cccc:c}2 & 1 & -3 & \lambda & 2\\ 0 & -2 & 2 & \lambda^3-\lambda & -3\\ 0 & 0 & 0 & \lambda^2-\lambda-2(\lambda^3-\lambda) & 3\end{array}\right),$$

当　　$\lambda^2-\lambda-2(\lambda^3-\lambda)=-2\lambda^3+\lambda^2+\lambda=-\lambda(2\lambda+1)(\lambda-1)\neq 0,$

即 $\lambda\neq 0$ 且 $\lambda\neq -\dfrac{1}{2}$,$\lambda\neq 1$ 时,秩$(\mathbf{A})=3=$秩$(\bar{\mathbf{A}})$,方程组有解,否则秩$(\mathbf{A})\neq$秩$(\bar{\mathbf{A}})$,方程组无解.

6. λ 取怎样的数值时,线性方程组

$$\begin{cases}\lambda x_1+\ \ x_2+\ \ x_3=1,\\ \ \ x_1+\lambda x_2+\ \ x_3=\lambda,\\ \ \ x_1+\ \ x_2+\lambda x_3=\lambda^2\end{cases}$$

有唯一解,没有解,有无穷多解?

解　对方程组的增广矩阵作初等变换:

$$\left(\begin{array}{ccc:c}\lambda & 1 & 1 & 1\\ 1 & \lambda & 1 & \lambda\\ 1 & 1 & \lambda & \lambda^2\end{array}\right)\longrightarrow\left(\begin{array}{ccc:c}1 & 1 & \lambda & \lambda^2\\ 1 & \lambda & 1 & \lambda\\ \lambda & 1 & 1 & 1\end{array}\right)\longrightarrow\left(\begin{array}{ccc:c}1 & 1 & \lambda & \lambda^2\\ 0 & \lambda-1 & 1-\lambda & \lambda-\lambda^2\\ 0 & 1-\lambda & 1-\lambda^2 & 1-\lambda^3\end{array}\right)$$

$$\rightarrow\left(\begin{array}{ccc:c}1 & 1 & \lambda & \lambda^2\\ 0 & \lambda-1 & 1-\lambda & \lambda-\lambda^2\\ 0 & 0 & 2-\lambda-\lambda^2 & 1+\lambda-\lambda^2-\lambda^3\end{array}\right)$$

$$\rightarrow\left(\begin{array}{ccc:c}1 & 1 & \lambda & \lambda^2\\ 0 & \lambda-1 & 1-\lambda & \lambda(1-\lambda)\\ 0 & 0 & (1-\lambda)(2+\lambda) & (1-\lambda)(1+\lambda)^2\end{array}\right).$$

(i) 当$\lambda\neq1$且$\lambda\neq-2$时,系数矩阵$\boldsymbol{A}$与增广矩阵$\bar{\boldsymbol{A}}$的秩相等,且秩$(\boldsymbol{A})=$秩$(\bar{\boldsymbol{A}})=3=$未知量个数,故方程组有唯一解.

(ii) 当$\lambda=1$时,增广矩阵化为

$$\bar{\boldsymbol{A}}=\left(\begin{array}{ccc:c}1 & 1 & 1 & 1\\ 0 & 0 & 0 & 0\\ 0 & 0 & 0 & 0\end{array}\right),$$

秩$(\boldsymbol{A})=$秩$(\bar{\boldsymbol{A}})=1<$未知量个数,方程组有无穷多解.

(iii) 当$\lambda=-2$时,增广矩阵化为

$$\bar{\boldsymbol{A}}=\left(\begin{array}{ccc:c}1 & 1 & -2 & 4\\ 0 & -3 & 3 & -6\\ 0 & 0 & 0 & 3\end{array}\right),$$

这时秩$(\boldsymbol{A})=2$,秩$(\bar{\boldsymbol{A}})=3$,秩$(\boldsymbol{A})\neq$秩$(\bar{\boldsymbol{A}})$,方程组无解.

4.3　线性方程组的公式解

1. 考虑线性方程组:

$$\begin{cases}x_1+x_2 = a_1,\\ x_3+x_4=a_2,\\ x_1+x_3=b_1,\\ x_2+x_4=b_2,\end{cases}$$

其中$a_1+a_2=b_1+b_2$.证明:这个方程组有解,并且它的系数矩阵的秩是3.

证　方程组的增广矩阵

$$\bar{\boldsymbol{A}}=\left(\begin{array}{cccc:c}1 & 1 & 0 & 0 & a_1\\ 0 & 0 & 1 & 1 & a_2\\ 1 & 0 & 1 & 0 & b_1\\ 0 & 1 & 0 & 1 & b_2\end{array}\right)\rightarrow\left(\begin{array}{cccc:c}1 & 1 & 1 & 1 & a_1+a_2\\ 0 & 0 & 1 & 1 & a_2\\ 1 & 1 & 1 & 1 & b_1+b_2\\ 0 & 1 & 0 & 1 & b_2\end{array}\right)$$

$$\longrightarrow \left(\begin{array}{cccc|c} 1 & 1 & 1 & 1 & a_1+a_2 \\ 0 & 0 & 1 & 1 & a_2 \\ 0 & 0 & 0 & 0 & 0 \\ 0 & 1 & 0 & 1 & b_2 \end{array}\right) \longrightarrow \left(\begin{array}{cccc|c} 1 & 1 & 1 & 1 & a_1+a_2 \\ 0 & 1 & 0 & 1 & b_2 \\ 0 & 0 & 1 & 1 & a_2 \\ 0 & 0 & 0 & 0 & 0 \end{array}\right),$$

可见，秩$(\bar{\mathbf{A}})$=秩$(\mathbf{A})=3$，方程组有解.

2. 用公式解法解线性方程组：

$$\begin{cases} x_1-2x_2+x_3+\ x_4=1, \\ x_1-2x_2+x_3-\ x_4=-1, \\ x_1-2x_2+x_3+5x_4=5. \end{cases}$$

解　先对方程组的增广矩阵施行初等变换：

$$\left(\begin{array}{cccc|c} 1 & -2 & 1 & 1 & 1 \\ 1 & -2 & 1 & -1 & -1 \\ 1 & -2 & 1 & 5 & 5 \end{array}\right) \longrightarrow \left(\begin{array}{cccc|c} 1 & -2 & 1 & 1 & 1 \\ 0 & 0 & 0 & 1 & 1 \\ 0 & 0 & 0 & 0 & 0 \end{array}\right).$$

从具体过程可知，三个方程 G_1,G_2,G_3 有关系 $G_3=3G_1+(-2)G_2$，第三个方程是前两个方程的结果. 故原方程组与前两个方程构成的方程组同解. 同时，还可看出前两个方程所构成的方程组满足增广矩阵与系数矩阵同秩，即秩$(\bar{\mathbf{A}})$=秩$(\mathbf{A})=2<$未知量个数，且

$$\begin{vmatrix} a_{13} & a_{14} \\ a_{23} & a_{24} \end{vmatrix} = \begin{vmatrix} 1 & 1 \\ 1 & -1 \end{vmatrix} = -2 \neq 0.$$

故可把 x_1,x_2 作为自由未知量移到右边，得

$$\begin{cases} x_3+x_4=1-x_1+2x_2, \\ x_3-x_4=-1-x_1+2x_2, \end{cases}$$

用克拉默法则解得 $x_3=-x_1+2x_2$，$x_4=1$，这就是原方程组的解.

3. 设线性方程组

$$\begin{cases} a_{11}x_1+a_{12}x_2+\cdots+a_{1n}x_n=b_1, \\ a_{21}x_1+a_{22}x_2+\cdots+a_{2n}x_n=b_2, \\ \qquad\qquad\vdots \\ a_{m1}x_1+a_{m2}x_2+\cdots+a_{mn}x_n=b_m \end{cases} \qquad ①$$

有解，并且添加一个方程

$$a_1x_1+a_2x_2+\cdots+a_nx_n=b$$

于方程组①，所得的方程组与方程组①同解. 证明：添加的方程是方程组①中

m 个方程的结果.

证 由方程组①有解,可知秩($\mathbf{A}$)=秩($\overline{\mathbf{A}}$)=r. 当 $r\neq 0$ 时,不妨设系数矩阵左上角 r 阶子式

$$D=\begin{vmatrix} a_{11} & \cdots & a_{1r} \\ \vdots & & \vdots \\ a_{r1} & \cdots & a_{rr} \end{vmatrix}\neq 0.$$

于是方程组①与前 r 个方程构成的组:

$$\begin{cases} a_{11}x_1+\cdots+a_{1r}x_r+a_{1,r+1}x_{r+1}+\cdots+a_{1n}x_n=b_1, \\ a_{21}x_1+\cdots+a_{2r}x_r+a_{2,r+1}x_{r+1}+\cdots+a_{2n}x_n=b_2, \\ \qquad\vdots \\ a_{r1}x_1+\cdots+a_{rr}x_r+a_{r,r+1}x_{r+1}+\cdots+a_{rn}x_n=b_r \end{cases} \qquad ②$$

同解. 方程组①在添加一个方程后与方程组①同解,因而也与方程组②同解. 故方程组②的任意解都满足添加的方程. 下面根据这个事实证明添加的方程是方程组②中 r 个方程的结果. 注意在方程组②的公式解中,

$$x_j=\frac{D_j}{D}\quad (j=1,2,\cdots,r),$$

$$D_j=\begin{vmatrix} a_{11} & \cdots & \overbrace{b_1-a_{1,r+1}x_{r+1}-\cdots-a_{1n}x_n}^{\text{第}j\text{列}} & \cdots & a_{1r} \\ a_{21} & \cdots & b_2-a_{2,r+1}x_{r+1}-\cdots-a_{2n}x_n & \cdots & a_{2r} \\ \vdots & & \vdots & & \vdots \\ a_{r1} & \cdots & b_r-a_{r,r+1}x_{r+1}-\cdots-a_{rn}x_n & \cdots & a_{rr} \end{vmatrix},$$

将 $x_j(j=1,2,\cdots,r)$ 代入添加的方程中,应得恒等式

$$a_1\cdot\frac{D_1}{D}+a_2\cdot\frac{D_2}{D}+\cdots+a_r\cdot\frac{D_r}{D}+a_{r+1}x_{r+1}+\cdots+a_nx_n\equiv b.$$

下面比较等式两端的常数项. 为此在每个 D_j 的第 j 列元素中只取常数,再按第 j 列展开,有

$$\begin{aligned} &\frac{a_1}{D}(b_1A_{11}+\cdots+b_rA_{r1})+\frac{a_2}{D}(b_1A_{12}+\cdots+b_rA_{r2})+\cdots \\ &\quad+\frac{a_r}{D}(b_1A_{1r}+\cdots+b_rA_{rr}) \\ &=\frac{b_1}{D}(a_1A_{11}+\cdots+a_rA_{1r})+\frac{b_2}{D}(a_1A_{21}+\cdots+a_rA_{2r})+\cdots \\ &\quad+\frac{b_r}{D}(a_1A_{r1}+\cdots+a_rA_{rr}) \end{aligned}$$

$$=\frac{\widetilde{D}_1}{D}b_1+\frac{\widetilde{D}_2}{D}b_2+\cdots+\frac{\widetilde{D}_r}{D}b_r=b,$$

其中
$$\widetilde{D}_j=\begin{vmatrix} a_{11} & a_{12} & \cdots & a_{1r} \\ \vdots & \vdots & & \vdots \\ a_1 & a_2 & \cdots & a_r \\ \vdots & \vdots & & \vdots \\ a_{r1} & a_{r2} & \cdots & a_{rr} \end{vmatrix} \text{第} j \text{行}.$$

再看 $x_{r+k}(1\leqslant k\leqslant n-r)$ 的系数. 在所有 D_j 的第 j 列元素中只取 x_{r+k} 的系数并按第 j 列展开,整理后得

$$\frac{\widetilde{D}_1}{D}(-a_{1,r+k})+\frac{\widetilde{D}_2}{D}(-a_{2,r+k})+\cdots+\frac{\widetilde{D}_r}{D}(-a_{r,r+k})+a_{r+k}=0,$$

从而有
$$a_{r+k}=\frac{\widetilde{D}_1}{D}a_{1,r+k}+\frac{\widetilde{D}_2}{D}a_{2,r+k}+\cdots+\frac{\widetilde{D}_r}{D}a_{r,r+k}.$$

最后,在 x_j $(j=1,2,\cdots,r)$ 的系数间有以下关系:

$$\frac{\widetilde{D}_1}{D}a_{1j}+\frac{\widetilde{D}_2}{D}a_{2j}+\cdots+\frac{\widetilde{D}_r}{D}a_{rj}$$

$$\xlongequal[\text{展开}]{\widetilde{D}_j\text{按第}j\text{行}}\frac{a_{1j}}{D}(a_1A_{11}+\cdots+a_rA_{1r})+\frac{a_{2j}}{D}(a_1A_{21}+\cdots+a_rA_{2r})$$

$$+\cdots+\frac{a_{rj}}{D}(a_1A_{r1}+\cdots+a_rA_{rr})$$

$$=\frac{a_1}{D}(a_{1j}A_{11}+\cdots+a_{rj}A_{r1})+\cdots+\frac{a_j}{D}(a_{1j}A_{1j}+\cdots+a_{rj}A_{rj})$$

$$+\cdots+\frac{a_r}{D}(a_{1j}A_{1r}+\cdots+a_{rj}A_{rr})$$

$$=a_j.$$

由以上讨论看出,若以 $G_1,G_2,\cdots,G_m$ 与 G 表示方程组①中 m 个方程及添加的方程,则有

$$G=\frac{\widetilde{D}_1}{D}G_1+\frac{\widetilde{D}_2}{D}G_2+\cdots+\frac{\widetilde{D}_r}{D}G_r,$$

自然地也可表为

$$G=\frac{\widetilde{D}_1}{D}G_1+\cdots+\frac{\widetilde{D}_r}{D}G_r+0\cdot G_{r+1}+\cdots+0\cdot G_m,$$

从而证明添加的方程是方程组①中 m 个方程的结论.

若 $r=0$,则 $\overline{\boldsymbol{A}}=\boldsymbol{O}$,故 $x_1,x_2,\cdots,x_n$ 取任意实数都是方程组①的解. 再由

方程组①在添加方程 $a_1x_1+a_2x_2+\cdots+a_nx_n=b$ 后仍与方程组①同解,可以推知添加的方程的各系数与常数项只能全为零,故添加的方程是方程组①中 m 个方程的结果.

4. 设齐次线性方程组

$$\begin{cases}a_{11}x_1+a_{12}x_2+\cdots+a_{1n}x_n=0,\\ a_{21}x_1+a_{22}x_2+\cdots+a_{2n}x_n=0,\\ \qquad\qquad\vdots\\ a_{n1}x_1+a_{n2}x_2+\cdots+a_{nn}x_n=0\end{cases}$$

的系数行列式 $D=0$,而 D 中某一元素 a_{ij} 的代数余子式 $A_{ij}\neq0$. 证明:这个方程组的解可以写成

$$kA_{i1},\ kA_{i2},\ \cdots,\ kA_{in}$$

的形式,此处 k 是任意数.

证 由 $D=0$ 及 $n-1$ 阶子式 $M_{ij}=(-1)^{i+j}A_{ij}\neq0$,可知秩$(\mathbf{A})=$秩$(\bar{\mathbf{A}})=n-1$,解原方程组可归结为求解去掉其中第 i 个方程后的方程组,并以 x_j 为自由未知量,得

$$\begin{cases}a_{11}x_1+\cdots+a_{1,j-1}x_{j-1}+a_{1,j+1}x_{j+1}+\cdots+a_{1n}x_n=-a_{1j}x_j,\\ \qquad\qquad\vdots\\ a_{i-1,1}x_1+\cdots+a_{i-1,j-1}x_{j-1}+a_{i-1,j+1}x_{j+1}+\cdots+a_{i-1,n}x_n=-a_{i-1,j}x_j,\\ a_{i+1,1}x_1+\cdots+a_{i+1,j-1}x_{j-1}+a_{i+1,j+1}x_{j+1}+\cdots+a_{i+1,n}x_n=-a_{i+1,j}x_j,\\ \qquad\qquad\vdots\\ a_{n,1}x_1+\cdots+a_{n,j-1}x_{j-1}+a_{n,j+1}x_{j+1}+\cdots+a_{nn}x_n=-a_{n,j}x_j,\end{cases}$$

其中系数行列式

$$D'=M_{ij}\neq0.$$

由克拉默法则知

$$x_k=\frac{D'_k}{D'}\quad(k=1,2,\cdots,j-1,j+1,\cdots,n),$$

其中 D'_k 是等式右端那一列代替 D' 中第 k 列的结果. 提出公因式 $-x_j$,有

$$D'_k=-\begin{vmatrix}a_{11}&\cdots&a_{1j}&\cdots&a_{1n}\\ \vdots&&\vdots&&\vdots\\ a_{i-1,1}&\cdots&a_{i-1,j}&\cdots&a_{i-1,n}\\ \vdots&&\vdots&&\vdots\\ a_{i+1,1}&\cdots&a_{i+1,j}&\cdots&a_{i+1,n}\\ \vdots&&\vdots&&\vdots\\ a_{n1}&\cdots&a_{nj}&\cdots&a_{nn}\end{vmatrix}x_j$$

$$=(-1)^1\cdot(-1)^{k-j-1}\cdot M_{ik}x_j=(-1)^{k-j}M_{ik}x_j.$$

（注意：当 $j<k$ 时，将 M_{ik} 中第 j 列向右接连对换 $k-j-1$ 次得上式右端行列式，故 $D'_k=(-1)^{k-j}M_{ik}x_j$；当 $j>k$ 时，同样分析.）

于是
$$x_k=\frac{D'_k}{D'}=\frac{(-1)^{k-j}M_{ik}}{M_{ij}}x_j=\frac{(-1)^{i+k}M_{ik}}{(-1)^{i+j}M_{ij}}x_j=\frac{A_{ik}}{A_{ij}}x_j.$$

令 $x_j=kA_{ij}$（k 为任意数），则得

$$x_k=\frac{A_{ik}}{A_{ij}}\cdot kA_{ij}=kA_{ik}.$$

由此知方程组的解都可表成

$$kA_{i1},\ kA_{i2},\ \cdots,\ kA_{ij},\ \cdots,\ kA_{in}.$$

5. 设行列式

$$\begin{vmatrix} a_{11} & a_{12} & \cdots & a_{1n} \\ a_{21} & a_{22} & \cdots & a_{2n} \\ \vdots & \vdots & & \vdots \\ a_{n1} & a_{n2} & \cdots & a_{nn} \end{vmatrix}=0.$$

令 A_{ij} 是元素 a_{ij} 的代数余子式. 证明：矩阵

$$\begin{pmatrix} A_{11} & A_{21} & \cdots & A_{n1} \\ A_{12} & A_{22} & \cdots & A_{n2} \\ \vdots & \vdots & & \vdots \\ A_{1n} & A_{2n} & \cdots & A_{nn} \end{pmatrix}$$

的秩不大于 1.

证　考虑齐次线性方程组

$$\begin{cases} a_{11}x_1+a_{12}x_2+\cdots+a_{1n}x_n=0, \\ a_{21}x_1+a_{22}x_2+\cdots+a_{2n}x_n=0, \\ \qquad\qquad\vdots \\ a_{n1}x_1+a_{n2}x_2+\cdots+a_{nn}x_n=0, \end{cases}$$

由系数行列式 $D=0$ 及依据教材中定理 3.4.2 与定理 3.4.3，可知 $A_{i1},A_{i2},\cdots,A_{in}$（$i=1,2,\cdots,n$）都是方程组的解. 若所有 $A_{ij}=0$，则题中的矩阵的秩为零；若有某个 $A_{ij}\neq 0$，由上题知，方程组的解都可写成 $kA_{i1},kA_{i2},\cdots,kA_{in}$，即所给矩阵各列（均是方程组的解）都与第 i 列成比例，故矩阵的秩为 1.

4.4 结式和判别式

1. 设 $f(x),g_1(x),g_2(x)\in \mathbf{C}[x]$. 证明：

$$R(f,g_1g_2)=R(f,g_1)R(f,g_2).$$

证 设 $\alpha_1,\alpha_2,\cdots,\alpha_m$ 是

$$f(x)=a_0x^m+a_1x^{m-1}+\cdots+a_m \quad (a_0\neq 0)$$

在 $\mathbf{C}$ 中的所有根，且

$$\partial^\circ(g_1(x))=s,\quad \partial^\circ(g_2(x))=t,$$

则由教材中定理 4.4.2 知

$$\begin{aligned}R(f,g_1g_2)&=a_0^{s+t}g_1(\alpha_1)g_2(\alpha_1)\cdot g_1(\alpha_2)g_2(\alpha_2)\cdot\cdots\cdot g_1(\alpha_m)g_2(\alpha_m)\\&=[a_0^s g_1(\alpha_1)g_1(\alpha_2)\cdots g_1(\alpha_m)][a_0^t g_2(\alpha_1)g_2(\alpha_2)\cdots g_2(\alpha_m)]\\&=R(f,g_1)R(f,g_2).\end{aligned}$$

2. 问 λ 取怎样的数值时，多项式

$$f(x)=x^3-\lambda x+2,\quad g(x)=x^2+\lambda x+2$$

有公共根？

解 $f(x),g(x)$ 的结式

$$R(f,g)=\begin{vmatrix}1&0&-\lambda&2&0\\0&1&0&-\lambda&2\\1&\lambda&2&0&0\\0&1&\lambda&2&0\\0&0&1&\lambda&2\end{vmatrix}=\begin{vmatrix}1&0&-\lambda&2&0\\0&1&0&-\lambda&2\\0&\lambda&2+\lambda&-2&0\\0&1&\lambda&2&0\\0&0&1&\lambda&2\end{vmatrix}$$

$$=\begin{vmatrix}1&0&-\lambda&2\\\lambda&2+\lambda&-2&0\\1&\lambda&2&0\\0&1&\lambda&2\end{vmatrix}=\begin{vmatrix}1&0&-\lambda&2\\\lambda&2+\lambda&-2&0\\1&\lambda&2&0\\-1&1&2\lambda&0\end{vmatrix}$$

$$=-2\begin{vmatrix}\lambda&2+\lambda&-2\\1&\lambda&2\\-1&1&2\lambda\end{vmatrix}=-4\begin{vmatrix}\lambda&2+\lambda&-1\\1&\lambda&1\\-1&1&\lambda\end{vmatrix}$$

$$=-4\begin{vmatrix}0&2+\lambda-\lambda^2&-1-\lambda\\1&\lambda&1\\0&1+\lambda&1+\lambda\end{vmatrix}=4(1+\lambda)^2(3-\lambda).$$

可见当 $\lambda=-1$ 或 $\lambda=3$ 时，$R(f,g)=0$. 又 $a_0\neq 0$，$b_0\neq 0$，故 $f(x)$，$g(x)$ 有公共根.

3. 求多项式

$$a_0x^n+a_1x^{n-1}+\cdots+a_n \quad 与 \quad g(x)=a_0x^{n-1}+a_1x^{n-2}+\cdots+a_{n-1}$$

的结式.

解

$$R(f,g)=\left|\begin{array}{c}\left.\begin{matrix} a_0 & a_1 & \cdots & a_{n-2} & a_{n-1} & a_n & & & \\ & a_0 & \cdots & a_{n-3} & a_{n-2} & a_{n-1} & a_n & & \\ & & \ddots & \ddots & \ddots & \ddots & \ddots & & \\ & & & a_0 & a_1 & a_2 & a_3 & \cdots & a_{n-1} & a_n \end{matrix}\right\}n-1\text{行} \\ \left.\begin{matrix} a_0 & a_1 & \cdots & a_{n-2} & a_{n-1} & & & & \\ & a_0 & \cdots & a_{n-3} & a_{n-2} & a_{n-1} & & & \\ & & \ddots & & \ddots & & \ddots & & \\ & & & a_0 & a_1 & a_2 & \cdots & a_{n-2} & a_{n-1} \end{matrix}\right\}n\text{行}\end{array}\right|$$

$$=\left|\begin{array}{ccccc:cccc} & & & & & a_n & & & 0 \\ & & 0 & & & & a_n & & \\ & & & & & & & \ddots & \\ & & & & & 0 & & & a_n \\ \hdashline a_0 & a_1 & \cdots & a_{n-2} & a_{n-1} & & & & \\ & a_0 & \cdots & \cdots & a_{n-2} & a_{n-1} & & & \\ & & \ddots & & \vdots & \vdots & \ddots & & \\ 0 & & & & a_0 & a_1 & a_2 & \cdots & a_{n-1} \end{array}\right|\begin{array}{l}\left.\begin{matrix}\\ \\ \\ \\ \end{matrix}\right\}n-1\text{行} \\ \left.\begin{matrix}\\ \\ \\ \\ \end{matrix}\right\}n\text{行}\end{array}$$

$$=a_0^na_n^{n-1}.$$

4. 解下列方程组：

(i) $\begin{cases}x^2+y^2-3x-y=0,\\ x^2+6xy-y^2-7x-11y+12=0;\end{cases}$

(ii) $\begin{cases}x^2+y^2+4x-2y+3=0,\\ x^2+4xy-y^2+10y-9=0;\end{cases}$

(iii) $\begin{cases}5x^2-6xy+5y^2-16=0,\\ x^2-xy+2y^2-x-y-4=0.\end{cases}$

解　(i) 把 f 与 g 写成如下形式：

$$f(x,y)=x^2-3x+(y^2-y),$$

$$g(x,y)=x^2+(6y-7)x+(-y^2-11y+12).$$

求出结式

$$R_x(f,g)=\begin{vmatrix}1 & -3 & y^2-y & 0\\ 0 & 1 & -3 & y^2-y\\ 1 & 6y-7 & -y^2-11y+12 & 0\\ 0 & 1 & 6y-7 & -y^2-11y+12\end{vmatrix}$$

$$=40y(y-1)(y-2)(y+1).$$

结式有根 $\beta_1=-1,\beta_2=0,\beta_3=1,\beta_4=2$. 用 $\beta_i\,(i=1,2,3,4)$ 代替 $f(x,y)$ 和 $g(x,y)$ 中的变量 y,所得关于 x 的多项式最高次项系数都不等于零,所以对于每个 β_i 都可得出方程组的解. 如以 $\beta_1=-1$ 代替 y,得

$$f(x,-1)=x^2-3x+2=(x-1)(x-2),$$

$$g(x,-1)=x^2-13x+22=(x-11)(x-2).$$

这两个多项式有公共根 $\alpha_1=2$,故原方程组有解,即

$$\begin{cases}x_1=2,\\ y_1=-1.\end{cases}$$

其他类似可得

$$\begin{cases}x_2=3,\\ y_2=0;\end{cases}\quad \begin{cases}x_3=0,\\ y_3=1;\end{cases}\quad \begin{cases}x_4=2,\\ y_4=2.\end{cases}$$

(ii) 把 f 与 g 写成如下形式:

$$f(x,y)=x^2+4x+(y^2-2y+3),$$

$$g(x,y)=x^2+4y\cdot x+(-y^2+10y-9).$$

求出结式

$$R_x(f,g)=\begin{vmatrix}1 & 4 & y^2-2y+3 & 0\\ 0 & 1 & 4 & y^2-2y+3\\ 1 & 4y & -y^2+10y-9 & 0\\ 0 & 1 & 4y & -y^2+10y-9\end{vmatrix}$$

$$=4y(y-2)(5y^2-10y+4).$$

结式有根 $\beta_1=0,\beta_2=2,\beta_3=\dfrac{5+\sqrt{5}}{5},\beta_4=\dfrac{5-\sqrt{5}}{5}$. 用 $\beta_i\,(i=1,2,3,4)$ 代替 $f(x,y)$ 和 $g(x,y)$ 中的变量 y,求得方程组的解为

$$\begin{cases}x_1=-3,\\ y_1=0;\end{cases}\quad \begin{cases}x_2=-1,\\ y_2=2;\end{cases}\quad \begin{cases}x_3=-\dfrac{10-3\sqrt{5}}{5},\\ y_3=\dfrac{5+\sqrt{5}}{5};\end{cases}\quad \begin{cases}x_4=-\dfrac{10+3\sqrt{5}}{5},\\ y_4=\dfrac{5-\sqrt{5}}{5}.\end{cases}$$

(iii) 把 f 与 g 写成如下形式：

$$f(x,y)=5x^2-6yx+5y^2-16,$$
$$g(x,y)=x^2-(y+1)x+2y^2-y-4.$$

求出结式

$$R_x(f,g)=\begin{vmatrix} 5 & -6y & 5y^2-16 & 0 \\ 0 & 5 & -6y & 5y^2-16 \\ 1 & -y-1 & 2y^2-y-4 & 0 \\ 0 & 1 & -y-1 & 2y^2-y-4 \end{vmatrix}$$
$$=32y^4-96y^3+32y^2+96y-64$$
$$=32(y-1)^2(y-2)(y+1).$$

结式有根 $\beta_1=-1,\beta_2=\beta_3=1,\beta_4=2$. 用各 $\beta_i(i=1,2,3,4)$ 代替 $f(x,y)$ 和 $g(x,y)$ 中的变量 y,可求得方程组如下解：

$$\begin{cases} x_1=1, \\ y_1=-1; \end{cases} \quad \begin{cases} x_2=-1, \\ y_2=1; \end{cases} \quad \begin{cases} x_3=-1, \\ y_3=1; \end{cases} \quad \begin{cases} x_4=2, \\ y_4=2. \end{cases}$$

5. 求多项式 x^n+a 的判别式.

解　令 $f(x)=x^n+a$,则 $f'(x)=nx^{n-1}$.

$f'(x)$ 的根只有 0($n-1$ 重根). 而 $f(0)=a$,所以

$$R(f',f)=n^n(f(0))^{n-1}=n^n\cdot a^{n-1},$$
$$R(f,f')=(-1)^{n(n-1)}R(f',f)=R(f',f)=n^na^{n-1},$$
$$D(f)=(-1)^{\frac{n(n-1)}{2}}R(f,f')=(-1)^{\frac{n(n-1)}{2}}n^na^{n-1}.$$

6. 求多项式 x^3+px+q 的判别式.

解　$f(x)=x^3+0\cdot x^2+px+q,f'(x)=3x^2+0\cdot x+p.$

设 $f'(x)$ 有根 α_1,α_2,则 $\alpha_1+\alpha_2=0,\alpha_1\cdot\alpha_2=\dfrac{p}{3}$. 由教材中定理 4.2.2,有结式

$$R(f,f')=(-1)^{3\times 2}\cdot 3^3(\alpha_1^3+p\alpha_1+q)(\alpha_2^3+p\alpha_2+q)$$
$$=3^3(\alpha_1^3\alpha_2^3+p\alpha_1\alpha_2^3+q\alpha_2^3+p\alpha_1^3\alpha_2+p^2\alpha_1\alpha_2+pq\alpha_2+q\alpha_1^3+pq\alpha_1+q^2)$$
$$=3^3\left[\left(\frac{p}{3}\right)^3+p\cdot\frac{p}{3}\left(-\frac{2p}{3}\right)+\frac{p^3}{3}+q^2\right]=4p^3+27q^2.$$

于是判别式

$$D=(-1)^{\frac{n(n-1)}{2}}\cdot\frac{1}{a_0}R(f,f')=(-1)^{\frac{3\times 2}{2}}\cdot R(f,f')=-4p^3-27q^2.$$

7. 证明:多项式

$$f(x)=a_0x^n+a_1x^{n-1}+\cdots+a_{n-1}x+a_n$$

与

$$g(x)=a_nx^n+a_{n-1}x^{n-1}+\cdots+a_1x+a_0$$

$(a_0\neq 0,a_n\neq 0)$有相同的判别式.

证　因 $a_0\neq 0,a_n\neq 0$,故 $f(x),g(x)$都无零根.若 $f(x)$有根 $\alpha_1,\alpha_2,\cdots,\alpha_n$,由于

$$\alpha_i^n g\left(\frac{1}{\alpha_i}\right)=\alpha_i^n\left(a_n\cdot\frac{1}{\alpha_i^n}+\cdots+a_1\cdot\frac{1}{\alpha_i}+a_0\right)=a_0\alpha_i^n+\cdots+a_{n-1}\alpha_i+a_n$$
$$=f(\alpha_i)=0,$$

故 $g(x)$有根$\frac{1}{\alpha_1},\frac{1}{\alpha_2},\cdots,\frac{1}{\alpha_n}$.设 $f(x),g(x)$的判别式分别为 D_1,D_2,则

$$D_1=a_0^{2n-2}\prod_{i>j}(\alpha_i-\alpha_j)^2,$$

$$D_2=a_n^{2n-2}\prod_{i>j}\left(\frac{1}{\alpha_i}-\frac{1}{\alpha_j}\right)^2=a_n^{2n-2}\prod_{i>j}\frac{(\alpha_j-\alpha_i)^2}{\alpha_i^2\alpha_j^2}$$
$$=a_n^{2n-2}\frac{1}{(\alpha_1\alpha_2\cdots\alpha_n)^{2n-2}}\prod_{i>j}(\alpha_j-\alpha_i)^2$$
$$=a_n^{2n-2}\cdot\left(\frac{1}{\alpha_1}\cdot\frac{1}{\alpha_2}\cdot\cdots\cdot\frac{1}{\alpha_n}\right)^{2n-2}\prod_{i>j}(\alpha_j-\alpha_i)^2$$
$$=a_n^{2n-2}\left[(-1)^n\frac{a_0}{a_n}\right]^{2n-2}\cdot\prod_{i>j}(\alpha_i-\alpha_j)^2$$
$$=a_0^{2n-2}\prod_{i>j}(\alpha_i-\alpha_j)^2=D_1.$$

8. 令 D 是 $f(x)$ 的判别式,D_1 是$(x-a)f(x)$的判别式,证明:$D_1=f(a)^2D$.

证　设

$$f(x)=a_0(x-\alpha_1)\cdots(x-\alpha_n),$$
$$f_1(x)=(x-a)f(x)=a_0(x-\alpha_1)\cdots(x-\alpha_n)(x-a),$$

则

$$D=a_0^{2n-2}\prod_{i>j}(\alpha_i-\alpha_j)^2,$$

$$D_1=a_0^{2(n+1)-2}\prod_{i>j}(\alpha_i-\alpha_j)^2\cdot\prod_{k=1}^{n}(a-\alpha_k)^2$$
$$=\left[a_0\prod_{k=1}^{n}(a-\alpha_k)\right]^2\cdot a_0^{2n-2}\prod_{i>j}(\alpha_i-\alpha_j)^2=f(a)^2D.$$

9. 令 D 是实数域上三次多项式 $f(x)$ 的判别式,证明:

(i) 当 $D=0$ 时,$f(x)$ 有重根;

(ii) 当 $D>0$ 时，$f(x)$ 有三个互不相同的实根；

(iii) 当 $D<0$ 时，$f(x)$ 有一个实根，两个非实复根.

证　设 $f(x)=a_0(x-\alpha_1)(x-\alpha_2)(x-\alpha_3)$，则判别式

$$D=a_0^4(\alpha_2-\alpha_1)^2(\alpha_3-\alpha_1)^2(\alpha_3-\alpha_2)^2.$$

因 a_0 为实数，故 $a_0^4>0$.

(i) 当 $D=0$ 时，至少有某 $\alpha_i-\alpha_j=0$，即 $f(x)$ 有重根.

(ii) 当 $D>0$ 时，$\Rightarrow\prod\limits_{i>j}(\alpha_i-\alpha_j)^2>0$，故 $\alpha_1,\alpha_2,\alpha_3$ 互不相等. 下证它们全是实根. 否则，非实的复根将成对共轭地出现，不妨设为 $\alpha_{1,2}=a\pm b\mathrm{i}$，而 α_3 必为实根，这时

$$\begin{aligned}(\alpha_2-\alpha_1)^2(\alpha_3-\alpha_1)^2(\alpha_3-\alpha_2)^2&=(-2b\mathrm{i})^2[(\alpha_3-a)^2+b^2]^2\\&=-4b^2[(\alpha_3-a)^2+b^2]^2<0,\end{aligned}$$

与 $D>0$ 矛盾.

(iii) 当 $D<0$ 时，$\alpha_1,\alpha_2,\alpha_3$ 互不相等，它们不能全是实根，否则

$$D=a_0^4(\alpha_2-\alpha_1)^2(\alpha_3-\alpha_1)^2(\alpha_3-\alpha_2)>0,$$

与假设矛盾. 而非实的复根必成对共轭出现，故 $f(x)$有实根和两个非实的共轭复根.

补充讨论

部分习题其他解法或适当说明.

1.“4.2 节　矩阵的秩、线性方程组可解的判别法”中习题 4，按以下方法证明所给条件的必要性也是非常明显的.

证　设 $x_1^0,x_2^0,\cdots,x_n^0$ 是方程组的一个解. 在给定行列式中，将第 j $(j=1,2,\cdots,n)$列的 $-x_j^0$ 倍都加到最后一列上，则行列式最后一列的元素全变成零，故行列式等于零.

2.“4.3 节　线性方程组的公式解”中第 3 题的另一证明方法.

证　仅讨论方程组①的秩($\mathbf{A}$)＝秩($\overline{\mathbf{A}}$)$=r\neq0$ 的情形. 不妨设某 r 阶非零子式位于$\mathbf{A}$ 的前 r 行，于是前 r 个方程组成的方程组

$$\begin{cases}a_{11}x_1+a_{12}x_2+\cdots+a_{1n}x_n=b_1,\\a_{21}x_1+a_{22}x_2+\cdots+a_{2n}x_n=b_2,\\\qquad\vdots\\a_{r1}x_1+a_{r2}x_2+\cdots+a_{rn}x_n=b_r\end{cases}\quad ③$$

与方程组①同解，从而根据题中假设，也与方程组①添加指定方程后所得到的方程组同解．特别地，方程组③的解都是指定方程的解，由此推知，方程组③也与本身添加指定方程后的方程组

$$\begin{cases}a_{11}x_1+a_{12}x_2+\cdots+a_{1n}x_n=b_1,\\ \qquad\qquad\vdots\\ a_{r1}x_1+a_{r2}x_2+\cdots+a_{rn}x_n=b_r,\\ a_1x_1+a_2x_2+\cdots+a_nx_n=b\end{cases}\qquad ④$$

同解．

下面证明方程组④的系数矩阵 $\boldsymbol{B}$ 的秩仍是 r．否则，设秩$(\boldsymbol{B})=r+1$，且有 $r+1$ 阶非零子式 D 位于 $\boldsymbol{B}$ 的前 $r+1$ 列，则 D 中前 r 行必有非零的 r 阶子式，否则按 D 的末行展开得 $D=0$，矛盾．由此即可肯定方程组③的系数矩阵的前 $r+1$ 列中必有 r 阶子式不为零．

如今在方程组④中分别令自由未知量 $x_{r+2},x_{r+3},\cdots,x_n$ 取值 k_{r+2}，$k_{r+3},\cdots,k_n$，则方程组④变成 $r+1$ 个未知量、$r+1$ 个方程的方程组，且系数矩阵秩为 $r+1$，其解存在且唯一，由此就可得到方程组④的形如

$$\overbrace{*,*,\cdots,*}^{r+1个},k_{r+2},k_{r+3},\cdots,k_n$$

的唯一解．

而在方程组③中同样让变量 $x_{r+2},x_{r+3},\cdots,x_n$ 分别取值 $k_{r+2},k_{r+3},\cdots$，k_n，所得方程组含 $r+1$ 个变量、r 个方程且系数矩阵秩为 r，有无穷多解，从而得到方程组③的与方程组④有相同形式

$$\overbrace{*,*,\cdots,*}^{r+1个},k_{r+2},k_{r+3},\cdots,k_n$$

的无穷多解．由于方程组④与方程组③同解，以上无穷多解也是方程组④的解，这与前面唯一解的结论相矛盾．这就证明了方程组④的系数矩阵 $\boldsymbol{B}$ 的秩仍是 r，而且有非零的 r 阶子式位于前 r 行．根据定理 4.3.1，添加的方程（即方程组④中最后一个方程）是前 r 个方程的结果，自然也是方程组①中 m 个方程的结论．

关于秩$(\boldsymbol{A})=$秩$(\bar{\boldsymbol{A}})=r=0$ 的情形，见前解答，此处略．

［小结］ 前面解答中的方法，是根据方程组①、③与添加方程后所得方程组的同解性，抓住方程组③的解必定满足添加的方程而代入后使之成为恒等式的事实，比较等式两边变量系数与常数项，推知添加方程的所有系数与

常数项都可由前 r 个方程的对应系数与常数项以相同的线性关系式表出，终于证明了添加方程是前 m 个方程的结论，工作具体，且复杂. 此处的证明方法，则竭力认证相关条件，充分利用定理 4.3.1，重点用在充分说理之中.

3. "4.4 节　结式和判别式"中第 3 题也可用以下方法求解.

证　设 $f(x)$ 与 $g(x)$ 的结式为 $R(f,g)$，若 $a_0\neq 0$，设 $g(x)$ 在复数域 **C** 上的 $n-1$ 个根为 $\alpha_1,\alpha_2,\cdots,\alpha_{n-1}$，则 $g(\alpha_i)=0$. 由于 $f(x)=x\cdot g(x)+a_n$，所以

$$f(\alpha_i)=\alpha_i\cdot g(\alpha_i)+a_n=a_n\quad(i=1,2,\cdots,n-1),$$

从而，据定理 4.4.2 之公式(2)得

$$\begin{aligned}R(f,g)&=(-1)^{n(n-1)}a_0^n f(\alpha_1)f(\alpha_2)\cdots f(\alpha_{n-1})\\&=(-1)^{n(n-1)}a_0^n\cdot a_n^{n-1}=a_0^n a_n^{n-1}.\end{aligned}$$

若 $a_0=0$，则 $R(f,g)=0$. 总的来说，$R(f,g)=a_0^n a_n^{n-1}$.

4. "4.4 节　结式和判别式"中第 8 题的另一证明方法.

证　设 $f(x)$ 是一个 n 次多项式，且其在复数域 **C** 上的 n 个根为 $\alpha_1,\alpha_2,\cdots,\alpha_n$，由于 $f(x)$ 的最高项系数 $a_0\neq 0$，所以 $g(x)=(x-a)f(x)$ 是一个 $n+1$ 次多项式，其在复数域 **C** 上的 $n+1$ 个根为 $\alpha_1,\alpha_2,\cdots,\alpha_n,a$ · $g(x)$ 的最高项系数仍是 $a_0\neq 0$，且 $g'(x)=f(x)+(x-a)f'(x)$. 于是

$$R(f,f')=a_0^{n-1}f'(\alpha_1)f'(\alpha_2)\cdots f'(\alpha_n),$$

$$\begin{aligned}R(g,g')&=a_0^n g'(\alpha_1)g'(\alpha_2)\cdots g'(\alpha_n)g'(a)\\&=a_0^n[(\alpha_1-a)f'(\alpha_1)][(\alpha_2-a)f'(\alpha_2)]\cdots[(\alpha_n-a)f'(\alpha_n)]f(a)\\&=(\alpha_1-a)(\alpha_2-a)\cdots(\alpha_n-a)a_0 f(a)R(f,f').\end{aligned}$$

设 $f(x)=a_0x^n+a_1x^{n-1}+\cdots+a_n=a_0(x-a)^n+a_1'(x-a)^{n-1}+\cdots+a_n'$，令 $h(x)=a_0x^n+a_1'x^{n-1}+\cdots+a_n'$，则有 $a_n'=f(a)$，且 $h(x)$ 的 n 个复根为 $\alpha_i-a\ (i=1,2,\cdots,n)$. 由根与系数之间的关系，得

$$(\alpha_1-a)(\alpha_2-a)\cdots(\alpha_n-a)=(-1)^n\frac{a_n'}{a_0}=(-1)^n\frac{1}{a_0}f(a),$$

从而

$$R(g,g')=(-1)^n f(a)^2R(f,f').$$

由判别式与结式之间的关系，并注意 $g(x)$ 是 $n+1$ 次的，有

$$\begin{aligned}D_1&=(-1)^{\frac{n(n+1)}{2}}\cdot\frac{1}{a_0}R(g,g')=(-1)^{\frac{n(n-1)}{2}+n}\cdot\frac{1}{a_0}R(g,g')\\&=(-1)^{\frac{n(n-1)}{2}+n}\cdot\frac{1}{a_0}\cdot(-1)^n f(a)^2R(f,f')=f(a)^2D.\end{aligned}$$

第5章 矩 阵

知识要点

1. 令 F 是一个数域. 用 F 的元素 a_{ij} 作成的一个 m 行 n 列的表

$$A=\begin{pmatrix} a_{11} & a_{12} & \cdots & a_{1n} \\ a_{21} & a_{22} & \cdots & a_{2n} \\ \vdots & \vdots & & \vdots \\ a_{m1} & a_{m2} & \cdots & a_{mn} \end{pmatrix}$$

叫做一个 F 上的**矩阵**，$\boldsymbol{A}$ 也简记作(a_{ij})或$(a_{ij})_{mn}$. 一个 m 行 n 列矩阵简称为 $m\times n$ **矩阵**. 元素全为零的矩阵叫做**零矩阵**，记作 $\boldsymbol{O}$. 如果 $\boldsymbol{A}=(a_{ij})$，则矩阵$(-a_{ij})$叫做 $\boldsymbol{A}$ 的**负矩阵**，记作$-\boldsymbol{A}$. 主对角线(从左上到右下的对角线)上元素都是1，而其他元素都是0的 $n\times n$ 矩阵(n 阶方阵)叫做 n **阶单位阵**，记作 $\boldsymbol{I}_n$ 或简记为 $\boldsymbol{I}$.

数域 F 上的数 a 与 F 上一个 $m\times n$ 矩阵 $\boldsymbol{A}=(a_{ij})$的乘积 $a\boldsymbol{A}$ 指的是 $m\times n$ 矩阵(aa_{ij}). 求数与矩阵乘积的运算叫做**数与矩阵的乘法**.

两个 $m\times n$ 矩阵 $\boldsymbol{A}=(a_{ij})$与 $\boldsymbol{B}=(b_{ij})$的和 $\boldsymbol{A}+\boldsymbol{B}$ 指的是 $m\times n$ 矩阵$(a_{ij}+b_{ij})$. 求两个矩阵和的运算叫做**矩阵的加法**.

关于矩阵的加法和数与矩阵的乘法有以下运算规律：

$$\boldsymbol{A}+\boldsymbol{B}=\boldsymbol{B}+\boldsymbol{A};\quad (\boldsymbol{A}+\boldsymbol{B})+\boldsymbol{C}=\boldsymbol{A}+(\boldsymbol{B}+\boldsymbol{C});$$

$$\boldsymbol{O}+\boldsymbol{A}=\boldsymbol{A};\quad \boldsymbol{A}+(-\boldsymbol{A})=\boldsymbol{O};$$

$$a(\boldsymbol{A}+\boldsymbol{B})=a\boldsymbol{A}+a\boldsymbol{B};\quad (a+b)\boldsymbol{A}=a\boldsymbol{A}+b\boldsymbol{A};\quad a(b\boldsymbol{A})=(ab)\boldsymbol{A}.$$

这里 $\boldsymbol{A},\boldsymbol{B},\boldsymbol{C}$ 表示任意 $m\times n$ 矩阵，而 a 和 b 表示 F 中的任意数. 另外，**矩阵的减法**的运算规律为 $\boldsymbol{A}-\boldsymbol{B}=\boldsymbol{A}+(-\boldsymbol{B})$，从而

$$\boldsymbol{A}+\boldsymbol{B}=\boldsymbol{C}\Leftrightarrow \boldsymbol{A}=\boldsymbol{C}-\boldsymbol{B}.$$

数域 F 上 $m\times n$ 矩阵 $\boldsymbol{A}=(a_{ij})$与 $n\times p$ 矩阵 $\boldsymbol{B}=(b_{ij})$的**乘积** $\boldsymbol{AB}$ 指的是这样的一个 $m\times p$ 矩阵，这个矩阵的第 i 行第 j 列 $(i=1,2,\cdots,m;j=1,2,\cdots,p)$

的元素等于 $\boldsymbol{A}$ 的第 i 行的元素与 $\boldsymbol{B}$ 的第 j 列的对应元素的乘积之和.

矩阵乘法满足结合律:$(\boldsymbol{AB})\boldsymbol{C}=\boldsymbol{A}(\boldsymbol{BC})$. 它与矩阵加法和数与矩阵乘法满足:

$$\boldsymbol{A}(\boldsymbol{B}+\boldsymbol{C})=\boldsymbol{AB}+\boldsymbol{AC};\quad (\boldsymbol{B}+\boldsymbol{C})\boldsymbol{A}=\boldsymbol{BA}+\boldsymbol{CA};$$
$$a(\boldsymbol{AB})=(a\boldsymbol{A})\boldsymbol{B}=\boldsymbol{A}(a\boldsymbol{B}).$$

显然
$$\boldsymbol{I}_n\boldsymbol{A}_{np}=\boldsymbol{A}_{np},\quad \boldsymbol{A}_{mn}\boldsymbol{I}_n=\boldsymbol{A}_{mn}.$$

若 $\boldsymbol{A}$ 是 n 阶方阵,r 是正整数,那么 $\boldsymbol{A}^r=\overbrace{\boldsymbol{AA}\cdots\boldsymbol{A}}^{r个}$. 再定义 $\boldsymbol{A}^0=\boldsymbol{I}$,那么 n 阶方阵的任意**非负整数次方**都有意义.

设 $f(x)=a_0+a_1x+\cdots+a_mx^m$ 是 $F[x]$中一个多项式,而 $\boldsymbol{A}$ 是一个 n 阶方阵. 记

$$f(\boldsymbol{A})=a_0\boldsymbol{I}+a_1\boldsymbol{A}+\cdots+a_m\boldsymbol{A}^m.$$

如果 $f(x),g(x)\in F[x]$,而

$$u(x)=f(x)+g(x),\quad v(x)=f(x)g(x),$$

那么
$$u(\boldsymbol{A})=f(\boldsymbol{A})+g(\boldsymbol{A}),\quad v(\boldsymbol{A})=f(\boldsymbol{A})g(\boldsymbol{A}).$$

将 $m\times n$ 矩阵 $\boldsymbol{A}$ 的行变为列所得到的 $n\times m$ 矩阵 $\boldsymbol{A}'$,叫做 $\boldsymbol{A}$ 的**转置矩阵**,矩阵的转置满足以下规律:

$$(\boldsymbol{A}')'=\boldsymbol{A};\quad (\boldsymbol{A}+\boldsymbol{B})'=\boldsymbol{A}'+\boldsymbol{B}';\quad (\boldsymbol{AB})'=\boldsymbol{B}'\boldsymbol{A}';\quad (a\boldsymbol{A})'=a\boldsymbol{A}'.$$

2. 令 $\boldsymbol{A}$ 是数域 F 上一个 n 阶矩阵. 若存在 F 上的 n 阶矩阵 $\boldsymbol{B}$,使得 $\boldsymbol{AB}=\boldsymbol{BA}=\boldsymbol{I}$,那么 $\boldsymbol{A}$ 叫做一个**可逆矩阵**(或**非奇异矩阵**),而 $\boldsymbol{B}$ 叫做 $\boldsymbol{A}$ 的**逆矩阵**,记 $\boldsymbol{B}$ 为 $\boldsymbol{A}^{-1}$. 若 $\boldsymbol{A}$ 可逆,那么 $\boldsymbol{A}$ 的逆矩阵由 $\boldsymbol{A}$ 唯一确定. 当 $\boldsymbol{A}$ 可逆时,$\boldsymbol{A}^{-1}$ 也可逆,且 $(\boldsymbol{A}^{-1})^{-1}=\boldsymbol{A}$;当 $\boldsymbol{A},\boldsymbol{B}$ 可逆时,乘积 $\boldsymbol{AB}$ 也可逆,且 $(\boldsymbol{AB})^{-1}=\boldsymbol{B}^{-1}\boldsymbol{A}^{-1}$;当 $\boldsymbol{A}$ 可逆时,其转置 $\boldsymbol{A}'$ 也可逆,且 $(\boldsymbol{A}')^{-1}=(\boldsymbol{A}^{-1})'$.

交换 n 阶单位矩阵 $\boldsymbol{I}_n$ 的 i,j 两行(或列)得到的矩阵,记为 $\boldsymbol{P}_{ij}$;将 $\boldsymbol{I}_n$ 的第 i 行(或列)乘以非零常数 k 所得的矩阵记为 $\boldsymbol{D}_i(k)$ $(k\neq 0)$;将 $\boldsymbol{I}_n$ 第 j 行的 k 倍加到第 i 行(或第 i 列的 k 倍加到第 j 列)所得的矩阵记为 $\boldsymbol{T}_{ij}(k)$. $\boldsymbol{P}_{ij}$, $\boldsymbol{D}_i(k)$, $\boldsymbol{T}_{ij}(k)$分别称为1,2,3型**初等矩阵**. 初等矩阵都可逆,其逆仍是初等矩阵,且

$$\boldsymbol{P}_{ij}^{-1}=\boldsymbol{P}_{ij};\quad \boldsymbol{D}_i^{-1}(k)=\boldsymbol{D}_i\left(\frac{1}{k}\right);\quad \boldsymbol{T}_{ij}^{-1}(k)=\boldsymbol{T}_{ij}(-k).$$

对一个矩阵施行一个行或列的初等变换,相当于把这个矩阵左乘或右乘一个相应的初等矩阵. 设对矩阵 $\boldsymbol{A}$ 施行一个初等变换后得到矩阵 $\overline{\boldsymbol{A}}$,那么 $\boldsymbol{A}$

可逆的充要条件是$\bar{A}$可逆. 一个$m\times n$矩阵$\boldsymbol{A}$总可以通过初等变换化为以下形式的一个矩阵：

$$\boldsymbol{A}=\begin{pmatrix} \boldsymbol{I}_r & \boldsymbol{O}_{r,n-r} \\ \boldsymbol{O}_{m-r,r} & \boldsymbol{O}_{m-r,n-r} \end{pmatrix}.$$

其中，$\boldsymbol{I}_r$是r阶单位矩阵，$\boldsymbol{O}_{st}$表示$s\times t$零矩阵，r等于$\boldsymbol{A}$的秩.

n阶矩阵$\boldsymbol{A}$可逆等价于它可以写成初等矩阵的乘积，等价于$\boldsymbol{A}$的秩为n，也等价于它的行列式$\det\boldsymbol{A}\neq 0$.

求逆矩阵的第一种方法是利用初等变换. 在通过初等变换把可逆矩阵$\boldsymbol{A}$化为单位矩阵$\boldsymbol{I}$时，对单位矩阵$\boldsymbol{I}$施行同样的初等变换，就得到$\boldsymbol{A}$的逆矩阵$\boldsymbol{A}^{-1}$. 第二种方法是利用行列式性质得到. 设$\boldsymbol{A}=(a_{ij})_{nn}$，以$A_{st}$表示行列式$\det\boldsymbol{A}$中元素$a_{st}$的代数余子式，以$\boldsymbol{A}^*$代表用$A_{st}$代替$\boldsymbol{A}$中元素$a_{ts}$所得到的矩阵($s,t=1,2,\cdots,n$)，$\boldsymbol{A}^*$称为$\boldsymbol{A}$的**伴随矩阵**，于是$\boldsymbol{A}^{-1}=\dfrac{1}{\det\boldsymbol{A}}\boldsymbol{A}^*$.

一个n阶矩阵$\boldsymbol{A}$总可以通过第三种行和列的初等变换化为一个对角矩阵$\bar{\boldsymbol{A}}$，并且$\det\boldsymbol{A}=\det\bar{\boldsymbol{A}}=d_1d_2\cdots d_n$，其中$d_i$是$\bar{\boldsymbol{A}}$中主对角线上第$i$行(列)的元素. 设$\boldsymbol{A},\boldsymbol{B}$是任意两个$n$阶矩阵，那么

$$\det(\boldsymbol{AB})=\det\boldsymbol{A}\cdot\det\boldsymbol{B}.$$

两个矩阵乘积的秩不大于每一个因子的秩. 特别地，当有一个因子是可逆矩阵时，乘积的秩等于另一个因子的秩.

3. 设$\boldsymbol{A}$是一个矩阵，在它的行或列之间加上一些线，把这个矩阵分成若干小块. 用这种方法被分成若干小块的矩阵叫做一个**分块矩阵**.

设$\boldsymbol{A}=(a_{ij})$是一个$m\times n$矩阵，$\boldsymbol{B}=(b_{ij})$是一个$n\times p$矩阵，把$\boldsymbol{A},\boldsymbol{B}$按如下方法分块，使$\boldsymbol{A}$的列的分法和$\boldsymbol{B}$的行的分法一致，则

$$\boldsymbol{A}=\begin{matrix} n_1 & n_2 & \cdots & n_s & \\ \left(\begin{matrix}\boldsymbol{A}_{11} \\ \boldsymbol{A}_{21} \\ \vdots \\ \boldsymbol{A}_{r1}\end{matrix}\right. & \begin{matrix}\boldsymbol{A}_{12} \\ \boldsymbol{A}_{22} \\ \vdots \\ \boldsymbol{A}_{r2}\end{matrix} & \begin{matrix}\cdots \\ \cdots \\ \\ \cdots\end{matrix} & \left.\begin{matrix}\boldsymbol{A}_{1s} \\ \boldsymbol{A}_{2s} \\ \vdots \\ \boldsymbol{A}_{rs}\end{matrix}\right) & \begin{matrix}m_1 \\ m_2 \\ \vdots \\ m_r\end{matrix}\end{matrix},\quad \boldsymbol{B}=\begin{matrix} p_1 & p_2 & \cdots & p_t & \\ \left(\begin{matrix}\boldsymbol{B}_{11} \\ \boldsymbol{B}_{21} \\ \vdots \\ \boldsymbol{B}_{s1}\end{matrix}\right. & \begin{matrix}\boldsymbol{B}_{12} \\ \boldsymbol{B}_{22} \\ \vdots \\ \boldsymbol{B}_{s2}\end{matrix} & \begin{matrix}\cdots \\ \cdots \\ \\ \cdots\end{matrix} & \left.\begin{matrix}\boldsymbol{B}_{1t} \\ \boldsymbol{B}_{2t} \\ \vdots \\ \boldsymbol{B}_{st}\end{matrix}\right) & \begin{matrix}n_1 \\ n_2 \\ \vdots \\ n_s\end{matrix}\end{matrix},$$

其中，矩阵右边的数$m_1,m_2,\cdots,m_r$和$n_1,n_2,\cdots,n_s$分别表示它们左边的小块矩阵的行数，而矩阵上边的数$n_1,n_2,\cdots,n_s$和$p_1,p_2,\cdots,p_t$分别表示它们下边的小块矩阵的列数，即

$$m_1+m_2+\cdots+m_r=m,$$

$$n_1+n_2+\cdots+n_s=n,$$
$$p_1+p_2+\cdots+p_t=p,$$

那么就有

$$\boldsymbol{AB}=\begin{array}{c} \begin{matrix} p_1 & p_2 & \cdots & p_t \end{matrix} \\ \begin{pmatrix} \boldsymbol{C}_{11} & \boldsymbol{C}_{12} & \cdots & \boldsymbol{C}_{1t} \\ \boldsymbol{C}_{21} & \boldsymbol{C}_{22} & \cdots & \boldsymbol{C}_{2t} \\ \vdots & \vdots & & \vdots \\ \boldsymbol{C}_{r1} & \boldsymbol{C}_{r2} & \cdots & \boldsymbol{C}_{rt} \end{pmatrix} \end{array} \begin{matrix} \\ m_1 \\ m_2 \\ \vdots \\ m_r \end{matrix},$$

其中 $\boldsymbol{C}_{ij}=\boldsymbol{A}_{i1}\boldsymbol{B}_{1j}+\cdots+\boldsymbol{A}_{is}\boldsymbol{B}_{sj}$ $(i=1,2,\cdots,r;j=1,2,\cdots,t)$为 $m_i\times p_j$ 矩阵.

习题解答

5.1 矩阵的运算

1. 计算：

(i) $\begin{pmatrix} 1 & 2 & 3 \\ 2 & 4 & 6 \\ 3 & 6 & 9 \end{pmatrix}\begin{pmatrix} -1 & -2 & -4 \\ -1 & -2 & -4 \\ 1 & 2 & 4 \end{pmatrix}$;

(ii) $\begin{pmatrix} 3 & -1 & 0 & 2 \\ -2 & 0 & 1 & -4 \end{pmatrix}\begin{pmatrix} 1 & 3 & -2 \\ 0 & 1 & -3 \\ 3 & 0 & 5 \\ 2 & -1 & 4 \end{pmatrix}$;

(iii) $(a_1 \quad a_2 \quad \cdots \quad a_n)\begin{pmatrix} b_1 \\ b_2 \\ \vdots \\ b_n \end{pmatrix}$;　　(iv) $\begin{pmatrix} a_1 \\ a_2 \\ \vdots \\ a_n \end{pmatrix}(b_1 \quad b_2 \quad \cdots \quad b_n)$;

(v) $\begin{pmatrix} 1 & 2 & 1 \\ 0 & 1 & 2 \\ 3 & 1 & 1 \end{pmatrix}\begin{pmatrix} 2 & 3 & 1 \\ -1 & 1 & 0 \\ 1 & 2 & -1 \end{pmatrix}\begin{pmatrix} 1 & 2 & 1 \\ 0 & 1 & 2 \\ 3 & 1 & 1 \end{pmatrix}$.

解 (i) 原式$=\begin{pmatrix} 0 & 0 & 0 \\ 0 & 0 & 0 \\ 0 & 0 & 0 \end{pmatrix}$.

(ii) 原式$=\begin{pmatrix} 7 & 6 & 5 \\ -7 & -2 & -7 \end{pmatrix}$.

(iii) 原式$=(a_1b_1+a_2b_2+\cdots+a_nb_n)$.

(iv) 原式$=\begin{pmatrix} a_1b_1 & a_1b_2 & \cdots & a_1b_n \\ a_2b_1 & a_2b_2 & \cdots & a_2b_n \\ \vdots & \vdots & & \vdots \\ a_nb_1 & a_nb_2 & \cdots & a_nb_n \end{pmatrix}$.

(v) 原式$=\begin{pmatrix} 1 & 7 & 0 \\ 1 & 5 & -2 \\ 6 & 12 & 2 \end{pmatrix}\begin{pmatrix} 1 & 2 & 1 \\ 0 & 1 & 2 \\ 3 & 1 & 1 \end{pmatrix}=\begin{pmatrix} 1 & 9 & 15 \\ -5 & 5 & 9 \\ 12 & 26 & 32 \end{pmatrix}$.

2. 证明:两个矩阵 $\boldsymbol{A}$ 与 $\boldsymbol{B}$ 的乘积的第 i 行等于 $\boldsymbol{A}$ 的第 i 行右乘以 $\boldsymbol{B}$,第 j 列等于 $\boldsymbol{B}$ 的第 j 列左乘以 $\boldsymbol{A}$.

证　设　$\boldsymbol{A}=(a_{ik})_{mn}$,　$\boldsymbol{B}=(b_{kj})_{np}$,　$\boldsymbol{C}=\boldsymbol{AB}=(c_{ij})_{mp}$,

则
$$c_{ij}=a_{i1}b_{1j}+a_{i2}b_{2j}+\cdots+a_{in}b_{nj}.$$
固定 i,让 $j=1,2,\cdots,p$,并将 $\boldsymbol{C}$ 的第 i 行看做 $1\times p$ 矩阵,有
$$(c_{i1}\ \ c_{i2}\ \ \cdots\ \ c_{ip})=(a_{i1}\ \ a_{i2}\ \ \cdots\ \ a_{in})\begin{pmatrix} b_{11} & \cdots & b_{1j} & \cdots & b_{1p} \\ b_{21} & \cdots & b_{2j} & \cdots & b_{2p} \\ \vdots & & \vdots & & \vdots \\ b_{n1} & \cdots & b_{nj} & \cdots & b_{np} \end{pmatrix}.$$
而固定 j,让 $i=1,2,\cdots,m$,将 $\boldsymbol{C}$ 的第 j 列看做 $m\times 1$ 矩阵,有
$$\begin{pmatrix} c_{1j} \\ c_{2j} \\ \vdots \\ c_{mj} \end{pmatrix}=\begin{pmatrix} a_{11} & a_{12} & \cdots & a_{1n} \\ a_{21} & a_{22} & \cdots & a_{2n} \\ \vdots & \vdots & & \vdots \\ a_{m1} & a_{m2} & \cdots & a_{mn} \end{pmatrix}\begin{pmatrix} b_{1j} \\ b_{2j} \\ \vdots \\ b_{nj} \end{pmatrix}.$$

3. 可以按以下步骤证明矩阵的乘法满足结合律.

(i) 设 $\boldsymbol{B}=(b_{ij})$是一个 $n\times p$ 矩阵,令 $\boldsymbol{\beta}_j=(b_{1j}\ \ b_{2j}\ \ \cdots\ \ b_{nj})'$是 $\boldsymbol{B}$ 的第 j 列,$j=1,2,\cdots,p$. 又设 $\boldsymbol{\xi}=(x_1\ \ x_2\ \ \cdots\ \ x_p)'$是任意一个$p\times 1$矩阵. 证明:
$$\boldsymbol{B\xi}=x_1\boldsymbol{\beta}_1+x_2\boldsymbol{\beta}_2+\cdots+x_p\boldsymbol{\beta}_p.$$

(ii) 设 $\boldsymbol{A}$ 是一个 $m\times n$ 矩阵,利用(i)及习题 2 的结论,证明:
$$\boldsymbol{A}(\boldsymbol{B\xi})=(\boldsymbol{AB})\boldsymbol{\xi}.$$

(iii) 设 $\boldsymbol{C}$ 是一个 $p\times q$ 矩阵,利用(ii)证明:
$$\boldsymbol{A}(\boldsymbol{BC})=(\boldsymbol{AB})\boldsymbol{C}.$$

证　(i) $$\boldsymbol{B\xi}=\begin{pmatrix} b_{11} & b_{12} & \cdots & b_{1p} \\ b_{21} & b_{22} & \cdots & b_{2p} \\ \vdots & \vdots & & \vdots \\ b_{n1} & b_{n2} & \cdots & b_{np} \end{pmatrix}\begin{pmatrix} x_1 \\ x_2 \\ \vdots \\ x_p \end{pmatrix}=\begin{pmatrix} x_1b_{11}+x_2b_{12}+\cdots+x_pb_{1p} \\ x_1b_{21}+x_2b_{22}+\cdots+x_pb_{2p} \\ \vdots \\ x_1b_{n1}+x_2b_{n2}+\cdots+x_pb_{np} \end{pmatrix}$$

$$=x_1\begin{pmatrix} b_{11} \\ b_{21} \\ \vdots \\ b_{n1} \end{pmatrix}+x_2\begin{pmatrix} b_{12} \\ b_{22} \\ \vdots \\ b_{n2} \end{pmatrix}+\cdots+x_p\begin{pmatrix} b_{1p} \\ b_{2p} \\ \vdots \\ b_{np} \end{pmatrix}$$

$$=x_1\boldsymbol{\beta}_1+x_2\boldsymbol{\beta}_2+\cdots+x_p\boldsymbol{\beta}_p.$$

(ii) 由(i)知

$$\boldsymbol{A}(\boldsymbol{B\xi})=\boldsymbol{A}(x_1\boldsymbol{\beta}_1+x_2\boldsymbol{\beta}_2+\cdots+x_p\boldsymbol{\beta}_p)=x_1\boldsymbol{A\beta}_1+x_2\boldsymbol{A\beta}_2+\cdots+x_p\boldsymbol{A\beta}_p$$

$$=(\boldsymbol{A\beta}_1\quad \boldsymbol{A\beta}_2\quad \cdots\quad \boldsymbol{A\beta}_p)\begin{pmatrix} x_1 \\ x_2 \\ \vdots \\ x_p \end{pmatrix}\xlongequal{\text{由习题 2}}(\boldsymbol{AB})\boldsymbol{\xi}.$$

(iii) 设 $\boldsymbol{\xi}_k$ 是 $\boldsymbol{C}$ 的第 k 列，$k=1,2,\cdots,q$，由习题 2 及(ii)知

$$\boldsymbol{A}(\boldsymbol{B\xi}_k)=(\boldsymbol{AB})\boldsymbol{\xi}_k\quad (k=1,2,\cdots,q),$$

即 $\boldsymbol{A}(\boldsymbol{BC})$ 的第 k 列与 $(\boldsymbol{AB})\boldsymbol{C}$ 的第 k 列相等. 由 k 的任意性知

$$\boldsymbol{A}(\boldsymbol{BC})=(\boldsymbol{AB})\boldsymbol{C}.$$

4. 设 $\boldsymbol{A}=\begin{pmatrix} 0 & 1 & 0 & 0 \\ 0 & 0 & 1 & 0 \\ 0 & 0 & 0 & 1 \\ 0 & 0 & 0 & 0 \end{pmatrix}$，证明：当且仅当 $\boldsymbol{B}=\begin{pmatrix} a & b & c & d \\ 0 & a & b & c \\ 0 & 0 & a & b \\ 0 & 0 & 0 & a \end{pmatrix}$ 时，$\boldsymbol{AB}=\boldsymbol{BA}$.

证　设

$$\boldsymbol{B}=\begin{pmatrix} b_{11} & b_{12} & b_{13} & b_{14} \\ b_{21} & b_{22} & b_{23} & b_{24} \\ b_{31} & b_{32} & b_{33} & b_{34} \\ b_{41} & b_{42} & b_{43} & b_{44} \end{pmatrix},$$

则

$$\boldsymbol{AB}=\begin{pmatrix} b_{21} & b_{22} & b_{23} & b_{24} \\ b_{31} & b_{32} & b_{33} & b_{34} \\ b_{41} & b_{42} & b_{43} & b_{44} \\ 0 & 0 & 0 & 0 \end{pmatrix},\quad \boldsymbol{BA}=\begin{pmatrix} 0 & b_{11} & b_{12} & b_{13} \\ 0 & b_{21} & b_{22} & b_{23} \\ 0 & b_{31} & b_{32} & b_{33} \\ 0 & b_{41} & b_{42} & b_{43} \end{pmatrix}.$$

比较两式可知，当且仅当下列各式成立时，$\boldsymbol{AB}=\boldsymbol{BA}$.

$$\begin{cases} b_{21}=b_{31}=b_{41}=b_{42}=b_{43}=0, \\ b_{11}=b_{22}, b_{12}=b_{23}, b_{13}=b_{24}, \\ b_{21}=b_{32}, b_{22}=b_{33}, b_{23}=b_{34}, \\ b_{31}=b_{42}, b_{32}=b_{43}, b_{33}=b_{44} \end{cases} \Rightarrow \begin{cases} b_{11}=b_{22}=b_{33}=b_{44}=a, \\ b_{12}=b_{23}=b_{34}=b, \\ b_{13}=b_{24}=c, \\ b_{21}=b_{32}=b_{43}=0, \\ b_{31}=b_{42}=0, \\ b_{41}=0, b_{14}=d, \end{cases}$$

即
$$\boldsymbol{B}=\begin{pmatrix} a & b & c & d \\ 0 & a & b & c \\ 0 & 0 & a & b \\ 0 & 0 & 0 & a \end{pmatrix}.$$

5. 令 $\boldsymbol{E}_{ij}$ 是第 i 行第 j 列的元素是 1 而其余元素都是零的 n 阶矩阵，求 $\boldsymbol{E}_{ij}\boldsymbol{E}_{kl}$.

解　设 $\boldsymbol{E}_{ij}\boldsymbol{E}_{kl}=(e_{st})_{nn}$，$\boldsymbol{\alpha}_s$ 为 $\boldsymbol{E}_{ij}$ 的第 s 行，$\boldsymbol{\beta}_t$ 为 $\boldsymbol{E}_{kl}$ 的第 t 列，$s,t=1,2,\cdots,n$.

当 $s\neq i$ 或 $t\neq l$ 时，$\boldsymbol{\alpha}_s$ 或 $\boldsymbol{\beta}_t$ 为零矩阵，故
$$e_{st}=\boldsymbol{\alpha}_s\cdot\boldsymbol{\beta}_t=0.$$

又
$$e_{il}=\boldsymbol{\alpha}_i\cdot\boldsymbol{\beta}_l=(0\ \cdots\ 0\ \overset{\text{第}j\text{列}}{1}\ 0\ \cdots\ 0)\begin{pmatrix} 0 \\ \vdots \\ 0 \\ 1 \\ 0 \\ \vdots \\ 0 \end{pmatrix}\text{第}k\text{行}=\begin{cases} 1, & j=k, \\ 0, & j\neq k, \end{cases}$$

所以
$$\boldsymbol{E}_{ij}\boldsymbol{E}_{kl}=\begin{cases} \boldsymbol{E}_{il}, & j=k, \\ \boldsymbol{O}, & j\neq k. \end{cases}$$

6. 求满足以下条件的所有 n 阶矩阵 $\boldsymbol{A}$：(i) $\boldsymbol{AE}_{ij}=\boldsymbol{E}_{ij}\boldsymbol{A}$，$i,j=1,2,\cdots,n$；(ii) $\boldsymbol{AB}=\boldsymbol{BA}$，其中 $\boldsymbol{B}$ 是任意 n 阶矩阵.

解　(i) 设

$$\boldsymbol{E}_{ij}=\begin{pmatrix} & \overset{\text{第}j\text{列}}{\vdots} & \\ \cdots & 1 & \cdots \\ & \vdots & \end{pmatrix}\text{第}i\text{行}，\quad \boldsymbol{A}=\begin{pmatrix} a_{11} & \cdots & a_{1n} \\ \vdots & & \vdots \\ a_{n1} & \cdots & a_{nn} \end{pmatrix},$$

则
$$AE_{ij}=\begin{pmatrix}0&\cdots&a_{1i}&\cdots&0\\0&\cdots&a_{2i}&\cdots&0\\\vdots&&\vdots&&\vdots\\0&\cdots&a_{ni}&\cdots&0\end{pmatrix}\text{(第}j\text{列)},\quad E_{ij}A=\begin{pmatrix}0&0&\cdots&0\\a_{j1}&a_{j2}&\cdots&a_{jn}\\\vdots&\vdots&&\vdots\\0&0&\cdots&0\end{pmatrix}\text{第}i\text{行}.$$

由
$$AE_{ij}=E_{ij}A\Rightarrow a_{ii}=a_{jj}=a;$$
当 $k\neq i$ 时，$a_{ki}=0$；当 $k\neq j$ 时，$a_{jk}=0$；其他元素任意. 故

$$A=\begin{pmatrix}*&\cdots&0&\cdots&*&\cdots&*\\*&\cdots&a&\cdots&*&\cdots&*\\\vdots&&\vdots&&\vdots&&\vdots\\0&\cdots&0&\cdots&a&\cdots&0\\*&\cdots&0&\cdots&*&\cdots&*\end{pmatrix}\begin{matrix}\\\text{第}i\text{行}\\\\\text{第}j\text{行}\\\\\end{matrix}.$$
（第 i 列、第 j 列）

(ii) 因为当 B 为任意 n 阶矩阵时，都有 $AB=BA$，故对任意 E_{ij}，有 $AE_{ij}=E_{ij}A$. 由(i)知，对任意 i,j，应有 $a_{ii}=a_{jj}$，当 $i\neq j$ 时，$a_{ij}=0$ $(i,j=1,2,\cdots,n)$. 故

$$A=\begin{pmatrix}a&0&\cdots&0\\0&a&\cdots&0\\\vdots&\vdots&&\vdots\\0&0&\cdots&a\end{pmatrix}=aI_n,$$

即 A 是数量矩阵.

7. 举例证明：当 $AB=AC$ 时，未必 $B=C$.

证 例如，设

$$A=\begin{pmatrix}1&0\\0&0\end{pmatrix},\quad B=\begin{pmatrix}0&0\\1&1\end{pmatrix},\quad C=\begin{pmatrix}0&0\\2&2\end{pmatrix},$$

则有
$$AB=\begin{pmatrix}0&0\\0&0\end{pmatrix}=AC,\quad 但\quad B\neq C.$$

8. 证明：对任意 n 阶矩阵 A 和 B，都有 $AB-BA\neq I$.

（提示：考虑 $AB-BA$ 的主对角线上元素的和.）

证 记 $AB-BA=C$，则 C 的主对角线上元素之和

$$\sum_{i=1}^{n}c_{ii}=\sum_{i=1}^{n}\left(\sum_{j=1}^{n}a_{ij}b_{ji}-\sum_{j=1}^{n}b_{ij}a_{ji}\right)=\sum_{i=1}^{n}\sum_{j=1}^{n}a_{ij}b_{ji}-\sum_{j=1}^{n}\sum_{i=1}^{n}a_{ji}b_{ij}=0\neq n$$

（第二个等号右边的减项与被减项相同，都是 A 的 $1\sim n$ 行与 B 的 $1\sim n$ 列对

应元素的相乘，而后求和)，可知

$$AB-BA=C\neq I.$$

9. 令 A 是任意 n 阶矩阵，而 I 是 n 阶单位矩阵. 证明：

$$(I-A)(I+A+A^2+\cdots+A^{m-1})=I-A^m.$$

证　$(I-A)(I+A+A^2+\cdots+A^{m-1})=I+A+\cdots+A^{m-1}-A-\cdots-A^m$

$$=I-A^m.$$

10. 对任意 n 阶矩阵 A，必有 n 阶矩阵 B 和 C，使 $A=B+C$，且 $B=B'$，$C=-C'$.

证　由　$A=\frac{1}{2}A+\frac{1}{2}A+\frac{1}{2}A'-\frac{1}{2}A'=\frac{1}{2}(A+A')+\frac{1}{2}(A-A')$，

令
$$B=\frac{1}{2}(A+A'),\quad C=\frac{1}{2}(A-A'),$$

则有
$$A=B+C,\quad 且\quad B=B',\quad C=-C'.$$

5.2　可逆矩阵　矩阵乘积的行列式

1. 设对五阶矩阵施行以下两个初等变换：把第 2 行的 3 倍加到第 3 行，把第 2 列的 3 倍加到第 3 列，则相当于这两个初等变换的初等矩阵是什么？

解　把五阶矩阵 A 的第 2 行的 3 倍加到第 3 行，相当于把矩阵 A 左乘以初等矩阵，即

$$T_{32}(3)=\begin{pmatrix}1&0&0&0&0\\0&1&0&0&0\\0&3&1&0&0\\0&0&0&1&0\\0&0&0&0&1\end{pmatrix};$$

把 A 的第 2 列的 3 倍加到第 3 列，相当于把矩阵 A 右乘以初等矩阵，即

$$T_{23}(3)=\begin{pmatrix}1&0&0&0&0\\0&1&3&0&0\\0&0&1&0&0\\0&0&0&1&0\\0&0&0&0&1\end{pmatrix}.$$

2. 证明：一个可逆矩阵可以通过列初等变换化为单位矩阵.

证　设 n 阶矩阵 A 可逆，由教材中定理 5.2.3 知，它可以写成若干个初

等矩阵的乘积. 令

$$A=E_1E_2\cdots E_p=IE_1E_2\cdots E_p,$$

其中,$E_i(i=1,2,\cdots,p)$是初等矩阵. 于是

$$AE_p^{-1}\cdots E_2^{-1}E_1^{-1}=I,$$

E_i^{-1} 也是初等矩阵. 由于 A 右乘若干初等矩阵后变为单位矩阵,故 A 可通过初等变换化为单位矩阵.

3. 求下列矩阵的逆矩阵:

(i) $\begin{pmatrix}1 & 2 & -1\\ 3 & 4 & -2\\ 5 & -3 & 1\end{pmatrix}$; (ii) $\begin{pmatrix}\cos\alpha & -\sin\alpha\\ \sin\alpha & \cos\alpha\end{pmatrix}$;

(iii) $\begin{pmatrix}1 & 1 & 1\\ 1 & \omega & \omega^2\\ 1 & \omega^2 & \omega\end{pmatrix}$, $\omega=\cos\frac{2\pi}{3}+\mathrm{i}\sin\frac{2\pi}{3}$.

解 (i) 对三阶矩阵 A,I 施行同样的行初等变换,当 A 变为 I 时,I 便化为 A^{-1}.

$$\begin{pmatrix}1 & 2 & -1\\ 3 & 4 & -2\\ 5 & -3 & 1\end{pmatrix}\begin{pmatrix}1 & 0 & 0\\ 0 & 1 & 0\\ 0 & 0 & 1\end{pmatrix}\longrightarrow\begin{pmatrix}1 & 2 & -1\\ 0 & -2 & 1\\ 0 & -13 & 6\end{pmatrix}\begin{pmatrix}1 & 0 & 0\\ -3 & 1 & 0\\ -5 & 0 & 1\end{pmatrix}$$

$$\longrightarrow\begin{pmatrix}1 & 2 & -1\\ 0 & 1 & -\frac{1}{2}\\ 0 & 0 & -\frac{1}{2}\end{pmatrix}\begin{pmatrix}1 & 0 & 0\\ \frac{3}{2} & -\frac{1}{2} & 0\\ \frac{29}{2} & -\frac{13}{2} & 1\end{pmatrix}\longrightarrow\begin{pmatrix}1 & 2 & 0\\ 0 & 1 & 0\\ 0 & 0 & 1\end{pmatrix}\begin{pmatrix}-28 & 13 & -2\\ -13 & 6 & -1\\ -29 & 13 & -2\end{pmatrix}$$

$$\longrightarrow\begin{pmatrix}1 & 0 & 0\\ 0 & 1 & 0\\ 0 & 0 & 1\end{pmatrix}\begin{pmatrix}-2 & 1 & 0\\ -13 & 6 & -1\\ -29 & 13 & -2\end{pmatrix},$$

故

$$A^{-1}=\begin{pmatrix}-2 & 1 & 0\\ -13 & 6 & -1\\ -29 & 13 & -2\end{pmatrix}.$$

(ii) $\det A=\begin{vmatrix}\cos\alpha & -\sin\alpha\\ \sin\alpha & \cos\alpha\end{vmatrix}=1$, $A^*=\begin{pmatrix}A_{11} & A_{21}\\ A_{12} & A_{22}\end{pmatrix}=\begin{pmatrix}\cos\alpha & \sin\alpha\\ -\sin\alpha & \cos\alpha\end{pmatrix}$,

所以

$$A^{-1}=\frac{1}{\det A}A^*=\begin{pmatrix}\cos\alpha & \sin\alpha\\ -\sin\alpha & \cos\alpha\end{pmatrix}.$$

(iii) 注意 $\omega^3=\left(\cos\frac{2\pi}{3}+\mathrm{i}\sin\frac{2\pi}{3}\right)^3=\cos 2\pi+\mathrm{i}\sin 2\pi=1$，从而

$$\omega^3-1=(\omega-1)(\omega^2+\omega+1)=0.$$

因 $\omega\neq 1$，所以 $\omega^2+\omega+1=0$，于是 $-(\omega+1)=\omega^2$.

由计算得 $\det\boldsymbol{A}=3(\omega^2-\omega)=3\omega(\omega-1)$，

$$\boldsymbol{A}^*=\begin{pmatrix}\omega^2-\omega & \omega^2-\omega & \omega^2-\omega\\ \omega^2-\omega & \omega-1 & -(\omega^2-1)\\ \omega^2-\omega & -(\omega^2-1) & \omega-1\end{pmatrix},$$

故

$$\boldsymbol{A}^{-1}=\frac{1}{\det\boldsymbol{A}}\boldsymbol{A}^*=\frac{1}{3\omega(\omega-1)}\begin{pmatrix}\omega^2-\omega & \omega^2-\omega & \omega^2-\omega\\ \omega^2-\omega & \omega-1 & -(\omega^2-1)\\ \omega^2-\omega & -(\omega^2-1) & \omega-1\end{pmatrix}$$

$$=\frac{1}{3\omega}\begin{pmatrix}\omega & \omega & \omega\\ \omega & 1 & -(\omega+1)\\ \omega & -(\omega+1) & 1\end{pmatrix}=\frac{1}{3\omega}\begin{pmatrix}\omega & \omega & \omega\\ \omega & 1 & \omega^2\\ \omega & \omega^2 & 1\end{pmatrix}.$$

4. 设 $\boldsymbol{A}$ 是一个 n 阶矩阵，并且存在一个正整数 m 使得 $\boldsymbol{A}^m=\boldsymbol{O}$.

(i) 证明 $\boldsymbol{I}-\boldsymbol{A}$ 可逆，并且 $(\boldsymbol{I}-\boldsymbol{A})^{-1}=\boldsymbol{I}+\boldsymbol{A}+\cdots+\boldsymbol{A}^{m-1}$；

(ii) 求矩阵

$$\begin{pmatrix}1 & -1 & 2 & -3 & 4\\ 0 & 1 & -1 & 2 & -3\\ 0 & 0 & 1 & -1 & 2\\ 0 & 0 & 0 & 1 & -1\\ 0 & 0 & 0 & 0 & 1\end{pmatrix}$$

的逆矩阵.

解 (i) 因为

$$\begin{aligned}&(\boldsymbol{I}+\boldsymbol{A}+\boldsymbol{A}^2+\cdots+\boldsymbol{A}^{m-1})(\boldsymbol{I}-\boldsymbol{A})\\ &=\boldsymbol{I}+\boldsymbol{A}+\boldsymbol{A}^2+\cdots+\boldsymbol{A}^{m-1}-\boldsymbol{A}-\boldsymbol{A}^2-\cdots-\boldsymbol{A}^m\\ &=\boldsymbol{I}-\boldsymbol{A}^m=\boldsymbol{I}-\boldsymbol{O}=\boldsymbol{I},\end{aligned}$$

同理

$$(\boldsymbol{I}-\boldsymbol{A})(\boldsymbol{I}+\boldsymbol{A}+\boldsymbol{A}^2+\cdots+\boldsymbol{A}^{m-1})=\boldsymbol{I},$$

所以 $\boldsymbol{I}-\boldsymbol{A}$ 可逆，并且 $(\boldsymbol{I}-\boldsymbol{A})^{-1}=\boldsymbol{I}+\boldsymbol{A}+\cdots+\boldsymbol{A}^{m-1}$.

(ii) 根据(i)之结果，令所给矩阵为 $\boldsymbol{I}_5-\boldsymbol{A}$，则

$$\boldsymbol{A}=\begin{pmatrix}0 & 1 & -2 & 3 & -4\\ 0 & 0 & 1 & -2 & 3\\ 0 & 0 & 0 & 1 & -2\\ 0 & 0 & 0 & 0 & 1\\ 0 & 0 & 0 & 0 & 0\end{pmatrix},\quad \boldsymbol{A}^2=\begin{pmatrix}0 & 0 & 1 & -4 & 10\\ 0 & 0 & 0 & 1 & -4\\ 0 & 0 & 0 & 0 & 1\\ 0 & 0 & 0 & 0 & 0\\ 0 & 0 & 0 & 0 & 0\end{pmatrix},$$

$$\boldsymbol{A}^3=\begin{pmatrix}0&0&0&1&-6\\0&0&0&0&1\\0&0&0&0&0\\0&0&0&0&0\\0&0&0&0&0\end{pmatrix},\quad \boldsymbol{A}^4=\begin{pmatrix}0&0&0&0&1\\0&0&0&0&0\\0&0&0&0&0\\0&0&0&0&0\\0&0&0&0&0\end{pmatrix},\quad \boldsymbol{A}^5=\boldsymbol{O}.$$

故所给矩阵的逆矩阵为

$$(\boldsymbol{I}_5-\boldsymbol{A})^{-1}=\boldsymbol{I}+\boldsymbol{A}+\boldsymbol{A}^2+\boldsymbol{A}^3+\boldsymbol{A}^4=\begin{pmatrix}1&1&-1&0&1\\0&1&1&-1&0\\0&0&1&1&-1\\0&0&0&1&1\\0&0&0&0&1\end{pmatrix}.$$

5. 设
$$\boldsymbol{A}=\begin{pmatrix}a&b\\c&d\end{pmatrix},\quad ad-bc=1,$$
证明:$\boldsymbol{A}$ 总可以表成 $\boldsymbol{T}_{12}(k)$ 和 $\boldsymbol{T}_{21}(k)$ 型初等矩阵的乘积.

证 由于 $ad-bc=1 \Rightarrow a,c$ 不同时为 0.

若 $c\neq 0$,将 $\boldsymbol{A}$ 的第 2 行乘以 $\dfrac{1-a}{c}$ 加到第 1 行,得

$$\begin{pmatrix}1&b+\dfrac{d-ad}{c}\\c&d\end{pmatrix}\to\begin{pmatrix}1&\dfrac{d-1}{c}\\c&d\end{pmatrix}.$$

再将第 1 行乘以 $-c$ 加到第 2 行,得 $\begin{pmatrix}1&\dfrac{d-1}{c}\\c&d\end{pmatrix}\to\begin{pmatrix}1&\dfrac{d-1}{c}\\0&1\end{pmatrix}$,再将第 1 列乘以 $\left(-\dfrac{d-1}{c}\right)$ 加到第 2 列,得 $\begin{pmatrix}1&0\\0&1\end{pmatrix}=\boldsymbol{I}$. 即

$$\begin{pmatrix}1&0\\-c&1\end{pmatrix}\begin{pmatrix}1&\dfrac{1-a}{c}\\0&1\end{pmatrix}\boldsymbol{A}\begin{pmatrix}1&-\dfrac{d-1}{c}\\0&1\end{pmatrix}=\boldsymbol{I},$$

所以
$$\boldsymbol{A}=\begin{pmatrix}1&\dfrac{1-a}{c}\\0&1\end{pmatrix}^{-1}\begin{pmatrix}1&0\\-c&1\end{pmatrix}^{-1}\boldsymbol{I}\begin{pmatrix}1&-\dfrac{d-1}{c}\\0&1\end{pmatrix}^{-1}$$
$$=\begin{pmatrix}1&-\dfrac{1-a}{c}\\0&1\end{pmatrix}\begin{pmatrix}1&0\\c&1\end{pmatrix}\begin{pmatrix}1&\dfrac{d-1}{c}\\0&1\end{pmatrix}.$$

若 $c=0, a\neq 0$，那么将第 1 行加到第 2 行即化为前一种情况，同样可证明要证的结论.

6. 令 $\boldsymbol{A}^*$ 是 n 阶矩阵 $\boldsymbol{A}$ 的伴随矩阵，证明：

$$\det\boldsymbol{A}^*=(\det\boldsymbol{A})^{n-1}.$$

（提示：区别 $\det\boldsymbol{A}\neq 0$ 和 $\det\boldsymbol{A}=0$ 两种情形.）

证 $$\boldsymbol{AA}^*=\det\boldsymbol{A}\cdot\boldsymbol{I}=\begin{pmatrix}\det\boldsymbol{A} & & & 0\\ & \det\boldsymbol{A} & & \\ & & \ddots & \\ 0 & & & \det\boldsymbol{A}\end{pmatrix}.$$

若 $\det\boldsymbol{A}\neq 0$，则 $\det(\boldsymbol{AA}^*)=\det\boldsymbol{A}\cdot\det\boldsymbol{A}^*=(\det\boldsymbol{A})^n$，从而

$$\det\boldsymbol{A}^*=(\det\boldsymbol{A})^{n-1}.$$

若 $\det\boldsymbol{A}=0$，则 $\boldsymbol{AA}^*=\boldsymbol{O}$，从而必有 $\det\boldsymbol{A}^*=0$. 否则，$(\boldsymbol{A}^*)^{-1}$ 存在，又

$$\boldsymbol{A}=\boldsymbol{A}[\boldsymbol{A}^*\cdot(\boldsymbol{A}^*)^{-1}]=(\boldsymbol{AA}^*)\cdot(\boldsymbol{A}^*)^{-1}=\boldsymbol{O}\cdot(\boldsymbol{A}^*)^{-1}=\boldsymbol{O},$$

这与 $\det\boldsymbol{A}^*\neq 0$ 矛盾. 所以也有 $\det\boldsymbol{A}^*=(\det\boldsymbol{A})^{n-1}$.

7. 设 $\boldsymbol{A}$ 和 $\boldsymbol{B}$ 都是 n 阶矩阵，证明：若 $\boldsymbol{AB}$ 可逆，则 $\boldsymbol{A}$ 和 $\boldsymbol{B}$ 都可逆.

证 因为 $\boldsymbol{AB}$ 可逆，$\det\boldsymbol{A}\cdot\det\boldsymbol{B}=(\det(\boldsymbol{AB}))\neq 0$，所以 $\det\boldsymbol{A}\neq 0$，$\det\boldsymbol{B}\neq 0$，$\boldsymbol{A}$ 和 $\boldsymbol{B}$ 都可逆.

8. 设 $\boldsymbol{A}$ 和 $\boldsymbol{B}$ 都是 n 阶矩阵，证明：若 $\boldsymbol{AB}=\boldsymbol{I}$，则 $\boldsymbol{A}$ 和 $\boldsymbol{B}$ 互为逆矩阵.

证 因 $\boldsymbol{AB}=\boldsymbol{I}$，故 $\boldsymbol{A},\boldsymbol{B}$ 可逆. 设 $\boldsymbol{A}^{-1}$ 是 $\boldsymbol{A}$ 的逆矩阵，则

$$\boldsymbol{B}=\boldsymbol{IB}=(\boldsymbol{A}^{-1}\boldsymbol{A})\boldsymbol{B}=\boldsymbol{A}^{-1}(\boldsymbol{AB})=\boldsymbol{A}^{-1}\cdot\boldsymbol{I}=\boldsymbol{A}^{-1}.$$

同理可证 $\boldsymbol{A}=\boldsymbol{B}^{-1}$，即 $\boldsymbol{A},\boldsymbol{B}$ 互为逆矩阵.

9. 证明：一个 n 阶矩阵 $\boldsymbol{A}$ 的秩不大于 1 必要且只要 $\boldsymbol{A}$ 可以表为一个 $n\times 1$ 矩阵和一个 $1\times n$ 矩阵的乘积.

证 必要性. 若秩$(\boldsymbol{A})=0$，则 $\boldsymbol{A}=\boldsymbol{O}=\begin{pmatrix}0\\0\\\vdots\\0\end{pmatrix}(0\ 0\ \cdots\ 0)$；若秩$(\boldsymbol{A})=1$，则 $\boldsymbol{A}$ 的任意二阶子式为 0，从而 $\boldsymbol{A}$ 的任意两行成比例. 于是

$$\boldsymbol{A}=\begin{pmatrix}a_1b_1 & a_1b_2 & \cdots & a_1b_n\\ a_2b_1 & a_2b_2 & \cdots & a_2b_n\\ \vdots & \vdots & & \vdots\\ a_nb_1 & a_nb_2 & \cdots & a_nb_n\end{pmatrix}=\begin{pmatrix}a_1\\a_2\\\vdots\\a_n\end{pmatrix}(b_1\quad b_2\quad\cdots\quad b_n).$$

充分性. 如果 $\boldsymbol{A}=\begin{pmatrix}a_1\\a_2\\\vdots\\a_n\end{pmatrix}(b_1\quad b_2\quad\cdots\quad b_n)$,那么

$$\text{秩}(\boldsymbol{A})\leqslant\min\left(\text{秩}\begin{pmatrix}a_1\\a_2\\\vdots\\a_n\end{pmatrix},\text{秩}(b_1\quad b_2\quad\cdots\quad b_n)\right)\leqslant 1.$$

10. 证明:一个秩为 r 的矩阵总可以表为 r 个秩为 1 的矩阵的和.

证 设 $\boldsymbol{A}$ 是一个 $m\times n$ 矩阵,秩$(\boldsymbol{A})=r$,则必有若干个 m 阶初等矩阵 $\boldsymbol{E}_1,\boldsymbol{E}_2,\cdots,\boldsymbol{E}_p$ 和若干个 n 阶初等矩阵 $\widetilde{\boldsymbol{E}}_1,\widetilde{\boldsymbol{E}}_2,\cdots,\widetilde{\boldsymbol{E}}_q$,使

$$\boldsymbol{E}_1\boldsymbol{E}_2\cdots\boldsymbol{E}_p\boldsymbol{A}\widetilde{\boldsymbol{E}}_1\widetilde{\boldsymbol{E}}_2\cdots\widetilde{\boldsymbol{E}}_q=\begin{pmatrix}\boldsymbol{I}_r&\boldsymbol{O}\\\boldsymbol{O}&\boldsymbol{O}\end{pmatrix}.$$

令 $\boldsymbol{E}_1\boldsymbol{E}_2\cdots\boldsymbol{E}_p=\boldsymbol{P},\widetilde{\boldsymbol{E}}_1\widetilde{\boldsymbol{E}}_2\cdots\widetilde{\boldsymbol{E}}_q=\boldsymbol{Q}$,则 $\boldsymbol{P},\boldsymbol{Q}$ 皆可逆,且

$$\boldsymbol{PAQ}=\begin{pmatrix}\boldsymbol{I}_r&\boldsymbol{O}\\\boldsymbol{O}&\boldsymbol{O}\end{pmatrix},$$

从而

$$\begin{aligned}\boldsymbol{A}&=\boldsymbol{P}^{-1}\begin{pmatrix}\boldsymbol{I}_r&\boldsymbol{O}\\\boldsymbol{O}&\boldsymbol{O}\end{pmatrix}\boldsymbol{Q}^{-1}\\&=\boldsymbol{P}^{-1}\begin{pmatrix}1&\cdots&0\\\vdots&0\quad\ddots&\vdots\\0&\cdots&0\end{pmatrix}\boldsymbol{Q}^{-1}+\boldsymbol{P}^{-1}\begin{pmatrix}0&\cdots&0\\&1&\\\vdots&0\quad\ddots&\vdots\\0&\cdots&0\end{pmatrix}\boldsymbol{Q}^{-1}\\&\quad+\cdots+\boldsymbol{P}^{-1}\begin{pmatrix}0&\cdots&0\\&\ddots&\\\vdots&1\quad 0&\vdots\\&\ddots&\\0&\cdots&0\end{pmatrix}\boldsymbol{Q}^{-1},\end{aligned}$$

其中每一项都是一个秩为 1 的矩阵.

11. 设 $\boldsymbol{A}$ 是一个 $n\times n$ 矩阵,$\boldsymbol{\beta}=(b_1\quad b_2\quad\cdots\quad b_n)'$,$\boldsymbol{\xi}=(x_1\quad x_2\quad\cdots\quad x_n)'$都是 $n\times 1$ 矩阵. 用记号$(\boldsymbol{A}\xleftarrow{i}\boldsymbol{\beta})$表示以 $\boldsymbol{\beta}$ 代替 $\boldsymbol{A}$ 的第 i 列后所得到的 $n\times n$ 矩阵.

(i) 证明线性方程组 $\boldsymbol{A\xi}=\boldsymbol{\beta}$ 可以改写成

$$\boldsymbol{A}(\boldsymbol{I}\xleftarrow{i}\boldsymbol{\xi})=(\boldsymbol{A}\xleftarrow{i}\boldsymbol{\beta})\quad(i=1,2,\cdots,n),$$

$\boldsymbol{I}$ 是 n 阶单位矩阵.

(ii) 当 $\det\boldsymbol{A}\neq 0$ 时,对(i)中的矩阵等式两端取行列式,证明克拉默法则.

证　(i) 欲证的表达式的左端为两矩阵的乘积. 当 $j\neq i$ 时,乘积矩阵的第 j 列等于$(\boldsymbol{I}\xleftarrow{i}\boldsymbol{\xi})$的第 j 列,即 $\boldsymbol{I}$ 的第 j 列左乘矩阵 $\boldsymbol{A}$,结果为 $\boldsymbol{A}$ 的第 j 列,与右端矩阵$(\boldsymbol{A}\xleftarrow{i}\boldsymbol{\beta})$的第 j 列相等;当 $j=i$ 时,左端乘积矩阵第 i 列为 $\boldsymbol{A\xi}$,而右端第 i 列为 $\boldsymbol{\beta}$. 故方程组 $\boldsymbol{A\xi}=\boldsymbol{\beta}$ 与矩阵方程 $\boldsymbol{A}(\boldsymbol{I}\xleftarrow{i}\boldsymbol{\xi})=(\boldsymbol{A}\xleftarrow{i}\boldsymbol{\beta})$ 同解或等价,故 $\boldsymbol{A\xi}=\boldsymbol{\beta}$ 可改写为$\boldsymbol{A}(\boldsymbol{I}\xleftarrow{i}\boldsymbol{\xi})=(\boldsymbol{A}\xleftarrow{i}\boldsymbol{\beta})$.

(ii) 取 $\boldsymbol{\xi}=(0\ \cdots\ 0\ x_j\ \ 0\ \cdots\ 0)'$(即令 $x_i=0,i\neq j$),则$(\boldsymbol{I}\xleftarrow{j}\boldsymbol{\xi})$成为初等矩阵 $\boldsymbol{D}_j(x_j)$. 左端 $\boldsymbol{A}(\boldsymbol{I}\xleftarrow{j}\boldsymbol{\xi})$等同于将 $\boldsymbol{A}$ 的第 j 列乘以 x_j,而其他各列不变. 取行列式,得 $x_j\det\boldsymbol{A}=x_jD$. 右端$(\boldsymbol{A}\xleftarrow{j}\boldsymbol{\beta})$取行列式,得 D_j,注意 $D\neq 0$,所以 $x_j=\dfrac{D_j}{D}$ $(j=1,2,\cdots,n)$,这就是克拉默法则.

5.3　矩阵的分块

1. 求矩阵

$$\begin{pmatrix} 2 & -1 & 0 & 0\\ -3 & 2 & 0 & 0\\ 31 & -19 & 3 & -4\\ -23 & 14 & -2 & 3 \end{pmatrix}$$

的逆矩阵.

解　记所给矩阵为

$$\boldsymbol{A}=\begin{pmatrix}\boldsymbol{A}_{11} & \boldsymbol{A}_{12}\\ \boldsymbol{A}_{21} & \boldsymbol{A}_{22}\end{pmatrix},\quad \boldsymbol{A}^{-1}=\begin{pmatrix}\boldsymbol{X}_1 & \boldsymbol{X}_2\\ \boldsymbol{X}_3 & \boldsymbol{X}_4\end{pmatrix},$$

其中,

$$\boldsymbol{A}_{11}=\begin{pmatrix}2 & -1\\ -3 & 2\end{pmatrix},\quad \boldsymbol{A}_{12}=\boldsymbol{O},$$

$$\boldsymbol{A}_{21}=\begin{pmatrix}31 & -19\\ -23 & 14\end{pmatrix},\quad \boldsymbol{A}_{22}=\begin{pmatrix}3 & -4\\ -2 & 3\end{pmatrix},$$

X_1、X_2、X_3、X_4 均为二阶方阵.

依定义知 $AA^{-1}=\begin{pmatrix} A_{11} & O \\ A_{21} & A_{22} \end{pmatrix}\begin{pmatrix} X_1 & X_2 \\ X_3 & X_4 \end{pmatrix}=\begin{pmatrix} I_2 & O \\ O & I_2 \end{pmatrix}$,

于是有

$$A_{11}X_1=I_2,\quad A_{11}X_2=O,\quad A_{21}X_1+A_{22}X_3=O,\quad A_{21}X_2+A_{22}X_4=I_2.$$

由此得 $X_1=A_{11}^{-1}=\begin{pmatrix} 2 & 1 \\ 3 & 2 \end{pmatrix}$, $X_2=O$, $X_4=A_{22}^{-1}=\begin{pmatrix} 3 & 4 \\ 2 & 3 \end{pmatrix}$,

$$X_3=-A_{22}^{-1}A_{21}A_{11}^{-1}=\begin{pmatrix} 1 & 1 \\ 2 & -1 \end{pmatrix},$$

从而

$$A^{-1}=\begin{pmatrix} 2 & 1 & 0 & 0 \\ 3 & 2 & 0 & 0 \\ 1 & 1 & 3 & 4 \\ 2 & -1 & 2 & 3 \end{pmatrix}.$$

2. 设 A,B 都是 n 阶矩阵,I 是 n 阶单位矩阵. 证明:

$$\begin{pmatrix} AB & O \\ B & O \end{pmatrix}\begin{pmatrix} I & A \\ O & I \end{pmatrix}=\begin{pmatrix} I & A \\ O & I \end{pmatrix}\begin{pmatrix} O & O \\ B & BA \end{pmatrix}.$$

证 由分块矩阵相乘,得

$$左边=\begin{pmatrix} ABI+O & ABA+O \\ BI+O & BA+O \end{pmatrix}=\begin{pmatrix} AB & ABA \\ B & BA \end{pmatrix}=右边.$$

3. 设 $$S=\begin{pmatrix} I_r & O \\ K & I_s \end{pmatrix},\quad T=\begin{pmatrix} I_r & K \\ O & I_s \end{pmatrix}$$

都是 $n=r+s$ 阶矩阵,而 $A=\begin{pmatrix} A_1 & A_2 \\ A_3 & A_4 \end{pmatrix}$ 是一个 n 阶矩阵,并且与 S,T 有相同的分法. 求 SA、AS、TA 和 AT. 由此能得出什么规律?

解 $SA=\begin{pmatrix} A_1 & A_2 \\ KA_1+A_3 & KA_2+A_4 \end{pmatrix}$, $AS=\begin{pmatrix} A_1+A_2K & A_2 \\ A_3+A_4K & A_4 \end{pmatrix}$,

$$TA=\begin{pmatrix} A_1+KA_3 & A_2+KA_4 \\ A_3 & A_4 \end{pmatrix},\quad AT=\begin{pmatrix} A_1 & A_1K+A_2 \\ A_3 & A_3K+A_4 \end{pmatrix}.$$

规律:对一个分块矩阵左(右)乘一个与其有相同分法的初等分块矩阵,就相当于对该分块矩阵施行第三种行(列)的初等变换.

4. 证明:$2n$ 阶矩阵 $\begin{pmatrix} A & O \\ O & A^{-1} \end{pmatrix}$ 总可以写成几个形如 $\begin{pmatrix} I & P \\ O & I \end{pmatrix}$,$\begin{pmatrix} I & O \\ Q & I \end{pmatrix}$ 的

矩阵的乘积.

证 因为

$$\begin{pmatrix} I & -I \\ O & I \end{pmatrix}\begin{pmatrix} I & O \\ I-A^{-1} & I \end{pmatrix}\begin{pmatrix} I & A \\ O & I \end{pmatrix}\begin{pmatrix} A & O \\ O & A^{-1} \end{pmatrix}\begin{pmatrix} I & O \\ I-A & I \end{pmatrix}=\begin{pmatrix} I & O \\ O & I \end{pmatrix},$$

所以

$$\begin{pmatrix} A & O \\ O & A^{-1} \end{pmatrix}=\begin{pmatrix} I & A \\ O & I \end{pmatrix}^{-1}\begin{pmatrix} I & O \\ I-A^{-1} & I \end{pmatrix}^{-1}\begin{pmatrix} I & -I \\ O & I \end{pmatrix}^{-1}\begin{pmatrix} I & O \\ I-A & I \end{pmatrix}^{-1}$$

$$=\begin{pmatrix} I & -A \\ O & I \end{pmatrix}\begin{pmatrix} I & O \\ A^{-1}-I & I \end{pmatrix}\begin{pmatrix} I & I \\ O & I \end{pmatrix}\begin{pmatrix} I & O \\ A-I & I \end{pmatrix}.$$

5. 设

$$A=\begin{pmatrix} A_1 & & & \\ & A_2 & & \\ & & \ddots & \\ & & & A_s \end{pmatrix}$$

是一个对角线分块矩阵.证明

$$\det A=(\det A_1)(\det A_2)\cdots(\det A_s).$$

证 设 $A_1,A_2,\cdots,A_s$ 分别是 $n_1,n_2,\cdots,n_s$ 阶矩阵,且 $n_1+n_2+\cdots+n_s=n$,记 B_i 为与 A 分法相同的对角线分块矩阵,对角线上的子块除 A_i 外均为单位矩阵,即

$$B_i=\begin{pmatrix} I_1 & & & \\ & A_i & & \\ & & \ddots & \\ & & & I_s \end{pmatrix}\quad (i=1,2,\cdots,s).$$

依行列式定义可知,$\det B_i=\det A_i$.而

$$A=\begin{pmatrix} A_1 & & & \\ & I_2 & & \\ & & \ddots & \\ & & & I_s \end{pmatrix}\begin{pmatrix} I_1 & & & \\ & A_2 & & \\ & & \ddots & \\ & & & I_s \end{pmatrix}\cdots\begin{pmatrix} I_1 & & & \\ & I_2 & & \\ & & \ddots & \\ & & & A_s \end{pmatrix}=B_1B_2\cdots B_s,$$

所以 $\det A=(\det B_1)(\det B_2)\cdots(\det B_s)=(\det A_1)(\det A_2)\cdots(\det A_s)$.

6. 证明:n 阶矩阵 $\begin{pmatrix} A & O \\ C & B \end{pmatrix}$ 的行列式等于 $(\det A)(\det B)$.

证 设 A 是 r 阶矩阵,B 是 s 阶矩阵,且 $n=r+s$.由计算知

$$\begin{pmatrix} A & O \\ C & B \end{pmatrix} = \begin{pmatrix} A & O \\ O & I \end{pmatrix} \begin{pmatrix} I & O \\ C & I \end{pmatrix} \begin{pmatrix} I & O \\ O & B \end{pmatrix},$$

所以 $\det\begin{pmatrix} A & O \\ C & B \end{pmatrix} = \det\begin{pmatrix} A & O \\ O & I \end{pmatrix}\det\begin{pmatrix} I & O \\ C & I \end{pmatrix}\det\begin{pmatrix} I & O \\ O & B \end{pmatrix} = (\det A)(\det B).$

7. 设 A,B,C,D 都是 n 阶矩阵，其中 $\det A\neq 0$，并且 $AC=CA$，证明：

$$\det\begin{pmatrix} A & B \\ C & D \end{pmatrix} = \det(AD-CB).$$

证　由

$$\begin{pmatrix} I & O \\ -A^{-1}C & I \end{pmatrix}\begin{pmatrix} A & B \\ C & D \end{pmatrix} \xlongequal{\text{注意 } AC=CA} \begin{pmatrix} A & B \\ O & D-A^{-1}CB \end{pmatrix},$$

参考上面习题 6，得

$$\begin{aligned}\det\begin{pmatrix} A & B \\ C & D \end{pmatrix} &= \det\begin{pmatrix} I & O \\ -A^{-1}C & I \end{pmatrix}\begin{pmatrix} A & B \\ C & D \end{pmatrix} = \det\begin{pmatrix} A & B \\ O & D-A^{-1}CB \end{pmatrix} \\ &= \det A \cdot \det(D-A^{-1}CB) = \det[A\cdot(D-A^{-1}CB)] \\ &= \det(AD-CB).\end{aligned}$$

补充讨论

（一）部分习题其他解法或适当说明.

1.“可逆矩阵、矩阵乘积的行列式”中第 5 题的另一证明方法.

证　由第 4 章 4.1 节习题 4，注意 $|A|=1\neq 0$，所以 A 总可经一系列第三种初等变换化为单位矩阵，从而可设 $T_1,T_2,\cdots,T_{s+k}$ 满足

$$T_1\cdots T_s A T_{s+1}\cdots T_{s+k} = I,$$

其中，$T_1,T_2,\cdots,T_{s+k}$ 都是 $T_{12}(k)$ 或 $T_{21}(k)$ 型初等矩阵，从而

$$A = T_s^{-1}\cdots T_2^{-1}T_1^{-1}AT_{s+k}^{-1}\cdots T_{s+1}^{-1}.$$

又由于 $[T_{12}(k)]^{-1}=T_{12}(-k)$，$[T_{21}(k)]^{-1}=T_{21}(-k)$，所以 $T_1,T_2,\cdots,T_{s+k}$ 的逆矩阵也是 $T_{12}(k)$ 与 $T_{21}(k)$ 型矩阵，因此，A 可以表示成 $T_{12}(k)$ 和 $T_{21}(k)$ 型初等矩阵的乘积.

2.“5.3 节　矩阵的分块”中的第 6 题也可采取如下证明.

证　对 A 施行第三种初等变换，可得

$$A_1=\begin{pmatrix} p_{11} & & 0 \\ \vdots & \ddots & \\ p_{k1} & \cdots & p_{kk} \end{pmatrix}$$

则 $\det\boldsymbol{A}=p_{11}p_{22}\cdots p_{kk}$.

对 $\boldsymbol{B}$ 施行第三种列初等变换，可得

$$\boldsymbol{B}_1=\begin{pmatrix} q_{11} & & 0 \\ \vdots & \ddots & \\ q_{s1} & \cdots & q_{ss} \end{pmatrix}$$

则 $\det\boldsymbol{B}=q_{11}q_{22}\cdots q_{ss}$.

对矩阵 $\begin{pmatrix} \boldsymbol{A} & \boldsymbol{O} \\ \boldsymbol{C} & \boldsymbol{B} \end{pmatrix}$ 的前 k 行施行与 $\boldsymbol{A}$ 相同的初等变换，再对后 s 列施行与 $\boldsymbol{B}$ 相同的初等变换可将 $\begin{pmatrix} \boldsymbol{A} & \boldsymbol{O} \\ \boldsymbol{C} & \boldsymbol{B} \end{pmatrix}$ 化成 $\begin{pmatrix} \boldsymbol{A}_1 & \boldsymbol{O} \\ \boldsymbol{C} & \boldsymbol{B}_1 \end{pmatrix}$，可见其行列式是下三角行列式，从而

$$\det\begin{pmatrix} \boldsymbol{A} & \boldsymbol{O} \\ \boldsymbol{C} & \boldsymbol{B} \end{pmatrix}=p_{11}\cdots p_{kk}q_{11}\cdots q_{ss}=(\det\boldsymbol{A})(\det\boldsymbol{B}).$$

（二）拉普拉斯定理（定理内容见本书第 3 章末尾简介）在矩阵乘积的行列式中的应用.

例 1 证明：

$$\det\left[\begin{pmatrix} a_{11} & a_{12} & a_{13} \\ a_{21} & a_{22} & a_{23} \end{pmatrix}\begin{pmatrix} b_{11} & b_{12} \\ b_{21} & b_{22} \\ b_{31} & b_{32} \end{pmatrix}\right]$$

$$=\begin{vmatrix} a_{11} & a_{12} \\ a_{21} & a_{22} \end{vmatrix}\cdot\begin{vmatrix} b_{11} & b_{12} \\ b_{21} & b_{22} \end{vmatrix}+\begin{vmatrix} a_{12} & a_{13} \\ a_{22} & a_{23} \end{vmatrix}\cdot\begin{vmatrix} b_{21} & b_{22} \\ b_{31} & b_{32} \end{vmatrix}+\begin{vmatrix} a_{11} & a_{13} \\ a_{21} & a_{23} \end{vmatrix}\cdot\begin{vmatrix} b_{11} & b_{12} \\ b_{31} & b_{32} \end{vmatrix}$$

证 本例仍可仿照第 3 章“补充讨论”中例 2 的方法加以证明，此处稍作改变.

一般地，设 $\boldsymbol{A}$ 为 $p\times q$ 阵，$\boldsymbol{B}$ 为 $q\times p$ 阵，易知

$$|\boldsymbol{AB}|=\begin{vmatrix} \boldsymbol{E}_{q\times q} & \boldsymbol{B} \\ \boldsymbol{O} & \boldsymbol{AB} \end{vmatrix}=\begin{vmatrix} \boldsymbol{E}_{q\times q} & \boldsymbol{O} \\ \boldsymbol{A} & \boldsymbol{E}_{pp} \end{vmatrix}\begin{vmatrix} \boldsymbol{E}_{q\times q} & \boldsymbol{B} \\ -\boldsymbol{A} & \boldsymbol{O} \end{vmatrix}=\begin{vmatrix} \boldsymbol{E}_{q\times q} & \boldsymbol{B} \\ -\boldsymbol{A} & \boldsymbol{O} \end{vmatrix},$$

所以

$$\det\left[\begin{pmatrix} a_{11} & a_{12} & a_{13} \\ a_{21} & a_{22} & a_{23} \end{pmatrix}\begin{pmatrix} b_{11} & b_{12} \\ b_{21} & b_{22} \\ b_{31} & b_{32} \end{pmatrix}\right]=\begin{vmatrix} 1 & 0 & 0 & b_{11} & b_{12} \\ 0 & 1 & 0 & b_{21} & b_{22} \\ 0 & 0 & 1 & b_{31} & b_{32} \\ -a_{11} & -a_{12} & -a_{13} & 0 & 0 \\ -a_{21} & -a_{22} & -a_{23} & 0 & 0 \end{vmatrix}$$

$$\xlongequal{\text{由拉普拉斯定理}}\begin{vmatrix} b_{11} & b_{12} \\ b_{21} & b_{22} \end{vmatrix}\cdot(-1)^{(1+2)+(4+5)}\cdot\begin{vmatrix} 0 & 0 & 1 \\ -a_{11} & -a_{12} & -a_{13} \\ -a_{21} & -a_{22} & -a_{23} \end{vmatrix}$$

$$+\begin{vmatrix} b_{21} & b_{22} \\ b_{31} & b_{32} \end{vmatrix}\cdot(-1)^{(2+3)+(4+5)}\cdot\begin{vmatrix} 1 & 0 & 0 \\ -a_{11} & -a_{12} & -a_{13} \\ -a_{21} & -a_{22} & -a_{23} \end{vmatrix}$$

$$+\begin{vmatrix} b_{11} & b_{12} \\ b_{31} & b_{32} \end{vmatrix}\cdot(-1)^{(1+3)+(4+5)}\begin{vmatrix} 0 & 1 & 0 \\ -a_{11} & -a_{12} & -a_{13} \\ -a_{21} & -a_{22} & -a_{23} \end{vmatrix}$$

$$=\begin{vmatrix} a_{11} & a_{12} \\ a_{21} & a_{22} \end{vmatrix}\cdot\begin{vmatrix} b_{11} & b_{12} \\ b_{21} & b_{22} \end{vmatrix}+\begin{vmatrix} a_{12} & a_{13} \\ a_{22} & a_{23} \end{vmatrix}\cdot\begin{vmatrix} b_{21} & b_{22} \\ b_{31} & b_{32} \end{vmatrix}$$

$$+\begin{vmatrix} a_{11} & a_{13} \\ a_{21} & a_{23} \end{vmatrix}\cdot\begin{vmatrix} b_{11} & b_{12} \\ b_{31} & b_{32} \end{vmatrix}.$$

将本例结果加以拓展，即得下面著名的 Binet-Cauchy 定理.

定理　已知 $\boldsymbol{A}=(a_{ij})_{m\times n}$，$\boldsymbol{B}=(b_{ij})_{n\times m}$，则

(1) 当 $m>n$ 时，$\det(\boldsymbol{AB})=0$；

(2) 当 $m\leqslant n$ 时，

$$\det(\boldsymbol{AB})=\sum_{1\leqslant j_1<j_2<\cdots<j_m\leqslant n}\begin{vmatrix} a_{1j_1} & a_{1j_2} & \cdots & a_{1j_m} \\ a_{2j_1} & a_{2j_2} & \cdots & a_{2j_m} \\ \vdots & \vdots & & \vdots \\ a_{mj_1} & a_{mj_2} & \cdots & a_{mj_m} \end{vmatrix}\begin{vmatrix} b_{j_1 1} & b_{j_1 2} & \cdots & b_{j_1 m} \\ b_{j_2 1} & b_{j_2 2} & \cdots & b_{j_2 m} \\ \vdots & \vdots & & \vdots \\ b_{j_m 1} & b_{j_m 2} & \cdots & b_{j_m m} \end{vmatrix}.$$

上式右端的第 1 个行列式是从矩阵 $\boldsymbol{A}$ 中取第 $j_1,j_2,\cdots,j_m$ 列组成的 m 阶子式；第 2 个行列式是从 $\boldsymbol{B}$ 中取相应的第 $j_1,j_2,\cdots,j_m$ 行组成的 m 阶子式；$\sum$ 是对所有排列 $j_1,j_2,\cdots,j_m$ 求和.

此定理不再详细证明了，证明的思路从前面举例中应能有所启发. 关于定理的应用需要指出一点的是，图论中关于生成树的数目的研究用到了它.

第6章 向量空间

知识要点

1. 令 F 是一个数域. F 中的元素用小写拉丁字母 $a,b,c,\cdots$ 表示. 令 V 是一个非空集合. V 中元素用小写黑体希腊字母 $\boldsymbol{\alpha},\boldsymbol{\beta},\boldsymbol{\gamma},\cdots$ 表示. V 中的元素叫做**向量**,而 F 中的元素叫做**标量**. 如果下列条件被满足,就称 V 是 F 上的一个**向量空间**.

(i) 在 V 中定义了一个**加法**. 对于 V 中任意两个向量 $\boldsymbol{\alpha},\boldsymbol{\beta}$,有 V 中一个唯一确定的向量与它们对应,这个向量叫做 $\boldsymbol{\alpha}$ 与 $\boldsymbol{\beta}$ 的**和**,记作 $\boldsymbol{\alpha}+\boldsymbol{\beta}$.

(ii) 有一个**标量与向量的乘法**. 对于 F 中每一个数 a 和 V 中每一个向量 $\boldsymbol{\alpha}$,有 V 中唯一确定的向量与它们对应,这个向量叫做 a 与 $\boldsymbol{\alpha}$ 的**积**,并且记作 $a\boldsymbol{\alpha}$.

(iii) 向量的加法和标量与向量的乘法满足以下算律:1° $\boldsymbol{\alpha}+\boldsymbol{\beta}=\boldsymbol{\beta}+\boldsymbol{\alpha}$; 2° $(\boldsymbol{\alpha}+\boldsymbol{\beta})+\boldsymbol{\gamma}=\boldsymbol{\alpha}+(\boldsymbol{\beta}+\boldsymbol{\gamma})$; 3° 在 V 中存在一个**零向量**,记作 $\mathbf{0}$,对于 V 中每一个向量,都有 $\mathbf{0}+\boldsymbol{\alpha}=\boldsymbol{\alpha}$; 4° 对于 V 中每一向量 $\boldsymbol{\alpha}$,在 V 中存在一个向量 $\boldsymbol{\alpha}'$,使得 $\boldsymbol{\alpha}'+\boldsymbol{\alpha}=\mathbf{0}$. 这 $\boldsymbol{\alpha}'$ 叫做 $\boldsymbol{\alpha}$ 的**负向量**,记作 $-\boldsymbol{\alpha}$; 5° $a(\boldsymbol{\alpha}+\boldsymbol{\beta})=a\boldsymbol{\alpha}+a\boldsymbol{\beta}$; 6° $(a+b)\boldsymbol{\alpha}=a\boldsymbol{\alpha}+b\boldsymbol{\alpha}$; 7° $(ab)\boldsymbol{\alpha}=a(b\boldsymbol{\alpha})$; 8° $1\boldsymbol{\alpha}=\boldsymbol{\alpha}$. 这里 $\boldsymbol{\alpha},\boldsymbol{\beta},\boldsymbol{\gamma}$ 是 V 中任意向量,而 a,b 是 F 中任意数.

若定义 $\boldsymbol{\alpha}$ 与 $\boldsymbol{\beta}$ 的差为 $\boldsymbol{\alpha}-\boldsymbol{\beta}=\boldsymbol{\alpha}+(-\boldsymbol{\beta})$,则在向量空间里有:1° $\boldsymbol{\alpha}+\boldsymbol{\beta}=\boldsymbol{\gamma}\Leftrightarrow\boldsymbol{\alpha}=\boldsymbol{\gamma}-\boldsymbol{\beta}$;2° 对任意向量 $\boldsymbol{\alpha}$ 与 F 中任意数 a,有 $0\boldsymbol{\alpha}=\mathbf{0}$, $a\mathbf{0}=\mathbf{0}$;3° $a(-\boldsymbol{\alpha})=(-a)\boldsymbol{\alpha}=-a\boldsymbol{\alpha}$;4° $a\boldsymbol{\alpha}=\mathbf{0}\Rightarrow a=0$ 或 $\boldsymbol{\alpha}=\mathbf{0}$.

2. 设 W 是向量空间 V 的一个非空子集. 如果 W 中任意两向量 $\boldsymbol{\alpha},\boldsymbol{\beta}$ 之和 $\boldsymbol{\alpha}+\boldsymbol{\beta}$ 仍在 W 中,那么就说 W 对于 V 的加法是**封闭**的. 如果对于 W 中任意向量 $\boldsymbol{\alpha}$ 和数域 F 中任意数 a, $a\boldsymbol{\alpha}$ 仍在 W 内,那么就说 W 对于标量与向量的乘法是封闭的. 如果 W 对于 V 的加法及标量与向量的乘法是封闭的,那么 W 本身也构成 F 上一个向量空间,叫做 V 的**子空间**. 数域 F 上向量空间 V

的非空子集 W 是 V 的一个子空间,必要且只要对于任意 $a,b\in F$ 和任意 $\boldsymbol{\alpha},\boldsymbol{\beta}\in W$,都有 $a\boldsymbol{\alpha}+b\boldsymbol{\beta}\in W$.

设$\{W_i\}$ 是向量空间 V 的一组子空间,令 $\bigcap\limits_i W_i$ 表示这些**子空间的交**,则 $\bigcap\limits_i M_i$ 是 V 的一个子空间. 形如 $\sum\limits_i^n \boldsymbol{\alpha}_i\ (\boldsymbol{\alpha}_i\in W_i)$ 的一切向量也构成 V 的一个子空间,称为 $W_1,W_2,\cdots,W_n$ 的和,记为 $W_1+W_2+\cdots+W_n$.

3. 设 $\boldsymbol{\alpha}_1,\boldsymbol{\alpha}_2,\cdots,\boldsymbol{\alpha}_r$ 是向量空间 V 的 r 个向量,$a_1,a_2,\cdots,a_r$ 是数域 F 中任意 r 个数. 我们把和 $a_1\boldsymbol{\alpha}_1+a_2\boldsymbol{\alpha}_2+\cdots+a_r\boldsymbol{\alpha}_r$ 叫做向量 $\boldsymbol{\alpha}_1,\boldsymbol{\alpha}_2,\cdots,\boldsymbol{\alpha}_r$ 的一个**线性组合**. 如果 V 中某一向量 $\boldsymbol{\alpha}$ 可以表成 $\boldsymbol{\alpha}_1,\boldsymbol{\alpha}_2,\cdots,\boldsymbol{\alpha}_r$ 的线性组合,就说 $\boldsymbol{\alpha}$ 可由 $\boldsymbol{\alpha}_1,\boldsymbol{\alpha}_2,\cdots,\boldsymbol{\alpha}_r$ **线性表示**. 向量组$\{\boldsymbol{\alpha}_1,\boldsymbol{\alpha}_2,\cdots,\boldsymbol{\alpha}_r\}$中每一个向量 $\boldsymbol{\alpha}_i$ 都可由这一组向量线性表示. 如果向量 $\boldsymbol{\gamma}$ 可由 $\boldsymbol{\beta}_1,\boldsymbol{\beta}_2,\cdots,\boldsymbol{\beta}_r$ 线性表示,而每一 $\boldsymbol{\beta}_i$ 又可由 $\boldsymbol{\alpha}_1,\boldsymbol{\alpha}_2,\cdots,\boldsymbol{\alpha}_s$ 线性表示,那么 $\boldsymbol{\gamma}$ 可以由 $\boldsymbol{\alpha}_1,\boldsymbol{\alpha}_2,\cdots,\boldsymbol{\alpha}_s$ 线性表示.

如果存在 F 中不全为零的数 $a_1,a_2,\cdots,a_r$,使 $a_1\boldsymbol{\alpha}_1+a_2\boldsymbol{\alpha}_2+\cdots+a_r\boldsymbol{\alpha}_r=\boldsymbol{0}$,就说 $\boldsymbol{\alpha}_1,\boldsymbol{\alpha}_2,\cdots,\boldsymbol{\alpha}_r$ **线性相关**;如果不存在 F 中不全为零的数 $a_1,a_2,\cdots,a_r$ 使上式成立,即仅当所有 $a_i=0\ (i=1,2,\cdots,r)$时上式才能成立,就说向量 $\boldsymbol{\alpha}_1,\boldsymbol{\alpha}_2,\cdots,\boldsymbol{\alpha}_r$ **线性无关**. 如果向量组$\{\boldsymbol{\alpha}_1,\boldsymbol{\alpha}_2,\cdots,\boldsymbol{\alpha}_r\}$线性无关,那么它的任意一部分也线性无关;其等价说法是,如果向量组$\{\boldsymbol{\alpha}_1,\boldsymbol{\alpha}_2,\cdots,\boldsymbol{\alpha}_r\}$有一部分线性相关,那么整个向量组$\{\boldsymbol{\alpha}_1,\boldsymbol{\alpha}_2,\cdots,\boldsymbol{\alpha}_r\}$也线性相关. 如果向量组$\{\boldsymbol{\alpha}_1,\boldsymbol{\alpha}_2,\cdots,\boldsymbol{\alpha}_r\}$线性无关,而$\{\boldsymbol{\alpha}_1,\boldsymbol{\alpha}_2,\cdots,\boldsymbol{\alpha}_r,\beta\}$线性相关,那么 $\boldsymbol{\beta}$ 一定可由 $\boldsymbol{\alpha}_1,\boldsymbol{\alpha}_2,\cdots,\boldsymbol{\alpha}_r$ 线性表示. 向量 $\boldsymbol{\alpha}_1,\boldsymbol{\alpha}_2,\cdots,\boldsymbol{\alpha}_r(r\geqslant 2)$线性相关,必需且只需其中某一个向量是其余向量的线性组合.

设$\{\boldsymbol{\alpha}_1,\boldsymbol{\alpha}_2,\cdots,\boldsymbol{\alpha}_r\}$和$\{\boldsymbol{\beta}_1,\boldsymbol{\beta}_2,\cdots,\boldsymbol{\beta}_s\}$是向量空间 V 的两个向量组. 如果每一个 $\boldsymbol{\alpha}_i$ 都可由 $\boldsymbol{\beta}_1,\boldsymbol{\beta}_2,\cdots,\boldsymbol{\beta}_s$ 线性表示,而每一个 $\boldsymbol{\beta}_j$ 也可由 $\boldsymbol{\alpha}_1,\boldsymbol{\alpha}_2,\cdots,\boldsymbol{\alpha}_r$ 线性表示,那么就说这两个向量组**等价**. 设向量组$\{\boldsymbol{\alpha}_1,\boldsymbol{\alpha}_2,\cdots,\boldsymbol{\alpha}_r\}$线性无关,并且每一 $\boldsymbol{\alpha}_i$ 都可由向量组$\{\boldsymbol{\beta}_1,\boldsymbol{\beta}_2,\cdots,\boldsymbol{\beta}_s\}$线性表示,那么 $r\leqslant s$,并且必要时可以对 $\boldsymbol{\beta}_j(1\leqslant j\leqslant s)$重新编号,使得用 $\boldsymbol{\alpha}_1,\boldsymbol{\alpha}_2,\cdots,\boldsymbol{\alpha}_r$ 替换 $\boldsymbol{\beta}_1,\boldsymbol{\beta}_2,\cdots,\boldsymbol{\beta}_r$ 后,所得向量组$\{\boldsymbol{\alpha}_1,\boldsymbol{\alpha}_2,\cdots,\boldsymbol{\alpha}_r,\boldsymbol{\beta}_{r+1},\cdots,\boldsymbol{\beta}_s\}$与$\{\boldsymbol{\beta}_1,\boldsymbol{\beta}_2,\cdots,\boldsymbol{\beta}_s\}$等价. 两个等价的线性无关的向量组含有相同个数的向量.

如果 $\boldsymbol{\alpha}_{i_1},\boldsymbol{\alpha}_{i_2},\cdots,\boldsymbol{\alpha}_{i_r}$ 线性无关,且每一 $\boldsymbol{\alpha}_j\ (j=1,2,\cdots,n)$都可由 $\boldsymbol{\alpha}_{i_1},\boldsymbol{\alpha}_{i_2},\cdots,\boldsymbol{\alpha}_{i_r}$ 线性表示,那么向量组$\{\boldsymbol{\alpha}_1,\boldsymbol{\alpha}_2,\cdots,\boldsymbol{\alpha}_n\}$的一个部分向量组$\{\boldsymbol{\alpha}_{i_1},\boldsymbol{\alpha}_{i_2},\cdots,\boldsymbol{\alpha}_{i_r}\}$叫做**极大线性无关部分组**. 等价向量组的极大无关组含有相同个数的向量. 特别地,一个向量组的任意两个极大无关组含有相同个数的向量.

4. 设 V 是数域 F 上一个向量空间，$\boldsymbol{\alpha}_1,\boldsymbol{\alpha}_2,\cdots,\boldsymbol{\alpha}_n\in V$. $\boldsymbol{\alpha}_1,\boldsymbol{\alpha}_2,\cdots,\boldsymbol{\alpha}_n$ 的一切线性组合构成 V 的一个子空间. 这个子空间叫做由 $\boldsymbol{\alpha}_1,\boldsymbol{\alpha}_2,\cdots,\boldsymbol{\alpha}_n$ 所**生成的子空间**，记作 $\mathscr{L}(\boldsymbol{\alpha}_1,\boldsymbol{\alpha}_2,\cdots,\boldsymbol{\alpha}_n)$，$\boldsymbol{\alpha}_1,\boldsymbol{\alpha}_2,\cdots,\boldsymbol{\alpha}_n$ 叫做这个子空间的一组**生成元**. 设 $\{\boldsymbol{\alpha}_1,\boldsymbol{\alpha}_2,\cdots,\boldsymbol{\alpha}_n\}$ 是向量空间 V 的一组不全为零的向量，而 $\{\boldsymbol{\alpha}_{i_1},\boldsymbol{\alpha}_{i_2},\cdots,\boldsymbol{\alpha}_{i_r}\}$ 是它的一个极大无关组，那么

$$\mathscr{L}\{\boldsymbol{\alpha}_1,\boldsymbol{\alpha}_2,\cdots,\boldsymbol{\alpha}_n\}=\mathscr{L}\{\boldsymbol{\alpha}_{i_1},\boldsymbol{\alpha}_{i_2},\cdots,\boldsymbol{\alpha}_{i_r}\}.$$

设 V 是数域 F 上一个向量空间. V 中满足下列两个条件的向量组 $\{\boldsymbol{\alpha}_1,\boldsymbol{\alpha}_2,\cdots,\boldsymbol{\alpha}_n\}$ 叫做 V 的一个**基**：1° $\boldsymbol{\alpha}_1,\boldsymbol{\alpha}_2,\cdots,\boldsymbol{\alpha}_n$ 线性无关；2° V 的每一个向量都可以由 $\boldsymbol{\alpha}_1,\boldsymbol{\alpha}_2,\cdots,\boldsymbol{\alpha}_n$ 线性表示. 向量空间 V 的基所含向量的个数叫做 V 的**维数**，记作 $\dim V$. n 维向量空间中多于 n 个的任意向量组一定线性相关. 设 $\{\boldsymbol{\alpha}_1,\boldsymbol{\alpha}_2,\cdots,\boldsymbol{\alpha}_n\}$ 是向量空间 V 的一个基，那么 V 的每一个向量可以唯一地表示成基向量 $\boldsymbol{\alpha}_1,\boldsymbol{\alpha}_2,\cdots,\boldsymbol{\alpha}_n$ 的线性组合.

设 $\boldsymbol{\alpha}_1,\boldsymbol{\alpha}_2,\cdots,\boldsymbol{\alpha}_r$ 是 n 维向量空间 V 中一组线性无关的向量，那么总可以添加 $n-r$ 个向量 $\boldsymbol{\alpha}_{r+1},\boldsymbol{\alpha}_{r+2},\cdots,\boldsymbol{\alpha}_n$，使得 $\{\boldsymbol{\alpha}_1,\boldsymbol{\alpha}_2,\cdots,\boldsymbol{\alpha}_r,\boldsymbol{\alpha}_{r+1},\boldsymbol{\alpha}_{r+2},\cdots,\boldsymbol{\alpha}_n\}$ 构成 V 的一个基. 特别地，n 维向量空间中任意 n 个线性无关的向量都可以取作基. 设 W_1 和 W_2 都是数域 F 上向量空间 V 的有限维子空间，那么 W_1+W_2 也是有限维的，并且

$$\dim(W_1+W_2)=\dim W_1+\dim W_2-\dim(W_1\cap W_2).$$

5. 设 W 是向量空间 V 的一个子空间. 如果 $V=W+W'$，$W\cap W'=\{\mathbf{0}\}$，那么 V 的子空间 W' 叫做 W 的一个**余子空间**，这时称 V 是子空间 W 与 W' 的**直和**，并记作 $V=W\oplus W'$. 如果向量空间 V 是子空间 W 与 W' 的直和，那么 V 中每一向量 $\boldsymbol{\alpha}$ 可唯一地表成 $\boldsymbol{\alpha}=\boldsymbol{\beta}+\boldsymbol{\beta}'$，$\boldsymbol{\beta}\in W$，$\boldsymbol{\beta}'\in W'$. n 维向量空间 V 的任意一个子空间 W 都有余子空间. 如果 W' 是 W 的余子空间，那么

$$\dim V=\dim W+\dim W'.$$

6. 在 n $(n>0)$ 维向量空间 V 中，取定一个基 $\{\boldsymbol{\alpha}_1,\boldsymbol{\alpha}_2,\cdots,\boldsymbol{\alpha}_n\}$，并规定基向量的顺序之后，$V$ 的每一向量 $\boldsymbol{\xi}$ 可唯一地表成 $\boldsymbol{\xi}=x_1\boldsymbol{\alpha}_1+x_2\boldsymbol{\alpha}_2+\cdots+x_n\boldsymbol{\alpha}_n$. n 元数列 $(x_1,x_2,\cdots,x_n)$ 叫做向量 $\boldsymbol{\xi}$ 关于基 $\{\boldsymbol{\alpha}_1,\boldsymbol{\alpha}_2,\cdots,\boldsymbol{\alpha}_n\}$ 的**坐标**. 若 $\boldsymbol{\xi},\boldsymbol{\eta}\in V$，它们关于基 $\{\boldsymbol{\alpha}_1,\boldsymbol{\alpha}_2,\cdots,\boldsymbol{\alpha}_n\}$ 的坐标分别是 $(x_1,x_2,\cdots,x_n)$ 和 $(y_1,y_2,\cdots,y_n)$，则 $\boldsymbol{\xi}+\boldsymbol{\eta}$ 关于上述基的坐标就是 $(x_1+y_1,x_2+y_2,\cdots,x_n+y_n)$. 又设 $a\in F$，则 $a\boldsymbol{\xi}$ 关于上述基的坐标就是 $(ax_1,ax_2,\cdots,ax_n)$.

设 $\{\boldsymbol{\alpha}_1,\boldsymbol{\alpha}_2,\cdots,\boldsymbol{\alpha}_n\}$ 和 $\{\boldsymbol{\beta}_1,\boldsymbol{\beta}_2,\cdots,\boldsymbol{\beta}_n\}$ 是 n $(n>0)$ 维向量空间 V 的两个基，

$\boldsymbol{\beta}_j=\sum\limits_{k=1}^{n}a_{kj}\boldsymbol{\alpha}_k\ (j=1,2,\cdots,n)$. 记 $\boldsymbol{T}=(a_{ij})$，则$(\boldsymbol{\beta}_1,\boldsymbol{\beta}_2,\cdots,\boldsymbol{\beta}_n)=(\boldsymbol{\alpha}_1,\boldsymbol{\alpha}_2,\cdots,\boldsymbol{\alpha}_n)\boldsymbol{T}$，矩阵 $\boldsymbol{T}$ 称为由基$\{\boldsymbol{\alpha}_1,\boldsymbol{\alpha}_2,\cdots,\boldsymbol{\alpha}_n\}$到基$\{\boldsymbol{\beta}_1,\boldsymbol{\beta}_2,\cdots,\boldsymbol{\beta}_n\}$的**过渡矩阵**. 如果 V 中向量 $\boldsymbol{\xi}$ 在两个基中的坐标分别是$(x_1,x_2,\cdots,x_n)$和$(y_1,y_2,\cdots,y_n)$，则有等式$(x_1,x_2,\cdots,x_n)'=\boldsymbol{T}(y_1,y_2,\cdots,y_n)'$成立.

设 $n\ (n>0)$ 维向量空间 V 中由基$\{\boldsymbol{\alpha}_1,\boldsymbol{\alpha}_2,\cdots,\boldsymbol{\alpha}_n\}$到基$\{\boldsymbol{\beta}_1,\boldsymbol{\beta}_2,\cdots,\boldsymbol{\beta}_n\}$的过渡矩阵是 $\mathbf{A}$，则 $\mathbf{A}$ 是可逆矩阵. 反过来，任意一个 n 阶可逆矩阵 $\mathbf{A}$ 都可作为 n 维向量空间中由一个基到另一个基的过渡矩阵. 如果由基$\{\boldsymbol{\alpha}_1,\boldsymbol{\alpha}_2,\cdots,\boldsymbol{\alpha}_n\}$到基$\{\boldsymbol{\beta}_1,\boldsymbol{\beta}_2,\cdots,\boldsymbol{\beta}_n\}$的过渡矩阵是 $\mathbf{A}$，则由$\{\boldsymbol{\beta}_1,\boldsymbol{\beta}_2,\cdots,\boldsymbol{\beta}_n\}$到$\{\boldsymbol{\alpha}_1,\boldsymbol{\alpha}_2,\cdots,\boldsymbol{\alpha}_n\}$的过渡矩阵是 $\mathbf{A}^{-1}$.

7. 设 V 和 W 是数域 F 上两个向量空间. 如果：1° f 是 V 到 W 的一一映射；2° 对于任意 $\boldsymbol{\xi},\boldsymbol{\eta}\in V$，有 $f(\boldsymbol{\xi}+\boldsymbol{\eta})=f(\boldsymbol{\xi})+f(\boldsymbol{\eta})$；$3^\circ$ 对于任意 $a\in F,\boldsymbol{\xi}\in V$，$f(a\boldsymbol{\xi})=af(\boldsymbol{\xi})$，则称 f 为 V 到 W 的一个**同构映射**. 如果 V 与 W 之间可以建立一个同构映射，那么就说 V 与 W **同构**，并记作 $V\cong W$. 数域 F 上任意一个 n 维向量空间都与 F^n 同构.

设 V 和 W 是数域 F 上两个向量空间，f 是 V 到 W 的一个同构映射，那么：1° $f(\mathbf{0})=\mathbf{0}$；2° 对于任意 $\boldsymbol{\alpha}\in V$，有 $f(-\boldsymbol{\alpha})=-f(\boldsymbol{\alpha})$；$3^\circ$ $f\left(\sum\limits_{i=1}^{n}a_i\boldsymbol{\alpha}_i\right)=\sum\limits_{i=1}^{n}a_if(\boldsymbol{\alpha}_i)$，这里 $a_i\in F,\boldsymbol{\alpha}_i\in V,i=1,2,\cdots,n$；$4^\circ$ $\boldsymbol{\alpha}_1,\boldsymbol{\alpha}_2,\cdots,\boldsymbol{\alpha}_n\in V$ 线性相关 $\Leftrightarrow f(\boldsymbol{\alpha}_1),f(\boldsymbol{\alpha}_2),\cdots,f(\boldsymbol{\alpha}_n)\in W$ 线性相关.

数域 F 上两个有限维向量空间同构的充要条件是它们有相同的维数.

8. 设 $\mathbf{A}$ 是一个 $m\times n$ 矩阵，如果 $\boldsymbol{B}=\boldsymbol{PA}$，$\boldsymbol{P}$ 是 m 阶可逆矩阵，那么 $\boldsymbol{B}$ 与 $\mathbf{A}$ 有相同的行空间；如果 $\boldsymbol{C}=\boldsymbol{AQ}$，$\boldsymbol{Q}$ 是一个 n 阶可逆矩阵，那么 $\boldsymbol{C}$ 与 $\mathbf{A}$ 有相同的列空间. 一个矩阵的行空间的维数等于列空间的维数，等于这个矩阵的秩.

数域 F 上线性方程组有解的充要条件是它的系数矩阵与增广矩阵有相同的秩. 数域 F 上一个 n 个未知量的齐次线性方程组的一切解作成 F^n 的一个子空间，称为这个齐次线性方程组的**解空间**. 如果所给的方程组的系数矩阵的秩是 r，那么解空间的维数等于 $n-r$.

设 $\mathbf{A}(x_1,x_2,\cdots,x_n)'=(b_1,b_2,\cdots,b_n)'$ 是数域 F 上任意一个线性方程组，$\mathbf{A}$ 是一个 $m\times n$ 矩阵. 把常数项 $b_i\ (i=1,2,\cdots,n)$ 都换成零，就得到一个齐次线性方程组

$$\boldsymbol{A}(x_1,x_2,\cdots,x_n)'=(0,0,\cdots,0)'.$$

这个齐次线性方程组称为所设方程组的**导出齐次方程组**.如果所设线性方程组有解,那么它的一个解与其导出齐次方程组的一个解的和还是它的解.它的任意解都可写成它的一个固定解与其导出齐次方程组的一个解的和.

习题解答

6.1 定义和例子

1. 令 F 是一个数域,在 F^3 里计算

(i) $\frac{1}{3}(2,0,-1)+(-1,-1,2)+\frac{1}{2}(0,1,-1)$;

(ii) $5(0,1,-1)-3\left(1,\frac{1}{3},2\right)+(1,-3,1)$.

解 (i) $\frac{1}{3}(2,0,-1)+(-1,-1,2)+\frac{1}{2}(0,1,-1)$

$=\left(-\frac{1}{3},-\frac{1}{2},\frac{7}{6}\right)$.

(ii) $5(0,1,-1)-3\left(1,\frac{1}{3},2\right)+(1,-3,1)=(-2,1,-10)$.

2. 证明:如果 $a(2,1,3)+b(0,1,2)+c(1,-1,4)=(0,0,0)$,那么

$$a=b=c=0.$$

证 由向量运算及向量相等的概念,有

$$\begin{cases}2a+0b+c=0,\\ a+b-c=0,\\ 3a+2b+4c=0.\end{cases}$$

作为以 a,b,c 为未知量的线性方程组,易求得其系数行列式

$$D=\begin{vmatrix}2&0&1\\1&1&-1\\3&2&4\end{vmatrix}=\begin{vmatrix}0&0&1\\3&1&-1\\-5&2&4\end{vmatrix}=11\neq0,$$

因而系数矩阵的秩与未知量个数相等,由教材中定理 4.3.2 知,此齐次线性方程组没有非零解,故 $a=b=c=0$.

3. 找出不全为零的三个有理数 a,b,c(即 a,b,c 中至少有一个不是 0),

使得

$$a(1,2,2)+b(3,0,4)+c(5,-2,6)=(0,0,0).$$

解　由向量运算及向量相等概念可得方程组

$$\begin{cases} a+3b+5c=0, \\ 2a+0b-2c=0, \\ 2a+4b+6c=0. \end{cases}$$

对系数矩阵 $\boldsymbol{A}$ 作初等变换：

$$\boldsymbol{A}=\begin{pmatrix} 1 & 3 & 5 \\ 2 & 0 & -2 \\ 2 & 4 & 6 \end{pmatrix} \to \begin{pmatrix} 1 & 3 & 5 \\ 0 & -6 & -12 \\ 0 & -2 & -4 \end{pmatrix} \to \begin{pmatrix} 1 & 3 & 5 \\ 0 & 1 & 2 \\ 0 & 0 & 0 \end{pmatrix}.$$

由于秩$(\boldsymbol{A})=2$ 小于未知量个数 3，故此齐次线性方程组有非零解. 由同解方程组

$$\begin{cases} a+3b=-5c, \\ b=-2c, \end{cases}$$

解得 $a=c,b=-2c$. 取 $c=1$，可得满足条件的有理数 $a=1,b=-2,c=1$.

4. 令 $\boldsymbol{\varepsilon}_1=(1,0,0),\boldsymbol{\varepsilon}_2=(0,1,0),\boldsymbol{\varepsilon}_3=(0,0,1)$. 证明 $\mathbf{R}^3$ 中每一个向量 $\boldsymbol{\alpha}$ 可以唯一地表示为 $\boldsymbol{\alpha}=a_1\boldsymbol{\varepsilon}_1+a_2\boldsymbol{\varepsilon}_2+a_3\boldsymbol{\varepsilon}_3$.

解　由向量的加法及数与向量乘法可知，对于任意向量 $\boldsymbol{\alpha}=(a_1,a_2,a_3)$，有 $\boldsymbol{\alpha}=a_1\boldsymbol{\varepsilon}_1+a_2\boldsymbol{\varepsilon}_2+a_3\boldsymbol{\varepsilon}_3$. 若又有 $\boldsymbol{\alpha}=b_1\boldsymbol{\varepsilon}_1+b_2\boldsymbol{\varepsilon}_2+b_3\boldsymbol{\varepsilon}_3$，则

$$(a_1-b_1)\boldsymbol{\varepsilon}_1+(a_2-b_2)\boldsymbol{\varepsilon}_2+(a_3-b_3)\boldsymbol{\varepsilon}_3=\mathbf{0}.$$

因 $\boldsymbol{\varepsilon}_1,\boldsymbol{\varepsilon}_2,\boldsymbol{\varepsilon}_3$ 线性无关，故 $a_i-b_i=0\ (i=1,2,3)$，从而 $a_i=b_i\ (i=1,2,3)$，即 $\boldsymbol{\alpha}$ 可唯一地表示为

$$\boldsymbol{\alpha}=a_1\boldsymbol{\varepsilon}_1+a_2\boldsymbol{\varepsilon}_2+a_3\boldsymbol{\varepsilon}_3.$$

5. 证明：在数域 F 上的向量空间 V 中，以下算律成立：

(i) $a(\boldsymbol{\alpha}-\boldsymbol{\beta})=a\boldsymbol{\alpha}-a\boldsymbol{\beta}$；　　(ii) $(a-b)\boldsymbol{\alpha}=a\boldsymbol{\alpha}-b\boldsymbol{\alpha}$，

其中 $a,b\in F,\boldsymbol{\alpha},\boldsymbol{\beta}\in V$.

证　(i) $a(\boldsymbol{\alpha}-\boldsymbol{\beta})=a[\boldsymbol{\alpha}+(-\boldsymbol{\beta})]=a\boldsymbol{\alpha}+a(-\boldsymbol{\beta})=a\boldsymbol{\alpha}+(-a\boldsymbol{\beta})=a\boldsymbol{\alpha}-a\boldsymbol{\beta}$.

(ii) $(a-b)\boldsymbol{\alpha}=[a+(-b)]\boldsymbol{\alpha}=a\boldsymbol{\alpha}+(-b)\boldsymbol{\alpha}=a\boldsymbol{\alpha}+(-b\boldsymbol{\alpha})=a\boldsymbol{\alpha}-b\boldsymbol{\alpha}$.

6. 证明：在数域 F 上，一个向量空间如果含有一个非零向量，那么它一定含有无限多个向量.

证　任何数域 F 必含有一切自然数. 再设向量空间 V 有一非零向量 $\boldsymbol{\alpha}$，则 $1\boldsymbol{\alpha},2\boldsymbol{\alpha},\cdots,n\boldsymbol{\alpha},\cdots$ 都属于 V.

又对于任意 $n_1,n_2\in\mathbf{N}$ $(n_1\neq n_2)$，则 $n_1\boldsymbol{\alpha}\neq n_2\boldsymbol{\alpha}$. 否则

$$n_1\boldsymbol{\alpha}-n_2\boldsymbol{\alpha}=\mathbf{0}\Rightarrow(n_1-n_2)\boldsymbol{\alpha}=\mathbf{0}\Rightarrow n_1=n_2\quad\text{或}\quad\boldsymbol{\alpha}=\mathbf{0},$$

与假设矛盾. 因此 V 有无限多个向量.

7. 证明，对于任意正整数 n 和任意向量 $\boldsymbol{\alpha}$，都有

$$n\boldsymbol{\alpha}=\overbrace{\boldsymbol{\alpha}+\cdots+\boldsymbol{\alpha}}^{n\text{个}}.$$

证 当 $n=1$ 时，由定义知 $1\boldsymbol{\alpha}=\boldsymbol{\alpha}$，结论成立. 设 $n=k$ 时，结论成立，即 $k\boldsymbol{\alpha}=\overbrace{\boldsymbol{\alpha}+\cdots+\boldsymbol{\alpha}}^{k\text{个}}$，则 $n=k+1$ 时，有

$$(k+1)\boldsymbol{\alpha}=k\boldsymbol{\alpha}+1\boldsymbol{\alpha}=\overbrace{\boldsymbol{\alpha}+\cdots+\boldsymbol{\alpha}}^{k\text{个}}+\boldsymbol{\alpha}=\overbrace{\boldsymbol{\alpha}+\cdots+\boldsymbol{\alpha}}^{k+1\text{个}},$$

结论成立. 故对一切正整数 n 和任意向量 $\boldsymbol{\alpha}$，结论成立.

8. 证明：向量空间定义中条件 3°之 8)(见教材)不能由其余条件推出.

证 只需举例说明即可. 事实上，对某些非空集合 W，定义向量加法和标量与向量的乘法，尽管这些运算能够满足向量空间定义中条件 1°,2°和 3°之 1)～7)，但 3°之 8)却不能被满足. 例如，取 $W=\{(a,b)\mid a,b\in F\}$，定义向量加法和数与向量的乘法：对于 $(a_1,b_1),(a_2,b_2)\in W$，$(a_1,b_1)+(a_2,b_2)=(a_1+a_2,b_1+b_2)$，对于任意 $k\in F$，$k(a,b)=(ka,0)$.

可以验证，条件 1°,2°及 3°之 1)～7)都能满足，但 8)不能满足. 事实上，只要取 $b\neq 0$，那么 $1\cdot(a,b)=(1\cdot a,0)=(a,0)\neq(a,b)$. 这说明 3°之 8)不能由其余条件推出.

9. 验证本节(见教材)最后的等式：

$$(\boldsymbol{\alpha}_1,\boldsymbol{\alpha}_2,\cdots,\boldsymbol{\alpha}_n)(\boldsymbol{AB})=((\boldsymbol{\alpha}_1,\boldsymbol{\alpha}_2,\cdots,\boldsymbol{\alpha}_n)\boldsymbol{A})\boldsymbol{B}.$$

证 由于 $\boldsymbol{A}$ 是 F 上 $n\times m$ 矩阵，$\boldsymbol{B}$ 是 F 上 $m\times p$ 矩阵，把向量 $\boldsymbol{\alpha}_1,\boldsymbol{\alpha}_2,\cdots,\boldsymbol{\alpha}_n$ 看做矩阵中的元素，则等式两边都是 1 行 p 列矩阵. 对于左端矩阵中的第 j 个元素 c_j，有

$$c_j=\sum_{k=1}^{n}\boldsymbol{\alpha}_k u_{kj}=\sum_{k=1}^{n}\boldsymbol{\alpha}_k\Big(\sum_{l=1}^{m}a_{kl}b_{lj}\Big)=\sum_{k=1}^{n}\sum_{l=1}^{m}\boldsymbol{\alpha}_k a_{kl}b_{lj},$$

其中，u_{kj} 是 $\boldsymbol{AB}$ 中第 k 行第 j 列元素. 对于右端矩阵中的 $\bar{c}_j$，有

$$\bar{c}_j=\sum_{l=1}^{m}v_l b_{lj}=\sum_{l=1}^{m}\Big(\sum_{k=1}^{n}\boldsymbol{\alpha}_k a_{kl}\Big)b_{lj}=\sum_{k=1}^{n}\sum_{l=1}^{m}\boldsymbol{\alpha}_k a_{kl}b_{lj},$$

其中，$\boldsymbol{v}_l$ 是 $(\boldsymbol{\alpha}_1,\boldsymbol{\alpha}_2,\cdots,\boldsymbol{\alpha}_n)\boldsymbol{A}$ 中的第 l 列元素. $\bar{c}_j=c_j$，故有

$$(\boldsymbol{\alpha}_1,\boldsymbol{\alpha}_2,\cdots,\boldsymbol{\alpha}_n)(\boldsymbol{AB})=((\boldsymbol{\alpha}_1,\boldsymbol{\alpha}_2,\cdots,\boldsymbol{\alpha}_n)\boldsymbol{A})\boldsymbol{B}.$$

6.2 子 空 间

1. 判断 $\mathbf{R}^n$ 中下列子集中哪些是子空间：

(i) $\{(a_1,0,\cdots,0,a_n) \mid a_1,a_n \in \mathbf{R}\}$；

(ii) $\left\{(a_1,a_2,\cdots,a_n) \middle| \sum_{i=1}^{n} a_i = 0\right\}$；

(iii) $\left\{(a_1,a_2,\cdots,a_n) \middle| \sum_{i=1}^{n} a_i = 1\right\}$；

(iv) $\{(a_1,a_2,\cdots,a_n) \mid a_i \in \mathbf{Z} \quad (i=1,2,\cdots,n)\}$.

解 (i) 是.

(ii) 是.

(iii) 不是. 例如，若取 $\boldsymbol{\beta}=(1,0,\cdots,0)$，$\boldsymbol{\beta}$ 属于所给集合，但 $2\boldsymbol{\beta}$ 就不在该集合中.

(iv) 不是. 仍取 $\boldsymbol{\beta}=(1,0,\cdots,0)$，$\boldsymbol{\beta}$ 属于所给集合，但 $\frac{1}{2}\boldsymbol{\beta}$ 不在该集合中.

2. 令 $M_n(F)$ 表示数域 F 上一切 n 阶矩阵所组成的向量空间（参看教材中 6.1 节例 2），令

$$S=\{\boldsymbol{A}\in M_n(F) \mid \boldsymbol{A}'=\boldsymbol{A}\}, \quad T=\{\boldsymbol{A}\in M_n(F) \mid \boldsymbol{A}'=-\boldsymbol{A}\}.$$

证明：S 和 T 都是 $M_n(F)$ 的子空间，并且

$$M_n(F)=S+T, \quad S\cap T=\{\boldsymbol{O}\}.$$

证 因 $\boldsymbol{O}\in S,T$，故 S,T 非空. 对于 $a,b\in F$，$\boldsymbol{A},\boldsymbol{B}\in S$，有 $a\boldsymbol{A}+b\boldsymbol{B}\in M_n(F)$，且

$$(a\boldsymbol{A}+b\boldsymbol{B})'=(a\boldsymbol{A})'+(b\boldsymbol{B})'=a\boldsymbol{A}+b\boldsymbol{B},$$

所以 $a\boldsymbol{A}+b\boldsymbol{B}\in S$，$S$ 是 $M_n(F)$ 的子空间. 同理，T 亦是 $M_n(F)$ 的子空间.

显然，$S+T\subseteq M_n(F)$. 又若任意 $\boldsymbol{A}\in M_n(F)$，则

$$\boldsymbol{B}=\frac{1}{2}(\boldsymbol{A}+\boldsymbol{A}')\in S, \quad \boldsymbol{C}=\frac{1}{2}(\boldsymbol{A}-\boldsymbol{A}')\in T,$$

从而

$$\boldsymbol{A}=\boldsymbol{B}+\boldsymbol{C}\in S+T,$$

故 $M_n(F)\subseteq S+T$. 综合得 $M_n(F)=S+T$.

若 $\boldsymbol{A}\in S\cap T$，则由 $\boldsymbol{A}\in S$，有 $\boldsymbol{A}'=\boldsymbol{A}$，又由 $\boldsymbol{A}\in T$，有 $\boldsymbol{A}'=-\boldsymbol{A}$. 于是 $-\boldsymbol{A}=\boldsymbol{A}'=\boldsymbol{A}\Rightarrow\boldsymbol{A}=\boldsymbol{O}$，故 $S\cap T=\{\boldsymbol{O}\}$.

3. 设 W_1,W_2 是向量空间 V 的子空间，证明：如果 V 的一个子空间既包

含 W_1 又包含 W_2，那么它一定包含 W_1+W_2. 在这个意义下，W_1+W_2 是 V 的既包含 W_1 又包含 W_2 的最小子空间.

证　令 $\boldsymbol{\alpha}\in W_1+W_2$，则有 $\boldsymbol{\alpha}_1\in W_1$，$\boldsymbol{\alpha}_2\in W_2$，使 $\boldsymbol{\alpha}=\boldsymbol{\alpha}_1+\boldsymbol{\alpha}_2$. 若 W 是 V 的一个子空间，且 $W_1\subseteq W$，$W_2\subseteq W$，则 $\boldsymbol{\alpha}_1,\boldsymbol{\alpha}_2\in W$，所以 $\boldsymbol{\alpha}=\boldsymbol{\alpha}_1+\boldsymbol{\alpha}_2\in W$，从而 $W_1+W_2\subseteq W$.

由教材 6.2 节知，W_1+W_2 是 V 的子空间. 当 $\boldsymbol{\alpha}_1\in W_1$ 时，$\boldsymbol{\alpha}_1=\boldsymbol{\alpha}_1+\mathbf{0}\in W_1+W_2$，从而 $W_1\subseteq W_1+W_2$. 同理，$W_2\subseteq W_1+W_2$. 因而 W_1+W_2 是既包含 W_1 又包含 W_2 的最小子空间.

4. 设 V 是一个向量空间，且 $V\neq\{\mathbf{0}\}$，证明：V 不可能表成它的两个真子空间的并集.

证　设 W_1,W_2 是 V 的两个真子空间.

若 $W_1\supseteq W_2$，则 $W_1\cup W_2=W_1\neq V$. 同理，若 $W_2\supseteq W_1$，则 $W_1\cup W_2\neq V$.

若 W_1 与 W_2 互不包含，则存在 $\boldsymbol{\alpha}\in W_1$ 且 $\boldsymbol{\alpha}\notin W_2$ 及 $\boldsymbol{\beta}\in W_2$ 且 $\boldsymbol{\beta}\notin W_1$. 于是 $\boldsymbol{\gamma}=\boldsymbol{\alpha}+\boldsymbol{\beta}\notin W_1$. 否则 $\boldsymbol{\beta}=\boldsymbol{\gamma}-\boldsymbol{\alpha}\in W_1$，矛盾. 同理 $\boldsymbol{\gamma}=\boldsymbol{\alpha}+\boldsymbol{\beta}\notin W_2$. 故 $\boldsymbol{\gamma}=\boldsymbol{\alpha}+\boldsymbol{\beta}\notin W_1\cup W_2$，但 $\boldsymbol{\gamma}=\boldsymbol{\alpha}+\boldsymbol{\beta}\in V$，所以 $V\neq W_1\cup W_2$.

5. 设 W,W_1,W_2 都是向量空间 V 的子空间，其中 $W_1\subseteq W_2$ 且 $W\cap W_1=W\cap W_2$，$W+W_1=W+W_2$，证明：$W_1=W_2$.

证　设 $\boldsymbol{\beta}\in W_2$，则 $\boldsymbol{\beta}=\mathbf{0}+\boldsymbol{\beta}\in W+W_2=W+W_1$，于是有 $\boldsymbol{\gamma}\in W$ 及 $\boldsymbol{\alpha}\in W_1\subseteq W_2$，使 $\boldsymbol{\beta}=\boldsymbol{\gamma}+\boldsymbol{\alpha}$. 从而 $\boldsymbol{\gamma}=\boldsymbol{\beta}-\boldsymbol{\alpha}\in W_2$. 于是又得 $\boldsymbol{\gamma}\in W\cap W_2=W\cap W_1$，必有 $\boldsymbol{\gamma}\in W_1$. 这样就有 $\boldsymbol{\beta}=\boldsymbol{\gamma}+\boldsymbol{\alpha}\in W_1$，从而 $W_2\subseteq W_1$. 又由题设 $W_1\subseteq W_2$，故 $W_1=W_2$.

6. 设 W_1,W_2 是数域 F 上向量空间 V 的两个子空间，$\boldsymbol{\alpha},\boldsymbol{\beta}$ 是两个向量，其中 $\boldsymbol{\alpha}\in W_2$，但 $\boldsymbol{\alpha}\notin W_1$，又 $\boldsymbol{\beta}\notin W_2$. 证明：

(i) 对于任意 $k\in F$，有 $\boldsymbol{\beta}+k\boldsymbol{\alpha}\notin W_2$；

(ii) 至多有一个 $k\in F$，使得 $\boldsymbol{\beta}+k\boldsymbol{\alpha}\in W_1$.

证　(i) 反证法. 若有 $k_0\in F$，使 $\boldsymbol{\gamma}=\boldsymbol{\beta}+k_0\boldsymbol{\alpha}\in W_2$，则 $\boldsymbol{\beta}=\boldsymbol{\gamma}+(-k_0\boldsymbol{\alpha})\in W_2$，与题设矛盾.

(ii) 若存在 $k_1,k_2\in F\ (k_1\neq k_2)$，使 $\boldsymbol{\beta}+k_1\boldsymbol{\alpha}\in W_1$，$\boldsymbol{\beta}+k_2\boldsymbol{\alpha}\in W_1$，则

$$(\boldsymbol{\beta}+k_2\boldsymbol{\alpha})-(\boldsymbol{\beta}+k_1\boldsymbol{\alpha})=(k_2-k_1)\boldsymbol{\alpha}\in W_1,$$

于是

$$\boldsymbol{\alpha}=\frac{1}{k_2-k_1}\cdot(k_2-k_1)\boldsymbol{\alpha}\in W_1,$$

与假设矛盾.

7. 设 $W_1, W_2, \cdots, W_r$ 是向量空间 V 的子空间，且 $W_i \neq V$ $(i=1,2,\cdots,r)$，证明：存在一个向量 $\boldsymbol{\xi} \in V$，使得 $\boldsymbol{\xi} \notin W_i$ $(i=1,2,\cdots,r)$.

证 用归纳法. 当 $r=1$ 时，因 $W_1 \neq V$，故存在 $\boldsymbol{\xi} \in V$，而 $\boldsymbol{\xi} \notin W_1$，结论成立.

再设 $r=k-1$ $(k \geqslant 2)$时结论成立，并考虑 $r=k$ 的情形.

由归纳假设，存在 $\xi \in V$，使 $\xi \notin W_i (i=1,2,\cdots,k-1)$. 若此 $\boldsymbol{\xi} \notin W_k$，则结论已经成立. 若 $\boldsymbol{\xi} \in W_k$，则对于 $\boldsymbol{\eta} \notin W_k$ 及任意 $m \in F$，由上题 6(i)知，$\boldsymbol{\eta} + m\boldsymbol{\xi} \notin W_k$. 特别地，对于 k 个向量 $\boldsymbol{\eta}+1 \cdot \boldsymbol{\xi}, \boldsymbol{\eta}+2 \cdot \boldsymbol{\xi}, \cdots, \boldsymbol{\eta}+k\boldsymbol{\xi}$，由上题 6(ii)知，其中至多有 $k-1$ 个向量属于 $W_1, W_2, \cdots, W_{k-1}$，因此至少有一个不属于 W_i $(i=1,2,\cdots,k-1)$，同时也不属于 W_k. 由于 $W_k \neq V$，$\boldsymbol{\eta}$ 与上述 $\boldsymbol{\eta}+m\boldsymbol{\xi}$ 是存在的，故结论对于 $r=k$ 成立. 从而对任何正整数结论成立.

6.3 向量的线性相关性

1. 下列向量是否相关：

(i) $(3,1,4),(2,5,-1),(4,-3,7)$；

(ii) $(2,0,1),(0,1,-2),(1,-1,1)$；

(iii) $(2,-1,3,2),(-1,2,2,3),(3,-1,2,2),(2,-1,3,2)$.

解 (i) 设 $x_1(3,1,4)+x_2(2,5,-1)+x_3(4,-3,7)=\mathbf{0}$，得方程组

$$\begin{cases} 3x_1+2x_2+4x_3=0, \\ x_1+5x_2-3x_3=0, \\ 4x_1-x_2+7x_3=0. \end{cases}$$

由于

$$D=\begin{vmatrix} 3 & 2 & 4 \\ 1 & 5 & -3 \\ 4 & -1 & 7 \end{vmatrix} \neq 0,$$

此齐次线性方程组有唯一解 $x_1=x_2=x_3=0$，故(i)中向量组线性无关.

(ii) 由类似(i)的讨论知，(ii) 中向量组线性无关.

(iii) 由于线性组合

$$1 \cdot (2,-1,3,2)+0 \cdot (-1,2,2,3)+0 \cdot (3,-1,2,2) +(-1)(2,-1,3,2)=\mathbf{0},$$

而组合系数 $1,0,0,-1$ 不全为 0，故(iii)中向量组线性相关.

2. 证明：在一个向量组$\{\boldsymbol{\alpha}_1, \boldsymbol{\alpha}_2, \cdots, \boldsymbol{\alpha}_r\}$中，如果有两个向量 $\boldsymbol{\alpha}_i$ 与 $\boldsymbol{\alpha}_j$ 成比例，即 $\boldsymbol{\alpha}_i = k\boldsymbol{\alpha}_j$，$k \in F$，那么$\{\boldsymbol{\alpha}_1, \boldsymbol{\alpha}_2, \cdots, \boldsymbol{\alpha}_r\}$线性相关.

证　在 $l_1\boldsymbol{\alpha}_1+l_2\boldsymbol{\alpha}_2+\cdots+l_r\boldsymbol{\alpha}_r$ 中,取 $l_i=1,l_j=-k,l_t=0\ (t\neq i,j)$,得

$$l_1\boldsymbol{\alpha}_1+l_2\boldsymbol{\alpha}_2+\cdots+l_r\boldsymbol{\alpha}_r=\mathbf{0},$$

而 $l_1,l_2,\cdots,l_r$ 不全为 0,故$\{\boldsymbol{\alpha}_1,\boldsymbol{\alpha}_2,\cdots,\boldsymbol{\alpha}_r\}$线性相关.

3. 令 $\boldsymbol{\alpha}_i=(a_{i1},a_{i2},\cdots,a_{in})\in F^n\,(i=1,2,\cdots,n)$,证明 $\boldsymbol{\alpha}_1,\boldsymbol{\alpha}_2,\cdots,\boldsymbol{\alpha}_n$ 线性相关必需且只需行列式

$$\begin{vmatrix} a_{11} & a_{12} & \cdots & a_{1n} \\ a_{21} & a_{22} & \cdots & a_{2n} \\ \vdots & \vdots & & \vdots \\ a_{n1} & a_{n2} & \cdots & a_{nn} \end{vmatrix}=0.$$

证　设 $k_1\boldsymbol{\alpha}_1+k_2\boldsymbol{\alpha}_2+\cdots+k_n\boldsymbol{\alpha}_n=\mathbf{0}$,得关于 $k_1,k_2,\cdots,k_n$ 的齐次线性方程组,其系数行列式是题中所给行列式 D 的转置,因此,$\boldsymbol{\alpha}_1,\boldsymbol{\alpha}_2,\cdots,\boldsymbol{\alpha}_n$ 线性相关$\Leftrightarrow$相应的齐次线性方程组有非零解$\Leftrightarrow$方程组的系数行列式等于零$\Leftrightarrow D=0$.

4. 设 $\boldsymbol{\alpha}_i=(a_{i1},a_{i2},\cdots,a_{in})\in F^n\,(i=1,2,\cdots,m)$线性无关,对每个 $\boldsymbol{\alpha}_i$ 任意添上 p 个数,得到 F^{n+p} 的 m 个向量 $\boldsymbol{\beta}_i=(a_{i1},a_{i2},\cdots,a_{in},b_{i1},\cdots,b_{ip})\ (i=1,2,\cdots,m)$.证明:$\{\boldsymbol{\beta}_1,\boldsymbol{\beta}_2,\cdots,\boldsymbol{\beta}_m\}$也线性无关.

证　令 $k_1\boldsymbol{\beta}_1+k_2\boldsymbol{\beta}_2+\cdots+k_m\boldsymbol{\beta}_m=\mathbf{0}$,得齐次线性方程组

$$\begin{cases} a_{11}k_1+a_{21}k_2+\cdots+a_{m1}k_m=0, \\ \qquad\qquad\vdots \\ a_{1n}k_1+a_{2n}k_2+\cdots+a_{mn}k_m=0, \\ b_{11}k_1+b_{21}k_2+\cdots+b_{m1}k_m=0, \\ \qquad\qquad\vdots \\ b_{1p}k_1+b_{2p}k_2+\cdots+b_{mp}k_m=0, \end{cases} \qquad ①$$

因此$\{\boldsymbol{\beta}_1,\boldsymbol{\beta}_2,\cdots,\boldsymbol{\beta}_m\}$线性无关必需且只需方程组①有零解.由假设 $\boldsymbol{\alpha}_1,\boldsymbol{\alpha}_2,\cdots,\boldsymbol{\alpha}_m$ 线性无关知,下面的齐次线性方程组

$$\begin{cases} a_{11}k_1+a_{21}k_2+\cdots+a_{m1}k_m=0, \\ \qquad\qquad\vdots \\ a_{1n}k_1+a_{2n}k_2+\cdots+a_{mn}k_m=0 \end{cases} \qquad ②$$

只有零解,又方程组①的解都是方程组②的解,故方程组①也只有零解,从而$\{\boldsymbol{\beta}_1,\boldsymbol{\beta}_2,\cdots,\boldsymbol{\beta}_m\}$线性无关.

5. 设 $\boldsymbol{\alpha},\boldsymbol{\beta},\boldsymbol{\gamma}$ 线性无关,证明 $\boldsymbol{\alpha}+\boldsymbol{\beta},\boldsymbol{\beta}+\boldsymbol{\gamma},\boldsymbol{\gamma}+\boldsymbol{\alpha}$ 也线性无关.

证　由于 $\boldsymbol{\alpha}+\boldsymbol{\beta},\boldsymbol{\beta}+\boldsymbol{\gamma},\boldsymbol{\gamma}+\boldsymbol{\alpha}$ 都可由 $\boldsymbol{\alpha},\boldsymbol{\beta},\boldsymbol{\gamma}$ 线性表示,$\boldsymbol{\alpha},\boldsymbol{\beta},\boldsymbol{\gamma}$ 也可由 $\boldsymbol{\alpha}+\boldsymbol{\beta},\boldsymbol{\beta}+\boldsymbol{\gamma},\boldsymbol{\gamma}+\boldsymbol{\alpha}$ 线性表示,即

$$\boldsymbol{\alpha}=\frac{1}{2}[(\boldsymbol{\alpha}+\boldsymbol{\beta})-(\boldsymbol{\beta}+\boldsymbol{\gamma})+(\boldsymbol{\gamma}+\boldsymbol{\alpha})],$$

$$\boldsymbol{\beta}=\frac{1}{2}[(\boldsymbol{\alpha}+\boldsymbol{\beta})+(\boldsymbol{\beta}+\boldsymbol{\gamma})-(\boldsymbol{\gamma}+\boldsymbol{\alpha})],$$

$$\boldsymbol{\gamma}=\frac{1}{2}[-(\boldsymbol{\alpha}+\boldsymbol{\beta})+(\boldsymbol{\beta}+\boldsymbol{\gamma})+(\boldsymbol{\gamma}+\boldsymbol{\alpha})],$$

故向量组 $\boldsymbol{\alpha}+\boldsymbol{\beta},\boldsymbol{\beta}+\boldsymbol{\gamma},\boldsymbol{\gamma}+\boldsymbol{\alpha}$ 与 $\boldsymbol{\alpha},\boldsymbol{\beta},\boldsymbol{\gamma}$ 等价,其极大无关向量组所含向量个数相等.注意 $\boldsymbol{\alpha},\boldsymbol{\beta},\boldsymbol{\gamma}$ 三向量线性无关,故三向量 $\boldsymbol{\alpha}+\boldsymbol{\beta},\boldsymbol{\beta}+\boldsymbol{\gamma},\boldsymbol{\gamma}+\boldsymbol{\alpha}$ 也线性无关.

6. 设向量组$\{\boldsymbol{\alpha}_1,\boldsymbol{\alpha}_2,\cdots,\boldsymbol{\alpha}_r\}(r\geqslant 2)$线性无关,任取 $k_1,k_2,\cdots,k_{r-1}\in F$,证明向量组 $\boldsymbol{\beta}_1=\boldsymbol{\alpha}_1+k_1\boldsymbol{\alpha}_r,\boldsymbol{\beta}_2=\boldsymbol{\alpha}_2+k_2\boldsymbol{\alpha}_r,\cdots,\boldsymbol{\beta}_{r-1}=\boldsymbol{\alpha}_{r-1}+k_{r-1}\boldsymbol{\alpha}_r,\boldsymbol{\alpha}_r$ 线性无关.

证 由题设知,每个 $\boldsymbol{\beta}_i$ 及 $\boldsymbol{\alpha}_r$ 都可用向量 $\boldsymbol{\alpha}_1,\boldsymbol{\alpha}_2,\cdots,\boldsymbol{\alpha}_r$ 线性表示,而 $\boldsymbol{\alpha}_i=\boldsymbol{\beta}_i-k_i\boldsymbol{\alpha}_r\ (i=1,2,\cdots,r-1)$,故 $\boldsymbol{\alpha}_1,\boldsymbol{\alpha}_2,\cdots,\boldsymbol{\alpha}_r$ 中每个向量也都可由向量 $\boldsymbol{\beta}_1,\boldsymbol{\beta}_2,\cdots,\boldsymbol{\beta}_{r-1},\boldsymbol{\alpha}_r$ 线性表示,从而两向量组$\{\boldsymbol{\alpha}_1,\boldsymbol{\alpha}_2,\cdots,\boldsymbol{\alpha}_r\}$与$\{\boldsymbol{\beta}_1,\boldsymbol{\beta}_2,\cdots,\boldsymbol{\beta}_{r-1},\boldsymbol{\alpha}_r\}$等价.但前者全部向量线性无关,极大线性无关组所含向量个数为 r,于是后者极大无关组也应有 r 个向量,但后者恰有 r 个向量,故其全体向量线性无关.

7. 下列论断哪些是对的,哪些是错的.如果是对的,证明:如果是错的,举出反例.

(i) 如果当 $a_1=a_2=\cdots=a_r=0$ 时,$a_1\boldsymbol{\alpha}_1+a_2\boldsymbol{\alpha}_2+\cdots+a_r\boldsymbol{\alpha}_r=\mathbf{0}$,那么 $\boldsymbol{\alpha}_1,\boldsymbol{\alpha}_2,\cdots,\boldsymbol{\alpha}_r$ 线性无关.

(ii) 如果 $\boldsymbol{\alpha}_1,\boldsymbol{\alpha}_2,\cdots,\boldsymbol{\alpha}_r$ 线性无关,而 $\boldsymbol{\alpha}_{r+1}$ 不能由 $\boldsymbol{\alpha}_1,\boldsymbol{\alpha}_2,\cdots,\boldsymbol{\alpha}_r$ 线性表示,那么 $\boldsymbol{\alpha}_1,\boldsymbol{\alpha}_2,\cdots,\boldsymbol{\alpha}_r,\boldsymbol{\alpha}_{r+1}$ 线性无关.

(iii) 如果 $\boldsymbol{\alpha}_1,\boldsymbol{\alpha}_2,\cdots,\boldsymbol{\alpha}_r$ 线性无关,那么其中每一个向量都不是其余向量的线性组合.

(iv) 如果 $\boldsymbol{\alpha}_1,\boldsymbol{\alpha}_2,\cdots,\boldsymbol{\alpha}_r$ 线性相关,那么其中每一个向量都是其余向量的线性组合.

解 (i) 错.例如,$\boldsymbol{\alpha}_1=(1,1),\boldsymbol{\alpha}_2=(2,2),\boldsymbol{\alpha}_1,\boldsymbol{\alpha}_2$ 线性相关,但 $0\boldsymbol{\alpha}_1+0\boldsymbol{\alpha}_2=\mathbf{0}$.

(ii) 对.因为若 $\boldsymbol{\alpha}_1,\boldsymbol{\alpha}_2,\cdots,\boldsymbol{\alpha}_r,\boldsymbol{\alpha}_{r+1}$ 线性相关,则存在不全为零的数 $k_1,k_2,\cdots,k_r,k_{r+1}$,使 $k_1\boldsymbol{\alpha}_1+k_2\boldsymbol{\alpha}_2+\cdots+k_r\boldsymbol{\alpha}_r+k_{r+1}\boldsymbol{\alpha}_{r+1}=\mathbf{0}$,而且肯定 $k_{r+1}\neq 0$.否则,就会得出 $k_1,k_2,\cdots,k_r$ 不全为零而 $k_1\boldsymbol{\alpha}_1+k_2\boldsymbol{\alpha}_2+\cdots+k_r\boldsymbol{\alpha}_r=\mathbf{0}$,与 $\boldsymbol{\alpha}_1,\boldsymbol{\alpha}_2,\cdots,\boldsymbol{\alpha}_r$ 线性无关矛盾.但 $k_{r+1}\neq 0$,又使 $\boldsymbol{\alpha}_{r+1}$ 可由 $\boldsymbol{\alpha}_1,\boldsymbol{\alpha}_2,\cdots,\boldsymbol{\alpha}_r$ 线性表示,与题设矛盾.所以在给定条件下 $\boldsymbol{\alpha}_1,\boldsymbol{\alpha}_2,\cdots,\boldsymbol{\alpha}_r,\boldsymbol{\alpha}_{r+1}$ 确实线性无关.论断(ii)

成立.

(iii) 对. 假设某向量 $\boldsymbol{\alpha}_i=\sum_{j\neq i}^{r}k_j\boldsymbol{\alpha}_j$，那么就存在不全为零的常数 $k_1,k_2,\cdots,k_{i-1},-1,k_{i+1},\cdots,k_r$，使 $k_1\boldsymbol{\alpha}_1+k_2\boldsymbol{\alpha}_2+\cdots+k_r\boldsymbol{\alpha}_r=\mathbf{0}$，因而 $\boldsymbol{\alpha}_1,\boldsymbol{\alpha}_2,\cdots,\boldsymbol{\alpha}_r$ 线性相关，与题设矛盾.

(iv) 错. 例如，$\boldsymbol{\alpha}_1=(1,0)$，$\boldsymbol{\alpha}_2=(0,0)$，$\boldsymbol{\alpha}_1,\boldsymbol{\alpha}_2$ 线性相关，但 $\boldsymbol{\alpha}_1$ 不是 $\boldsymbol{\alpha}_2$ 的线性组合.

8. 设向量 $\boldsymbol{\beta}$ 可以由 $\boldsymbol{\alpha}_1,\boldsymbol{\alpha}_2,\cdots,\boldsymbol{\alpha}_r$ 线性表示，但不能由 $\boldsymbol{\alpha}_1,\boldsymbol{\alpha}_2,\cdots,\boldsymbol{\alpha}_{r-1}$ 线性表示. 证明：向量组 $\{\boldsymbol{\alpha}_1,\boldsymbol{\alpha}_2,\cdots,\boldsymbol{\alpha}_{r-1},\boldsymbol{\alpha}_r\}$ 与向量组 $\{\boldsymbol{\alpha}_1,\boldsymbol{\alpha}_2,\cdots,\boldsymbol{\alpha}_{r-1},\boldsymbol{\beta}\}$ 等价.

证　由条件可知，$\boldsymbol{\beta}=k_1\boldsymbol{\alpha}_1+k_2\boldsymbol{\alpha}_2+\cdots+k_r\boldsymbol{\alpha}_r$ 且 $k_r\neq0$. 因若 $k_r=0$，则 $\boldsymbol{\beta}$ 将可由 $\boldsymbol{\alpha}_1,\boldsymbol{\alpha}_2,\cdots,\boldsymbol{\alpha}_{r-1}$ 线性表示而与题设矛盾. 从而 $\boldsymbol{\alpha}_r=\frac{1}{k_r}(\boldsymbol{\beta}-k_1\boldsymbol{\alpha}_1-\cdots-k_{r-1}\boldsymbol{\alpha}_{r-1})$，于是 $\{\boldsymbol{\alpha}_1,\boldsymbol{\alpha}_2,\cdots,\boldsymbol{\alpha}_r\}$ 的每一个向量可由 $\boldsymbol{\alpha}_1,\boldsymbol{\alpha}_2,\cdots,\boldsymbol{\alpha}_{r-1},\boldsymbol{\beta}$ 线性表示. 又因为 $\{\boldsymbol{\alpha}_1,\boldsymbol{\alpha}_2,\cdots,\boldsymbol{\alpha}_{r-1},\boldsymbol{\beta}\}$ 的每一向量可由 $\boldsymbol{\alpha}_1,\boldsymbol{\alpha}_2,\cdots,\boldsymbol{\alpha}_{r-1},\boldsymbol{\alpha}_r$ 线性表示，故两向量组等价.

9. 设在向量组 $\boldsymbol{\alpha}_1,\boldsymbol{\alpha}_2,\cdots,\boldsymbol{\alpha}_r$ 中，$\boldsymbol{\alpha}_1\neq\mathbf{0}$ 并且每一 $\boldsymbol{\alpha}_i$ 都不能表成它的前 $i-1$ 个向量 $\boldsymbol{\alpha}_1,\boldsymbol{\alpha}_2,\cdots,\boldsymbol{\alpha}_{i-1}$ 的线性组合，证明 $\boldsymbol{\alpha}_1,\boldsymbol{\alpha}_2,\cdots,\boldsymbol{\alpha}_r$ 线性无关.

证　设 $k_1\boldsymbol{\alpha}_1+k_2\boldsymbol{\alpha}_2+\cdots+k_{r-1}\boldsymbol{\alpha}_{r-1}+k_r\boldsymbol{\alpha}_r=\mathbf{0}$，首先可肯定 $k_r=0$. 否则 $\boldsymbol{\alpha}_r$ 可表成它前面 $r-1$ 个向量 $\boldsymbol{\alpha}_1,\boldsymbol{\alpha}_2,\cdots,\boldsymbol{\alpha}_{r-1}$ 的线性组合，这与题设矛盾. 于是有 $k_1\boldsymbol{\alpha}_1+k_2\boldsymbol{\alpha}_2+\cdots+k_{r-1}\boldsymbol{\alpha}_{r-1}=\mathbf{0}$. 同理又可得 $k_{r-1}=0,\cdots,k_2=0$，于是 $k_1\boldsymbol{\alpha}_1=\mathbf{0}$. 因 $\boldsymbol{\alpha}_1\neq\mathbf{0}$，故 $k_1=0$，从而 $\boldsymbol{\alpha}_1,\boldsymbol{\alpha}_2,\cdots,\boldsymbol{\alpha}_r$ 线性无关.

10. 设向量 $\boldsymbol{\alpha}_1,\boldsymbol{\alpha}_2,\cdots,\boldsymbol{\alpha}_r$ 线性无关，而 $\boldsymbol{\alpha}_1,\boldsymbol{\alpha}_2,\cdots,\boldsymbol{\alpha}_r,\boldsymbol{\beta},\boldsymbol{\gamma}$ 线性相关. 证明 $\boldsymbol{\beta}$ 与 $\boldsymbol{\gamma}$ 中至少有一个可以由 $\boldsymbol{\alpha}_1,\boldsymbol{\alpha}_2,\cdots,\boldsymbol{\alpha}_r$ 线性表示，或者向量组 $\{\boldsymbol{\alpha}_1,\boldsymbol{\alpha}_2,\cdots,\boldsymbol{\alpha}_r,\boldsymbol{\beta}\}$ 与 $\{\boldsymbol{\alpha}_1,\boldsymbol{\alpha}_2,\cdots,\boldsymbol{\alpha}_r,\boldsymbol{\gamma}\}$ 等价.

证　由 $\boldsymbol{\alpha}_1,\boldsymbol{\alpha}_2,\cdots,\boldsymbol{\alpha}_r,\boldsymbol{\beta},\boldsymbol{\gamma}$ 线性相关知，存在不全为零的数 $k_1,k_2,\cdots,k_r,b,c$，使 $\sum_{i=1}^{r}k_i\boldsymbol{\alpha}_i+b\boldsymbol{\beta}+c\boldsymbol{\gamma}=\mathbf{0}$. 因 $\boldsymbol{\alpha}_1,\boldsymbol{\alpha}_2,\cdots,\boldsymbol{\alpha}_r$ 线性无关，b,c 不全为零. 所以有以下三种可能情况：

(i) $b\neq0,c=0$，这时 $\boldsymbol{\beta}=-\frac{k_1}{b}\boldsymbol{\alpha}_1-\frac{k_2}{b}\boldsymbol{\alpha}_2-\cdots-\frac{k_r}{b}\boldsymbol{\alpha}_r$，$\boldsymbol{\beta}$ 可由 $\boldsymbol{\alpha}_1,\boldsymbol{\alpha}_2,\cdots,\boldsymbol{\alpha}_r$ 线性表示；

(ii) $c\neq0,b=0$，同理 $\boldsymbol{\gamma}$ 可由 $\boldsymbol{\alpha}_1,\boldsymbol{\alpha}_2,\cdots,\boldsymbol{\alpha}_r$ 线性表示；

(iii) $b\neq0,c\neq0$，这时 $\boldsymbol{\beta}$ 可由 $\boldsymbol{\alpha}_1,\boldsymbol{\alpha}_2,\cdots,\boldsymbol{\alpha}_r,\boldsymbol{\gamma}$ 线性表示，$\boldsymbol{\gamma}$ 也可由 $\boldsymbol{\alpha}_1$，

$\boldsymbol{\alpha}_2,\cdots,\boldsymbol{\alpha}_r,\boldsymbol{\beta}$线性表示，于是$\{\boldsymbol{\alpha}_1,\boldsymbol{\alpha}_2,\cdots,\boldsymbol{\alpha}_r,\boldsymbol{\beta}\}$与$\{\boldsymbol{\alpha}_1,\boldsymbol{\alpha}_2,\cdots,\boldsymbol{\alpha}_r,\boldsymbol{\gamma}\}$可以互相线性表示，故等价.

6.4 基和维数

1. 令$F_n[x]$表示数域F上一切次数不大于n的多项式连同零多项式所组成的向量空间. 这个向量空间的维数是几？下列向量组是不是$F_3[x]$的基：

(i) $\{x^3+1,x+1,x^2+x,x^3+x^2+2x+2\}$；

(ii) $\{x-1,1-x^2,x^2+2x-2,x^3\}$.

解 因为$1,x,x^2,\cdots,x^n$是$F_n[x]$的基，故$F_n[x]$的维数是$n+1$.

(i) 因为$(x^3+1)+(x+1)+(x^2+x)-(x^3+x^2+2x+2)=0$，故所给向量组线性相关，不是$F_3[x]$的基.

(ii) 设$k_1(x-1)+k_2(1-x^2)+k_3(x^2+2x-2)+k_4x^3=0$，则有

$$k_4x^3+(k_3-k_2)x^2+(k_1+2k_3)x-(k_1-k_2+2k_3)=0,$$

由于$1,x,x^2,x^3$线性无关，故有

$$k_4=k_3-k_2=k_1+2k_3=k_1-k_2+2k_3=0 \Rightarrow k_1=k_2=k_3=k_4=0.$$

所以给定的向量组线性无关. 又因$F_3[x]$的维数是4，故该向量组是$F_3[x]$的基.

2. 求下列子空间的维数：

(i) $\mathscr{L}\{(2,-3,1),(1,4,2),(5,-2,4)\}\subseteq\mathbf{R}^3$；

(ii) $\mathscr{L}(x-1,1-x^2,x^2-x)\subseteq F[x]$；

(iii) $\mathscr{L}(\mathrm{e}^x,\mathrm{e}^{2x},\mathrm{e}^{3x})\subseteq C[a,b]$.

解 (i) 由$(5,-2,4)-2(2,-3,1)-(1,4,2)=(0,0,0)$知，三向量线性相关，但$(2,-3,1),(1,4,2)$线性无关，$\{(2,-3,1),(1,4,2)\}$可视为子空间的基，故子空间维数是2.

(ii) 由$x^2-x+(1-x^2)+(x-1)=0$知，三向量线性相关，但$1-x^2$与$x-1$线性无关，$\{1-x^2,x-1\}$是子空间的一个基，故子空间维数是2.

(iii) 令$k_1\mathrm{e}^x+k_2\mathrm{e}^{2x}+k_3\mathrm{e}^{3x}=0 \Rightarrow k_1=k_2=k_3=0$，即$\mathrm{e}^x,\mathrm{e}^{2x},\mathrm{e}^{3x}$线性无关，它们构成子空间的一个基，故该子空间的维数是3.

3. 把向量组$\{(2,1,-1,3),(-1,0,1,2)\}$扩充为$\mathbf{R}^4$的一个基.

解 $\mathbf{R}^4$的标准基为$\{\boldsymbol{\varepsilon}_1,\boldsymbol{\varepsilon}_2,\boldsymbol{\varepsilon}_3,\boldsymbol{\varepsilon}_4\}$. 记所给向量组中两向量为$\boldsymbol{\alpha}_1,\boldsymbol{\alpha}_2$，易

见它们线性无关，且都可由标准基线性表示，根据教材中定理 6.4.4 及定理 6.3.6(替换定理)，可用 $\boldsymbol{\alpha}_1,\boldsymbol{\alpha}_2$ 代替标准基中某两个向量，得到标准基的等价向量组. 其中极大线性无关组也应含有 4 个向量，从而该向量组本身线性无关，构成 $\mathbf{R}^4$ 的一个基，即为扩充 $\boldsymbol{\alpha}_1,\boldsymbol{\alpha}_2$ 所得到的基.

由 $k_1\boldsymbol{\alpha}_1+k_2\boldsymbol{\alpha}_2+k_3\boldsymbol{\varepsilon}_3+k_4\boldsymbol{\varepsilon}_4=\mathbf{0}$，得

$$2k_1-k_2=k_1=-k_1+k_2+k_3=3k_1+2k_2+k_4=0,$$

解得 $k_1=k_2=k_3=k_4=0$，可见 $\{\boldsymbol{\alpha}_1,\boldsymbol{\alpha}_2,\boldsymbol{\varepsilon}_3,\boldsymbol{\varepsilon}_4\}$ 线性无关，为 $\mathbf{R}^4$ 的一个基 .

4. 令 S 是数域 F 上一切满足条件 $\mathbf{A}'=\mathbf{A}$ 的 n 阶矩阵 $\mathbf{A}$ 所组成的向量空间，求 S 的维数.

解 以 $\widetilde{\mathbf{E}}_{ij}$ 表示 $a_{ij}=a_{ji}=1$，其余元素为零的 n 阶方阵，显然 $\widetilde{\mathbf{E}}_{ij}'=\widetilde{\mathbf{E}}_{ij}\in S$，且 $\{\widetilde{\mathbf{E}}_{11},\cdots,\widetilde{\mathbf{E}}_{1n},\widetilde{\mathbf{E}}_{22},\cdots,\widetilde{\mathbf{E}}_{2n},\cdots,\widetilde{\mathbf{E}}_{nn}\}$ 线性无关. S 中任何向量即对称矩阵均可由它们线性表示，所以该向量组为 S 的一个基，从而 S 的维数等于 $\frac{1}{2}n(n+1)$.

5. 证明复数域 $\mathbf{C}$ 作为实数域 $\mathbf{R}$ 上向量空间，其维数是 2. 如果 $\mathbf{C}$ 看成它本身上的向量空间的话，维数是几？

证 复数域 $\mathbf{C}$ 作为实数域 $\mathbf{R}$ 上的向量空间有一个基是 $\{1,\mathrm{i}\}$，所以维数是 2.

如果 $\mathbf{C}$ 看成是它本身的向量空间，则是 1 维的，并且任何一个非零复数 $\boldsymbol{\alpha}$ 都可以作为它的一个基，因为 $\boldsymbol{\alpha}$ 本身线性无关，而任何复数都可写成 $\boldsymbol{\alpha}$ 的适当倍数，系数可是实数或非实复数.

6. 证明教材中定理 6.4.2 的逆定理：如果向量空间 V 的每一个向量都可以唯一地表成 V 中向量 $\boldsymbol{\alpha}_1,\boldsymbol{\alpha}_2,\cdots,\boldsymbol{\alpha}_n$ 的线性组合，那么 $\dim V=n$.

解 由题设知，只需证 $\{\boldsymbol{\alpha}_1,\boldsymbol{\alpha}_2,\cdots,\boldsymbol{\alpha}_n\}$ 线性无关，从而构成 V 的一个基，便有 $\dim V=n$.

设 $k_1\boldsymbol{\alpha}_1+k_2\boldsymbol{\alpha}_2+\cdots+k_n\boldsymbol{\alpha}_n=\mathbf{0}$，其中 $k_i\in F$，由 $\mathbf{0}=0\cdot\boldsymbol{\alpha}_1+0\cdot\boldsymbol{\alpha}_2+\cdots+0\cdot\boldsymbol{\alpha}_n$ 及表示的唯一性知，$k_1=k_2=\cdots=k_n=0$，故 $\{\boldsymbol{\alpha}_1,\boldsymbol{\alpha}_2,\cdots,\boldsymbol{\alpha}_n\}$ 线性无关，于是问题得证.

7. 设 W 是 $\mathbf{R}^n$ 的一个非零子空间，而对于 W 的每一个向量 $(a_1,a_2,\cdots,a_n)$ 来说，要么 $a_1=a_2=\cdots=a_n=0$，要么每一个 a_i 都不等于零，证明 $\dim W=1$.

证 设 $\boldsymbol{\alpha}=(a_1,a_2,\cdots,a_n)(a_i\neq0,1\leqslant i\leqslant n)$，$\boldsymbol{\beta}=(b_1,b_2,\cdots,b_n)(b_i\neq0,1$

$\leqslant i\leqslant n$)，$\boldsymbol{\alpha},\boldsymbol{\beta}$ 都是 W 的非零向量.

下面来证明 $\boldsymbol{\beta}=k\boldsymbol{\alpha}$. 若不然，令 $\frac{b_1}{a_1}=k$，则有某个 $i(2\leqslant i\leqslant n)$，使 $\frac{b_i}{a_i}\neq k$. 这时有 $\boldsymbol{\beta}-k\boldsymbol{\alpha}=(0,\cdots,b_i-ka_i,\cdots)\in W$，但其中第1个坐标是零，而第 i 个坐标 b_i-ka_i 不等于零，与假设矛盾.

由于 W 包含坐标全不为零的非零向量且所有非零向量成比例，故 $\dim W=1$.

8. 设 W 是 n 维向量空间 V 的一个子空间，且 $0<\dim W<n$. 证明：W 在 V 中有不止一个余子空间.

证 设 $\dim W=r$，取 W 的一个基为 $\boldsymbol{\alpha}_1,\boldsymbol{\alpha}_2,\cdots,\boldsymbol{\alpha}_r$，并将它扩充为 V 的一个基 $\boldsymbol{\alpha}_1,\cdots,\boldsymbol{\alpha}_r,\boldsymbol{\beta}_1,\cdots,\boldsymbol{\beta}_{n-r}$. 令 $W_1=\mathscr{L}(\boldsymbol{\beta}_1,\boldsymbol{\beta}_2,\cdots,\boldsymbol{\beta}_{n-r})$，则 $V=W\oplus W_1$.

再令 $W_2=\mathscr{L}(\boldsymbol{\alpha}_1+\boldsymbol{\beta}_1,\boldsymbol{\beta}_2,\cdots,\boldsymbol{\beta}_{n-r})$，由相关性定义容易看出 $\boldsymbol{\alpha}_1,\cdots,\boldsymbol{\alpha}_r,\boldsymbol{\alpha}_1+\boldsymbol{\beta}_1,\cdots,\boldsymbol{\beta}_{n-r}$ 线性无关(自然 $\boldsymbol{\alpha}_1+\boldsymbol{\beta}_1,\boldsymbol{\beta}_2,\cdots,\boldsymbol{\beta}_{n-r}$ 也线性无关)，从而也是 V 的一个基. 故又有 $V=W\oplus W_2$.

因 $\boldsymbol{\beta}_1\in W_1,\boldsymbol{\alpha}_1\notin W_1$，所以 $\boldsymbol{\alpha}_1+\boldsymbol{\beta}_1\notin W_1$，但 $\boldsymbol{\alpha}_1+\boldsymbol{\beta}_1\in W_2$，故 $W_1\neq W_2$. W_1，W_2 都是 W 的余子空间，故 W 在 V 中的余子空间不止一个.

9. 证明教材中6.4节最后的论断.

证 题中所指论断为：若 $V=W_1\oplus W_2\oplus\cdots\oplus W_t$，则对任意 $\boldsymbol{\alpha}\in V$，$\boldsymbol{\alpha}$ 可唯一表成 $\boldsymbol{\alpha}=\boldsymbol{\alpha}_1+\boldsymbol{\alpha}_2+\cdots+\boldsymbol{\alpha}_t$，$\boldsymbol{\alpha}_i\in W_i$；并且当 V 是有限维向量空间时，$\dim V=\dim W_1+\dim W_2+\cdots+\dim W_t$. 下面证明此论断.

设 $\boldsymbol{\alpha}\in V,\boldsymbol{\alpha}_i\in W_i\ (i=1,2,\cdots,t)$，$\boldsymbol{\alpha}=\boldsymbol{\alpha}_1+\boldsymbol{\alpha}_2+\cdots+\boldsymbol{\alpha}_t$. 若还有 $\boldsymbol{\alpha}=\boldsymbol{\alpha}_1'+\boldsymbol{\alpha}_2'+\cdots+\boldsymbol{\alpha}_t'$ $(\boldsymbol{\alpha}_i'\in W_i)$，则有

$$\boldsymbol{\alpha}_1+\boldsymbol{\alpha}_2+\cdots+\boldsymbol{\alpha}_t=\boldsymbol{\alpha}_1'+\boldsymbol{\alpha}_2'+\cdots+\boldsymbol{\alpha}_t',$$

从而

$$\boldsymbol{\alpha}_1-\boldsymbol{\alpha}_1'=(\boldsymbol{\alpha}_2'-\boldsymbol{\alpha}_2)+\cdots+(\boldsymbol{\alpha}_t'-\boldsymbol{\alpha}_t),$$

注意 $\boldsymbol{\alpha}_i-\boldsymbol{\alpha}_i'\in W_i$，于是

$$\boldsymbol{\alpha}_1-\boldsymbol{\alpha}_1'\in W_1\cap(W_2+\cdots+W_t).$$

但由 $V=W_1\oplus W_2\oplus\cdots\oplus W_t$ 知，

$$W_i\cap(W_1+\cdots+W_{i-1}+W_{i+1}+\cdots+W_t)=\{\boldsymbol{0}\},$$

所以 $\boldsymbol{\alpha}_1-\boldsymbol{\alpha}_1'=\boldsymbol{0}$，即 $\boldsymbol{\alpha}_1=\boldsymbol{\alpha}_1'$. 同理 $\boldsymbol{\alpha}_2=\boldsymbol{\alpha}_2',\cdots,\boldsymbol{\alpha}_t=\boldsymbol{\alpha}_t'$，唯一性得证.

设 $\dim V$ 为有限数，则 $\dim W_i\ (i=1,2,\cdots,t)$ 也是有限数.

当 $t=2$ 时，由教材中定理6.4.7知，

$$\dim V=\dim W_1+\dim W_2,$$

结论成立. 假定 $t=k$ 时结论成立，对于 $t=k+1$，有

$$V=W_1\oplus W_2\oplus\cdots\oplus W_k\oplus W_{k+1}.$$

令 $W=W_1+W_2+\cdots+W_k$，因

$$V=W+W_{k+1},\quad W\cap W_{k+1}=\left(\sum_{i=1}^{k}W_i\right)\cap W_{k+1}=\{\mathbf{0}\},$$

所以

$$V=W\oplus W_{k+1}.$$

又因为

$$W_i\cap\sum_{\substack{i=1\\ j\neq i}}^{k}W_j\subseteq W_i\cap\sum_{\substack{j=1\\ j\neq i}}^{k+1}W_j=\{\mathbf{0}\},$$

所以

$$W=W_1\oplus W_2\oplus\cdots\oplus W_k,$$

$$\dim V=\dim W+\dim W_{k+1}=\dim W_1+\cdots+\dim W_k+\dim W_{k+1},$$

结论成立.

6.5　坐　　标

1. 设 $\{\boldsymbol{\alpha}_1,\boldsymbol{\alpha}_2,\cdots,\boldsymbol{\alpha}_n\}$ 是 V 的一个基，求由这个基到 $\{\boldsymbol{\alpha}_2,\cdots,\boldsymbol{\alpha}_n,\boldsymbol{\alpha}_1\}$ 的过渡矩阵.

解　过渡矩阵

$$\boldsymbol{T}=\begin{pmatrix}0&0&\cdots&0&1\\1&0&\cdots&0&0\\0&1&\cdots&0&0\\\vdots&\vdots&&\vdots&\vdots\\0&0&\cdots&1&0\end{pmatrix}.$$

2. 证明，$\{x^3,x^3+x,x^2+1,x+1\}$ 是 $F_3[x]$（数域 F 上一切次数不大于 3 的多项式及零）的一个基. 求下列多项式关于这个基的坐标：

(i) x^2+2x+3；　(ii) x^3；　(iii) 4；　(iv) x^2-x.

证　由于

$$(x^3,x^3+x,x^2+1,x+1)=(1,x,x^2,x^3)\begin{pmatrix}0&0&1&1\\0&1&0&1\\0&0&1&0\\1&1&0&0\end{pmatrix}=(1,x,x^2,x^3)\boldsymbol{T},$$

而 $\boldsymbol{T}$ 的行列式 $|\boldsymbol{T}|=\begin{vmatrix}0&0&1&1\\0&1&0&1\\0&0&1&0\\1&1&0&0\end{vmatrix}=-1\neq 0$，即 $\boldsymbol{T}$ 可逆且 $\{1,x,x^2,x^3\}$ 是

$F_3[x]$的一个基,由教材中定理 6.5.3 知,$\{x^3, x^3+x, x^2+1, x+1\}$也是$F_3[x]$的一个基.

下面求几个多项式关于这个基的坐标.

(i) 由于

$$x^2+2x+3=(1,x,x^2,x^3)\begin{pmatrix}3\\2\\1\\0\end{pmatrix},$$

故 x^2+2x+3 在新基下的坐标(以列向量表示)为

$$\begin{pmatrix}u_1\\u_2\\u_3\\u_4\end{pmatrix}=\boldsymbol{T}^{-1}\begin{pmatrix}3\\2\\1\\0\end{pmatrix}=\begin{pmatrix}1&-1&-1&1\\-1&1&1&0\\0&0&1&0\\1&0&-1&0\end{pmatrix}\begin{pmatrix}3\\2\\1\\0\end{pmatrix}=\begin{pmatrix}0\\0\\1\\2\end{pmatrix}.$$

类似地,可得其他几个向量的坐标:

$$\text{(ii)}\begin{pmatrix}1\\0\\0\\0\end{pmatrix};\qquad \text{(iii)}\begin{pmatrix}4\\-4\\0\\4\end{pmatrix};\qquad \text{(iv)}\begin{pmatrix}0\\0\\1\\-1\end{pmatrix}.$$

其正确性可直接代入验证.

3. 设 $\boldsymbol{\alpha}_1=(2,1,-1,1)$,$\boldsymbol{\alpha}_2=(0,3,1,0)$,$\boldsymbol{\alpha}_3=(5,3,2,1)$,$\boldsymbol{\alpha}_4=(6,6,1,3)$,证明$\{\boldsymbol{\alpha}_1,\boldsymbol{\alpha}_2,\boldsymbol{\alpha}_3,\boldsymbol{\alpha}_4\}$构成 $\mathbf{R}^4$ 的一个基.在 $\mathbf{R}^4$ 中求一个非零向量,使它关于这个基的坐标与关于标准基的坐标相同.

证 由于 $$(\boldsymbol{\alpha}_1,\boldsymbol{\alpha}_2,\boldsymbol{\alpha}_3,\boldsymbol{\alpha}_4)=(\boldsymbol{\varepsilon}_1,\boldsymbol{\varepsilon}_2,\boldsymbol{\varepsilon}_3,\boldsymbol{\varepsilon}_4)\begin{pmatrix}2&0&5&6\\1&3&3&6\\-1&1&2&1\\1&0&1&3\end{pmatrix},$$

其中$(\boldsymbol{\varepsilon}_1,\boldsymbol{\varepsilon}_2,\boldsymbol{\varepsilon}_3,\boldsymbol{\varepsilon}_4)$是 $\mathbf{R}^4$ 的标准基,且行列式

$$|\boldsymbol{A}|=\begin{vmatrix}2&0&5&6\\1&3&3&6\\-1&1&2&1\\1&0&1&3\end{vmatrix}=27\neq0,$$

故$\{\boldsymbol{\alpha}_1,\boldsymbol{\alpha}_2,\boldsymbol{\alpha}_3,\boldsymbol{\alpha}_4\}$也是 $\mathbf{R}^4$ 的一个基.

再设所求非零向量为 $\boldsymbol{\xi}=\begin{pmatrix}x_1\\x_2\\x_3\\x_4\end{pmatrix}$，那么 $\boldsymbol{\xi}=(\boldsymbol{\varepsilon}_1,\boldsymbol{\varepsilon}_2,\boldsymbol{\varepsilon}_3,\boldsymbol{\varepsilon}_4)\begin{pmatrix}x_1\\x_2\\x_3\\x_4\end{pmatrix}$，$(x_1,x_2,x_3,x_4)$为$\boldsymbol{\xi}$在标准基下的坐标. 为使$\boldsymbol{\xi}$在$\{\boldsymbol{\alpha}_1,\boldsymbol{\alpha}_2,\boldsymbol{\alpha}_3,\boldsymbol{\alpha}_4\}$下有相同坐标，必需且只需

$$\boldsymbol{\xi}=(\boldsymbol{\alpha}_1,\boldsymbol{\alpha}_2,\boldsymbol{\alpha}_3,\boldsymbol{\alpha}_4)\begin{pmatrix}x_1\\x_2\\x_3\\x_4\end{pmatrix},$$

即
$$\begin{pmatrix}2&0&5&6\\1&3&3&6\\-1&1&2&1\\1&0&1&3\end{pmatrix}\begin{pmatrix}x_1\\x_2\\x_3\\x_4\end{pmatrix}=\begin{pmatrix}1&0&0&0\\0&1&0&0\\0&0&1&0\\0&0&0&1\end{pmatrix}\begin{pmatrix}x_1\\x_2\\x_3\\x_4\end{pmatrix},$$

或
$$\begin{pmatrix}1&0&5&6\\1&2&3&6\\-1&1&1&1\\1&0&1&2\end{pmatrix}\begin{pmatrix}x_1\\x_2\\x_3\\x_4\end{pmatrix}=\begin{pmatrix}0\\0\\0\\0\end{pmatrix}.$$

问题化为求以上方程组的非零解. 由矩阵的初等变换

$$\begin{pmatrix}1&0&5&6\\1&2&3&6\\-1&1&1&1\\1&0&1&2\end{pmatrix}\longrightarrow\begin{pmatrix}0&0&4&4\\0&2&2&4\\0&1&2&3\\1&0&1&2\end{pmatrix}\longrightarrow\begin{pmatrix}0&0&0&0\\0&0&1&1\\0&1&2&3\\1&0&1&2\end{pmatrix}$$

得等价方程组

$$\begin{cases}x_1\qquad+x_3+2x_4=0,\\ \quad x_2+2x_3+3x_4=0,\\ \qquad\quad x_3+x_4=0,\end{cases}$$

取 $x_4=-c$，解得 $x_1=x_2=x_3=c$. 于是所求非零向量为$(c,c,c,-c)$，其中 $c\neq0$.

4. 设 $\boldsymbol{\alpha}_1=(1,2,-1)$，$\boldsymbol{\alpha}_2=(0,-1,3)$，$\boldsymbol{\alpha}_3=(1,-1,0)$；$\boldsymbol{\beta}_1=(2,1,5)$，$\boldsymbol{\beta}_2=(-2,3,1)$，$\boldsymbol{\beta}_3=(1,3,2)$，证明$\{\boldsymbol{\alpha}_1,\boldsymbol{\alpha}_2,\boldsymbol{\alpha}_3\}$和$\{\boldsymbol{\beta}_1,\boldsymbol{\beta}_2,\boldsymbol{\beta}_3\}$都是 $\mathbf{R}^3$ 的基. 求前者到后者的过渡矩阵.

证　设$\{\boldsymbol{\alpha}_1,\boldsymbol{\alpha}_2,\boldsymbol{\alpha}_3\}$、$\{\boldsymbol{\beta}_1,\boldsymbol{\beta}_2,\boldsymbol{\beta}_3\}$以向量为列构成的矩阵分别为$\boldsymbol{A},\boldsymbol{B}$,则行列式

$$|\boldsymbol{A}'|=\begin{vmatrix}1&2&-1\\0&-1&3\\1&-1&0\end{vmatrix}=8\neq0,\quad |\boldsymbol{B}'|=\begin{vmatrix}2&1&5\\-2&3&1\\1&3&2\end{vmatrix}=-34\neq0,$$

由于$\{\boldsymbol{\alpha}_1,\boldsymbol{\alpha}_2,\boldsymbol{\alpha}_3\}$与$\{\boldsymbol{\beta}_1,\boldsymbol{\beta}_2,\boldsymbol{\beta}_3\}$都是$\mathbf{R}^3$的线性无关组.又$\dim\mathbf{R}^3=3$,故它们都是$\mathbf{R}^3$的基.

由于$(\boldsymbol{\alpha}_1,\boldsymbol{\alpha}_2,\boldsymbol{\alpha}_3)=(\boldsymbol{\varepsilon}_1,\boldsymbol{\varepsilon}_2,\boldsymbol{\varepsilon}_3)\boldsymbol{A}$,　$(\boldsymbol{\beta}_1,\boldsymbol{\beta}_2,\boldsymbol{\beta}_3)=(\boldsymbol{\varepsilon}_1,\boldsymbol{\varepsilon}_2,\boldsymbol{\varepsilon}_3)\boldsymbol{B}$,所以$(\boldsymbol{\beta}_1,\boldsymbol{\beta}_2,\boldsymbol{\beta}_3)=(\boldsymbol{\alpha}_1,\boldsymbol{\alpha}_2,\boldsymbol{\alpha}_3)\boldsymbol{A}^{-1}\boldsymbol{B}$.由基$\{\boldsymbol{\alpha}_1,\boldsymbol{\alpha}_2,\boldsymbol{\alpha}_3\}$到$\{\boldsymbol{\beta}_1,\boldsymbol{\beta}_2,\boldsymbol{\beta}_3\}$的过渡矩阵是

$$\boldsymbol{A}^{-1}\boldsymbol{B}=\begin{pmatrix}\frac{3}{8}&\frac{3}{8}&\frac{1}{8}\\\frac{1}{8}&\frac{1}{8}&\frac{3}{8}\\\frac{5}{8}&-\frac{3}{8}&-\frac{1}{8}\end{pmatrix}\begin{pmatrix}2&-2&1\\1&3&3\\5&1&2\end{pmatrix}=\begin{pmatrix}\frac{7}{4}&\frac{1}{2}&\frac{7}{4}\\\frac{9}{4}&\frac{1}{2}&\frac{5}{4}\\\frac{1}{4}&-\frac{5}{2}&-\frac{3}{4}\end{pmatrix}.$$

5. 设$\{\boldsymbol{\alpha}_1,\boldsymbol{\alpha}_2,\cdots,\boldsymbol{\alpha}_n\}$是$F$上$n$维向量空间$V$的一个基.$\boldsymbol{A}$是$F$上一个$n\times s$矩阵.令$(\boldsymbol{\beta}_1,\boldsymbol{\beta}_2,\cdots,\boldsymbol{\beta}_s)=(\boldsymbol{\alpha}_1,\boldsymbol{\alpha}_2,\cdots,\boldsymbol{\alpha}_n)\boldsymbol{A}$,证明$\dim\mathscr{L}(\boldsymbol{\beta}_1,\boldsymbol{\beta}_2,\cdots,\boldsymbol{\beta}_s)=$秩$(\boldsymbol{A})$.

证　令秩$(\boldsymbol{A})=r$,不失一般性,设$\boldsymbol{A}$的前r列线性无关,并将这r列构成的矩阵记为$\boldsymbol{A}_1$,其后$s-r$列构成的矩阵记为$\boldsymbol{A}_2$,则

$$\boldsymbol{A}=(\boldsymbol{A}_1,\boldsymbol{A}_2)\quad 且\quad 秩(\boldsymbol{A}_1)=秩(\boldsymbol{A})=r,$$

$$(\boldsymbol{\beta}_1,\boldsymbol{\beta}_2,\cdots,\boldsymbol{\beta}_s)=(\boldsymbol{\alpha}_1,\boldsymbol{\alpha}_2,\cdots,\boldsymbol{\alpha}_n)\boldsymbol{A}.$$

设$(\boldsymbol{\beta}_1,\boldsymbol{\beta}_2,\cdots,\boldsymbol{\beta}_r)\begin{pmatrix}k_1\\k_2\\\vdots\\k_r\end{pmatrix}=\boldsymbol{0}$,则有$(\boldsymbol{\alpha}_1,\boldsymbol{\alpha}_2,\cdots,\boldsymbol{\alpha}_n)\boldsymbol{A}_1\begin{pmatrix}k_1\\k_2\\\vdots\\k_r\end{pmatrix}=\boldsymbol{0}$.因$\{\boldsymbol{\alpha}_1,\boldsymbol{\alpha}_2,\cdots,\boldsymbol{\alpha}_n\}$是$V$的一组基,故$\boldsymbol{A}_1\begin{pmatrix}k_1\\k_2\\\vdots\\k_r\end{pmatrix}=\boldsymbol{0}$.由于秩$(\boldsymbol{A}_1)=r=$未知量个数,方程组只有零解$k_1=k_2=\cdots=k_r=0$,所以$\boldsymbol{\beta}_1,\boldsymbol{\beta}_2,\cdots,\boldsymbol{\beta}_r$线性无关.

再任取$\boldsymbol{\beta}_j(1\leqslant j\leqslant s)$,将$\boldsymbol{A}$的第$j$列添在$\boldsymbol{A}_1$的右边所构成的矩阵记为

$\boldsymbol{B}_j$,那么$(\boldsymbol{\beta}_1,\cdots,\boldsymbol{\beta}_r,\boldsymbol{\beta}_j)=(\boldsymbol{\alpha}_1,\boldsymbol{\alpha}_2,\cdots,\boldsymbol{\alpha}_n)\boldsymbol{B}_j$. 设$(\boldsymbol{\beta}_1,\cdots,\boldsymbol{\beta}_r,\boldsymbol{\beta}_j)\begin{pmatrix} l_1 \\ \vdots \\ l_r \\ l_j \end{pmatrix}=\boldsymbol{0}$,即

$(\boldsymbol{\alpha}_1,\boldsymbol{\alpha}_2,\cdots,\boldsymbol{\alpha}_n)\boldsymbol{B}_j\begin{pmatrix} l_1 \\ \vdots \\ l_r \\ l_j \end{pmatrix}=\boldsymbol{0}$,由此得方程组 $\boldsymbol{B}_j\begin{pmatrix} l_1 \\ \vdots \\ l_r \\ l_j \end{pmatrix}=\boldsymbol{0}$. 注意秩$(\boldsymbol{B}_j)=r<$未知量个数 $r+1$,故方程组有非零解. 因此 $\boldsymbol{\beta}_1,\cdots,\boldsymbol{\beta}_r,\boldsymbol{\beta}_j\ (j=1,2,\cdots,s)$线性相关. 从而 $\boldsymbol{\beta}_1,\boldsymbol{\beta}_2,\cdots,\boldsymbol{\beta}_r$ 为 $\boldsymbol{\beta}_1,\boldsymbol{\beta}_2,\cdots,\boldsymbol{\beta}_s$ 的极大线性无关组,所以 $\dim\mathscr{L}(\boldsymbol{\beta}_1,\boldsymbol{\beta}_2,\cdots,\boldsymbol{\beta}_s)=$秩$(\boldsymbol{A})$.

6.6 向量空间的同构

1. 证明:复数域 **C** 作为实数域 **R** 上向量空间与 V_2 同构.

证 由教材中 6.4 节习题 5 知,复数域 **C** 作为实数域 **R** 上的向量空间,其维数为 2,根据教材中定理 6.6.3,它与 V_2 同构.

2. 设 $f:V\to W$ 是向量空间 V 到 W 的一个同构映射,V_1 是 V 的一个子空间. 证明 $f(V_1)$是 W 的一个子空间.

证 因 $V_1\subseteq V$,故 $f(V_1)\subseteq f(V)=W$.

取 $\boldsymbol{\beta}_1,\boldsymbol{\beta}_2\in f(V_1)$,则存在 $\boldsymbol{\alpha}_1,\boldsymbol{\alpha}_2\in V_1$,使 $f(\boldsymbol{\alpha}_1)=\boldsymbol{\beta}_1$, $f(\boldsymbol{\alpha}_2)=\boldsymbol{\beta}_2$. 由于 f 是同构映射,而 V_1 是 V 的子空间,故

$$b_1\boldsymbol{\beta}_1+b_2\boldsymbol{\beta}_2=b_1f(\boldsymbol{\alpha}_1)+b_2f(\boldsymbol{\alpha}_2)=f(b_1\boldsymbol{\alpha}_1+b_2\boldsymbol{\alpha}_2)\in f(V_1),$$

从而证明了 $f(V_1)$是 W 的子空间.

3. 证明:向量空间 $F[x]$可以与它的一个真子空间同构.

证 设 $G[x]$是 $F[x]$中常数项为零的多项式组成的集合,则$G[x]$是$F[x]$的一个真子空间. 令 $f:F[x]\to G[x]$,$h(x)\mapsto xh(x)$,则 f 是 $F[x]$到$G[x]$的双射. 又

$$\begin{aligned} f(ah_1(x)+bh_2(x)) &= x(ah_1(x)+bh_2(x))=axh_1(x)+bxh_2(x) \\ &= af(h_1(x))+bf(h_2(x)), \end{aligned}$$

所以 $F[x]$与 $G[x]$同构.

6.7 矩阵的秩 齐次线性方程组的解空间

1. 证明：行列式等于零的充分必要条件是它的行(或列)线性相关.

证 n 阶行列式 $\det\boldsymbol{A}=0$ 必需且只需线性方程组 $\boldsymbol{AX}=\boldsymbol{0}$ 有非零解，其中 $\boldsymbol{X}=\begin{pmatrix}x_1\\x_2\\\vdots\\x_n\end{pmatrix}$. 后者又等价于存在不全为零的常数 $x_j\ (j=1,2,\cdots,n)$，使 $\boldsymbol{A}$ 的列向量 $\boldsymbol{\alpha}_j\ (j=1,2,\cdots,n)$ 的线性组合 $\sum\limits_{j=1}^{n}x_j\boldsymbol{\alpha}_j=\boldsymbol{0}$，也就是行列式的列向量线性相关.

利用 $\boldsymbol{A}'\boldsymbol{X}=\boldsymbol{0}$ 有非零解，同样可证行列式的行向量线性相关.

2. 证明秩$(\boldsymbol{A}+\boldsymbol{B})\leqslant$秩$(\boldsymbol{A})+$秩$(\boldsymbol{B})$.

证 记 $\boldsymbol{C}=\boldsymbol{A}+\boldsymbol{B}$，$\boldsymbol{A},\boldsymbol{B},\boldsymbol{C}$ 的列向量分别为$(\boldsymbol{\alpha}_1,\boldsymbol{\alpha}_2,\cdots,\boldsymbol{\alpha}_n)$，$(\boldsymbol{\beta}_1,\boldsymbol{\beta}_2,\cdots,\boldsymbol{\beta}_n)$，$(\boldsymbol{\gamma}_1,\boldsymbol{\gamma}_2,\cdots,\boldsymbol{\gamma}_n)$，于是

$$(\boldsymbol{\gamma}_1,\boldsymbol{\gamma}_2,\cdots,\boldsymbol{\gamma}_n)=(\boldsymbol{\alpha}_1+\boldsymbol{\beta}_1,\boldsymbol{\alpha}_2+\boldsymbol{\beta}_2,\cdots,\boldsymbol{\alpha}_n+\boldsymbol{\beta}_n).$$

再设 $\boldsymbol{\gamma}_{k_1},\boldsymbol{\gamma}_{k_2},\cdots,\boldsymbol{\gamma}_{k_s}$；$\boldsymbol{\alpha}_{i_1},\boldsymbol{\alpha}_{i_2},\cdots,\boldsymbol{\alpha}_{i_p}$，$\boldsymbol{\beta}_{j_1},\boldsymbol{\beta}_{j_2},\cdots,\boldsymbol{\beta}_{j_t}$ 分别是 $\boldsymbol{C},\boldsymbol{A},\boldsymbol{B}$ 的列向量组的极大无关组，显然，$\boldsymbol{\gamma}_{k_1},\boldsymbol{\gamma}_{k_2},\cdots,\boldsymbol{\gamma}_{k_s}$ 可由 $\boldsymbol{\alpha}_{i_1},\boldsymbol{\alpha}_{i_2},\cdots,\boldsymbol{\alpha}_{i_p}$，$\boldsymbol{\beta}_{j_1},\boldsymbol{\beta}_{j_2},\cdots,\boldsymbol{\beta}_{j_t}$ 线性表示，由教材中定理 6.3.6(替换定理)可知，$s\leqslant p+t$，即

$$秩(\boldsymbol{A}+\boldsymbol{B})\leqslant秩(\boldsymbol{A})+秩(\boldsymbol{B}).$$

3. 设 $\boldsymbol{A}$ 是一个 m 行的矩阵，秩$(\boldsymbol{A})=r$，从 $\boldsymbol{A}$ 中任意取出 s 行，作一个 s 行的矩阵 $\boldsymbol{B}$，证明，秩$(\boldsymbol{B})\geqslant r+s-m$.

证 在 $\boldsymbol{B}$ 的 s 个行向量构成的向量组中添加 $\boldsymbol{A}$ 中不属于 $\boldsymbol{B}$ 的$m-s$个行向量，即得 $\boldsymbol{A}$ 的全部(m 个)行向量的向量组. 显然 $\boldsymbol{A}$ 的行向量组的秩较 $\boldsymbol{B}$ 的行向量组的秩最多能增加 $m-s$ 个，即

$$秩(\boldsymbol{A})-秩(\boldsymbol{B})\leqslant m-s,$$

从而

$$秩(\boldsymbol{B})\geqslant秩(\boldsymbol{A})+s-m=r+s-m.$$

4. 设 $\boldsymbol{A}$ 是一个 $m\times n$ 矩阵，秩$(\boldsymbol{A})=r$，从 $\boldsymbol{A}$ 中任意划去 $m-s$ 行与 $n-t$ 列，其余元素按原来位置排成一个 $s\times t$ 矩阵 $\boldsymbol{C}$. 证明：

$$秩(\boldsymbol{C})\geqslant r+s+t-m-n.$$

证 设 $\boldsymbol{B}$ 是从 $\boldsymbol{A}$ 中任意划去 $m-s$ 行所得的矩阵，由上题知，

$$秩(\boldsymbol{B})\geqslant r+s-m.$$

依题意 $\boldsymbol{C}$ 是从 $\boldsymbol{B}$ 中任意划去 $n-t$ 列所得的矩阵，则转置矩阵 $\boldsymbol{C}'$ 是从 $\boldsymbol{B}'$ 中任意划去 $n-t$ 行所得的矩阵，故

$$秩(\boldsymbol{C})=秩(\boldsymbol{C}')\geqslant 秩(\boldsymbol{B}')+t-n=秩(\boldsymbol{B})+t-n\geqslant r+s+t-m-n.$$

5. 求齐次线性方程组

$$\begin{cases} x_1+x_2+x_3+x_4+x_5=0, \\ 3x_1+2x_2+x_3+x_4-3x_5=0, \\ 5x_1+4x_2+3x_3+3x_4-x_5=0, \\ x_2+2x_3+2x_4+x_5=0 \end{cases}$$

的一个基础解系.

解 对系数矩阵 $\boldsymbol{A}$ 作初等行变换，得

$$\begin{pmatrix} 1 & 1 & 1 & 1 & 1 \\ 3 & 2 & 1 & 1 & -3 \\ 5 & 4 & 3 & 3 & -1 \\ 0 & 1 & 2 & 2 & 1 \end{pmatrix} \longrightarrow \begin{pmatrix} 1 & 1 & 1 & 1 & 1 \\ 0 & -1 & -2 & -2 & -6 \\ 0 & -1 & -2 & -2 & -6 \\ 0 & 1 & 2 & 2 & 1 \end{pmatrix} \longrightarrow \begin{pmatrix} 1 & 1 & 1 & 1 & 1 \\ 0 & 1 & 2 & 2 & 1 \\ 0 & 0 & 0 & 0 & 1 \\ 0 & 0 & 0 & 0 & 0 \end{pmatrix}.$$

解同解方程组

$$\begin{cases} x_1+x_2+x_3+x_4+x_5=0, \\ x_2+2x_3+2x_4+x_5=0, \\ x_5=0 \end{cases} \Rightarrow \begin{cases} x_1=x_3+x_4, \\ x_2=-2x_3-2x_4, \\ x_5=0, \end{cases}$$

令 $x_3=1,x_4=0$，有 $x_1=1,x_2=-2$，得 $\boldsymbol{\xi}_1=(1,-2,1,0,0)$；

令 $x_3=0,x_4=1$，有 $x_1=1,x_2=-2$，得 $\boldsymbol{\xi}_2=(1,-2,0,1,0)$.

$\boldsymbol{\xi}_1,\boldsymbol{\xi}_2$ 是原齐次线性方程组的两个线性无关解，$\{\boldsymbol{\xi}_1,\boldsymbol{\xi}_2\}$ 构成该方程组的一个基础解系.

6. 证明教材中定理 6.7.3 的逆命题：F^n 的任意一个子空间都是某一含 n 个未知量的齐次线性方程组的解空间.

证 设 W 是 F^n 的任一非零子空间，$\boldsymbol{\alpha}_1,\boldsymbol{\alpha}_2,\cdots,\boldsymbol{\alpha}_r$ 是 W 的一个基，将 $\boldsymbol{\alpha}_1,\boldsymbol{\alpha}_2,\cdots,\boldsymbol{\alpha}_r$ 作为行向量构成矩阵 $\boldsymbol{A}$，则秩$(\boldsymbol{A})=r$. 对 $\boldsymbol{A}$ 作初等行变换得矩阵 $\boldsymbol{B}_1$，再适当交换列的顺序，将 $\boldsymbol{B}_1$ 变为

$$\boldsymbol{B}=\begin{pmatrix} b_{11} & \cdots & b_{1,n-r} & 1 & 0 & \cdots & 0 \\ b_{21} & \cdots & b_{2,n-r} & 0 & 1 & \cdots & 0 \\ \vdots & & \vdots & \vdots & \vdots & & \vdots \\ b_{r1} & \cdots & b_{r,n-r} & 0 & 0 & \cdots & 1 \end{pmatrix}.$$

记　　$$B'=\begin{pmatrix} B_{(n-r)\times r} \\ I_r \end{pmatrix},\quad \widetilde{A}=(I_{n-r}\quad -B_{(n-r)\times r}),$$

并以 $\widetilde{A}$ 为系数矩阵构造齐次线性方程组

$$\begin{cases} x_1 \quad -b_{11}x_{n-r+1} - b_{21}x_{n-r+2} \cdots -b_{r1}x_n = 0, \\ \quad x_2 \quad -b_{12}x_{n-r+1} - b_{22}x_{n-r+2} \cdots -b_{r2}x_n = 0, \\ \qquad \vdots \\ \qquad x_{n-r} - b_{1,n-r}x_{n-r+1} - b_{2,n-r}x_{n-r+2} \cdots -b_{r,n-r}x_n = 0, \end{cases}$$

由于　　$$\widetilde{A}B'=O,$$

可知 B 的 r 个行向量 $\beta_1,\beta_2,\cdots,\beta_r$ 是以上方程组的基础解系，即方程组的解空间为 $\mathscr{L}(\beta_1,\beta_2,\cdots,\beta_r)$.

令 $\xi_1,\xi_2,\cdots,\xi_r$ 是 B_1 的行向量，则这个向量组与 $\alpha_1,\alpha_2,\cdots,\alpha_r$ 等价，并且适当调换以上方程组的未知量的顺序能使 $\xi_1,\xi_2,\cdots,\xi_r$ 成为新方程组的基础解系，因此，

$$W=\mathscr{L}(\alpha_1,\alpha_2,\cdots,\alpha_r)=\mathscr{L}(\xi_1,\xi_2,\cdots,\xi_r)$$

是这个新方程组的解空间.

当 $W=\{0\}$ 时，它是 $IX=0$ 的解空间.

7. 证明：F^n 的任意一个不等于 F^n 的子空间都是若干 $n-1$ 维子空间的交.

证　设 W 是 F^n 的非零真子空间，$\alpha_1,\alpha_2,\cdots,\alpha_r$ 是 W 的一个基，$r<n$. 将 $\alpha_1,\alpha_2,\cdots,\alpha_r$ 扩充为 F^n 的一个基 $\alpha_1,\cdots,\alpha_r,\alpha_{r+1},\cdots,\alpha_n$.

令 $W_i=\mathscr{L}(\alpha_1,\alpha_2,\cdots,\alpha_r,\alpha_{r+1},\cdots,\alpha_{r+i-1},\alpha_{r+i+1},\cdots,\alpha_n)$ $(i=1,2,\cdots,n-r)$，则 $\dim W_i=n-1$，并且

$$W=W_1\cap W_2\cap\cdots\cap W_{n-r}.$$

若 $W=\{0\}$，任取 F^n 的一个基 $\{\alpha_1,\alpha_2,\cdots,\alpha_n\}$，令

$$W_i=\mathscr{L}(\alpha_1,\cdots,\alpha_{i-1},\alpha_{i+1},\cdots,\alpha_n)\quad (i=1,2,\cdots,n),$$

则　　$$\dim W_i=n-1,\quad 且\quad W=W_1\cap W_2\cap\cdots\cap W_n.$$

补充讨论

部分习题其他解法或补充说明.

1. “6.2 节　子空间”中第 5 题的另一证明方法.

证 由题意知，$W_1 \subseteq W_2$，要证 $W_1 = W_2$，只需证 $\dim W_1 = \dim W_2$. 由于

$$\dim(W \cap W_1) = \dim W + \dim W_1 - \dim(W + W_1),$$
$$\dim(W \cap W_2) = \dim W + \dim W_2 - \dim(W + W_2),$$

又 $W \cap W_1 = W \cap W_2$，$W + W_1 = W + W_2$，故

$$\dim(W \cap W_1) = \dim(W \cap W_2), \quad \dim(W + W_1) = \dim(W + W_2),$$

从而推出 $\dim W_1 = \dim W_2$，结论成立.

［**小结**］ 由于此法用到后面的知识，可在单元练习时使用.

2. “6.3 节　向量的线性相关性”中第 6 题也可用反证法证明.

证 反证法. 设 $\{\boldsymbol{\beta}_1, \boldsymbol{\beta}_2, \cdots, \boldsymbol{\beta}_{r-1}, \boldsymbol{\alpha}_r\}$ 线性相关，则存在不全为零的数 l_1，$l_2, \cdots, l_r \in F$，使得

$$l_1 \boldsymbol{\beta}_1 + l_2 \boldsymbol{\beta}_2 + \cdots + l_{r-1} \boldsymbol{\beta}_{r-1} + l_r \boldsymbol{\alpha}_r = \mathbf{0},$$

整理得

$$l_1 \boldsymbol{\alpha}_1 + l_2 \boldsymbol{\alpha}_2 + \cdots + l_{r-1} \boldsymbol{\alpha}_{r-1} + (l_1 k_1 + l_2 k_2 + \cdots + l_{r-1} k_{r-1} + l_r) \boldsymbol{\alpha}_r = \mathbf{0}.$$

由于 $\{\boldsymbol{\alpha}_1, \boldsymbol{\alpha}_2, \cdots, \boldsymbol{\alpha}_r\}$ 线性无关，故

$$l_1 = l_2 = \cdots = l_{r-1} = 0, \quad l_1 k_1 + l_2 k_2 + \cdots + l_{r-1} k_{r-1} + l_r = 0,$$

从而 $l_1 = l_2 = \cdots = l_r = 0$，这与 $l_1, l_2, \cdots, l_r$ 不全为零相矛盾，从而 $\{\boldsymbol{\beta}_1, \boldsymbol{\beta}_2, \cdots, \boldsymbol{\beta}_{r-1}, \boldsymbol{\alpha}_r\}$ 线性无关.

3. “6.4 节　基和维数”中第 3 题也可用以下方法求解.

将所给向量组写成矩阵形式并作初等行变换，即

$$\begin{pmatrix} 2 & 1 & -1 & 3 \\ -1 & 0 & 1 & 2 \end{pmatrix} \longrightarrow \begin{pmatrix} 1 & 1 & 0 & 5 \\ -1 & 0 & 1 & 2 \end{pmatrix},$$

则新老矩阵的行向量组互相等价，两个行向量组同样加入两个基本向量 $\boldsymbol{\varepsilon}_1 = (1,0,0,0)$ 和 $\boldsymbol{\varepsilon}_4 = (0,0,0,1)$ 后仍旧互相等价. 而组 $\{(1,1,0,5), (-1,0,1,2), (1,0,0,0), (0,0,0,1)\}$ 显然是线性无关的，从而组 $\{(2,1,-1,3), (-1,0,1,2), (1,0,0,0), (0,0,0,1)\}$ 也线性无关，且其秩为 4，并构成 $\mathbf{R}^4$ 的一个基.

4. 关于“6.4 节　基和维数”中第 5 题之解的补充说明.

证 对于 $\mathbf{C}$ 中任一向量即复数 $a + b\mathrm{i}$，其中 $a, b \in \mathbf{R}$，都有 $a + b\mathrm{i} = a \cdot 1 + b \cdot \mathrm{i}$，即都可由 $\{1, \mathrm{i}\}$ 线性表示；又若 $k \cdot 1 + s \cdot \mathrm{i} = 0$，$k, s \in \mathbf{R}$，则 $k = s = 0$，即组 $\{1, \mathrm{i}\}$ 线性无关，故 $\{1, \mathrm{i}\}$ 是 $\mathbf{C}$ 的一个基，$\mathbf{C}$ 作为实数域 $\mathbf{R}$ 上的向量空间维数是 2.

当 $\mathbf{C}$ 作为复数域上的向量空间时，对任一复数 x，均有 $x = x \cdot 1$；而 $k \cdot 1 = 0$ 时 $k = 0$，即 $\{1\}$ 是线性无关的，故组 $\{1\}$ 是 $\mathbf{C}$ 的一个基，$\mathbf{C}$ 的维数是 1.

5. 关于"6.7 节 矩阵的秩、齐次线性方程组的解空间"中第 6 题之解答的说明.

证 设 W 是 $\mathbf{R}^5$ 的一个二维子空间,$\{\boldsymbol{\alpha}_1,\boldsymbol{\alpha}_2\}$是 W 的一个基,以 $\boldsymbol{\alpha}_1,\boldsymbol{\alpha}_2$ 为行向量的矩阵 $\boldsymbol{A}$ 经初等行变换化为矩阵 $\boldsymbol{B}_1$,即

$$\boldsymbol{B}_1=\begin{pmatrix} b_{11} & 0 & b_{13} & 1 & b_{12} \\ b_{21} & 1 & b_{23} & 0 & b_{22} \end{pmatrix},$$

其行向量组$\{\boldsymbol{\xi}_1,\boldsymbol{\xi}_2\}$与向量组$\{\boldsymbol{\alpha}_1,\boldsymbol{\alpha}_2\}$等价,线性无关,并也构成 W 的一个基. 交换 $\boldsymbol{B}_1$ 的第 2 列与第 5 列,得

$$\boldsymbol{B}=\begin{pmatrix} b_{11} & b_{12} & b_{13} & 1 & 0 \\ b_{21} & b_{22} & b_{23} & 0 & 1 \end{pmatrix}.$$

记

$$\boldsymbol{B}'=\begin{pmatrix} \boldsymbol{B}_{3\times 2} \\ \boldsymbol{I}_2 \end{pmatrix}=\begin{pmatrix} b_{11} & b_{21} \\ b_{12} & b_{22} \\ b_{13} & b_{23} \\ 1 & 0 \\ 0 & 1 \end{pmatrix},\quad \widetilde{\boldsymbol{A}}=(\boldsymbol{I}_3,-\boldsymbol{B}_{3\times 2})=\begin{pmatrix} 1 & 0 & 0 & -b_{11} & -b_{21} \\ 0 & 1 & 0 & -b_{12} & -b_{22} \\ 0 & 0 & 1 & -b_{13} & -b_{23} \end{pmatrix}$$

以 $\widetilde{\boldsymbol{A}}$ 为系数矩阵构造齐次线性方程组

$$\begin{cases} x_1 \qquad\quad -b_{11}x_4-b_{21}x_5=0, \\ \quad x_2 \qquad -b_{12}x_4-b_{22}x_5=0, \\ \qquad\quad x_3-b_{13}x_4-b_{23}x_5=0. \end{cases}$$

由 $\widetilde{\boldsymbol{A}}\boldsymbol{B}'=\boldsymbol{O}$ 或直接验证可知,$\boldsymbol{B}$ 中 2 个行向量 $\boldsymbol{\beta}_1,\boldsymbol{\beta}_2$ 是以上方程组的基础解系,即方程组的解空间为 $\mathscr{L}(\boldsymbol{\beta}_1,\boldsymbol{\beta}_2)$.

现在交换以上方程中的变量 x_2 和 x_5,或交换 $\widetilde{\boldsymbol{A}}$ 中的第 2 列与第 5 列后作为系数矩阵,得新方程组

$$\begin{cases} x_1-b_{21}x_2 \qquad -b_{11}x_4 \qquad\; =0, \\ \quad\; -b_{22}x_2 \qquad -b_{12}x_4+x_5=0, \\ \quad\; -b_{23}x_2+x_3-b_{13}x_4 \qquad\; =0, \end{cases}$$

容易看出,$\boldsymbol{B}_1$ 的行向量 $\boldsymbol{\xi}_1=(b_{11},0,b_{13},1,b_{12})$及 $\boldsymbol{\xi}_2=(b_{21},1,b_{23},0,b_{22})$构成新方程组的基础解系,即 $W=\mathscr{L}(\boldsymbol{\xi}_1,\boldsymbol{\xi}_2)=\mathscr{L}(\boldsymbol{\alpha}_1,\boldsymbol{\alpha}_2)$是这个新方程组的解空间.

第7章 线性变换

知识要点

1. 设 F 是一个数域，V 和 W 是 F 上的向量空间，σ 是 V 到 W 的一个映射. 如果下列条件被满足：(i) 对任意 $\boldsymbol{\xi},\boldsymbol{\eta}\in V$，有 $\sigma(\boldsymbol{\xi}+\boldsymbol{\eta})=\sigma(\boldsymbol{\xi})+\sigma(\boldsymbol{\eta})$；(ii) 对于任意 $a\in F,\boldsymbol{\xi}\in V$，有 $\sigma(a\boldsymbol{\xi})=a\sigma(\boldsymbol{\xi})$，就称 σ 是 V 到 W 的一个**线性映射**. 若 σ 是线性映射，那么

(1) $\sigma(\mathbf{0})=\mathbf{0}$；

(2) $\sigma\left(\sum\limits_{i=1}^{n}a_i\boldsymbol{\xi}_i\right)=\sum\limits_{i=1}^{n}a_i\sigma(\boldsymbol{\xi}_i)$，其中 $a_i\in F,\boldsymbol{\xi}_i\in V(i=1,2,\cdots,n)$.

设 V 和 W 是数域 F 上的向量空间，而 $\sigma:V\to W$ 是一个线性映射，那么 V 的任意子空间 V' 在 σ 之下的象 $\{\sigma(\boldsymbol{\xi})\mid\boldsymbol{\xi}\in V'\}$ 是 W 的一个子空间. 而 W 的任意子空间 W' 在 σ 之下的原象 $\{\boldsymbol{\xi}\in V\mid\sigma(\boldsymbol{\xi})\in W'\}$ 是 V 的一个子空间. 特别地，$\mathrm{Im}(\sigma)=\sigma(V)$ 叫做 **σ 的象**，$\mathrm{Ker}(\sigma)=\{\boldsymbol{\xi}\in V\mid\sigma(\boldsymbol{\xi})=\mathbf{0}\}$ 叫做 **σ 的核**，并有以下结论成立：(i) σ 是满射$\Leftrightarrow\mathrm{Im}(\sigma)=W$；(ii) σ 是单射$\Leftrightarrow\mathrm{Ker}(\sigma)=\{\mathbf{0}\}$.

设 U,V 和 W 都是数域 F 上的向量空间. $\tau:U\to V,\sigma:V\to W$，则合成映射 $\sigma\circ\tau:U\to W$ 是 U 到 W 的一个线性映射. 如果 U,V,W,X 都是 F 上的向量空间，而 $\tau:U\to V,\sigma:V\to W,\rho:W\to X$，则

$$(\rho\circ\sigma)\circ\tau=\rho\circ(\sigma\circ\tau).$$

如果线性映射 $\sigma:V\to W$ 有逆映射 σ^{-1}，那么 σ^{-1} 是 W 到 V 的一个线性映射.

2. 令 V 是数域 F 上的一个向量空间，V 到自身的一个线性映射叫做 V 的一个**线性变换**.

以 $L(V)$ 表示向量空间 V 的一切线性变换的集合，设 $\sigma,\tau\in L(V),k\in F$，对 V 中任意向量 $\boldsymbol{\xi}$，令 $\sigma+\tau:\boldsymbol{\xi}\to\sigma(\boldsymbol{\xi})+\tau(\boldsymbol{\xi}),k\sigma:\boldsymbol{\xi}\to k\sigma(\boldsymbol{\xi}),-\sigma:\boldsymbol{\xi}\to-\sigma(\boldsymbol{\xi})$. 则 $\sigma+\tau,k\sigma,-\sigma$ 都是 V 的线性变换，$\sigma+\tau$ 称为 σ 与 τ 之和，$-\sigma$ 称为 σ 的负变换.

令θ是V到自身的零映射，称为V的**零变换**.

按以上定义，对任意$\rho,\sigma,\tau\in L(V)$，$a,b\in F$，向量加法和向量与标量乘法的(1)～(8)条算律都能满足. 因此，$L(V)$对于加法和数与线性变换的乘法构成F上一个向量空间.

在$L(V)$中，若把向量合成$\sigma\circ\tau$叫做σ与τ的积，并记为$\sigma\tau$，则有

(9) $\rho(\sigma+\tau)=\rho\sigma+\rho\tau$；

(10) $(\sigma+\tau)\rho=\sigma\rho+\tau\rho$；

(11) $(k\sigma)\tau=\sigma(k\tau)=k(\sigma\tau)$.

令ι表示V到V的单位映射，称为V的**单位变换**. 定义

$$\sigma^n=\begin{cases}\overbrace{\sigma\sigma\cdots\sigma}^{n\text{个}}, & n\geqslant 1,\\ \iota, & n=0,\end{cases}$$

那么σ的非负整数次幂都有意义.

设$f(x)=a_0+a_1x+\cdots+a_nx^n$是$F$上一个多项式，而$\sigma\in L(V)$，则线性变换$a_0\iota+a_1\sigma+\cdots+a_n\sigma^n$叫做当$x=\sigma$时$f(x)$的值，简记为$f(\sigma)=a_0+a_1\sigma+\cdots+a_n\sigma^n$. 如果$f(x),g(x)\in F[x]$，且$U(x)=f(x)+g(x)$，$V(x)=f(x)\cdot g(x)$，那么

$$U(\sigma)=f(\sigma)+g(\sigma),\quad V(\sigma)=f(\sigma)g(\sigma).$$

如果线性变换σ有逆映射σ^{-1}，则σ^{-1}也是线性变换，叫做σ的**逆变换**. 这时σ称为可逆变换或非奇异变换.

3. 设V是数域F上一个n维向量空间，σ是V的一个线性变换，$\{\boldsymbol{\alpha}_1,\boldsymbol{\alpha}_2,\cdots,\boldsymbol{\alpha}_n\}$是$V$的一个基，令$\mathbf{A}=(a_{ij})_{n\times n}$，如果矩阵$\mathbf{A}$的第$j$列的元素是$\sigma(\boldsymbol{\alpha}_j)$关于基$\{\boldsymbol{\alpha}_1,\boldsymbol{\alpha}_2,\cdots,\boldsymbol{\alpha}_n\}$的坐标，则称$n$阶矩阵$\mathbf{A}$为线性变换$\sigma$**关于基$\{\boldsymbol{\alpha}_1,\boldsymbol{\alpha}_2,\cdots,\boldsymbol{\alpha}_n\}$的矩阵**. 取定$F$上$n$维向量空间$V$的一个基之后，对于$V$的每一线性变换$\sigma$，有唯一确定的$F$上的$n$阶矩阵$\mathbf{A}$与之对应，并有等式：

$$(\sigma(\boldsymbol{\alpha}_1),\sigma(\boldsymbol{\alpha}_2),\cdots,\sigma(\boldsymbol{\alpha}_n))=(\boldsymbol{\alpha}_1,\boldsymbol{\alpha}_2,\cdots,\boldsymbol{\alpha}_n)\mathbf{A}.$$

同时，如果σ关于V的某个基的矩阵是$\mathbf{A}$，而V中向量$\boldsymbol{\xi}$关于这个基的坐标是$(x_1,x_2,\cdots,x_n)$，$\sigma(\boldsymbol{\xi})$的坐标是$(y_1,y_2,\cdots,y_n)$，则有

$$(y_1,y_2,\cdots,y_n)'=\mathbf{A}(x_1,x_2,\cdots,x_n)'.$$

此外，对于V中任意n个向量$\boldsymbol{\beta}_1,\boldsymbol{\beta}_2,\cdots,\boldsymbol{\beta}_n$，恰有$V$中一个线性变换$\sigma$，使$\sigma(\boldsymbol{\alpha}_i)=\boldsymbol{\beta}_i$.

设V是数域F上一个n维向量空间，$\{\boldsymbol{\alpha}_1,\boldsymbol{\alpha}_2,\cdots,\boldsymbol{\alpha}_n\}$是$V$的一个基. 对

于 V 的每一个线性变换 σ，令 σ 关于基 $\{\boldsymbol{\alpha}_1,\boldsymbol{\alpha}_2,\cdots,\boldsymbol{\alpha}_n\}$ 的矩阵 $\boldsymbol{A}$ 与它对应，这样就得到 V 的全体线性变换所成的集合 $L(V)$ 到 F 上全体 n 阶矩阵所成集合 $M_n(F)$ 的一个双射，并且如果 $\sigma\mapsto\boldsymbol{A}$，$\tau\mapsto\boldsymbol{B}$，则 $\sigma+\tau\mapsto\boldsymbol{A}+\boldsymbol{B}$，$a\sigma\mapsto a\boldsymbol{A}$，$a\in F$，$\sigma\tau\mapsto\boldsymbol{AB}$，从而 $L(V)$ 与 $M_n(F)$ 同构.

设数域 F 上 n 维向量空间 V 的一个线性变换 σ 关于 V 的一个取定的基的矩阵是 $\boldsymbol{A}$，那么 σ 可逆必需且只需 $\boldsymbol{A}$ 可逆，且 σ^{-1} 关于这个基的矩阵是 $\boldsymbol{A}^{-1}$.

设 $\boldsymbol{A},\boldsymbol{B}$ 是数域 F 上两个 n 阶矩阵，如果存在 F 上一个 n 阶可逆矩阵 $\boldsymbol{T}$，使 $\boldsymbol{B}=\boldsymbol{T}^{-1}\boldsymbol{AT}$，那么就说 $\boldsymbol{B}$ 与 $\boldsymbol{A}$ **相似**，记作 $\boldsymbol{A}\sim\boldsymbol{B}$. n 阶矩阵的相似关系具有自反性、对称性和传递性.

设 n 维向量空间的一个线性变换 σ 关于两个基 $\{\boldsymbol{\alpha}_1,\boldsymbol{\alpha}_2,\cdots,\boldsymbol{\alpha}_n\}$ 和 $\{\boldsymbol{\beta}_1,\boldsymbol{\beta}_2,\cdots,\boldsymbol{\beta}_n\}$ 的矩阵分别是 $\boldsymbol{A}$ 与 $\boldsymbol{B}$，且过渡矩阵 $\boldsymbol{T}$ 使 $\{\boldsymbol{\beta}_1,\boldsymbol{\beta}_2,\cdots,\boldsymbol{\beta}_n\}=\{\boldsymbol{\alpha}_1,\boldsymbol{\alpha}_2,\cdots,\boldsymbol{\alpha}_n\}\boldsymbol{T}$，则 $\boldsymbol{A}\sim\boldsymbol{B}$，且 $\boldsymbol{B}=\boldsymbol{T}^{-1}\boldsymbol{AT}$；反之，若 $\boldsymbol{A}\sim\boldsymbol{B}$ 且 $\boldsymbol{B}=\boldsymbol{T}^{-1}\boldsymbol{AT}$，则 $\boldsymbol{A},\boldsymbol{B}$ 可看成同一线性变换 σ 在不同基下的矩阵. 若 σ 在基 $\{\boldsymbol{\alpha}_1,\boldsymbol{\alpha}_2,\cdots,\boldsymbol{\alpha}_n\}$ 下的矩阵是 $\boldsymbol{A}$，那么 $\boldsymbol{B}$ 是 σ 在基 $\{\boldsymbol{\beta}_1,\boldsymbol{\beta}_2,\cdots,\boldsymbol{\beta}_n\}=\{\boldsymbol{\alpha}_1,\boldsymbol{\alpha}_2,\cdots,\boldsymbol{\alpha}_n\}\boldsymbol{T}$ 之下的矩阵.

4. 说 V 的一个子空间 W 在线性变换 σ 之下是不变(或稳定)的，如果 $\sigma(W)\subseteq W$. 这时 W 叫做 σ 的**不变子空间**. 设 W 是线性变换 σ 的不变子空间，只考虑 σ 在 W 的作用，就得到子空间 W 的一个线性变换，称为 σ 在 W 上的**限制**，记作 $\sigma|_W$，对于任意 $\boldsymbol{\xi}\in W$，$\sigma|_W(\boldsymbol{\xi})=\sigma(\boldsymbol{\xi})$，如果 $\boldsymbol{\xi}\notin W$，$\sigma|_W(\boldsymbol{\xi})$ 没有意义.

如果向量空间 V 可写成 s 个子空间 $W_1,W_2,\cdots,W_s$ 的直和，并且每个子空间都在 σ 之下不变，那么在每个子空间取一个基，凑成 V 的基，则 σ 关于这个基的矩阵为准对角形矩阵：

$$\begin{pmatrix} \boldsymbol{A}_1 & \boldsymbol{O} & \cdots & \boldsymbol{O} \\ \boldsymbol{O} & \boldsymbol{A}_2 & \cdots & \boldsymbol{O} \\ \vdots & \vdots & & \vdots \\ \boldsymbol{O} & \boldsymbol{O} & \cdots & \boldsymbol{A}_s \end{pmatrix},$$

其中 $\boldsymbol{A}_i(i=1,2,\cdots,s)$ 是 $\sigma|_{W_i}$ 关于所取 W_i 的基的矩阵.

5. 设 λ 是 F 中一个数，如果存在 V 中非零向量 $\boldsymbol{\xi}$，使得 $\sigma(\boldsymbol{\xi})=\lambda\boldsymbol{\xi}$，那么 λ 叫做 σ 的一个**本征值**，而 $\boldsymbol{\xi}$ 叫做 σ 的属于本征值 λ 的一个**本征向量**. 如果 $\boldsymbol{\xi}$ 是 σ 的一个本征向量，那么由 $\boldsymbol{\xi}$ 所生成的一维子空间 $U=\{a\boldsymbol{\xi}\mid a\in F\}$ 在 σ 之下不变；反过来，如果 V 的一维子空间 U 在 σ 之下不变，则 U 中每一个非零向量

都是σ的属于同一本征值的本征向量.

设$\boldsymbol{A}=(a_{ij})$是数域F上一个n阶矩阵,行列式$f_{\boldsymbol{A}}(x)=\det(x\boldsymbol{I}-\boldsymbol{A})$叫做$\boldsymbol{A}$的**特征多项式**. $f_{\boldsymbol{A}}(x)$在复数域$\mathbf{C}$内的根叫做矩阵$\boldsymbol{A}$的**特征根**. 设λ是$\boldsymbol{A}$的一个特征根,那么齐次线性方程组$(\lambda\boldsymbol{I}-\boldsymbol{A})\boldsymbol{X}=\mathbf{0}$ $(\boldsymbol{X}=(x_1,x_2,\cdots,x_n)')$的一个非零解,叫做矩阵$\boldsymbol{A}$的属于特征根$\lambda$的**特征向量**. 相似矩阵有相同的特征多项式. V的线性变换σ关于任意基的矩阵的特征多项式叫做σ的特征多项式,记作$f_\sigma(x)$. $\boldsymbol{A}$的属于F的特征根即为相应线性变换σ的**本征值**,而$\boldsymbol{A}$的属于λ的特征向量就是σ的属于λ的本征向量关于给定基的坐标.

设$\lambda_1,\lambda_2,\cdots,\lambda_n$是$\boldsymbol{A}$的全部特征根,则

$$f_{\boldsymbol{A}}(x)=(x-\lambda_1)\cdot\cdots\cdot(x-\lambda_n),\quad \mathrm{tr}\boldsymbol{A}=\lambda_1+\lambda_2+\cdots+\lambda_n,$$
$$\det\boldsymbol{A}=\lambda_1\lambda_2\cdots\lambda_n,$$

其中$\mathrm{tr}\boldsymbol{A}=\sum_{i=1}^{n}a_{ii}$称为$\boldsymbol{A}$**的迹**.

6. 设σ是数域F上n $(n\geqslant 1)$维向量空间V的一个线性变换,如果存在V的一个基,使得σ关于这个基的矩阵有对角形式

$$\begin{pmatrix}\lambda_1 & 0 & \cdots & 0\\ 0 & \lambda_2 & \cdots & 0\\ \vdots & \vdots & & \vdots\\ 0 & 0 & \cdots & \lambda_n\end{pmatrix},$$

那么就说σ可以**对角化**. 等价地,设$\boldsymbol{A}$是F上一个n阶矩阵,如果存在F上一个n阶可逆矩阵$\boldsymbol{T}$,使$\boldsymbol{T}^{-1}\boldsymbol{AT}$具有对角形式,就说矩阵$\boldsymbol{A}$可以对角化.

设σ是数域F上向量空间V的一个线性变换,则σ的属于不同本征值的本征向量线性无关. 若$\lambda_1,\lambda_2,\cdots,\lambda_t$是$\sigma$的互不相同的本征值,而$\boldsymbol{\xi}_{i1},\boldsymbol{\xi}_{i2},\cdots,\boldsymbol{\xi}_{is_i}$ $(i=1,2,\cdots,t)$是属于本征值λ_i的线性无关的本征向量,那么$\boldsymbol{\xi}_{11},\cdots,\boldsymbol{\xi}_{1s_1},\cdots,\boldsymbol{\xi}_{t1},\cdots,\boldsymbol{\xi}_{ts_t}$线性无关. 如果$V$是$n$维的,且多项式$f_\sigma(x)$在$F$内有$n$个单根,那么存在$V$的一个基,使$\sigma$在这个基的矩阵是对角形式. 等价地,令$\boldsymbol{A}$是数域$F$上$n$阶矩阵,如果$f_{\boldsymbol{A}}(x)$在$F$内有$n$个单根,那么存在一个$n$阶可逆矩阵$\boldsymbol{T}$,使$\boldsymbol{T}^{-1}\boldsymbol{AT}$具有上述的对角形式.

设σ是数域F上向量空间V的一个线性变换,λ是σ的一个本征值. 令$V_\lambda=\{\boldsymbol{\xi}\in V\mid\sigma(\boldsymbol{\xi})=\lambda\boldsymbol{\xi}\}=\mathrm{Ker}(\lambda_\iota-\sigma)$,$V_\lambda$叫做$\sigma$的属于本征值$\lambda$的本征子空间,其中每个非零向量都是$\sigma$的属于本征值$\lambda$的本征向量. V_λ在σ之下不变. V_λ的维数不大于λ的重数.

设 σ 是数域 F 上 n 维向量空间 V 的一个线性变换，σ 可以对角化的充要条件是：(i) σ 的本征值都在 F 内；(ii) 对于 σ 的每一个本征值 λ，本征子空间 V_λ 的维数等于 λ 的重数.

等价地，若 $\mathbf{A}$ 是数域 F 上的 n 阶矩阵，$\mathbf{A}$ 可以对角化的充要条件是：(i) $\mathbf{A}$的特征根都在 F 内；(ii) 对于 $\mathbf{A}$ 的每一特征根 λ，秩$(\lambda\mathbf{I}-\mathbf{A})=n-s$，这里 s 是 λ 的重数.

习题解答

7.1 线性映射

1. 令 $\boldsymbol{\xi}=(x_1,x_2,x_3)$是 $\mathbf{R}^3$ 的任意向量，下列映射 σ 哪些是 $\mathbf{R}^3$ 到自身的线性映射？

(i) $\sigma(\boldsymbol{\xi})=\boldsymbol{\xi}+\boldsymbol{\alpha}$，$\boldsymbol{\alpha}$ 是 $\mathbf{R}^3$ 的一个固定向量；

(ii) $\sigma(\boldsymbol{\xi})=(2x_1-x_2+x_3,x_2+x_3,-x_3)$；

(iii) $\sigma(\boldsymbol{\xi})=(x_1^2,x_2^2,x_3^2)$；

(iv) $\sigma(\boldsymbol{\xi})=(\cos x_1,\sin x_2,0)$.

解 (i) 当 $\boldsymbol{\alpha}=\mathbf{0}$ 时，σ 是线性映射；$\boldsymbol{\alpha}\neq\mathbf{0}$ 时，σ 不是线性映射. 因为

$$\sigma(\boldsymbol{\xi}_1+\boldsymbol{\xi}_2)=\boldsymbol{\xi}_1+\boldsymbol{\xi}_2+\boldsymbol{\alpha},$$

而
$$\sigma(\boldsymbol{\xi}_1)+\sigma(\boldsymbol{\xi}_2)=\boldsymbol{\xi}_1+\boldsymbol{\alpha}+\boldsymbol{\xi}_2+\boldsymbol{\alpha},\quad \sigma(\boldsymbol{\xi}_1+\boldsymbol{\xi}_2)\neq\sigma(\boldsymbol{\xi}_1)+\sigma(\boldsymbol{\xi}_2).$$

(ii) 是.

(iii) 不是. 例如，$\sigma[k(1,0,0)]=(k^2,0,0)\neq k\sigma(1,0,0)$，当 $k\neq\pm1$ 时.

(iv) 不是. 因为，一般地，$\cos(x_1+y_1)\neq\cos x_1+\cos y_1$，所以

$$\cos(\boldsymbol{\xi}_1+\boldsymbol{\xi}_2)\neq\sigma(\boldsymbol{\xi}_1)+\sigma(\boldsymbol{\xi}_2).$$

2. 设 V 是数域 F 上一个一维向量空间，证明 V 到自身的一个映射 σ 是线性映射的充要条件是：对于任意 $\boldsymbol{\xi}\in V$，都有 $\sigma(\boldsymbol{\xi})=a\boldsymbol{\xi}$，其中 a 是 F 中的一个定数.

证 充分性. 设 $\boldsymbol{\xi}_1,\boldsymbol{\xi}_2\in V$，对任意 $m,n\in F$，有

$$\sigma(m\boldsymbol{\xi}_1+n\boldsymbol{\xi}_2)=a(m\boldsymbol{\xi}_1+n\boldsymbol{\xi}_2)=ma\boldsymbol{\xi}_1+na\boldsymbol{\xi}_2=m\sigma(\boldsymbol{\xi}_1)+n\sigma(\boldsymbol{\xi}_2),$$

所以 σ 是 V 到自身的线性映射.

必要性. 由于 $\dim V=1$，可设 $\boldsymbol{\eta}\neq\mathbf{0}$ 是 V 的一个基. 注意 σ 是 V 到自身的

线性映射，$\sigma(\boldsymbol{\eta})\in V$，于是 $\sigma(\boldsymbol{\eta})=a\boldsymbol{\eta}\ (a\in F)$.

设任意 $\boldsymbol{\xi}\in V,\boldsymbol{\xi}=k\boldsymbol{\eta}$，则由线性映射性质，有

$$\sigma(\boldsymbol{\xi})=\sigma(k\boldsymbol{\eta})=k\sigma(\boldsymbol{\eta})=k\cdot a\boldsymbol{\eta}=a(k\boldsymbol{\eta})=a\boldsymbol{\xi}.$$

3. 令 $M_n(F)$ 表示数域 F 上一切 n 阶矩阵所成的向量空间，取定 $\boldsymbol{A}\in M_n(F)$，对任意 $\boldsymbol{X}\in M_n(F)$，定义 $\sigma(\boldsymbol{X})=\boldsymbol{AX}-\boldsymbol{XA}$.

(i) 证明：σ 是 $M_n(F)$ 到自身的线性映射.

(ii) 证明：对于任意 $\boldsymbol{X},\boldsymbol{Y}\in M_n(F)$，有

$$\sigma(\boldsymbol{XY})=\sigma(\boldsymbol{X})\boldsymbol{Y}+\boldsymbol{X}\sigma(\boldsymbol{Y}).$$

证 (i) 对任意 $\boldsymbol{X}\in M_n(F)$ 和给定 $\boldsymbol{A}\in M_n(F)$，有 $\sigma(\boldsymbol{X})=\boldsymbol{AX}-\boldsymbol{XA}\in M_n(F)$ 且唯一确定，故 σ 是 $M_n(F)$ 到自身的映射.

对任意 $\boldsymbol{X},\boldsymbol{Y}\in M_n(F)$ 及 $a,b\in F$，有

$$\begin{aligned}\sigma(a\boldsymbol{X}+b\boldsymbol{Y})&=\boldsymbol{A}(a\boldsymbol{X}+b\boldsymbol{Y})-(a\boldsymbol{X}+b\boldsymbol{Y})\boldsymbol{A}=a(\boldsymbol{AX}-\boldsymbol{XA})+b(\boldsymbol{AY}-\boldsymbol{YA})\\&=a\sigma(\boldsymbol{X})+b\sigma(\boldsymbol{Y}),\end{aligned}$$

所以 σ 是 $M_n(F)$ 到自身的线性映射.

(ii) $$\begin{aligned}\sigma(\boldsymbol{XY})&=\boldsymbol{A}(\boldsymbol{XY})-(\boldsymbol{XY})\boldsymbol{A}=\boldsymbol{AXY}-\boldsymbol{XAY}+\boldsymbol{XAY}-\boldsymbol{XYA}\\&=(\boldsymbol{AX}-\boldsymbol{XA})\boldsymbol{Y}+\boldsymbol{X}(\boldsymbol{AY}-\boldsymbol{YA})=\sigma(\boldsymbol{X})\boldsymbol{Y}+\boldsymbol{X}\sigma(\boldsymbol{Y}).\end{aligned}$$

4. 令 F^4 表示数域 F 上四元列空间. 取

$$\boldsymbol{A}=\begin{pmatrix}1&-1&5&-1\\1&1&-2&3\\3&-1&8&1\\1&3&-9&7\end{pmatrix},$$

对于 $\boldsymbol{\xi}\in F^4$，令
$$\sigma(\boldsymbol{\xi})=\boldsymbol{A\xi},$$
求线性映射 σ 的核和像的维数.

解 由于 $\boldsymbol{A}$ 的秩为 2，且核 $\mathrm{Ker}(\sigma)$ 即为方程组 $\boldsymbol{A\xi}=\boldsymbol{0}$ 的解空间，故核的维数 $\dim\mathrm{Ker}(\sigma)=4-2=2$.

设 $\boldsymbol{\eta}_i(i=1,2,3,4)$ 是 F^4 的一个基，σ 在此基下的矩阵为 $\boldsymbol{A}$，$\boldsymbol{\xi}$ 是 F^4 的任意向量，则 $\boldsymbol{\xi}$ 可由 $\boldsymbol{\eta}_i(i=1,2,3,4)$ 线性表示，从而 $\sigma(\boldsymbol{\xi})$ 也可由 $\sigma(\boldsymbol{\eta}_i)\ (i=1,2,3,4)$ 线性表示，故 σ 的像空间 $\mathrm{Im}(\sigma)$ 即为 $\sigma(\boldsymbol{\eta}_i)\ (i=1,2,3,4)$ 的生成子空间.

记以 $\boldsymbol{\eta}_i(i=1,2,3,4)$ 为列构成的矩阵为 $\boldsymbol{B}$，则

$$(\sigma(\boldsymbol{\eta}_1),\sigma(\boldsymbol{\eta}_2),\sigma(\boldsymbol{\eta}_3),\sigma(\boldsymbol{\eta}_4))=\sigma(\boldsymbol{\eta}_1,\boldsymbol{\eta}_2,\boldsymbol{\eta}_3,\boldsymbol{\eta}_4)=(\boldsymbol{\eta}_1,\boldsymbol{\eta}_2,\boldsymbol{\eta}_3,\boldsymbol{\eta}_4)\boldsymbol{A}=\boldsymbol{BA}.$$

因为 $\boldsymbol{B}$ 的行列式 $\det\boldsymbol{B}\neq 0$，所以秩$(\boldsymbol{BA})=$秩$(\boldsymbol{A})=2$，于是左边向量组的秩也是 2，即像空间的维数 $\dim\mathrm{Im}(\sigma)=2$.

5. 设 V 和 W 都是数域 F 上向量空间，且 $\dim V=n$，令 σ 是 V 到 W 的一个线性映射. 选取 V 的一个基：$\boldsymbol{\alpha}_1,\cdots,\boldsymbol{\alpha}_s,\boldsymbol{\alpha}_{s+1},\cdots,\boldsymbol{\alpha}_n$，使得 $\boldsymbol{\alpha}_1,\cdots,\boldsymbol{\alpha}_s$ 是 $\mathrm{Ker}(\sigma)$的一个基. 证明：

(i) $\sigma(\boldsymbol{\alpha}_{s+1}),\cdots,\sigma(\boldsymbol{\alpha}_n)$组成 $\mathrm{Im}(\sigma)$的一个基；

(ii) $\dim \mathrm{Ker}(\sigma)+\dim \mathrm{Im}(\sigma)=n$.

证 (i) 对于任意 $\boldsymbol{\xi}\in V$，有

$$\boldsymbol{\xi}=k_1\boldsymbol{\alpha}_1+\cdots+k_s\boldsymbol{\alpha}_s+k_{s+1}\boldsymbol{\alpha}_{s+1}+\cdots+k_n\boldsymbol{\alpha}_n,$$

由于 $\boldsymbol{\alpha}_i\,(1\leqslant i\leqslant s)$是 $\mathrm{Ker}(\sigma)$的基，故 $\sigma(\boldsymbol{\alpha}_i)=\mathbf{0}\ (i=1,2,\cdots,s)$，从而

$$\begin{aligned}\sigma(\boldsymbol{\xi})&=k_1\sigma(\boldsymbol{\alpha}_1)+\cdots+k_s\sigma(\boldsymbol{\alpha}_s)+k_{s+1}\sigma(\boldsymbol{\alpha}_{s+1})+\cdots+k_n\sigma(\boldsymbol{\alpha}_n)\\&=k_{s+1}\sigma(\boldsymbol{\alpha}_{s+1})+\cdots+k_n\sigma(\boldsymbol{\alpha}_n).\end{aligned}$$

再设 $a_{s+1}\sigma(\boldsymbol{\alpha}_{s+1})+\cdots+a_n\sigma(\boldsymbol{\alpha}_n)=\sigma(a_{s+1}\boldsymbol{\alpha}_{s+1}+\cdots+a_n\boldsymbol{\alpha}_n)=\mathbf{0}$，则

$$a_{s+1}\boldsymbol{\alpha}_{s+1}+\cdots+a_n\boldsymbol{\alpha}_n\in \mathrm{Ker}(\sigma),$$

因 $\boldsymbol{\alpha}_1,\boldsymbol{\alpha}_2,\cdots,\boldsymbol{\alpha}_s$ 是 $\mathrm{Ker}(\sigma)$的基，故

$$a_{s+1}\boldsymbol{\alpha}_{s+1}+\cdots+a_n\boldsymbol{\alpha}_n=a_1\boldsymbol{\alpha}_1+\cdots+a_s\boldsymbol{\alpha}_s.$$

由于 $\boldsymbol{\alpha}_1,\cdots,\boldsymbol{\alpha}_s,\boldsymbol{\alpha}_{s+1},\cdots,\boldsymbol{\alpha}_n$ 线性无关，$a_1=a_2=\cdots=a_n=0$，故$\sigma(\boldsymbol{\alpha}_{s+1}),\cdots,\sigma(\boldsymbol{\alpha}_n)$线性无关，从而 $\sigma(\boldsymbol{\alpha}_{s+1}),\cdots,\sigma(\boldsymbol{\alpha}_n)$组成 $\mathrm{Im}(\sigma)$的基.

(ii) 由(i)和假设知，$\dim \mathrm{Ker}(\sigma)=s$，$\dim \mathrm{Im}(\sigma)=n-s$，所以

$$\dim \mathrm{Ker}(\sigma)+\dim \mathrm{Im}(\sigma)=n.$$

6. 设 σ 是数域 F 上 n 维向量空间 V 到自身的一个线性映射，W_1、W_2 是 V 的子空间，并且 $V=W_1\oplus W_2$. 证明：σ 有逆映射的充要条件是 $V=\sigma(W_1)\oplus\sigma(W_2)$.

证 设 $W_1=\mathscr{L}(\boldsymbol{\alpha}_1,\boldsymbol{\alpha}_2,\cdots,\boldsymbol{\alpha}_r)$，$W_2=\mathscr{L}(\boldsymbol{\alpha}_{r+1},\boldsymbol{\alpha}_{r+2},\cdots,\boldsymbol{\alpha}_n)$，$\{\boldsymbol{\alpha}_1,\boldsymbol{\alpha}_2,\cdots,\boldsymbol{\alpha}_r\}$，$\{\boldsymbol{\alpha}_{r+1},\boldsymbol{\alpha}_{r+2},\cdots,\boldsymbol{\alpha}_n\}$分别是 W_1 与 W_2 的基，由 $V=W_1\oplus W_2$，即 $V=W_1+W_2$ 且 $W_1\cap W_2=\{\mathbf{0}\}$，可知$\{\boldsymbol{\alpha}_1,\boldsymbol{\alpha}_2,\cdots,\boldsymbol{\alpha}_n\}$线性无关且为 V 的一个基.

必要性. 若 σ 有逆变换 σ^{-1}，设

$$k_1\sigma(\boldsymbol{\alpha}_1)+k_2\sigma(\boldsymbol{\alpha}_2)+\cdots+k_n\sigma(\boldsymbol{\alpha}_n)=\mathbf{0},$$

则有

$$k_1\boldsymbol{\alpha}_1+k_2\boldsymbol{\alpha}_2+\cdots+k_n\boldsymbol{\alpha}_n=\sigma^{-1}\Big(\sum_{i=1}^{n}k_i\sigma(\boldsymbol{\alpha}_i)\Big)=\sigma^{-1}(\mathbf{0})=\mathbf{0}.$$

因 $\boldsymbol{\alpha}_1,\boldsymbol{\alpha}_2,\cdots,\boldsymbol{\alpha}_n$ 线性无关，故 $k_1=k_2=\cdots=k_n=0$，从而 $\sigma(\boldsymbol{\alpha}_1),\sigma(\boldsymbol{\alpha}_2),\cdots,\sigma(\boldsymbol{\alpha}_n)$线性无关，即 $\sigma(\boldsymbol{\alpha}_1),\sigma(\boldsymbol{\alpha}_2),\cdots,\sigma(\boldsymbol{\alpha}_n)$也是 V 的一个基. 记

$$\sigma(W_1)=\mathscr{L}(\sigma(\boldsymbol{\alpha}_1),\sigma(\boldsymbol{\alpha}_2),\cdots,\sigma(\boldsymbol{\alpha}_r)),$$

$$\sigma(W_2)=\mathscr{L}(\sigma(\boldsymbol{\alpha}_{r+1}),\sigma(\boldsymbol{\alpha}_{r+2}),\cdots,\sigma(\boldsymbol{\alpha}_n)),$$

则有 $V=\sigma(W_1)+\sigma(W_2)$ 且 $\sigma(W_1)\cap\sigma(W_2)=\{\mathbf{0}\}$，因而

$$V=\sigma(W_1)\oplus\sigma(W_2).$$

充分性. 若 $V=\sigma(W_1)\oplus\sigma(W_2)$，因为

$$\sigma(W_1)=\mathscr{L}(\sigma(\boldsymbol{\alpha}_1),\sigma(\boldsymbol{\alpha}_2),\cdots,\sigma(\boldsymbol{\alpha}_r)),$$

$$\sigma(W_2)=\mathscr{L}(\sigma(\boldsymbol{\alpha}_{r+1}),\sigma(\boldsymbol{\alpha}_{r+2}),\cdots,\sigma(\boldsymbol{\alpha}_n)),$$

所以

$$V=\mathscr{L}(\sigma(\boldsymbol{\alpha}_1),\sigma(\boldsymbol{\alpha}_2),\cdots,\sigma(\boldsymbol{\alpha}_n)).$$

又 $\dim V=n$，故 $\{\sigma(\boldsymbol{\alpha}_1),\sigma(\boldsymbol{\alpha}_2),\cdots,\sigma(\boldsymbol{\alpha}_n)\}$ 线性无关，且为 V 的一个基.

现在定义 V 到自身的映射 τ，对于任意 $\boldsymbol{\xi}=\sum_{i=1}^{n}k_i\sigma(\boldsymbol{\alpha}_i)\in V$，$\tau:\boldsymbol{\xi}\mapsto\sum_{i=1}^{n}k_i\boldsymbol{\alpha}_i$.

容易验证 τ 是 V 上的线性变换，且对任意 $\zeta=\sum_{i=1}^{n}x_i\boldsymbol{\alpha}_i=\sum_{j=1}^{n}y_j\sigma(\boldsymbol{\alpha}_j)$，有

$$\tau\sigma(\zeta)=\tau\Big(\sigma\Big(\sum_{i=1}^{n}x_i\boldsymbol{\alpha}_i\Big)\Big)=\tau\Big(\sum_{i=1}^{n}x_i\sigma(\boldsymbol{\alpha}_i)\Big)=\sum_{i=1}^{n}x_i\boldsymbol{\alpha}_i=\zeta,$$

$$\sigma\tau(\zeta)=\sigma\Big(\tau\Big(\sum_{j=1}^{n}y_j\sigma(\boldsymbol{\alpha}_j)\Big)\Big)=\sigma\Big(\sum_{j=1}^{n}y_j\boldsymbol{\alpha}_j\Big)=\sum_{j=1}^{n}y_j\sigma(\boldsymbol{\alpha}_j)=\zeta.$$

可见 $\sigma\tau=\tau\sigma=\iota$（单位变换），即 σ 有逆变换 $\sigma^{-1}=\tau$.

7.2 线性变换的运算

1. 举例说明：线性变换的乘法不满足交换律.

解 例如，在线性空间 $R[x]$ 中，线性变换 $\sigma:f(x)\mapsto f'(x)$，$\tau:f(x)=\int_0^x f(t)\,\mathrm{d}t$. $\sigma\tau=\iota$（单位变换），但一般 $\tau\sigma\neq\iota$.

2. 在 $F[x]$ 中，定义

$$\sigma:f(x)\mapsto f'(x),$$

$$\tau:f(x)\mapsto xf(x),$$

这里 $f'(x)$ 表示 $f(x)$ 的导数. 证明：σ,τ 都是 $F[x]$ 的线性变换，并且对于任意正整数 n，都有

$$\sigma^n\tau-\tau\sigma^n=n\sigma^{n-1}.$$

证 对任意 $f(x),g(x)\in F[x]$，$a,b\in F$，有

$$\begin{aligned}\sigma(af(x)+bg(x))&=(af(x)+bg(x))'=af'(x)+bg'(x)\\&=a\sigma(f(x))+b\sigma(g(x)),\end{aligned}$$

$$\begin{aligned}\tau(af(x)+bg(x))&=x(af(x)+bg(x))=a\cdot xf(x)+b\cdot xg(x)\\&=a\tau(f(x))+b\tau(g(x)),\end{aligned}$$

所以，σ，τ 都是 $F[x]$ 的线性变换. 下面用归纳法证 $\sigma^n\tau-\tau\sigma^n=n\sigma^{n-1}$.

当 $n=1$ 时，有

$$
\begin{aligned}
(\sigma\tau-\tau\sigma)(f(x)) &= \sigma\tau(f(x))-\tau\sigma(f(x))=\sigma(xf(x))-\tau(f'(x)) \\
&= f(x)+xf'(x)-xf'(x)=f(x)=1\cdot\sigma^{1-1}(f(x)),
\end{aligned}
$$

即 $\sigma^1\tau-\tau\sigma^1=1\cdot\sigma^{1-1}$，结论成立.

设 $n=k-1$ 时，结论成立，即 $\sigma^{k-1}\tau-\tau\sigma^{k-1}=(k-1)\sigma^{k-2}$，则 $n=k$ 时，有

$$
\begin{aligned}
\sigma^k\tau-\tau\sigma^k &= \sigma\cdot\sigma^{k-1}\tau-\tau\sigma^k=\sigma[(k-1)\sigma^{k-2}+\tau\sigma^{k-1}]-\tau\sigma^k \\
&= (k-1)\sigma^{k-1}+\sigma\tau\sigma^{k-1}-\tau\sigma^k.
\end{aligned}
$$

注意

$$
\begin{aligned}
(\sigma\tau\sigma^{k-1}-\tau\sigma^k)(f(x)) &= \sigma(xf^{(k-1)}(x))-xf^{(k)}(x) \\
&= f^{(k-1)}(x)+xf^{(k)}(x)-xf^{(k)}(x) \\
&= f^{(k-1)}(x)=\sigma^{k-1}(f(x)),
\end{aligned}
$$

即

$$\sigma\tau\sigma^{k-1}-\tau\sigma^k=\sigma^{k-1}.$$

代入前式得 $\sigma^k\tau-\tau\sigma^k=k\sigma^{k-1}$，故结论对任何正整数 n 成立.

3. 设 V 是数域 F 上一个有限维向量空间，证明：对于 V 的线性变换 σ 来说，下列三个条件是等价的.

(i) σ 是满射；　(ii) $\mathrm{Ker}(\sigma)=\{\mathbf{0}\}$；　(iii) σ 非奇异.

当 V 不是有限维时，(i)、(ii)是否等价？

证　先证(i)与(ii)等价.

(i)⇒(ii). 设 $\boldsymbol{\alpha}_1,\boldsymbol{\alpha}_2,\cdots,\boldsymbol{\alpha}_n$ 是 V 的一个基，对任意 $\boldsymbol{\xi}=\sum_{i=1}^n a_i\boldsymbol{\alpha}_i\in V$，有 $\sigma(\boldsymbol{\xi})=\sum_{i=1}^n a_i\sigma(\boldsymbol{\alpha}_i)\in\sigma(V)$，可见

$$\sigma(V)=\mathscr{L}(\sigma(\boldsymbol{\alpha}_1),\sigma(\boldsymbol{\alpha}_2),\cdots,\sigma(\boldsymbol{\alpha}_n)).$$

又因

$$\sigma(V)=V,\quad \dim\sigma(V)=n,$$

所以 $\sigma(\boldsymbol{\alpha}_1),\sigma(\boldsymbol{\alpha}_2),\cdots,\sigma(\boldsymbol{\alpha}_n)$ 线性无关，是 $\sigma(V)$ 的一个基. 若 $\boldsymbol{\eta}=\sum_{i=1}^n k_i\boldsymbol{\alpha}_i\in V$，满足

$$\sigma(\boldsymbol{\eta})=\sum_{i=1}^n k_i\sigma(\boldsymbol{\alpha}_i)=\mathbf{0},$$

则必有

$$k_1=k_2=\cdots=k_n=0,$$

从而 $\boldsymbol{\eta}=\mathbf{0}$. 故 $\mathrm{Ker}(\sigma)=\{\mathbf{0}\}$.

(ii)⇒(i). 仍设 $\boldsymbol{\alpha}_1,\boldsymbol{\alpha}_2,\cdots,\boldsymbol{\alpha}_n$ 是 V 的一个基，令 $\sum_{i=1}^n k_i\sigma(\boldsymbol{\alpha}_i)=\mathbf{0}$，则

$\sigma\left(\sum_{i=1}^{n}k_i\boldsymbol{\alpha}_i\right)=\mathbf{0}$. 因 $\mathrm{Ker}(\sigma)=\{\mathbf{0}\}$,故 $\sum_{i=1}^{n}k_i\boldsymbol{\alpha}_i=\mathbf{0}$,从而 $k_1=k_2=\cdots=k_n=0$,可见 $\sigma(\boldsymbol{\alpha}_1),\sigma(\boldsymbol{\alpha}_2),\cdots,\sigma(\boldsymbol{\alpha}_n)$ 线性无关. $\{\sigma(\boldsymbol{\alpha}_1),\sigma(\boldsymbol{\alpha}_2),\cdots,\sigma(\boldsymbol{\alpha}_n)\}$ 是 $\sigma(V)$,同时也是 V 的基,故 $\sigma(V)=V$,即 σ 为满射 . 综上可知,(i) 与(ii) 等价.

再证(ii)与(iii)等价.

(ii)⇒(iii). 由(ii)与(i)等价知,σ 为满射. 又若 $\boldsymbol{\xi},\boldsymbol{\eta}\in V$,且$\sigma(\boldsymbol{\xi})=\sigma(\boldsymbol{\eta})$,则 $\sigma(\boldsymbol{\xi}-\boldsymbol{\eta})=\mathbf{0}$. 由(ii)知,$\boldsymbol{\xi}-\boldsymbol{\eta}=\mathbf{0}$ 或 $\boldsymbol{\xi}=\boldsymbol{\eta}$,可见 σ 是单射. 从而 σ 为双射,有 σ^{-1} 存在,非奇异.

(iii)⇒(ii). 设 $\sigma(\boldsymbol{\xi})=\mathbf{0}$,由(iii)知,$\sigma^{-1}$存在,于是

$$\boldsymbol{\xi}=\sigma^{-1}(\sigma(\boldsymbol{\xi}))=\sigma^{-1}(\mathbf{0})=\mathbf{0},$$

可见$\mathrm{Ker}(\sigma)=\{\mathbf{0}\}$. 综上可知,(ii)与(iii)等价.

当 V 不是有限维时,(i)、(ii)不一定等价.

例如,对于 $F[x]$,定义映射 $\sigma(h(x))=xh(x)$,σ 显然是 $F[x]$上的线性变换. 若 $\sigma(h(x))=xh(x)=0$,则必有 $h(x)=0$,可见$\mathrm{Ker}(\sigma)=\{0\}$. 但 $\sigma(F[x])\subseteq G[x]$,$G[x]$是 $F[x]$中常数项为零的多项式所组成的集合,是 $F[x]$的真子集. 因而 σ 不是满射. 此例说明 V 不是有限维时,(i)、(ii)未必等价.

4. 设 $\sigma\in L(V)$,$\boldsymbol{\xi}\in V$,并且 $\sigma(\boldsymbol{\xi}),\sigma^2(\boldsymbol{\xi}),\cdots,\sigma^{k-1}(\boldsymbol{\xi})$都不等于零,但 $\sigma^k(\boldsymbol{\xi})=\mathbf{0}$,证明:$\boldsymbol{\xi},\sigma(\boldsymbol{\xi}),\cdots,\sigma^{k-1}(\boldsymbol{\xi})$线性无关.

证　假设存在数 $a_0,a_1,\cdots,a_{n-1}$,使

$$a_0\boldsymbol{\xi}+a_1\sigma(\boldsymbol{\xi})+\cdots+a_{k-1}\sigma^{k-1}(\boldsymbol{\xi})=\mathbf{0},$$

用 σ^{k-1}作用于等式两边,因为 $n\geqslant k$ 时,$\sigma^n(\boldsymbol{\xi})=\mathbf{0}$,得 $a_0\sigma^{k-1}(\boldsymbol{\xi})=\mathbf{0}$. 又 $\sigma^{k-1}(\boldsymbol{\xi})\neq\mathbf{0}$,所以 $a_0=0$. 于是得

$$a_1\sigma(\boldsymbol{\xi})+a_2\sigma^2(\boldsymbol{\xi})+\cdots+a_{k-1}\sigma^{k-1}(\boldsymbol{\xi})=\mathbf{0},$$

再用 σ^{k-2}作用于等式两边,有 $a_1\sigma^{k-1}(\boldsymbol{\xi})=\mathbf{0}$,但 $\sigma^{k-1}(\boldsymbol{\xi})\neq\mathbf{0}$,又得 $a_1=0$,如此继续下去可知

$$a_0=a_1=\cdots=a_{k-1}=0,$$

故 $\boldsymbol{\xi},\sigma(\boldsymbol{\xi}),\cdots,\sigma^{k-1}(\boldsymbol{\xi})$线性无关.

5. 设 $\sigma\in L(V)$,证明:

(i) $\mathrm{Im}(\sigma)\subseteq\mathrm{Ker}(\sigma)$当且仅当 $\sigma^2=\theta$;

(ii) $\mathrm{Ker}(\sigma)\subseteq\mathrm{Ker}(\sigma^2)\subseteq\mathrm{Ker}(\sigma^3)\subseteq\cdots$;

(iii) $\mathrm{Im}(\sigma)\supseteq\mathrm{Im}(\sigma^2)\supseteq\mathrm{Im}(\sigma^3)\supseteq\cdots$.

证　(i) 必要性. 对任意 $\boldsymbol{\alpha}\in V$,有 $\sigma(\boldsymbol{\alpha})\in\mathrm{Im}(\sigma)\subseteq\mathrm{Ker}(\sigma)$,所以 $\sigma^2(\boldsymbol{\alpha})=$

$\sigma(\sigma(\boldsymbol{\alpha}))=\mathbf{0}$，即 $\sigma^2=\theta$.

充分性. 对任意 $\boldsymbol{\beta}\in \mathrm{Im}(\sigma)$，存在 $\boldsymbol{\alpha}\in V$，使 $\sigma(\boldsymbol{\alpha})=\boldsymbol{\beta}$. 因 $\sigma(\boldsymbol{\beta})=\sigma^2(\boldsymbol{\alpha})=\mathbf{0}$，所以 $\boldsymbol{\beta}\in \mathrm{Ker}(\sigma)$，故 $\mathrm{Im}(\sigma)\subseteq \mathrm{Ker}(\sigma)$.

(ii) 对任意 $\boldsymbol{\alpha}\in \mathrm{Ker}(\sigma^i)$，有 $\sigma^i(\boldsymbol{\alpha})=\mathbf{0}$ $(i=1,2,\cdots)$，于是 $\sigma^{i+1}(\boldsymbol{\alpha})=\sigma(\sigma^i(\boldsymbol{\alpha}))=\sigma(\mathbf{0})=\mathbf{0}$，所以 $\boldsymbol{\alpha}\in \mathrm{Ker}(\sigma^{i+1})$，从而 $\mathrm{Ker}(\sigma^i)\subseteq \mathrm{Ker}(\sigma^{i+1})$.

(iii) 对任意 $\boldsymbol{\beta}\in \mathrm{Im}(\sigma^i)$ $(i=2,3,\cdots)$，存在 $\boldsymbol{\alpha}\in V$，使 $\sigma^i(\boldsymbol{\alpha})=\boldsymbol{\beta}$. 从而 $\boldsymbol{\beta}=\sigma^i(\boldsymbol{\alpha})=\sigma^{i-1}(\sigma(\boldsymbol{\alpha}))$，其中 $\sigma(\boldsymbol{\alpha})\in V$. 所以 $\boldsymbol{\beta}\in \mathrm{Im}(\sigma^{i-1})$，故 $\mathrm{Im}(\sigma^i)\subseteq \mathrm{Im}(\sigma^{i-1})$.

6. 设 $F^n=\{(x_1,x_2,\cdots,x_n)\mid x_i\in F\}$ 是数域 F 上 n 维行空间，定义 $\sigma(x_1,x_2,\cdots,x_n)=(0,x_1,\cdots,x_{n-1})$.

(i) 证明 σ 是 F^n 的一个线性变换，且 $\sigma^n=\theta$；

(ii) 求 $\mathrm{Ker}(\sigma)$ 和 $\mathrm{Im}(\sigma)$ 的维数.

证 (i) 对任意 $(x_1,x_2,\cdots,x_n),(y_1,y_2,\cdots,y_n)\in F^n$，$a,b\in F$，有

$$\begin{aligned}&\sigma[a(x_1,x_2,\cdots,x_n)+b(y_1,y_2,\cdots,y_n)]\\&=\sigma(ax_1+by_1,ax_2+by_2,\cdots,ax_n+by_n)\\&=(0,ax_1+by_1,ax_2+by_2,\cdots,ax_{n-1}+by_{n-1})\\&=a(0,x_1,\cdots,x_{n-1})+b(0,y_1,\cdots,y_{n-1})\\&=a\sigma(x_1,x_2,\cdots,x_n)+b\sigma(y_1,y_2,\cdots,y_n),\end{aligned}$$

所以 σ 是 F^n 的线性变换.

假定
$$\sigma^i(x_1,x_2,\cdots,x_n)=(\underbrace{0,\cdots,0}_{i个},x_1,\cdots,x_{n-i})\quad(1\leqslant i\leqslant n-1),$$

则
$$\begin{aligned}\sigma^{i+1}(x_1,x_2,\cdots,x_n)&=\sigma\cdot\sigma^i(x_1,x_2,\cdots,x_n)=\sigma(\underbrace{0,\cdots,0}_{i个},x_1,\cdots,x_{n-i})\\&=(\underbrace{0,\cdots,0}_{i+1个},x_1,\cdots,x_{n-i-1}),\end{aligned}$$

所以 $\sigma^n(x_1,x_2,\cdots,x_n)=(\underbrace{0,0,\cdots,0}_{n个})$，即 $\sigma^n=\theta$.

(ii)
$$\mathrm{Im}(\sigma)=\{(0,x_1,\cdots,x_{n-1})\mid x_i\in F\},$$
$$\mathrm{Ker}(\sigma)=\{(0,0,\cdots,0,x_1)\mid x_1\in F\},$$

所以
$$\dim \mathrm{Im}(\sigma)=n-1,\quad \dim \mathrm{Ker}(\sigma)=1.$$

7.3 线性变换和矩阵

1. 令 $F_n[x]$ 表示一切次数不大于 n 的多项式连同零多项式所成的向量空间，$\sigma: f(x)\mapsto f'(x)$，求 σ 关于以下两个基的矩阵：

(i) $1,x,x^2,\cdots,x^n$;

(ii) $1,x-c,\dfrac{(x-c)^2}{2!},\cdots,\dfrac{(x-c)^n}{n!},c\in F$.

解 (i) 由于

$$\sigma(1,x,x^2,\cdots,x^n)=(0,1,2x,\cdots,nx^{n-1})=(1,x,x^2,\cdots,x^n)\begin{pmatrix}0&1&0&\cdots&0\\0&0&2&\cdots&0\\\vdots&\vdots&\vdots&&\vdots\\0&0&0&\cdots&n\\0&0&0&\cdots&0\end{pmatrix},$$

所以,所求矩阵

$$A=\begin{pmatrix}0&1&0&\cdots&0\\0&0&2&\cdots&0\\\vdots&\vdots&\vdots&&\vdots\\0&0&0&\cdots&n\\0&0&0&\cdots&0\end{pmatrix}.$$

(ii) 由

$$\sigma\left(1,x-c,\frac{(x-c)^2}{2!},\cdots,\frac{(x-c)^n}{n!}\right)=\left(0,1,x-c,\cdots,\frac{(x-c)^{n-1}}{(n-1)!}\right)$$

$$=\left(1,x-c,\frac{(x-c)^2}{2!},\cdots,\frac{(x-c)^n}{n!}\right)\begin{pmatrix}0&1&0&\cdots&0\\0&0&1&\cdots&0\\\vdots&\vdots&\vdots&&\vdots\\0&0&0&\cdots&1\\0&0&0&\cdots&0\end{pmatrix},$$

得

$$A=\begin{pmatrix}0&1&0&\cdots&0\\0&0&1&\cdots&0\\\vdots&\vdots&\vdots&&\vdots\\0&0&0&\cdots&1\\0&0&0&\cdots&0\end{pmatrix}_{(n+1)\times(n+1)}.$$

2. 设 F 上三维向量空间的线性变换 σ 关于基 $\{\boldsymbol{\alpha}_1,\boldsymbol{\alpha}_2,\boldsymbol{\alpha}_3\}$ 的矩阵是

$$\begin{pmatrix}15&-11&5\\20&-15&8\\8&-7&6\end{pmatrix},$$

求 σ 关于基 $\boldsymbol{\beta}_1=2\boldsymbol{\alpha}_1+3\boldsymbol{\alpha}_2+\boldsymbol{\alpha}_3,\boldsymbol{\beta}_2=3\boldsymbol{\alpha}_1+4\boldsymbol{\alpha}_2+\boldsymbol{\alpha}_3,\boldsymbol{\beta}_3=\boldsymbol{\alpha}_1+2\boldsymbol{\alpha}_2+2\boldsymbol{\alpha}_3$ 的

矩阵.

设 $\boldsymbol{\xi}=2\boldsymbol{\alpha}_1+\boldsymbol{\alpha}_2-\boldsymbol{\alpha}_3$,求 $\sigma(\boldsymbol{\xi})$ 关于基 $\boldsymbol{\beta}_1,\boldsymbol{\beta}_2,\boldsymbol{\beta}_3$ 的坐标.

解 设 σ 关于基 $\boldsymbol{\alpha}_1,\boldsymbol{\alpha}_2,\boldsymbol{\alpha}_3$ 的矩阵是 $\boldsymbol{A}$,基 $\{\boldsymbol{\alpha}_1,\boldsymbol{\alpha}_2,\boldsymbol{\alpha}_3\}$ 到基 $\{\boldsymbol{\beta}_1,\boldsymbol{\beta}_2,\boldsymbol{\beta}_3\}$ 的过渡矩阵为

$$\boldsymbol{T}=\begin{pmatrix}2&3&1\\3&4&2\\1&1&2\end{pmatrix},$$

则 σ 关于基 $\{\boldsymbol{\beta}_1,\boldsymbol{\beta}_2,\boldsymbol{\beta}_3\}$ 的矩阵为

$$\begin{aligned}\boldsymbol{B}&=\boldsymbol{T}^{-1}\boldsymbol{A}\boldsymbol{T}\\&=\begin{pmatrix}-6&5&-2\\4&-3&1\\1&-1&1\end{pmatrix}\begin{pmatrix}15&-11&5\\20&-15&8\\8&-7&6\end{pmatrix}\begin{pmatrix}2&3&1\\3&4&2\\1&1&2\end{pmatrix}=\begin{pmatrix}1&0&0\\0&2&0\\0&0&3\end{pmatrix}.\end{aligned}$$

又
$$\boldsymbol{\xi}=(\boldsymbol{\alpha}_1,\boldsymbol{\alpha}_2,\boldsymbol{\alpha}_3)\begin{pmatrix}2\\1\\-1\end{pmatrix}=(\boldsymbol{\beta}_1,\boldsymbol{\beta}_2,\boldsymbol{\beta}_3)\boldsymbol{T}^{-1}\begin{pmatrix}2\\1\\-1\end{pmatrix},$$

$$\sigma(\boldsymbol{\xi})=\sigma(\boldsymbol{\beta}_1,\boldsymbol{\beta}_2,\boldsymbol{\beta}_3)\boldsymbol{T}^{-1}\begin{pmatrix}2\\1\\-1\end{pmatrix}=(\boldsymbol{\beta}_1,\boldsymbol{\beta}_2,\boldsymbol{\beta}_3)\boldsymbol{B}\boldsymbol{T}^{-1}\begin{pmatrix}2\\1\\-1\end{pmatrix},$$

所以,$\sigma(\boldsymbol{\xi})$ 关于基 $\{\boldsymbol{\beta}_1,\boldsymbol{\beta}_2,\boldsymbol{\beta}_3\}$ 的坐标为

$$\boldsymbol{B}\boldsymbol{T}^{-1}\begin{pmatrix}2\\1\\-1\end{pmatrix}=\begin{pmatrix}1&0&0\\0&2&0\\0&0&3\end{pmatrix}\begin{pmatrix}-6&5&-2\\4&-3&1\\1&-1&1\end{pmatrix}\begin{pmatrix}2\\1\\-1\end{pmatrix}=\begin{pmatrix}-5\\8\\0\end{pmatrix}.$$

3. 设 $\{\boldsymbol{\gamma}_1,\boldsymbol{\gamma}_2,\cdots,\boldsymbol{\gamma}_n\}$ 是 n 维向量空间 V 的一个基,

$$\boldsymbol{\alpha}_j=\sum_{i=1}^{n}a_{ij}\boldsymbol{\gamma}_i,\quad \boldsymbol{\beta}_j=\sum_{i=1}^{n}b_{ij}\boldsymbol{\gamma}_i,\quad j=1,2,\cdots,n,$$

并且 $\boldsymbol{\alpha}_1,\boldsymbol{\alpha}_2,\cdots,\boldsymbol{\alpha}_n$ 线性无关.又设 σ 是 V 的一个线性变换,使得 $\sigma(\boldsymbol{\alpha}_j)=\boldsymbol{\beta}_j(j=1,2,\cdots,n)$.求 σ 关于基 $\boldsymbol{\gamma}_1,\boldsymbol{\gamma}_2,\cdots,\boldsymbol{\gamma}_n$ 的矩阵.

解 因 $\dim V=n$,$\boldsymbol{\alpha}_1,\boldsymbol{\alpha}_2,\cdots,\boldsymbol{\alpha}_n$ 线性无关,故 $\boldsymbol{\alpha}_1,\boldsymbol{\alpha}_2,\cdots,\boldsymbol{\alpha}_n$ 是 V 的一个基.根据假设,由基 $\{\boldsymbol{\gamma}_1,\boldsymbol{\gamma}_2,\cdots,\boldsymbol{\gamma}_n\}$ 到基 $\{\boldsymbol{\alpha}_1,\boldsymbol{\alpha}_2,\cdots,\boldsymbol{\alpha}_n\}$ 的过渡矩阵为 $\boldsymbol{A}=(a_{ij})$.

由于 $(\sigma(\boldsymbol{\alpha}_1),\sigma(\boldsymbol{\alpha}_2),\cdots,\sigma(\boldsymbol{\alpha}_n))=(\boldsymbol{\beta}_1,\boldsymbol{\beta}_2,\cdots,\boldsymbol{\beta}_n)=(\boldsymbol{\gamma}_1,\boldsymbol{\gamma}_2,\cdots,\boldsymbol{\gamma}_n)\boldsymbol{B}$,
其中 $\boldsymbol{B}=(b_{ij})$.又

$$(\sigma(\boldsymbol{\alpha}_1),\sigma(\boldsymbol{\alpha}_2),\cdots,\sigma(\boldsymbol{\alpha}_n))=(\sigma(\boldsymbol{\gamma}_1),\sigma(\boldsymbol{\gamma}_2),\cdots,\sigma(\boldsymbol{\gamma}_n))\boldsymbol{A},$$

所以
$$\begin{aligned}(\sigma(\boldsymbol{\gamma}_1),\sigma(\boldsymbol{\gamma}_2),\cdots,\sigma(\boldsymbol{\gamma}_n))&=(\sigma(\boldsymbol{\alpha}_1),\sigma(\boldsymbol{\alpha}_2),\cdots,\sigma(\boldsymbol{\alpha}_n))\boldsymbol{A}^{-1}\\&=(\boldsymbol{\gamma}_1,\boldsymbol{\gamma}_2,\cdots,\boldsymbol{\gamma}_n)\boldsymbol{B}\boldsymbol{A}^{-1},\end{aligned}$$

即 σ 关于基$\{\boldsymbol{\gamma}_1,\boldsymbol{\gamma}_2,\cdots,\boldsymbol{\gamma}_n\}$的矩阵是 $\boldsymbol{B}\boldsymbol{A}^{-1}$.

4. 设 $\boldsymbol{A},\boldsymbol{B}$ 是 n 阶矩阵,且 $\boldsymbol{A}$ 可逆,证明:$\boldsymbol{AB}$ 与 $\boldsymbol{BA}$ 相似.

证 因 $\boldsymbol{A}$ 可逆,故 $\boldsymbol{A}^{-1}$存在,从而

$$\boldsymbol{A}^{-1}(\boldsymbol{AB})\boldsymbol{A}=(\boldsymbol{A}^{-1}\boldsymbol{A})(\boldsymbol{BA})=\boldsymbol{BA},$$

故 $\boldsymbol{AB}$ 与 $\boldsymbol{BA}$ 相似.

5. 设 $\boldsymbol{A}$ 是数域 F 上一个 n 阶矩阵,证明:存在 F 上一个非零多项式 $f(x)$,使得 $f(\boldsymbol{A})=\boldsymbol{O}$.

证 因 $\boldsymbol{A}\in M_n(F)$,$\dim M_n(F)=n^2$,所以 $M_n(F)$中任意 n^2+1 个向量线性相关,即存在 n^2+1 个不全为零的数 $a_0,a_1,\cdots,a_{n^2}$,使

$$a_0\boldsymbol{I}+a_1\boldsymbol{A}+\cdots+a_{n^2}\boldsymbol{A}^{n^2}=\boldsymbol{O},$$

亦即有多项式 $f(x)=a_0+a_1x+\cdots+a_{n^2}x^{n^2}$ 使 $f(\boldsymbol{A})=\boldsymbol{O}$.

6. 证明:数域 F 上 n 维向量空间 V 的一个线性变换 σ 是一个位似(即单位变换的一个标量倍)必要且只要 σ 关于 V 的任意基的矩阵都相等.

证 必要性. 设 σ 是一个位似,对任意 $\boldsymbol{\xi}\in V$,有 $\sigma(\boldsymbol{\xi})=k\boldsymbol{\xi}$($k$ 是一个标量). 任给 V 的一个基$\{\boldsymbol{\alpha}_1,\boldsymbol{\alpha}_2,\cdots,\boldsymbol{\alpha}_n\}$,因 $\sigma(\boldsymbol{\alpha}_i)=k\boldsymbol{\alpha}_i$,所以,$\sigma$ 关于基 $\boldsymbol{\alpha}_1,\boldsymbol{\alpha}_2,\cdots,\boldsymbol{\alpha}_n$ 的矩阵为 $k\boldsymbol{I}$. 由 $\boldsymbol{\alpha}_1,\boldsymbol{\alpha}_2,\cdots,\boldsymbol{\alpha}_n$ 的任意性,必要性得证.

充分性. 设 σ 在基$\{\boldsymbol{\xi}_1,\boldsymbol{\xi}_2,\cdots,\boldsymbol{\xi}_n\}$下的矩阵为 $\boldsymbol{A}=(a_{ij})$,$\boldsymbol{X}$ 为任意非退化方阵,有

$$(\boldsymbol{\eta}_1,\boldsymbol{\eta}_2,\cdots,\boldsymbol{\eta}_n)=(\boldsymbol{\xi}_1,\boldsymbol{\xi}_2,\cdots,\boldsymbol{\xi}_n)\boldsymbol{X},$$

则$\{\boldsymbol{\eta}_1,\boldsymbol{\eta}_2,\cdots,\boldsymbol{\eta}_n\}$也是 V 的一个基,σ 在这组基下的矩阵是 $\boldsymbol{X}^{-1}\boldsymbol{AX}$. 由于 σ 关于 V 的任意基的矩阵相等,故有

$$\boldsymbol{A}=\boldsymbol{X}^{-1}\boldsymbol{AX},\quad \boldsymbol{AX}=\boldsymbol{XA},$$

即 $\boldsymbol{A}$ 与一切非退化矩阵可换.

若取
$$\boldsymbol{X}_1=\begin{pmatrix}1&0&\cdots&0\\0&2&\cdots&0\\\vdots&\vdots&&\vdots\\0&0&\cdots&n\end{pmatrix},$$

则由 $\boldsymbol{AX}_1=\boldsymbol{X}_1\boldsymbol{A}$ 知 $a_{ij}=0\ (i\neq j)$,所以

$$\boldsymbol{A}=\begin{pmatrix} a_{11} & 0 & \cdots & 0 \\ 0 & a_{22} & \cdots & 0 \\ \vdots & \vdots & & \vdots \\ 0 & 0 & \cdots & a_{nn} \end{pmatrix}.$$

再取

$$\boldsymbol{X}_2=\begin{pmatrix} 0 & 1 & 0 & \cdots & 0 \\ 0 & 0 & 1 & \cdots & 0 \\ \vdots & \vdots & \vdots & & \vdots \\ 0 & 0 & 0 & \cdots & 1 \\ 1 & 0 & 0 & \cdots & 0 \end{pmatrix},$$

由 $\boldsymbol{AX}_2=\boldsymbol{X}_2\boldsymbol{A}$ 知 $a_{11}=a_{22}=\cdots=a_{nn}$，故 $\boldsymbol{A}$ 为数量矩阵，从而 σ 是一个位似.

7. 令 $M_n(F)$ 是数域 F 上全体 n 阶矩阵所成的向量空间，取定一个矩阵 $\boldsymbol{A}\in M_n(F)$，对于任意 $\boldsymbol{X}\in M_n(F)$，定义 $\sigma(\boldsymbol{X})=\boldsymbol{AX}-\boldsymbol{XA}$. 由教材 7.1 节习题 3 知 σ 是 $M_n(F)$ 的一个线性变换. 设

$$\boldsymbol{A}=\begin{pmatrix} a_1 & 0 & \cdots & 0 \\ 0 & a_2 & \cdots & 0 \\ \vdots & \vdots & & \vdots \\ 0 & 0 & \cdots & a_n \end{pmatrix}$$

是一个对角形矩阵. 证明：σ 关于 $M_n(F)$ 的标准基 $\{\boldsymbol{E}_{ij}\mid 1\leqslant i,j\leqslant n\}$（见教材 6.4 节例 5）的矩阵也是对角形矩阵，它的主对角线上的元素是一切 a_i-a_j $(1\leqslant i,j\leqslant n)$.（建议先计算一下 $n=3$ 的情形.）

证　因

$$\begin{aligned}\sigma(\boldsymbol{E}_{ij})&=\boldsymbol{AE}_{ij}-\boldsymbol{E}_{ij}\boldsymbol{A}=a_i\boldsymbol{E}_{ij}-a_j\boldsymbol{E}_{ij}\\&=(a_i-a_j)\boldsymbol{E}_{ij}\quad(i,j=1,2,\cdots,n),\end{aligned}$$

所以

$$\begin{aligned}&(\sigma\boldsymbol{E}_{11},\sigma\boldsymbol{E}_{12},\cdots,\sigma\boldsymbol{E}_{1n},\sigma\boldsymbol{E}_{21},\cdots,\sigma\boldsymbol{E}_{2n},\cdots,\sigma\boldsymbol{E}_{nn})\\&=(\boldsymbol{E}_{11},\boldsymbol{E}_{12},\cdots,\boldsymbol{E}_{1n},\boldsymbol{E}_{21},\cdots,\boldsymbol{E}_{2n},\cdots,\boldsymbol{E}_{nn})\begin{pmatrix} \boldsymbol{B}_1 & & & \\ & \boldsymbol{B}_2 & & \\ & & \ddots & \\ & & & \boldsymbol{B}_n \end{pmatrix},\end{aligned}$$

其中

$$\boldsymbol{B}_i=\begin{pmatrix} a_i-a_1 & & & \\ & a_i-a_2 & & \\ & & \ddots & \\ & & & a_i-a_n \end{pmatrix}\quad(i=1,2,\cdots,n).$$

8. 设σ是数域F上n维向量空间V的一个线性变换.证明,总可以如此选取V的两个基$\{\boldsymbol{\alpha}_1,\boldsymbol{\alpha}_2,\cdots,\boldsymbol{\alpha}_n\}$和$\{\boldsymbol{\beta}_1,\boldsymbol{\beta}_2,\cdots,\boldsymbol{\beta}_n\}$,使得对于$V$的任意向量$\boldsymbol{\xi}$来说,如果$\boldsymbol{\xi}=\sum_{i=1}^{n}x_i\boldsymbol{\alpha}_i$,则$\sigma(\boldsymbol{\xi})=\sum_{i=1}^{r}x_i\boldsymbol{\beta}_i$,这里$0\leqslant r\leqslant n$是一个定数.

(提示:利用教材7.1节习题5,选取基$\boldsymbol{\alpha}_1,\boldsymbol{\alpha}_2,\cdots,\boldsymbol{\alpha}_n$.)

证 设$\dim \mathrm{Ker}(\sigma)=n-r$,$\{\boldsymbol{\alpha}_{r+1},\cdots,\boldsymbol{\alpha}_n\}$是$\mathrm{Ker}(\sigma)$的一个基,将它扩充为$V$的一个基$\{\boldsymbol{\alpha}_1,\cdots,\boldsymbol{\alpha}_r,\boldsymbol{\alpha}_{r+1},\cdots,\boldsymbol{\alpha}_n\}$.由于$\sigma(\boldsymbol{\alpha}_{r+1})=\cdots=\sigma(\boldsymbol{\alpha}_n)=\mathbf{0}$,故$\mathrm{Im}(\sigma)=\mathscr{L}(\sigma(\boldsymbol{\alpha}_1),\sigma(\boldsymbol{\alpha}_2),\cdots,\sigma(\boldsymbol{\alpha}_r))$.又由教材7.1节习题5可知,$\dim \mathrm{Im}(\sigma)=r$,所以$\{\sigma(\boldsymbol{\alpha}_1),\sigma(\boldsymbol{\alpha}_2),\cdots,\sigma(\boldsymbol{\alpha}_r)\}$是$\mathrm{Im}(\sigma)$的一个基.记$\boldsymbol{\beta}_i=\sigma(\boldsymbol{\alpha}_i)$ $(i=1,2,\cdots,r)$,并扩充为V的一个基$\{\boldsymbol{\beta}_1,\cdots,\boldsymbol{\beta}_r,\boldsymbol{\beta}_{r+1},\cdots,\boldsymbol{\beta}_n\}$,则对任意$\boldsymbol{\xi}\in V$,有$\boldsymbol{\xi}=\sum_{i=1}^{n}x_i\boldsymbol{\alpha}_i$,且$\sigma(\boldsymbol{\xi})=\sum_{i=1}^{n}x_i\sigma(\boldsymbol{\alpha}_i)=\sum_{i=1}^{r}x_i\sigma(\boldsymbol{\alpha}_i)=\sum_{i=1}^{r}x_i\boldsymbol{\beta}_i$.

7.4 不变子空间

1. 设σ是有限维向量空间V的一个线性变换,而W是σ的一个不变子空间.证明:如果σ有逆变换,那么W也在σ^{-1}之下不变.

证 设$\{\boldsymbol{\alpha}_1,\boldsymbol{\alpha}_2,\cdots,\boldsymbol{\alpha}_r\}$是$W$的一个基,而

$$k_1\sigma(\boldsymbol{\alpha}_1)+k_2\sigma(\boldsymbol{\alpha}_2)+\cdots+k_r\sigma(\boldsymbol{\alpha}_r)=\sigma(k_1\boldsymbol{\alpha}_1+k_2\boldsymbol{\alpha}_2+\cdots+k_r\boldsymbol{\alpha}_r)=\mathbf{0},$$

由于σ有逆变换σ^{-1},于是有

$$k_1\boldsymbol{\alpha}_1+k_2\boldsymbol{\alpha}_2+\cdots+k_r\boldsymbol{\alpha}_r=\sigma^{-1}\sigma(k_1\boldsymbol{\alpha}_1+k_2\boldsymbol{\alpha}_2+\cdots+k_r\boldsymbol{\alpha}_r)=\sigma^{-1}(\mathbf{0})=\mathbf{0},$$

从而$k_1=k_2=\cdots=k_r=0$,因而$\{\sigma(\boldsymbol{\alpha}_1),\sigma(\boldsymbol{\alpha}_2),\cdots,\sigma(\boldsymbol{\alpha}_r)\}$线性无关.又$\sigma(W)\subseteq W$且$\dim W=r$,所以$\{\sigma(\boldsymbol{\alpha}_1),\sigma(\boldsymbol{\alpha}_2),\cdots,\sigma(\boldsymbol{\alpha}_r)\}$也是$W$的一个基,$\sigma(W)=W$.

对任意$\boldsymbol{\alpha}\in W=\sigma(W)$,存在$\boldsymbol{\beta}\in W$,使$\boldsymbol{\alpha}=\sigma(\boldsymbol{\beta})$,所以

$$\sigma^{-1}(\boldsymbol{\alpha})=\sigma^{-1}(\sigma(\boldsymbol{\beta}))=\boldsymbol{\beta}\in W,\quad 即\quad \sigma^{-1}(W)\subseteq W,$$

W在σ^{-1}之下不变.

2. 设σ,τ是向量空间V的线性变换,且$\sigma\tau=\tau\sigma$.证明:$\mathrm{Im}(\sigma)$和$\mathrm{Ker}(\sigma)$都在τ之下不变.

证 对任意$\boldsymbol{\eta}\in \mathrm{Im}(\sigma)$,存在$\zeta\in V$,使$\boldsymbol{\eta}=\sigma(\zeta)$,所以

$$\tau(\boldsymbol{\eta})=\tau(\sigma(\zeta))=\sigma(\tau(\zeta))\in \mathrm{Im}(\sigma).$$

对任意$\boldsymbol{\xi}\in \mathrm{Ker}(\sigma)$,$\sigma(\boldsymbol{\xi})=\mathbf{0}$,于是

$$\sigma(\tau\boldsymbol{\xi})=\tau(\sigma(\boldsymbol{\xi}))=\tau(\mathbf{0})=\mathbf{0},\quad \tau(\boldsymbol{\xi})\in \mathrm{Ker}(\mathbf{0}).$$

故$\mathrm{Ker}(\sigma)$,$\mathrm{Im}(\sigma)$都在τ之下不变.

3. 令 σ 是数域 F 上向量空间 V 的一个线性变换，并且满足条件 $\sigma^2=\sigma$，证明：

(i) $\mathrm{Ker}(\sigma)=\{\boldsymbol{\xi}-\sigma(\boldsymbol{\xi})\mid\boldsymbol{\xi}\in V\}$；

(ii) $V=\mathrm{Ker}(\sigma)\oplus\mathrm{Im}(\sigma)$；

(iii) 如果 τ 是 V 的一个线性变换，那么 $\mathrm{Ker}(\sigma)$ 和 $\mathrm{Im}(\sigma)$ 都在 τ 之下不变的充要条件是 $\sigma\tau=\tau\sigma$.

证　(i) 任取 $\boldsymbol{\alpha}\in\{\boldsymbol{\xi}-\sigma(\boldsymbol{\xi})\mid\boldsymbol{\xi}\in V\}$，并记 $\boldsymbol{\alpha}=\boldsymbol{\xi}-\sigma(\boldsymbol{\xi})$，则

$$\sigma(\boldsymbol{\alpha})=\sigma(\boldsymbol{\xi}-\sigma(\boldsymbol{\xi}))=\sigma(\boldsymbol{\xi})-\sigma^2(\boldsymbol{\xi})=\sigma(\boldsymbol{\xi})-\sigma(\boldsymbol{\xi})=\mathbf{0},$$

所以 $\boldsymbol{\alpha}\in\mathrm{Ker}(\sigma)$，从而 $\{\boldsymbol{\xi}-\sigma(\boldsymbol{\xi})\mid\boldsymbol{\xi}\in V\}\subseteq\mathrm{Ker}(\sigma)$.

反之，任取 $\boldsymbol{\beta}\in\mathrm{Ker}(\sigma)$，则 $\sigma(\boldsymbol{\beta})=\mathbf{0}$，所以

$$\boldsymbol{\beta}=\boldsymbol{\beta}-\sigma(\boldsymbol{\beta})\in\{\boldsymbol{\xi}-\sigma(\boldsymbol{\xi})\mid\boldsymbol{\xi}\in V\},$$

故
$$\mathrm{Ker}(\sigma)\subseteq\{\boldsymbol{\xi}-\sigma(\boldsymbol{\xi})\mid\boldsymbol{\xi}\in V\}.$$

于是
$$\mathrm{Ker}(\sigma)=\{\boldsymbol{\xi}-\sigma(\boldsymbol{\xi})\mid\boldsymbol{\xi}\in V\}.$$

(ii) 任取 $\boldsymbol{\alpha}\in V$，则 $\boldsymbol{\alpha}=(\boldsymbol{\alpha}-\sigma(\boldsymbol{\alpha}))+\sigma(\boldsymbol{\alpha})$. 由(i)知，

$$V=\mathrm{Ker}(\sigma)+\mathrm{Im}(\sigma).$$

设任意 $\boldsymbol{\beta}\in\mathrm{Ker}(\sigma)\cap\mathrm{Im}(\sigma)$，由 $\boldsymbol{\beta}\in\mathrm{Im}(\sigma)$，有 $\boldsymbol{\gamma}\in V$，使 $\sigma(\boldsymbol{\gamma})=\boldsymbol{\beta}$，所以 $\sigma^2(\boldsymbol{\gamma})=\sigma(\boldsymbol{\beta})$. 因 $\sigma^2=\sigma$，得 $\sigma(\boldsymbol{\gamma})=\sigma(\boldsymbol{\beta})$. 又由于 $\boldsymbol{\beta}\in\mathrm{Ker}(\sigma)$，$\sigma(\boldsymbol{\beta})=\mathbf{0}$，于是 $\boldsymbol{\beta}=\sigma(\boldsymbol{\gamma})=\mathbf{0}$，所以 $\mathrm{Ker}(\sigma)\cap\mathrm{Im}(\sigma)=\{\mathbf{0}\}$，从而 $V=\mathrm{Ker}(\sigma)\oplus\mathrm{Im}(\sigma)$.

(iii) 充分性. 由上面习题 2 给出.

必要性. 任取 $\boldsymbol{\alpha}\in V$，则 $\boldsymbol{\alpha}=(\boldsymbol{\alpha}-\sigma(\boldsymbol{\alpha}))+\sigma(\boldsymbol{\alpha})$，所以

$$\begin{aligned}(\sigma\tau)(\boldsymbol{\alpha})&=\sigma\tau[(\boldsymbol{\alpha}-\sigma(\boldsymbol{\alpha}))+\sigma(\boldsymbol{\alpha})]=\sigma[\tau(\boldsymbol{\alpha}-\sigma(\boldsymbol{\alpha}))+\tau\sigma(\boldsymbol{\alpha})]\\&=\sigma(\tau(\boldsymbol{\alpha}-\sigma(\boldsymbol{\alpha})))+\sigma(\tau(\sigma(\boldsymbol{\alpha}))).\end{aligned}$$

由(i)知，$\boldsymbol{\alpha}-\sigma(\boldsymbol{\alpha})\in\mathrm{Ker}(\sigma)$，又假设 $\mathrm{Ker}(\sigma)$ 在 τ 之下不变，所以

$$\tau(\boldsymbol{\alpha}-\sigma(\boldsymbol{\alpha}))\in\mathrm{Ker}(\sigma),\quad \sigma(\tau(\boldsymbol{\alpha}-\sigma(\boldsymbol{\alpha})))=\mathbf{0}.$$

而 $\mathrm{Im}(\sigma)$ 也假设在 τ 之下不变，故 $\tau(\sigma(\boldsymbol{\alpha}))\in\mathrm{Im}(\sigma)$. 令 $\tau(\sigma(\boldsymbol{\alpha}))=\sigma(\boldsymbol{\beta})$，则

$$\sigma(\tau(\sigma(\boldsymbol{\alpha})))=\sigma(\sigma(\boldsymbol{\beta}))=\sigma(\boldsymbol{\beta}).$$

于是
$$(\sigma\tau)(\boldsymbol{\alpha})=\mathbf{0}+\sigma(\boldsymbol{\beta})=\sigma(\boldsymbol{\beta})=\tau(\sigma(\boldsymbol{\alpha}))=(\tau\sigma)(\boldsymbol{\alpha}),$$

故
$$\sigma\tau=\tau\sigma.$$

4. 设 σ 是向量空间 V 的一个位似(即 σ 是 V 的单位变换的一个标量倍)，证明：V 的每一个子空间都在 σ 之下不变.

证　设 W 是 V 的任一子空间，对于任意 $\boldsymbol{\xi}\in W$，有 $\boldsymbol{\xi}\in V$，$\sigma(\boldsymbol{\xi})=k\boldsymbol{\xi}\in W$，故 W 在 σ 之下不变.

5. 令 S 是数域 F 上向量空间 V 的一些线性变换所成的集合. V 的一个子空间 W 如果在 S 中每一线性变换之下不变,那么就说 W 是 S 的一个不变子空间. 说 S 是不可约的,如果 S 在 V 中没有非平凡的不变子空间. 设 S 不可约,而 φ 是 V 的一个线性变换,它与 S 中每一线性变换可交换. 证明,φ 或者是零变换,或者是可逆变换.

(提示:令 $W=\mathrm{Ker}(\varphi)$,证明 W 是 S 的一个不变子空间.)

证 设 $W=\mathrm{Ker}(\varphi)$,任取 $\boldsymbol{\xi}\in W,\sigma\in S$. 因 $\varphi(\boldsymbol{\xi})=\mathbf{0}$,且 $\sigma\varphi=\varphi\sigma$,所以

$$\varphi\sigma(\boldsymbol{\xi})=\sigma(\varphi(\boldsymbol{\xi}))=\sigma(\mathbf{0})=\mathbf{0},$$

从而

$$\sigma(\boldsymbol{\xi})\in\mathrm{Ker}(\varphi)=W.$$

由 σ 的任意性知,W 是 S 的不变子空间. 又因为 S 不可约,故 $W=\{\mathbf{0}\}$ 或 $W=V$.

若 $\mathrm{Ker}(\varphi)=W=\{\mathbf{0}\}$,则由教材中定理 7.1.2 知,$\varphi$ 是单射的. 因为 $\dim \mathrm{Im}(\varphi)=n-\dim \mathrm{Ker}(\varphi)=n$,即 $\mathrm{Im}(\varphi)=V$,所以 φ 是满射的,从而 φ 是可逆变换.

若 $\mathrm{Ker}(\varphi)=W=V$,则 φ 是零变换.

7.5 本征值和本征向量

1. 求下列矩阵在实数域内的特征根和相应的特征向量:

(i) $\begin{pmatrix} 3 & -2 & 0 \\ -1 & 3 & -1 \\ -5 & 7 & -1 \end{pmatrix}$; (ii) $\begin{pmatrix} 4 & -5 & 7 \\ 1 & -4 & 9 \\ -4 & 0 & 5 \end{pmatrix}$; (iii) $\begin{pmatrix} 3 & 6 & 6 \\ 0 & 2 & 0 \\ -3 & -12 & -6 \end{pmatrix}$.

解 (i) $\boldsymbol{A}$ 的特征多项式为

$$f_{\boldsymbol{A}}(x)=\begin{vmatrix} x-3 & 2 & 0 \\ 1 & x-3 & 1 \\ 5 & -7 & x+1 \end{vmatrix}=(x-1)(x-2)^2,$$

所以 $\boldsymbol{A}$ 的特征根是 1 和 2(二重根).

矩阵 $\boldsymbol{A}$ 的属于特征根 1 的特征向量是齐次线性方程组

$$\begin{cases} -2x_1+2x_2 \qquad =0, \\ x_1-2x_2+x_3=0, \\ 5x_1-7x_2+2x_3=0 \end{cases}$$

的非零解,即 $a(1,1,1),a\in\mathbf{R},a\neq 0$.

矩阵 $\boldsymbol{A}$ 的属于特征根 2 的特征向量是齐次线性方程组

$$\begin{cases} -x_1+2x_2 \qquad\quad =0, \\ x_1 - x_2 + x_3 = 0, \\ 5x_1-7x_2+3x_3=0 \end{cases}$$

的非零解，即 $b(2,1,-1)$，$b\in\mathbf{R}$，$b\neq 0$.

(ii) $\boldsymbol{A}$ 的特征多项式

$$f_{\boldsymbol{A}}(x)=\begin{vmatrix} x-4 & 5 & -7 \\ -1 & x+4 & -9 \\ 4 & 0 & x-5 \end{vmatrix}=(x-1)(x^2-4x+13),$$

所以 $\boldsymbol{A}$ 在实数域上的特征根是 1.

矩阵 $\boldsymbol{A}$ 的属于特征根 1 的特征向量是齐次线性方程组

$$\begin{cases} -3x_1+5x_2-7x_3=0, \\ -x_1+5x_2-9x_3=0, \\ 4x_1 \qquad\quad -4x_3=0 \end{cases}$$

的非零解，即 $a(1,2,1)$，其中 $a\in\mathbf{R}$，$a\neq 0$.

(iii) 矩阵 $\boldsymbol{A}$ 的特征多项式为

$$f_{\boldsymbol{A}}(x)=\begin{vmatrix} x-3 & -6 & -6 \\ 0 & x-2 & 0 \\ 3 & 12 & x+6 \end{vmatrix}=x(x-2)(x+3),$$

所以 $\boldsymbol{A}$ 的特征根是 0,2 和 -3.

类似上面做法得到：

属于特征根 0 的特征向量是 $l(2,0,-1)$，$l\in\mathbf{R}$，$l\neq 0$；

属于特征根 2 的特征向量是 $m(12,-5,3)$，$m\in\mathbf{R}$，$m\neq 0$；

属于特征根 -3 的特征向量是 $n(1,0,-1)$，$n\in\mathbf{R}$，$n\neq 0$.

2. 证明：对角矩阵

$$\begin{pmatrix} a_1 & 0 & \cdots & 0 \\ 0 & a_2 & \cdots & 0 \\ \vdots & \vdots & & \vdots \\ 0 & 0 & \cdots & a_n \end{pmatrix} \quad 与 \quad \begin{pmatrix} b_1 & 0 & \cdots & 0 \\ 0 & b_2 & \cdots & 0 \\ \vdots & \vdots & & \vdots \\ 0 & 0 & \cdots & b_n \end{pmatrix}$$

相似必需且只需 $b_1,b_2,\cdots,b_n$ 是 $a_1,a_2,\cdots,a_n$ 的一个排列.

证 充分性. 设 $b_1,b_2,\cdots,b_n$ 是 $a_1,a_2,\cdots,a_n$ 的一个排列，$b_j=a_{i_j}$ ($j=1,2,\cdots,n$；$i_1,i_2,\cdots,i_n$ 是 $1,2,\cdots,n$ 的一个排列). 当前一矩阵被视为 n 维向量空间 V 中某线性变换 σ 在标准基($\boldsymbol{\varepsilon}_1,\boldsymbol{\varepsilon}_2,\cdots,\boldsymbol{\varepsilon}_n$)下的矩阵，即当

$$\sigma(\boldsymbol{\varepsilon}_1,\boldsymbol{\varepsilon}_2,\cdots,\boldsymbol{\varepsilon}_n)=(\boldsymbol{\varepsilon}_1,\boldsymbol{\varepsilon}_2,\cdots,\boldsymbol{\varepsilon}_n)\begin{pmatrix} a_1 & 0 & \cdots & 0 \\ 0 & a_2 & \cdots & 0 \\ \vdots & \vdots & & \vdots \\ 0 & 0 & \cdots & a_n \end{pmatrix}$$

时,那么后一矩阵便是 V 中同一线性变换在基$(\boldsymbol{\varepsilon}_{i_1},\boldsymbol{\varepsilon}_{i_2},\cdots,\boldsymbol{\varepsilon}_{i_n})$下的矩阵,即

$$\sigma(\boldsymbol{\varepsilon}_{i_1},\boldsymbol{\varepsilon}_{i_2},\cdots,\boldsymbol{\varepsilon}_{i_n})=(\boldsymbol{\varepsilon}_{i_1},\boldsymbol{\varepsilon}_{i_2},\cdots,\boldsymbol{\varepsilon}_{i_n})\begin{pmatrix} a_{i_1} & 0 & \cdots & 0 \\ 0 & a_{i_2} & \cdots & 0 \\ \vdots & \vdots & & \vdots \\ 0 & 0 & \cdots & a_{i_n} \end{pmatrix}$$

$$=(\boldsymbol{\varepsilon}_{i_1},\boldsymbol{\varepsilon}_{i_2},\cdots,\boldsymbol{\varepsilon}_{i_n})\begin{pmatrix} b_1 & 0 & \cdots & 0 \\ 0 & b_2 & \cdots & 0 \\ \vdots & \vdots & & \vdots \\ 0 & 0 & \cdots & b_n \end{pmatrix},$$

故两矩阵相似.

必要性.分别记两矩阵为 $\boldsymbol{A}$ 与 $\boldsymbol{B}$,并设 $\boldsymbol{A},\boldsymbol{B}$ 相似,则两特征多项式相等,即

$$|\lambda\boldsymbol{I}-\boldsymbol{A}|=|\lambda\boldsymbol{I}-\boldsymbol{B}| \quad 或 \quad \prod_{i=1}^{n}(\lambda-a_i)=\prod_{i=1}^{n}(\lambda-b_i),$$

故有 $b_i=a_{i_j}$,即 $b_1,b_2,\cdots,b_n$ 是 $a_1,a_2,\cdots,a_n$ 的一个排列.

3. 设 $\boldsymbol{A}=\begin{pmatrix} a & b \\ c & d \end{pmatrix}$是一个实矩阵,且 $ad-bc=1$.证明:

(i) 如果$|\mathrm{tr}\boldsymbol{A}|>2$,那么存在可逆实矩阵 $\boldsymbol{T}$,使得

$$\boldsymbol{T}^{-1}\boldsymbol{A}\boldsymbol{T}=\begin{pmatrix} \lambda & 0 \\ 0 & \lambda^{-1} \end{pmatrix},$$

这里 $\lambda\in\mathbf{R}$ 且 $\lambda\neq 0,1,-1$;

(ii) 如果$|\mathrm{tr}\boldsymbol{A}|=2$ 且 $\boldsymbol{A}\neq\pm\boldsymbol{I}$,那么存在可逆实矩阵 $\boldsymbol{T}$,使得

$$\boldsymbol{T}^{-1}\boldsymbol{A}\boldsymbol{T}=\begin{pmatrix} 1 & 1 \\ 0 & 1 \end{pmatrix} \quad 或 \quad \begin{pmatrix} -1 & 1 \\ 0 & -1 \end{pmatrix};$$

(iii) 如果$|\mathrm{tr}\boldsymbol{A}|<2$,则存在可逆实矩阵 $\boldsymbol{T}$ 及 $\theta\in\mathbf{R}$,使得

$$\boldsymbol{T}^{-1}\boldsymbol{A}\boldsymbol{T}=\begin{pmatrix} \cos\theta & \sin\theta \\ -\sin\theta & \cos\theta \end{pmatrix}.$$

（提示：在(iii)，$\boldsymbol{A}$ 有非实共轭复特征根 $\lambda,\bar{\lambda}$，且 $\lambda\bar{\lambda}=1$. 将 λ 写成三角形式，令 $\boldsymbol{\xi}\in\mathbf{C}^2$ 是 $\boldsymbol{A}$ 的属于 λ 的一个特征向量，计算 $\boldsymbol{A}(\boldsymbol{\xi}+\overline{\boldsymbol{\xi}})$ 和 $\boldsymbol{A}(\mathrm{i}(\boldsymbol{\xi}-\overline{\boldsymbol{\xi}}))$.）

证　(i) 设 σ 是 $\mathbf{R}^2$ 上的一个线性变换，且关于某一给定基的矩阵为 $\boldsymbol{A}$，于是

$$f_{\boldsymbol{A}}(x)=|x\boldsymbol{I}-\boldsymbol{A}|=x^2-(\mathrm{tr}\boldsymbol{A})x+(-1)^2\det\boldsymbol{A}=x^2-(a+d)x+1.$$

因 $|a+d|>2$，判别式 $\Delta=[-(a+d)]^2-4\times1>0$，故 $f_{\boldsymbol{A}}(x)$ 有两相异实根 λ_1,λ_2. 又 $\lambda_1\lambda_2=1\neq0$，故它们都不等于 $0,1,-1$. 记 $\lambda_1=\lambda$，则 $\lambda_2=\lambda^{-1}$. 于是存在相应特征向量 $\boldsymbol{\xi}_1,\boldsymbol{\xi}_2$，使下面等式成立：

$$\sigma(\boldsymbol{\xi}_1,\boldsymbol{\xi}_2)=(\boldsymbol{\xi}_1,\boldsymbol{\xi}_2)\begin{pmatrix}\lambda&0\\0&\lambda^{-1}\end{pmatrix}\quad\text{或}\quad\boldsymbol{A}(\boldsymbol{\xi}_1,\boldsymbol{\xi}_2)=(\boldsymbol{\xi}_1,\boldsymbol{\xi}_2)\begin{pmatrix}\lambda&0\\0&\lambda^{-1}\end{pmatrix}.$$

不难证明，当 $\lambda_1\neq\lambda_2$ 时，相应特征向量 $\boldsymbol{\xi}_1,\boldsymbol{\xi}_2$ 线性无关，故以 $\boldsymbol{\xi}_1,\boldsymbol{\xi}_2$ 为列的矩阵 $\boldsymbol{T}$ 是可逆矩阵，由上式得

$$\boldsymbol{AT}=\boldsymbol{T}\begin{pmatrix}\lambda&0\\0&\lambda^{-1}\end{pmatrix},$$

从而有

$$\boldsymbol{T}^{-1}\boldsymbol{AT}=\begin{pmatrix}\lambda&0\\0&\lambda^{-1}\end{pmatrix}.$$

(ii) 当 $|\mathrm{tr}\boldsymbol{A}|=|a+d|=2$，判别式 $\Delta=0$，$f_{\boldsymbol{A}}(x)$ 有两个相等实根 $\lambda_1=\lambda_2=\pm1$.

当 $\mathrm{tr}\boldsymbol{A}=2$ 时，$\boldsymbol{A}$ 有二重特征根 $\lambda_0=1$. 因 $\boldsymbol{A}\neq\boldsymbol{I}$，故 $\lambda_0\boldsymbol{I}-\boldsymbol{A}\neq\boldsymbol{O}$. 又 $|\lambda_0\boldsymbol{I}-\boldsymbol{A}|=0$，故秩$(\lambda_0\boldsymbol{I}-\boldsymbol{A})=1$，$\boldsymbol{A}$ 只有一个线性无关的特征向量. 又 $ad-bc=1$，$a+d=\mathrm{tr}\boldsymbol{A}=2$，$\boldsymbol{A}\neq\boldsymbol{I}$，故 b,c 不同时为零. 否则将有 $a=d=1$，与 $\boldsymbol{A}\neq\boldsymbol{I}$ 矛盾. 不妨设 $b\neq0$，于是可求出矩阵属于特征根 1 的线性无关的特征向量 $\begin{pmatrix}b\\1-a\end{pmatrix}$. 再令 $\boldsymbol{T}=\begin{pmatrix}b&x\\1-a&y\end{pmatrix}$，由 $\boldsymbol{AT}=\boldsymbol{T}\begin{pmatrix}1&1\\0&1\end{pmatrix}$ 可求出 $\boldsymbol{T}=\begin{pmatrix}b&0\\1-a&1\end{pmatrix}$，则 $\boldsymbol{T}$ 是可逆矩阵，且有

$$\boldsymbol{T}^{-1}\boldsymbol{AT}=\begin{pmatrix}1&1\\0&1\end{pmatrix}.$$

当 $\mathrm{tr}\boldsymbol{A}=-2$ 时，$\boldsymbol{A}$ 有二重特征根 $\lambda_0'=-1$. 类似地，可求得 $\boldsymbol{A}$ 的属于特征根 -1 的线性无关的特征向量 $\begin{pmatrix}-b\\1+a\end{pmatrix}$，其中 $b\neq0$. 再令

$$T_1=\begin{pmatrix}-b & 0\\ 1+a & -1\end{pmatrix},$$

则 T_1 是可逆实矩阵，且

$$T_1^{-1}AT_1=\begin{pmatrix}-1 & 1\\ 0 & -1\end{pmatrix}.$$

(iii) 当 $|\mathrm{tr}A|<2$ 时，$\Delta<0$，A 有非实共轭复特征根 $\lambda,\bar{\lambda}$. 由 $\lambda\bar{\lambda}=|\lambda|^2=1$，可记 $\lambda=\cos\theta-\mathrm{i}\sin\theta(\theta\in\mathbf{R})$. 设 $\boldsymbol{\xi}\in\mathbf{C}^2$ 是 A 的属于特征根 λ 的特征向量，则 $A\boldsymbol{\xi}=\lambda\boldsymbol{\xi}$. 因 A 为实矩阵，而 λ 为非实复数，故 $\boldsymbol{\xi}$ 为非实复向量. 于是

$$A\bar{\boldsymbol{\xi}}=\overline{A\boldsymbol{\xi}}=\overline{\lambda\boldsymbol{\xi}}=\bar{\lambda}\bar{\boldsymbol{\xi}}.$$

显然 $\bar{\boldsymbol{\xi}}\neq\mathbf{0}$，可见 $\bar{\boldsymbol{\xi}}$ 是 A 的属于 $\bar{\lambda}$ 的特征向量. 因 $\lambda\neq\bar{\lambda}$，故 $\boldsymbol{\xi}$ 与 $\bar{\boldsymbol{\xi}}$ 线性无关，进而可知 $\boldsymbol{\xi}+\bar{\boldsymbol{\xi}}$ 与 $\mathrm{i}(\boldsymbol{\xi}-\bar{\boldsymbol{\xi}})$ 也线性无关，从而有

$$A((\boldsymbol{\xi}+\bar{\boldsymbol{\xi}}),\mathrm{i}(\boldsymbol{\xi}-\bar{\boldsymbol{\xi}}))=(\lambda\boldsymbol{\xi}+\bar{\lambda}\bar{\boldsymbol{\xi}},\mathrm{i}\lambda\boldsymbol{\xi}-\mathrm{i}\bar{\lambda}\bar{\boldsymbol{\xi}})=(\boldsymbol{\xi},\bar{\boldsymbol{\xi}})\begin{pmatrix}\lambda & \mathrm{i}\lambda\\ \bar{\lambda} & -\mathrm{i}\bar{\lambda}\end{pmatrix}$$

$$=((\boldsymbol{\xi}+\bar{\boldsymbol{\xi}}),\mathrm{i}(\boldsymbol{\xi}-\bar{\boldsymbol{\xi}}))\begin{pmatrix}\frac{1}{2} & \frac{1}{2}\\ -\frac{\mathrm{i}}{2} & \frac{\mathrm{i}}{2}\end{pmatrix}\begin{pmatrix}\lambda & \mathrm{i}\lambda\\ \bar{\lambda} & -\mathrm{i}\bar{\lambda}\end{pmatrix}$$

$$=((\boldsymbol{\xi}+\bar{\boldsymbol{\xi}}),\mathrm{i}(\boldsymbol{\xi}-\bar{\boldsymbol{\xi}}))\begin{pmatrix}\cos\theta & \sin\theta\\ -\sin\theta & \cos\theta\end{pmatrix}.$$

取 $\boldsymbol{\xi}+\bar{\boldsymbol{\xi}}$ 与 $\mathrm{i}(\boldsymbol{\xi}-\bar{\boldsymbol{\xi}})$ 作为矩阵 T 的第 1 列和第 2 列，则 T 是可逆实矩阵. 由上式可知

$$T^{-1}AT=\begin{pmatrix}\cos\theta & \sin\theta\\ -\sin\theta & \cos\theta\end{pmatrix}.$$

4. 设 $a,b,c\in\mathbf{C}$，令

$$A=\begin{pmatrix}b & c & a\\ c & a & b\\ a & b & c\end{pmatrix},\quad B=\begin{pmatrix}c & a & b\\ a & b & c\\ b & c & a\end{pmatrix},\quad C=\begin{pmatrix}a & b & c\\ b & c & a\\ c & a & b\end{pmatrix}.$$

(i) 证明 A,B,C 彼此相似；

(ii) 如果 $BC=CB$，那么 A,B,C 的特征根至少有两个等于零.

证 (i) 设 A 是 $\mathbf{C}^3$ 空间线性变换 σ 在某个基 $\{\boldsymbol{\alpha}_1,\boldsymbol{\alpha}_2,\boldsymbol{\alpha}_3\}$ 下的矩阵，即

$$\sigma(\boldsymbol{\alpha}_1,\boldsymbol{\alpha}_2,\boldsymbol{\alpha}_3)=(\boldsymbol{\alpha}_1,\boldsymbol{\alpha}_2,\boldsymbol{\alpha}_3)\begin{pmatrix}b & c & a\\ c & a & b\\ a & b & c\end{pmatrix},$$

则显然有
$$\sigma(\boldsymbol{\alpha}_2,\boldsymbol{\alpha}_3,\boldsymbol{\alpha}_1)=(\boldsymbol{\alpha}_2,\boldsymbol{\alpha}_3,\boldsymbol{\alpha}_1)\begin{pmatrix} a & b & c \\ b & c & a \\ c & a & b \end{pmatrix},$$
$$\sigma(\boldsymbol{\alpha}_3,\boldsymbol{\alpha}_1,\boldsymbol{\alpha}_2)=(\boldsymbol{\alpha}_3,\boldsymbol{\alpha}_1,\boldsymbol{\alpha}_2)\begin{pmatrix} c & a & b \\ a & b & c \\ b & c & a \end{pmatrix}.$$
从而矩阵 $\boldsymbol{C},\boldsymbol{B}$ 分别是同一线性变换在基 $\{\boldsymbol{\alpha}_2,\boldsymbol{\alpha}_3,\boldsymbol{\alpha}_1\}$ 及 $\{\boldsymbol{\alpha}_3,\boldsymbol{\alpha}_1,\boldsymbol{\alpha}_2\}$ 下的矩阵，故 $\boldsymbol{A},\boldsymbol{B},\boldsymbol{C}$ 彼此相似.

(ii) 如果 $\boldsymbol{BC}=\boldsymbol{CB}$，比较乘积矩阵对应位置的元素，可得
$$a^2+b^2+c^2=ac+ab+bc,$$
从而有
$$(a-b)^2+(b-c)^2+(c-a)^2=0,$$
即 $a=b=c$. 于是
$$f_{\mathbf{A}}(x)=|x\boldsymbol{I}-\boldsymbol{A}|=\begin{vmatrix} x-a & -a & -a \\ -a & x-a & -a \\ -a & -a & x-a \end{vmatrix}=(x-a)^3-a^3-a^3-3a^2(x-a)$$
$$=x^3-3ax^2=x^2(x-3a).$$
可见，$\boldsymbol{A},\boldsymbol{B},\boldsymbol{C}$ 至少有两个特征根是零.

5. 设 $\mathbf{A}$ 是复数域 $\mathbf{C}$ 上一个 n 阶矩阵.

(i) 证明：存在 $\mathbf{C}$ 上 n 阶可逆矩阵 $\boldsymbol{T}$，使得
$$\boldsymbol{T}^{-1}\boldsymbol{A}\boldsymbol{T}=\begin{pmatrix} \lambda & b_{12} & \cdots & b_{1n} \\ 0 & b_{22} & \cdots & b_{2n} \\ \vdots & \vdots & & \vdots \\ 0 & b_{n2} & \cdots & b_{nn} \end{pmatrix}.$$

(ii) 对 n 做数学归纳法，证明复数域 $\mathbf{C}$ 上任意一个 n 阶矩阵都与一个“上三角形”矩阵
$$\begin{pmatrix} \lambda_1 & * & \cdots & * \\ 0 & \lambda_2 & \cdots & * \\ \vdots & \vdots & & \vdots \\ 0 & 0 & \cdots & \lambda_n \end{pmatrix}$$
相似，这里主对角线以下的元素都是零.

证 (i) 设 σ 是复数域 $\mathbf{C}$ 上的 n 维向量空间 V 的一个线性变换，σ 关于给定基的矩阵是 $\mathbf{A}$. $\mathbf{A}$ 在 $\mathbf{C}$ 内一定有特征根，设为 λ_1，若其对应的特征向量为

$\boldsymbol{\xi}_1$,扩充为 V 的一个基

$$\{\boldsymbol{\xi}_1,\boldsymbol{\alpha}_2,\cdots,\boldsymbol{\alpha}_n\},$$

则 σ 在此基下的矩阵是

$$\boldsymbol{B}=\begin{pmatrix}\lambda_1 & b_{12} & \cdots & b_{1n}\\ 0 & b_{22} & \cdots & b_{2n}\\ \vdots & \vdots & & \vdots\\ 0 & b_{n2} & \cdots & b_{nn}\end{pmatrix}.$$

所以 $\boldsymbol{B}$ 与 $\boldsymbol{A}$ 相似,即存在可逆矩阵 $\boldsymbol{T}$,使

$$\boldsymbol{T}^{-1}\boldsymbol{AT}=\begin{pmatrix}\lambda_1 & b_{12} & \cdots & b_{1n}\\ 0 & b_{22} & \cdots & b_{2n}\\ \vdots & \vdots & & \vdots\\ 0 & b_{n2} & \cdots & b_{nn}\end{pmatrix}.$$

(ii) 当 $n=1$ 时,结论显然成立.设 $\mathbf{C}$ 上任一 $n-1$ 阶方阵总与一个"上三角形"矩阵相似.$\boldsymbol{A}$ 是 $\mathbf{C}$ 上一 n 阶方阵,由(i)的证明知,存在 $\mathbf{C}$ 上可逆矩阵 $\boldsymbol{T}$,使

$$\boldsymbol{T}^{-1}\boldsymbol{AT}=\begin{pmatrix}\lambda_1 & b_{12} & \cdots & b_{1n}\\ 0 & b_{22} & \cdots & b_{2n}\\ \vdots & \vdots & & \vdots\\ 0 & b_{n2} & \cdots & b_{nn}\end{pmatrix}.$$

由归纳法假设可知,存在一个 $n-1$ 阶可逆矩阵 $\boldsymbol{S}$,使

$$\boldsymbol{S}^{-1}\begin{pmatrix}b_{22} & \cdots & b_{2n}\\ \vdots & & \vdots\\ b_{n2} & \cdots & b_{nn}\end{pmatrix}\boldsymbol{S}=\begin{pmatrix}\lambda_2 & * & \cdots & *\\ 0 & \lambda_3 & \cdots & *\\ \vdots & \vdots & & \vdots\\ 0 & \cdots & \cdots & \lambda_n\end{pmatrix},$$

因此有

$$\begin{pmatrix}\boldsymbol{I}_1 & \boldsymbol{O}\\ \boldsymbol{O} & \boldsymbol{S}^{-1}\end{pmatrix}\boldsymbol{T}^{-1}\boldsymbol{AT}\begin{pmatrix}\boldsymbol{I}_1 & \boldsymbol{O}\\ \boldsymbol{O} & \boldsymbol{S}\end{pmatrix}=\begin{pmatrix}\lambda_1 & * & \cdots & *\\ 0 & \lambda_2 & \cdots & *\\ \vdots & \vdots & & \vdots\\ 0 & 0 & \cdots & \lambda_n\end{pmatrix}.$$

所以复数域 $\mathbf{C}$ 上任一 n 阶方阵都可与一个"上三角形"矩阵相似.

6. 设 $\boldsymbol{A}$ 是复数域 $\mathbf{C}$ 上一个 n 阶矩阵,$\lambda_1,\lambda_2,\cdots,\lambda_n$ 是 $\boldsymbol{A}$ 的全部特征根(重根按重数计算).

(i) 如果 $f(x)$ 是 $\mathbf{C}$ 上任意一个次数大于零的多项式，那么 $f(\lambda_1)$，$f(\lambda_2)$，…，$f(\lambda_n)$ 是 $f(\mathbf{A})$ 的全部特征根.

(ii) 如果 $\mathbf{A}$ 可逆，那么 $\lambda_i \neq 0\ (i=1,2,\cdots,n)$，并且 $\lambda_1^{-1},\lambda_2^{-1},\cdots,\lambda_n^{-1}$ 是 $\mathbf{A}^{-1}$ 的全部特征根.

证 (i) 由上题可知，对任意复数域 $\mathbf{C}$ 上的 n 阶矩阵 $\mathbf{A}$，存在可逆矩阵 $\boldsymbol{T}$，使

$$\boldsymbol{T}^{-1}\boldsymbol{AT}=\begin{pmatrix}\lambda_1 & * & \cdots & * \\ 0 & \lambda_2 & \cdots & * \\ \vdots & \vdots & & \vdots \\ 0 & 0 & \cdots & \lambda_n\end{pmatrix},$$

所以
$$\boldsymbol{T}^{-1}\mathbf{A}^m\boldsymbol{T}=(\boldsymbol{T}^{-1}\mathbf{A}\boldsymbol{T})^m=\begin{pmatrix}\lambda_1^m & * & \cdots & * \\ 0 & \lambda_2^m & \cdots & * \\ \vdots & \vdots & & \vdots \\ 0 & 0 & \cdots & \lambda_n^m\end{pmatrix}.$$

设 $f(x)=a_m x^m+a_{m-1}x^{m-1}+\cdots+a_1x+a_0$，则

$$\boldsymbol{T}^{-1}f(\mathbf{A})\boldsymbol{T}=\boldsymbol{T}^{-1}(a_m\mathbf{A}^m+a_{m-1}\mathbf{A}^{m-1}+\cdots+a_0\boldsymbol{I})\boldsymbol{T}$$

$$=a_m\begin{pmatrix}\lambda_1^m & * & \cdots & * \\ 0 & \lambda_2^m & \cdots & * \\ \vdots & \vdots & & \vdots \\ 0 & 0 & \cdots & \lambda_n^m\end{pmatrix}+a_{m-1}\begin{pmatrix}\lambda_1^{m-1} & * & \cdots & * \\ 0 & \lambda_2^{m-1} & \cdots & * \\ \vdots & \vdots & & \vdots \\ 0 & 0 & \cdots & \lambda_n^{m-1}\end{pmatrix}+\cdots+\begin{pmatrix}a_0 & * & \cdots & * \\ 0 & a_0 & \cdots & * \\ \vdots & \vdots & & \vdots \\ 0 & 0 & \cdots & a_0\end{pmatrix}$$

$$=\begin{pmatrix}f(\lambda_1) & * & \cdots & * \\ 0 & f(\lambda_2) & \cdots & * \\ \vdots & \vdots & & \vdots \\ 0 & 0 & \cdots & f(\lambda_n)\end{pmatrix},$$

所以，$f(\lambda_1)$，$f(\lambda_2)$，…，$f(\lambda_n)$ 是 $\boldsymbol{T}^{-1}f(\mathbf{A})\boldsymbol{T}$ 的也是 $f(\mathbf{A})$ 的全部特征根.

(ii) 因 $\mathbf{A}$ 可逆，所以全部特征根的乘积 $\lambda_1\lambda_2\cdots\lambda_n=\det\mathbf{A}\neq 0$，故 $\lambda_i\neq 0\ (i=1,2,\cdots,n)$.

再设 λ 是 $\mathbf{A}$ 的特征根，$\boldsymbol{\xi}$ 是 $\mathbf{A}$ 的属于特征根 λ 的特征向量，则 $\mathbf{A}\boldsymbol{\xi}=\lambda\boldsymbol{\xi}$. 用 $\mathbf{A}^{-1}$ 作用上式两边，得 $\boldsymbol{\xi}=\lambda\cdot\mathbf{A}^{-1}\boldsymbol{\xi}$. 因为 $\lambda\neq 0$，所以 $\mathbf{A}^{-1}\boldsymbol{\xi}=\lambda^{-1}\boldsymbol{\xi}$，$\lambda^{-1}$ 是 $\mathbf{A}^{-1}$ 的特征根. 由此可知，$\lambda_1^{-1},\lambda_2^{-1},\cdots,\lambda_n^{-1}$ 是 $\mathbf{A}^{-1}$ 的全部特征根.

7. 令

$$A=\begin{pmatrix}0&1&0&0&\cdots&0\\0&0&1&0&\cdots&0\\\vdots&\vdots&\vdots&\vdots&&\vdots\\0&0&0&0&\cdots&1\\1&0&0&0&\cdots&0\end{pmatrix}$$

是一个 n 阶矩阵，

(i) 计算 $\boldsymbol{A}^2,\boldsymbol{A}^3,\cdots,\boldsymbol{A}^{n-1}$；

(ii) 求 $\boldsymbol{A}$ 的全部特征根.

解 (i) 记
$$\boldsymbol{A}=\begin{pmatrix}\boldsymbol{O}&\boldsymbol{I}_{n-1}\\\boldsymbol{I}_1&\boldsymbol{O}\end{pmatrix},$$

由矩阵乘法直接可得

$$\boldsymbol{A}^2=\begin{pmatrix}\boldsymbol{O}&\boldsymbol{I}_{n-2}\\\boldsymbol{I}_2&\boldsymbol{O}\end{pmatrix},\ \boldsymbol{A}^3=\begin{pmatrix}\boldsymbol{O}&\boldsymbol{I}_{n-3}\\\boldsymbol{I}_3&\boldsymbol{O}\end{pmatrix},\ \cdots,\ \boldsymbol{A}^{n-1}=\begin{pmatrix}\boldsymbol{O}&\boldsymbol{I}_1\\\boldsymbol{I}_{n-1}&\boldsymbol{O}\end{pmatrix}.$$

$$\text{(ii)}\ f_{\boldsymbol{A}}(x)=\det(x\boldsymbol{I}-\boldsymbol{A})=\begin{vmatrix}x&-1&\cdots&0\\0&x&\cdots&0\\\vdots&\vdots&&\vdots\\0&0&\cdots&-1\\-1&0&\cdots&x\end{vmatrix}=x^n-1,$$

所以 $\boldsymbol{A}$ 的全部特征根是 n 个 n 次单位根 $\omega_1,\omega_2,\cdots,\omega_n$.

8. 令 $a_1,a_2,\cdots,a_n$ 是任意复数，行列式

$$D=\begin{vmatrix}a_1&a_2&a_3&\cdots&a_n\\a_n&a_1&a_2&\cdots&a_{n-1}\\a_{n-1}&a_n&a_1&\cdots&a_{n-2}\\\vdots&\vdots&\vdots&&\vdots\\a_2&a_3&a_4&\cdots&a_1\end{vmatrix}$$

叫做一个循环行列式. 证明：

$$D=f(\omega_1)f(\omega_2)\cdots f(\omega_n),$$

这里 $f(x)=a_1+a_2x+\cdots+a_nx^{n-1}$，而 $\omega_1,\omega_2,\cdots,\omega_n$ 是全部 n 次单位根.

(提示：利用上面习题 6,7 两题的结果.)

证 设 $\boldsymbol{A}$ 是上面第 7 题中给出的 n 阶矩阵，则

$$D=\det(a_1\boldsymbol{I}+a_2\boldsymbol{A}+\cdots+a_n\boldsymbol{A}^{n-1})=\det(f(\boldsymbol{A})).$$

因为 n 次单位根 $\omega_1,\omega_2,\cdots,\omega_n$ 是 $\boldsymbol{A}$ 的全部特征根，由上面第 6 题(i)知，

$f(\omega_1),f(\omega_2),\cdots,f(\omega_n)$是$f(\boldsymbol{A})$的全部特征根，而$f(\boldsymbol{A})$的行列式等于其全部特征根的乘积，故

$$D=\det(f(\boldsymbol{A}))=f(\omega_1)f(\omega_2)\cdots f(\omega_n).$$

9. 设$\boldsymbol{A},\boldsymbol{B}$是复数域$\mathbf{C}$上$n$阶矩阵. 证明：$\boldsymbol{AB}$与$\boldsymbol{BA}$有相同的特征根，并且对应的特征根的重数也相同.

（提示：参见教材5.3节习题2.）

证　由教材5.3节习题2知，当$\boldsymbol{A},\boldsymbol{B}$都是$n$阶矩阵，$\boldsymbol{I}$是$n$阶单位矩阵时，有

$$\begin{pmatrix}\boldsymbol{AB} & \boldsymbol{O}\\ \boldsymbol{B} & \boldsymbol{O}\end{pmatrix}\begin{pmatrix}\boldsymbol{I} & \boldsymbol{A}\\ \boldsymbol{O} & \boldsymbol{I}\end{pmatrix}=\begin{pmatrix}\boldsymbol{I} & \boldsymbol{A}\\ \boldsymbol{O} & \boldsymbol{I}\end{pmatrix}\begin{pmatrix}\boldsymbol{O} & \boldsymbol{O}\\ \boldsymbol{B} & \boldsymbol{BA}\end{pmatrix},$$

于是
$$\begin{pmatrix}\boldsymbol{I} & \boldsymbol{A}\\ \boldsymbol{O} & \boldsymbol{I}\end{pmatrix}^{-1}\begin{pmatrix}\boldsymbol{AB} & \boldsymbol{O}\\ \boldsymbol{B} & \boldsymbol{O}\end{pmatrix}\begin{pmatrix}\boldsymbol{I} & \boldsymbol{A}\\ \boldsymbol{O} & \boldsymbol{I}\end{pmatrix}=\begin{pmatrix}\boldsymbol{O} & \boldsymbol{O}\\ \boldsymbol{B} & \boldsymbol{BA}\end{pmatrix},$$

可见$\begin{pmatrix}\boldsymbol{AB} & \boldsymbol{O}\\ \boldsymbol{B} & \boldsymbol{O}\end{pmatrix}$与$\begin{pmatrix}\boldsymbol{O} & \boldsymbol{O}\\ \boldsymbol{B} & \boldsymbol{BA}\end{pmatrix}$相似，有完全相同的特征根. 容易看出

$$\det\left(x\boldsymbol{I}_{2n}-\begin{pmatrix}\boldsymbol{AB} & \boldsymbol{O}\\ \boldsymbol{B} & \boldsymbol{O}\end{pmatrix}\right)=x^n\det(x\boldsymbol{I}_n-\boldsymbol{AB}),$$

$$\det\left(x\boldsymbol{I}_{2n}-\begin{pmatrix}\boldsymbol{O} & \boldsymbol{O}\\ \boldsymbol{B} & \boldsymbol{BA}\end{pmatrix}\right)=x^n\det(x\boldsymbol{I}_n-\boldsymbol{BA}).$$

因为它们有相同的根，可知$\det(x\boldsymbol{I}_n-\boldsymbol{AB})$与$\det(x\boldsymbol{I}_n-\boldsymbol{BA})$也有完全相同的根，即$\boldsymbol{AB}$与$\boldsymbol{BA}$有相同的特征根，并且对应特征根的重数也相同.

7.6　可以对角化的矩阵

1. 检验教材7.5节习题1中的矩阵哪些可以对角化，如何对角化，求出过渡矩阵$\boldsymbol{T}$.

解　(i) 矩阵$\boldsymbol{A}$不满足对角化的充要条件(ii)，不能对角化.

(ii) 矩阵$\boldsymbol{A}$不满足对角化的充要条件(i)，不能对角化.

(iii) 能够对角化，且

$$\boldsymbol{T}=\begin{pmatrix}2 & 12 & 1\\ 0 & -5 & 0\\ -1 & 3 & -1\end{pmatrix}.$$

2. 设$\boldsymbol{A}=\begin{pmatrix}4 & 6 & 0\\ -3 & -5 & 0\\ -3 & -6 & 1\end{pmatrix}$，求$\boldsymbol{A}^{10}$.

解 因 $f_A(x)=\det(x\boldsymbol{I}-\boldsymbol{A})=(x-1)^2(x+2)$，故 $\boldsymbol{A}$ 有二重特征根 $\lambda=1$ 及单重特征根 $\lambda_0=-2$. 求得 $\boldsymbol{A}$ 的属于特征根 $\lambda=1$ 的两个线性无关特征向量 $(2,-1,0)'$ 及 $(0,0,1)'$，$\boldsymbol{A}$ 的属于特征根 $\lambda_0=-2$ 的特征向量 $(1,-1,-1)'$.

于是，以特征向量为列构成的可逆矩阵 $\boldsymbol{T}=\begin{pmatrix}2&0&1\\-1&0&-1\\0&1&-1\end{pmatrix}$ 满足 $\boldsymbol{T}^{-1}\boldsymbol{A}\boldsymbol{T}=$

$\begin{pmatrix}1&0&0\\0&1&0\\0&0&-2\end{pmatrix}$，从而

$$\boldsymbol{A}^{10}=\boldsymbol{T}\begin{pmatrix}1&0&0\\0&1&0\\0&0&(-2)^{10}\end{pmatrix}\boldsymbol{T}^{-1}=\begin{pmatrix}-1022&-2046&0\\1023&2047&0\\1023&2046&1\end{pmatrix}.$$

3. 设 σ 是数域 F 上 n 维向量空间 V 的一个线性变换，令 $\lambda_1,\lambda_2,\cdots,\lambda_t\in F$ 是 σ 的两两不同的本征值，V_{λ_i} 是属于本征值 λ_i 的本征子空间. 证明：子空间的和 $W=V_{\lambda_1}+V_{\lambda_2}+\cdots+V_{\lambda_t}$ 是直和，并且在 σ 之下不变.

证 设 $\boldsymbol{\eta}\in V_{\lambda_i}\cap(V_{\lambda_1}+\cdots+V_{\lambda_{i-1}}+V_{\lambda_{i+1}}+\cdots+V_{\lambda_t})$，则有 $\boldsymbol{\eta}=\boldsymbol{\xi}_i$ 且 $\boldsymbol{\eta}=\boldsymbol{\xi}_1+\cdots+\boldsymbol{\xi}_{i-1}+\boldsymbol{\xi}_{i+1}+\cdots+\boldsymbol{\xi}_t$，其中 $\boldsymbol{\xi}_k\in V_{\lambda_k}\ (k=1,2,\cdots,t)$，从而

$$\boldsymbol{\xi}_1+\cdots+\boldsymbol{\xi}_{i-1}-\boldsymbol{\xi}_i+\boldsymbol{\xi}_{i+1}+\cdots+\boldsymbol{\xi}_t=\boldsymbol{0}.$$

但由此可以肯定所有 $\boldsymbol{\xi}_k=\boldsymbol{0}\ (k=1,2,\cdots,t)$，否则其中的非零向量是属于不同本征值的本征向量，因而线性无关，这与上面非零线性组合为零向量的事实相矛盾. 综上所述，$\boldsymbol{\eta}=\boldsymbol{0}$，即

$$V_{\lambda_i}\cap(V_{\lambda_1}+\cdots+V_{\lambda_{i-1}}+V_{\lambda_{i+1}}+\cdots+V_{\lambda_t})=\{\boldsymbol{0}\}.$$

由 i 的任意性知，$W=V_{\lambda_1}+\cdots+V_{\lambda_t}$ 是直和.

再设
$$\boldsymbol{\xi}=\boldsymbol{\xi}_1+\boldsymbol{\xi}_2+\cdots+\boldsymbol{\xi}_t\in W,$$
其中 $\boldsymbol{\xi}_k\in V_{\lambda_k}\ (k=1,2,\cdots,t)$，于是有

$$\sigma(\boldsymbol{\xi})=\sigma(\boldsymbol{\xi}_1)+\sigma(\boldsymbol{\xi}_2)+\cdots+\sigma(\boldsymbol{\xi}_t).$$

因为 V_{λ_k} 在 σ 下不变，故 $\sigma(\boldsymbol{\xi}_k)\in V_{\lambda_k}\ (k=1,2,\cdots,t)$，从而知 $\sigma(\boldsymbol{\xi})\in W$，即 W 在 σ 下不变.

4. 数域 F 上 n 维向量空间 V 的一个线性变换 σ 叫做对合变换，如果 $\sigma^2=\iota$，ι 是单位变换. 设 σ 是 V 的一个对合变换，证明：

(i) σ 的本征值只能是 ±1；

(ii) $V=V_1\oplus V_{-1}$，这里 V_1 是 σ 的属于本征值 1 的本征子空间，V_{-1} 是 σ

的属于本征值-1的本征子空间.

（提示：设$\boldsymbol{\alpha}\in V$，则$\boldsymbol{\alpha}=\dfrac{\boldsymbol{\alpha}+\sigma(\boldsymbol{\alpha})}{2}+\dfrac{\boldsymbol{\alpha}-\sigma(\boldsymbol{\alpha})}{2}$.）

证 (i) 设λ是σ的特征根，$\boldsymbol{\alpha}$是属于λ的特征向量，则$\sigma(\boldsymbol{\alpha})=\lambda\boldsymbol{\alpha}$，$\sigma^2(\boldsymbol{\alpha})=\lambda^2\boldsymbol{\alpha}$. 另一方面，由题设$\sigma^2=\iota$知，$\sigma^2(\boldsymbol{\alpha})=\boldsymbol{\alpha}$，所以$\lambda^2\boldsymbol{\alpha}=\boldsymbol{\alpha}$，$(\lambda^2-1)\boldsymbol{\alpha}=\mathbf{0}$. 又$\boldsymbol{\alpha}\neq\mathbf{0}$，从而$\lambda^2-1=0$，故$\sigma$的特征根只能是$\pm1$.

(ii) 任给$\boldsymbol{\alpha}\in V$，则

$$\boldsymbol{\alpha}=\frac{\boldsymbol{\alpha}+\sigma(\boldsymbol{\alpha})}{2}+\frac{\boldsymbol{\alpha}-\sigma(\boldsymbol{\alpha})}{2},$$

注意
$$\sigma\left(\frac{\boldsymbol{\alpha}+\sigma(\boldsymbol{\alpha})}{2}\right)=\frac{\sigma(\boldsymbol{\alpha})+\boldsymbol{\alpha}}{2}=1\cdot\frac{\boldsymbol{\alpha}+\sigma(\boldsymbol{\alpha})}{2},$$

故
$$\frac{\boldsymbol{\alpha}+\sigma(\boldsymbol{\alpha})}{2}\in V_1,$$

$$\sigma\left(\frac{\boldsymbol{\alpha}-\sigma(\boldsymbol{\alpha})}{2}\right)=\frac{\sigma(\boldsymbol{\alpha})-\boldsymbol{\alpha}}{2}=(-1)\cdot\frac{\boldsymbol{\alpha}-\sigma(\boldsymbol{\alpha})}{2},$$

故
$$\frac{\boldsymbol{\alpha}-\sigma(\boldsymbol{\alpha})}{2}\in V_{-1},$$

因此
$$V=V_1+V_{-1}.$$

再设任意$\boldsymbol{\beta}\in V_1\cap V_{-1}$，由$\boldsymbol{\beta}\in V_1$，有$\sigma(\boldsymbol{\beta})=\boldsymbol{\beta}$，又$\boldsymbol{\beta}\in V_{-1}$，有$\sigma(\boldsymbol{\beta})=-\boldsymbol{\beta}$，于是$\boldsymbol{\beta}=\sigma(\boldsymbol{\beta})=-\boldsymbol{\beta}$，所以$\boldsymbol{\beta}=\mathbf{0}$. 因此$V_1\cap V_{-1}=\{\mathbf{0}\}$，故$V=V_1\oplus V_{-1}$.

5. 数域F上一个n阶矩阵$\boldsymbol{A}$叫做一个幂等矩阵，如果$\boldsymbol{A}^2=\boldsymbol{A}$. 设$\boldsymbol{A}$是一个幂等矩阵. 证明：

(i) $\boldsymbol{I}+\boldsymbol{A}$可逆，并且求$(\boldsymbol{I}+\boldsymbol{A})^{-1}$；

(ii) 秩$(\boldsymbol{A})$+秩$(\boldsymbol{I}-\boldsymbol{A})=n$.

（提示：利用教材7.4节习题3(ii).）

证 (i) 因为

$$(\boldsymbol{I}+\boldsymbol{A})\left(\boldsymbol{I}-\frac{\boldsymbol{A}}{2}\right)=\boldsymbol{I}+\boldsymbol{A}-\frac{\boldsymbol{A}}{2}-\frac{\boldsymbol{A}^2}{2}=\boldsymbol{I},$$

所以$\boldsymbol{I}+\boldsymbol{A}$可逆，且$(\boldsymbol{I}+\boldsymbol{A})^{-1}=\boldsymbol{I}-\dfrac{\boldsymbol{A}}{2}$.

(ii) 设$\boldsymbol{A}$与线性变换σ相对应，则$\sigma^2=\sigma$. 由教材7.4节习题3知

$$\mathrm{Ker}(\sigma)=\{\boldsymbol{\xi}-\sigma(\boldsymbol{\xi})\mid\boldsymbol{\xi}\in V\}=\mathrm{Im}(\iota-\sigma),$$

其中ι是单位变换，且$V=\mathrm{Ker}(\sigma)\oplus\mathrm{Im}(\sigma)$，所以

$$\dim\mathrm{Im}(\sigma)+\dim\mathrm{Im}(\iota-\sigma)=\dim\mathrm{Im}(\sigma)+\dim\mathrm{Ker}(\sigma)=n.$$

再由教材 7.1 节习题 4 知

$$\dim \mathrm{Im}(\sigma)=\text{秩}(\boldsymbol{A}),\quad \dim \mathrm{Im}(\iota-\sigma)=\text{秩}(\boldsymbol{I}-\boldsymbol{A}),$$

所以
$$\text{秩}(\boldsymbol{A})+\text{秩}(\boldsymbol{I}-\boldsymbol{A})=\dim \mathrm{Im}(\sigma)+\dim(\iota-\sigma)=n.$$

6. 数域 F 上 n 维向量空间 V 的一个线性变换 σ 叫做幂零变换,如果存在一个自然数 m,使 $\sigma^m=\theta$. 证明:

(i) σ 是幂零变换当且仅当它的特征多项式的根都是零;

(ii) 如果一个幂零变换 σ 可以对角化,那么 σ 一定是零变换.

证 (i) 必要性. 设 $\sigma^m=\theta$,λ 是 σ 的任一个本征值,$\boldsymbol{\alpha}$ 是 σ 的属于 λ 的本征向量,则

$$\sigma(\boldsymbol{\alpha})=\lambda\boldsymbol{\alpha},\cdots,\sigma^m(\boldsymbol{\alpha})=\lambda^m\boldsymbol{\alpha}.$$

因 $\sigma^m(\boldsymbol{\alpha})=\boldsymbol{0}$,$\boldsymbol{\alpha}\neq\boldsymbol{0}$,而 $\lambda^m\boldsymbol{\alpha}=\sigma^m(\boldsymbol{\alpha})=\boldsymbol{0}$,所以 $\lambda^m=0$,即 $\lambda=0$. 所以,σ 的特征多项式的根都是零.

充分性. 若 σ 在某一个基下的矩阵为 $\boldsymbol{A}$,$\boldsymbol{A}$ 的特征根全为零,则由教材 7.5 节习题 5(ii)知,存在可逆矩阵 $\boldsymbol{T}$,使

$$\boldsymbol{T}^{-1}\boldsymbol{A}\boldsymbol{T}=\begin{pmatrix}0 & * & \cdots & * \\ 0 & 0 & \cdots & * \\ \vdots & \vdots & & \vdots \\ 0 & 0 & \cdots & 0\end{pmatrix}.$$

于是

$$\boldsymbol{T}^{-1}\boldsymbol{A}^n\boldsymbol{T}=(\boldsymbol{T}^{-1}\boldsymbol{A}\boldsymbol{T})^n=\begin{pmatrix}0 & * & \cdots & * \\ 0 & 0 & \cdots & * \\ \vdots & \vdots & & \vdots \\ 0 & 0 & \cdots & 0\end{pmatrix}^n=\begin{pmatrix}0 & 0 & \cdots & 0 \\ 0 & 0 & \cdots & 0 \\ \vdots & \vdots & & \vdots \\ 0 & 0 & \cdots & 0\end{pmatrix}.$$

所以 $\boldsymbol{A}^n=\boldsymbol{T}\boldsymbol{O}\boldsymbol{T}^{-1}=\boldsymbol{O}$,故 $\sigma^n=\theta$,σ 是幂零变换.

(ii) 如果幂零变换 σ 可以对角化,则 σ 的特征根全为零,故对应的对角矩阵主对角线上元素全为零,故为零矩阵. 这说明 σ 关于某个基的矩阵为零矩阵,因而 σ 是零变换.

7. 设 V 是复数域上一个 n 维向量空间,S 是 V 的某些线性变换所成的集合,而 φ 是 V 的一个线性变换,并且 φ 与 S 中每一线性变换可交换. 证明:如果 S 不可约(参看教材 7.4 节习题 5),那么 φ 一定是一个位似变换.

(提示:令 λ 是 φ 的一个本征值,考虑 φ 的属于 λ 的本征子空间,并且利用教材 7.4 节习题 5 的结果.)

证　由教材 7.4 节习题 5 可知，φ 是零变换或可逆变换.

若 φ 是零变换，则 φ 是位似变换.

若 φ 是可逆变换，设 λ 是 φ 的一个本征值，V_λ 是属于 λ 的本征子空间. 对任意 $\boldsymbol{\alpha}\in V_\lambda$ 及任意 $\sigma\in S$，有 $\varphi(\sigma(\boldsymbol{\alpha}))=\sigma(\varphi(\boldsymbol{\alpha}))=\lambda\sigma(\boldsymbol{\alpha})$，所以 $\sigma(\boldsymbol{\alpha})\in V_\lambda$. 可见 V_λ 是 σ 的不变子空间. 又因 S 不可约，且 $V_\lambda\neq\{\mathbf{0}\}$，故 $V_\lambda=V$.

设 $\{\boldsymbol{\alpha}_1,\boldsymbol{\alpha}_2,\cdots,\boldsymbol{\alpha}_n\}$ 是 V_λ 的一个基，则 $\varphi(\boldsymbol{\alpha}_i)=\lambda\boldsymbol{\alpha}_i\ (i=1,2,\cdots,n)$. φ 在基 $\{\boldsymbol{\alpha}_1,\boldsymbol{\alpha}_2,\cdots,\boldsymbol{\alpha}_n\}$ 下的矩阵为

$$\begin{pmatrix}\lambda & 0 & \cdots & 0\\ 0 & \lambda & \cdots & 0\\ \vdots & \vdots & & \vdots\\ 0 & 0 & \cdots & \lambda\end{pmatrix},$$

故 φ 是位似变换.

8. 设 σ 是数域 F 上 n 维向量空间 V 的一个可以对角化的线性变换. 令 $\lambda_1,\lambda_2,\cdots,\lambda_t$ 是 σ 的全部本征值. 证明：存在 V 的线性变换 $\sigma_1,\sigma_2,\cdots,\sigma_t$，使得

(i) $\sigma=\lambda_1\sigma_1+\lambda_2\sigma_2+\cdots+\lambda_t\sigma_t$；

(ii) $\sigma_1+\sigma_2+\cdots+\sigma_t=\iota$，$\iota$ 是单位变换；

(iii) $\sigma_i\sigma_j=\theta$，若 $i\neq j$，θ 是零变换；

(iv) $\sigma_i^2=\sigma_i\ (i=1,2,\cdots,t)$；

(v) $\sigma_i(V)=V_{\lambda_i}\ (i=1,2,\cdots,t)$，$V_{\lambda_i}$ 是 σ 的属于本征值 λ_i 的本征子空间.

证　(i) 对任意 $\boldsymbol{\alpha}\in V$，定义

$$\sigma_i:\boldsymbol{\alpha}\mapsto\begin{cases}\boldsymbol{\alpha}, & \boldsymbol{\alpha}\in V_{\lambda_i},\\ \mathbf{0}, & \boldsymbol{\alpha}\notin V_{\lambda_i}\end{cases}\quad(i=1,2,\cdots,t).$$

因 σ 是可以对角化的线性变换，故

$$\sum_{i=1}^{t}\dim V_{\lambda_i}=\sum_{i=1}^{n}s_i=n\ (s_i\text{ 为 }\lambda_i\text{ 的重数}),$$

再根据前面习题 3，有

$$V=V_{\lambda_1}\oplus V_{\lambda_2}\oplus\cdots\oplus V_{\lambda_t},$$

于是
$$\begin{aligned}\sigma(\boldsymbol{\alpha})&=\sigma(\boldsymbol{\alpha}_1+\boldsymbol{\alpha}_2+\cdots+\boldsymbol{\alpha}_t)=\sigma(\boldsymbol{\alpha}_1)+\sigma(\boldsymbol{\alpha}_2)+\cdots+\sigma(\boldsymbol{\alpha}_t)\\&=\lambda_1\boldsymbol{\alpha}_1+\lambda_2\boldsymbol{\alpha}_2+\cdots+\lambda_t\boldsymbol{\alpha}_t.\end{aligned}$$

又
$$\begin{aligned}(\lambda_1\sigma_1+\lambda_2\sigma_2+\cdots+\lambda_t\sigma_t)(\boldsymbol{\alpha})&=(\lambda_1\sigma_1+\lambda_2\sigma_2+\cdots+\lambda_t\sigma_t)(\boldsymbol{\alpha}_1+\boldsymbol{\alpha}_2+\cdots+\boldsymbol{\alpha}_t)\\&=\lambda_1\boldsymbol{\alpha}_1+\lambda_2\boldsymbol{\alpha}_2+\cdots+\lambda_t\boldsymbol{\alpha}_t,\end{aligned}$$

所以
$$\sigma=\lambda_1\sigma_1+\lambda_2\sigma_2+\cdots+\lambda_t\sigma_t.$$

(ii) 因
$$(\sigma_1+\sigma_2+\cdots+\sigma_t)(\boldsymbol{\alpha})=(\sigma_1+\sigma_2+\cdots+\sigma_t)(\boldsymbol{\alpha}_1+\boldsymbol{\alpha}_2+\cdots+\boldsymbol{\alpha}_t)$$
$$=\boldsymbol{\alpha}_1+\boldsymbol{\alpha}_2+\cdots+\boldsymbol{\alpha}_t=\boldsymbol{\alpha},$$
所以
$$\sigma_1+\sigma_2+\cdots+\sigma_t=\iota.$$

(iii) 因
$$\sigma_i\sigma_j(\boldsymbol{\alpha})=\sigma_i\sigma_j(\boldsymbol{\alpha}_1+\boldsymbol{\alpha}_2+\cdots+\boldsymbol{\alpha}_t)=\sigma_i(\boldsymbol{\alpha}_j)$$
$$=\begin{cases}\boldsymbol{\alpha}_i, & i=j,\\ \mathbf{0}, & i\neq j.\end{cases}$$
所以 $i\neq j$ 时，$\sigma_i\sigma_j=\theta$.

(iv) 当 $i=j$ 时，由(iii)知，$\sigma_i^2(\boldsymbol{\alpha})=\boldsymbol{\alpha}_i$. 又 $\sigma_i(\boldsymbol{\alpha})=\boldsymbol{\alpha}_i$，所以，$\sigma_i^2=\sigma_i$.

(v) 因 $\sigma_i(V)\subseteq V_{\lambda_i}$，又对任意 $\boldsymbol{\alpha}_i\in V_{\lambda_i}$，有 $\sigma_i(\boldsymbol{\alpha}_i)\in\sigma_i(V)$，所以 $V_{\lambda_i}\subseteq\sigma_i(V)$，从而 $\sigma_i(V)=V_{\lambda_i}$.

9. 令 V 是复数域 $\mathbf{C}$ 上一个 n 维向量空间，σ,τ 是 V 的线性变换，且 $\sigma\tau=\tau\sigma$. 证明：

(i) σ 的每一本征子空间都在 τ 之下不变；

(ii) σ 与 τ 在 V 中有一公共本征向量.

证 (i) 设 λ 是 σ 的一个本征值，$\boldsymbol{\xi}\in V_\lambda$，则 $\sigma(\boldsymbol{\xi})=\lambda\boldsymbol{\xi}$，从而$\sigma(\tau(\boldsymbol{\xi}))=\tau(\sigma(\boldsymbol{\xi}))=\lambda(\tau(\boldsymbol{\xi}))$，故 $\tau(\boldsymbol{\xi})\in V_\lambda$. 可见，$V_\lambda$ 是 τ 的不变子空间.

(ii) 由于 V_λ 是 τ 的不变子空间，视 τ 为 V_λ 上的线性变换，并记 $\tau|V_\lambda=\tau_\lambda$. 于是在复数域 $\mathbf{C}$ 上，τ_λ 必有本征值 μ 及相应非零向量 $\boldsymbol{\alpha}\in V_\lambda$，使 $\tau_\lambda(\boldsymbol{\alpha})=\mu\boldsymbol{\alpha}$，故 $\tau(\boldsymbol{\alpha})=\tau_\lambda(\boldsymbol{\alpha})=\mu\boldsymbol{\alpha}$. 又 $\sigma(\boldsymbol{\alpha})=\lambda\boldsymbol{\alpha}$，所以 $\boldsymbol{\alpha}$ 是 σ 及 τ 的公共本征向量.

补充讨论

部分习题其他解法或补充说明.

1. “7.1 节 线性映射”中习题 1(ii)解答的补充.

证 令 $\mathbf{A}=\begin{pmatrix}2 & 0 & 0\\ -1 & 1 & 0\\ 1 & 1 & -1\end{pmatrix}$，则 $\sigma(\boldsymbol{\xi})=\boldsymbol{\xi}\mathbf{A}$，那么对任意 $x,y\in\mathbf{R}^3$ 及任意 $a\in\mathbf{R}$，有
$$\sigma(x+y)=(x+y)\mathbf{A}=x\mathbf{A}+y\mathbf{A}=\sigma(x)+\sigma(y)$$
$$\sigma(ax)=(ax)\mathbf{A}=a(x\mathbf{A})=a\sigma(x),$$
因此 σ 是 $\mathbf{R}^3$ 到自身的线性映射.

2. "7.1 节　线性映射"中第 4 题另一解法.

证　记 $\boldsymbol{A}$ 中列向量

$$\boldsymbol{\alpha}_1=\begin{pmatrix}1\\1\\3\\1\end{pmatrix},\quad \boldsymbol{\alpha}_2=\begin{pmatrix}-1\\1\\-1\\3\end{pmatrix},\quad \boldsymbol{\alpha}_3=\begin{pmatrix}5\\-2\\8\\-9\end{pmatrix},\quad \boldsymbol{\alpha}_4=\begin{pmatrix}-1\\3\\1\\7\end{pmatrix},$$

则 $\boldsymbol{\alpha}_1,\boldsymbol{\alpha}_2,\boldsymbol{\alpha}_3,\boldsymbol{\alpha}_4\in F^4$,且 $\boldsymbol{A}=(\boldsymbol{\alpha}_1,\boldsymbol{\alpha}_2,\boldsymbol{\alpha}_3,\boldsymbol{\alpha}_4)$.

对矩阵 $\boldsymbol{A}$ 进行初等变换,即

$$\begin{pmatrix}1&-1&5&-1\\1&1&-2&3\\3&-1&8&1\\1&3&-9&7\end{pmatrix}\longrightarrow\begin{pmatrix}1&-1&5&-1\\0&2&-7&4\\0&2&-4&4\\0&4&-14&8\end{pmatrix}\longrightarrow\begin{pmatrix}1&-1&5&-1\\0&2&-7&4\\0&0&0&0\\0&0&0&0\end{pmatrix},$$

由此可知 $\boldsymbol{A}$ 的秩为 2.

σ 的核为 $\{\boldsymbol{x}\mid\boldsymbol{Ax}=\boldsymbol{0}\}$,因为秩$(\boldsymbol{A})=2$,所以 $\boldsymbol{Ax}=\boldsymbol{0}$ 的解空间维数为 $4-2=2$,即 σ 的核的维数是 2.

σ 的像为 $\{\boldsymbol{Ax}\mid\boldsymbol{x}\in F^4\}=\{k_1\boldsymbol{\alpha}_1+k_2\boldsymbol{\alpha}_2+k_3\boldsymbol{\alpha}_3+k_4\boldsymbol{\alpha}_4\mid k_1,k_2,k_3,k_4\in F\}$,从而 σ 的像的维数是 $\mathscr{D}(\boldsymbol{\alpha}_1,\boldsymbol{\alpha}_2,\boldsymbol{\alpha}_3,\boldsymbol{\alpha}_4)$的维数,即向量组$\{\boldsymbol{\alpha}_1,\boldsymbol{\alpha}_2,\boldsymbol{\alpha}_3,\boldsymbol{\alpha}_4\}$中极大无关组的向量个数或 $\boldsymbol{A}$ 的秩,从而 σ 的像的维数是 2.

3. "7.1 节　线性映射"中习题 6 也可如下证明.

证　充分性. 若 $V=\sigma(W_1)\oplus\sigma(W_2)$,则对任意 $\boldsymbol{\alpha}\in V$,存在 $\boldsymbol{\alpha}_1\in W_1,\boldsymbol{\alpha}_2\in W_2$,使 $\boldsymbol{\alpha}=\sigma(\boldsymbol{\alpha}_1)+\sigma(\boldsymbol{\alpha}_2)$. 由于 σ 是线性映射,$\sigma(\boldsymbol{\alpha}_1)+\sigma(\boldsymbol{\alpha}_2)=\sigma(\boldsymbol{\alpha}_1+\boldsymbol{\alpha}_2)$,而 $\boldsymbol{\alpha}_1+\boldsymbol{\alpha}_2\in V$,故 $\boldsymbol{\alpha}\in\mathrm{Im}(\sigma)$因而 σ 是满射.

再证 σ 是单射. 否则由定理 7.1.2 知,$\mathrm{Ker}(\sigma)\neq\{0\}$,$\dim\mathrm{Ker}(\sigma)\neq 0$. 而由上面第 5 题知,$\dim\mathrm{Im}(\sigma)=n-\dim\mathrm{Ker}(\sigma)\neq n$,这与 σ 是满射矛盾.

由于 σ 是满射,又是单射,故有逆映射.

必要性. σ 有逆映射,下证 $V=\sigma(W_1)\oplus\sigma(W_2)$.

首先证 $V=\sigma(W_1)+\sigma(W_2)$. 显然 $\sigma(W_1)+\sigma(W_2)\subseteq V$,仅需证 $V\subseteq\sigma(W_1)+\sigma(W_2)$. 为此任取 $y\in V$,由于 σ 是满射,存在 $x\in V$,使 $y=\sigma(x)$. 又因 $V=W_1+W_2$,故存在 $x_1\in W_1,x_2\in W_2$,使 $x=x_1+x_2$,从而

$$y=\sigma(x)=\sigma(x_1)+\sigma(x_2)\in\sigma(W_1)+\sigma(W_2),$$

于是 $V\subseteq\sigma(W_1)+\sigma(W_2)$,从而 $V=\sigma(W_1)+\sigma(W_2)$.

再证 $\sigma(W_1)\cap\sigma(W_2)=\{0\}$. 任取 $y\in\sigma(W_1)\cap\sigma(W_2)$,则存在 $x_1\in W_1$,

$x_2 \in W_2$，使 $y=\sigma(x_1)=\sigma(x_2)$. 由于 σ 是单射，从而 $x_1=x_2$，并且 $x_1 \in W_1 \cap W_2$. 但 $V=W_1 \oplus W_2$，所以 $x_1=0$. 再由 σ 为线性映射，有 $y=\sigma(x_1)=\sigma(0)=0$，于是 $\sigma(W_1) \cap \sigma(W_2)=\{0\}$.

综上可得，$V=\sigma(W_1)\oplus\sigma(W_2)$.

4."7.5 节　本征值和本征向量"习题 3 的解答的补充说明.

证　在解答 3(ii) 中，当 $\mathrm{tr}\boldsymbol{A}=2$ 且假设 $b\neq 0$ 时，由于 $\lambda_0\boldsymbol{I}-\boldsymbol{A}=\begin{pmatrix}1-a & -b\\ -c & 1-d\end{pmatrix}$的秩是 1，以此为系数矩阵的齐次线性方程组与第 1 个方程同解. 由 $(1-a)x_1-bx_2=0$，可得解向量$\begin{pmatrix}b\\ 1-a\end{pmatrix}$，即矩阵 $\boldsymbol{A}$ 属于特征根 $\lambda_0=1$ 的特征向量. 再令 $\boldsymbol{T}=\begin{pmatrix}b & x\\ 1-a & y\end{pmatrix}$，并由 $\boldsymbol{AT}=\boldsymbol{T}\begin{pmatrix}1 & 1\\ 0 & 1\end{pmatrix}$求 $\boldsymbol{T}$. 注意 $\boldsymbol{AT}=\begin{pmatrix}b & ax+by\\ d-1 & cx+dy\end{pmatrix}$，$\boldsymbol{T}\begin{pmatrix}1 & 1\\ 0 & 1\end{pmatrix}=\begin{pmatrix}b & b+x\\ 1-a & 1-a+y\end{pmatrix}$，比较对应元素得方程组 $\begin{cases}(a-1)x+by=b,\\ cx+(d-1)y=1-a,\end{cases}$ 从已知条件 $ad-bc=1$，$a+d=2$ 推知方程组中两方程系数与常数项对应成比例，方程组与第 1 个方程同解，方程组有解 $x=0$，$y=1$，于是得 $\boldsymbol{T}=\begin{pmatrix}b & 0\\ 1-a & 1\end{pmatrix}$.

5."7.5 节　本征值和本征向量"习题 6(i)其他证明方法.

证 1　若 $\boldsymbol{x}$ 是 $\boldsymbol{A}$ 的特征根 λ 对应的特征向量，则 $\boldsymbol{Ax}=\lambda\boldsymbol{x}$，$(a\boldsymbol{A}^2)\boldsymbol{x}=a\boldsymbol{A}(\boldsymbol{Ax})=(a\lambda)(\boldsymbol{Ax})=a\lambda^2\boldsymbol{x}$，…，$(a\boldsymbol{A}^m)\boldsymbol{x}=a\lambda^m\boldsymbol{x}$，$a\lambda^m$ 是 $a\boldsymbol{A}^m$ 的特征根(其中 $a\in C$，m 为正整数).

另一方面，若 λ,μ 是矩阵 $\boldsymbol{A},\boldsymbol{B}$ 的特征值，且 $\boldsymbol{A},\boldsymbol{B}$ 关于 λ,μ 有相同的特征向量，即存在 $\boldsymbol{x}\neq\boldsymbol{0}$，使 $\boldsymbol{Ax}=\lambda\boldsymbol{x}$ 且 $\boldsymbol{Bx}=\mu\boldsymbol{x}$，则 $(\boldsymbol{A}+\boldsymbol{B})\boldsymbol{x}=(\lambda+\mu)\boldsymbol{x}$，即 $\lambda+\mu$ 是 $\boldsymbol{A}+\boldsymbol{B}$ 的特征值.

注意 $a\lambda_i^k$ 作为 $a\boldsymbol{A}^k$ $(k=1,2,\cdots,m)$ 的特征根有共同的特征向量 $\boldsymbol{x}_i$，由上面结论易得 $f(\lambda_i)=\sum\limits_{k=0}^{m}a_k\lambda_i^{m-k}$ $(i=1,2,\cdots,n)$ 是 $f(\boldsymbol{A})=\sum\limits_{k=0}^{m}a_k\boldsymbol{A}^{m-k}$ 的特征根.

证 2　由于 $\lambda_1,\lambda_2,\cdots,\lambda_n$ 是 $\boldsymbol{A}$ 的全部特征根，因此，$g(\lambda)=\det(\lambda\boldsymbol{I}-\boldsymbol{A})=(\lambda-\lambda_1)(\lambda-\lambda_2)\cdots(\lambda-\lambda_n)$. 而 $f(x)$是复数域上任一次数大于 0 的多项式，设

$f(x)$在$\mathbf{C}$上的全部根为$x_1, x_2, \cdots, x_m$，则

$$f(x)=a(x-x_1)(x-x_2)\cdots(x-x_m).$$

于是

$$\begin{aligned}|f(\mathbf{A})| &= |a(\mathbf{A}-x_1\boldsymbol{I})(\mathbf{A}-x_2\boldsymbol{I})\cdots(\mathbf{A}-x_m\boldsymbol{I})| \\ &= a^n(-1)^{m\cdot n}\det(x_1\boldsymbol{I}-\mathbf{A})\det(x_2\boldsymbol{I}-\mathbf{A})\cdots\det(x_m\boldsymbol{I}-\mathbf{A}) \\ &= a^n(-1)^{mn}g(x_1)g(x_2)\cdots g(x_m) = (-1)^{mn}a^n\prod_{i=1}^{m}\prod_{j=1}^{n}(x_i-\lambda_j) \\ &= a^n\prod_{i=1}^{m}\prod_{j=1}^{n}(\lambda_j-x_i) = f(\lambda_1)f(\lambda_2)\cdots f(\lambda_n).\end{aligned}$$

以$\lambda-f(x)$代替上式中的$f(x)$，得

$$\det(\lambda\boldsymbol{I}-f(\mathbf{A}))=(\lambda-f(\lambda_1))(\lambda-f(\lambda_2))\cdots(\lambda-f(\lambda_n)),$$

从而$f(\mathbf{A})$的全部特征根为$f(\lambda_1), f(\lambda_2), \cdots, f(\lambda_n)$.

［**小结**］ 前一证法着重从原理上阐述，后一证法给出一种具体的展示.

第8章　欧氏空间和酉空间

知识要点

1. 设V是实数域$\mathbf{R}$上一个向量空间，如果对于V中任意一对向量$\boldsymbol{\xi},\boldsymbol{\eta}$，有一个确定的实数$\langle\boldsymbol{\xi},\boldsymbol{\eta}\rangle$与它们对应，并称$\langle\boldsymbol{\xi},\boldsymbol{\eta}\rangle$为向量的**内积**，同时满足以下条件：(i) $\langle\boldsymbol{\xi},\boldsymbol{\eta}\rangle=\langle\boldsymbol{\eta},\boldsymbol{\xi}\rangle$；(ii) $\langle\boldsymbol{\xi}+\boldsymbol{\eta},\boldsymbol{\zeta}\rangle=\langle\boldsymbol{\xi},\boldsymbol{\zeta}\rangle+\langle\boldsymbol{\eta},\boldsymbol{\zeta}\rangle$；(iii) $\langle a\boldsymbol{\xi},\boldsymbol{\eta}\rangle=a\langle\boldsymbol{\xi},\boldsymbol{\eta}\rangle$；(iv) 当$\boldsymbol{\xi}\neq\mathbf{0}$时，$\langle\boldsymbol{\xi},\boldsymbol{\xi}\rangle>0$. 这里$\boldsymbol{\xi},\boldsymbol{\eta},\boldsymbol{\zeta}$是$V$的任意向量，$a$是任意实数，那么$V$叫做对这个内积来说的一个**欧几里得空间**(欧氏空间). 显然，如果W是欧氏空间V的子空间，那么对V的内积而言，W也是欧氏空间.

由定义可知，在欧氏空间V中，有：(i) 对任意$\boldsymbol{\xi}\in V$，有$\langle\mathbf{0},\boldsymbol{\xi}\rangle=\langle\boldsymbol{\xi},\mathbf{0}\rangle=0$；(ii) 若对任意$\boldsymbol{\eta}\in V$，有$\langle\boldsymbol{\xi},\boldsymbol{\eta}\rangle=0$，则$\boldsymbol{\xi}=\mathbf{0}$；(iii) $\langle\sum\limits_{i=1}^{r}a_i\boldsymbol{\xi}_i,\sum\limits_{j=1}^{s}b_j\boldsymbol{\eta}_j\rangle=\sum\limits_{i=1}^{r}\sum\limits_{j=1}^{s}a_ib_j\langle\boldsymbol{\xi}_i,\boldsymbol{\eta}_j\rangle$，其中$\boldsymbol{\xi}_i,\boldsymbol{\eta}_j\in V$，$a_i,b_j\in\mathbf{R}$ $(i=1,2,\cdots,r;j=1,2,\cdots,s)$.

2. 在欧氏空间V里，对任意向量$\boldsymbol{\xi},\boldsymbol{\eta}$，有不等式$\langle\boldsymbol{\xi},\boldsymbol{\eta}\rangle^2\leqslant\langle\boldsymbol{\xi},\boldsymbol{\xi}\rangle\langle\boldsymbol{\eta},\boldsymbol{\eta}\rangle$成立，当且仅当$\boldsymbol{\xi}$与$\boldsymbol{\eta}$线性相关时才取等号.

对欧氏空间的向量$\boldsymbol{\xi}$，非负实数$\langle\boldsymbol{\xi},\boldsymbol{\xi}\rangle$的算术根$\sqrt{\langle\boldsymbol{\xi},\boldsymbol{\xi}\rangle}$叫做$\boldsymbol{\xi}$的**长度**，即$|\boldsymbol{\xi}|=\sqrt{\langle\boldsymbol{\xi},\boldsymbol{\xi}\rangle}$.

两向量$\boldsymbol{\xi},\boldsymbol{\eta}$的**距离**指的是$\boldsymbol{\xi}-\boldsymbol{\eta}$的长度$|\boldsymbol{\xi}-\boldsymbol{\eta}|$，记为$d(\boldsymbol{\xi},\boldsymbol{\eta})$.

对任意向量$\boldsymbol{\xi},\boldsymbol{\eta},\boldsymbol{\zeta}\in V$，有：(i) $|\boldsymbol{\xi}+\boldsymbol{\eta}|\leqslant|\boldsymbol{\xi}|+|\boldsymbol{\eta}|$；(ii) 当$\boldsymbol{\xi}\neq\boldsymbol{\eta}$时，$d(\boldsymbol{\xi},\boldsymbol{\eta})>0$；(iii) $d(\boldsymbol{\xi},\boldsymbol{\eta})=d(\boldsymbol{\eta},\boldsymbol{\xi})$；(iv) $d(\boldsymbol{\xi},\boldsymbol{\zeta})\leqslant d(\boldsymbol{\xi},\boldsymbol{\eta})+d(\boldsymbol{\eta},\boldsymbol{\zeta})$.

3. 设$\boldsymbol{\xi}$和$\boldsymbol{\eta}$是欧氏空间的两个非零向量，$\boldsymbol{\xi}$与$\boldsymbol{\eta}$的**夹角**由以下公式定义：

$$\cos\theta=\frac{\langle\boldsymbol{\xi},\boldsymbol{\eta}\rangle}{|\boldsymbol{\xi}||\boldsymbol{\eta}|},\quad 0\leqslant\theta\leqslant\pi.$$

欧氏空间的两个向量$\boldsymbol{\xi},\boldsymbol{\eta}$正交当且仅当$\langle\boldsymbol{\xi},\boldsymbol{\eta}\rangle=0$.

欧氏空间V的一组两两正交的非零向量叫做V的一个**正交组**.若其中每个向量都是单位向量,则称为**规范正交组**.

设$\{\boldsymbol{\alpha}_1,\boldsymbol{\alpha}_2,\cdots,\boldsymbol{\alpha}_n\}$是欧氏空间$V$的一个正交组,那么这组向量线性无关.如果$V$恰好是$n$维的,这组向量就构成$V$的一个**正交基**.如果该正交组还是规范的,即其中每个向量均为单位向量,则构成V的**规范正交基**.如果$\{\boldsymbol{\alpha}_1,\boldsymbol{\alpha}_2,\cdots,\boldsymbol{\alpha}_n\}$是$n$维欧氏空间的一个规范正交基,则$V$中任意向量$\boldsymbol{\xi}$可唯一地表为$\boldsymbol{\xi}=x_1\boldsymbol{\alpha}_1+x_2\boldsymbol{\alpha}_2+\cdots+x_n\boldsymbol{\alpha}_n$,其中$x_i=\langle\boldsymbol{\xi},\boldsymbol{\alpha}_i\rangle$.

任意$n\ (n>0)$维欧氏空间V一定有规范正交基,这只要对任一个基$\{\boldsymbol{\alpha}_1,\boldsymbol{\alpha}_2,\cdots,\boldsymbol{\alpha}_n\}$,利用正交化方法求出正交基$\{\boldsymbol{\beta}_1,\boldsymbol{\beta}_2,\cdots,\boldsymbol{\beta}_n\}$,再令$\boldsymbol{\gamma}_i=\boldsymbol{\beta}_i/|\boldsymbol{\beta}_i|$ $(i=1,2,\cdots,n)$,就可得出V的一个规范正交基$\{\boldsymbol{\gamma}_1,\boldsymbol{\gamma}_2,\cdots,\boldsymbol{\gamma}_n\}$.

设W是欧氏空间V的一个非空子集,如果V的一个向量$\boldsymbol{\xi}$与W的每一向量正交,就称$\boldsymbol{\xi}$与W正交,记作$\langle\boldsymbol{\xi},W\rangle=0$.令$W^{\perp}=\{\boldsymbol{\xi}\in V\mid\langle\boldsymbol{\xi},W\rangle=0\}$,则$W^{\perp}$是$V$的一个子空间.

如果W是欧氏空间V的一个有限维子空间,那么$V=W\oplus W^{\perp}$,因而V的每一向量$\boldsymbol{\xi}$可唯一地写成$\boldsymbol{\xi}=\boldsymbol{\eta}+\zeta$,其中$\boldsymbol{\eta}\in W$,$\langle\zeta,W\rangle=0$,$\boldsymbol{\eta}$称为$\boldsymbol{\xi}$在子空间$W$的**正射影**.由于对$W$中任意向量$\boldsymbol{\eta}'\neq\boldsymbol{\eta}$,都有$|\boldsymbol{\xi}-\boldsymbol{\eta}|<|\boldsymbol{\xi}-\boldsymbol{\eta}'|$,故$\boldsymbol{\eta}$是$W$到$\boldsymbol{\xi}$的**最佳逼近**.

4. 一个n阶实矩阵$\boldsymbol{U}$,若满足

$$\boldsymbol{U}\boldsymbol{U}'=\boldsymbol{U}'\boldsymbol{U}=\boldsymbol{I},$$

则称$\boldsymbol{U}$为**正交矩阵**,$\boldsymbol{U}$的逆矩阵$\boldsymbol{U}^{-1}=\boldsymbol{U}'$.

n维欧氏空间从一个规范正交基到另一个规范正交基的过渡矩阵是正交矩阵.

两欧氏空间V与V'称为**同构**,若满足:(i) 作为实数域上的向量空间,存在V到V'的一个同构映射$f:V\to V'$;(ii) 对于任意$\boldsymbol{\xi},\boldsymbol{\eta}\in V$,都有$\langle\boldsymbol{\xi},\boldsymbol{\eta}\rangle=\langle f(\boldsymbol{\xi}),f(\boldsymbol{\eta})\rangle$.两个有限维欧氏空间同构的充要条件是它们的维数相等.

欧氏空间V的一个线性变换σ叫做**正交变换**,如果对于任意$\boldsymbol{\xi}$,都有$|\sigma(\boldsymbol{\xi})|=|\boldsymbol{\xi}|$.欧氏空间$V$的线性变换$\sigma$是正交变换的充要条件是:对于$V$中任意向量$\boldsymbol{\xi},\boldsymbol{\eta}$,有$\langle\sigma(\boldsymbol{\xi}),\sigma(\boldsymbol{\eta})\rangle=\langle\boldsymbol{\xi},\boldsymbol{\eta}\rangle$.

设V是n维欧氏空间,σ是V的一个线性变换,如果σ是正交变换,那么σ把V的任一规范正交基仍变成V的规范正交基;反之,如果σ把V的一个规范正交基仍变成规范正交基,那么σ是V的正交变换.

n 维欧氏空间 V 的正交变换 σ 关于 V 的任一规范正交基的矩阵是正交矩阵;反之,如果 V 的一个线性变换关于某规范正交基的矩阵是正交矩阵,那么 σ 是正交变换.

5. 设 σ 是欧氏空间 V 的一个线性变换,如果对于 V 中任意向量 $\boldsymbol{\xi},\boldsymbol{\eta}$,有等式 $\langle\sigma(\boldsymbol{\xi}),\boldsymbol{\eta}\rangle=\langle\boldsymbol{\xi},\sigma(\boldsymbol{\eta})\rangle$ 成立,则称 σ 是一个**对称变换**. n 维欧氏空间 V 的一个对称变换 σ 在任意规范正交基下的矩阵 $\mathbf{A}$ 是对称矩阵,即 $\mathbf{A}'=\mathbf{A}$. 若线性变换 σ 关于一个规范正交基的矩阵是对称矩阵,则 σ 是对称变换.

实对称矩阵的特征根都是实数,n 维欧氏空间一个对称变换的属于不同本征值的本征向量彼此正交.

设 σ 是 n 维欧氏空间 V 的一个对称变换,那么存在 V 的一个规范正交基,使得 σ 关于这个基的矩阵是对角形式. 显然,对一个 n 阶实矩阵 $\mathbf{A}$,存在 n 阶正交矩阵 $\boldsymbol{U}$,使 $\boldsymbol{U}'\boldsymbol{A}\boldsymbol{U}$ 是对角形.

6. 设 V 是复数域 $\mathbf{C}$ 上一个向量空间,如果对于 V 中任意一对向量 $\boldsymbol{\xi},\boldsymbol{\eta}$,有一个确定的复数 $\langle\boldsymbol{\xi},\boldsymbol{\eta}\rangle$ 与它们对应,叫做 $\boldsymbol{\xi}$ 与 $\boldsymbol{\eta}$ 的内积,并且满足下列条件:(i) $\langle\boldsymbol{\xi},\boldsymbol{\eta}\rangle=\overline{\langle\boldsymbol{\eta},\boldsymbol{\xi}\rangle}$,$\overline{\langle\boldsymbol{\eta},\boldsymbol{\xi}\rangle}$ 是 $\langle\boldsymbol{\eta},\boldsymbol{\xi}\rangle$ 的共轭复数;(ii) $\langle\boldsymbol{\xi}+\boldsymbol{\eta},\zeta\rangle=\langle\boldsymbol{\xi},\zeta\rangle+\langle\boldsymbol{\eta},\zeta\rangle$;(iii) $\langle a\boldsymbol{\xi},\boldsymbol{\eta}\rangle=a\langle\boldsymbol{\xi},\boldsymbol{\eta}\rangle$;(iv) $\langle\boldsymbol{\xi},\boldsymbol{\xi}\rangle$ 是非负实数,当 $\boldsymbol{\xi}\neq\mathbf{0}$ 时,$\langle\boldsymbol{\xi},\boldsymbol{\xi}\rangle>0$,其中 $\boldsymbol{\xi},\boldsymbol{\eta},\zeta$ 是 V 中任意向量,a 是任意实数,那么 V 叫做对于这个内积来说的一个**酉空间**.

在酉空间 V 中,对任意向量 $\boldsymbol{\xi},\boldsymbol{\eta},\zeta\in V$ 及任意实数 $a_i,b_j\in\mathbf{C}$,有:(i) $\langle\boldsymbol{\xi},\boldsymbol{\eta}+\zeta\rangle=\langle\boldsymbol{\xi},\boldsymbol{\eta}\rangle+\langle\boldsymbol{\xi},\zeta\rangle$;(ii) $\langle\boldsymbol{\xi},\mathbf{0}\rangle=\langle\mathbf{0},\boldsymbol{\xi}\rangle=0$;(iii) $\left\langle\sum\limits_{i=1}^{n}a_i\boldsymbol{\xi}_i,\sum\limits_{j=1}^{n}b_j\boldsymbol{\eta}_j\right\rangle$ $=\sum\limits_{i=1}^{n}\sum\limits_{j=1}^{n}a_ib_j\langle\boldsymbol{\xi}_i,\boldsymbol{\xi}_j\rangle$;(iv) $|\langle\boldsymbol{\xi},\boldsymbol{\eta}\rangle|^2\leqslant\langle\boldsymbol{\xi},\boldsymbol{\xi}\rangle\langle\boldsymbol{\eta},\boldsymbol{\eta}\rangle$.

设 $\boldsymbol{\xi}$ 是酉空间 V 的任意向量,定义 $\boldsymbol{\xi}$ 的长度 $|\boldsymbol{\xi}|=\sqrt{\langle\boldsymbol{\xi},\boldsymbol{\xi}\rangle}$. 对任意 $a\in\mathbf{C}$,有 $|a\boldsymbol{\xi}|=|a||\boldsymbol{\xi}|$.

在酉空间 V 中,两向量 $\boldsymbol{\xi},\boldsymbol{\eta}$ 正交当且仅当 $\langle\boldsymbol{\xi},\boldsymbol{\eta}\rangle=0$. 运用正交化方法,可从 V 的任一个基得到规范正交基.

设 W 是酉空间 V 的一个子空间,$W^{\perp}=\{\boldsymbol{\xi}\in V\mid\langle\boldsymbol{\xi},\boldsymbol{\eta}\rangle=0,\boldsymbol{\eta}\in W\}$,则 $W^{\perp}$ 也是 V 的一个子空间,$W^{\perp}$ 称为 W 的正交补,并且 $V=W\oplus W^{\perp}$.

一个 n 阶复矩阵 $\boldsymbol{U}=(u_{ij})$ 叫做**酉矩阵**,如果 $\boldsymbol{U}\overline{\boldsymbol{U}}'=\overline{\boldsymbol{U}}'\boldsymbol{U}=\boldsymbol{I}$,$n$ 维酉空间的一个规范正交基到另一个规范正交基的过渡矩阵是酉矩阵.

7. 酉空间 V 的一个线性变换 σ 叫做**酉变换**,如果对任意 $\boldsymbol{\xi},\boldsymbol{\eta}\in V$,都有

$\langle\sigma(\boldsymbol{\xi}),\sigma(\boldsymbol{\eta})\rangle=\langle\boldsymbol{\xi},\boldsymbol{\eta}\rangle$.

设σ是n维酉空间V的一个线性变换.(i) 如果σ是酉变换,那么σ把V的任一规范正交基仍变为V的规范正交基;反之,如果σ把V的某一规范正交基仍变为V的规范正交基,那么σ是一个酉变换.(ii) 如果σ是酉变换,那么σ关于V的任意规范正交基的矩阵都是酉矩阵;反之,如果σ关于某一规范正交基的矩阵是酉矩阵,那么σ是一个酉变换.

8. 酉空间V的一个线性变换σ叫做**对称变换**,如果对任意$\boldsymbol{\xi},\boldsymbol{\eta}\in V$,有$\langle\sigma(\boldsymbol{\xi}),\boldsymbol{\eta}\rangle=\langle\boldsymbol{\xi},\sigma(\boldsymbol{\eta})\rangle$.

n阶复矩阵$\boldsymbol{H}$叫做**埃米特矩阵**,如果$\overline{\boldsymbol{H}}'=\boldsymbol{H}$.

设σ是n维酉空间V的一个线性变换,如果σ是对称变换,那么σ关于V的任意规范正交基的矩阵是埃米特矩阵;反之,如果σ关于V的某一规范正交基的矩阵是埃米特矩阵,那么σ是V的一个对称变换.

设σ是n维酉空间的一个对称变换,则(i)σ的本征值都是实数;(ii)σ的属于不同本征值的本征向量彼此正交;(iii)存在V的一个规范正交基,使σ关于这个基的矩阵是实对角形式.

设$\boldsymbol{H}$是一个n阶埃米特矩阵,则存在一个n阶酉矩阵$\boldsymbol{U}$,使得$\overline{\boldsymbol{U}}'\boldsymbol{H}\boldsymbol{U}=\boldsymbol{U}^{-1}\boldsymbol{H}\boldsymbol{U}$是实对角形式.换句话说,任意埃米特矩阵都"酉相似"于一个实对角形.

习题解答

8.1　向量的内积

1. 证明在一个欧氏空间里,对于任意向量$\boldsymbol{\xi},\boldsymbol{\eta}$,以下等式成立:

$$|\boldsymbol{\xi}+\boldsymbol{\eta}|^2+|\boldsymbol{\xi}-\boldsymbol{\eta}|^2=2|\boldsymbol{\xi}|^2+2|\boldsymbol{\eta}|^2;\qquad ①$$

$$\langle\boldsymbol{\xi},\boldsymbol{\eta}\rangle=\frac{1}{4}|\boldsymbol{\xi}+\boldsymbol{\eta}|^2-\frac{1}{4}|\boldsymbol{\xi}-\boldsymbol{\eta}|^2.\qquad ②$$

在解析几何里,等式①的几何意义是什么?

证　(1) $|\boldsymbol{\xi}+\boldsymbol{\eta}|^2+|\boldsymbol{\xi}-\boldsymbol{\eta}|^2$

$$=\langle\boldsymbol{\xi}+\boldsymbol{\eta},\boldsymbol{\xi}+\boldsymbol{\eta}\rangle+\langle\boldsymbol{\xi}-\boldsymbol{\eta},\boldsymbol{\xi}-\boldsymbol{\eta}\rangle$$

$$=\langle\boldsymbol{\xi},\boldsymbol{\xi}\rangle+2\langle\boldsymbol{\xi},\boldsymbol{\eta}\rangle+\langle\boldsymbol{\eta},\boldsymbol{\eta}\rangle+\langle\boldsymbol{\xi},\boldsymbol{\xi}\rangle-2\langle\boldsymbol{\xi},\boldsymbol{\eta}\rangle+\langle\boldsymbol{\eta},\boldsymbol{\eta}\rangle$$

$$=2\langle\boldsymbol{\xi},\boldsymbol{\xi}\rangle+2\langle\boldsymbol{\eta},\boldsymbol{\eta}\rangle=2|\boldsymbol{\xi}|^2+2|\boldsymbol{\eta}|^2.$$

(2) $\frac{1}{4}|\boldsymbol{\xi}+\boldsymbol{\eta}|^2-\frac{1}{4}|\boldsymbol{\xi}-\boldsymbol{\eta}|^2=\frac{1}{4}[4\langle\boldsymbol{\xi},\boldsymbol{\eta}\rangle]=\langle\boldsymbol{\xi},\boldsymbol{\eta}\rangle$.

在解析几何里,等式①的几何意义是:平行四边形对角线的平方和等于各边平方之和.

2. 在欧氏空间 $\mathbf{R}^n$ 里,求向量 $\boldsymbol{\alpha}=(1,1,\cdots,1)$ 与每一向量

$$\boldsymbol{\varepsilon}_i=(0,\cdots,0,\overset{(i)}{1},0,\cdots,0)\quad(i=1,2,\cdots,n)$$

的夹角.

解　设 θ_i 是 $\boldsymbol{\alpha}$ 与 $\boldsymbol{\varepsilon}_i$ 的夹角,则

$$\cos\theta_i=\frac{\langle\boldsymbol{\alpha},\boldsymbol{\varepsilon}_i\rangle}{|\boldsymbol{\alpha}||\boldsymbol{\varepsilon}_i|}=\frac{1}{\sqrt{n}},$$

所以
$$\theta_i=\arccos\frac{\sqrt{n}}{n}\quad(i=1,2,\cdots,n).$$

3. 在欧氏空间 $\mathbf{R}^4$ 里找出两个单位向量,使它们同时与向量

$$\boldsymbol{\alpha}=(2,1,-4,0),\quad\boldsymbol{\beta}=(-1,-1,2,2),\quad\boldsymbol{\gamma}=(3,2,5,4)$$

中每一个正交.

解　设 $\boldsymbol{\xi}=(x_1,x_2,x_3,x_4)$ 与 $\boldsymbol{\alpha},\boldsymbol{\beta},\boldsymbol{\gamma}$ 正交,则有方程组

$$\begin{cases}2x_1+x_2-4x_3=0,\\-x_1-x_2+2x_3+2x_4=0,\\3x_1+2x_2+5x_3+4x_4=0,\end{cases}$$

解得 $\boldsymbol{\xi}=(-34,44,-6,11)$,单位化得

$$\boldsymbol{\eta}=\frac{\boldsymbol{\xi}}{|\boldsymbol{\xi}|}=\frac{1}{57}(-34,44,-6,11),$$

所以 $\boldsymbol{\eta},-\boldsymbol{\eta}$ 即为所求.

4. 利用内积的性质证明:一个三角形如果有一边是它的外接圆的直径,那么这个三角形一定是直角三角形.

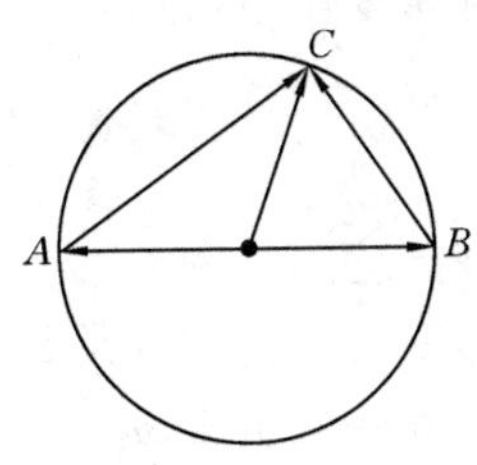

证　如图所示,设 AB 是△ABC 的外接圆的直径,于是

$$\overrightarrow{BC}=\overrightarrow{OC}-\overrightarrow{OB},$$

$$\overrightarrow{AC}=\overrightarrow{OC}-\overrightarrow{OA}=\overrightarrow{OC}+\overrightarrow{OB}.$$

O 是△ABC 的外接圆圆心. 所以

$$\langle\overrightarrow{BC},\overrightarrow{AC}\rangle=\langle\overrightarrow{OC}-\overrightarrow{OB},\overrightarrow{OC}+\overrightarrow{OB}\rangle=|\overrightarrow{OC}|^2-|\overrightarrow{OB}|^2=0,$$

即$\overrightarrow{BC}$与$\overrightarrow{AC}$正交，其夹角为$\frac{\pi}{2}$，$\triangle ABC$是直角三角形.

5. 设$\boldsymbol{\xi},\boldsymbol{\eta}$是一个欧氏空间里彼此正交的向量，证明：

$$|\boldsymbol{\xi}+\boldsymbol{\eta}|^2=|\boldsymbol{\xi}|^2+|\boldsymbol{\eta}|^2 \quad \text{(勾股定理)}.$$

证
$$\begin{aligned}|\boldsymbol{\xi}+\boldsymbol{\eta}|^2&=\langle\boldsymbol{\xi}+\boldsymbol{\eta},\boldsymbol{\xi}+\boldsymbol{\eta}\rangle=\langle\boldsymbol{\xi},\boldsymbol{\xi}\rangle+2\langle\boldsymbol{\xi},\boldsymbol{\eta}\rangle+\langle\boldsymbol{\eta},\boldsymbol{\eta}\rangle\\&=|\boldsymbol{\xi}|^2+2\langle\boldsymbol{\xi},\boldsymbol{\eta}\rangle+|\boldsymbol{\eta}|^2.\end{aligned}$$

由于$\boldsymbol{\xi},\boldsymbol{\eta}$正交，$\langle\boldsymbol{\xi},\boldsymbol{\eta}\rangle=0$，故$|\boldsymbol{\xi}+\boldsymbol{\eta}|^2=|\boldsymbol{\xi}|^2+|\boldsymbol{\eta}|^2$.

6. 设$\boldsymbol{\alpha}_1,\boldsymbol{\alpha}_2,\cdots,\boldsymbol{\alpha}_n,\boldsymbol{\beta}$都是一个欧氏空间的向量，且$\boldsymbol{\beta}$是$\boldsymbol{\alpha}_1,\boldsymbol{\alpha}_2,\cdots,\boldsymbol{\alpha}_n$的线性组合. 证明，如果$\boldsymbol{\beta}$与每一个$\boldsymbol{\alpha}_i(i=1,2,\cdots,n)$正交，那么$\boldsymbol{\beta}=\mathbf{0}$.

证　设$\boldsymbol{\beta}=k_1\boldsymbol{\alpha}_1+k_2\boldsymbol{\alpha}_2+\cdots+k_n\boldsymbol{\alpha}_n$，则

$$\langle\boldsymbol{\beta},\boldsymbol{\beta}\rangle=k\langle\boldsymbol{\alpha}_1,\boldsymbol{\beta}\rangle+\cdots+k_n\langle\boldsymbol{\alpha}_n,\boldsymbol{\beta}\rangle.$$

因$\boldsymbol{\beta}$与每个$\boldsymbol{\alpha}_i$正交，即$\langle\boldsymbol{\alpha}_i,\boldsymbol{\beta}\rangle=0\ (i=1,2,\cdots,n)$，故$\langle\boldsymbol{\beta},\boldsymbol{\beta}\rangle=0$，从而$\boldsymbol{\beta}=\mathbf{0}$.

7. 设$\boldsymbol{\alpha}_1,\boldsymbol{\alpha}_2,\cdots,\boldsymbol{\alpha}_n$是欧氏空间的$n$个向量，行列式

$$G(\boldsymbol{\alpha}_1,\boldsymbol{\alpha}_2,\cdots,\boldsymbol{\alpha}_n)=\begin{vmatrix}\langle\boldsymbol{\alpha}_1,\boldsymbol{\alpha}_1\rangle & \langle\boldsymbol{\alpha}_1,\boldsymbol{\alpha}_2\rangle & \cdots & \langle\boldsymbol{\alpha}_1,\boldsymbol{\alpha}_n\rangle\\ \langle\boldsymbol{\alpha}_2,\boldsymbol{\alpha}_1\rangle & \langle\boldsymbol{\alpha}_2,\boldsymbol{\alpha}_2\rangle & \cdots & \langle\boldsymbol{\alpha}_2,\boldsymbol{\alpha}_n\rangle\\ \vdots & \vdots & & \vdots\\ \langle\boldsymbol{\alpha}_n,\boldsymbol{\alpha}_1\rangle & \langle\boldsymbol{\alpha}_n,\boldsymbol{\alpha}_2\rangle & \cdots & \langle\boldsymbol{\alpha}_n,\boldsymbol{\alpha}_n\rangle\end{vmatrix}$$

叫做$\boldsymbol{\alpha}_1,\boldsymbol{\alpha}_2,\cdots,\boldsymbol{\alpha}_n$的格拉姆(Gram)行列式. 证明：$G(\boldsymbol{\alpha}_1,\boldsymbol{\alpha}_2,\cdots,\boldsymbol{\alpha}_n)=0$，必要且只要$\boldsymbol{\alpha}_1,\boldsymbol{\alpha}_2,\cdots,\boldsymbol{\alpha}_n$线性相关.

证　必要性. 由于$G(\boldsymbol{\alpha}_1,\boldsymbol{\alpha}_2,\cdots,\boldsymbol{\alpha}_n)=0$，故齐次线性方程组

$$\begin{pmatrix}\langle\boldsymbol{\alpha}_1,\boldsymbol{\alpha}_1\rangle & \langle\boldsymbol{\alpha}_1,\boldsymbol{\alpha}_2\rangle & \cdots & \langle\boldsymbol{\alpha}_1,\boldsymbol{\alpha}_n\rangle\\ \langle\boldsymbol{\alpha}_2,\boldsymbol{\alpha}_1\rangle & \langle\boldsymbol{\alpha}_2,\boldsymbol{\alpha}_2\rangle & \cdots & \langle\boldsymbol{\alpha}_2,\boldsymbol{\alpha}_n\rangle\\ \vdots & \vdots & & \vdots\\ \langle\boldsymbol{\alpha}_n,\boldsymbol{\alpha}_1\rangle & \langle\boldsymbol{\alpha}_n,\boldsymbol{\alpha}_2\rangle & \cdots & \langle\boldsymbol{\alpha}_n,\boldsymbol{\alpha}_n\rangle\end{pmatrix}\begin{pmatrix}x_1\\x_2\\\vdots\\x_n\end{pmatrix}=\begin{pmatrix}0\\0\\\vdots\\0\end{pmatrix}$$

必有非零解. 设$(k_1,k_2,\cdots,k_n)$为其一组非零解，则有

$$\sum_{j=1}^{n}k_j\langle\boldsymbol{\alpha}_i,\boldsymbol{\alpha}_j\rangle=\langle\boldsymbol{\alpha}_i,\sum_{j=1}^{n}k_j\boldsymbol{\alpha}_j\rangle=0\quad(i=1,2,\cdots,n).$$

令$\boldsymbol{\beta}=\sum\limits_{j=1}^{n}k_j\boldsymbol{\alpha}_j$，则$\boldsymbol{\beta}$与每个$\boldsymbol{\alpha}_i\ (i=1,2,\cdots,n)$正交. 由上面习题6知，$\boldsymbol{\beta}=\mathbf{0}$. 但$k_1,k_2,\cdots,k_n$不全为零，所以$\boldsymbol{\alpha}_1,\boldsymbol{\alpha}_2,\cdots,\boldsymbol{\alpha}_n$线性相关.

充分性. 由$\boldsymbol{\alpha}_1,\boldsymbol{\alpha}_2,\cdots,\boldsymbol{\alpha}_n$线性相关知，存在不全为零的数$k_1,k_2,\cdots,k_n$，使$\sum\limits_{j=1}^{n}k_j\boldsymbol{\alpha}_j=\mathbf{0}$，从而

$$\sum_{j=1}^{n}\langle \boldsymbol{\alpha}_i,\boldsymbol{\alpha}_j\rangle k_j=\left\langle \boldsymbol{\alpha}_i,\sum_{j=1}^{n}k_j\boldsymbol{\alpha}_j\right\rangle=0\quad(i=1,2,\cdots,n)$$

由此可知，$(k_1,k_2,\cdots,k_n)$是前述方程组的非零解，故$G(\boldsymbol{\alpha}_1,\boldsymbol{\alpha}_2,\cdots,\boldsymbol{\alpha}_n)=0$.

8. 设 $\boldsymbol{\alpha},\boldsymbol{\beta}$ 是欧氏空间两个线性无关的向量，满足以下条件：

$$\frac{2\langle\boldsymbol{\alpha},\boldsymbol{\beta}\rangle}{\langle\boldsymbol{\alpha},\boldsymbol{\alpha}\rangle}\quad 和\quad \frac{2\langle\boldsymbol{\alpha},\boldsymbol{\beta}\rangle}{\langle\boldsymbol{\beta},\boldsymbol{\beta}\rangle}都是不大于零的整数.$$

证明：$\boldsymbol{\alpha}$ 与 $\boldsymbol{\beta}$ 的夹角只可能是$\frac{\pi}{2},\frac{2\pi}{3},\frac{3\pi}{4}$或$\frac{5\pi}{6}$.

证　设 $\boldsymbol{\alpha}$ 与 $\boldsymbol{\beta}$ 的夹角为 θ，那么

$$0\leqslant\frac{4\langle\boldsymbol{\alpha},\boldsymbol{\beta}\rangle^2}{\langle\boldsymbol{\alpha},\boldsymbol{\alpha}\rangle\langle\boldsymbol{\beta},\boldsymbol{\beta}\rangle}=4\cos^2\theta\leqslant 4,$$

根据题设知，$\frac{4\langle\boldsymbol{\alpha},\boldsymbol{\beta}\rangle^2}{\langle\boldsymbol{\alpha},\boldsymbol{\alpha}\rangle\langle\boldsymbol{\beta},\boldsymbol{\beta}\rangle}$是整数，因而只可能是 0,1,2,3,4.

若$\frac{4\langle\boldsymbol{\alpha},\boldsymbol{\beta}\rangle^2}{\langle\boldsymbol{\alpha},\boldsymbol{\alpha}\rangle\langle\boldsymbol{\beta},\boldsymbol{\beta}\rangle}=4$，则 $\cos^2\theta=1,\theta=0$ 或 π，与 $\boldsymbol{\alpha},\boldsymbol{\beta}$ 线性无关矛盾. 所以 $\frac{4\langle\boldsymbol{\alpha},\boldsymbol{\beta}\rangle^2}{\langle\boldsymbol{\alpha},\boldsymbol{\alpha}\rangle\langle\boldsymbol{\beta},\boldsymbol{\beta}\rangle}$只能取 0,1,2,3，相应的 $\cos^2\theta=\frac{\langle\boldsymbol{\alpha},\boldsymbol{\beta}\rangle^2}{\langle\boldsymbol{\alpha},\boldsymbol{\alpha}\rangle\langle\boldsymbol{\beta},\boldsymbol{\beta}\rangle}$只能取 $0,\frac{1}{4},\frac{2}{4},\frac{3}{4}$. 又因$\frac{2\langle\boldsymbol{\alpha},\boldsymbol{\beta}\rangle}{\langle\boldsymbol{\alpha},\boldsymbol{\alpha}\rangle}\leqslant 0$，从而 $\cos\theta=\frac{\langle\boldsymbol{\alpha},\boldsymbol{\beta}\rangle}{|\boldsymbol{\alpha}||\boldsymbol{\beta}|}\leqslant 0$，其值只能是 $0,-\frac{1}{2},-\frac{\sqrt{2}}{2},-\frac{\sqrt{3}}{2}$，因而 θ 只可能是$\frac{\pi}{2},\frac{2\pi}{3},\frac{3\pi}{4}$或$\frac{5\pi}{6}$.

9. 证明：对于任意实数 $a_1,a_2,\cdots,a_n$，有

$$\sum_{i=1}^{n}|a_i|\leqslant\sqrt{n(a_1^2+a_2^2+\cdots+a_n^2)}.$$

证　利用柯西不等式

$$(a_1b_1+a_2b_2+\cdots+a_nb_n)^2\leqslant(a_1^2+a_2^2+\cdots+a_n^2)(b_1^2+b_2^2+\cdots+b_n^2),$$

以 $|a_i|$ 代替那里的实数 a_i，并取柯西不等式中的 $b_i=1\ (i=1,2,\cdots,n)$，得

$$\left(\sum_{i=1}^{n}|a_i|\right)^2\leqslant n(a_1^2+a_2^2+\cdots+a_n^2),$$

从而有

$$\sum_{i=1}^{n}|a_i|\leqslant\sqrt{n(a_1^2+a_2^2+\cdots+a_n^2)}.$$

8.2　正　交　基

1. 已知 $\boldsymbol{\alpha}_1=(0,2,1,0),\boldsymbol{\alpha}_2=(1,-1,0,0),\boldsymbol{\alpha}_3=(1,2,0,-1),\boldsymbol{\alpha}_4=(1,0,0,1)$是 $\mathbf{R}^4$ 的一个基. 对这个基施行正交化方法，求出 $\mathbf{R}^4$ 的一个规范正

交基.

解　在应用施密特正交化方法对 $\boldsymbol{\alpha}_1,\boldsymbol{\alpha}_2,\boldsymbol{\alpha}_3,\boldsymbol{\alpha}_4$ 实施正交化的过程中,将所得的向量 $\boldsymbol{\beta}_i$ 除以它的长度 $|\boldsymbol{\beta}_i|$,使成为单位向量,于是得规范正交基:

$$\boldsymbol{\gamma}_1=\left(0,\frac{2}{\sqrt{5}},\frac{1}{\sqrt{5}},0\right),\quad \boldsymbol{\gamma}_2=\left(\frac{5}{\sqrt{30}},-\frac{1}{\sqrt{30}},\frac{2}{\sqrt{30}},0\right),$$

$$\boldsymbol{\gamma}_3=\left(\frac{1}{\sqrt{10}},\frac{1}{\sqrt{10}},-\frac{2}{\sqrt{10}},-\frac{2}{\sqrt{10}}\right),$$

$$\boldsymbol{\gamma}_4=\left(\frac{1}{\sqrt{15}},\frac{1}{\sqrt{15}},-\frac{2}{\sqrt{15}},\frac{3}{\sqrt{15}}\right).$$

2. 在欧氏空间 $C[-1,1]$里,对于线性无关的向量组$\{1,x,x^2,x^3\}$施行正交化方法,求出一个规范正交组.

解　令 $\boldsymbol{\alpha}_1=1,\boldsymbol{\alpha}_2=x,\boldsymbol{\alpha}_3=x^2,\boldsymbol{\alpha}_4=x^4$. 为得到规范化正交组,先取 $\boldsymbol{\beta}_1=\boldsymbol{\alpha}_1=1$,有

$$\langle\boldsymbol{\beta}_1,\boldsymbol{\beta}_1\rangle=\int_{-1}^{1}1\mathrm{d}x=2.$$

因为
$$\langle\boldsymbol{\alpha}_2,\boldsymbol{\beta}_1\rangle=\int_{-1}^{1}x\mathrm{d}x=0,$$

所以
$$\boldsymbol{\beta}_2=\boldsymbol{\alpha}_2-\frac{\langle\boldsymbol{\alpha}_2,\boldsymbol{\beta}_1\rangle}{\langle\boldsymbol{\beta}_1,\boldsymbol{\beta}_1\rangle}\cdot\boldsymbol{\beta}_1=x.$$

因为
$$\langle\boldsymbol{\beta}_2,\boldsymbol{\beta}_2\rangle=\int_{-1}^{1}x^2\mathrm{d}x=\frac{2}{3},$$

$$\langle\boldsymbol{\alpha}_3,\boldsymbol{\beta}_1\rangle=\int_{-1}^{1}x^2\mathrm{d}x=\frac{2}{3},\quad \langle\boldsymbol{\alpha}_3,\boldsymbol{\beta}_2\rangle=\int_{-1}^{1}x^2\cdot x\mathrm{d}x=0,$$

所以
$$\boldsymbol{\beta}_3=\boldsymbol{\alpha}_3-\frac{\langle\boldsymbol{\alpha}_3,\boldsymbol{\beta}_1\rangle}{\langle\boldsymbol{\beta}_1,\boldsymbol{\beta}_1\rangle}\cdot\boldsymbol{\beta}_1-\frac{\langle\boldsymbol{\alpha}_3,\boldsymbol{\beta}_2\rangle}{\langle\boldsymbol{\beta}_2,\boldsymbol{\beta}_2\rangle}\cdot\boldsymbol{\beta}_2=x^2-\frac{1}{3}.$$

又因为
$$\langle\boldsymbol{\beta}_3,\boldsymbol{\beta}_3\rangle=\int_{-1}^{1}\left(x^2-\frac{1}{3}\right)^2\mathrm{d}x=\frac{8}{45},$$

$$\langle\boldsymbol{\alpha}_4,\boldsymbol{\beta}_1\rangle=\int_{-1}^{1}x^3\mathrm{d}x=0,\quad \langle\boldsymbol{\alpha}_4,\boldsymbol{\beta}_2\rangle=\int_{-1}^{1}x^3\cdot x\mathrm{d}x=\frac{2}{5},$$

$$\langle\boldsymbol{\alpha}_4,\boldsymbol{\beta}_3\rangle=\int_{-1}^{1}x^3\left(x^2-\frac{1}{3}\right)\mathrm{d}x=0,$$

所以 $\boldsymbol{\beta}_4=\boldsymbol{\alpha}_4-\dfrac{\langle\boldsymbol{\alpha}_4,\boldsymbol{\beta}_1\rangle}{\langle\boldsymbol{\beta}_1,\boldsymbol{\beta}_1\rangle}\cdot\boldsymbol{\beta}_1-\dfrac{\langle\boldsymbol{\alpha}_4,\boldsymbol{\beta}_2\rangle}{\langle\boldsymbol{\beta}_2,\boldsymbol{\beta}_2\rangle}\cdot\boldsymbol{\beta}_2-\dfrac{\langle\boldsymbol{\alpha}_4,\boldsymbol{\beta}_3\rangle}{\langle\boldsymbol{\beta}_3,\boldsymbol{\beta}_3\rangle}\cdot\boldsymbol{\beta}_3=x^3-\dfrac{3}{5}x.$

最后将 $\boldsymbol{\beta}_i$ $(i=1,2,3,4)$ 单位化,得

$$\boldsymbol{\gamma}_1=\frac{\boldsymbol{\beta}_1}{|\boldsymbol{\beta}_1|}=\frac{\sqrt{2}}{2},\quad \boldsymbol{\gamma}_2=\frac{\boldsymbol{\beta}_2}{|\boldsymbol{\beta}_2|}=\frac{\sqrt{6}}{2}x,$$

$$\boldsymbol{\gamma}_3=\frac{\boldsymbol{\beta}_3}{|\boldsymbol{\beta}_3|}=\frac{\sqrt{10}}{4}(3x^2-1),\quad \boldsymbol{\gamma}_4=\frac{\boldsymbol{\beta}_4}{|\boldsymbol{\beta}_4|}=\frac{\sqrt{14}}{4}(5x^3-3x).$$

因此,$\boldsymbol{\gamma}_1,\boldsymbol{\gamma}_2,\boldsymbol{\gamma}_3,\boldsymbol{\gamma}_4$ 是一个规范正交组.

3. 令$\{\boldsymbol{\alpha}_1,\boldsymbol{\alpha}_2,\cdots,\boldsymbol{\alpha}_n\}$是欧氏空间 V 的一组线性无关的向量.$\{\boldsymbol{\beta}_1,\boldsymbol{\beta}_2,\cdots,\boldsymbol{\beta}_n\}$是由这组向量通过正交化方法所得的正交组.证明:这两个向量组的格拉姆行列式相等,即

$$G(\boldsymbol{\alpha}_1,\boldsymbol{\alpha}_2,\cdots,\boldsymbol{\alpha}_n)=G(\boldsymbol{\beta}_1,\boldsymbol{\beta}_2,\cdots,\boldsymbol{\beta}_n)=\langle\boldsymbol{\beta}_1,\boldsymbol{\beta}_1\rangle\langle\boldsymbol{\beta}_2,\boldsymbol{\beta}_2\rangle\cdots\langle\boldsymbol{\beta}_n,\boldsymbol{\beta}_n\rangle.$$

证　由正交化方法可知

$$\boldsymbol{\alpha}_i=t_{i1}\boldsymbol{\beta}_1+\cdots+t_{i,i-1}\boldsymbol{\beta}_{i-1}+\boldsymbol{\beta}_i,$$

其中
$$t_{ij}=\frac{\langle\boldsymbol{\alpha}_i,\boldsymbol{\beta}_j\rangle}{\langle\boldsymbol{\beta}_j,\boldsymbol{\beta}_j\rangle}\quad(i=1,2,\cdots,n;j=1,2,\cdots,i-1).$$

以下令 $t_{ii}=t_{jj}=1$,则有

$$\langle\boldsymbol{\alpha}_i,\boldsymbol{\alpha}_j\rangle=\left\langle\sum_{k=1}^{i-1}t_{ik}\boldsymbol{\beta}_k+\boldsymbol{\beta}_i,\sum_{k=1}^{j-1}t_{jk}\boldsymbol{\beta}_k+\boldsymbol{\beta}_j\right\rangle$$

$$=\begin{cases}\displaystyle\sum_{k=1}^{j-1}t_{ik}t_{jk}\langle\boldsymbol{\beta}_k,\boldsymbol{\beta}_k\rangle+t_{ij}\langle\boldsymbol{\beta}_j,\boldsymbol{\beta}_j\rangle, & i\geqslant j,\\ \displaystyle\sum_{k=1}^{i-1}t_{ik}t_{jk}\langle\boldsymbol{\beta}_k,\boldsymbol{\beta}_k\rangle+t_{ji}\langle\boldsymbol{\beta}_i,\boldsymbol{\beta}_i\rangle, & i<j.\end{cases}$$

于是,当 $i\geqslant j$ 时,内积

$$\langle\boldsymbol{\alpha}_i,\boldsymbol{\alpha}_j\rangle=\sum_{k=1}^{j-1}t_{ik}t_{jk}\langle\boldsymbol{\beta}_k,\boldsymbol{\beta}_k\rangle+t_{ij}\langle\boldsymbol{\beta}_j,\boldsymbol{\beta}_j\rangle$$

$$=(t_{i1},\cdots,t_{i,j-1},t_{ij})\begin{pmatrix}\langle\boldsymbol{\beta}_1,\boldsymbol{\beta}_1\rangle & & \\ & \ddots & \\ & & \langle\boldsymbol{\beta}_j,\boldsymbol{\beta}_j\rangle\end{pmatrix}\begin{pmatrix}t_{j1}\\ \vdots\\ t_{j,j-1}\\ 1\end{pmatrix}$$

$$=(t_{i1},\cdots,t_{ij},\cdots,t_{i,i-1},1,0,\cdots,0)$$

$$\cdot\begin{pmatrix}\langle\boldsymbol{\beta}_1,\boldsymbol{\beta}_1\rangle & & & & \\ & \ddots & & & \\ & & \langle\boldsymbol{\beta}_j,\boldsymbol{\beta}_j\rangle & & \\ & & & \ddots & \\ & & & & \langle\boldsymbol{\beta}_n,\boldsymbol{\beta}_n\rangle\end{pmatrix}\begin{pmatrix}t_{j1}\\ \vdots\\ t_{j,j-1}\\ 1\\ 0\\ \vdots\\ 0\end{pmatrix}.$$

当 $i<j$ 时,$\langle \boldsymbol{\alpha}_i,\boldsymbol{\alpha}_j\rangle$亦有相同的结果,故矩阵

$$\begin{pmatrix} \langle \boldsymbol{\alpha}_1,\boldsymbol{\alpha}_1\rangle & \cdots & \langle \boldsymbol{\alpha}_1,\boldsymbol{\alpha}_n\rangle \\ \vdots & & \vdots \\ \langle \boldsymbol{\alpha}_n,\boldsymbol{\alpha}_1\rangle & \cdots & \langle \boldsymbol{\alpha}_n,\boldsymbol{\alpha}_n\rangle \end{pmatrix} = \boldsymbol{T}' \begin{pmatrix} \langle \boldsymbol{\beta}_1,\boldsymbol{\beta}_1\rangle & & \\ & \ddots & \\ & & \langle \boldsymbol{\beta}_n,\boldsymbol{\beta}_n\rangle \end{pmatrix} \boldsymbol{T},$$

其中
$$\boldsymbol{T}=\begin{pmatrix} 1 & t_{21} & \cdots & t_{n1} \\ 0 & 1 & \cdots & t_{n2} \\ \vdots & \vdots & & \vdots \\ 0 & 0 & \cdots & 1 \end{pmatrix},$$

显然
$$|\boldsymbol{T}|=|\boldsymbol{T}'|=1,$$

所以
$$\begin{aligned} G(\boldsymbol{\alpha}_1,\boldsymbol{\alpha}_2,\cdots,\boldsymbol{\alpha}_n) &= |\boldsymbol{T}'|G(\boldsymbol{\beta}_1,\boldsymbol{\beta}_2,\cdots,\boldsymbol{\beta}_n)|\boldsymbol{T}| \\ &= G(\boldsymbol{\beta}_1,\boldsymbol{\beta}_2,\cdots,\boldsymbol{\beta}_n) = \langle \boldsymbol{\beta}_1,\boldsymbol{\beta}_1\rangle\cdots\langle \boldsymbol{\beta}_n,\boldsymbol{\beta}_n\rangle. \end{aligned}$$

4. 令 $\boldsymbol{\gamma}_1,\boldsymbol{\gamma}_2,\cdots,\boldsymbol{\gamma}_n$ 是 n 维欧氏空间 V 的一个规范正交基,又令

$$K=\left\{\boldsymbol{\xi}\in V \,\middle|\, \boldsymbol{\xi}=\sum_{i=1}^{n} x_i\boldsymbol{\gamma}_i,\quad 0\leqslant x_i\leqslant 1, i=1,2,\cdots,n\right\},$$

K 叫做一个 n- 方体.如果每个 x_i 都等于 0 或 1,则 $\boldsymbol{\xi}$ 就叫做 K 的一个顶点.问 K 的顶点间一切可能的距离是多少?

解 设 $\boldsymbol{\xi}=\sum\limits_{i=1}^{n} x_i\boldsymbol{\gamma}_i,\boldsymbol{\eta}=\sum\limits_{j=1}^{n} y_j\boldsymbol{\gamma}_j$ 是 K 的任意两个顶点,则它们之间的距离是

$$d(\boldsymbol{\xi},\boldsymbol{\eta})=\sqrt{\sum_{i=1}^{n}(x_i-y_i)^2},$$

于是顶点$(1,1,\cdots,1)$ 与下列诸顶点

$$(\underbrace{1,\cdots,1}_{i\text{个}},0,\cdots,0)\quad (i=0,1,2,\cdots,n-1,n)$$

的距离分别是$\sqrt{n},\sqrt{n-1},\cdots,\sqrt{2},1,0$.

又因为 x_i,y_j 只取 0 或 1,故$(x_i-y_j)^2=0$ 或 1,所以任意两顶点间的距离不外取上面那些值,故 K 的顶点之间一切可能距离是$\sqrt{n},\cdots,\sqrt{2},1,0$.

5. 设$\{\boldsymbol{\alpha}_1,\boldsymbol{\alpha}_2,\cdots,\boldsymbol{\alpha}_m\}$ 是欧氏空间 V 的一个规范正交组,证明对于任意 $\boldsymbol{\xi}\in V$,以下不等式成立:

$$\sum_{i=1}^{m}\langle \boldsymbol{\xi},\boldsymbol{\alpha}_i\rangle^2\leqslant|\boldsymbol{\xi}|^2.$$

证 将 $\boldsymbol{\alpha}_1,\boldsymbol{\alpha}_2,\cdots,\boldsymbol{\alpha}_m$ 扩充为规范正交基 $\boldsymbol{\alpha}_1,\cdots,\boldsymbol{\alpha}_m,\boldsymbol{\alpha}_{m+1},\cdots,\boldsymbol{\alpha}_n$,设任意

$\boldsymbol{\xi} \in V$,有

$$\boldsymbol{\xi} = x_1\boldsymbol{\alpha}_1 + \cdots + x_m\boldsymbol{\alpha}_m + \cdots + k_n\boldsymbol{\alpha}_n,$$

于是
$$|\boldsymbol{\xi}|^2 = \langle\boldsymbol{\xi},\boldsymbol{\xi}\rangle = \left\langle\sum_{i=1}^{n}x_i\boldsymbol{\alpha}_i, \sum_{j=1}^{n}x_j\boldsymbol{\alpha}_j\right\rangle = \sum_{i=1}^{n}x_i^2,$$

而
$$\sum_{i=1}^{m}\langle\boldsymbol{\xi},\boldsymbol{\alpha}_i\rangle^2 = \sum_{i=1}^{m}\left\langle\sum_{j=1}^{n}x_j\boldsymbol{\alpha}_j, \boldsymbol{\alpha}_i\right\rangle^2 = \sum_{i=1}^{m}x_i^2 \leqslant \sum_{i=1}^{n}x_i^2,$$

所以
$$\sum_{i=1}^{m}\langle\boldsymbol{\xi},\boldsymbol{\alpha}_i\rangle^2 \leqslant |\boldsymbol{\xi}|^2.$$

6. 设 V 是一个 n 维欧氏空间,证明:

(i) 如果 W 是 V 的一个子空间,那么 $(W^{\perp})^{\perp}=W$;

(ii) 如果 W_1,W_2 都是 V 的子空间,且 $W_1\subseteq W_2$,那么 $W_2^{\perp}\subseteq W_1^{\perp}$;

(iii) 如果 W_1,W_2 都是 V 的子空间,那么 $(W_1+W_2)^{\perp}=W_1^{\perp}\cap W_2^{\perp}$.

证　(i) 由定义知,$(W^{\perp})^{\perp}=\{\boldsymbol{\xi}\in V|\langle\boldsymbol{\xi},W^{\perp}\rangle=0\}$. 对任意 $\boldsymbol{\alpha}\in(W^{\perp})^{\perp}$,有 $\langle\boldsymbol{\alpha},W^{\perp}\rangle=0$. 设 $\boldsymbol{\alpha}=\boldsymbol{\alpha}_1+\boldsymbol{\alpha}_2$,其中 $\boldsymbol{\alpha}_1\in W,\boldsymbol{\alpha}_2\in W^{\perp}$,那么

$$\langle\boldsymbol{\alpha}_1,\boldsymbol{\alpha}_2\rangle=0,\quad \langle\boldsymbol{\alpha}_2,\boldsymbol{\alpha}_2\rangle=\langle\boldsymbol{\alpha}_1+\boldsymbol{\alpha}_2,\boldsymbol{\alpha}_2\rangle=\langle\boldsymbol{\alpha},\boldsymbol{\alpha}_2\rangle=0,$$

所以 $\boldsymbol{\alpha}_2=\mathbf{0},\boldsymbol{\alpha}=\boldsymbol{\alpha}_1\in W$,即 $(W^{\perp})^{\perp}\subseteq W$.

另一方面,对任意 $\boldsymbol{\beta}\in W$,有 $\langle\boldsymbol{\beta},W^{\perp}\rangle=0$,所以 $\boldsymbol{\beta}\in(W^{\perp})^{\perp}$,即 $W\subseteq(W^{\perp})^{\perp}$,从而 $(W^{\perp})^{\perp}=W$.

(ii) 对任意 $\boldsymbol{\alpha}\in W_2^{\perp}$,有 $\langle\boldsymbol{\alpha},W_2\rangle=0$. 因 $W_1\subseteq W_2$,所以 $\langle\boldsymbol{\alpha},W_1\rangle=0$,即 $\boldsymbol{\alpha}\in W_1^{\perp}$,故 $W_2^{\perp}\subseteq W_1^{\perp}$.

(iii) 因 $W_1\subseteq W_1+W_2,W_2\subseteq W_1+W_2$,由(ii)知,

$$(W_1+W_2)^{\perp}\subseteq W_1^{\perp},\quad (W_1+W_2)^{\perp}\subseteq W_2^{\perp},$$

从而
$$(W_1+W_2)^{\perp}\subseteq W_1^{\perp}\cap W_2^{\perp}.$$

又若 $\boldsymbol{\xi}\in W_1^{\perp}\cap W_2^{\perp}$,则 $\langle\boldsymbol{\xi},W_1\rangle=0$ 且 $\langle\boldsymbol{\xi},W_2\rangle=0$,对任意 $\boldsymbol{\gamma}=\boldsymbol{\alpha}+\boldsymbol{\beta}\in W_1+W_2$,其中 $\boldsymbol{\alpha}\in W_1,\boldsymbol{\beta}\in W_2$,有

$$\langle\boldsymbol{\xi},\boldsymbol{\gamma}\rangle=\langle\boldsymbol{\xi},\boldsymbol{\alpha}+\boldsymbol{\beta}\rangle=\langle\boldsymbol{\xi},\boldsymbol{\alpha}\rangle+\langle\boldsymbol{\xi},\boldsymbol{\beta}\rangle=0,$$

即
$$\langle\boldsymbol{\xi},W_1+W_2\rangle=0,\quad \boldsymbol{\xi}\in(W_1+W_2)^{\perp},$$

从而
$$W_1^{\perp}\cap W_2^{\perp}\subseteq(W_1+W_2)^{\perp}.$$

综上所述,得
$$(W_1+W_2)^{\perp}=W_1^{\perp}\cap W_2^{\perp}.$$

7. 证明:$\mathbf{R}^3$ 中向量 (x_0,y_0,z_0) 到平面

$$W=\{(x,y,z)\in\mathbf{R}^3\,|\,ax+by+cz=0\}$$

的最短距离等于

$$\frac{|ax_0+by_0+cz_0|}{\sqrt{a^2+b^2+c^2}}.$$

证　由题设 W 是齐次线性方程 $ax+by+cz=0$ 的解空间，$\boldsymbol{\eta}=(a,b,c)\neq\mathbf{0}$，即系数矩阵的秩是 1，故 $\dim W=3-1=2$. 又 $W\oplus W^{\perp}=\mathbf{R}^3$，$\dim W+\dim W^{\perp}=3$，所以 $\dim W^{\perp}=1$.

设 $\boldsymbol{\beta}_1=(x_1,y_1,z_1)$ 是 $\boldsymbol{\beta}_0=(x_0,y_0,z_0)$ 在 W 上的正射影，则由教材定理 8.2.5 可知，$|\boldsymbol{\beta}_0-\boldsymbol{\beta}_1|$ 是 $\boldsymbol{\beta}_0$ 到 W 的最短距离.

又从 $ax+by+cz=0$ 知，$\langle\boldsymbol{\eta},W\rangle=0$ 或 $\boldsymbol{\eta}\in W^{\perp}$. 注意 $\dim W^{\perp}=1$，所以 $\boldsymbol{\beta}_0-\boldsymbol{\beta}_1=k\boldsymbol{\eta}$. 再由

$$\langle\boldsymbol{\eta},\boldsymbol{\beta}_0-\boldsymbol{\beta}_1\rangle=\langle\boldsymbol{\eta},k\boldsymbol{\eta}\rangle=k|\boldsymbol{\eta}|^2,$$

而
$$\langle\boldsymbol{\eta},\boldsymbol{\beta}_0-\boldsymbol{\beta}_1\rangle=\langle\boldsymbol{\eta},\boldsymbol{\beta}_0\rangle-\langle\boldsymbol{\eta},\boldsymbol{\beta}_1\rangle=\langle\boldsymbol{\eta},\boldsymbol{\beta}_0\rangle=ax_0+by_0+cz_0,$$

得
$$k=\frac{ax_0+by_0+cz_0}{|\boldsymbol{\eta}|^2},$$

于是
$$|\boldsymbol{\beta}_0-\boldsymbol{\beta}_1|=|k||\boldsymbol{\eta}|=\frac{|ax_0+by_0+cz_0|}{|\boldsymbol{\eta}|^2}|\boldsymbol{\eta}|,$$

即
$$|\boldsymbol{\beta}_0-\boldsymbol{\beta}_1|=\frac{|ax_0+by_0+cz_0|}{\sqrt{a^2+b^2+c^2}},$$

命题得证.

8. 证明：实系数线性方程组 $\sum\limits_{j=1}^{n}a_{ij}x_j=b_i\ (i=1,2,\cdots,n)$ 有解的充分必要条件是向量 $\boldsymbol{\beta}=(b_1,b_2,\cdots,b_n)\in\mathbf{R}^n$ 与齐次线性方程组 $\sum\limits_{j=1}^{n}a_{ji}x_j=0\ (i=1,2,\cdots,n)$ 的解空间正交.

证　记方程组 $\sum\limits_{i=1}^{n}a_{ij}x_j=b_i\ (i=1,2,\cdots,n)$ 的系数矩阵的第 j 个列向量为 $\boldsymbol{\alpha}_j=(a_{1j},a_{2j},\cdots,a_{nj})\ (i=1,2,\cdots,n)$，则 $\{\boldsymbol{\alpha}_1,\boldsymbol{\alpha}_2,\cdots,\boldsymbol{\alpha}_n\}$ 是齐次线性方程组 $\sum\limits_{j=1}^{n}a_{ji}x_j=0\ (i=1,2,\cdots,n)$ 的系数矩阵的行向量组.

若 $\{\boldsymbol{\alpha}_1,\boldsymbol{\alpha}_2,\cdots,\boldsymbol{\alpha}_n\}$ 的生成子空间为 $W=\mathscr{L}(\boldsymbol{\alpha}_1,\boldsymbol{\alpha}_2,\cdots,\boldsymbol{\alpha}_n)$，并设 $\boldsymbol{\xi}_1$，$\boldsymbol{\xi}_2,\cdots,\boldsymbol{\xi}_{n-r}$ 是方程组 $\sum\limits_{j=1}^{n}a_{ji}x_j=0\ (i=1,2,\cdots,n)$ 的一个基础解系，则有解空间 $W_1=\mathscr{L}(\boldsymbol{\xi}_1,\boldsymbol{\xi}_2,\cdots,\boldsymbol{\xi}_{n-r})$，其中 $\dim W=r$，$\dim W_1=n-r$.

由齐次线性方程组可知，对任意 $\boldsymbol{\xi}_l\ (l=1,2,\cdots,n-r)$，有 $\langle\boldsymbol{\alpha}_i,\boldsymbol{\xi}_l\rangle=$

$0\ (i=1,2,\cdots,n)$，从而

$$\langle \boldsymbol{\xi}_l, W\rangle = 0,\quad \boldsymbol{\xi}_l \in W^{\perp},$$

所以

$$W_1 \subseteq W^{\perp}.$$

又设任意 $\boldsymbol{\xi}\in W^{\perp}$，那么对所有 $\boldsymbol{\alpha}_i\,(i=1,2,\cdots,n)$，有 $\langle\boldsymbol{\alpha}_i,\boldsymbol{\xi}\rangle=0$，故 $\boldsymbol{\xi}$ 是方程组 $\sum\limits_{j=1}^{n}a_{ji}x_j=0\ (i=1,2,\cdots,n)$ 的解，$\boldsymbol{\xi}\in W_1$. 于是 $W^{\perp}\subseteq W_1$. 综上所述，得 $W_1=W^{\perp}$.

下证问题中提出的充要条件.

必要性. 如果方程组 $\sum\limits_{i=1}^{n}a_{ij}x_j=b_i\,(i=1,2,\cdots,n)$ 有解 $\{x_1,x_2,\cdots,x_n\}$，用向量表示，即有

$$\boldsymbol{\beta}=x_1\boldsymbol{\alpha}_1+x_2\boldsymbol{\alpha}_2+\cdots+x_n\boldsymbol{\alpha}_n,$$

从而

$$\langle\boldsymbol{\beta},\boldsymbol{\xi}_l\rangle=\Big\langle\sum_{i=1}^{n}x_i\boldsymbol{\alpha}_i,\boldsymbol{\xi}_l\Big\rangle=\sum_{i=1}^{n}x_i\langle\boldsymbol{\alpha}_i,\boldsymbol{\xi}_l\rangle=0\ (l=1,2,\cdots,n-r),$$

可知 $\boldsymbol{\beta}$ 与方程组 $\sum\limits_{j=1}^{n}a_{ji}x_j=0\ (i=1,2,\cdots,n)$ 的解空间正交.

充分性. 若 $\boldsymbol{\beta}$ 与方程组 $\sum\limits_{j=1}^{n}a_{ji}x_j=0\ (i=1,2,\cdots,n)$ 的解空间 W_1 正交，则由上面习题 6 知，$W=(W^{\perp})^{\perp}=W_1^{\perp}$，故 $\boldsymbol{\beta}\in W$，从而 $\boldsymbol{\beta}$ 是 $\boldsymbol{\alpha}_1,\boldsymbol{\alpha}_2,\cdots,\boldsymbol{\alpha}_n$ 的线性组合，即有

$$x\boldsymbol{\alpha}_1+x\boldsymbol{\alpha}_2+\cdots+x_n\boldsymbol{\alpha}_n=\boldsymbol{\beta},$$

从而线性方程组 $\sum\limits_{i=1}^{n}a_{ij}x_j=b_i\ (i=1,2,\cdots,n)$ 有解.

9. 令 $\boldsymbol{\alpha}$ 是 n 维欧氏空间 V 的一个非零向量，设

$$P_{\boldsymbol{\alpha}}=\{\boldsymbol{\xi}\in V\mid\langle\boldsymbol{\xi},\boldsymbol{\alpha}\rangle=0\}.$$

$P_{\boldsymbol{\alpha}}$ 称为垂直于 $\boldsymbol{\alpha}$ 的超平面，它是 V 的一个 $n-1$ 维子空间. 说 V 中两个向量 $\boldsymbol{\xi}$，$\boldsymbol{\eta}$ 位于 $P_{\boldsymbol{\alpha}}$ 的同侧，如果 $\langle\boldsymbol{\xi},\boldsymbol{\alpha}\rangle$ 与 $\langle\boldsymbol{\eta},\boldsymbol{\alpha}\rangle$ 同时为正或同时为负. 证明：V 中一组位于超平面 $P_{\boldsymbol{\alpha}}$ 同侧，且两两夹角都是不小于 $\frac{\pi}{2}$ 的非零向量一定线性无关.

（提示：设 $\{\boldsymbol{\beta}_1,\boldsymbol{\beta}_2,\cdots,\boldsymbol{\beta}_r\}$ 是满足题设条件的一组向量，则 $\langle\boldsymbol{\beta}_i,\boldsymbol{\beta}_j\rangle\leqslant 0\ (i\neq j)$，并且不妨设 $\langle\boldsymbol{\beta}_i,\boldsymbol{\alpha}\rangle>0\ (1\leqslant i\leqslant r)$. 如果 $\sum\limits_{i=1}^{r}c_i\boldsymbol{\beta}_i=\mathbf{0}$，那么适当编

号，可设 $c_1, c_2, \cdots, c_s \geqslant 0, c_{s+1}, \cdots, c_r \leqslant 0\ (1 \leqslant s \leqslant r)$. 令 $\boldsymbol{\gamma} = \sum_{i=1}^{s} c_i \boldsymbol{\beta}_i = -\sum_{j=s+1}^{r} c_j \boldsymbol{\beta}_j$. 证明 $\boldsymbol{\gamma} = \mathbf{0}$，由此推出 $c_i = 0\ (1 \leqslant i \leqslant r)$.）

证 设$\{\boldsymbol{\beta}_1, \boldsymbol{\beta}_2, \cdots, \boldsymbol{\beta}_r\}$是满足题设的一组向量，则$\langle \boldsymbol{\beta}_i, \boldsymbol{\beta}_j \rangle \leqslant 0\ (i \neq j)$，且可以设$\langle \boldsymbol{\beta}_i, \boldsymbol{\alpha} \rangle > 0\ (1 \leqslant i \leqslant r)$. 下证$\{\boldsymbol{\beta}_1, \boldsymbol{\beta}_2, \cdots, \boldsymbol{\beta}_r\}$线性无关. 如果$\sum_{i=1}^{r} c_i \boldsymbol{\beta}_i = \mathbf{0}$，则可设

$$\sum_{i=1}^{s} c_i \boldsymbol{\beta}_i = -\sum_{j=s+1}^{r} c_j \boldsymbol{\beta}_j,$$

其中
$$c_1, c_2, \cdots, c_s \geqslant 0, c_{s+1}, c_{s+2}, \cdots, c_r \leqslant 0.$$

令
$$\boldsymbol{\gamma} = \sum_{i=1}^{s} c_i \boldsymbol{\beta}_i = -\sum_{j=s+1}^{r} c_j \boldsymbol{\beta}_j,$$

则有
$$\langle \boldsymbol{\gamma}, \boldsymbol{\gamma} \rangle = \left\langle \sum_{i=1}^{s} c_i \boldsymbol{\beta}_i, -\sum_{j=s+1}^{r} c_j \boldsymbol{\beta}_j \right\rangle = -\sum_{i=1}^{s} \sum_{j=s+1}^{r} c_i c_j \langle \boldsymbol{\beta}_i, \boldsymbol{\beta}_j \rangle,$$

从而$\langle \boldsymbol{\gamma}, \boldsymbol{\gamma} \rangle \leqslant 0$，但另一方面，$\langle \boldsymbol{\gamma}, \boldsymbol{\gamma} \rangle \geqslant 0$，故$\langle \boldsymbol{\gamma}, \boldsymbol{\gamma} \rangle = 0$，于是 $\boldsymbol{\gamma} = \mathbf{0}$. 因此有

$$\langle \boldsymbol{\gamma}, \boldsymbol{\alpha} \rangle = \sum_{i=1}^{s} c_i \langle \boldsymbol{\beta}_i, \boldsymbol{\alpha} \rangle = -\sum_{j=s+1}^{r} c_j \langle \boldsymbol{\beta}_j, \boldsymbol{\alpha} \rangle = 0.$$

由$\langle \boldsymbol{\beta}_i, \boldsymbol{\alpha} \rangle > 0, 1 \leqslant i \leqslant r$ 知，若 $c_i\ (1 \leqslant i \leqslant s)$ 或 $c_j\ (s+1 \leqslant j \leqslant r)$ 不全为零，则必有 $\sum_{i=1}^{s} c_i \langle \boldsymbol{\beta}_i, \boldsymbol{\alpha} \rangle > 0$ 或 $-\sum_{j=s+1}^{r} c_j \langle \boldsymbol{\beta}_j, \boldsymbol{\alpha} \rangle > 0$ 而引出矛盾. 故 $c_i\ (1 \leqslant i \leqslant s)$ 与 $c_j\ (s+1 \leqslant j \leqslant r)$ 全为零，因而 $\boldsymbol{\beta}_1, \boldsymbol{\beta}_2, \cdots, \boldsymbol{\beta}_r$ 线性无关.

10. 设 $\boldsymbol{U}$ 是一个正交矩阵，证明：

(i) $\boldsymbol{U}$ 的行列式等于 1 或 -1；

(ii) $\boldsymbol{U}$ 的特征根的模等于 1；

(iii) 如果 λ 是 $\boldsymbol{U}$ 的特征根，那么$\frac{1}{\lambda}$也是 $\boldsymbol{U}$ 的一个特征根；

(iv) $\boldsymbol{U}$ 的伴随矩阵 $\boldsymbol{U}^*$ 也是正交矩阵.

证 (i) 因$(\det\boldsymbol{U})^2 = (\det\boldsymbol{U}')(\det\boldsymbol{U}) = \det(\boldsymbol{U}'\boldsymbol{U}) = \det\boldsymbol{I} = 1$，

所以
$$\det\boldsymbol{U} = \pm 1.$$

(ii) 设 λ 是 $\boldsymbol{U}$ 的一个特征根. $\boldsymbol{X}$ 是属于 λ 的特征向量，则 $\boldsymbol{U}\boldsymbol{X} = \lambda\boldsymbol{X}$，于是

$$\boldsymbol{X}'\boldsymbol{U}'\boldsymbol{U}\boldsymbol{X} = \lambda^2 \boldsymbol{X}'\boldsymbol{X},$$

即
$$(\lambda^2 - 1)\boldsymbol{X}'\boldsymbol{X} = \mathbf{0}.$$

因 $\boldsymbol{X}\neq\boldsymbol{0},\boldsymbol{X}'\boldsymbol{X}\neq\boldsymbol{0}$,所以

$$\lambda^2-1=0,\quad |\lambda|=1.$$

(iii) 设 λ 是 $\boldsymbol{U}$ 的一个特征根,$\boldsymbol{\xi}$ 是 $\boldsymbol{U}$ 的属于特征根 λ 的特征向量,则 $\boldsymbol{U\xi}=\lambda\boldsymbol{\xi}$. 以 $\boldsymbol{U}'$左乘等式两边,得

$$\boldsymbol{\xi}=\lambda(\boldsymbol{U}'\boldsymbol{\xi}).$$

由(ii)知 $\lambda\neq0$,于是有 $\boldsymbol{U}'\boldsymbol{\xi}=\frac{1}{\lambda}\boldsymbol{\xi}$. 可见$\frac{1}{\lambda}$是 $\boldsymbol{U}'$的特征根. 注意 $\boldsymbol{U}'$与 $\boldsymbol{U}$ 有完全相同的特征根,故$\frac{1}{\lambda}$也是 $\boldsymbol{U}$ 的特征根.

(iv) 因为 $\boldsymbol{U}$ 是正交矩阵,

$$\boldsymbol{U}'=\boldsymbol{U}^{-1},\quad \det\boldsymbol{U}=\pm1,$$

所以
$$\boldsymbol{U}^*=(\det\boldsymbol{U})\boldsymbol{U}^{-1}=\pm\boldsymbol{U}',$$

从而
$$(\boldsymbol{U}^*)'\boldsymbol{U}^*=(\pm\boldsymbol{U})(\pm\boldsymbol{U})'=\boldsymbol{U}\boldsymbol{U}'=\boldsymbol{I},$$

故 $\boldsymbol{U}^*$ 是正交矩阵.

11. 设 $\cos\frac{\theta}{2}\neq0$,且

$$\boldsymbol{U}=\begin{pmatrix}1&0&0\\0&\cos\theta&-\sin\theta\\0&\sin\theta&\cos\theta\end{pmatrix}.$$

证明 $\boldsymbol{I}+\boldsymbol{U}$ 可逆,并且

$$(\boldsymbol{I}-\boldsymbol{U})(\boldsymbol{I}+\boldsymbol{U})^{-1}=\tan\frac{\theta}{2}\begin{pmatrix}0&0&0\\0&0&1\\0&-1&0\end{pmatrix}.$$

证　易见 $\boldsymbol{U}$ 是正交矩阵,则有

$$\boldsymbol{I}+\boldsymbol{U}=\begin{pmatrix}2&0&0\\0&1+\cos\theta&-\sin\theta\\0&\sin\theta&1+\cos\theta\end{pmatrix}=2\begin{pmatrix}1&0&0\\0&\cos^2\frac{\theta}{2}&-\sin\frac{\theta}{2}\cos\frac{\theta}{2}\\0&\sin\frac{\theta}{2}\cos\frac{\theta}{2}&\cos^2\frac{\theta}{2}\end{pmatrix}=2\boldsymbol{U}_1,$$

$$\det(\boldsymbol{I}+\boldsymbol{U})=2^3\det\boldsymbol{U}_1=8\cos^2\frac{\theta}{2}\neq0,$$

故 $\boldsymbol{I}+\boldsymbol{U}$ 可逆.

$$(\boldsymbol{I}+\boldsymbol{U})^{-1}=\frac{1}{2}\boldsymbol{U}_1^{-1}=\frac{1}{2}\frac{1}{\det\boldsymbol{U}_1}\cdot\boldsymbol{U}_1^*$$

$$=\frac{1}{2\cos^2\frac{\theta}{2}}\begin{pmatrix}\cos^2\frac{\theta}{2} & 0 & 0\\ 0 & \cos^2\frac{\theta}{2} & \sin\frac{\theta}{2}\cos\frac{\theta}{2}\\ 0 & -\sin\frac{\theta}{2}\cos\frac{\theta}{2} & \cos^2\frac{\theta}{2}\end{pmatrix}$$

$$=\frac{1}{2\cos\frac{\theta}{2}}\begin{pmatrix}\cos\frac{\theta}{2} & 0 & 0\\ 0 & \cos\frac{\theta}{2} & \sin\frac{\theta}{2}\\ 0 & -\sin\frac{\theta}{2} & \cos\frac{\theta}{2}\end{pmatrix}.$$

于是 $(\boldsymbol{I}-\boldsymbol{U})(\boldsymbol{I}+\boldsymbol{U})^{-1}$

$$=2\sin\frac{\theta}{2}\begin{pmatrix}0 & 0 & 0\\ 0 & \sin\frac{\theta}{2} & \cos\frac{\theta}{2}\\ 0 & -\cos\frac{\theta}{2} & \sin\frac{\theta}{2}\end{pmatrix}\cdot\frac{1}{2\cos\frac{\theta}{2}}\begin{pmatrix}\cos\frac{\theta}{2} & 0 & 0\\ 0 & \cos\frac{\theta}{2} & \sin\frac{\theta}{2}\\ 0 & -\sin\frac{\theta}{2} & \cos\frac{\theta}{2}\end{pmatrix}$$

$$=\tan\frac{\theta}{2}\begin{pmatrix}0 & 0 & 0\\ 0 & 0 & 1\\ 0 & -1 & 0\end{pmatrix}.$$

12. 证明:如果一个上三角形矩阵

$$\boldsymbol{A}=\begin{pmatrix}a_{11} & a_{12} & a_{13} & \cdots & a_{1n}\\ 0 & a_{22} & a_{23} & \cdots & a_{2n}\\ 0 & 0 & a_{33} & \cdots & a_{3n}\\ \vdots & \vdots & \vdots & & \vdots\\ 0 & 0 & 0 & \cdots & a_{nn}\end{pmatrix}$$

是正交矩阵,那么 $\boldsymbol{A}$ 一定是对角形矩阵,且主对角线上元素 a_{ii} 是 1 或 -1.

证 由于 $\boldsymbol{A}$ 是正交矩阵,故 $\boldsymbol{A}\boldsymbol{A}'=\boldsymbol{I}$,或有

$$\sum_{k=1}^{n}a_{ik}a_{jk}=\begin{cases}1 & (j=i),\\ 0 & (j\neq i).\end{cases}$$

特别地,取 $i=n$,则有

$$\sum_{k=1}^{n}a_{nk}a_{jk}=\begin{cases}a_{nn}a_{jn}=0 & (j=1,2,\cdots,n-1),\\ a_{nn}^2=1 & (j=n),\end{cases}$$

由此有

$$a_{nn}=\pm 1,\quad a_{jn}=0\quad (j=1,2,\cdots,n-1).$$

再取 $i=n-1$，并利用上面结果，又得

$$\sum_{k=1}^{n}a_{n-1,k}a_{jk}=\begin{cases}a_{n-1,n-1}a_{j,n-1}=0 & (j=1,2,\cdots,n-2),\\ a_{n-1,n-1}^2=1 & (j=n-1),\end{cases}$$

从而 $$a_{n-1,n-1}=\pm 1,\quad a_{j,n-1}=0\quad (j=1,2,\cdots,n-2).$$

如此继续进行，直到取 $i=1$，得 $a_{11}=\pm 1$. 注意 $\boldsymbol{A}$ 为上三角矩阵，结合上面讨论知，$\boldsymbol{A}$ 为对角矩阵，且主对角线上元素 a_{ii} 是 1 或 -1.

8.3 正 交 变 换

1. 证明：n 维欧氏空间的两个正交变换的乘积是一个正交变换；一个正交变换的逆变换还是一个正交变换.

证 设 V 是一个 n 维欧氏空间，σ,τ 是 V 的两个正交变换，于是，对任意 $\boldsymbol{\alpha},\boldsymbol{\beta}\in V$，有

$$\langle\sigma\tau(\boldsymbol{\alpha}),\sigma\tau(\boldsymbol{\beta})\rangle=\langle\tau(\boldsymbol{\alpha}),\tau(\boldsymbol{\beta})\rangle=\langle\boldsymbol{\alpha},\boldsymbol{\beta}\rangle,$$

$$\langle\sigma^{-1}(\boldsymbol{\alpha}),\sigma^{-1}(\boldsymbol{\beta})\rangle=\langle\sigma\sigma^{-1}(\boldsymbol{\alpha}),\sigma\sigma^{-1}(\boldsymbol{\beta})\rangle=\langle\boldsymbol{\alpha},\boldsymbol{\beta}\rangle.$$

由教材中定理 8.3.1 知，$\sigma\tau,\sigma^{-1}$ 都是正交变换.

2. 设 σ 是 n 维欧氏空间 V 的一个正交变换，证明：如果 V 的一个子空间 W 在 σ 之下不变，那么 W 的正交补 $W^{\perp}$ 也在 σ 之下不变.

证 设 $\{\boldsymbol{\alpha}_1,\boldsymbol{\alpha}_2,\cdots,\boldsymbol{\alpha}_s\}$ 是 W 的一个规范正交基，并扩充为 V 的规范正交基 $\{\boldsymbol{\alpha}_1,\cdots,\boldsymbol{\alpha}_s,\boldsymbol{\alpha}_{s+1},\cdots,\boldsymbol{\alpha}_n\}$. 注意 $\langle\boldsymbol{\alpha}_j,\boldsymbol{\alpha}_i\rangle=0\ (j=s+1,\cdots,n;i=1,2,\cdots,s)$，$\boldsymbol{\alpha}_j$ 与 W 的任意向量正交，故 $\boldsymbol{\alpha}_j\in W^{\perp}$. 又

$$\dim W^{\perp}=n-s,$$

所以 $\{\boldsymbol{\alpha}_{s+1},\cdots,\boldsymbol{\alpha}_n\}$ 是 $W^{\perp}$ 的一个规范正交基.

由于 σ 是正交变换，$\{\sigma(\boldsymbol{\alpha}_1),\cdots,\sigma(\boldsymbol{\alpha}_s),\sigma(\boldsymbol{\alpha}_{s+1}),\cdots,\sigma(\boldsymbol{\alpha}_n)\}$ 仍是 V 的规范正交基. 而 W 在 σ 之下不变，所以 $\{\sigma(\boldsymbol{\alpha}_1),\sigma(\boldsymbol{\alpha}_2),\cdots,\sigma(\boldsymbol{\alpha}_s)\}$ 是 W 的规范正交基. 再由

$$\langle\sigma(\boldsymbol{\alpha}_j),\sigma(\boldsymbol{\alpha}_i)\rangle=\langle\boldsymbol{\alpha}_j,\boldsymbol{\alpha}_i\rangle=0\quad (i=1,2,\cdots,s;j=s+1,\cdots,n),$$

得 $$\sigma(\boldsymbol{\alpha}_j)\in W^{\perp}\ (j=s+1,\cdots,n),$$

$\{\sigma(\boldsymbol{\alpha}_{s+1}),\cdots,\sigma(\boldsymbol{\alpha}_n)\}$ 构成 $W^{\perp}$ 的一个基，故 $W^{\perp}$ 在 σ 之下不变.

3. 设 V 是一个欧氏空间，$\boldsymbol{\alpha}\in V$ 是一个非零向量. 对于 $\boldsymbol{\xi}\in V$，规定

$$\tau(\boldsymbol{\xi})=\boldsymbol{\xi}-\frac{2\langle\boldsymbol{\xi},\boldsymbol{\alpha}\rangle}{\langle\boldsymbol{\alpha},\boldsymbol{\alpha}\rangle}\boldsymbol{\alpha},$$

证明：τ 是 V 的一个正交变换，且 $\tau^2=\iota$，ι 是单位变换.

线性变换 τ 叫做由向量 $\boldsymbol{\alpha}$ 所决定的一个镜面反射. 当 V 是一个 n 维欧氏空间时，证明：存在 V 的一个规范正交基，使得 τ 关于这个基的矩阵为

$$\begin{pmatrix}-1 & 0 & 0 & \cdots & 0\\ 0 & 1 & 0 & \cdots & 0\\ 0 & 0 & 1 & \cdots & 0\\ \vdots & \vdots & \vdots & & \vdots\\ 0 & 0 & 0 & \cdots & 1\end{pmatrix}.$$

在三维欧氏空间里说明线性变换 τ 的几何意义.

证 容易看出 τ 是线性变换. 又对任意 $\boldsymbol{\xi},\boldsymbol{\eta}\in V$，有

$$\begin{aligned}\langle\tau(\boldsymbol{\xi}),\tau(\boldsymbol{\eta})\rangle&=\left\langle\boldsymbol{\xi}-\frac{2\langle\boldsymbol{\xi},\boldsymbol{\alpha}\rangle}{\langle\boldsymbol{\alpha},\boldsymbol{\alpha}\rangle}\boldsymbol{\alpha},\boldsymbol{\eta}-\frac{2\langle\boldsymbol{\eta},\boldsymbol{\alpha}\rangle}{\langle\boldsymbol{\alpha},\boldsymbol{\alpha}\rangle}\boldsymbol{\alpha}\right\rangle\\&=\langle\boldsymbol{\xi},\boldsymbol{\eta}\rangle+\frac{4\langle\boldsymbol{\xi},\boldsymbol{\alpha}\rangle\langle\boldsymbol{\eta},\boldsymbol{\alpha}\rangle}{\langle\boldsymbol{\alpha},\boldsymbol{\alpha}\rangle}-\frac{2\langle\boldsymbol{\eta},\boldsymbol{\alpha}\rangle}{\langle\boldsymbol{\alpha},\boldsymbol{\alpha}\rangle}\langle\boldsymbol{\xi},\boldsymbol{\eta}\rangle-\frac{2\langle\boldsymbol{\xi},\boldsymbol{\alpha}\rangle}{\langle\boldsymbol{\alpha},\boldsymbol{\alpha}\rangle}\langle\boldsymbol{\eta},\boldsymbol{\alpha}\rangle\\&=\langle\boldsymbol{\xi},\boldsymbol{\eta}\rangle,\end{aligned}$$

故 τ 是 V 的一个正交变换.

又对任意 $\boldsymbol{\beta}\in V$，有

$$\begin{aligned}\tau^2(\boldsymbol{\beta})=\tau(\tau(\boldsymbol{\beta}))=\tau(\boldsymbol{\beta})-\frac{2\langle\tau(\boldsymbol{\beta}),\boldsymbol{\alpha}\rangle}{\langle\boldsymbol{\alpha},\boldsymbol{\alpha}\rangle}\boldsymbol{\alpha}&=\boldsymbol{\beta}-\frac{2\langle\boldsymbol{\beta},\boldsymbol{\alpha}\rangle}{\langle\boldsymbol{\alpha},\boldsymbol{\alpha}\rangle}\boldsymbol{\alpha}-\frac{2\left\langle\boldsymbol{\beta}-\frac{2\langle\boldsymbol{\beta},\boldsymbol{\alpha}\rangle}{\langle\boldsymbol{\alpha},\boldsymbol{\alpha}\rangle}\boldsymbol{\alpha},\boldsymbol{\alpha}\right\rangle}{\langle\boldsymbol{\alpha},\boldsymbol{\alpha}\rangle}\boldsymbol{\alpha}\\&=\boldsymbol{\beta}-\frac{2\langle\boldsymbol{\beta},\boldsymbol{\alpha}\rangle}{\langle\boldsymbol{\alpha},\boldsymbol{\alpha}\rangle}\boldsymbol{\alpha}+\frac{2\langle\boldsymbol{\beta},\boldsymbol{\alpha}\rangle}{\langle\boldsymbol{\alpha},\boldsymbol{\alpha}\rangle}\boldsymbol{\alpha}=\boldsymbol{\beta}.\end{aligned}$$

故 $\tau^2=\iota$，ι 是单位变换.

下面讨论关于基的矩阵.

若 V 是 n 维欧氏空间，由教材中定理 8.2.3 知，V 存在规范正交基. 因 $\boldsymbol{\alpha}$ 是非零向量，可对 $\frac{\boldsymbol{\alpha}}{|\boldsymbol{\alpha}|}$ 扩充而得到 V 的一个规范正交基：

$$\{\boldsymbol{\alpha}_1,\boldsymbol{\alpha}_2,\cdots,\boldsymbol{\alpha}_n\},\quad 其中\ \boldsymbol{\alpha}_1=\frac{\boldsymbol{\alpha}}{|\boldsymbol{\alpha}|}.$$

由定义知，

$$\tau(\boldsymbol{\alpha}_1)=\boldsymbol{\alpha}_1-\frac{2\langle\boldsymbol{\alpha}_1,\boldsymbol{\alpha}\rangle}{\langle\boldsymbol{\alpha},\boldsymbol{\alpha}\rangle}\boldsymbol{\alpha}=\frac{\boldsymbol{\alpha}}{|\boldsymbol{\alpha}|}-\frac{2\left\langle\frac{\boldsymbol{\alpha}}{|\boldsymbol{\alpha}|},\boldsymbol{\alpha}\right\rangle}{\langle\boldsymbol{\alpha},\boldsymbol{\alpha}\rangle}\boldsymbol{\alpha}=-\frac{\boldsymbol{\alpha}}{|\boldsymbol{\alpha}|}=-\boldsymbol{\alpha}_1,$$

$$\tau(\boldsymbol{\alpha}_i)=\boldsymbol{\alpha}_i-\frac{2\langle\boldsymbol{\alpha}_i,\boldsymbol{\alpha}\rangle}{\langle\boldsymbol{\alpha},\boldsymbol{\alpha}\rangle}\boldsymbol{\alpha}=\boldsymbol{\alpha}_i-\boldsymbol{0}=\boldsymbol{\alpha}_i\quad(i=2,3,\cdots,n),$$

所以

$$\tau(\boldsymbol{\alpha}_1,\boldsymbol{\alpha}_2,\cdots,\boldsymbol{\alpha}_n)=(\boldsymbol{\alpha}_1,\boldsymbol{\alpha}_2,\cdots,\boldsymbol{\alpha}_n)\begin{pmatrix}-1&0&0&\cdots&0\\0&1&0&\cdots&0\\0&0&1&\cdots&0\\\vdots&\vdots&\vdots&&\vdots\\0&0&0&\cdots&1\end{pmatrix},$$

即 τ 关于规范正交基$\{\boldsymbol{\alpha}_1,\boldsymbol{\alpha}_2,\cdots,\boldsymbol{\alpha}_n\}$的矩阵为

$$\begin{pmatrix}-1&0&0&\cdots&0\\0&1&0&\cdots&0\\0&0&1&\cdots&0\\\vdots&\vdots&\vdots&&\vdots\\0&0&0&\cdots&1\end{pmatrix}.$$

在三维欧氏空间，$\tau(\boldsymbol{\xi})$是 $\boldsymbol{\xi}$ 关于与 $\boldsymbol{\alpha}$ 正交的平面的镜面反射.

4. 设 σ 是欧氏空间 V 到自身的一个映射，对 $\boldsymbol{\xi},\boldsymbol{\eta}$ 有$\langle\sigma(\boldsymbol{\xi}),\sigma(\boldsymbol{\eta})\rangle=\langle\boldsymbol{\xi},\boldsymbol{\eta}\rangle$. 证明：$\sigma$ 是 V 的一个线性变换，因而是一个正交变换.

证　由于

$$\langle\sigma(\boldsymbol{\xi}),\sigma(\boldsymbol{\eta})\rangle=\langle\boldsymbol{\xi},\boldsymbol{\eta}\rangle,$$

$$\begin{aligned}\langle\sigma(a\boldsymbol{\xi})-a\sigma(\boldsymbol{\xi}),\sigma(a\boldsymbol{\xi})-a\sigma(\boldsymbol{\xi})\rangle&=\langle\sigma(a\boldsymbol{\xi}),\sigma(a\boldsymbol{\xi})\rangle-\langle a\sigma(\boldsymbol{\xi}),\sigma(a\boldsymbol{\xi})\rangle\\&\quad-\langle\sigma(a\boldsymbol{\xi}),a\sigma(\boldsymbol{\xi})\rangle+\langle a\sigma(\boldsymbol{\xi}),a\sigma(\boldsymbol{\xi})\rangle\\&=2a^2\langle\boldsymbol{\xi},\boldsymbol{\xi}\rangle-2a^2\langle\boldsymbol{\xi},\boldsymbol{\xi}\rangle=0,\end{aligned}$$

$$\sigma(a\boldsymbol{\xi})-a\sigma(\boldsymbol{\xi})=\boldsymbol{0},$$

所以

$$\sigma(a\boldsymbol{\xi})=a\sigma(\boldsymbol{\xi}).$$

又

$$\begin{aligned}&\langle\sigma(\boldsymbol{\xi}+\boldsymbol{\eta})-\sigma(\boldsymbol{\xi})-\sigma(\boldsymbol{\eta}),\sigma(\boldsymbol{\xi}+\boldsymbol{\eta})-\sigma(\boldsymbol{\xi})-\sigma(\boldsymbol{\eta})\rangle\\&=\langle\boldsymbol{\xi}+\boldsymbol{\eta},\boldsymbol{\xi}+\boldsymbol{\eta}\rangle-\langle\boldsymbol{\xi},\boldsymbol{\xi}+\boldsymbol{\eta}\rangle-\langle\boldsymbol{\eta},\boldsymbol{\xi}+\boldsymbol{\eta}\rangle-\langle\boldsymbol{\xi}+\boldsymbol{\eta},\boldsymbol{\xi}\rangle+\langle\boldsymbol{\xi},\boldsymbol{\xi}\rangle+\langle\boldsymbol{\eta},\boldsymbol{\xi}\rangle\\&\quad-\langle\boldsymbol{\xi}+\boldsymbol{\eta},\boldsymbol{\eta}\rangle+\langle\boldsymbol{\xi},\boldsymbol{\eta}\rangle+\langle\boldsymbol{\eta},\boldsymbol{\eta}\rangle\\&=0,\end{aligned}$$

所以

$$\sigma(\boldsymbol{\xi}+\boldsymbol{\eta})-\sigma(\boldsymbol{\xi})-\sigma(\boldsymbol{\eta})=\boldsymbol{0},\quad\sigma(\boldsymbol{\xi}+\boldsymbol{\eta})=\sigma(\boldsymbol{\xi})+\sigma(\boldsymbol{\eta}).$$

综上所述，σ 是 V 的一个线性变换. 又$\langle\sigma(\boldsymbol{\xi}),\sigma(\boldsymbol{\eta})\rangle=\langle\boldsymbol{\xi},\boldsymbol{\eta}\rangle$，因而是正交变换.

5. 设 $\boldsymbol{U}$ 是一个三阶正交矩阵，且 $\det\boldsymbol{U}=1$. 证明：

(i) $\boldsymbol{U}$ 有一个特征根等于 1；

(ii) U 的特征多项式为

$$f(x)=x^3-tx^2+tx-1,$$

其中$-1\leqslant t\leqslant 3$.

证 (i) 因为 U 是三阶正交矩阵，所以 U 的特征多项式为实的三次多项式，一定有一个根是实数 λ_0，若另外两根是 λ_1,λ_2，由教材中 8.2 节习题 10，可知

$$|\lambda_0|=|\lambda_1|=|\lambda_2|=1.$$

又 $\lambda_0\lambda_1\lambda_2=1$，如果 λ_1,λ_2 也是实数，则 $\lambda_0,\lambda_1,\lambda_2$ 中至少有一个是 1. 如果 λ_1,λ_2 是非实的复数，则 $\lambda_2=\bar{\lambda}_1$. 于是

$$\lambda_0\lambda_1\lambda_2=\lambda_0\lambda_1\bar{\lambda}_1=\lambda_0|\lambda_1|^2=\lambda_0\cdot 1^2=\det\boldsymbol{U}=1,$$

故 $\lambda_0=1$. 命题得证.

(ii) 根据(i)，可设 U 的特征多项式的三个根为 $1,\lambda_1,\lambda_2$. 由于 $\det\boldsymbol{U}=1$，有

$$\lambda_1\cdot\lambda_2=1\cdot\lambda_1\cdot\lambda_2=\det\boldsymbol{U}=1.$$

根据根与系数的关系可知，若记 $t=1+\lambda_1+\lambda_2$，则 $f(x)$ 中 x^2 的系数为 $-t$，而 x 的系数为

$$1\cdot\lambda_1+1\cdot\lambda_2+\lambda_1\lambda_2=\lambda_1+\lambda_2+1=t,$$

常数为

$$(-1)^3\cdot 1\cdot\lambda_1\cdot\lambda_2=-1.$$

故 U 的特征多项式为

$$f(x)=x^3-tx^2+tx-1 \quad (t\text{ 为实数}).$$

注意

$$|\lambda_1+\lambda_2|\leqslant|\lambda_1|+|\lambda_2|=2,$$

于是由

$$1-|\lambda_1+\lambda_2|\leqslant 1+\lambda_1+\lambda_2\leqslant 1+|\lambda_1+\lambda_2|,$$

有

$$-1\leqslant t\leqslant 3.$$

6. 设$\{\boldsymbol{\alpha}_1,\boldsymbol{\alpha}_2,\cdots,\boldsymbol{\alpha}_n\}$和$\{\boldsymbol{\beta}_1,\boldsymbol{\beta}_2,\cdots,\boldsymbol{\beta}_n\}$是 n 维欧氏空间 V 的两个规范正交基.

(i) 证明：存在 V 的一个正交变换 σ，使 $\sigma(\boldsymbol{\alpha}_i)=\boldsymbol{\beta}_i\ (i=1,2,\cdots,n)$.

(ii) 如果 V 的一个正交变换 τ 使得 $\tau(\boldsymbol{\alpha}_1)=\boldsymbol{\beta}_1$，那么 $\tau(\boldsymbol{\alpha}_2),\tau(\boldsymbol{\alpha}_3),\cdots,\tau(\boldsymbol{\alpha}_n)$所生成的子空间与由 $\boldsymbol{\beta}_2,\boldsymbol{\beta}_3,\cdots,\boldsymbol{\beta}_n$ 所生成的子空间重合.

证 (i) 由教材中引理 7.3.2 知，有 V 的一个线性变换 σ，使得 $\sigma(\boldsymbol{\alpha}_i)=\boldsymbol{\beta}_i\ (i=1,2,\cdots,n)$.

又因$\{\boldsymbol{\alpha}_1,\boldsymbol{\alpha}_2,\cdots,\boldsymbol{\alpha}_n\}$与$\{\boldsymbol{\beta}_1,\boldsymbol{\beta}_2,\cdots,\boldsymbol{\beta}_n\}$都是规范正交基，根据教材中定理 8.3.2 知，$\sigma$ 是正交变换.

(ii) 设 $\boldsymbol{\xi}\in\mathscr{L}(\tau(\boldsymbol{\alpha}_2),\tau(\boldsymbol{\alpha}_3),\cdots,\tau(\boldsymbol{\alpha}_n))$，则

$$\boldsymbol{\xi}=\sum_{i=2}^{n}a_i\tau(\boldsymbol{\alpha}_i)=\tau\Big(\sum_{i=2}^{n}a_i\boldsymbol{\alpha}_i\Big).$$

又由 $\boldsymbol{\xi}\in V$ 知，$\boldsymbol{\xi}$ 可由 $\{\boldsymbol{\beta}_1,\boldsymbol{\beta}_2,\cdots,\boldsymbol{\beta}_n\}$ 线性表出. 令 $\boldsymbol{\xi}=\sum_{i=1}^{n}b_i\boldsymbol{\beta}_i$ 且 $b_i=\langle\boldsymbol{\xi},\boldsymbol{\beta}_i\rangle$ $(i=1,2,\cdots,n)$. 因 τ 是正交变换，$\tau(\boldsymbol{\alpha}_1)=\boldsymbol{\beta}_1$，所以

$$b_1=\langle\boldsymbol{\xi},\boldsymbol{\beta}_1\rangle=\Big\langle\tau\Big(\sum_{i=2}^{n}a_i\boldsymbol{\alpha}_i\Big),\tau(\boldsymbol{\alpha}_1)\Big\rangle=\Big\langle\sum_{i=2}^{n}a_i\boldsymbol{\alpha}_i,\boldsymbol{\alpha}_1\Big\rangle=0,$$

故
$$\boldsymbol{\xi}=\sum_{i=2}^{n}b_i\boldsymbol{\beta}_i\in\mathscr{L}(\boldsymbol{\beta}_2,\boldsymbol{\beta}_3,\cdots,\boldsymbol{\beta}_n).$$

因而
$$\mathscr{L}(\tau(\boldsymbol{\alpha}_2),\tau(\boldsymbol{\alpha}_3),\cdots,\tau(\boldsymbol{\alpha}_n))\subseteq\mathscr{L}(\boldsymbol{\beta}_2,\boldsymbol{\beta}_3,\cdots,\boldsymbol{\beta}_n).$$

另一方面，若 $\boldsymbol{\eta}\in\mathscr{L}(\boldsymbol{\beta}_2,\boldsymbol{\beta}_3,\cdots,\boldsymbol{\beta}_n)$，则 $\boldsymbol{\eta}=\sum_{i=2}^{n}c_i\boldsymbol{\beta}_i$. 因为 τ 是正交变换，所以 $\{\tau(\boldsymbol{\alpha}_1),\tau(\boldsymbol{\alpha}_2),\cdots,\tau(\boldsymbol{\alpha}_n)\}$ 是 V 的一个规范正交基，不妨令

$$\boldsymbol{\eta}=d_1\tau(\boldsymbol{\alpha}_1)+d_2\tau(\boldsymbol{\alpha}_2)+\cdots+d_n\tau(\boldsymbol{\alpha}_n),$$
$$d_i=\langle\boldsymbol{\eta},\tau(\boldsymbol{\alpha}_i)\rangle\quad(i=1,2,\cdots,n).$$

由于 $\tau(\boldsymbol{\alpha}_1)=\boldsymbol{\beta}_1$，所以

$$d_1=\langle\boldsymbol{\eta},\tau(\boldsymbol{\alpha}_1)\rangle=\Big\langle\sum_{i=2}^{n}c_i\boldsymbol{\beta}_i,\boldsymbol{\beta}_1\Big\rangle=0,$$

得
$$\boldsymbol{\eta}=d_2\tau(\boldsymbol{\alpha}_2)+\cdots+d_n\tau(\boldsymbol{\alpha}_n)\in\mathscr{L}(\tau(\boldsymbol{\alpha}_2),\tau(\boldsymbol{\alpha}_3),\cdots,\tau(\boldsymbol{\alpha}_n)),$$

因而
$$\mathscr{L}(\boldsymbol{\beta}_2,\boldsymbol{\beta}_3,\cdots,\boldsymbol{\beta}_n)\subseteq\mathscr{L}(\tau(\boldsymbol{\alpha}_2),\tau(\boldsymbol{\alpha}_3),\cdots,\tau(\boldsymbol{\alpha}_n)).$$

综上所述，命题成立.

7. 令 V 是一个 n 维欧氏空间，证明：

(i) 对 V 中任意两个不同单位向量 $\boldsymbol{\alpha},\boldsymbol{\beta}$，存在一个镜面反射 τ，使得 $\tau(\boldsymbol{\alpha})=\boldsymbol{\beta}$；

(ii) V 中每个正交变换 σ 都可以表成若干个镜面反射的乘积.

证　(i) 因 $\boldsymbol{\alpha}$ 与 $\boldsymbol{\beta}$ 是两个不同的单位向量，故

$$\langle\boldsymbol{\alpha},\boldsymbol{\alpha}\rangle=\langle\boldsymbol{\beta},\boldsymbol{\beta}\rangle=1,\quad\boldsymbol{\alpha}-\boldsymbol{\beta}\neq\boldsymbol{0}.$$

从而 $\boldsymbol{\eta}=\dfrac{\boldsymbol{\alpha}-\boldsymbol{\beta}}{|\boldsymbol{\alpha}-\boldsymbol{\beta}|}$ 是一个单位向量. 令 $\tau(\boldsymbol{\xi})=\boldsymbol{\xi}-2\langle\boldsymbol{\xi},\boldsymbol{\eta}\rangle\boldsymbol{\eta}$，则 τ 是一个镜面反射，且

$$\tau(\boldsymbol{\alpha})=\boldsymbol{\alpha}-2\langle\boldsymbol{\alpha},\boldsymbol{\eta}\rangle\boldsymbol{\eta}=\boldsymbol{\alpha}-2\Big\langle\boldsymbol{\alpha},\frac{\boldsymbol{\alpha}-\boldsymbol{\beta}}{|\boldsymbol{\alpha}-\boldsymbol{\beta}|}\Big\rangle\frac{\boldsymbol{\alpha}-\boldsymbol{\beta}}{|\boldsymbol{\alpha}-\boldsymbol{\beta}|}$$

$$=\boldsymbol{\alpha}-\frac{2}{|\boldsymbol{\alpha}-\boldsymbol{\beta}|^2}\langle\boldsymbol{\alpha},\boldsymbol{\alpha}-\boldsymbol{\beta}\rangle(\boldsymbol{\alpha}-\boldsymbol{\beta})$$

$$=\boldsymbol{\alpha}-\frac{2}{\langle\boldsymbol{\alpha},\boldsymbol{\alpha}\rangle-2\langle\boldsymbol{\alpha},\boldsymbol{\beta}\rangle+\langle\boldsymbol{\beta},\boldsymbol{\beta}\rangle}[\langle\boldsymbol{\alpha},\boldsymbol{\alpha}\rangle-\langle\boldsymbol{\alpha},\boldsymbol{\beta}\rangle](\boldsymbol{\alpha}-\boldsymbol{\beta})$$

$$=\boldsymbol{\alpha}-\frac{1}{1-\langle\boldsymbol{\alpha},\boldsymbol{\beta}\rangle}[1-\langle\boldsymbol{\alpha},\boldsymbol{\beta}\rangle](\boldsymbol{\alpha}-\boldsymbol{\beta})=\boldsymbol{\beta}.$$

(ii) 设 τ 是 V 的任一正交变换，取 V 的规范正交基$\{\boldsymbol{\alpha}_1,\boldsymbol{\alpha}_2,\cdots,\boldsymbol{\alpha}_n\}$，则 $\boldsymbol{\beta}_1=\tau(\boldsymbol{\alpha}_1),\boldsymbol{\beta}_2=\tau(\boldsymbol{\alpha}_2),\cdots,\boldsymbol{\beta}_n=\tau(\boldsymbol{\alpha}_n)$也是 V 的一个规范正交基.

如果 $\boldsymbol{\beta}_1=\boldsymbol{\alpha}_1,\boldsymbol{\beta}_2=\boldsymbol{\alpha}_2,\cdots,\boldsymbol{\beta}_n=\boldsymbol{\alpha}_n$，则 τ 是单位变换. 作镜面反射

$$\tau_1(\boldsymbol{\xi})=\boldsymbol{\xi}-2\langle\boldsymbol{\xi},\boldsymbol{\alpha}_1\rangle\boldsymbol{\alpha}_1,$$

则有 $$\tau_1(\boldsymbol{\alpha}_1)=-\boldsymbol{\alpha}_1,\quad \tau_1(\boldsymbol{\alpha}_j)=\boldsymbol{\alpha}_j\ (j=2,3,\cdots,n).$$

这时显然有 $\tau=\tau_1\tau_1$.

如果 $\boldsymbol{\alpha}_1,\boldsymbol{\alpha}_2,\cdots,\boldsymbol{\alpha}_n$ 与 $\boldsymbol{\beta}_1,\boldsymbol{\beta}_2,\cdots,\boldsymbol{\beta}_n$ 不全相同，设 $\boldsymbol{\alpha}_1\neq\boldsymbol{\beta}_1$，则由于 $\boldsymbol{\alpha}_1,\boldsymbol{\beta}_1$ 是两个不同的单位向量，故由(i)知，存在镜面反射 τ_1，使$\tau_1(\boldsymbol{\alpha}_1)=\boldsymbol{\beta}_1$. 令 $\tau_1(\boldsymbol{\alpha}_j)=\boldsymbol{\gamma}_j\ (j=2,3,\cdots,n)$，如果 $\boldsymbol{\gamma}_j=\boldsymbol{\beta}_j\ (j=2,3,\cdots,n)$，则 $\tau=\tau_1$. 否则，可设 $\boldsymbol{\gamma}_2\neq\boldsymbol{\beta}_2$，再作镜面反射

$$\tau_2:\tau_2(\boldsymbol{\xi})=\boldsymbol{\xi}-2\langle\boldsymbol{\xi},\boldsymbol{\beta}\rangle\boldsymbol{\beta},\quad \boldsymbol{\beta}=\frac{\boldsymbol{\gamma}_2-\boldsymbol{\beta}_2}{|\boldsymbol{\gamma}_2-\boldsymbol{\beta}_2|}.$$

于是由(i)知，$\tau_2(\boldsymbol{\gamma}_2)=\boldsymbol{\beta}_2$. 同时，因 τ 及镜面反射 τ_1 都是正交变换(见上面习题 3)，且 $\boldsymbol{\alpha}_1,\boldsymbol{\alpha}_2,\cdots,\boldsymbol{\alpha}_n$ 是规范正交基，于是

$$\tau_2(\boldsymbol{\beta}_1)=\boldsymbol{\beta}_1-2\langle\boldsymbol{\beta}_1,\boldsymbol{\beta}\rangle\boldsymbol{\beta}=\boldsymbol{\beta}_1-2\left\langle\boldsymbol{\beta}_1,\frac{\boldsymbol{\gamma}_2-\boldsymbol{\beta}_2}{|\boldsymbol{\gamma}_2-\boldsymbol{\beta}_2|}\right\rangle\frac{\boldsymbol{\gamma}_2-\boldsymbol{\beta}_2}{|\boldsymbol{\gamma}_2-\boldsymbol{\beta}_2|}$$

$$=\boldsymbol{\beta}_1-2[\langle\boldsymbol{\beta}_1,\boldsymbol{\gamma}_2\rangle-\langle\boldsymbol{\beta}_1,\boldsymbol{\beta}_2\rangle]\frac{\boldsymbol{\gamma}_2-\boldsymbol{\beta}_2}{|\boldsymbol{\gamma}_2-\boldsymbol{\beta}_2|^2}$$

$$=\boldsymbol{\beta}_1-2[\langle\tau_1(\boldsymbol{\alpha}_1),\tau_1(\boldsymbol{\alpha}_2)\rangle-0]\frac{\boldsymbol{\gamma}_2-\boldsymbol{\beta}_2}{|\boldsymbol{\gamma}_2-\boldsymbol{\beta}_2|^2}$$

$$=\boldsymbol{\beta}_1-2\langle\boldsymbol{\alpha}_1,\boldsymbol{\alpha}_2\rangle\frac{\boldsymbol{\gamma}_2-\boldsymbol{\beta}_2}{|\boldsymbol{\gamma}_2-\boldsymbol{\beta}_2|^2}=\boldsymbol{\beta}_1-0\cdot\frac{\boldsymbol{\gamma}_2-\boldsymbol{\beta}_2}{|\boldsymbol{\gamma}_2-\boldsymbol{\beta}_2|^2}=\boldsymbol{\beta}_1.$$

如此继续作下去，设

$$\boldsymbol{\alpha}_1,\boldsymbol{\alpha}_2,\cdots,\boldsymbol{\alpha}_n\xrightarrow{\tau_1}\boldsymbol{\beta}_1,\boldsymbol{\gamma}_2,\cdots,\boldsymbol{\gamma}_n\xrightarrow{\tau_2}\boldsymbol{\beta}_1,\boldsymbol{\beta}_2,\boldsymbol{\delta}_3,\cdots,\boldsymbol{\delta}_n$$

$$\longrightarrow\cdots\xrightarrow{\tau_r}\boldsymbol{\beta}_1,\boldsymbol{\beta}_2,\cdots,\boldsymbol{\beta}_n,$$

于是有 $\tau=\tau_r\tau_{r-1}\cdots\tau_2\tau_1$，其中 τ_i 都是镜面反射，这就证明了正交变换可表为镜面反射的乘积.

8. 证明：每一个 n 阶非奇异实矩阵 $\boldsymbol{A}$ 都可以唯一地表示成

$$\boldsymbol{A}=\boldsymbol{U}\boldsymbol{T}$$

的形式，这里 $\boldsymbol{U}$ 是一个正交矩阵，$\boldsymbol{T}$ 是一个上三角形实矩阵，且主对角线上元素都是正数.

（提示：非奇异矩阵 $\boldsymbol{A}$ 的列向量 $\boldsymbol{\alpha}_1,\boldsymbol{\alpha}_2,\cdots,\boldsymbol{\alpha}_n$ 作成 n 维列空间 $\mathbf{R}^n$ 的一个基，对这个基施行正交化，得出 $\mathbf{R}^n$ 的一个规范正交基 $\{\boldsymbol{\gamma}_1,\boldsymbol{\gamma}_2,\cdots,\boldsymbol{\gamma}_n\}$. 以这个规范正交基为列的矩阵 $\boldsymbol{U}$ 是一个正交矩阵，写出 $\{\boldsymbol{\gamma}_1,\boldsymbol{\gamma}_2,\cdots,\boldsymbol{\gamma}_n\}$ 由 $\{\boldsymbol{\alpha}_1,\boldsymbol{\alpha}_2,\cdots,\boldsymbol{\alpha}_n\}$ 表示的表达式，就可以得出矩阵 $\boldsymbol{T}$. 证明唯一性时，注意教材中 8.2 节习题 12.）

证　由于 $\boldsymbol{A}$ 是非奇异矩阵，它的 n 个列向量 $\boldsymbol{\alpha}_1,\boldsymbol{\alpha}_2,\cdots,\boldsymbol{\alpha}_n$ 线性无关，从而是 $\mathbf{R}^n$ 的一个基. 根据施密特正交化方法，由 $\boldsymbol{\alpha}_1,\boldsymbol{\alpha}_2,\cdots,\boldsymbol{\alpha}_n$ 可得正交基：

$$\begin{cases}\boldsymbol{\beta}_1=\boldsymbol{\alpha}_1,\\ \boldsymbol{\beta}_2=\boldsymbol{\alpha}_2-\langle\boldsymbol{\alpha}_2,\boldsymbol{\eta}_1\rangle\boldsymbol{\eta}_1,\\ \quad\vdots\\ \boldsymbol{\beta}_n=\boldsymbol{\alpha}_n-\langle\boldsymbol{\alpha}_n,\boldsymbol{\eta}_1\rangle\boldsymbol{\eta}_1-\cdots-\langle\boldsymbol{\alpha}_n,\boldsymbol{\eta}_{n-1}\rangle\boldsymbol{\eta}_{n-1},\end{cases}$$

其中

$$\boldsymbol{\eta}_i=\frac{\boldsymbol{\beta}_i}{|\boldsymbol{\beta}_i|}\quad(i=1,2,\cdots,n-1).$$

再用 $\boldsymbol{\beta}_i=|\boldsymbol{\beta}_i|\boldsymbol{\eta}_i\ (i=1,2,\cdots,n)$ 代入各等式，并整理得

$$\begin{cases}\boldsymbol{\alpha}_1=t_{11}\boldsymbol{\eta}_1,\\ \boldsymbol{\alpha}_2=t_{12}\boldsymbol{\eta}_1+t_{22}\boldsymbol{\eta}_2,\\ \quad\vdots\\ \boldsymbol{\alpha}_n=t_{1n}\boldsymbol{\eta}_1+t_{2n}\boldsymbol{\eta}_2+\cdots+t_{nn}\boldsymbol{\eta}_n,\end{cases}$$

其中 $t_{ii}=|\boldsymbol{\beta}_i|>0\ (i=1,2,\cdots,n)$，即

$$\boldsymbol{A}=(\boldsymbol{\alpha}_1,\boldsymbol{\alpha}_2,\cdots,\boldsymbol{\alpha}_n)=(\boldsymbol{\eta}_1,\boldsymbol{\eta}_2,\cdots,\boldsymbol{\eta}_n)\begin{pmatrix}t_{11}&t_{12}&\cdots&t_{1n}\\ &t_{22}&\cdots&t_{2n}\\ &&\ddots&\vdots\\ &&&t_{nn}\end{pmatrix}.$$

令

$$\boldsymbol{T}=\begin{pmatrix}t_{11}&t_{12}&\cdots&t_{1n}\\ &t_{22}&\cdots&t_{2n}\\ &&\ddots&\vdots\\ &&&t_{nn}\end{pmatrix},$$

那么 $\boldsymbol{T}$ 是上三角矩阵，且主对角线上的元素 $t_{ii}>0$.

$\boldsymbol{\eta}_i$ 为 n 维列向量，以 $\boldsymbol{\eta}_1,\boldsymbol{\eta}_2,\cdots,\boldsymbol{\eta}_n$ 为列构成矩阵 $\boldsymbol{U}$，即 $\boldsymbol{U}=(\boldsymbol{\eta}_1,\boldsymbol{\eta}_2,\cdots,\boldsymbol{\eta}_n)$. 因为 $\boldsymbol{\eta}_1,\boldsymbol{\eta}_2,\cdots,\boldsymbol{\eta}_n$ 是规范正交基，所以 $\boldsymbol{U}$ 是正交矩阵，并且

$$\boldsymbol{A}=(\boldsymbol{\eta}_1,\boldsymbol{\eta}_2,\cdots,\boldsymbol{\eta}_n)\boldsymbol{T}=\boldsymbol{U}\boldsymbol{T}.$$

设还有 $\boldsymbol{U}_1,\boldsymbol{T}_1$ 使 $\boldsymbol{A}=\boldsymbol{U}_1\boldsymbol{T}_1$，则 $\boldsymbol{U}_1\boldsymbol{T}_1=\boldsymbol{U}\boldsymbol{T}$，从而 $\boldsymbol{U}_1^{-1}\boldsymbol{U}=\boldsymbol{T}_1\boldsymbol{T}^{-1}$. 因为 $\boldsymbol{U}$，$\boldsymbol{U}_1$ 都是正交矩阵，所以 $\boldsymbol{U}_1^{-1}\boldsymbol{U}$ 也是正交矩阵，从而 $\boldsymbol{T}_1\boldsymbol{T}^{-1}$ 是正交矩阵. 另一方面，由于 $\boldsymbol{T}_1,\boldsymbol{T}$ 都是上三角矩阵，所以 $\boldsymbol{T}_1\boldsymbol{T}^{-1}$ 也是上三角矩阵. 根据教材中 8.2 节习题 12 知，$\boldsymbol{T}_1\boldsymbol{T}^{-1}$ 是主对角线元素为 1 或 -1 的对角矩阵，但是 $\boldsymbol{T}_1,\boldsymbol{T}$ 的主对角线元素都为正，因而 $\boldsymbol{T}_1\boldsymbol{T}^{-1}=\boldsymbol{I}$，即 $\boldsymbol{T}_1=\boldsymbol{T}$，从而 $\boldsymbol{U}_1=\boldsymbol{U}$.

8.4 对称变换和对称矩阵

1. 设 σ 是 n 维欧氏空间 V 的一个线性变换，证明：如果 σ 满足下列三个条件中的任意两个，那么它必然满足第三个.

(i) σ 是正交变换；

(ii) σ 是对称变换；

(iii) $\sigma^2=\iota$ 是单位变换.

证 由(i)、(ii)⇒(iii).

由于(i)及(ii)，对任意 $\boldsymbol{\xi},\boldsymbol{\eta}\in V$，有

$$\langle\sigma(\boldsymbol{\xi}),\sigma(\boldsymbol{\eta})\rangle=\langle\boldsymbol{\xi},\boldsymbol{\eta}\rangle,\quad \langle\sigma(\boldsymbol{\xi}),\boldsymbol{\eta}\rangle=\langle\boldsymbol{\xi},\sigma(\boldsymbol{\eta})\rangle,$$

所以 $\langle\sigma^2(\boldsymbol{\xi})-\boldsymbol{\xi},\boldsymbol{\eta}\rangle=\langle\sigma^2(\boldsymbol{\xi}),\boldsymbol{\eta}\rangle-\langle\boldsymbol{\xi},\boldsymbol{\eta}\rangle=\langle\sigma(\boldsymbol{\xi}),\sigma(\boldsymbol{\eta})\rangle-\langle\boldsymbol{\xi},\boldsymbol{\eta}\rangle=0.$

由 $\boldsymbol{\eta}$ 的任意性知 $\sigma^2(\boldsymbol{\xi})-\boldsymbol{\xi}=\boldsymbol{0}$，所以 $\sigma^2(\boldsymbol{\xi})=\boldsymbol{\xi}$，$\sigma^2=\iota$ 为单位变换.

由(ii)、(iii)⇒(i).

由于(ii)及(iii)，对任意 $\boldsymbol{\xi},\boldsymbol{\eta}\in V$，有

$$\langle\sigma(\boldsymbol{\xi}),\boldsymbol{\eta}\rangle=\langle\boldsymbol{\xi},\sigma(\boldsymbol{\eta})\rangle,\quad \sigma^2(\boldsymbol{\xi})=\boldsymbol{\xi},$$

所以
$$\langle\sigma(\boldsymbol{\xi}),\sigma(\boldsymbol{\eta})\rangle=\langle\boldsymbol{\xi},\sigma^2(\boldsymbol{\eta})\rangle=\langle\boldsymbol{\xi},\boldsymbol{\eta}\rangle,$$
从而 σ 是正交变换.

由(iii)、(i)⇒(ii).

由于(iii)及(i)，对任意 $\boldsymbol{\xi},\boldsymbol{\eta}\in V$，有

$$\sigma^2(\boldsymbol{\xi})=\boldsymbol{\xi},\quad \langle\sigma(\boldsymbol{\xi}),\sigma(\boldsymbol{\eta})\rangle=\langle\boldsymbol{\xi},\boldsymbol{\eta}\rangle,$$

所以
$$\langle\sigma(\boldsymbol{\xi}),\boldsymbol{\eta}\rangle=\langle\sigma(\boldsymbol{\xi}),\sigma^2(\boldsymbol{\eta})\rangle=\langle\sigma^2(\boldsymbol{\xi}),\sigma(\boldsymbol{\eta})\rangle=\langle\boldsymbol{\xi},\sigma(\boldsymbol{\eta})\rangle,$$
故 σ 是对称变换.

2. 设 σ 是 n 维欧氏空间 V 的一个对称变换，且 $\sigma^2=\sigma$. 证明：存在 V 的一

个规范正交基，使得 σ 关于这个基的矩阵为

$$\begin{pmatrix} 1 & & & & & \\ & \ddots & & & & \\ & & 1 & & & \\ & & & 0 & & \\ & & & & \ddots & \\ & & & & & 0 \end{pmatrix}.$$

证 设 $\boldsymbol{A}$ 是 σ 关于 V 的一个规范正交基的矩阵，则 $\boldsymbol{A}$ 是 n 阶实对称矩阵，且 $\boldsymbol{A}^2=\boldsymbol{A}$. 设 $\boldsymbol{\xi}$ 是 $\boldsymbol{A}$ 的属于特征根 λ 的特征向量，则

$$\boldsymbol{A\xi}=\lambda\boldsymbol{\xi},\quad \boldsymbol{A}^2\boldsymbol{\xi}=\boldsymbol{A}(\lambda\boldsymbol{\xi})=\lambda^2\boldsymbol{\xi}.$$

由 $\boldsymbol{A}^2=\boldsymbol{A}$ 知，$(\lambda^2-\lambda)\boldsymbol{\xi}=\boldsymbol{0}$. 但 $\boldsymbol{\xi}\neq\boldsymbol{0}$，所以

$$\lambda^2-\lambda=0 \Rightarrow \lambda=0 \quad 或 \quad \lambda=1.$$

或由教材中定理 8.4.6 知，存在正交矩阵 $\boldsymbol{U}$，使 $\boldsymbol{U'AU}=\boldsymbol{U}^{-1}\boldsymbol{AU}$ 为对角形. 因为对角形矩阵 $\boldsymbol{U}^{-1}\boldsymbol{AU}$ 与 $\boldsymbol{A}$ 相似而有相同的特征根，并在确定 $\boldsymbol{U}$ 时适当考虑列向量的顺序，故有

$$\boldsymbol{U'AU}=\boldsymbol{U}^{-1}\boldsymbol{AU}=\begin{pmatrix} 1 & & & & & \\ & \ddots & & & & \\ & & 1 & & & \\ & & & 0 & & \\ & & & & \ddots & \\ & & & & & 0 \end{pmatrix}.$$

这就是说，只要取过渡矩阵为 $\boldsymbol{U}$，将原来规范正交基换成新的规范正交基，对称变换 σ 的矩阵就有给定的形式.

3. 证明：两个对称变换的和还是一个对称变换. 两个对称变换的乘积是不是对称变换？找出两个对称变换的乘积是对称变换的一个充要条件.

证 设 σ,τ 是欧氏空间 V 的两个对称变换，对任意 $\boldsymbol{\xi},\boldsymbol{\eta}\in V$，因

$$\langle(\sigma+\tau)\boldsymbol{\xi},\boldsymbol{\eta}\rangle=\langle\sigma(\boldsymbol{\xi}),\boldsymbol{\eta}\rangle+\langle\tau(\boldsymbol{\xi}),\boldsymbol{\eta}\rangle=\langle\boldsymbol{\xi},\sigma(\boldsymbol{\eta})\rangle+\langle\boldsymbol{\xi},\tau(\boldsymbol{\eta})\rangle=\langle\boldsymbol{\xi},(\sigma+\tau)\boldsymbol{\eta}\rangle,$$

所以 $\sigma+\tau$ 是对称变换.

又 $$\langle\sigma\tau(\boldsymbol{\xi}),\boldsymbol{\eta}\rangle=\langle\tau(\boldsymbol{\xi}),\sigma(\boldsymbol{\eta})\rangle=\langle\boldsymbol{\xi},\tau\sigma(\boldsymbol{\eta})\rangle,$$

如果 $\tau\sigma=\sigma\tau$，则 $$\langle\sigma\tau(\boldsymbol{\xi}),\boldsymbol{\eta}\rangle=\langle\boldsymbol{\xi},\tau\sigma(\boldsymbol{\eta})\rangle=\langle\boldsymbol{\xi},\sigma\tau(\boldsymbol{\eta})\rangle,$$

故 $\sigma\tau$ 是对称变换；反之，若 $\sigma\tau$ 是对称变换，则

$$\langle\sigma\tau(\boldsymbol{\xi}),\boldsymbol{\eta}\rangle=\langle\boldsymbol{\xi},\sigma\tau(\boldsymbol{\eta})\rangle.$$

又 $$\langle \sigma\tau(\boldsymbol{\xi}), \boldsymbol{\eta}\rangle = \langle \boldsymbol{\xi}, \tau\sigma(\boldsymbol{\eta})\rangle,$$
故 $$\langle \boldsymbol{\xi}, \sigma\tau(\boldsymbol{\eta}) - \tau\sigma(\boldsymbol{\eta})\rangle = 0.$$
由 $\boldsymbol{\xi}$ 的任意性知，$\sigma\tau(\boldsymbol{\eta}) - \tau\sigma(\boldsymbol{\eta}) = (\sigma\tau - \tau\sigma)(\boldsymbol{\eta}) = \mathbf{0}$.
再由 $\boldsymbol{\eta}$ 的任意性知，$\sigma\tau = \tau\sigma$，即 σ, τ 在乘积中可互换.

综上所述，$\sigma\tau = \tau\sigma$ 是 σ 与 τ 的乘积为对称变换的一个充要条件.

4. 说 n 维欧氏空间 V 的一个线性变换 σ 是斜对称的，如果对于任意向量 $\boldsymbol{\alpha}, \boldsymbol{\beta} \in V$，有
$$\langle \sigma(\boldsymbol{\alpha}), \boldsymbol{\beta}\rangle = -\langle \boldsymbol{\alpha}, \sigma(\boldsymbol{\beta})\rangle.$$
证明：

(i) 斜对称变换关于 V 的任意规范正交基的矩阵都是斜对称的实矩阵(满足条件 $\boldsymbol{A}' = -\boldsymbol{A}$ 的矩阵叫做斜对称矩阵)；

(ii) 反之，如果线性变换 σ 关于 V 的某一规范正交基的矩阵是斜对称的，那么 σ 一定是斜对称线性变换；

(iii) 斜对称实矩阵的特征根或者是零，或者是纯虚数.

证 (i) 设 $\{\boldsymbol{\alpha}_1, \boldsymbol{\alpha}_2, \cdots, \boldsymbol{\alpha}_n\}$ 是 V 的任意一个正交基，σ 是 V 的斜对称变换，它在基 $\{\boldsymbol{\alpha}_1, \boldsymbol{\alpha}_2, \cdots, \boldsymbol{\alpha}_n\}$ 下的矩阵为实矩阵 $\boldsymbol{A}$. 于是
$$\langle \sigma(\boldsymbol{\alpha}_i), \boldsymbol{\alpha}_j\rangle = \left\langle \sum_{k=1}^{n} a_{ki}\boldsymbol{\alpha}_k, \boldsymbol{\alpha}_j\right\rangle = a_{ji},$$
$$\langle \boldsymbol{\alpha}_i, \sigma(\boldsymbol{\alpha}_j)\rangle = \left\langle \boldsymbol{\alpha}_i, \sum_{k=1}^{n} a_{kj}\boldsymbol{\alpha}_k\right\rangle = a_{ij}.$$
由于 $\langle \sigma(\boldsymbol{\alpha}_i), \boldsymbol{\alpha}_j\rangle = -\langle \boldsymbol{\alpha}_i, \sigma(\boldsymbol{\alpha}_j)\rangle$，所以 $a_{ji} = -a_{ij}$，即 $\boldsymbol{A}' = -\boldsymbol{A}$，$\boldsymbol{A}$ 为斜对称实矩阵.

(ii) 设 V 的线性变换 σ 在规范正交基 $\{\boldsymbol{\alpha}_1, \boldsymbol{\alpha}_2, \cdots, \boldsymbol{\alpha}_n\}$ 下的矩阵 $\boldsymbol{A}$ 是斜对称的，而任意向量 $\boldsymbol{\xi} = \sum_{i=1}^{n} x_i\boldsymbol{\alpha}_i$，$\boldsymbol{\eta} = \sum_{j=1}^{n} y_j\boldsymbol{\alpha}_j \in V$，于是
$$\begin{aligned}\langle \sigma(\boldsymbol{\xi}), \boldsymbol{\eta}\rangle &= \left\langle \sum_{i=1}^{n} x_i\left(\sum_{k=1}^{n} a_{ki}\boldsymbol{\alpha}_k\right), \sum_{j=1}^{n} y_j\boldsymbol{\alpha}_j\right\rangle = \left\langle \sum_{k=1}^{n}\left(\sum_{i=1}^{n} a_{ki}x_i\right)\boldsymbol{\alpha}_k, \sum_{j=1}^{n} y_j\boldsymbol{\alpha}_j\right\rangle \\ &= \sum_{j=1}^{n}\sum_{i=1}^{n} a_{ji}x_iy_j = -\sum_{i=1}^{n}\sum_{j=1}^{n} a_{ij}x_iy_j,\end{aligned}$$
$$\begin{aligned}\langle \boldsymbol{\xi}, \sigma(\boldsymbol{\eta})\rangle &= \left\langle \sum_{i=1}^{n} x_i\boldsymbol{\alpha}_i, \sum_{j=1}^{n} y_j\left(\sum_{k=1}^{n} a_{kj}\boldsymbol{\alpha}_k\right)\right\rangle = \left\langle \sum_{i=1}^{n} x_i\boldsymbol{\alpha}_i, \sum_{k=1}^{n}\left(\sum_{j=1}^{n} a_{kj}y_j\right)\boldsymbol{\alpha}_k\right\rangle \\ &= \sum_{i=1}^{n}\sum_{j=1}^{n} a_{ij}x_iy_j,\end{aligned}$$

所以$\langle\sigma(\boldsymbol{\xi}),\boldsymbol{\eta}\rangle=-\langle\boldsymbol{\xi},\sigma(\boldsymbol{\eta})\rangle$，即$\sigma$是斜对称变换.

(iii) 设λ是反对称实矩阵$\boldsymbol{A}$的一个非零特征根，$\boldsymbol{\xi}$是属于λ的特征向量，即$\boldsymbol{A\xi}=\lambda\boldsymbol{\xi}$. 于是

$$\overline{\boldsymbol{\xi}}'\boldsymbol{A}\boldsymbol{\xi}=\overline{\boldsymbol{\xi}}'(-\boldsymbol{A}')\boldsymbol{\xi}=-\overline{\boldsymbol{\xi}}'\boldsymbol{A}'\boldsymbol{\xi}=-(\boldsymbol{A}\overline{\boldsymbol{\xi}})'\boldsymbol{\xi}=-(\overline{\boldsymbol{A\xi}})'\boldsymbol{\xi},$$

所以
$$\lambda\overline{\boldsymbol{\xi}}'\boldsymbol{\xi}=-\overline{\lambda}\,\overline{\boldsymbol{\xi}}'\boldsymbol{\xi}.$$

由于$\boldsymbol{\xi}\neq\boldsymbol{0}$，$\overline{\boldsymbol{\xi}}'\boldsymbol{\xi}\neq 0$，所以
$$\lambda=-\overline{\lambda}.$$

令$\lambda=a+b\mathrm{i}$，代入上式得$a=-a$，从而$a=0$，因而有$\lambda=b\mathrm{i}$.

5. 令$\boldsymbol{A}$是一个斜对称实矩阵. 证明：$\boldsymbol{I}+\boldsymbol{A}$可逆，并且$\boldsymbol{U}=(\boldsymbol{I}-\boldsymbol{A})(\boldsymbol{I}+\boldsymbol{A})^{-1}$是一个正交矩阵.

证　由上面习题4知，$\boldsymbol{A}$的特征根不等于-1. 以-1代入$\det(\lambda\boldsymbol{I}-\boldsymbol{A})$，得

$$(-1)^n\det(\boldsymbol{I}+\boldsymbol{A})\neq 0,$$

故$\boldsymbol{I}+\boldsymbol{A}$可逆. 注意

$$\boldsymbol{U}'=[(\boldsymbol{I}-\boldsymbol{A})(\boldsymbol{I}+\boldsymbol{A})^{-1}]'=[(\boldsymbol{I}+\boldsymbol{A})']^{-1}(\boldsymbol{I}-\boldsymbol{A})'=(\boldsymbol{I}-\boldsymbol{A})^{-1}(\boldsymbol{I}+\boldsymbol{A}),$$

所以
$$\begin{aligned}\boldsymbol{U}'\boldsymbol{U}&=(\boldsymbol{I}-\boldsymbol{A})^{-1}(\boldsymbol{I}+\boldsymbol{A})(\boldsymbol{I}-\boldsymbol{A})(\boldsymbol{I}+\boldsymbol{A})^{-1}\\&=[(\boldsymbol{I}-\boldsymbol{A})^{-1}(\boldsymbol{I}-\boldsymbol{A})][(\boldsymbol{I}+\boldsymbol{A})(\boldsymbol{I}+\boldsymbol{A})^{-1}]=\boldsymbol{I},\end{aligned}$$

可见$\boldsymbol{U}=(\boldsymbol{I}-\boldsymbol{A})(\boldsymbol{I}+\boldsymbol{A})^{-1}$是一个正交矩阵.

6. 对于下列对称矩阵$\boldsymbol{A}$，各求出一个正交矩阵$\boldsymbol{U}$，使得$\boldsymbol{U}'\boldsymbol{A}\boldsymbol{U}$是对角形式：

$$\text{(i) }\boldsymbol{A}=\begin{pmatrix}11&2&-8\\2&2&10\\-8&10&5\end{pmatrix};\qquad\text{(ii) }\boldsymbol{A}=\begin{pmatrix}17&-8&4\\-8&17&-4\\4&-4&11\end{pmatrix}.$$

解　(i)
$$\det(\lambda\boldsymbol{I}-\boldsymbol{A})=(\lambda+9)(\lambda-9)(\lambda-18),$$

$\boldsymbol{A}$的属于$\lambda_1=-9$，$\lambda_2=9$，$\lambda_3=18$的特征向量分别是

$$\boldsymbol{\xi}_1=(1,-2,2),\quad\boldsymbol{\xi}_2=(2,2,1),\quad\boldsymbol{\xi}_3=(2,-1,-2),$$

由教材中定理8.4.4知，它们彼此正交. 单位化得

$$\boldsymbol{\eta}_1=\frac{1}{3}(1,-2,2),\quad\boldsymbol{\eta}_2=\frac{1}{3}(2,2,1),\quad\boldsymbol{\eta}_3=\frac{1}{3}(2,-1,-2),$$

于是有
$$\boldsymbol{U}=\frac{1}{3}\begin{pmatrix}1&2&2\\-2&2&-1\\2&1&-2\end{pmatrix}.$$

(ii)
$$\det(\lambda\boldsymbol{I}-\boldsymbol{A})=(\lambda-9)(\lambda-9)(\lambda-27),$$

$\boldsymbol{A}$的属于$\lambda_1=9$，$\lambda_2=9$，$\lambda_3=27$的特征向量分别是

$$\boldsymbol{\xi}_1=(3,3,0),\quad \boldsymbol{\xi}_2=(1,-1,-4),\quad \boldsymbol{\xi}_3=(2\sqrt{2},-2\sqrt{2},\sqrt{2}),$$

并且两两正交.单位化得

$$\boldsymbol{\eta}_1=\frac{1}{3\sqrt{2}}(3,3,0),\quad \boldsymbol{\eta}_2=\frac{1}{3\sqrt{2}}(1,-1,-4),$$

$$\boldsymbol{\eta}_3=\frac{1}{3\sqrt{2}}(2\sqrt{2},-2\sqrt{2},\sqrt{2}),$$

于是有

$$\boldsymbol{U}=\frac{1}{3\sqrt{2}}\begin{pmatrix}3 & 1 & 2\sqrt{2}\\ 3 & -1 & -2\sqrt{2}\\ 0 & -4 & \sqrt{2}\end{pmatrix}.$$

8.5 酉 空 间

1. 验证教材 8.5 节中的公式(1)～(7).

证 (1) 由教材 8.5 节中的定义 1 知,

$$\begin{aligned}\langle\boldsymbol{\xi},\boldsymbol{\eta}+\zeta\rangle&=\langle\overline{\boldsymbol{\eta}+\zeta,\boldsymbol{\xi}}\rangle=\overline{\langle\boldsymbol{\eta},\boldsymbol{\xi}\rangle+\langle\zeta,\boldsymbol{\xi}\rangle}=\langle\overline{\boldsymbol{\eta},\boldsymbol{\xi}}\rangle+\langle\overline{\zeta,\boldsymbol{\xi}}\rangle\\&=\langle\boldsymbol{\xi},\boldsymbol{\eta}\rangle+\langle\boldsymbol{\xi},\zeta\rangle.\end{aligned}$$

(2) $\langle\boldsymbol{\xi},a\boldsymbol{\eta}\rangle=\langle\overline{a\boldsymbol{\eta},\boldsymbol{\xi}}\rangle=\overline{a\langle\boldsymbol{\eta},\boldsymbol{\xi}\rangle}=\bar{a}\langle\overline{\boldsymbol{\eta},\boldsymbol{\xi}}\rangle=\bar{a}\langle\boldsymbol{\xi},\boldsymbol{\eta}\rangle$.

(3) $\langle\boldsymbol{\xi},\mathbf{0}\rangle=\langle\boldsymbol{\xi},0\cdot\boldsymbol{\eta}\rangle=\langle\overline{0\cdot\boldsymbol{\eta},\boldsymbol{\xi}}\rangle=\overline{0\langle\boldsymbol{\eta},\boldsymbol{\xi}\rangle}=0,\langle\mathbf{0},\boldsymbol{\xi}\rangle=\langle\overline{\boldsymbol{\xi},\mathbf{0}}\rangle=\bar{0}=0$.

(4) 由教材 8.5 节中的定义 1 之条件 3)和已证公式(2),得

$$\left\langle\sum_{i=1}^{m}a_i\boldsymbol{\xi}_i,\sum_{j=1}^{n}b_j\boldsymbol{\eta}_j\right\rangle=\sum_{i=1}^{m}\sum_{j=1}^{n}\langle a_i\boldsymbol{\xi}_i,b_j\boldsymbol{\eta}_j\rangle=\sum_{i=1}^{m}\sum_{j=1}^{n}a_i\bar{b}_j\langle\boldsymbol{\xi}_i,\boldsymbol{\eta}_i\rangle.$$

(5) $|a\boldsymbol{\xi}|=\sqrt{\langle a\boldsymbol{\xi},a\boldsymbol{\xi}\rangle}=\sqrt{a\bar{a}\langle\boldsymbol{\xi},\boldsymbol{\xi}\rangle}=\sqrt{|a|^2\langle\boldsymbol{\xi},\boldsymbol{\xi}\rangle}=|a||\boldsymbol{\xi}|$.

(6) 由教材 8.5 节中的定义 1 之条件 4),对任意数 λ,有

$$\langle\boldsymbol{\xi}-\lambda\boldsymbol{\eta},\boldsymbol{\xi}-\lambda\boldsymbol{\eta}\rangle\geqslant 0,$$

亦即

$$\langle\boldsymbol{\xi},\boldsymbol{\xi}\rangle-\bar{\lambda}\langle\boldsymbol{\xi},\boldsymbol{\eta}\rangle-\lambda\langle\overline{\boldsymbol{\xi},\boldsymbol{\eta}}\rangle+\lambda\bar{\lambda}\langle\boldsymbol{\eta},\boldsymbol{\eta}\rangle\geqslant 0.\qquad (*)$$

如果 $\boldsymbol{\eta}=\mathbf{0}$,则$|\langle\boldsymbol{\xi},\boldsymbol{\eta}\rangle|^2\leqslant\langle\boldsymbol{\xi},\boldsymbol{\xi}\rangle\langle\boldsymbol{\eta},\boldsymbol{\eta}\rangle$显然成立,因其左、右两边都是 0.

如果 $\boldsymbol{\eta}\neq\mathbf{0}$,则用$\dfrac{\langle\boldsymbol{\xi},\boldsymbol{\eta}\rangle}{\langle\boldsymbol{\eta},\boldsymbol{\eta}\rangle}$代替(*)式中的 λ,并以$\langle\boldsymbol{\eta},\boldsymbol{\eta}\rangle$乘(*)式各边,得

$$\langle\boldsymbol{\xi},\boldsymbol{\xi}\rangle\langle\boldsymbol{\eta},\boldsymbol{\eta}\rangle-\langle\overline{\boldsymbol{\xi},\boldsymbol{\eta}}\rangle\langle\boldsymbol{\xi},\boldsymbol{\eta}\rangle-\langle\boldsymbol{\xi},\boldsymbol{\eta}\rangle\langle\overline{\boldsymbol{\xi},\boldsymbol{\eta}}\rangle+\langle\boldsymbol{\xi},\boldsymbol{\eta}\rangle\langle\overline{\boldsymbol{\xi},\boldsymbol{\eta}}\rangle\geqslant 0,$$

即

$$\langle\boldsymbol{\xi},\boldsymbol{\eta}\rangle\langle\overline{\boldsymbol{\xi},\boldsymbol{\eta}}\rangle\leqslant\langle\boldsymbol{\xi},\boldsymbol{\xi}\rangle\langle\boldsymbol{\eta},\boldsymbol{\eta}\rangle,$$

或

$$|\langle\boldsymbol{\xi},\boldsymbol{\eta}\rangle|^2\leqslant\langle\boldsymbol{\xi},\boldsymbol{\xi}\rangle\langle\boldsymbol{\eta},\boldsymbol{\eta}\rangle.$$

如果 $\boldsymbol{\xi},\boldsymbol{\eta}$ 线性无关,则 $\boldsymbol{\xi}-\lambda\boldsymbol{\eta}\neq\mathbf{0}$,$\langle\boldsymbol{\xi}-\lambda\boldsymbol{\eta},\boldsymbol{\xi}-\lambda\boldsymbol{\eta}\rangle>0$,最后所得应是严格不等式.

如果 $\boldsymbol{\xi},\boldsymbol{\eta}$ 线性相关，设 $\boldsymbol{\xi}=k\boldsymbol{\eta}$，则

$$\begin{aligned}|\langle\boldsymbol{\xi},\boldsymbol{\eta}\rangle|^2&=|\langle k\boldsymbol{\eta},\boldsymbol{\eta}\rangle|^2=|k|^2\langle\boldsymbol{\eta},\boldsymbol{\eta}\rangle^2=k\bar{k}\langle\boldsymbol{\eta},\boldsymbol{\eta}\rangle^2\\&=\langle k\boldsymbol{\eta},k\boldsymbol{\eta}\rangle\langle\boldsymbol{\eta},\boldsymbol{\eta}\rangle=\langle\boldsymbol{\xi},\boldsymbol{\xi}\rangle\langle\boldsymbol{\eta},\boldsymbol{\eta}\rangle.\end{aligned}$$

这样，公式(6)即酉空间柯西-施瓦茨公式得到证明.

(7) 当 $W=\{\mathbf{0}\}$ 时，$W^{\perp}=V$，结论显然成立. 一般地，由于 V 是有限维的，设 $\{\boldsymbol{\alpha}_1,\boldsymbol{\alpha}_2,\cdots,\boldsymbol{\alpha}_s\}$ 是 W 的一个规范正交基，并将它扩充为 V 的一个规范正交基 $\{\boldsymbol{\alpha}_1,\cdots,\boldsymbol{\alpha}_s,\boldsymbol{\alpha}_{s+1},\cdots,\boldsymbol{\alpha}_n\}$. 因为

$$\langle\boldsymbol{\alpha}_i,\boldsymbol{\alpha}_j\rangle=0\quad(i=1,2,\cdots,s;j=s+1,\cdots,n),$$

对于任意 $\boldsymbol{\eta}=\sum_{i=1}^{s}a_i\boldsymbol{\alpha}_i\in W$，有

$$\langle\boldsymbol{\eta},\boldsymbol{\alpha}_j\rangle=0\quad(j=s+1,\cdots,n),$$

所以 $\boldsymbol{\alpha}_j\in W^{\perp}$，从而

$$\mathscr{L}(\boldsymbol{\alpha}_{s+1},\cdots,\boldsymbol{\alpha}_n)\subseteq W^{\perp}.$$

另一方面，若对任意 $\boldsymbol{\xi}=\sum_{m=1}^{n}k_m\boldsymbol{\alpha}_m\in W^{\perp}$，那么

$$k_m=\langle\boldsymbol{\xi},\boldsymbol{\alpha}_m\rangle=0\quad(m=1,2,\cdots,s).$$

因此有
$$\boldsymbol{\xi}=\sum_{m=s+1}^{n}k_m\boldsymbol{\alpha}_m\in\mathscr{L}(\boldsymbol{\alpha}_{s+1},\cdots,\boldsymbol{\alpha}_n),$$

因而
$$W^{\perp}\subseteq\mathscr{L}(\boldsymbol{\alpha}_{s+1},\cdots,\boldsymbol{\alpha}_n).$$

综上所述，得
$$W^{\perp}=\mathscr{L}(\boldsymbol{\alpha}_{s+1},\cdots,\boldsymbol{\alpha}_n).$$

设任意 $\boldsymbol{\eta}\in V$，则

$$\boldsymbol{\eta}=\sum_{i=1}^{s}k_i\boldsymbol{\alpha}_i+\sum_{j=s+1}^{n}k_j\boldsymbol{\alpha}_j=\boldsymbol{\eta}_1+\boldsymbol{\eta}_2,$$

其中 $\boldsymbol{\eta}_1\in W,\boldsymbol{\eta}_2\in W^{\perp}$，所以 $V=W+W^{\perp}$. 又若 $\zeta\in W\cap W^{\perp}$，则 $\langle\zeta,\zeta\rangle=0$，从而 $\zeta=\mathbf{0}$，即 $W\cap W^{\perp}=\{\mathbf{0}\}$，所以 $V=W\oplus W^{\perp}$.

2. 令 V 是一个欧氏空间. 考虑一切"形式和"的集合

$$V^{\mathbf{C}}=\{\boldsymbol{\xi}+\mathrm{i}\boldsymbol{\eta}\mid\boldsymbol{\xi},\boldsymbol{\eta}\in V,\mathrm{i}\in\mathbf{C}\}.$$

在 $V^{\mathbf{C}}$ 中如下定义加法和标量乘法：

$$(\boldsymbol{\xi}_1+\mathrm{i}\boldsymbol{\eta}_1)+(\boldsymbol{\xi}_2+\mathrm{i}\boldsymbol{\eta}_2)=(\boldsymbol{\xi}_1+\boldsymbol{\xi}_2)+\mathrm{i}(\boldsymbol{\eta}_1+\boldsymbol{\eta}_2);$$
$$(a+\mathrm{i}b)(\boldsymbol{\xi}+\mathrm{i}\boldsymbol{\eta})=(a\boldsymbol{\xi}-b\boldsymbol{\eta})+\mathrm{i}(a\boldsymbol{\eta}+b\boldsymbol{\xi}).$$

证明 $V^{\mathbf{C}}$ 是一个复向量空间，再利用 V 的内积 $\langle,\rangle$ 在 $V^{\mathbf{C}}$ 中定义内积：

$$\langle\boldsymbol{\xi}_1+\mathrm{i}\boldsymbol{\eta}_1,\boldsymbol{\xi}_2+\mathrm{i}\boldsymbol{\eta}_2\rangle=\langle\boldsymbol{\xi}_1,\boldsymbol{\xi}_2\rangle+\langle\boldsymbol{\eta}_1,\boldsymbol{\eta}_2\rangle+\mathrm{i}(\langle\boldsymbol{\eta}_1,\boldsymbol{\xi}_2\rangle-\langle\boldsymbol{\xi}_1,\boldsymbol{\eta}_2\rangle),$$

证明 V^C 对于这个内积来说作成一个酉空间(V^C 叫做 V 的复化).

证 先证 V^C 是一个复向量空间.

由于当 $\boldsymbol{\xi},\boldsymbol{\eta},\boldsymbol{\xi}_i,\boldsymbol{\eta}_i\in V,a,b\in\mathbf{R}$ 时,$\boldsymbol{\xi}_1+\boldsymbol{\xi}_2,\boldsymbol{\eta}_1+\boldsymbol{\eta}_2,a\boldsymbol{\xi}-b\boldsymbol{\eta},a\boldsymbol{\eta}-b\boldsymbol{\xi}$ 都属于 V,故有

1° $(\boldsymbol{\xi}_1+\mathrm{i}\boldsymbol{\eta}_1)+(\boldsymbol{\xi}_i+\mathrm{i}\boldsymbol{\eta}_2)=(\boldsymbol{\xi}_1+\boldsymbol{\xi}_2)+\mathrm{i}(\boldsymbol{\eta}_1+\boldsymbol{\eta}_2)\in V^C$;

2° $(a+\mathrm{i}b)(\boldsymbol{\xi}+\mathrm{i}\boldsymbol{\eta})=(a\boldsymbol{\xi}-b\boldsymbol{\eta})+\mathrm{i}(a\boldsymbol{\eta}+b\boldsymbol{\xi})\in V^C$.

又不难验证 1°,2°给出的 V^C 中的向量加法和标量与向量的乘法满足 3°(见教材 6.1 节)中各算律,例如,V^C 中有零向量 $0+\mathrm{i}0$,即

$$1(\boldsymbol{\xi}+\mathrm{i}\boldsymbol{\eta})=(1+\mathrm{i}0)(\boldsymbol{\xi}+\mathrm{i}\boldsymbol{\eta})=(1\boldsymbol{\xi}-0\boldsymbol{\eta})+\mathrm{i}(1\boldsymbol{\eta}+0\boldsymbol{\xi})=\boldsymbol{\xi}+\mathrm{i}\boldsymbol{\eta}$$

等,故 V^C 构成一个向量空间.因为 $\boldsymbol{\xi}+\mathrm{i}\boldsymbol{\eta}$ 含复向量,故称 V^C 为复向量空间.

下证 V^C 对于所定义的内积是酉空间,只要证明教材 8.5 节定义 1 之条件 1)～4)都能满足即可.先证条件 1):

由 V^C 中内积的定义及 V 中内积的性质可知,

$$\begin{aligned}\langle\boldsymbol{\xi}_2+\mathrm{i}\boldsymbol{\eta}_2,\boldsymbol{\xi}_1+\mathrm{i}\boldsymbol{\eta}_1\rangle&=\langle\boldsymbol{\xi}_2,\boldsymbol{\xi}_1\rangle+\langle\boldsymbol{\eta}_2,\boldsymbol{\eta}_1\rangle+\mathrm{i}(\langle\boldsymbol{\eta}_2,\boldsymbol{\xi}_1\rangle-\langle\boldsymbol{\xi}_2,\boldsymbol{\eta}_1\rangle)\\&=\langle\boldsymbol{\xi}_1,\boldsymbol{\xi}_2\rangle+\langle\boldsymbol{\eta}_1,\boldsymbol{\eta}_2\rangle-\mathrm{i}(\langle\boldsymbol{\eta}_1,\boldsymbol{\xi}_2\rangle-\langle\boldsymbol{\xi}_1,\boldsymbol{\eta}_2\rangle)\\&=\overline{\langle\boldsymbol{\xi}_1+\mathrm{i}\boldsymbol{\eta}_1,\boldsymbol{\xi}_2+\mathrm{i}\boldsymbol{\eta}_2\rangle}.\end{aligned}$$

这就证明了 V^C 中内积满足教材 8.5 节定义 1 之条件 1).其他条件也都可以得到验证,例如 4),即

$$\langle\boldsymbol{\xi}+\mathrm{i}\boldsymbol{\eta},\boldsymbol{\xi}+\mathrm{i}\boldsymbol{\eta}\rangle=\langle\boldsymbol{\xi},\boldsymbol{\xi}\rangle+\langle\boldsymbol{\eta},\boldsymbol{\eta}\rangle+\mathrm{i}(\langle\boldsymbol{\eta},\boldsymbol{\xi}\rangle-\langle\boldsymbol{\xi},\boldsymbol{\eta}\rangle)=\langle\boldsymbol{\xi},\boldsymbol{\xi}\rangle+\langle\boldsymbol{\eta},\boldsymbol{\eta}\rangle\geqslant0.$$

如果 $\boldsymbol{\xi}+\mathrm{i}\boldsymbol{\eta}\neq\mathbf{0}$,即 $\boldsymbol{\xi},\boldsymbol{\eta}$ 不同时为零向量,则显然有 $\langle\boldsymbol{\xi}+\mathrm{i}\boldsymbol{\eta},\boldsymbol{\xi}+\mathrm{i}\boldsymbol{\eta}\rangle>0$.因此 V^C 对所定义的内积构成酉空间.

3. 证明:

(i) 两个酉矩阵的乘积仍是酉矩阵,酉矩阵的逆和转置都是酉矩阵;

(ii) 酉矩阵的行列式的模等于 1.

证 (i) 设 $\boldsymbol{U}_1,\boldsymbol{U}_2$ 都是酉矩阵,那么

$$\boldsymbol{U}_1\overline{\boldsymbol{U}}_1'=\overline{\boldsymbol{U}}_1'\boldsymbol{U}=\boldsymbol{I},\quad \boldsymbol{U}_2\overline{\boldsymbol{U}}_2'=\overline{\boldsymbol{U}}_2'\boldsymbol{U}_2=\boldsymbol{I},$$

从而 $$(\boldsymbol{U}_1\boldsymbol{U}_2)(\overline{\boldsymbol{U}_1\boldsymbol{U}_2})'=(\boldsymbol{U}_1\boldsymbol{U}_2)(\overline{\boldsymbol{U}}_1\overline{\boldsymbol{U}}_2)'=\boldsymbol{U}_1(\boldsymbol{U}_2\overline{\boldsymbol{U}}_2')\overline{\boldsymbol{U}}_1'=\boldsymbol{I},$$

$$(\overline{\boldsymbol{U}_1\boldsymbol{U}_2})'(\boldsymbol{U}_1\boldsymbol{U}_2)=(\overline{\boldsymbol{U}}_1\overline{\boldsymbol{U}}_2)'(\boldsymbol{U}_1\boldsymbol{U}_2)=\overline{\boldsymbol{U}}_2'(\overline{\boldsymbol{U}}_1'\boldsymbol{U}_1)\boldsymbol{U}_2=\boldsymbol{I}.$$

可见,两酉矩阵的乘积仍是酉矩阵.

又由于 $\boldsymbol{U}$ 矩阵的逆矩阵 $\boldsymbol{U}^{-1}=\overline{\boldsymbol{U}}'$,于是

$$\overline{\boldsymbol{U}^{-1}}'=\overline{\overline{\boldsymbol{U}}'}'=\boldsymbol{U}.$$

所以 $U^{-1}\cdot\overline{U^{-1}}'=\bar{U}'\cdot U=I,\quad \overline{U^{-1}}'\cdot U^{-1}=U\bar{U}'=I,$

从而 $U^{-1}=\bar{U}'$ 是酉矩阵.

最后，$U'\overline{U'}'=(\bar{U}'U)'=I'=I,\overline{U'}'U'=(U\bar{U}')'=I'=I.$

综上所述，U' 也是酉矩阵.

(ii) $|\det U|^2=\det U\cdot\overline{\det U}=\det U\cdot\det\bar{U}=\det U\cdot\det\bar{U}'$
$=\det U\bar{U}'=\det I=1,$

所以 $$|\det U|=1.$$

4. 试举一个非实的酉矩阵的例子.

解　取
$$U=\begin{pmatrix}0&0&\mathrm{i}\\0&1&0\\1&0&0\end{pmatrix},$$

则有
$$U\bar{U}'=\begin{pmatrix}0&0&\mathrm{i}\\0&1&0\\1&0&0\end{pmatrix}\begin{pmatrix}0&0&1\\0&1&0\\-\mathrm{i}&0&0\end{pmatrix}=\begin{pmatrix}1&0&0\\0&1&0\\0&0&1\end{pmatrix}=I.$$

同样，$\bar{U}'U=I$，故所取矩阵 U 是非实的酉矩阵.

5. 证明教材中定理 8.5.1.

证　设$\{\boldsymbol{\alpha}_1,\boldsymbol{\alpha}_2,\cdots,\boldsymbol{\alpha}_n\}$和$\{\boldsymbol{\beta}_1,\boldsymbol{\beta}_2,\cdots,\boldsymbol{\beta}_n\}$是 n 维酉空间 V 的两个规范正交基，而 $U=(u_{ij})_{n\times n}$ 是过渡矩阵，那么
$$\boldsymbol{\beta}_i=\sum_{k=1}^n u_{ki}\boldsymbol{\alpha}_k\quad(1\leqslant i\leqslant n),$$

并且
$$\langle\boldsymbol{\beta}_i,\boldsymbol{\beta}_j\rangle=\begin{cases}1&(i=j),\\0&(i\neq j).\end{cases}$$

另一方面，因为$\{\boldsymbol{\alpha}_1,\boldsymbol{\alpha}_2,\cdots,\boldsymbol{\alpha}_n\}$也是规范正交基，所以
$$\langle\boldsymbol{\beta}_i,\boldsymbol{\beta}_j\rangle=\left\langle\sum_{k=1}^n u_{ki}\boldsymbol{\alpha}_k,\sum_{l=1}^n u_{lj}\boldsymbol{\alpha}_l\right\rangle=\sum_{k=1}^n\sum_{l=1}^n u_{ki}\bar{u}_{lj}\langle\boldsymbol{\alpha}_k,\boldsymbol{\alpha}_l\rangle=\sum_{k=1}^n u_{ki}\bar{u}_{kj}.$$

从而有
$$\sum_{k=1}^n u_{ki}\bar{u}_{kj}=\begin{cases}1&(i=j),\\0&(i\neq j),\end{cases}$$

即
$$\bar{U}'U=U\bar{U}'=I.$$

从而证明了定理 8.5.1，即 n 维酉空间一个规范正交基到另一个规范正交基的过渡矩阵是酉矩阵.

8.6　酉变换和对称变换

1. 证明：酉矩阵的特征根的模是 1.

证　设 λ 是酉矩阵 $\boldsymbol{U}$ 的一个特征根，$\boldsymbol{\xi}$ 是 $\boldsymbol{U}$ 的属于 λ 的特征向量，则 $\boldsymbol{U\xi}=\lambda\boldsymbol{\xi}$. 于是 $\overline{\boldsymbol{\xi}}'\overline{\boldsymbol{U}}'=\overline{\lambda}\,\overline{\boldsymbol{\xi}}'$，并且

$$\overline{\boldsymbol{\xi}}'\overline{\boldsymbol{U}}'\boldsymbol{U\xi}=\lambda\overline{\lambda}\,\overline{\boldsymbol{\xi}}'\boldsymbol{\xi}=|\lambda|^2\,\overline{\boldsymbol{\xi}}'\boldsymbol{\xi}.$$

注意到 $\overline{\boldsymbol{U}}'\boldsymbol{U}=\boldsymbol{I}$，即得

$$\overline{\boldsymbol{\xi}}'\boldsymbol{\xi}=|\lambda|^2\,\overline{\boldsymbol{\xi}}'\boldsymbol{\xi}\quad 或\quad (|\lambda|^2-1)\overline{\boldsymbol{\xi}}'\boldsymbol{\xi}=0.$$

由于 $\boldsymbol{\xi}\neq\boldsymbol{0}$，$\overline{\boldsymbol{\xi}}'\boldsymbol{\xi}\neq 0$，所以 $|\lambda|^2-1=0$，从而 $|\lambda|=1$.

2. 证明教材中定理 8.6.1～8.6.5.

(1) 定理 8.6.1 的证明.

设 σ 是 n 维酉空间 V 的一个线性变换，而 $\{\boldsymbol{\alpha}_1,\boldsymbol{\alpha}_2,\cdots,\boldsymbol{\alpha}_n\}$ 是 V 的一个规范正交基. 如果 σ 是酉变换，那么，由教材 8.6 节中定义 1，有

$$\langle\sigma(\boldsymbol{\alpha}_i),\sigma(\boldsymbol{\alpha}_j)\rangle=\langle\boldsymbol{\alpha}_i,\boldsymbol{\alpha}_j\rangle=\begin{cases}1 & (i=j),\\ 0 & (i\neq j),\end{cases}$$

因此，$\{\sigma(\boldsymbol{\alpha}_1),\sigma(\boldsymbol{\alpha}_2),\cdots,\sigma(\boldsymbol{\alpha}_n)\}$ 也是 V 的一个规范正交基.

反之，若 σ 把 V 的某一规范正交基 $\{\boldsymbol{\alpha}_1,\boldsymbol{\alpha}_2,\cdots,\boldsymbol{\alpha}_n\}$ 变成规范正交基 $\{\sigma(\boldsymbol{\alpha}_1),\sigma(\boldsymbol{\alpha}_2),\cdots,\sigma(\boldsymbol{\alpha}_n)\}$，令

$$\boldsymbol{\xi}=\sum_{i=1}^n a_i\boldsymbol{\alpha}_i\in V,\quad \boldsymbol{\eta}=\sum_{j=1}^n b_j\boldsymbol{\alpha}_j\in V,$$

则有

$$\langle\sigma(\boldsymbol{\xi}),\sigma(\boldsymbol{\eta})\rangle=\left\langle\sum_{i=1}^n a_i\sigma(\boldsymbol{\alpha}_i),\sum_{j=1}^n b_j\sigma(\boldsymbol{\alpha}_j)\right\rangle=\sum_{i=1}^n\sum_{j=1}^n a_i\overline{b}_j\langle\sigma(\boldsymbol{\alpha}_i),\sigma(\boldsymbol{\alpha}_j)\rangle$$
$$=\sum_{i=1}^n a_i\overline{b}_i=\langle\boldsymbol{\xi},\boldsymbol{\eta}\rangle.$$

由教材 8.6 节定义 1 知，σ 是一个酉变换.

(2) 定理 8.6.2 的证明.

设 σ 是 n 维酉空间 V 的酉变换，$\{\boldsymbol{\alpha}_1,\boldsymbol{\alpha}_2,\cdots,\boldsymbol{\alpha}_n\}$ 是 V 的任一规范正交基，σ 在此基下的矩阵为 $\boldsymbol{U}=(u_{ij})_{n\times n}$，即

$$(\sigma(\boldsymbol{\alpha}_1),\sigma(\boldsymbol{\alpha}_2),\cdots,\sigma(\boldsymbol{\alpha}_n))=(\boldsymbol{\alpha}_1,\boldsymbol{\alpha}_2,\cdots,\boldsymbol{\alpha}_n)\boldsymbol{U}.$$

由定理 8.6.1 可知，$\{\sigma(\boldsymbol{\alpha}_1),\sigma(\boldsymbol{\alpha}_2),\cdots,\sigma(\boldsymbol{\alpha}_n)\}$ 也是 V 的规范正交基，从而

$$\langle\sigma(\boldsymbol{\alpha}_i),\sigma(\boldsymbol{\alpha}_j)\rangle=\begin{cases}1 & (i=j),\\ 0 & (i\neq j),\end{cases}$$

即　$$\left\langle\sum_{k=1}^n u_{ki}\boldsymbol{\alpha}_k,\sum_{l=1}^n u_{lj}\boldsymbol{\alpha}_l\right\rangle=\sum_{k=1}^n\sum_{l=1}^n u_{ki}\overline{u}_{lj}\langle\boldsymbol{\alpha}_k,\boldsymbol{\alpha}_l\rangle=\sum_{k=1}^n u_{ki}\overline{u}_{kj}$$

$$= \begin{cases} 1 & (i=j), \\ 0 & (i \neq j), \end{cases} \quad \left(或 \sum_{k=1}^{n} \bar{u}_{ki} u_{kj} = \begin{cases} 1 & (i=j) \\ 0 & (i \neq j) \end{cases} \right)$$

因此 U 满足 $\bar{U}'U = U\bar{U}' = I$，即 U 是酉矩阵.

反之，若 σ 在某一规范正交基 $\{\boldsymbol{\alpha}_1, \boldsymbol{\alpha}_2, \cdots, \boldsymbol{\alpha}_n\}$ 下的矩阵 U 是酉矩阵，那么

$$\langle \sigma(\boldsymbol{\alpha}_i), \sigma(\boldsymbol{\alpha}_j) \rangle = \left\langle \sum_{k=1}^{n} u_{ki} \boldsymbol{\alpha}_k, \sum_{l=1}^{n} u_{lj} \boldsymbol{\alpha}_l \right\rangle = \sum_{k=1}^{n} \sum_{l=1}^{n} u_{ki} \bar{u}_{lj} \langle \boldsymbol{\alpha}_k, \boldsymbol{\alpha}_l \rangle$$

$$= \sum_{k=1}^{n} u_{ki} \bar{u}_{kj} = \begin{cases} 1 & (i=j), \\ 0 & (i \neq j). \end{cases}$$

因此 $\{\sigma(\boldsymbol{\alpha}_1), \sigma(\boldsymbol{\alpha}_2), \cdots, \sigma(\boldsymbol{\alpha}_n)\}$ 也是规范正交基. 由定理 8.6.1 可知，σ 是酉变换.

(3) 定理 8.6.3 的证明.

设 σ 是 n 维酉空间 V 的一个线性变换，且为对称变换，$\{\boldsymbol{\alpha}_1, \boldsymbol{\alpha}_2, \cdots, \boldsymbol{\alpha}_n\}$ 是 V 的一个规范正交基，σ 在此基下的矩阵为 $\boldsymbol{H} = (h_{ij})_{n \times n}$，即

$$(\sigma(\boldsymbol{\alpha}_1), \sigma(\boldsymbol{\alpha}_2), \cdots, \sigma(\boldsymbol{\alpha}_n)) = (\boldsymbol{\alpha}_1, \boldsymbol{\alpha}_2, \cdots, \boldsymbol{\alpha}_n)\boldsymbol{H}.$$

由于 $\langle \sigma(\boldsymbol{\xi}), \boldsymbol{\eta} \rangle = \langle \boldsymbol{\xi}, \sigma(\boldsymbol{\eta}) \rangle$，而

$$\langle \sigma(\boldsymbol{\alpha}_i), \boldsymbol{\alpha}_j \rangle = \left\langle \sum_{k=1}^{n} h_{ki} \boldsymbol{\alpha}_k, \boldsymbol{\alpha}_j \right\rangle = h_{ji},$$

$$\langle \boldsymbol{\alpha}_i, \sigma(\boldsymbol{\alpha}_j) \rangle = \left\langle \boldsymbol{\alpha}_i, \sum_{k=1}^{n} h_{kj} \boldsymbol{\alpha}_k \right\rangle = \bar{h}_{ij} \quad (i, j = 1, 2, \cdots, n),$$

所以 $h_{ji} = \langle \sigma(\boldsymbol{\alpha}_i), \boldsymbol{\alpha}_j \rangle = \langle \boldsymbol{\alpha}_i, \sigma(\boldsymbol{\alpha}_j) \rangle = \bar{h}_{ij}$，从而知 $\bar{\boldsymbol{H}}' = \boldsymbol{H}$，即 $\boldsymbol{H}$ 是埃米特矩阵.

反之，若 σ 在某一个规范正交基 $\{\boldsymbol{\alpha}_1, \boldsymbol{\alpha}_2, \cdots, \boldsymbol{\alpha}_n\}$ 下的矩阵 $\boldsymbol{H} = (h_{ij})_{n \times n}$ 是埃米特矩阵，即有 $h_{ji} = \bar{h}_{ij}\,(i, j = 1, 2, \cdots, n)$，那么对于任意 $\boldsymbol{\xi} = \sum_{i=1}^{n} a_i \boldsymbol{\alpha}_i$，$\boldsymbol{\eta} = \sum_{j=1}^{n} b_j \boldsymbol{\alpha}_j \in V$，有

$$\langle \sigma(\boldsymbol{\xi}), \boldsymbol{\eta} \rangle = \left\langle \sum_{i=1}^{n} a_i \sigma(\boldsymbol{\alpha}_i), \sum_{j=1}^{n} b_j \boldsymbol{\alpha}_j \right\rangle = \left\langle \sum_{i=1}^{n} a_i \left(\sum_{k=1}^{n} h_{ki} \boldsymbol{\alpha}_k \right), \sum_{j=1}^{n} b_j \boldsymbol{\alpha}_j \right\rangle$$

$$= \left\langle \sum_{k=1}^{n} \left(\sum_{i=1}^{n} h_{ki} a_i \right) \boldsymbol{\alpha}_k, \sum_{j=1}^{n} b_j \boldsymbol{\alpha}_j \right\rangle = \sum_{j=1}^{n} \sum_{i=1}^{n} h_{ji} a_i \bar{b}_j,$$

$$\langle \boldsymbol{\xi}, \sigma(\boldsymbol{\eta}) \rangle = \left\langle \sum_{i=1}^{n} a_i \boldsymbol{\alpha}_i, \sum_{j=1}^{n} b_j \sigma(\boldsymbol{\alpha}_j) \right\rangle = \left\langle \sum_{i=1}^{n} a_i \boldsymbol{\alpha}_i, \sum_{j=1}^{n} b_j \left(\sum_{k=1}^{n} h_{kj} \boldsymbol{\alpha}_k \right) \right\rangle$$

$$= \left\langle \sum_{i=1}^{n} a_i \boldsymbol{\alpha}_i, \sum_{k=1}^{n} \left(\sum_{j=1}^{n} h_{kj} b_j \right) \boldsymbol{\alpha}_k \right\rangle = \sum_{i=1}^{n} \sum_{j=1}^{n} \bar{h}_{ij} a_i \bar{b}_j.$$

由于 $h_{ji}=\bar{h}_{ij}$，所以 $\langle\sigma(\boldsymbol{\xi}),\boldsymbol{\eta}\rangle=\langle\boldsymbol{\xi},\sigma(\boldsymbol{\eta})\rangle$，从而知 σ 是对称变换.

(4) 定理 8.6.4 的证明.

(i) 教材已证，略.

(ii) 设 λ,μ 是 σ 的不同的本征值（根据定理 8.6.4(i)，λ,μ 均为实数），$\boldsymbol{\xi}$，$\boldsymbol{\eta}$ 是 σ 的分别属于 λ,μ 的特征向量. 于是

$$\langle\sigma(\boldsymbol{\xi}),\boldsymbol{\eta}\rangle=\langle\lambda\boldsymbol{\xi},\boldsymbol{\eta}\rangle=\lambda\langle\boldsymbol{\xi},\boldsymbol{\eta}\rangle,$$

$$\langle\boldsymbol{\xi},\sigma(\boldsymbol{\eta})\rangle=\langle\boldsymbol{\xi},\mu\boldsymbol{\eta}\rangle=\bar{\mu}\langle\boldsymbol{\xi},\boldsymbol{\eta}\rangle=\mu\langle\boldsymbol{\xi},\boldsymbol{\eta}\rangle.$$

因为 σ 是对称变换，$\langle\sigma(\boldsymbol{\xi}),\boldsymbol{\eta}\rangle=\langle\boldsymbol{\xi},\sigma(\eta)\rangle$，所以

$$\lambda\langle\boldsymbol{\xi},\boldsymbol{\eta}\rangle=\mu\langle\boldsymbol{\xi},\boldsymbol{\eta}\rangle \quad 或 \quad (\lambda-\mu)\langle\boldsymbol{\xi},\boldsymbol{\eta}\rangle=0,$$

但 $\lambda-\mu\neq0$，故 $\langle\boldsymbol{\xi},\boldsymbol{\eta}\rangle=0$，即 $\boldsymbol{\xi},\boldsymbol{\eta}$ 正交.

(iii) 对 n 用数学归纳法.

当 $n=1$ 时，对称变换 σ 在某规范正交基下的矩阵是一阶的. 因有实特征根，故为实对角形阵.

设 $n>1$ 并假设对于 $n-1$ 维酉空间的对称变换来说结论成立. 现设 σ 是 n 维酉空间 V 的一个对称变换，由本定理(i)知，σ 的本征值都是实数. 令 λ 是 σ 的一个本征值，$\boldsymbol{\alpha}_1$ 是 σ 属于 λ 的一个本征向量，并且是单位向量：

$$\sigma(\boldsymbol{\alpha}_1)=\lambda\boldsymbol{\alpha}_1,\quad |\boldsymbol{\alpha}_1|=1.$$

令 $W=\mathscr{L}(\boldsymbol{\alpha}_1)$ 是 $\boldsymbol{\alpha}_1$ 生成的一维子空间，显然 W 在 σ 之下不变. 由教材 8.5 节公式(7)可知，存在 $W^{\perp}$，使

$$V=W\oplus W^{\perp}.$$

易见 $W^{\perp}$ 也在 σ 之下不变. 事实上，设 $\boldsymbol{\xi}\in W^{\perp}$，对任意 $\boldsymbol{\eta}\in W$，因 W 在 σ 之下不变，$\sigma(\boldsymbol{\eta})\in W$，从而有 $\langle\sigma(\boldsymbol{\xi}),\boldsymbol{\eta}\rangle=\langle\boldsymbol{\xi},\sigma(\boldsymbol{\eta})\rangle=0$，所以 $\sigma(\boldsymbol{\xi})\in W^{\perp}$.

由于 σ 在 $W^{\perp}$ 上的限制 $\sigma|W^{\perp}$ 是 $W^{\perp}$ 的对称变换，并且 $\sigma|W^{\perp}$ 的本征值都是 σ 的本征值，又 $\dim W^{\perp}=n-1$，故由归纳法假设可知，存在 $W^{\perp}$ 的一个规范正交基 $\boldsymbol{\alpha}_2,\boldsymbol{\alpha}_3,\cdots,\boldsymbol{\alpha}_n$，使 $\sigma|W^{\perp}$ 关于这个基的矩阵是实对角形. 而 $\boldsymbol{\alpha}_1$，$\boldsymbol{\alpha}_2,\cdots,\boldsymbol{\alpha}_n$ 就是 V 的一个规范正交基，σ 关于这个基的矩阵就是实对角形式.

(5) 定理 8.6.5 的证明.

n 阶埃米特矩阵 $\boldsymbol{H}$ 可看做是 n 维酉空间 V 中对称变换 σ 在某个规范正交基 $\{\boldsymbol{\alpha}_1,\boldsymbol{\alpha}_2,\cdots,\boldsymbol{\alpha}_n\}$ 下的矩阵，即

$$\sigma(\boldsymbol{\alpha}_1,\boldsymbol{\alpha}_2,\cdots,\boldsymbol{\alpha}_n)=(\boldsymbol{\alpha}_1,\boldsymbol{\alpha}_2,\cdots,\boldsymbol{\alpha}_n)\boldsymbol{H}.$$

又由定理 8.6.4 知，对同一对称变换 σ，存在 V 的一个规范正交基 $\{\boldsymbol{\beta}_1,\boldsymbol{\beta}_2,\cdots,\boldsymbol{\beta}_n\}$，使得 σ 在这个基下的矩阵是实对角形矩阵 $\boldsymbol{T}$，即

$$\sigma(\boldsymbol{\beta}_1,\boldsymbol{\beta}_2,\cdots,\boldsymbol{\beta}_n)=(\boldsymbol{\beta}_1,\boldsymbol{\beta}_2,\cdots,\boldsymbol{\beta})\boldsymbol{T},$$

从而 $\boldsymbol{H}$ 与 $\boldsymbol{T}$ 相似. 根据定理 8.5.1,可设由基$\{\boldsymbol{\alpha}_1,\boldsymbol{\alpha}_2,\cdots,\boldsymbol{\alpha}_n\}$到基$\{\boldsymbol{\beta}_1,\boldsymbol{\beta}_2,\cdots,\boldsymbol{\beta}_n\}$的过渡矩阵是酉矩阵 $\boldsymbol{U}$,即

$$(\boldsymbol{\beta}_1,\boldsymbol{\beta}_2,\cdots,\boldsymbol{\beta}_n)=(\boldsymbol{\alpha}_1,\boldsymbol{\alpha}_2,\cdots,\boldsymbol{\alpha}_n)\boldsymbol{U},$$

于是有 $\boldsymbol{U}^{-1}\boldsymbol{H}\boldsymbol{U}=\overline{\boldsymbol{U}}'\boldsymbol{H}\boldsymbol{U}=\boldsymbol{T}$ 为实对角形式. 故定理得证.

3. 设 $\boldsymbol{A}$ 是一个酉矩阵,证明:存在一个酉矩阵 $\boldsymbol{U}$,使得 $\overline{\boldsymbol{U}}'\boldsymbol{A}\boldsymbol{U}$ 是对角形.

证　设酉矩阵 $\boldsymbol{A}=(a_{ij})$是 n 维酉空间 V 中酉变换 σ 在某规范正交基$\{\boldsymbol{\alpha}_1,\boldsymbol{\alpha}_2,\cdots,\boldsymbol{\alpha}_n\}$下的矩阵,即

$$\sigma(\boldsymbol{\alpha}_1,\boldsymbol{\alpha}_2,\cdots,\boldsymbol{\alpha}_n)=(\boldsymbol{\alpha}_1,\boldsymbol{\alpha}_2,\cdots,\boldsymbol{\alpha}_n)\boldsymbol{A},$$

则 $\overline{\boldsymbol{A}}'=\boldsymbol{A}^{-1}$ 也是酉矩阵,它在 V 中同一规范正交基下对应着 σ 的逆变换 σ^{-1},即

$$\sigma^{-1}(\boldsymbol{\alpha}_1,\boldsymbol{\alpha}_2,\cdots,\boldsymbol{\alpha}_n)=(\boldsymbol{\alpha}_1,\boldsymbol{\alpha}_2,\cdots,\boldsymbol{\alpha}_n)\overline{\boldsymbol{A}}'.$$

由此不难证明:

① 对任意 $\boldsymbol{\xi},\boldsymbol{\eta}\in V$,有

$$\langle\sigma(\boldsymbol{\xi}),\boldsymbol{\eta}\rangle=\langle\boldsymbol{\xi},\sigma^{-1}(\boldsymbol{\eta})\rangle \quad 或 \quad \langle\sigma^{-1}(\boldsymbol{\eta}),\boldsymbol{\xi}\rangle=\langle\boldsymbol{\eta},\sigma(\boldsymbol{\xi})\rangle;$$

② 若 $\boldsymbol{\xi}\in V$ 且 $\boldsymbol{\xi}\neq\boldsymbol{0}$,则

$$\sigma(\boldsymbol{\xi})=\lambda\boldsymbol{\xi}\Leftrightarrow\sigma^{-1}(\boldsymbol{\xi})=\bar{\lambda}\boldsymbol{\xi}.$$

事实上,对任意 $\boldsymbol{\xi}=\sum\limits_{i=1}^{n}x_i\boldsymbol{\alpha}_i,\boldsymbol{\eta}=\sum\limits_{j=1}^{n}y_j\boldsymbol{\alpha}_j\in V$,有

$$\begin{aligned}\langle\sigma(\boldsymbol{\xi}),\boldsymbol{\eta}\rangle&=\left\langle\sum_{i=1}^{n}x_i\left(\sum_{k=1}^{n}a_{ki}\boldsymbol{\alpha}_k\right),\sum_{j=1}^{n}y_j\boldsymbol{\alpha}_j\right\rangle=\left\langle\sum_{k=1}^{n}\left(\sum_{i=1}^{n}a_{ki}x_i\right)\boldsymbol{\alpha}_k,\sum_{j=1}^{n}y_j\boldsymbol{\alpha}_j\right\rangle\\&=\sum_{j=1}^{n}\sum_{i=1}^{n}a_{ji}x_i\bar{y}_j,\end{aligned}$$

$$\begin{aligned}\langle\boldsymbol{\xi},\sigma^{-1}(\boldsymbol{\eta})\rangle&=\left\langle\sum_{i=1}^{n}x_i\boldsymbol{\alpha}_i,\sum_{j=1}^{n}y_j\left(\sum_{l=1}^{n}\bar{a}_{jl}\boldsymbol{\alpha}_l\right)\right\rangle=\left\langle\sum_{i=1}^{n}x_i\boldsymbol{\alpha}_i,\sum_{l=1}^{n}\left(\sum_{j=1}^{n}\bar{a}_{jl}y_j\right)\boldsymbol{\alpha}_l\right\rangle\\&=\sum_{i=1}^{n}\sum_{j=1}^{n}a_{ji}x_i\bar{y}_j,\end{aligned}$$

所以$\langle\sigma(\boldsymbol{\xi}),\boldsymbol{\eta}\rangle=\langle\boldsymbol{\xi},\sigma^{-1}(\boldsymbol{\eta})\rangle$. 两边取共轭,得

$$\langle\sigma^{-1}(\boldsymbol{\eta}),\boldsymbol{\xi}\rangle=\langle\boldsymbol{\eta},\sigma(\boldsymbol{\xi})\rangle.$$

又若 $\boldsymbol{\xi}$ 是 $\boldsymbol{A}$ 的属于特征根 λ 的特征向量,则 $\boldsymbol{A}\boldsymbol{\xi}=\lambda\boldsymbol{\xi},\boldsymbol{\xi}\neq\boldsymbol{0}$ 且 $|\lambda|=1$(参见本节习题 1),所以

$$\boldsymbol{\xi}=\overline{\boldsymbol{A}}'\boldsymbol{A}\boldsymbol{\xi}=\lambda\overline{\boldsymbol{A}}'\boldsymbol{\xi} \quad 或 \quad \overline{\boldsymbol{A}}'\boldsymbol{\xi}=\frac{1}{\lambda}\boldsymbol{\xi}=\frac{1}{|\lambda|^2}\cdot\bar{\lambda}\boldsymbol{\xi}=\bar{\lambda}\boldsymbol{\xi}.$$

其等价说法是若 σ 是酉变换，且 $\boldsymbol{\xi}\neq\mathbf{0}$，则 $\sigma(\boldsymbol{\xi})=\lambda\boldsymbol{\xi}$ 当且仅当 $\sigma^{-1}(\boldsymbol{\xi})=\bar{\lambda}\boldsymbol{\xi}$.

下面对维数 n 用数学归纳法证明：n 维酉空间 V 存在规范正交基 $\{\boldsymbol{\xi}_1,\boldsymbol{\xi}_2,\cdots,\boldsymbol{\xi}_n\}$，使 σ 在该基下的矩阵为对角形.

当 $n=1$ 时，矩阵是一阶的，为对角形，结论显然成立.

现设 $n>1$，且 $\dim V=n-1$ 时结论成立. 任取 V 中属于 σ 的本征值 λ 的一个单位本征向量 $\boldsymbol{\xi}_1$，记 $\boldsymbol{\xi}_1$ 生成的一维子空间为 $W=\mathscr{L}(\boldsymbol{\xi}_1)$，则 W 在 σ 之下不变. 又由教材 8.5 节知，$V=W\oplus W^{\perp}$. 由于对任意 $\zeta=k\boldsymbol{\xi}_1\in W$，$\boldsymbol{\eta}\in W^{\perp}$，有

$$\begin{aligned}\langle\zeta,\sigma(\boldsymbol{\eta})\rangle&=\langle\sigma^{-1}(\zeta),\boldsymbol{\eta}\rangle=\langle\sigma^{-1}(k\boldsymbol{\xi}_1),\boldsymbol{\eta}\rangle\\&=\langle k\bar{\lambda}\boldsymbol{\xi}_1,\boldsymbol{\eta}\rangle=\bar{\lambda}\langle\zeta,\boldsymbol{\eta}\rangle=0,\end{aligned}$$

故 $\sigma(\boldsymbol{\eta})\in W^{\perp}$，$W^{\perp}$ 也是 σ 的不变子空间.

因为 $\dim W^{\perp}=n-1$ 且 σ 在 $W^{\perp}$ 上的限制 $\sigma|_{W^{\perp}}$ 也是酉变换，由归纳假设可知，$W^{\perp}$ 中存在规范正交基 $\{\boldsymbol{\xi}_2,\boldsymbol{\xi}_3,\cdots,\boldsymbol{\xi}_n\}$ 使 $\sigma|_{W^{\perp}}$ 的矩阵为对角形. 注意 $\sigma|_{W^{\perp}}$ 在 $W^{\perp}$ 中的本征值和本征向量都是 σ 在 V 中的本征值和本征向量，于是合并后的 $\{\boldsymbol{\xi}_1,\boldsymbol{\xi}_2,\cdots,\boldsymbol{\xi}_n\}$ 成为 V 的规范正交基，而 σ 在此基下的矩阵 $\boldsymbol{B}$ 是对角形的.

设由规范正交基 $\{\boldsymbol{\alpha}_1,\boldsymbol{\alpha}_2,\cdots,\boldsymbol{\alpha}_n\}$ 到 $\{\boldsymbol{\xi}_1,\boldsymbol{\xi}_2,\cdots,\boldsymbol{\xi}_n\}$ 的过渡矩阵为 $\boldsymbol{U}$，则 $\boldsymbol{U}$ 是酉矩阵，于是 $\boldsymbol{U}^{-1}\boldsymbol{A}\boldsymbol{U}=\bar{\boldsymbol{U}}'\boldsymbol{A}\boldsymbol{U}=\boldsymbol{B}$ 是对角形. 问题得证.

补充讨论

部分习题其他解法或补充说明.

1.“8.1 节 向量的内积”的又一证明.

证 由定理 8.1.1 知，在欧氏空间里，对于任意向量 $\boldsymbol{\xi},\boldsymbol{\eta}$，有不等式

$$\langle\boldsymbol{\xi},\boldsymbol{\eta}\rangle^2\leqslant\langle\boldsymbol{\xi},\boldsymbol{\xi}\rangle\langle\boldsymbol{\eta},\boldsymbol{\eta}\rangle.$$

若取欧氏空间为 $\mathbf{R}^n$，$\boldsymbol{\xi}=(1,1,\cdots,1)$，$\boldsymbol{\eta}=(|a_1|,|a_2|,\cdots,|a_n|)$，则

$$\langle\boldsymbol{\xi},\boldsymbol{\eta}\rangle=1\cdot|a_1|+1\cdot|a_2|+\cdots+1\cdot|a_n|=\sum_{i=1}^{n}|a_i|,$$

$$\langle\boldsymbol{\xi},\boldsymbol{\xi}\rangle=1\times1+1\times1+\cdots+1\times1=n,$$

$$\langle\boldsymbol{\eta},\boldsymbol{\eta}\rangle=|a_1|\cdot|a_1|+|a_2|\cdot|a_2|+\cdots+|a_n|\cdot|a_n|=\sum_{i=1}^{n}a_i^2.$$

由上面不等式，得
$$\Big(\sum_{i=1}^{n}|a_i|\Big)^2\leqslant n\cdot\sum_{i=1}^{n}a_i^2,$$

两边同时开方，取算求根，得

$$\sum_{i=1}^{n}|a_i|\leqslant\sqrt{n\sum_{i=1}^{n}a_i^2}=\sqrt{n(a_1^2+a_2^2+\cdots+a_n^2)}.$$

［**小结**］ 与前面解法本质相同，理据坚实，过程清晰.

2."8.2 节　正交基"第 11 题另一解法.

证　将 U 分块为

$$\boldsymbol{U}=\begin{pmatrix}\boldsymbol{U}_1 & \boldsymbol{U}_2\\ \boldsymbol{U}_3 & \boldsymbol{U}_4\end{pmatrix}=\begin{pmatrix}\boldsymbol{U}_1 & \boldsymbol{O}\\ \boldsymbol{O} & \boldsymbol{U}_4\end{pmatrix},$$

其中 $\boldsymbol{U}_1=(1)$，$\boldsymbol{U}_4=\begin{pmatrix}\cos\theta & -\sin\theta\\ \sin\theta & \cos\theta\end{pmatrix}$，从而

$$\boldsymbol{I}+\boldsymbol{U}=\begin{pmatrix}\boldsymbol{U}_5 & \boldsymbol{O}\\ \boldsymbol{O} & \boldsymbol{U}_6\end{pmatrix},$$

其中 $\boldsymbol{U}_5=2$，$\boldsymbol{U}_6=\begin{pmatrix}1+\cos\theta & -\sin\theta\\ \sin\theta & 1+\cos\theta\end{pmatrix}$，故

$$\det(\boldsymbol{I}+\boldsymbol{U})=\det\boldsymbol{U}_5\cdot\det\boldsymbol{U}_6=2[(1+\cos\theta)^2+\sin^2\theta]=8\cos^2\frac{\theta}{2}\neq0.$$

所以 $\boldsymbol{I}+\boldsymbol{U}$ 可逆，且

$$(\boldsymbol{I}+\boldsymbol{U})^{-1}=\begin{pmatrix}\boldsymbol{U}_5^{-1} & \boldsymbol{O}\\ \boldsymbol{O} & \boldsymbol{U}_6^{-1}\end{pmatrix}=\begin{bmatrix}\frac{1}{2} & \boldsymbol{O}\\ \boldsymbol{O} & \boldsymbol{U}_6^{-1}\end{bmatrix}$$

经计算，得

$$\boldsymbol{U}_6^{-1}=\begin{bmatrix}\frac{1}{2} & \frac{1}{2}\tan\frac{\theta}{2}\\ -\frac{1}{2}\tan\frac{\theta}{2} & \frac{1}{2}\end{bmatrix},\quad \boldsymbol{I}-\boldsymbol{U}=\begin{pmatrix}\boldsymbol{O} & \boldsymbol{O}\\ \boldsymbol{O} & \boldsymbol{U}_7\end{pmatrix},$$

其中 $\boldsymbol{U}_7=\begin{pmatrix}1-\cos\theta & \sin\theta\\ -\sin\theta & 1-\cos\theta\end{pmatrix}$，从而

$$(\boldsymbol{I}-\boldsymbol{U})(\boldsymbol{I}+\boldsymbol{U})^{-1}=\begin{pmatrix}\boldsymbol{O} & \boldsymbol{O}\\ \boldsymbol{O} & \boldsymbol{U}_7\end{pmatrix}\begin{bmatrix}\frac{1}{2} & \boldsymbol{O}\\ \boldsymbol{O} & \boldsymbol{U}_6^{-1}\end{bmatrix}=\begin{pmatrix}\boldsymbol{O} & \boldsymbol{O}\\ \boldsymbol{O} & \boldsymbol{U}_7\boldsymbol{U}_6^{-1}\end{pmatrix}.$$

又 $\boldsymbol{U}_7\boldsymbol{U}_6^{-1}=\tan\frac{\theta}{2}\begin{pmatrix}0 & 1\\ -1 & 0\end{pmatrix}$，从而

$$(\boldsymbol{I}-\boldsymbol{U})(\boldsymbol{I}+\boldsymbol{U})^{-1}=\tan\frac{\theta}{2}\begin{pmatrix}0&0&0\\0&0&1\\0&-1&0\end{pmatrix}.$$

［小结］ 引进分块矩阵，表述较为简洁.

3.“8.5 节　酉空间”习题 1 之(6)、(7)的其他证法.

证　(6) 对一切实数 t，任意复数 c，及任意 $\boldsymbol{\xi},\boldsymbol{\eta}\in V$，有

$$\langle\boldsymbol{\xi}+tc\boldsymbol{\eta},\boldsymbol{\xi}+tc\boldsymbol{\eta}\rangle\geqslant 0.$$

由于

$$\begin{aligned}\langle\boldsymbol{\xi}+tc\boldsymbol{\eta},\boldsymbol{\xi}+tc\boldsymbol{\eta}\rangle&=\langle\boldsymbol{\xi},\boldsymbol{\xi}+tc\boldsymbol{\eta}\rangle+tc\langle\boldsymbol{\eta},\boldsymbol{\xi}+tc\boldsymbol{\eta}\rangle\\&=\langle\overline{\boldsymbol{\xi}+tc\boldsymbol{\eta},\boldsymbol{\xi}}\rangle+tc\langle\overline{\boldsymbol{\xi}+tc\boldsymbol{\eta},\boldsymbol{\eta}}\rangle\\&=\langle\boldsymbol{\xi},\boldsymbol{\xi}\rangle+t\bar{c}\langle\boldsymbol{\xi},\boldsymbol{\eta}\rangle+tc\langle\boldsymbol{\eta},\boldsymbol{\xi}\rangle+t^2c\bar{c}\langle\boldsymbol{\eta},\boldsymbol{\eta}\rangle\\&=(c\bar{c}\langle\boldsymbol{\eta},\boldsymbol{\eta}\rangle)t^2+(\bar{c}\langle\boldsymbol{\xi},\boldsymbol{\eta}\rangle+c\langle\boldsymbol{\eta},\boldsymbol{\xi}\rangle)t+\langle\boldsymbol{\xi},\boldsymbol{\xi}\rangle,\end{aligned}$$

因为上式中，$c\bar{c}\langle\boldsymbol{\eta},\boldsymbol{\eta}\rangle$，$\bar{c}\langle\boldsymbol{\xi},\boldsymbol{\eta}\rangle+c\langle\boldsymbol{\eta},\boldsymbol{\xi}\rangle$ 及 $\langle\boldsymbol{\xi},\boldsymbol{\xi}\rangle$ 均是实数，所以 $\langle\boldsymbol{\xi}+tc\boldsymbol{\eta},\boldsymbol{\xi}+tc\boldsymbol{\eta}\rangle$ 是一个关于 t 的实系数二次三项式. 由于该式对一切实数均非负，故

$$\Delta=(\bar{c}\langle\boldsymbol{\xi},\boldsymbol{\eta}\rangle+c\langle\boldsymbol{\eta},\boldsymbol{\xi}\rangle)^2-4c\bar{c}\langle\boldsymbol{\eta},\boldsymbol{\eta}\rangle\langle\boldsymbol{\xi},\boldsymbol{\xi}\rangle\leqslant 0.$$

取 $c=\langle\boldsymbol{\xi},\boldsymbol{\eta}\rangle$，则 $\bar{c}=\langle\boldsymbol{\eta},\boldsymbol{\xi}\rangle$，从而上式可写成

$$(2c\bar{c})^2\leqslant 4c\bar{c}\langle\boldsymbol{\eta},\boldsymbol{\eta}\rangle\langle\boldsymbol{\xi},\boldsymbol{\xi}\rangle.$$

因 $c\bar{c}=|\langle\boldsymbol{\xi},\boldsymbol{\eta}\rangle|^2\geqslant 0$，故 $|\langle\boldsymbol{\xi},\boldsymbol{\eta}\rangle|^2\leqslant\langle\boldsymbol{\xi},\boldsymbol{\xi}\rangle\langle\boldsymbol{\eta},\boldsymbol{\eta}\rangle$.

(7) 当 $W=\{0\}$ 时，$W^{\perp}=V$，结论显然成立.

假设 $W\neq\{0\}$，维数为 s，$\{\boldsymbol{\gamma}_1,\boldsymbol{\gamma}_2,\cdots,\boldsymbol{\gamma}_s\}$ 是 W 的一个规范正交基. 对任意 $\boldsymbol{\xi}\in V$，令

$$\boldsymbol{\eta}=\langle\boldsymbol{\xi},\boldsymbol{\gamma}_1\rangle\boldsymbol{\gamma}_1+\langle\boldsymbol{\xi},\boldsymbol{\gamma}_2\rangle\boldsymbol{\gamma}_2+\cdots+\langle\boldsymbol{\xi},\boldsymbol{\gamma}_s\rangle\boldsymbol{\gamma}_s,\quad\boldsymbol{\zeta}=\boldsymbol{\xi}-\boldsymbol{\eta},$$

显然 $\boldsymbol{\eta}\in W$，而且由于

$$\begin{aligned}\langle\boldsymbol{\zeta},\boldsymbol{\gamma}_i\rangle&=\langle\boldsymbol{\xi}-\boldsymbol{\eta},\boldsymbol{\gamma}_i\rangle=\langle\boldsymbol{\xi},\boldsymbol{\gamma}_i\rangle-\langle\boldsymbol{\eta},\boldsymbol{\gamma}_i\rangle=\langle\boldsymbol{\xi},\boldsymbol{\gamma}_i\rangle-\langle\boldsymbol{\xi},\boldsymbol{\gamma}_i\rangle\\&=0\quad(i=1,2,\cdots,s),\end{aligned}$$

可知 $\boldsymbol{\zeta}\in W^{\perp}$，从而 $\boldsymbol{\xi}=\boldsymbol{\eta}+\boldsymbol{\zeta}$，并且 $V=W+W^{\perp}$.

下证 $W\cap W^{\perp}=\{0\}$. 事实上，对任意 $x\in W\cap W^{\perp}$，有 $\langle\boldsymbol{x},\boldsymbol{x}\rangle=0$，从而 $x=\mathbf{0}$. 由直和定义 $V=W\oplus W^{\perp}$.

4.“8.5 节　酉空间”习题 4 中另一举例.

解　例如 $\boldsymbol{A}=\begin{pmatrix}i&0\\0&i\end{pmatrix}$，由于 $\boldsymbol{A}\overline{\boldsymbol{A}}'=\overline{\boldsymbol{A}}'\boldsymbol{A}=\begin{pmatrix}1&0\\0&1\end{pmatrix}$，从而 $\boldsymbol{A}$ 是一个非实的酉矩阵.

第9章　二　次　型

知识要点

1. 数域 F 的 n 元二次齐次多项式

$$q(x_1,x_2,\cdots,x_n)=a_{11}x_1^2+a_{22}x_2^2+\cdots+a_{nn}x_n^2+2a_{12}x_1x_2+2a_{13}x_1x_3 +\cdots+2a_{n-1,n}x_{n-1}x_n$$

叫做 F 上一个 n 元**二次型**. 令 $a_{ij}=a_{ji}\,(1\leqslant i,j\leqslant n)$，以上二次型可写成如下形式：

$$q(x_1,x_2,\cdots,x_n)=\sum_{i=1}^{n}\sum_{j=1}^{n}a_{ij}x_ix_j \quad (a_{ij}=a_{ji}).$$

$\boldsymbol{A}=(a_{ij})$ 称为**二次型** $q(x_1,x_2,\cdots,x_n)$ **的矩阵**，它是由上式右端系数构成的 n 阶对称矩阵，位于 $\boldsymbol{A}$ 的前 k 行和前 k 列的子式叫做 $\boldsymbol{A}$ 的 k 阶主子式. **二次型的秩**就是其矩阵 $\boldsymbol{A}$ 的秩. 利用矩阵乘法，可得

$$q(x_1,x_2,\cdots,x_n)=(x_1,x_2,\cdots,x_n)\boldsymbol{A}\begin{pmatrix}x_1\\x_2\\\vdots\\x_n\end{pmatrix}.$$

对二次型 $q(x_1,x_2,\cdots,x_n)$ 中的变量施行线性变换

$$x_i=\sum_{j=1}^{n}p_{ij}y_j \quad (i=1,2,\cdots,n),$$

或采用矩阵形式

$$\begin{pmatrix}x_1\\x_2\\\vdots\\x_n\end{pmatrix}=\boldsymbol{P}\begin{pmatrix}y_1\\y_2\\\vdots\\y_n\end{pmatrix} \quad (\boldsymbol{P}=(p_{ij})),$$

则得到新的二次型

$$q'(x_1,x_2,\cdots,x_n)=(y_1,y_2,\cdots,y_n)\boldsymbol{P}'\boldsymbol{AP}\begin{pmatrix}y_1\\y_2\\\vdots\\y_n\end{pmatrix}.$$

显然 $\boldsymbol{P}'\boldsymbol{AP}$ 也是对称矩阵，且二次型的秩在变量的非奇异线性变换之下保持不变.

2. 设 $\boldsymbol{A},\boldsymbol{B}$ 是数域 F 上两个 n 阶矩阵，如果存在 F 上一个非奇异矩阵 $\boldsymbol{P}$，使得 $\boldsymbol{P}'\boldsymbol{AP}=\boldsymbol{B}$，就称 $\boldsymbol{B}$ 与 $\boldsymbol{A}$ **合同**. 矩阵的合同关系具有自反性、对称性、传递性，合同矩阵有相同的秩，并且与一个对称矩阵合同的矩阵是对称的.

数域 F 上的两个二次型，如果可以通过变量的非奇异线性变换将其中一个变成另一个，就称它们**等价**. F 上两个二次型等价的充要条件是它们的矩阵合同. 等价的二次型有相同的秩.

3. 设 $\boldsymbol{A}=(a_{ij})$ 是数域 F 上一个 n 阶对称矩阵，总存在 F 上一个 n 阶非奇异矩阵 $\boldsymbol{P}$，使 $\boldsymbol{P}'\boldsymbol{AP}$ 为对角矩阵，即 F 上每一个 n 阶对称矩阵都与一个对角形式的矩阵合同. 相应地，数域 F 上的每一个 n 元二次型 $\sum_{i=1}^{n}\sum_{j=1}^{n}a_{ij}x_iy_j$ 可以通过变量的非奇异变换化为

$$c_1y_1^2+c_2y_2^2+\cdots+c_ny_n^2,\quad c_1,c_2,\cdots,c_n\in F.$$

4. 复数域上两个 n 阶对称矩阵合同的充要条件是它们有相同的秩，两个复二次型等价的充要条件是它们有相同的秩.

实数域上每一 n 阶对称矩阵 $\boldsymbol{A}$ 都合同于如下形式的一个矩阵

$$\begin{pmatrix}\boldsymbol{I}_p & \boldsymbol{O} & \boldsymbol{O}\\ \boldsymbol{O} & -\boldsymbol{I}_{r-p} & \boldsymbol{O}\\ \boldsymbol{O} & \boldsymbol{O} & \boldsymbol{O}\end{pmatrix},$$

其中 r 等于 $\boldsymbol{A}$ 的秩.

实数域上每一个 n 元二次型都与如下形式的一个二次型等价：

$$x_1^2+\cdots+x_p^2-\cdots-x_r^2,$$

其中 r 是所给二次型的秩，正项的个数 p 叫做二次型的**惯性指标**，正项个数 p 与负项个数 $r-p$ 的差 $s=p-(r-p)=2p-r$ 叫做二次型的**符号差**.

一个实二次型的秩、惯性指标和符号差是唯一确定的. 实数域上两个 n 元二次型等价的充要条件是它们有相同的秩和符号差.

实数域上一切 n 元二次型可以分成 $\frac{1}{2}(n+1)(n+2)$ 类，属于同一类的

二次型彼此等价，否则互不等价.

5. 实数域 $\mathbf{R}$ 上一个 n 元二次型 $q(x_1,x_2,\cdots,x_n)$，如果对于变量 x_1，$x_2,\cdots,x_n$ 的每一组不全为零的值，函数值 $q(x_1,x_2,\cdots,x_n)$ 都是正数，就称它为**正定二次型**.

对于实数域上的二次型 $q(x_1,x_2,\cdots,x_n)=\sum_{i=1}^{n}\sum_{j=1}^{n}a_{ij}x_ix_j$ 来说，

(i) 秩与符号差都等于 n；

(ii) 一切主子式都大于零.

以上两者都是正定的充分必要条件.

6. 设 $q(x_1,x_2,\cdots,x_n)=\sum_{i=1}^{n}\sum_{j=1}^{n}a_{ij}x_ix_j$ 是实数域上一个二次型，那么总可以通过变量的正交变换

$$\begin{pmatrix}x_1\\x_2\\\vdots\\x_n\end{pmatrix}=\boldsymbol{U}\begin{pmatrix}y_1\\y_2\\\vdots\\y_n\end{pmatrix}$$

化为 $\lambda_1y_1^2+\lambda_2y_2^2+\cdots+\lambda_ny_n^2$，这里 $\boldsymbol{U}$ 是一个正交矩阵，而 $\lambda_1,\lambda_2,\cdots,\lambda_n\in\mathbf{R}$ 是二次型的矩阵 $\mathbf{A}=(a_{ij})$ 的全部特征根. 由此可知：

(i) 二次型 $q(x_1,x_2,\cdots,x_n)$ 的秩等于 $\mathbf{A}$ 的不为零的特征根的个数，而符号差等于 $\mathbf{A}$ 的正特征根个数与负特征根个数之差；

(ii) 二次型 $q(x_1,x_2,\cdots,x_n)$ 是正定的，必需且只需 $\mathbf{A}$ 的所有特征根都是正数.

7. 数域 F 上向量空间 V 的双线性函数 f 是指一个映射，$f:V\times V\to F$. 对 V 中任一对向量 $(\boldsymbol{\xi},\boldsymbol{\eta})$，$F$ 中有唯一确定的数 $f(\boldsymbol{\xi},\boldsymbol{\eta})$ 与之对应，并且当固定其中任一向量时，f 都是 V 上的线性函数.

设 $\{\boldsymbol{\alpha}_1,\boldsymbol{\alpha}_2,\cdots,\boldsymbol{\alpha}_n\}$ 是 V 的一个基，f 是 V 上一个双线性函数，那么 f 关于每一对基向量都有确定的值：$f(\boldsymbol{\alpha}_i,\boldsymbol{\alpha}_j)=a_{ij}\quad(i=1,2,\cdots,n;j=1,2,\cdots,n)$. 于是得一 n 阶矩阵 $\mathbf{A}=(a_{ij})$，它称为 f 在基 $\{\boldsymbol{\alpha}_1,\boldsymbol{\alpha}_2,\cdots,\boldsymbol{\alpha}_n\}$ 下的格拉姆矩阵. 对于 V 中的任意两个向量 $\boldsymbol{\xi}=\sum_{i=1}^{n}x_i\boldsymbol{\alpha}_i$，$\boldsymbol{\eta}=\sum_{j=1}^{n}y_j\boldsymbol{\alpha}_j$，有 $f(\boldsymbol{\xi},\boldsymbol{\eta})=\sum_{i=1}^{n}\sum_{j=1}^{n}a_{ij}x_iy_j$，这就是 f 在基 $\{\boldsymbol{\alpha}_1,\boldsymbol{\alpha}_2,\cdots,\boldsymbol{\alpha}_n\}$ 下的表达式. 反之，假若给出 F

上一个 $n\times n$ 矩阵 $\mathbf{A}=(a_{ij})$，向量记号如前，便可得一双线性函数 $f(\boldsymbol{\xi},\boldsymbol{\eta})=\sum_{i=1}^{n}\sum_{j=1}^{n}a_{ij}x_iy_j$. 注意 $\boldsymbol{\alpha}_i=1\cdot\boldsymbol{\alpha}_i$，相当于在 $\boldsymbol{\xi}$ 中取 $x_i=1,x_k=0\ (k\neq i)$；$\boldsymbol{\alpha}_j=1\cdot\boldsymbol{\alpha}_j$，相当于在 $\boldsymbol{\eta}$ 中取 $y_j=1,y_l=0\ (l\neq j)$，代入函数式得 $f(\boldsymbol{\alpha}_i,\boldsymbol{\alpha}_j)=a_{ij}$ $(i=1,2,\cdots,n;j=1,2,\cdots,n)$，故所得双线性函数 $f(\boldsymbol{\xi},\boldsymbol{\eta})$ 的格拉姆矩阵是 $\mathbf{A}$. 由此可见，在 V 的任一基下，双线性函数与 n 阶矩阵（可视为格拉姆矩阵）之间存在一一对应. 在 V 的不同基下，同一双线性函数一般有不同的格拉姆矩阵，但这些矩阵是彼此合同的.

对称双线性函数 f，对任意向量 $\boldsymbol{\xi},\boldsymbol{\eta}\in V$，满足 $f(\boldsymbol{\xi},\boldsymbol{\eta})=f(\boldsymbol{\eta},\boldsymbol{\xi})$，它的格拉姆矩阵是对称矩阵，反之亦然.

设 f 是 V 上一个对称双线性函数，向量 $\boldsymbol{\xi},\boldsymbol{\eta}\in V$，定义二次函数 $q(\boldsymbol{\xi})=f(\boldsymbol{\xi},\boldsymbol{\xi})$，它被称为与 f 关联的二次函数. 由定义及等式 $f(\boldsymbol{\xi},\boldsymbol{\eta})=\frac{1}{4}[q(\boldsymbol{\xi}+\boldsymbol{\eta})-q(\boldsymbol{\xi}-\boldsymbol{\eta})]$ 可知，对称双线性函数与其关联的二次函数相互唯一确定.

在 V 的某一基下，如果对称双线性函数 f 的格拉姆矩阵为 $\mathbf{A}=(a_{ij})$，向量 $\boldsymbol{\xi}=\sum_{i=1}^{n}x_i\boldsymbol{\alpha}_i\in V$，则 f 关联的二次函数 $q(\boldsymbol{\xi})=f(\boldsymbol{\xi},\boldsymbol{\xi})$ 有表示式：

$$\sum_{i=1}^{n}\sum_{j=1}^{n}a_{ij}x_ix_j,\quad \text{即}\quad q(\boldsymbol{\xi})=f(\boldsymbol{\xi},\boldsymbol{\xi})=\sum_{i=1}^{n}\sum_{j=1}^{n}a_{ij}x_ix_j.$$

右边的表达式是 F 上一个 n 个变量的二次型. 同一个二次函数 q 关于不同基所确定的二次型是等价的.

设 V 是实数域 $\mathbf{R}$ 上一个 $n\ (n>0)$ 维向量空间，配备了一个内积 f，那么存在 V 的一个基 $\{\boldsymbol{\varepsilon}_1,\boldsymbol{\varepsilon}_2,\cdots,\boldsymbol{\varepsilon}_n\}$ 和非负整数 p 和 r，使得

(i) $f(\boldsymbol{\varepsilon}_i,\boldsymbol{\varepsilon}_j)=0$，若 $i\neq j$，

(ii) $f(\boldsymbol{\varepsilon}_i,\boldsymbol{\varepsilon}_j)=\begin{cases}1, & 1\leqslant i\leqslant p,\\ -1, & p+1\leqslant i\leqslant r,\\ 0, & r+1\leqslant i\leqslant n.\end{cases}$

整数 p 和 r 由 f 唯一确定. 由此就可以得到 f 的一个最简的对角形的格拉姆矩阵

$$\begin{pmatrix}\boldsymbol{I}_p & \boldsymbol{O} & \boldsymbol{O}\\ \boldsymbol{O} & -\boldsymbol{I}_{r-p} & \boldsymbol{O}\\ \boldsymbol{O} & \boldsymbol{O} & \boldsymbol{O}\end{pmatrix},$$

数对 (r,p) 不同，相应的格拉姆矩阵不合同. 选取所有可能的互不相同的数

对(r,p) $\left(\text{共有}\frac{1}{2}(n+1)(n+2)\text{个}\right)$，就可写出所有对称双线性函数的格拉姆矩阵，进而写出相应的函数表示式来.

习题解答

9.1 二次型和对称矩阵

1. 证明：一个非奇异的对称矩阵必与它的逆矩阵合同.

证 设对称矩阵 $\boldsymbol{A}$ 非奇异，则

$$\boldsymbol{A}^{-1}=(\boldsymbol{A}')^{-1}=(\boldsymbol{A}^{-1})'\boldsymbol{A}\boldsymbol{A}^{-1},$$

所以 $\boldsymbol{A}^{-1}$ 与 $\boldsymbol{A}$ 合同.

2. 对下列每一矩阵 $\boldsymbol{A}$，分别求一可逆矩阵 $\boldsymbol{P}$，使 $\boldsymbol{P}'\boldsymbol{A}\boldsymbol{P}$ 是对角形式.

(i) $\boldsymbol{A}=\begin{pmatrix}1&2&1\\2&1&1\\1&1&3\end{pmatrix}$； (ii) $\boldsymbol{A}=\begin{pmatrix}0&1&1&1\\1&0&1&1\\1&1&0&1\\1&1&1&0\end{pmatrix}$；

(iii) $\boldsymbol{A}=\begin{pmatrix}1&1&-1&1\\1&4&2&1\\-1&2&4&-1\\1&1&-1&-1\end{pmatrix}$.

解 (i) 由于

$$\left(\boldsymbol{T}_{23}\left(-\frac{1}{3}\right)\right)'(\boldsymbol{T}_{13}(-1))'(\boldsymbol{T}_{12}(-2))'\boldsymbol{A}\boldsymbol{T}_{12}(-2)\boldsymbol{T}_{13}(-1)$$

$$\cdot\boldsymbol{T}_{23}\left(-\frac{1}{3}\right)=\begin{pmatrix}1&0&0\\0&-3&0\\0&0&\frac{7}{3}\end{pmatrix},$$

故 $\boldsymbol{P}=\boldsymbol{I}\boldsymbol{T}_{12}(-2)\boldsymbol{T}_{13}(-1)\boldsymbol{T}_{23}\left(-\frac{1}{3}\right)$

$$=\begin{pmatrix}1&0&0\\0&1&0\\0&0&1\end{pmatrix}\begin{pmatrix}1&-2&0\\0&1&0\\0&0&1\end{pmatrix}\begin{pmatrix}1&0&-1\\0&1&0\\0&0&1\end{pmatrix}\begin{pmatrix}1&0&0\\0&1&-\frac{1}{3}\\0&0&1\end{pmatrix}=\begin{pmatrix}1&-2&-\frac{1}{3}\\0&1&-\frac{1}{3}\\0&0&1\end{pmatrix}.$$

(ii) 解法与上面类似，得

$$P=\begin{pmatrix}1 & -\frac{1}{2} & -1 & -\frac{1}{2}\\ 1 & \frac{1}{2} & -1 & -\frac{1}{2}\\ 0 & 0 & 1 & -\frac{1}{2}\\ 0 & 0 & 0 & 1\end{pmatrix}.$$

(iii) 解法与上面类似，得

$$P=\begin{pmatrix}1 & -1 & -1 & 2\\ 0 & 1 & 0 & -1\\ 0 & 0 & 0 & 1\\ 0 & 0 & 1 & 0\end{pmatrix}.$$

3. 写出二次型$\sum_{i=1}^{3}\sum_{j=1}^{3}|i-j|x_ix_j$的矩阵，并将这个二次型化为一个与它等价的二次型，使后者只含变量的平方项.

解 二次型$\sum_{i=1}^{3}\sum_{j=1}^{3}|i-j|x_ix_j=2x_1x_2+4x_1x_3+2x_2x_3$，其矩阵

$$A=\begin{pmatrix}0 & 1 & 2\\ 1 & 0 & 1\\ 2 & 1 & 0\end{pmatrix},$$

取

$$P=\begin{pmatrix}1 & -\frac{1}{2} & -1\\ 1 & \frac{1}{2} & -2\\ 0 & 0 & 1\end{pmatrix},$$

由

$$P'AP=\begin{pmatrix}1 & 1 & 0\\ -\frac{1}{2} & \frac{1}{2} & 0\\ -1 & -2 & 1\end{pmatrix}\begin{pmatrix}0 & 1 & 2\\ 1 & 0 & 1\\ 2 & 1 & 0\end{pmatrix}\begin{pmatrix}1 & -\frac{1}{2} & -1\\ 1 & \frac{1}{2} & -2\\ 0 & 0 & 1\end{pmatrix}$$

$$=\begin{pmatrix}2 & 0 & 0\\ 0 & -\frac{1}{2} & 0\\ 0 & 0 & -4\end{pmatrix}$$

可知，通过非奇异线性变换

$$\begin{pmatrix} x_1 \\ x_2 \\ x_3 \end{pmatrix} = \begin{pmatrix} 1 & -\frac{1}{2} & -1 \\ 1 & \frac{1}{2} & -2 \\ 0 & 0 & 1 \end{pmatrix} \begin{pmatrix} y_1 \\ y_2 \\ y_3 \end{pmatrix}$$

可得等价的二次型 $2y_1^2-\frac{1}{2}y_2^2-4y_3^2$.

4. 令 $\mathbf{A}$ 是数域 F 上一个 n 阶斜对称矩阵，即满足条件 $\mathbf{A}'=-\mathbf{A}$. 证明：

(i) $\mathbf{A}$ 必与如下形式的一个矩阵合同：

$$\begin{pmatrix} 0 & 1 & & & & & & & \\ -1 & 0 & & & & & & & \\ & & \ddots & & & & & & \\ & & & 0 & 1 & & & & \\ & & & -1 & 0 & & & & \\ & & & & & 0 & & & \\ & & & & & & \ddots & \\ & & & & & & & 0 \end{pmatrix};$$

(ii) 斜对称矩阵的秩一定是偶数；

(iii) F 上两个 n 阶斜对称矩阵合同的充要条件是它们有相同的秩.

证 (i) 用数学归纳法.

当 $n=1$ 时，反对称矩阵 $\mathbf{A}=(0)$，当然合同于(0). 下面设 $\mathbf{A}$ 为非零反对称矩阵.

当 $n=2$ 时，

$$\mathbf{A}=\begin{pmatrix} 0 & a_{12} \\ -a_{12} & 0 \end{pmatrix}=\begin{pmatrix} 1 & 0 \\ 0 & a_{12} \end{pmatrix}\begin{pmatrix} 0 & 1 \\ -1 & 0 \end{pmatrix}\begin{pmatrix} 1 & 0 \\ 0 & a_{12} \end{pmatrix}$$

$$=\begin{pmatrix} 1 & 0 \\ 0 & a_{12} \end{pmatrix}'\begin{pmatrix} 0 & 1 \\ -1 & 0 \end{pmatrix}\begin{pmatrix} 1 & 0 \\ 0 & a_{12} \end{pmatrix},$$

故 $\mathbf{A}$ 与 $\begin{pmatrix} 0 & 1 \\ -1 & 0 \end{pmatrix}$合同.

假设当 $n\leqslant k$ 时结论成立，现考察 $n=k+1$ 的情形. 这时

$$A=\begin{pmatrix} 0 & \cdots & a_{1k} & a_{1,k+1} \\ \vdots & & \vdots & \vdots \\ -a_{1k} & \cdots & 0 & a_{k,k+1} \\ -a_{1,k+1} & \cdots & -a_{k,k+1} & 0 \end{pmatrix}.$$

如果最后一行和最后一列全为零,则由归纳假设可知结论必定成立.不然经过行和列的同时对换,可使 $a_{k,k+1}\neq 0$.如果将最后一行和最后一列都乘以$\frac{1}{a_{k,k+1}}$,则 A 化成

$$\begin{pmatrix} 0 & \cdots & a_{1k} & b_1 \\ \vdots & & \vdots & \vdots \\ -a_{1k} & \cdots & 0 & 1 \\ -b_1 & \cdots & -1 & 0 \end{pmatrix},$$

再利用 1,−1 将最后两行两列的其他非零元素化成零,则 A 又化成

$$\begin{pmatrix} 0 & \cdots & b_{1,k-1} & 0 & 0 \\ \vdots & & \vdots & \vdots & \vdots \\ -b_{1,k-1} & \cdots & 0 & 0 & 0 \\ 0 & \cdots & 0 & 0 & 1 \\ 0 & \cdots & 0 & -1 & 0 \end{pmatrix},$$

并且除最后两行、两列外,其余元素仍构成反对称矩阵.
由归纳假设知,

$$\begin{pmatrix} 0 & \cdots & b_{1,k-1} \\ \vdots & & \vdots \\ -b_{1,k-1} & \cdots & 0 \end{pmatrix} \quad 与 \quad \begin{pmatrix} 0 & 1 & & & 0 \\ -1 & 0 & & & \\ & & \ddots & & \\ & & & 0 & \\ 0 & & & & 0 \end{pmatrix}$$

合同,从而 A 合同于矩阵

$$\begin{pmatrix} 0 & 1 & & & & & & & \\ -1 & 0 & & & & & & & \\ & & \ddots & & & & & & \\ & & & 0 & 1 & & & & \\ & & & -1 & 0 & & & & \\ & & & & & \ddots & & & \\ & & & & & & 0 & & \\ & & & & & & & 0 & 1 \\ & & & & & & & -1 & 0 \end{pmatrix}.$$

再将最后两行两列交换到前面去，便知结论对 $k+1$ 阶矩阵成立，从而对任意阶反对称矩阵结论成立.

(ii) 由(i)知，$\boldsymbol{A}$ 与一个秩为偶数的矩阵合同，所以 $\boldsymbol{A}$ 的秩是偶数.

(iii) 充分性. $\boldsymbol{A},\boldsymbol{B}$ 都与(i)中所给形式并有相同秩的同阶矩阵合同，由传递性知，$\boldsymbol{A}$ 与 $\boldsymbol{B}$ 合同.

必要性. $\boldsymbol{A}$ 与 $\boldsymbol{B}$ 合同，则它们的秩相等.

9.2 复数域和实数域上的二次型

1. 设 $\boldsymbol{S}$ 是复数域上一个 n 阶对称矩阵，证明：存在复数域上一个矩阵 $\boldsymbol{A}$，使得

$$\boldsymbol{S}=\boldsymbol{A}'\boldsymbol{A}.$$

证 设 $\boldsymbol{S}$ 的秩为 r，则存在复数域上一个可逆矩阵 $\boldsymbol{P}$，使

$$\boldsymbol{P}'\boldsymbol{S}\boldsymbol{P}=\begin{pmatrix}\boldsymbol{I}_r & \boldsymbol{O}\\ \boldsymbol{O} & \boldsymbol{O}\end{pmatrix}=\begin{pmatrix}\boldsymbol{I}_r & \boldsymbol{O}\\ \boldsymbol{O} & \boldsymbol{O}\end{pmatrix}'\begin{pmatrix}\boldsymbol{I}_r & \boldsymbol{O}\\ \boldsymbol{O} & \boldsymbol{O}\end{pmatrix},$$

其中 $\boldsymbol{I}_r$ 为 r 阶单位阵. 记

$$\boldsymbol{B}=\begin{pmatrix}\boldsymbol{I}_r & \boldsymbol{O}\\ \boldsymbol{O} & \boldsymbol{O}\end{pmatrix},\quad \boldsymbol{A}=\boldsymbol{B}\boldsymbol{P}^{-1},$$

于是有

$$\boldsymbol{S}=(\boldsymbol{P}')^{-1}\boldsymbol{B}'\boldsymbol{B}\boldsymbol{P}^{-1}=\boldsymbol{A}'\boldsymbol{A}.$$

2. 证明：任何一个 n 阶可逆复对称矩阵必定合同于以下形式的矩阵之一.

$$\begin{pmatrix}\boldsymbol{O} & \boldsymbol{I}_r\\ \boldsymbol{I}_r & \boldsymbol{O}\end{pmatrix},\quad n=2r;\quad \begin{bmatrix}\boldsymbol{O} & \boldsymbol{I}_r & \boldsymbol{O}\\ \boldsymbol{I}_r & \boldsymbol{O} & \boldsymbol{O}\\ 0 & 0 & 1\end{bmatrix},\quad n=2r+1.$$

证 设 $\boldsymbol{A}$ 是可逆复对称矩阵，阶为 n. 由教材中定理 9.2.1 可知，复数域上两个 n 阶对称矩阵合同的充要条件是它们有相同的秩，而当 $n=2r$ 时，秩$(\boldsymbol{A})=n=$秩$\left(\begin{pmatrix}\boldsymbol{O} & \boldsymbol{I}_r\\ \boldsymbol{I}_r & \boldsymbol{O}\end{pmatrix}\right)$，所以 $\boldsymbol{A}$ 合同于$\begin{pmatrix}\boldsymbol{O} & \boldsymbol{I}_r\\ \boldsymbol{I}_r & \boldsymbol{O}\end{pmatrix}$.

当 $n=2r+1$ 时，秩$(\boldsymbol{A})=n=$秩$\left(\begin{bmatrix}\boldsymbol{O} & \boldsymbol{I}_r & \boldsymbol{O}\\ \boldsymbol{I}_r & \boldsymbol{O} & \boldsymbol{O}\\ \boldsymbol{0} & \boldsymbol{0} & 1\end{bmatrix}\right)$，所以 $\boldsymbol{A}$ 合同

于$\begin{pmatrix} \boldsymbol{O} & \boldsymbol{I}_r & \boldsymbol{O} \\ \boldsymbol{I}_r & \boldsymbol{O} & \boldsymbol{O} \\ \boldsymbol{0} & \boldsymbol{0} & 1 \end{pmatrix}$.

3. 证明：任何一个 n 阶可逆实对称矩阵必与以下形式的矩阵之一合同.

$$\begin{pmatrix} \boldsymbol{O} & \boldsymbol{I}_r & \boldsymbol{O} \\ \boldsymbol{I}_r & \boldsymbol{O} & \boldsymbol{O} \\ \boldsymbol{O} & \boldsymbol{O} & \boldsymbol{I}_{n-2r} \end{pmatrix} \quad 或 \quad \begin{pmatrix} \boldsymbol{O} & \boldsymbol{I}_r & \boldsymbol{O} \\ \boldsymbol{I}_r & \boldsymbol{O} & \boldsymbol{O} \\ \boldsymbol{O} & \boldsymbol{O} & -\boldsymbol{I}_{n-2r} \end{pmatrix}.$$

证　设 $\boldsymbol{A}$ 是一个 n 阶可逆实对称矩阵，于是秩$(\boldsymbol{A})=n$.

当 $\boldsymbol{A}$ 的符号差 $s=p-(n-p)\geqslant 0$ 时，记 $n-p=r\ (\geqslant 0)$，那么

$$p=n-r=r+(n-2r),$$

且
$$n-2r=(n-r)-r=p-(n-p)\geqslant 0.$$

故由教材中定理 9.2.2 知，$\boldsymbol{A}$ 合同于矩阵

$$\begin{pmatrix} \boldsymbol{I}_p & \boldsymbol{O} \\ \boldsymbol{O} & -\boldsymbol{I}_{n-p} \end{pmatrix}.$$

引用上面的记号，并保持同样的秩与符号差，可知 $\boldsymbol{A}$ 也合同于矩阵

$$\begin{pmatrix} \boldsymbol{I}_r & \boldsymbol{O} & \boldsymbol{O} \\ \boldsymbol{O} & -\boldsymbol{I}_r & \boldsymbol{O} \\ \boldsymbol{O} & \boldsymbol{O} & \boldsymbol{I}_{n-2r} \end{pmatrix}.$$

当 $\boldsymbol{A}$ 的符号差 $s=p-(n-p)\leqslant 0$ 时，记 $p=r\ (\geqslant 0)$，于是

$$n-p=n-r=r+(n-2r)\quad 且\quad n-2r=(n-p)-p\geqslant 0.$$

故 $\boldsymbol{A}$ 合同于矩阵

$$\begin{pmatrix} \boldsymbol{I}_p & \boldsymbol{O} \\ \boldsymbol{O} & -\boldsymbol{I}_{n-p} \end{pmatrix}=\begin{pmatrix} \boldsymbol{I}_r & \boldsymbol{O} & \boldsymbol{O} \\ \boldsymbol{O} & -\boldsymbol{I}_r & \boldsymbol{O} \\ \boldsymbol{O} & \boldsymbol{O} & -\boldsymbol{I}_{n-2r} \end{pmatrix}.$$

令
$$\boldsymbol{P}=\frac{\sqrt{2}}{2}\begin{pmatrix} \boldsymbol{I}_r & \boldsymbol{I}_r \\ -\boldsymbol{I}_r & \boldsymbol{I}_r \end{pmatrix},$$

则
$$\boldsymbol{P}'\begin{pmatrix} \boldsymbol{I}_r & \boldsymbol{O} \\ \boldsymbol{O} & -\boldsymbol{I}_r \end{pmatrix}\boldsymbol{P}=\begin{pmatrix} \boldsymbol{O} & \boldsymbol{I}_r \\ \boldsymbol{I}_r & \boldsymbol{O} \end{pmatrix},$$

所以存在 $\boldsymbol{Q}=\begin{pmatrix} \boldsymbol{P} & \boldsymbol{O} \\ \boldsymbol{O} & \boldsymbol{I}_{n-2r} \end{pmatrix}$，使

$$Q'\begin{pmatrix} I_r & O & O \\ O & -I_r & O \\ O & O & I_{n-2r} \end{pmatrix} Q = \begin{pmatrix} O & I_r & O \\ I_r & O & O \\ O & O & I_{n-2r} \end{pmatrix},$$

$$Q'\begin{pmatrix} I_r & O & O \\ O & -I_r & O \\ O & O & -I_{n-2r} \end{pmatrix} Q = \begin{pmatrix} O & I_r & O \\ I_r & O & O \\ O & O & -I_{n-2r} \end{pmatrix}.$$

故 $\boldsymbol{A}$ 必合同于以上两种形式的矩阵之一.

4. 证明:一个实二次型 $q(x_1,x_2,\cdots,x_n)$ 可以分解成两个实系数 n 元一次齐次多项式的乘积的充分且必要条件是:要么 q 的秩等于 1,要么 q 的秩等于 2 并且符号差等于 0.

证 必要性.设

$f(x_1,x_2,\cdots,x_n)=(a_1x_1+a_2x_2+\cdots+a_nx_n)(b_1x_1+b_2x_2+\cdots+b_nx_n)$.

1° 若上式右边两个一次式系数成比例,即 $b_i=ka_i\ (i=1,2,\cdots,n)$,不失一般性,设 $a_1\neq 0$,作非奇异变换

$$\begin{cases} y_1=a_1x_1+a_2x_2+\cdots+a_nx_n, \\ y_2=x_2, \\ \quad\vdots \\ y_n=x_n, \end{cases}$$

则 $f(x_1,x_2,\cdots,x_n)=ky_1^2$,二次型的秩为 1.

2° 若两个一次式系数不成比例,不失一般性,设 $\dfrac{a_1}{b_1}\neq\dfrac{a_2}{b_2}$,令

$$\begin{cases} y_1=a_1x_1+a_2x_2+\cdots+a_nx_n, \\ y_2=b_1x_1+b_2x_2+\cdots+b_nx_n, \\ y_3=x_3, \\ \quad\vdots \\ y_n=x_n, \end{cases}$$

便有 $f(x_1,x_2,\cdots,x_n)=y_1y_2$.再令

$$\begin{cases} y_1=z_1+z_2, \\ y_2=z_1-z_2, \\ y_3=z_3, \\ \quad\vdots \\ y_n=z_n, \end{cases}$$

则
$$f(x_1,x_2,\cdots,x_n)=y_1y_2=z_1^2-z_2^2.$$

以上两个线性变换都非奇异，故二次型 $f(x_1,x_2,\cdots,x_n)$ 的秩为 2，符号差为 0.

充分性.

1° 若 $f(x_1,x_2,\cdots,x_n)$ 的秩为 1，则由教材中定理 9.2.3 知，经非奇异线性变换可使 $f(x_1,x_2,\cdots,x_n)=ky_1^2$，其中 y_1 为 $x_1,x_2,\cdots,x_n$ 的一次齐次式，即 $y_1=a_1x_1+a_2x_2+\cdots+a_nx_n$. 所以
$$f(x_1,x_2,\cdots,x_n)=k(a_1x_1+a_2x_2+\cdots+a_nx_n)^2.$$

2° 若 $f(x_1,x_2,\cdots,x_n)$ 的秩为 2，符号差为零，则可经非奇异线性变换使 $f(x_1,x_2,\cdots,x_n)=y_1^2-y_2^2=(y_1+y_2)(y_1-y_2)$，其中 y_1,y_2 为 $x_1,x_2,\cdots,x_n$ 的一次齐次式，即
$$y_1=a_1x_1+a_2x_2+\cdots+a_nx_n,$$
$$y_2=b_1x_1+b_2x_2+\cdots+b_nx_n.$$
故 $f(x_1,x_2,\cdots,x_n)$ 可表成两个一次齐次式的乘积.

5. 令
$$\boldsymbol{A}=\begin{pmatrix}5&4&3\\4&5&3\\3&3&2\end{pmatrix},\quad \boldsymbol{B}=\begin{pmatrix}4&0&-6\\0&1&0\\-6&0&9\end{pmatrix}.$$
证明：$\boldsymbol{A}$ 与 $\boldsymbol{B}$ 在实数域上合同，并且求一可逆实矩阵 $\boldsymbol{P}$，使得
$$\boldsymbol{P}'\boldsymbol{A}\boldsymbol{P}=\boldsymbol{B}.$$

证　因 $\det(\lambda\boldsymbol{I}-\boldsymbol{A})=\lambda(\lambda-1)(\lambda-11)$，故 $\boldsymbol{A}$ 有三个不同的特征根 0，1，11. 由教材中推论 9.4.2 知，$\boldsymbol{A}$ 的秩与符号差都等于 2. 又因 $\det(\lambda\boldsymbol{I}-\boldsymbol{B})=\lambda(\lambda-1)(\lambda-13)$，故 $\boldsymbol{B}$ 的秩与符号差也都为 2. $\boldsymbol{A}$ 与 $\boldsymbol{B}$ 的秩和符号差分别相等，因而 $\boldsymbol{A}$ 与 $\boldsymbol{B}$ 合同.

对于 $\boldsymbol{A}$，存在可逆矩阵
$$\boldsymbol{T}_1=\frac{1}{\sqrt{22}}\begin{pmatrix}\sqrt{11}&3&\sqrt{2}\\-\sqrt{11}&3&\sqrt{2}\\0&2&-3\sqrt{2}\end{pmatrix},\quad 使\quad \boldsymbol{T}_1'\boldsymbol{A}\boldsymbol{T}_1=\begin{pmatrix}1&&\\&11&\\&&0\end{pmatrix}.$$

对于 $\boldsymbol{B}$，存在正交矩阵
$$\boldsymbol{T}_2=\frac{1}{\sqrt{13}}\begin{pmatrix}0&2&3\\\sqrt{13}&0&0\\0&-3&2\end{pmatrix},$$

使
$$T_2'BT_2=\begin{pmatrix}1&&\\&13&\\&&0\end{pmatrix}.$$

令
$$P=T_1\begin{pmatrix}1&&\\&\frac{1}{\sqrt{11}}&\\&&0\end{pmatrix}\begin{pmatrix}1&&\\&\sqrt{13}&\\&&0\end{pmatrix}T_2^{-1},$$

则
$$P'AP=B.$$

6. 确定实二次型 $x_1x_2+x_3x_4+\cdots+x_{2n-1}x_{2n}$ 的秩和符号差.

解 作非奇异线性变换

$$\begin{cases}x_1=y_1+y_2,\\x_2=y_1-y_2,\\ \quad\vdots\\x_{2n-1}=y_{2n-1}+y_{2n},\\x_{2n}=y_{2n-1}-y_{2n},\end{cases}$$

原二次型变为

$$y_1^2-y_2^2+\cdots+y_{2n-1}^2-y_{2n}^2.$$

所以,该二次型的秩为 $2n$,符号差为 0.

7. 确定实二次型 $ayz+bzx+cxy$ 的秩和符号差.

解 若 a,b,c 全为 0,则秩与符号差都等于 0.

若 a,b,c 不全为 0,不妨设 $c\neq0$,作可逆线性变换

$$\begin{pmatrix}x\\y\\z\end{pmatrix}=\begin{pmatrix}1&-1&0\\1&1&0\\0&0&1\end{pmatrix}\begin{pmatrix}x_1\\y_1\\z_1\end{pmatrix},$$

$$\begin{aligned}原式&=ax_1z_1+ay_1z_1+bx_1z_1-by_1z_1+cx_1^2-cy_1^2\\&=c\left(x_1+\frac{a+b}{2c}z_1\right)^2-c\left(y_1-\frac{a-b}{2c}z_1\right)^2-\frac{ab}{c}z_1^2.\end{aligned}$$

令
$$\begin{pmatrix}x_2\\y_2\\z_2\end{pmatrix}=\begin{pmatrix}1&0&\frac{a+b}{2c}\\0&1&-\frac{a-b}{2c}\\0&0&1\end{pmatrix}\begin{pmatrix}x_1\\y_1\\z_1\end{pmatrix}$$

$$原式=cx_2^2-cy_2^2-\frac{ab}{c}z_2^2. \qquad ①$$

由 a,b 之一不等于 0 可得到与式①类似的式子.

总之,如果 a,b,c 不全为 0,当 $abc=0$ 时,秩为 2,符号差为 0;当 $abc>0$ 时,秩为 3,符号差为-1;当 $abc<0$ 时,秩为 3,符号差为 1.

8. 证明:实二次型

$$\sum_{i=1}^{n}\sum_{j=1}^{n}(\lambda ij+i+j)x_ix_j \quad (n>1)$$

的秩和符号差与 λ 无关.

证　二次型的矩阵为

$$\begin{pmatrix} \lambda+2 & 2\lambda+3 & \cdots & n\lambda+n+1 \\ 2\lambda+3 & 4\lambda+4 & \cdots & 2n\lambda+n+2 \\ \vdots & \vdots & & \vdots \\ n\lambda+n+1 & 2n\lambda+n+2 & \cdots & n^2\lambda+2n \end{pmatrix}$$

$$\longrightarrow \begin{pmatrix} \lambda+2 & 2\lambda+3 & \cdots & n\lambda+n+1 \\ -1 & -2 & \cdots & -n \\ \vdots & \vdots & & \vdots \\ -n+1 & -2n+2 & \cdots & (-n+1)n \end{pmatrix}$$

$$\longrightarrow \begin{pmatrix} \lambda+2 & -1 & -2 & \cdots & -n+1 \\ -1 & 0 & 0 & \cdots & 0 \\ -2 & 0 & 0 & \cdots & 0 \\ \vdots & \vdots & \vdots & & \vdots \\ -n+1 & 0 & 0 & \cdots & 0 \end{pmatrix} \longrightarrow \begin{pmatrix} \lambda & -1 & 0 & \cdots & 0 \\ -1 & 0 & 0 & \cdots & 0 \\ 0 & 0 & 0 & \cdots & 0 \\ \vdots & \vdots & \vdots & & \vdots \\ 0 & 0 & 0 & \cdots & 0 \end{pmatrix}$$

$$\longrightarrow \begin{pmatrix} \lambda & -1 & 0 & \cdots & 0 \\ -1+\lambda & -1 & 0 & \cdots & 0 \\ 0 & 0 & 0 & \cdots & 0 \\ \vdots & \vdots & \vdots & & \vdots \\ 0 & 0 & 0 & \cdots & 0 \end{pmatrix} \longrightarrow \begin{pmatrix} 1 & 0 & 0 & \cdots & 0 \\ 0 & -1 & 0 & \cdots & 0 \\ 0 & 0 & 0 & \cdots & 0 \\ \vdots & \vdots & \vdots & & \vdots \\ 0 & 0 & 0 & \cdots & 0 \end{pmatrix},$$

故秩和符号差都与 λ 无关.

9.3　正定二次型

1. 判断下列实二次型是不是正定的:

(i) $10x_1^2-2x_2^2+3x_3^2+4x_1x_2+4x_1x_3$;

(ii) $5x_1^2+x_2^2+5x_3^2+4x_1x_2-8x_1x_3-4x_2x_3$.

解 (i) 不是. 因为二阶主子式 $\begin{vmatrix} 10 & 2 \\ 2 & -2 \end{vmatrix} < 0$.

(ii) 是. 因为一切主子式都大于零.

2. λ 取什么值时,实二次型

$$\lambda(x_1^2+x_2^2+x_3^2)+2x_1x_2-2x_2x_3-2x_3x_1+x_4^2$$

是正定的?

解 该二次型的最高阶主子式为

$$\begin{vmatrix} \lambda & 1 & -1 & 0 \\ 1 & \lambda & -1 & 0 \\ -1 & -1 & \lambda & 0 \\ 0 & 0 & 0 & 1 \end{vmatrix}.$$

为使二次型为正定,必需且只需各阶主子式大于零. 于是得

$$\begin{cases} \lambda > 0, \\ \lambda^2-1>0, \\ \lambda^3-3\lambda+2=(\lambda-1)^2(\lambda+2)>0, \end{cases}$$

解得 $\lambda > 1$.

3. 设 $\boldsymbol{A}$ 是一个实对称矩阵,如果以 $\boldsymbol{A}$ 为矩阵的实二次型是正定的,那么就说 $\boldsymbol{A}$ 是正定的. 证明:对于任意实对称矩阵 $\boldsymbol{A}$,总存在足够大的实数 t,使得 $t\boldsymbol{I}+\boldsymbol{A}$ 是正定的.

证 任取 $t\boldsymbol{I}+\boldsymbol{A}$ 的一个顺序主子式 $D_k(t)$,由于 $D_k(t)$ 是关于 t 的首项系数为 1 的 k 次多项式,所以对充分大的 t,$D_k(t)$ 的符号与首项符号一致,从而 $D_k(t)>0$. 于是对充分大的实数 t,$t\boldsymbol{I}+\boldsymbol{A}$ 是正定的.

4. 证明:n 阶实对称矩阵 $\boldsymbol{A}=(a_{ij})$ 是正定的,必需且只需对于任意 $1\leqslant i_1 < \cdots < i_k \leqslant n$,$k$ 阶子式

$$\begin{vmatrix} a_{i_1i_1} & a_{i_1i_2} & \cdots & a_{i_1i_k} \\ a_{i_2i_1} & a_{i_2i_2} & \cdots & a_{i_2i_k} \\ \vdots & \vdots & & \vdots \\ a_{i_ki_1} & a_{i_ki_2} & \cdots & a_{i_ki_k} \end{vmatrix} > 0 \quad (k=1,2,\cdots,n).$$

证 充分性. 由题设知,$\boldsymbol{A}$ 的一切主子式大于 0,故以 $\boldsymbol{A}$ 为矩阵的实二次型是正定的,且 $\boldsymbol{A}$ 为正定矩阵.

必要性. 设 $\boldsymbol{A}=(a_{ij})_{n\times n}$,而

$$A_k=\begin{pmatrix} a_{i_1i_1} & a_{i_1i_2} & \cdots & a_{i_1i_k} \\ a_{i_2i_1} & a_{i_2i_2} & \cdots & a_{i_2i_k} \\ \vdots & \vdots & & \vdots \\ a_{i_ki_1} & a_{i_ki_2} & \cdots & a_{i_ki_k} \end{pmatrix} \quad (1\leqslant i_1<i_2<\cdots<i_k\leqslant n).$$

因 $\boldsymbol{A}$ 正定，故 $f(x_1,x_2,\cdots,x_n)=\boldsymbol{X}'\boldsymbol{A}\boldsymbol{X}$ 对于一切不全为 0 的实数 $x_1,x_2,\cdots,x_n$，都有 $f(x_1,x_2,\cdots,x_n)>0$. 特别地，当其中的数 $x_{i_1},x_{i_2},\cdots,x_{i_k}$ 不全为 0 而其余数全为 0 时，就有 $f(0,\cdots,x_{i_1},0,\cdots,x_{i_2},0,\cdots,x_{i_k},0,\cdots,0)>0$. 由此可知，对变量 $x_{i_1},x_{i_2},\cdots,x_{i_k}$ 的以 $\boldsymbol{A}_k$ 为矩阵的二次型 $g(x_{i_1},x_{i_2},\cdots,x_{i_k})$ 来说，有

$$g(x_{i_1},x_{i_2},\cdots,x_{i_k})=f(0,\cdots,x_{i_1},0,\cdots,x_{i_2},0,\cdots,x_{i_k},0,\cdots,0)>0,$$

故 g 是正定的，从而 $\boldsymbol{A}_k$ 正定，故 $\det\boldsymbol{A}_k>0$.

5. 设 $\boldsymbol{A}=(a_{ij})$ 是一个 n 阶正定实对称矩阵，证明：

$$\det\boldsymbol{A}\leqslant a_{11}a_{22}\cdots a_{nn},$$

当且仅当 $\boldsymbol{A}$ 是对角形矩阵时，等号成立.

（提示：对 n 作数学归纳法，利用教材中定理 9.3.2 的证明及本节习题 4.）

证　用数学归纳法.

当 $\boldsymbol{A}$ 为一阶正定实对称矩阵时，结论显然成立. 设对 $n-1$ 阶正定实对称矩阵结论成立，现对 n $(n\geqslant 2)$ 阶正定实对称矩阵证明结论成立. 记

$$\boldsymbol{A}=\begin{pmatrix} \boldsymbol{P}_{n-1} & \boldsymbol{B} \\ \boldsymbol{B}' & a_{nn} \end{pmatrix},$$

其中
$$\boldsymbol{P}_{n-1}=\begin{pmatrix} a_{11} & \cdots & a_{1,n-1} \\ \vdots & & \vdots \\ a_{n-1,1} & \cdots & a_{n-1,n-1} \end{pmatrix},\quad \boldsymbol{B}=\begin{pmatrix} a_{1n} \\ \vdots \\ a_{n-1,n} \end{pmatrix}.$$

令
$$\boldsymbol{F}=\begin{pmatrix} \boldsymbol{I}_{n-1} & -\boldsymbol{P}_{n-1}^{-1}\boldsymbol{B} \\ \boldsymbol{O} & 1 \end{pmatrix},$$

则
$$\boldsymbol{F}'\boldsymbol{A}\boldsymbol{F}=\begin{pmatrix} \boldsymbol{P}_{n-1} & \boldsymbol{O} \\ \boldsymbol{O} & a_{nn}-\boldsymbol{B}'\boldsymbol{P}_{n-1}^{-1}\boldsymbol{B} \end{pmatrix}.$$

注意 $\boldsymbol{P}_{n-1}$ 是正定实对称矩阵，其逆矩阵

$$\boldsymbol{P}_{n-1}^{-1}=\frac{1}{\det(\boldsymbol{P}_{n-1})}\cdot\boldsymbol{P}_{n-1}^{*}$$

也是实对称矩阵,且因存在可逆矩阵 $\boldsymbol{C}$,使 $\boldsymbol{C}'\boldsymbol{P}_{n-1}\boldsymbol{C}=\boldsymbol{I}$,各边取逆矩阵,得

$$\boldsymbol{C}^{-1}\boldsymbol{P}_{n-1}^{-1}(\boldsymbol{C}')^{-1}=\boldsymbol{C}^{-1}\boldsymbol{P}_{n-1}^{-1}(\boldsymbol{C}^{-1})'=\boldsymbol{I},$$

故 $\boldsymbol{P}_{n-1}^{-1}$ 是正定的,从而 $\boldsymbol{B}'\boldsymbol{P}_{n-1}^{-1}\boldsymbol{B}\geqslant 0$,当且仅当 $\boldsymbol{B}=\boldsymbol{O}$ 时,等号成立.

又 $$\det\boldsymbol{F}=\det\boldsymbol{F}'=1,$$

所以 $\det\boldsymbol{A}=\det\boldsymbol{F}'\cdot\det\boldsymbol{A}\cdot\det\boldsymbol{F}=\det(\boldsymbol{F}'\boldsymbol{A}\boldsymbol{F})=(\det\boldsymbol{P}_{n-1})(a_{nn}-\boldsymbol{B}'\boldsymbol{P}_{n-1}^{-1}\boldsymbol{B})$.

注意 $\det\boldsymbol{A}>0,\det\boldsymbol{P}_{n-1}>0$,所以

$$a_{nn}-\boldsymbol{B}'\boldsymbol{P}_{n-1}^{-1}\boldsymbol{B}>0 \quad \text{即} \quad 0\leqslant\boldsymbol{B}'\boldsymbol{P}_{n-1}^{-1}\boldsymbol{B}<a_{nn},$$

从而 $\det\boldsymbol{A}\leqslant(\det\boldsymbol{P}_{n-1})\cdot a_{nn}$,当且仅当 $\boldsymbol{B}=\boldsymbol{O}$ 时,等号成立. 根据归纳假设知,

$$\det\boldsymbol{P}_{n-1}\leqslant a_{11}a_{22}\cdots a_{n-1,n-1},$$

当且仅当 $\boldsymbol{P}_{n-1}$ 为对角形矩阵时,等号成立. 所以

$$\det\boldsymbol{A}\leqslant a_{11}a_{22}\cdots a_{nn},$$

当且仅当 $\boldsymbol{A}$ 为对角形矩阵时,等号成立.

6. 设 $\boldsymbol{A}=(a_{ij})$ 是任意 n 阶实矩阵,证明阿达马不等式:

$$(\det\boldsymbol{A})^2\leqslant\prod_{j=1}^{n}(a_{1j}^2+a_{2j}^2+\cdots+a_{nj}^2).$$

(提示:当 $\det\boldsymbol{A}\neq 0$ 时,先证明 $\boldsymbol{A}'\boldsymbol{A}$ 是正定对称矩阵,再利用本节习题 5 的结论.)

证 若 $\det\boldsymbol{A}=0$,因 a_{ij} 都是实数,故结论成立.

若 $\det\boldsymbol{A}\neq 0$,因 $(\boldsymbol{A}'\boldsymbol{A})'=\boldsymbol{A}'\boldsymbol{A}$ 且 $(\boldsymbol{A}^{-1})'(\boldsymbol{A}'\boldsymbol{A})\boldsymbol{A}^{-1}=\boldsymbol{I}$,所以 $\boldsymbol{A}'\boldsymbol{A}$ 为正定实对称矩阵. 注意

$$\boldsymbol{A}'\boldsymbol{A}=\begin{pmatrix}\sum_{i=1}^{n}a_{i1}^2 & * & \cdots & * \\ * & \sum_{i=1}^{n}a_{i2}^2 & \cdots & * \\ * & * & \cdots & * \\ \vdots & \vdots & & \vdots \\ * & * & \cdots & \sum_{i=1}^{n}a_{in}^2\end{pmatrix},$$

由习题 5 知, $(\det\boldsymbol{A})^2=\det(\boldsymbol{A}'\boldsymbol{A})\leqslant\prod_{j=1}^{n}(a_{1j}^2+a_{2j}^2+\cdots+a_{nj}^2)$.

9.4 主轴问题

1. 对于下列每一矩阵 $\boldsymbol{A}$,求一个正交矩阵 $\boldsymbol{U}$,使得 $\boldsymbol{U}'\boldsymbol{A}\boldsymbol{U}$ 具有对角形式:

(i) $A=\begin{pmatrix} a & b \\ b & a \end{pmatrix}$；　　(ii) $A=\begin{pmatrix} 2 & -1 & -1 \\ -1 & 2 & -1 \\ -1 & -1 & 2 \end{pmatrix}$；

(iii) $A=\begin{pmatrix} 5 & -2 & 0 & 0 \\ -2 & 2 & 0 & 0 \\ 0 & 0 & 5 & -2 \\ 0 & 0 & -2 & 2 \end{pmatrix}$.

解　(i) 令　$\det(\lambda I - A)=\begin{vmatrix} \lambda-a & -b \\ -b & \lambda-a \end{vmatrix}=\lambda^2-2a\lambda+a^2-b^2=0$,

解得两个特征根 $\lambda_1=a+b,\lambda_2=a-b$. 而相应的特征向量

$$\xi_1'=\begin{pmatrix} 1 \\ 1 \end{pmatrix},\quad \xi_2'=\begin{pmatrix} 1 \\ -1 \end{pmatrix},$$

它们已是正交的. 单位化得

$$\xi_1=\frac{1}{\sqrt{2}}\begin{pmatrix} 1 \\ 1 \end{pmatrix},\quad \xi_2=\frac{1}{\sqrt{2}}\begin{pmatrix} 1 \\ -1 \end{pmatrix},$$

于是得正交矩阵　$U=\frac{1}{\sqrt{2}}\begin{pmatrix} 1 & 1 \\ 1 & -1 \end{pmatrix}$.

容易验证　$U'AU=\begin{pmatrix} a+b & 0 \\ 0 & a-b \end{pmatrix}=\begin{pmatrix} \lambda_1 & 0 \\ 0 & \lambda_2 \end{pmatrix}$.

(ii)　$$U=\begin{pmatrix} \frac{1}{\sqrt{3}} & \frac{1}{\sqrt{2}} & \frac{1}{\sqrt{6}} \\ \frac{1}{\sqrt{3}} & -\frac{1}{\sqrt{2}} & \frac{1}{\sqrt{6}} \\ \frac{1}{\sqrt{3}} & 0 & -\frac{2}{\sqrt{6}} \end{pmatrix}.$$

(iii)　$$U=\begin{pmatrix} \frac{1}{\sqrt{5}} & -\frac{2}{\sqrt{5}} & 0 & 0 \\ \frac{2}{\sqrt{5}} & \frac{1}{\sqrt{5}} & 0 & 0 \\ 0 & 0 & \frac{1}{\sqrt{5}} & -\frac{2}{\sqrt{5}} \\ 0 & 0 & \frac{2}{\sqrt{5}} & \frac{1}{\sqrt{5}} \end{pmatrix}.$$

2. 设 $\boldsymbol{A}$ 是一个正定对称矩阵,证明:存在一个正定对称矩阵 $\boldsymbol{S}$,使得 $\boldsymbol{A}=\boldsymbol{S}^2$.

证 设 $\boldsymbol{A}$ 是一个正定对称矩阵,$\lambda_1,\lambda_2,\cdots,\lambda_n$ 为 $\boldsymbol{A}$ 的特征根,那么存在正交矩阵 $\boldsymbol{U}$,使

$$\boldsymbol{U}'\boldsymbol{A}\boldsymbol{U}=\begin{pmatrix}\lambda_1 & & & \\ & \lambda_2 & & \\ & & \ddots & \\ & & & \lambda_n\end{pmatrix},$$

其中 $\lambda_i>0\ (i=1,2,\cdots,n)$. 所以

$$\boldsymbol{A}=\boldsymbol{U}\begin{pmatrix}\lambda_1 & & & \\ & \lambda_2 & & \\ & & \ddots & \\ & & & \lambda_n\end{pmatrix}\boldsymbol{U}'=\boldsymbol{U}\begin{pmatrix}\sqrt{\lambda_1} & & & \\ & \sqrt{\lambda_2} & & \\ & & \ddots & \\ & & & \sqrt{\lambda_n}\end{pmatrix}\boldsymbol{U}'\boldsymbol{U}\begin{pmatrix}\sqrt{\lambda_1} & & & \\ & \sqrt{\lambda_2} & & \\ & & \ddots & \\ & & & \sqrt{\lambda_n}\end{pmatrix}\boldsymbol{U}'.$$

令

$$\boldsymbol{S}=\boldsymbol{U}\begin{pmatrix}\sqrt{\lambda_1} & & & \\ & \sqrt{\lambda_2} & & \\ & & \ddots & \\ & & & \sqrt{\lambda_n}\end{pmatrix}\boldsymbol{U}',\ \text{则}\ \boldsymbol{U}'\boldsymbol{S}\boldsymbol{U}=\begin{pmatrix}\sqrt{\lambda_1} & & & \\ & \sqrt{\lambda_2} & & \\ & & \ddots & \\ & & & \sqrt{\lambda_n}\end{pmatrix},$$

可见 $\boldsymbol{S}$ 是对称的同时也是正定矩阵,而 $\boldsymbol{A}=\boldsymbol{S}^2$.

3. 设 $\boldsymbol{A}$ 是一个 n 阶可逆实矩阵,证明:存在一个正定对称矩阵 $\boldsymbol{S}$ 和一个正交矩阵 $\boldsymbol{U}$,使得 $\boldsymbol{A}=\boldsymbol{U}\boldsymbol{S}$.

(提示:$\boldsymbol{A}'\boldsymbol{A}$ 是正定对称矩阵. 于是由本节习题 2 知,存在正定矩阵 $\boldsymbol{S}$,使得 $\boldsymbol{A}'\boldsymbol{A}=\boldsymbol{S}^2$. 再看一看 $\boldsymbol{U}$ 应该怎样取.)

证 因为 $\boldsymbol{A}$ 是 n 阶可逆实矩阵,所以 $\boldsymbol{A}'\boldsymbol{A}$ 是正定对称矩阵(见教材 9.3 节习题 6 及其提示). 由上面习题 4 知,存在正定对称矩阵 $\boldsymbol{S}$,使 $\boldsymbol{A}'\boldsymbol{A}=\boldsymbol{S}^2$,所以

$$\boldsymbol{A}=(\boldsymbol{A}')^{-1}\boldsymbol{S}^2=[(\boldsymbol{A}')^{-1}\boldsymbol{S}]\boldsymbol{S}.$$

令 $\boldsymbol{U}=(\boldsymbol{A}')^{-1}\boldsymbol{S}$,则

$$\boldsymbol{U}\boldsymbol{U}'=(\boldsymbol{A}')^{-1}\boldsymbol{S}\cdot\boldsymbol{S}'\boldsymbol{A}^{-1}=(\boldsymbol{A}')^{-1}\boldsymbol{S}^2\boldsymbol{A}^{-1}=(\boldsymbol{A}')^{-1}\boldsymbol{A}'\boldsymbol{A}\boldsymbol{A}^{-1}=\boldsymbol{I},$$

所以 $\boldsymbol{U}$ 是正交矩阵,并且 $\boldsymbol{A}=\boldsymbol{U}\boldsymbol{S}$.

4. 设$\{\boldsymbol{A}_i\}$是一组两两可交换的 n 阶实对称矩阵,证明:存在一个 n 阶正

交矩阵 $\boldsymbol{U}$，使得 $\boldsymbol{U}'\boldsymbol{A}_i\boldsymbol{U}$ 都是对角形矩阵.

（提示：对 n 作数学归纳法，并且参考教材 7.6 节习题 9.）

证 对矩阵的个数作数学归纳法.

设有两个实对称矩阵 $\boldsymbol{A}_1$ 和 $\boldsymbol{A}_2$，已知 $\boldsymbol{A}_1\boldsymbol{A}_2=\boldsymbol{A}_2\boldsymbol{A}_1$，对于 $\boldsymbol{A}_1$，存在正交矩阵 $\boldsymbol{U}_1$，使

$$\boldsymbol{U}_1'\boldsymbol{A}_1\boldsymbol{U}_1=\begin{pmatrix}\lambda_1\boldsymbol{I}_1 & & & \\ & \lambda_2\boldsymbol{I}_2 & & \\ & & \ddots & \\ & & & \lambda_t\boldsymbol{I}_t\end{pmatrix},$$

其中 $\lambda_1,\lambda_2,\cdots,\lambda_t$ 是 $\boldsymbol{A}_1$ 的不同特征根. 因

$$\begin{aligned}(\boldsymbol{U}_1'\boldsymbol{A}_1\boldsymbol{U}_1)(\boldsymbol{U}_1'\boldsymbol{A}_2\boldsymbol{U}_1)&=\boldsymbol{U}_1'\boldsymbol{A}_1\boldsymbol{A}_2\boldsymbol{U}_1=\boldsymbol{U}_1'\boldsymbol{A}_2\boldsymbol{A}_1\boldsymbol{U}_1\\&=(\boldsymbol{U}_1'\boldsymbol{A}_2\boldsymbol{U}_1)(\boldsymbol{U}_1'\boldsymbol{A}_1\boldsymbol{U}_1),\end{aligned}$$

由矩阵的分块乘法可知，$\boldsymbol{U}_1'\boldsymbol{A}_2\boldsymbol{U}_1$ 只能是分块对角矩阵（也称为对角线分块矩阵）$\begin{pmatrix}\boldsymbol{B}_1 & & & \\ & \boldsymbol{B}_2 & & \\ & & \ddots & \\ & & & \boldsymbol{B}_t\end{pmatrix}$，并且 $\boldsymbol{B}_i$ 与 $\lambda_i\boldsymbol{I}_i\ (i=1,2,\cdots,t)$ 同阶. 因为 $\boldsymbol{A}_2$ 是实对称矩阵，$\boldsymbol{U}_1'\boldsymbol{A}_2\boldsymbol{U}_1=\begin{pmatrix}\boldsymbol{B}_1 & & & \\ & \boldsymbol{B}_2 & & \\ & & \ddots & \\ & & & \boldsymbol{B}_t\end{pmatrix}$ 也是实对称矩阵，所以每个 $\boldsymbol{B}_i\ (i=1,2,\cdots,t)$ 都是实对称矩阵，并且存在正交矩阵 $\boldsymbol{R}_i$，使 $\boldsymbol{R}_i'\boldsymbol{B}_i\boldsymbol{R}_i$ 为对角矩阵.

令 $\boldsymbol{U}_2=\begin{pmatrix}\boldsymbol{R}_1 & & & \\ & \boldsymbol{R}_2 & & \\ & & \ddots & \\ & & & \boldsymbol{R}_t\end{pmatrix}$，那么 $\boldsymbol{U}_2'\begin{pmatrix}\boldsymbol{B}_1 & & & \\ & \boldsymbol{B}_2 & & \\ & & \ddots & \\ & & & \boldsymbol{B}_t\end{pmatrix}\boldsymbol{U}_2=\boldsymbol{U}_2'\boldsymbol{U}_1'\boldsymbol{A}_2\boldsymbol{U}_1\boldsymbol{U}_2$ 为对角矩阵. 同时，

$$\boldsymbol{U}_2'\begin{pmatrix}\lambda_1\boldsymbol{I}_1 & & & \\ & \lambda_2\boldsymbol{I}_2 & & \\ & & \ddots & \\ & & & \lambda_t\boldsymbol{I}_t\end{pmatrix}\boldsymbol{U}_2=\boldsymbol{U}_2'\boldsymbol{U}_1'\boldsymbol{A}_1\boldsymbol{U}_1\boldsymbol{U}_2$$

也是对角矩阵.

令 $\boldsymbol{U}=\boldsymbol{U}_1\boldsymbol{U}_2$，因 $\boldsymbol{U}_1$，$\boldsymbol{U}_2$ 都是正交矩阵，故 $\boldsymbol{U}$ 也是正交矩阵，并且 $\boldsymbol{U}'\boldsymbol{A}_1\boldsymbol{U}$，$\boldsymbol{U}'\boldsymbol{A}_2\boldsymbol{U}$ 都是对角矩阵.

假定对满足条件的 $k-1$ 个矩阵结论成立，设有 k 个实对称矩阵 $\boldsymbol{A}_1$，$\boldsymbol{A}_2$，$\cdots$，$\boldsymbol{A}_k$，其中两两可交换. 对于 $\boldsymbol{A}_1$，存在正交矩阵 $\boldsymbol{U}_1$，使

$$\boldsymbol{U}_1'\boldsymbol{A}_1\boldsymbol{U}_1=\begin{pmatrix}\lambda_1\boldsymbol{I}_1 & & & \\ & \lambda_2\boldsymbol{I}_2 & & \\ & & \ddots & \\ & & & \lambda_t\boldsymbol{I}_t\end{pmatrix}.$$

与上面证明一样，$\boldsymbol{U}_1'\boldsymbol{A}_i\boldsymbol{U}_1\ (i=2,3,\cdots,k)$ 都只能是准对角矩阵：

$$\boldsymbol{U}_1'\boldsymbol{A}_i\boldsymbol{U}_1=\begin{pmatrix}\boldsymbol{A}_i^{(1)} & & & \\ & \boldsymbol{A}_i^{(2)} & & \\ & & \ddots & \\ & & & \boldsymbol{A}_i^{(t)}\end{pmatrix},$$

其中 $\boldsymbol{A}_i^{(r)}$ 与 $\lambda_r\boldsymbol{I}_r$ 同阶，并且 $\boldsymbol{A}_i^{(r)}$ 都是实对称矩阵. 因为

$$(\boldsymbol{U}_1'\boldsymbol{A}_i\boldsymbol{U}_1)(\boldsymbol{U}_1'\boldsymbol{A}_j\boldsymbol{U}_1)=(\boldsymbol{U}_1'\boldsymbol{A}_j\boldsymbol{U}_1)(\boldsymbol{U}_1'\boldsymbol{A}_i\boldsymbol{U}_1),$$

所以
$$\boldsymbol{A}_i^{(r)}\boldsymbol{A}_j^{(r)}=\boldsymbol{A}_j^{(r)}\boldsymbol{A}_i^{(r)}\quad (i,j=2,3,\cdots,k;r=1,2,\cdots,t).$$

由归纳假设知，对每个 $r(r=1,2,\cdots,t)$，存在正交矩阵 $\boldsymbol{R}_r$，使 $\boldsymbol{R}_r'\boldsymbol{A}_i^{(r)}\boldsymbol{R}_r$ $(i=2,3,\cdots,k)$ 成为对角形矩阵，令

$$\boldsymbol{U}_2=\begin{pmatrix}\boldsymbol{R}_1 & & & \\ & \boldsymbol{R}_2 & & \\ & & \ddots & \\ & & & \boldsymbol{R}_t\end{pmatrix},$$

则 $\boldsymbol{U}_2$ 是正交矩阵，$\boldsymbol{U}_2'\boldsymbol{U}_1'\boldsymbol{A}_i\boldsymbol{U}_1\boldsymbol{U}_2\ (i=2,3,\cdots,k)$ 都是对角形矩阵，而且 $\boldsymbol{U}_2'\boldsymbol{U}_1'\boldsymbol{A}_1\boldsymbol{U}_1\boldsymbol{U}_2$ 也是对角形矩阵.

令 $\boldsymbol{U}=\boldsymbol{U}_1\boldsymbol{U}_2$，则 $\boldsymbol{U}$ 是正交矩阵，并且 $\boldsymbol{U}'\boldsymbol{A}_i\boldsymbol{U}(i=1,2,\cdots,k)$ 都是对角形矩阵，故结论对 k 成立，从而对任何正整数 n 成立.

9.5 双线性函数

1. 设 V 是数域 F 上一切 $m\times n$ 矩阵所构成的向量空间. $\boldsymbol{C}$ 是一个取定的 $m\times m$ 矩阵. 定义

$$f:V\times V\rightarrow F,\quad f(\boldsymbol{A},\boldsymbol{B})=\mathrm{tr}(\boldsymbol{A}^{\mathrm{T}}\boldsymbol{C}\boldsymbol{B}).$$

证明：f 是 V 上一个双线性函数. f 是不是对称的？

证 (i) $f(\boldsymbol{A}_1+\boldsymbol{A}_2,\boldsymbol{B})=\operatorname{tr}((\boldsymbol{A}_1+\boldsymbol{A}_2)^{\mathrm{T}}\boldsymbol{C}\boldsymbol{B})=\operatorname{tr}((\boldsymbol{A}_1^{\mathrm{T}}+\boldsymbol{A}_2^{\mathrm{T}})\boldsymbol{C}\boldsymbol{B})$

$$=\operatorname{tr}(\boldsymbol{A}_1^{\mathrm{T}}\boldsymbol{C}\boldsymbol{B}+\boldsymbol{A}_2^{\mathrm{T}}\boldsymbol{C}\boldsymbol{B})=\operatorname{tr}(\boldsymbol{A}_1^{\mathrm{T}}\boldsymbol{C}\boldsymbol{B})+\operatorname{tr}(\boldsymbol{A}_2^{\mathrm{T}}\boldsymbol{C}\boldsymbol{B})$$

$$=f(\boldsymbol{A}_1,\boldsymbol{B})+f(\boldsymbol{A}_2,\boldsymbol{B}).$$

(ii) $f(\boldsymbol{A},\boldsymbol{B}_1+\boldsymbol{B}_2)=\operatorname{tr}(\boldsymbol{A}^{\mathrm{T}}\boldsymbol{C}(\boldsymbol{B}_1+\boldsymbol{B}_2))=\operatorname{tr}(\boldsymbol{A}^{\mathrm{T}}\boldsymbol{C}\boldsymbol{B}_1+\boldsymbol{A}^{\mathrm{T}}\boldsymbol{C}\boldsymbol{B}_2)$

$$=\operatorname{tr}(\boldsymbol{A}^{\mathrm{T}}\boldsymbol{C}\boldsymbol{B}_1)+\operatorname{tr}(\boldsymbol{A}^{\mathrm{T}}\boldsymbol{C}\boldsymbol{B}_2)=f(\boldsymbol{A},\boldsymbol{B}_1)+f(\boldsymbol{A},\boldsymbol{B}_2).$$

(iii) $f(a\boldsymbol{A},\boldsymbol{B})=\operatorname{tr}((a\boldsymbol{A})^{\mathrm{T}}\boldsymbol{C}\boldsymbol{B})=\operatorname{tr}((a\boldsymbol{A}^{\mathrm{T}})\boldsymbol{C}\boldsymbol{B})=\operatorname{tr}(a\boldsymbol{A}^{\mathrm{T}}\boldsymbol{C}\boldsymbol{B})$

$$=a\operatorname{tr}(\boldsymbol{A}^{\mathrm{T}}\boldsymbol{C}\boldsymbol{B})=af(\boldsymbol{A},\boldsymbol{B}).$$

$$f(\boldsymbol{A},a\boldsymbol{B})=\operatorname{tr}(\boldsymbol{A}^{\mathrm{T}}\boldsymbol{C}(a\boldsymbol{B}))=\operatorname{tr}(a\boldsymbol{A}^{\mathrm{T}}\boldsymbol{C}\boldsymbol{B})=a\operatorname{tr}(\boldsymbol{A}^{\mathrm{T}}\boldsymbol{C}\boldsymbol{B})=af(\boldsymbol{A},\boldsymbol{B}).$$

综上所述，f 是 V 上一个双线性函数.

一般说来，f 不是对称的. 例如，取定 $\boldsymbol{C}=\begin{pmatrix}1&2\\3&4\end{pmatrix}$，$\boldsymbol{A}=\begin{pmatrix}1&0\\0&1\end{pmatrix}$，$\boldsymbol{B}=\begin{pmatrix}0&1\\0&0\end{pmatrix}$，则有

$$f(\boldsymbol{A},\boldsymbol{B})=\operatorname{tr}(\boldsymbol{A}^{\mathrm{T}}\boldsymbol{C}\boldsymbol{B})=\operatorname{tr}\left(\begin{pmatrix}1&0\\0&1\end{pmatrix}\begin{pmatrix}1&2\\3&4\end{pmatrix}\begin{pmatrix}0&1\\0&0\end{pmatrix}\right)=\operatorname{tr}\left(\begin{pmatrix}0&1\\0&3\end{pmatrix}\right)=3,$$

$$f(\boldsymbol{B},\boldsymbol{A})=\operatorname{tr}(\boldsymbol{B}^{\mathrm{T}}\boldsymbol{C}\boldsymbol{A})=\operatorname{tr}\left(\begin{pmatrix}0&0\\1&0\end{pmatrix}\begin{pmatrix}1&2\\3&4\end{pmatrix}\begin{pmatrix}1&0\\0&1\end{pmatrix}\right)=\operatorname{tr}\left(\begin{pmatrix}0&0\\1&2\end{pmatrix}\right)=2,$$

这里 $f(\boldsymbol{B},\boldsymbol{A})\neq f(\boldsymbol{A},\boldsymbol{B})$，可见 f 不是对称的.

2. 写出 $\mathbf{R}^3$ 上一切对称双线性函数.

解 根据定理 9.5.1，对于实数域 $\mathbf{R}$ 上 n 维向量空间 V 的对称双线性函数 f，存在 V 的一个基 $\{\boldsymbol{\varepsilon}_1,\boldsymbol{\varepsilon}_2,\cdots,\boldsymbol{\varepsilon}_n\}$ 和非负整数 p 与 r，使得

$$f(\boldsymbol{\varepsilon}_i,\boldsymbol{\varepsilon}_j)=0,\ i\neq j;$$

$$f(\boldsymbol{\varepsilon}_i,\boldsymbol{\varepsilon}_i)=\begin{cases}1, & 1\leqslant i\leqslant p,\\ -1, & p+1\leqslant i\leqslant r,\\ 0, & r+1\leqslant i\leqslant n.\end{cases}$$

整数 p,r 由 f 唯一确定. 由此可以得到 f 在基 $\{\boldsymbol{\varepsilon}_1,\boldsymbol{\varepsilon}_2,\cdots,\boldsymbol{\varepsilon}_n\}$ 下的唯一的对角形的格拉姆矩阵

$$\begin{pmatrix}\boldsymbol{I}_p&\boldsymbol{O}&\boldsymbol{O}\\ \boldsymbol{O}&-\boldsymbol{I}_{r-p}&\boldsymbol{O}\\ \boldsymbol{O}&\boldsymbol{O}&\boldsymbol{O}\end{pmatrix}.$$

它可称为 f 的格拉姆矩阵的典范形式，f 在其他基下的格拉姆矩阵（实对称

矩阵)都与这个典范形式合同.

又由前面实二次型相关内容知,对于上述对角形矩阵或格拉姆矩阵的典范形式,当且仅当数对(r,p)相同时合同,故具有不同数对(r,p)的格拉姆矩阵典范形式互不合同,且对应不同的对称双线性函数.

注意$0\leqslant r\leqslant n$及$0\leqslant p\leqslant r$,不同数对(r,p)共有$\frac{1}{2}(n+1)(n+2)$个,可得实n维向量空间互不合同的格拉姆矩阵的典范形式也有同样数目,依据这些矩阵即可对应地写出该空间一切对称双线性函数来.

具体地,$\mathbf{R}^3$上所有互不合同的格拉姆矩阵典范形式,其数对个数由$\frac{1}{2}(3+1)(3+2)$计算,共有10个,依次写出如下:

$$\begin{pmatrix}0&0&0\\0&0&0\\0&0&0\end{pmatrix},\quad\begin{pmatrix}1&0&0\\0&0&0\\0&0&0\end{pmatrix},\quad\begin{pmatrix}-1&0&0\\0&0&0\\0&0&0\end{pmatrix},\quad\begin{pmatrix}1&0&0\\0&1&0\\0&0&0\end{pmatrix},$$

$$\begin{pmatrix}1&0&0\\0&-1&0\\0&0&0\end{pmatrix},\quad\begin{pmatrix}-1&0&0\\0&-1&0\\0&0&0\end{pmatrix},\quad\begin{pmatrix}1&0&0\\0&1&0\\0&0&1\end{pmatrix},\quad\begin{pmatrix}1&0&0\\0&1&0\\0&0&-1\end{pmatrix},$$

$$\begin{pmatrix}1&0&0\\0&-1&0\\0&0&-1\end{pmatrix},\quad\begin{pmatrix}-1&0&0\\0&-1&0\\0&0&-1\end{pmatrix}.$$

设有一对向量$\boldsymbol{\xi},\boldsymbol{\eta}$,它们在各个基下的坐标都用$(x_1,x_2,x_3)^{\mathrm{T}}$及$(y_1,y_2,y_3)^{\mathrm{T}}$表示,则$\mathbf{R}^3$中一切对称双线性函数可表示为

$$f_1(\boldsymbol{\xi},\boldsymbol{\eta})=0;\quad f_6(\boldsymbol{\xi},\boldsymbol{\eta})=-x_1y_1-x_2y_2;$$

$$f_2(\boldsymbol{\xi},\boldsymbol{\eta})=x_1y_1;\quad f_7(\boldsymbol{\xi},\boldsymbol{\eta})=x_1y_1+x_2y_2+x_3y_3;$$

$$f_3(\boldsymbol{\xi},\boldsymbol{\eta})=-x_1y_1;\quad f_8(\boldsymbol{\xi},\boldsymbol{\eta})=x_1y_1+x_2y_2-x_3y_3;$$

$$f_4(\boldsymbol{\xi},\boldsymbol{\eta})=x_1y_1+x_2y_2;\quad f_9(\boldsymbol{\xi},\boldsymbol{\eta})=x_1y_1-x_2y_2-x_3y_3;$$

$$f_5(\boldsymbol{\xi},\boldsymbol{\eta})=x_1y_1-x_2y_2;\quad f_{10}(\boldsymbol{\xi},\boldsymbol{\eta})=-x_1y_1-x_2y_2-x_3y_3.$$

3. 设V是数域F上一个有限维内积空间配备了一个内积f.证明以下两个条件等价:

(i) $\{\boldsymbol{\alpha}\in V\mid f(\boldsymbol{\alpha},\boldsymbol{\beta})=0$ 对一切 $\boldsymbol{\beta}\in V\}=\{0\}$;

(ii) f关于V的任意基的格拉姆矩阵非奇异.

满足上述条件的内积叫做非退化的.

证　条件(i)的意思是符合要求的向量 $\boldsymbol{\alpha}$ 有且仅有零向量，条件(ii)的意思是 f 关于 V 任一格拉姆矩阵非奇异.

设在 V 的某一给定基$\{\boldsymbol{\gamma}_1,\boldsymbol{\gamma}_2,\cdots,\boldsymbol{\gamma}_n\}$下，$f$ 有格拉姆矩阵 $\mathbf{A}$，向量

$$\boldsymbol{\alpha}=(\boldsymbol{\gamma}_1,\boldsymbol{\gamma}_2,\cdots,\boldsymbol{\gamma}_n)\begin{pmatrix}x_1\\x_2\\\vdots\\x_n\end{pmatrix},\quad \boldsymbol{\beta}=(\boldsymbol{\gamma}_1,\boldsymbol{\gamma}_2,\cdots,\boldsymbol{\gamma}_n)\begin{pmatrix}y_1\\y_2\\\vdots\\y_n\end{pmatrix}.$$

由于对任意 $\boldsymbol{\beta}$，有
$$f(\boldsymbol{\alpha},\boldsymbol{\beta})=(x_1,x_2,\cdots,x_n)\mathbf{A}\begin{pmatrix}y_1\\y_2\\\vdots\\y_n\end{pmatrix}=0,$$

即
$$\left(\sum_{i=1}^{n}a_{i1}x_i,\sum_{i=1}^{n}a_{i2}x_i,\cdots,\sum_{i=1}^{n}a_{in}x_i\right)\begin{pmatrix}y_1\\y_2\\\vdots\\y_n\end{pmatrix}=0$$

对任意 $y_1,y_2,\cdots,y_n$ 成立，当分别令 $y_i=1,y_j=0\ (j\neq i)$且 i 取 $1,2,\cdots,n$ 时，便得到

$$\begin{cases}a_{11}x_1+a_{21}x_2+\cdots+a_{n1}x_n=0,\\a_{12}x_1+a_{22}x_2+\cdots+a_{n2}x_n=0,\\\qquad\qquad\qquad\vdots\\a_{1n}x_1+a_{2n}x_2+\cdots+a_{nn}x_n=0,\end{cases}$$

简写为
$$\mathbf{A}^{\mathrm{T}}\boldsymbol{X}=\mathbf{0},$$
其中
$$\boldsymbol{X}=(x_1,x_2,\cdots,x_n)^{\mathrm{T}}.$$
这是关于 n 个变量有 n 个方程的线性齐次方程组，它有唯一零解(即 $\boldsymbol{\alpha}=\mathbf{0}$)的充要条件是系数矩阵 $\mathbf{A}^{\mathrm{T}}$ 非奇异，亦即 $\mathbf{A}$ 非奇异，故题中(i)、(ii)两条件是等价的.

4. 设 f 是数域 F 上有限维向量空间 V 的一个非退化内积. $\varphi:V\to F$ 是 V 上一个线性函数. 证明存在唯一的向量 $\boldsymbol{\alpha}\in V$，使得对于任意 $\boldsymbol{\beta}\in V$ 来说，都有 $\varphi(\boldsymbol{\beta})=f(\boldsymbol{\alpha},\boldsymbol{\beta})$.

证　设$\{\boldsymbol{\eta}_1,\boldsymbol{\eta}_2,\cdots,\boldsymbol{\eta}_n\}$是 V 的一个基，向量

$$\boldsymbol{\alpha}=(\boldsymbol{\eta}_1,\boldsymbol{\eta}_2,\cdots,\boldsymbol{\eta}_n)\begin{pmatrix}x_1\\x_2\\\vdots\\x_n\end{pmatrix},\quad \boldsymbol{\beta}=(\boldsymbol{\eta}_1,\boldsymbol{\eta}_2,\cdots,\boldsymbol{\eta}_n)\begin{pmatrix}y_1\\y_2\\\vdots\\y_n\end{pmatrix},$$

$$\varphi(\boldsymbol{\beta})=(a_1,a_2,\cdots,a_n)\begin{pmatrix}y_1\\y_2\\\vdots\\y_n\end{pmatrix}=a_1y_1+a_2y_2+\cdots+a_ny_n,$$

其中 $a_i(i=1,2,\cdots,n)$是确定常数.

若 f 在此基下的格拉姆矩阵为 $\mathbf{A}$,因 f 非退化,故 $\mathbf{A}$ 非奇异.(参阅上题.)

要使对于任意 $\boldsymbol{\beta}\in V$,都有 $\varphi(\boldsymbol{\beta})=f(\boldsymbol{\alpha},\boldsymbol{\beta})$,即

$$(a_1,a_2,\cdots,a_n)\begin{pmatrix}y_1\\y_2\\\vdots\\y_n\end{pmatrix}=(x_1,x_2,\cdots,x_n)\mathbf{A}\begin{pmatrix}y_1\\y_2\\\vdots\\y_n\end{pmatrix},$$

类似上题解中所述,由 $y_1,y_2,\cdots,y_n$ 的任意性,可得

$$\begin{cases}a_{11}x_1+a_{21}x_2+\cdots+a_{n1}x_n=a_1,\\a_{12}x_1+a_{22}x_2+\cdots+a_{n2}x_n=a_2,\\\qquad\qquad\vdots\\a_{1n}x_1+a_{2n}x_2+\cdots+a_{nn}x_n=a_n,\end{cases}$$

或

$$\mathbf{A}^{\mathrm{T}}\begin{pmatrix}x_1\\x_2\\\vdots\\x_n\end{pmatrix}=\begin{pmatrix}a_1\\a_2\\\vdots\\a_n\end{pmatrix},$$

自然 $\mathbf{A}^{\mathrm{T}}$ 也非奇异,故以上线性方程组有唯一解

$$\begin{pmatrix}x_1\\x_2\\\vdots\\x_n\end{pmatrix}=(\mathbf{A}^{\mathrm{T}})^{-1}\begin{pmatrix}a_1\\a_2\\\vdots\\a_n\end{pmatrix},$$

即有唯一向量 $\boldsymbol{\alpha}\in V$,满足题中的条件.

5. 设 f 是数域 F 上有限维向量空间 V 上一个非退化内积,$g:V\times V\to F$ 是 F 上另一个内积.证明存在 V 的唯一的线性变换 σ,使得对于一切 $\boldsymbol{\alpha},\boldsymbol{\beta}\in V$,都有 $g(\boldsymbol{\alpha},\boldsymbol{\beta})=f(\sigma(\boldsymbol{\alpha}),\boldsymbol{\beta})$.证明:$g$ 是非退化的当且仅当 σ 是非奇异线性变换.

证　设$\{\boldsymbol{\eta}_1,\boldsymbol{\eta}_2,\cdots,\boldsymbol{\eta}_n\}$是$V$的一个基，$f$在此基下的格拉姆矩阵为$\boldsymbol{A}$，依题意知，$\boldsymbol{A}$非奇异. g在同一基下的格拉姆矩阵为$\boldsymbol{B}$.

记向量

$$\boldsymbol{\alpha}=(\boldsymbol{\eta}_1,\boldsymbol{\eta}_2,\cdots,\boldsymbol{\eta}_n)\begin{pmatrix}x_1\\x_2\\\vdots\\x_n\end{pmatrix},\quad \boldsymbol{\beta}=(\boldsymbol{\eta}_1,\boldsymbol{\eta}_2,\cdots,\boldsymbol{\eta}_n)\begin{pmatrix}y_1\\y_2\\\vdots\\y_n\end{pmatrix},$$

再设对于线性变换σ，有

$$\sigma(\boldsymbol{\alpha})=(\sigma(\boldsymbol{\eta}_1),\sigma(\boldsymbol{\eta}_2),\cdots,\sigma(\boldsymbol{\eta}_n))\begin{pmatrix}x_1\\x_2\\\vdots\\x_n\end{pmatrix}=(\boldsymbol{\eta}_1,\boldsymbol{\eta}_2,\cdots,\boldsymbol{\eta}_n)\boldsymbol{C}\begin{pmatrix}x_1\\x_2\\\vdots\\x_n\end{pmatrix},$$

其中$\boldsymbol{C}=(c_{ij})$是σ在基$\{\boldsymbol{\eta}_1,\boldsymbol{\eta}_2,\cdots,\boldsymbol{\eta}_n\}$下的矩阵.

若σ满足条件，对任意$\boldsymbol{\alpha},\boldsymbol{\beta}\in V$，都有

$$g(\boldsymbol{\alpha},\boldsymbol{\beta})=f(\sigma(\boldsymbol{\alpha}),\boldsymbol{\beta}),$$

即

$$(x_1,x_2,\cdots,x_n)\boldsymbol{B}\begin{pmatrix}y_1\\y_2\\\vdots\\y_n\end{pmatrix}=(x_1,x_2,\cdots,x_n)\boldsymbol{C}^{\mathrm{T}}\cdot\boldsymbol{A}\begin{pmatrix}y_1\\y_2\\\vdots\\y_n\end{pmatrix}.$$

由$\boldsymbol{\alpha},\boldsymbol{\beta}$即$x_1,x_2,\cdots,x_n$与$y_1,y_2,\cdots,y_n$的任意性，有$\boldsymbol{B}=\boldsymbol{C}^{\mathrm{T}}\boldsymbol{A}$.（如记$\boldsymbol{D}=\boldsymbol{C}^{\mathrm{T}}\boldsymbol{A}$，在前式中取$x_1=x_2=\cdots=x_{i-1}=x_{i+1}=\cdots=x_n=0,x_i=1$，同时取$y_1=y_2=\cdots=y_{j-1}=y_{j+1}=\cdots=y_n=0,y_j=1$，则得$b_{ij}=d_{ij}$，从而推出我们的结论.）

注意$\boldsymbol{A}$非奇异，于是有唯一矩阵$\boldsymbol{C}^{\mathrm{T}}=\boldsymbol{B}\boldsymbol{A}^{-1}$或$\boldsymbol{C}=(\boldsymbol{A}^{-1})^{\mathrm{T}}\boldsymbol{B}^{\mathrm{T}}$，从而题中所述线性变换$\sigma$存在且唯一.

又$\boldsymbol{B}=\boldsymbol{C}^{\mathrm{T}}\boldsymbol{A}$且$\boldsymbol{A}$可逆，根据定理5.2.6知，乘积矩阵$\boldsymbol{B}$的秩与$\boldsymbol{C}^{\mathrm{T}}$的秩相等，$\boldsymbol{B}$非奇异当且仅当$\boldsymbol{C}$是非奇异的，亦即$g$非退化当且仅当$\sigma$是非奇异的.

补充讨论

部分习题其他解法或补充说明.

1.“9.1节　二次型和对称矩阵”中第3题解答的补充说明.

如《高等代数》(第五版)第352页下方所述,我们可以具体地求出一个可逆矩阵 $\boldsymbol{P}$,使得 $\boldsymbol{P}^{\mathrm{T}}\boldsymbol{A}\boldsymbol{P}$ 为对角矩阵,只要在对 $\boldsymbol{A}$ 施行一对列初等变换和行初等变换的同时,仅对 n 阶单位阵 $\boldsymbol{I}$ 施行同样的列初等变换,那么当 $\boldsymbol{A}$ 化为对角矩阵时,$\boldsymbol{I}$ 就化为 $\boldsymbol{P}$. 对本题,有

$$\boldsymbol{A}=\begin{pmatrix}0&1&2\\1&0&1\\2&1&0\end{pmatrix}.$$

将 $\boldsymbol{A}$ 的第2列加到第1列,再将第2行加到第1行;同时将 $\boldsymbol{I}_3$ 的第2列加到第1列,分别得到矩阵 $\boldsymbol{A}_1$,$\boldsymbol{P}_1$ 为

$$\boldsymbol{A}_1=\begin{pmatrix}2&1&3\\1&0&1\\3&1&0\end{pmatrix},\quad \boldsymbol{P}_1=\begin{pmatrix}1&0&0\\1&1&0\\0&0&1\end{pmatrix}.$$

将 $\boldsymbol{A}_1$ 的第1列的 $-\frac{1}{2}$ 倍、$-\frac{3}{2}$ 倍分别加到第2列、第3列,再将第1行的 $-\frac{1}{2}$ 倍、$-\frac{3}{2}$ 倍加到第2行、第3行;同时将 $\boldsymbol{P}_1$ 的第1列的 $-\frac{1}{2}$ 倍、$-\frac{3}{2}$ 倍加到第2列、第3列,分别得矩阵 $\boldsymbol{A}_2$,$\boldsymbol{P}_2$ 为

$$\boldsymbol{A}_2=\begin{pmatrix}2&0&0\\0&-\frac{1}{2}&-\frac{1}{2}\\0&-\frac{1}{2}&-\frac{9}{2}\end{pmatrix},\quad \boldsymbol{P}_2=\begin{pmatrix}1&-\frac{1}{2}&-\frac{3}{2}\\1&\frac{1}{2}&-\frac{3}{2}\\0&0&1\end{pmatrix}.$$

将 $\boldsymbol{A}_2$ 的第2列的 -1 倍加到第3列,再将第2行的 -1 倍加到第3行;同时将 $\boldsymbol{P}_2$ 的第2列的 -1 倍加到第3列,分别得矩阵 $\boldsymbol{A}_3$,$\boldsymbol{P}_3$ 为

$$\boldsymbol{A}_3=\begin{pmatrix}2&0&0\\0&-\frac{1}{2}&0\\0&0&-4\end{pmatrix},\quad \boldsymbol{P}_3=\begin{pmatrix}1&-\frac{1}{2}&-1\\1&\frac{1}{2}&-2\\0&0&1\end{pmatrix}.$$

若令 $\boldsymbol{P}=\boldsymbol{P}_3$,则 $\boldsymbol{P}^{\mathrm{T}}\boldsymbol{A}\boldsymbol{P}=\boldsymbol{A}_3$.

2.“9.3节 正定二次型”中习题之(ii)的解答的补充说明.

原二次型对应的矩阵为 $\boldsymbol{A}=\begin{pmatrix}5&2&-4\\2&2&-2\\-4&-2&5\end{pmatrix}$,其中一阶主子式 $A_1=5$

>0,二阶主子式$\begin{vmatrix} 5 & 2 \\ 2 & 2 \end{vmatrix}=6>0$,三阶主子式$\begin{vmatrix} 5 & 2 & -4 \\ 2 & 2 & -2 \\ -4 & -2 & 5 \end{vmatrix}=10>0$. 由于$\boldsymbol{A}$的各阶主子式都大于0,故原二次型是正定的.

3. "9.4节　主轴问题"中习题4的证明的一点解释.

为什么$\boldsymbol{U}_1'\boldsymbol{A}_2\boldsymbol{U}_1$只能是分块对角矩阵呢？为简便起见,无妨设

$$\boldsymbol{U}_1'\boldsymbol{A}_1\boldsymbol{U}_1=\begin{pmatrix} \lambda_1\boldsymbol{I}_1 & \boldsymbol{O} \\ \boldsymbol{O} & \lambda_2\boldsymbol{I}_2 \end{pmatrix}\ (\lambda_1\neq\lambda_2),$$

而
$$\boldsymbol{U}_1'\boldsymbol{A}_2\boldsymbol{U}_1=\begin{pmatrix} \boldsymbol{B}_1 & \boldsymbol{B}_2 \\ \boldsymbol{B}_3 & \boldsymbol{B}_4 \end{pmatrix}$$

是有同样分块的分块方阵. 由$\boldsymbol{A}_1,\boldsymbol{A}_2$可交换知,此二矩阵也是可交换的. 注意

$$\begin{pmatrix} \lambda_1\boldsymbol{I}_1 & \boldsymbol{O} \\ \boldsymbol{O} & \lambda_2\boldsymbol{I}_2 \end{pmatrix}\begin{pmatrix} \boldsymbol{B}_1 & \boldsymbol{B}_2 \\ \boldsymbol{B}_3 & \boldsymbol{B}_4 \end{pmatrix}=\begin{pmatrix} \lambda_1\boldsymbol{B}_1 & \lambda_1\boldsymbol{B}_2 \\ \lambda_2\boldsymbol{B}_3 & \lambda_2\boldsymbol{B}_4 \end{pmatrix},$$

$$\begin{pmatrix} \boldsymbol{B}_1 & \boldsymbol{B}_2 \\ \boldsymbol{B}_3 & \boldsymbol{B}_4 \end{pmatrix}\begin{pmatrix} \lambda_1\boldsymbol{I}_1 & \boldsymbol{O} \\ \boldsymbol{O} & \lambda_2\boldsymbol{I}_2 \end{pmatrix}=\begin{pmatrix} \lambda_1\boldsymbol{B}_1 & \lambda_2\boldsymbol{B}_2 \\ \lambda_1\boldsymbol{B}_3 & \lambda_2\boldsymbol{B}_4 \end{pmatrix}$$

比较得

$\lambda_1\boldsymbol{B}_2=\lambda_2\boldsymbol{B}_2$,　$\lambda_2\boldsymbol{B}_3=\lambda_1\boldsymbol{B}_3$;　或　$(\lambda_1-\lambda_2)\boldsymbol{B}_2=\boldsymbol{O}$,　$(\lambda_1-\lambda_2)\boldsymbol{B}_3=\boldsymbol{O}$,
由于$\lambda_1\neq\lambda_2$,推知$\boldsymbol{B}_2=\boldsymbol{B}_3=\boldsymbol{O}$,可见

$$\boldsymbol{U}_1'\boldsymbol{A}_2\boldsymbol{U}_1=\begin{pmatrix} \boldsymbol{B}_1 & \boldsymbol{O} \\ \boldsymbol{O} & \boldsymbol{B}_4 \end{pmatrix}$$

为一分块对角矩阵.

第10章　群、环和域简介

知识要点

1. 带有一种代数运算(称为乘法)的非空集合 G,若乘法满足结合律,G 内有单位元 e,每个元素 a 存在逆元 a^{-1},则称 G 为**群**. 若乘法还满足交换律,则称为**阿贝尔群**.

群中的单位元和逆元是唯一的. n 个元素作乘积,只要不调换因子次序,其结果与添加括号的方式无关. 在阿贝尔群中,因子次序可任意调换.

关于群 G 中元素的整数次幂的运算,有

$$a^0=e;\quad a^n=\begin{cases}\overbrace{aa\cdots a}^{n\text{个}} & (n>0),\\ (a^{-1})^{n'} & (n'=-n,n<0);\end{cases}$$

$$a^m a^n=a^{m+n};\quad (a^m)^n=a^{mn}.$$

H 为群 G 的非空子集,若对乘法封闭,且当 $a\in H$ 时有 $a^{-1}\in H$,则 H 称为 G 的**子群**.

2. 设 G 和 H 是群,$f:G\to H$ 是一个映射. 如对任意元 $a,b\in G$,有 $f(ab)=f(a)f(b)$,则称 f 为**同态映射**或**群同态**;如果群同态 $f:G\to H$ 是一个1-1映射,就称 $f:G\to H$ 是一个**群同构映射**,且说 G 与 H 同构,记作 $G\cong H$.

若 $f:G\to H$ 是群同态,则

(i) $\mathrm{Im}f$ 和 $\mathrm{Ker}f$ 分别是 H 和 G 的子群;

(ii) f 是群同构当且仅当 $\mathrm{Im}f=H$,而 $\mathrm{Ker}f=\{e_G\}$,其中 e_G 是 G 的单位元;

(iii) 若 f 是群同构,则 $f^{-1}:H\to G$ 也是群同构.

3. 设 $\mathbf{Z}$ 是整数加群,$x,y\in\mathbf{Z}$. 如果 $x-y$ 能被正整数 n 整除,则称 x 与 y 模 n **同余**,记为 $x\equiv y(\mathrm{mod}\ n)$;显然 $x\equiv y(\mathrm{mod}\ n)$ 当且仅当 x 与 y 被 n 除有相同余数.

同余关系是等价关系，具有反身性、对称性和传递性．特别地，若 $x\equiv x'(\mathrm{mod}\ n)$，$y\equiv y'(\mathrm{mod}\ n)$，则 $x+y\equiv x'+y'(\mathrm{mod}\ n)$，$xy=x'y'(\mathrm{mod}\ n)$.

4. 设 n 是正整数，所有被 n 除余数为 r 的整数所成 $\mathbf{Z}$ 的子集 $C_r=\{x\in\mathbf{Z}\mid x=nq+r,0\leqslant r<n\}$，称为以 n 为模的**剩余类**．对此有以下结论成立：

(i) $C_0,C_1,\cdots,C_{n-1}$ 都是 $\mathbf{Z}$ 的非空子集；

(ii) 每个整数属于且只属于一个上述的剩余类，且 $C_i\cap C_j=\varnothing\ (i\neq j)$，而 $\mathbf{Z}=C_0\cup C_1\cup\cdots\cup C_{n-1}$；

(iii) 两整数 x 与 y 属同一剩余类当且仅当 $x\equiv y(\mathrm{mod}\ n)$；

(iv) 若以 $\bar{x},\bar{y}$ 代表 x,y 各自所在的以 n 为模的剩余类，则

$$\bar{x}=\bar{y}\Leftrightarrow x\equiv y(\mathrm{mod}\ n).$$

5. 记 $\bar{r}=C_r$，以 $\mathbf{Z}_n$ 表示以 n 为模的剩余类组成的集合，$\mathbf{Z}_n=\{\bar{0},\bar{1},\cdots,\overline{n-1}\}$．若定义加法：$\bar{x}+\bar{y}=\overline{x+y}$，则剩余类的和不依赖于代表元素的选取，而 $\mathbf{Z}_n$ 对于上面定义的加法构成一个阿贝尔群.

6. 设 R 是一个非空集合，R 带有两种运算，分别叫加法和乘法．满足：(i) 对加法构成阿贝尔群；(ii) 对乘法满足结合律；(iii) 满足乘法对加法的分配律，则称 R 为一个**环**.

由分配律可推出对多项相加的分配，对减法的分配；对任意 $a,b\in R$ 及元素 $\mathbf{0}$，有 $\mathbf{0}a=a\mathbf{0}=\mathbf{0}$，$(-a)b=a(-b)=-ab$，$(-a)(-b)=ab$ 等.

环 R 中可能有零因子；环 R 没有零因子与 R 中成立消去律二者是等价的；环 R 中不一定有单位元(对乘法)；若环 R 有单位元，则必有可逆元，并且 R 中所有可逆元构成 R 的一个群.

7. 若 F 是一个有单位元 $I\neq 0$ 的交换环，且每个非零元都有逆元，则称 F 为一个**域**.

在剩余类加群 $\mathbf{Z}_n$ 中再定义乘法 $\bar{x}\bar{y}=\overline{xy}$，则积不依赖于代表元的选取，且 $\mathbf{Z}_n$ 对上面第 5 点中规定的加法和这里定义的乘法构成一个交换环，称为**剩余类环**.

当 $\mathbf{Z}_n$ 是以正整数 n 为模的剩余类环时，如果 n 是合数，则 $\mathbf{Z}_n$ 有零因子；如果 n 是素数，则 $\mathbf{Z}_n$ 是一个域.

8. 设 F 是一个域，使 $p_1=0$ 的最小正整数 p 叫做 F 的**特征**．若不存在正整数 p，使 $p_1=0$，则说 F 的特征是零．F 的特征记为 $\mathrm{char}F$．对此，以下有关结论成立：

(i) 如果 $\mathrm{char}F=p>0$，则 p 一定是素数；

(ii) 若 F 是域，则当 $\mathrm{char}F=0$ 时，对任意 $a\neq 0$ 和 $n\in \mathbf{Z}$，有 $na=0\Leftrightarrow n=0$；当 $\mathrm{char}F>0$ 时，对任意 $a\neq 0$ 和 $n\in \mathbf{Z}$，有 $na=0\Leftrightarrow p\mid n$；

(iii) 域 F 的特征为 p，则 $(x+y)^p=x^p+y^p$，$x,y\in F$.

9. 环 R 的子集 S 如果满足：

(i) 对 R 的加法作成加法群 R 的一个子群；

(ii) 如果 $a,b\in S$，那么 $ab\in S$，

则称 S 为 R 的**子环**.

域 F 的一个子集 K 如果满足：

(i) K 不只是一个元素；

(ii) K 是 F 的一个子环；

(iii) 如果 $a\in K$ 且 $a\neq 0$，那么 $a^{-1}\in K$，

则称 K 为 F 的**子域**.

10. 设 R 和 R' 是环（或域）. $f:R\to R'$ 是一个映射. 如果对于 R 中任意元素 a,b 都有

$$f(a+b)=f(a)+f(b),\quad f(ab)=f(a)f(b),$$

那么就说 f 是一个同态映射. 如果 f 还是一个双射，那么就说 f 是一个同构映射. 这时就说环（或域）R 与 R' 同构.

习题解答

10.1　群

1. 判断下列集合对于所给的运算来说哪些作成群，哪些不构成成群：

(i) 某一数域 F 上全体 $n\times n$ 矩阵对于矩阵的加法；

(ii) 全体正整数对于数的乘法；

(iii) $\{2^x\mid x\in \mathbf{Z}\}$ 对于数的乘法；

(iv) $\{x\in \mathbf{R}\mid 0<x\leqslant 1\}$ 对于数的乘法；

(v) $\{1,-1\}$ 对于数的乘法.

解　(i) 构成群. $\boldsymbol{O}_{n\times n}$ 是单位元，每个 $\boldsymbol{A}_{n\times n}$ 有逆元素 $-\boldsymbol{A}_{n\times n}$.

(ii) 不构成群. 因为单位元只能是 1，而当 n 是大于 1 的整数时，$\dfrac{1}{n}$ 不属于给定集合，故 n 的逆元素不存在.

(iii) 构成群. $2^0=1$ 是单位元.

(iv) 不构成群. 因为当 $0<x<1$ 时, $\frac{1}{x}$ 不属于给定集合, x 的逆元素不存在.

(v) 构成群. 1 是单位元.

2. 证明群中的指数规则(1),(2)(见教材中 $a^m a^n=a^{m+n}$, $(a^m)^n=a^{mn}$ (m, n 均为任意整数)).

证 (1) 规则 $a^m a^n=a^{m+n}$ (m,n 为任意整数)的证明.

若 $m>0,n>0$,则

$$a^m a^n=(\overbrace{a\cdots a}^{m\text{个}})(\overbrace{a\cdots a}^{n\text{个}})=\overbrace{aa\cdots a}^{m+n\text{个}}=a^{m+n}.$$

若 $m<0,n>0$,令 $m=-m_1$, $m_1>0$,则

$$a^m=(a^{-1})^{-m}=(a^{-1})^{m_1},$$

$$\begin{aligned}a^m a^n&=(a^{-1})^{m_1}a^n=(\overbrace{a^{-1}\cdots a^{-1}}^{m_1\text{个}})(\overbrace{a\cdots a}^{n\text{个}})\\&=\begin{cases}a^{n-m_1}=a^{m+n} & (n>m_1),\\(a^{-1})^{m_1-n}=a^{n-m_1}=a^{m+n} & (m_1>n).\end{cases}\end{aligned}$$

若 $m=0,n>0$,则 $\quad a^m a^n=ea^n=a^n=a^{m+n}$.

同理,可证在 m 取各种可能值情况下, $n\leqslant 0$ 时结论成立.

(2) 规则 $(a^m)^n=a^{mn}$ (m,n 为任意整数)的证明.

当 m 为任意整数, $n>0$ 时,有

$$(a^m)^n=\overbrace{a^m\cdots a^m}^{n\text{个}}=a^{\overbrace{m+\cdots+m}^{n\text{个}}}=a^{mn}.$$

又因为当 $m>0$ 时,有

$$a^m(a^{-1})^m=\overbrace{a\cdots a}^{m\text{个}}\cdot\overbrace{a^{-1}\cdots a^{-1}}^{m\text{个}}=e;$$

当 $m<0$ 时, $m=-m_1$,有

$$a^m(a^{-1})^m=(a^{-1})^{m_1}[(a^{-1})^{-1}]^{m_1}=(a^{-1})^{m_1}a^{m_1}=e;$$

当 $m=0$ 时,有 $\qquad a^m(a^{-1})^m=e$,

从而 m 为任意整数时,都有

$$a^m(a^{-1})^m=e \quad \text{或} \quad (a^m)^{-1}=(a^{-1})^m,$$

故当 $n<0$ 时,令 $n=-n_1$, $n_1>0$,有

$$(a^m)^n=[(a^m)^{-1}]^{n_1}=[(a^{-1})^m]^{n_1}=(a^{-1})^{mn_1}=a^{m(-n_1)}=a^{mn}.$$

当 $n=0$ 时，有

$$(a^m)^n=(a^m)^0=e=a^{mn}.$$

3. 设 $G=\{a,b,c\}$，G 的乘法由下面的表给出

	a	b	c
a	a	b	c
b	b	c	a
c	c	a	b

例如，$bc=a$. 证明：G 对于所给的乘法作成一个群.

证　由乘法表可知，G 对乘法封闭.

对任意元素 $x\in G$，有 $ax=x$，$xa=x$，所以 a 是 G 的单位元. 因 $bc=cb=a$，故 b，c 互为逆元，而 a 的逆元是自身.

下面验证结合律.

(i) 当 x,y,z 中有一个是 a 时，结论成立.

以下设 x,y,z 都不是 a.

(ii) 当 x,y,z 都相同时，例如，$(bb)b=cb=a=bc=b(bb)$. 类似地，有 $(cc)c=c(cc)$. 可见结论成立.

(iii) x,y,z 不全相同时，由于 $b^2=c$，$c^2=b$，$bc=cb=a$，可知结论成立. 例如，$(bb)c=c\cdot c=b=ba=b(bc)$，其他不再一一列举了.

故 G 对所给乘法构成一个群.

4. 证明一个群 G 是阿贝尔群的充要条件是：对于任意 $a,b\in G$ 和任意整数 n，都有 $(ab)^n=a^nb^n$.

证　必要性. 设 G 是阿贝尔群，对任意 $a,b\in G$，有 $ab=ba$，所以，当 $n>0$ 时，有

$$(ab)^n=(ab)(ab)\cdots(ab)=(aabb)(ab)\cdots(ab)=a^nb^n.$$

当 $n<0$ 时，令 $n=-n_1$，$n_1>0$. 因 $(ab)(b^{-1}a^{-1})=e$，所以 $(ab)^{-1}=b^{-1}a^{-1}$. 于是

$$(ab)^n=[(ab)^{-1}]^{n_1}=[(ba)^{-1}]^{n_1}=(a^{-1}b^{-1})^{n_1}=a^{-n_1}b^{-n_1}=a^nb^n.$$

当 $n=0$ 时，结论显然成立.

充分性. 若对任意 $a,b\in G$ 及任意整数 n，都有 $(ab)^n=a^nb^n$，那么当 $n=2$ 时，$(ab)(ab)=aabb$，从而

$$a^{-1}(ab)(ab)b^{-1}=a^{-1}(aabb)b^{-1}.$$

于是 $$(a^{-1}a)(ba)(bb^{-1})=(a^{-1}a)(ab)(bb^{-1}),$$
即 $ba=ab$,故 G 是阿贝尔群.

5. 证明:群 G 两个子群的交还是 G 的一个子群.

证 设 G_1,G_2 是 G 的两个子群,群的单位元 $e\in G_1\cap G_2$. 对任意 $a,b\in G_1\cap G_2$,有 $a,b\in G_1,a,b\in G_2$,因此 $a^{-1},ab\in G$,且 $a^{-1},ab\in G_2$,所以 a^{-1},$ab\in G_1\cap G_2$,故 $G_1\cap G_2$ 是 G 的子群.

6. 证明:n 维欧氏空间 V 的全体正交变换作成 V 上一般线性群 $GL(V)$ 的一个子群. 这个群称为 V 上正交群,用记号 $O(V)$ 表示.

证 因为单位变换 ι 是正交变换,所以 $O(V)$ 非空. 又因为任意两个正交变换的积是正交变换,每一个正交变换都可逆,而且其逆也是正交变换,所以 $O(V)$ 是 $GL(V)$ 的子群.

7. 设 a 是群 G 的一个元素,令 $\langle a\rangle=\{a^n\mid n\in\mathbf{Z}\}$.
证明 $\langle a\rangle$ 是 G 的一个子群,称为由 a 所生成的循环子群. 特别地,如果 $G=\langle a\rangle$,就称 G 是由 a 生成的循环群. 试各举出一个无限循环群和有限循环群的例子.

证 由于 $a\in\langle a\rangle$,可见 $\langle a\rangle$ 非空. 设任意 $b,c\in\langle a\rangle$,则 $b=a^m,c=a^n,m,n\in\mathbf{Z}$. 于是

$$bc=a^m\cdot a^n=a^{m+n}\in\langle a\rangle.$$

又因 $$a^m\cdot a^{-m}=a^0=e,$$
所以 $$b^{-1}=a^{-m}\in\langle a\rangle.$$
故 $\langle a\rangle$ 是 G 的一个子群.

$Z=\langle 1\rangle$ 是一个取数的加法作为运算的无限循环群. $Z=\langle -1\rangle=\langle 1,-1\rangle$ 是一个取数的乘法作为运算的有限循环群.

8. 令 σ 是一个 n 次置换,有

$$\sigma=\begin{pmatrix}1 & 2 & \cdots & n\\ i_1 & i_2 & \cdots & i_n\end{pmatrix}.$$

设 $\mathbf{A}=(a_{ij})$ 是数域 F 上一个 $n\times n$ 矩阵,定义

$$\sigma(\mathbf{A})=\begin{pmatrix}a_{i_1 1} & a_{i_1 2} & \cdots & a_{i_1 n}\\ a_{i_2 1} & a_{i_2 2} & \cdots & a_{i_2 n}\\ \vdots & \vdots & & \vdots\\ a_{i_n 1} & a_{i_n 2} & \cdots & a_{i_n n}\end{pmatrix},$$

即对 $\boldsymbol{A}$ 的行作置换 σ 所得的矩阵. 令

$$\Sigma_n=\{\sigma(\boldsymbol{I})\mid\sigma\in S_n\},$$

其中 $\boldsymbol{I}$ 是 $n\times n$ 单位矩阵. 证明：Σ_n 作成 $GL(n,F)$ 的一个与 S_n 同构的子群.

证　对任意 $\sigma\in S_n$，规定 $f:\sigma\mapsto\sigma(\boldsymbol{I})$. $\sigma(\boldsymbol{I})$ 被唯一确定，f 是 S_n 到 Σ_n 的映射. 设 $\sigma,\tau\in S_n$，若 $\sigma\neq\tau$，显然 $\sigma(\boldsymbol{I})\neq\tau(\boldsymbol{I})$. 对任意 $\sigma(\boldsymbol{I})\in\Sigma_n$，有 $\sigma\in S_n$ 与之对应，因而 f 是 S_n 到 Σ_n 的双射.

将 $\boldsymbol{A}$ 的行序数作置换 σ，所得矩阵 $\sigma(\boldsymbol{A})$ 实际是 $\boldsymbol{A}$ 的第 j $(j=1,2,\cdots,n)$ 行调换到第 i_j $(i_j=\sigma(j))$ 行的结果，那么 $\sigma(I)$ 仍是每行每列有且只有一个元素为1，其余元素为0的矩阵，其第 i_j 行即 $\boldsymbol{I}$ 的第 j 行，可记作

$$\sigma(\boldsymbol{I})_{i_j}=\Big(0,\cdots,0,\underset{(j)}{1},0,\cdots,0\Big).$$

也就是说，在 $\sigma(\boldsymbol{I})$ 中，第 i_j 行仅位于 (i_j,j) 或 $(\sigma(j),j)$ 处的元素是1，其余为0.

设 E_{ij} 为除 (i,j) 处元素为1，其余为0的 $n\times n$ 矩阵，则

$$\sigma(\boldsymbol{I})=\boldsymbol{E}_{\sigma(1),1}+\cdots+\boldsymbol{E}_{\sigma(n),n},\quad \tau(\boldsymbol{I})=\boldsymbol{E}_{\tau(1),1}+\cdots+\boldsymbol{E}_{\tau(n),n},$$

显然

$$\boldsymbol{E}_{ij}\boldsymbol{E}_{kl}=\begin{cases}\boldsymbol{E}_{il} & (k=j),\\ \boldsymbol{O} & (k\neq j).\end{cases}$$

注意在 $\sigma(\boldsymbol{I})$ 及 $\tau(\boldsymbol{I})$ 中各加项两下标的关系满足 $i=\sigma(j)$，$k=\tau(l)$，故由 $j=k$ 时 $\boldsymbol{E}_{ij}\boldsymbol{E}_{kl}=\boldsymbol{E}_{il}$ 可得

$$\boldsymbol{E}_{\sigma(j),j}\boldsymbol{E}_{\tau(l),l}=\boldsymbol{E}_{\sigma(\tau(l)),l},$$

从而

$$\begin{aligned}\sigma(\boldsymbol{I})\tau(\boldsymbol{I})&=\boldsymbol{E}_{\sigma(1),1}\boldsymbol{E}_{\tau(1),1}+\cdots+\boldsymbol{E}_{\sigma(1),1}\boldsymbol{E}_{\tau(n),n}+\cdots+\boldsymbol{E}_{\sigma(n),n}\boldsymbol{E}_{\tau(1),1}+\cdots\\&\quad+\boldsymbol{E}_{\sigma(n),n}\boldsymbol{E}_{\tau(n),n}\\&=\boldsymbol{E}_{\sigma(\tau(1)),1}+\cdots+\boldsymbol{E}_{\sigma(\tau(n)),n}.\end{aligned}$$

而

$$\sigma\tau(\boldsymbol{I})=\boldsymbol{E}_{\sigma\tau(1),1}+\cdots+\boldsymbol{E}_{\sigma\tau(n),n}=\sigma(\boldsymbol{I})\tau(\boldsymbol{I}),$$

即

$$f(\sigma\tau)=f(\sigma)f(\tau),$$

所以 $f:S_n\to\Sigma_n,\sigma\mapsto\sigma(\boldsymbol{I})$ 是一个同构，因而 Σ_n 是一个群，是 $GL(V)$ 的子群.

9. 设 G 是一个群，$a\in G$. 映射 $\lambda_a:x\mapsto ax,x\in G$ 叫做 G 的一个左平移. 证明：

(i) 左平移是 G 到自身的一个双射；

(ii) 设 $a,b\in G$，定义 $\lambda_a\lambda_b=\lambda_a\circ\lambda_b$（映射的合成），则 G 的全体左平移 $\{\lambda_a\mid a\in G\}$ 对于这样定义的乘法构成一个群 G'.

(iii) $G\cong G'$.

证　(i) 由于 G 是群，$a\in G$，$ax\in G$ 由 x 唯一确定，故 λ_a 是 G 到自身的映射. 对任意 $y\in G$，存在 $a^{-1}y$，使 $\lambda_a(a^{-1}y)=a(a^{-1}y)=y$，所以 λ_a 是满射. 若 $ax=ay$，则 $x=a^{-1}ax=a^{-1}ay=y$，可见 λ_a 是单射. 综上所述，λ_a 是 G 到自身的一个双射.

(ii) 设 e 是 G 的单位元，λ_e 是恒等映射，$\lambda_e\in G'=\{\lambda_a\mid a\in G\}$，因而 G' 非空. 设任意 $\lambda_a,\lambda_b\in G'$，$\lambda_a\lambda_b(x)=\lambda_a\circ\lambda_b(x)=\lambda_a(bx)=abx$，所以 $\lambda_a\lambda_b=\lambda_{ab}\in G'$. λ_e 是单位元. 又因映射合成满足结合律，因而左平移乘法适合结合律. 同时 $\lambda_a\lambda_{a^{-1}}(x)=\lambda_{aa^{-1}}(x)=\lambda_e(x)$，所以 $\lambda_a\lambda_{a^{-1}}=\lambda_e$. 同理，$\lambda_{a^{-1}}\lambda_a=\lambda_e$，$\lambda_{a^{-1}}$ 是 λ_a 的逆元，故 G' 作成一个群.

(iii) 设任意 $a\in G$，规定 $f:a\mapsto\lambda_a$，显然 f 是一个双射，并且对任意 $a,b\in G$，有 $f(ab)=\lambda_{ab}=\lambda_a\lambda_b=f(a)f(b)$，所以 $G\cong G'$.

10. 找出三次对称群 S_3 的一切子群.(注意要求证明你所找出的子群已经穷尽了 S_3 的一切子群.)

解　$$S_3=\left\{\tau=\begin{pmatrix}1&2&3\\1&2&3\end{pmatrix},\sigma_1=\begin{pmatrix}1&2&3\\1&3&2\end{pmatrix},\sigma_2=\begin{pmatrix}1&2&3\\2&3&1\end{pmatrix},\right.$$
$$\left.\sigma_3=\begin{pmatrix}1&2&3\\2&1&3\end{pmatrix},\sigma_4=\begin{pmatrix}1&2&3\\3&1&2\end{pmatrix},\sigma_5=\begin{pmatrix}1&2&3\\3&2&1\end{pmatrix}\right\}.$$

为便于叙述，下面引进群中元素的阶的概念. 群中元素 a 的阶是指适合 $a^n=e$(单位元)的最小正整数 n. 从定义不难看出，$n\geqslant 2$ 时，$e,a,\cdots,a^{n-1}$ 互不相等. 否则，存在整数 $k,l,0\leqslant k<l\leqslant n-1$，使 $a^l=a^k$，于是 $a^l(a^k)^{-1}=a^k(a^k)^{-1}\Rightarrow a^{l-k}=e$. 显然 $0<l-k<n$，与 a 的阶是 n 矛盾. 由此知，循环群 $\langle a\rangle$ 为 n 阶子群. S_3 中 τ 为一阶元，$\sigma_1,\sigma_3,\sigma_5$ 为二阶元，σ_2,σ_4 为三阶元，因而有子群

$$H_1=\langle\tau\rangle=\{\tau\},\quad H_2=\langle\sigma_1\rangle=\{\sigma_1,\tau\},\quad H_3=\langle\sigma_3\rangle=\{\sigma_3,\tau\},$$
$$H_4=\langle\sigma_5\rangle=\{\sigma_5,\tau\},\quad H_5=\langle\sigma_2\rangle=\langle\sigma_4\rangle=\{\sigma_2,\sigma_4,\tau\},$$

其中 H_5 的构成是由 $\sigma_2^2=\sigma_4,\sigma_4^2=\sigma_2,\sigma_2^3=\sigma_4^3=\tau$ 所致.

若有子群 H 包含一个二阶元 σ_i 及一个三阶元 σ_j，由直接验证可知 $\sigma_j\sigma_i\neq\sigma_i\sigma_j$，并且 $\sigma_i\sigma_j,\sigma_j\sigma_i$ 都是与 σ_i 不同的二阶元，故 S_3 中所有三个二阶元 $\sigma_1,\sigma_2,\sigma_5\in H$. 又 $\sigma_i\sigma_j\sigma_i$ 是不同于 σ_j 的三阶元，所以 S_3 中所有的两个三阶元 $\sigma_4,\sigma_2\in H$，从而 $H=S_3$. 若有子群含有两个二阶元，则同样可证 $H=S_3$. 故 S_3 的一切子群恰是 H_1,H_2,H_3,H_4,H_5,S_3.

10.2　剩余类加群

1. 写出 $\mathbf{Z}_6$ 的加法表.

解

	$\overline{0}$	$\overline{1}$	$\overline{2}$	$\overline{3}$	$\overline{4}$	$\overline{5}$
$\overline{0}$	$\overline{0}$	$\overline{1}$	$\overline{2}$	$\overline{3}$	$\overline{4}$	$\overline{5}$
$\overline{1}$	$\overline{1}$	$\overline{2}$	$\overline{3}$	$\overline{4}$	$\overline{5}$	$\overline{0}$
$\overline{2}$	$\overline{2}$	$\overline{3}$	$\overline{4}$	$\overline{5}$	$\overline{0}$	$\overline{1}$
$\overline{3}$	$\overline{3}$	$\overline{4}$	$\overline{5}$	$\overline{0}$	$\overline{1}$	$\overline{2}$
$\overline{4}$	$\overline{4}$	$\overline{5}$	$\overline{0}$	$\overline{1}$	$\overline{2}$	$\overline{3}$
$\overline{5}$	$\overline{5}$	$\overline{0}$	$\overline{1}$	$\overline{2}$	$\overline{3}$	$\overline{4}$

2. 证明:$\mathbf{Z}_n$ 是循环群(参看 10.1 节习题 7),并且与 n 次单位根群 U_n 同构.

证　$\mathbf{Z}_n=\{\overline{0},\overline{1},\overline{2},\cdots,\overline{n-1}\}$,对任意 $\overline{i}\in\mathbf{Z}_n(i\leqslant n-1)$,有

$$\overline{i}=\overline{\underbrace{1+1+\cdots+1}_{i\text{个}}}=\overline{1}+\overline{1}+\cdots+\overline{1}=i\overline{1},$$

所以
$$\mathbf{Z}_n=\langle\overline{1}\rangle.$$

设 $U^n=\{\varepsilon^0,\varepsilon^1,\cdots,\varepsilon^{n-1}\mid\varepsilon$ 是 n 次单位原根$\}$,规定 $\sigma:\overline{i}\mapsto\varepsilon^i$,则 σ 是双射.对任意 $\overline{i},\overline{j}\in\mathbf{Z}_n(0\leqslant i,j\leqslant n-1)$,有

$$i+j=sn+r,$$
$$\sigma(\overline{i}+\overline{j})=\sigma(\overline{i+j})=\sigma(\overline{r})=\varepsilon^r=\varepsilon^{i+j-sn}=\varepsilon^{i+j}=\varepsilon^i\cdot\varepsilon^j,$$

所以
$$\mathbf{Z}_n\cong U_n.$$

3. 找出 $\mathbf{Z}_6$ 的所有子群.

解　对 $\mathbf{Z}_6$ 的所有非空子集,按照剩余类加法,逐个检查是否符合子群条件,可得 $\mathbf{Z}_6$ 的所有子群是 $\mathbf{Z}_6=\{\overline{0},\overline{1},\overline{2},\overline{3},\overline{4},\overline{5}\}$,$\mathbf{N}_1=\{\overline{0}\}$,$\mathbf{N}_2=\{\overline{0},\overline{2},\overline{4}\}$,$\mathbf{N}_3=\{\overline{0},\overline{3}\}$.

4. 证明:每一个有限群都含有一个子群与某一 $\mathbf{Z}_n$ 同构.

证　设 G 是一个阶为 m 的有限群,若 G 有元素 a 的阶为 m,则 $G=\langle a\rangle$.取映射 $\sigma:G\to\mathbf{Z}_m$,$a^i\mapsto\overline{i}(i=0,1,\cdots,m-1)$,则 σ 是一一映射,且

$$\sigma(a^ia^j)=\sigma(a^{i+j})=\overline{i+j}=\overline{i}+\overline{j},$$

故
$$G=\langle a\rangle\cong\mathbf{Z}_m.$$

若 G 中所有元素的阶都小于 m,设 $b\in G$,b 的阶为 $n<m$,则

$$G \supset \langle b \rangle \cong \mathbf{Z}_n.$$

5. 设 G,H 是群，在 $G\times H=\{(g,h)\mid g\in G,h\in H\}$ 中定义乘法：$(g,h)(g',h')=(gg',hh')$. 证明：$G\times H$ 对于这样定义的乘法来说作成一个群.

证 $G\times H$ 显然非空. 对任意 $(g,h),(g',h')\in G\times H$，有

$$(g,h)(g',h')=(gg',hh')\in G\times H.$$

故 $G\times H$ 对所定义的乘法封闭. 又设任意 $(g,h),(g',h'),(g'',h'')\in G\times H$，则

$$\begin{aligned}[(g,h)(g',h')](g'',h'')&=(gg',hh')(g'',h'')=[(gg')g'',(hh')h'']\\&=[g(g'g''),h(h'h'')]=(g,h)[(g',h')(g'',h'')].\end{aligned}$$

即乘法满足结合律. 设 I_G,I_H 分别是 G,H 的单位元，那么

$$(g,h)(I_G,I_H)=(gI_G,hI_H)=(g,h),$$

$$(I_G,I_H)(g,h)=(I_Gg,I_Hh)=(g,h),$$

所以 (I_G,I_H) 是 $G\times H$ 的单位元. 又

$$(g,h)(g^{-1},h^{-1})=(I_G,I_H)=(g^{-1},h^{-1})(g,h),$$

所以 (g^{-1},h^{-1}) 是 (g,h) 的逆元. 故 $G\times H$ 对于这样定义的乘法构成一个群.

6. 写出 $\mathbf{Z}_2\times\mathbf{Z}_2$ 和 $\mathbf{Z}_2\times\mathbf{Z}_3$；证明 $\mathbf{Z}_2\times\mathbf{Z}_3\cong\mathbf{Z}_6$.

解 由 $\mathbf{Z}_2=\{\bar{0},\bar{1}\}$，$\mathbf{Z}_3=\{\bar{0},\bar{1},\bar{2}\}$，有

$$\mathbf{Z}_2\times\mathbf{Z}_2=\{(\bar{0},\bar{0}),(\bar{0},\bar{1}),(\bar{1},\bar{0}),(\bar{1},\bar{1})\},$$

$$\mathbf{Z}_2\times\mathbf{Z}_3=\{(\bar{0},\bar{0}),(\bar{0},\bar{1}),(\bar{0},\bar{2}),(\bar{1},\bar{0}),(\bar{1},\bar{1}),(\bar{1},\bar{2})\}.$$

下证 $\mathbf{Z}_2\times\mathbf{Z}_3\cong\mathbf{Z}_6$. 在 $\mathbf{Z}_2\times\mathbf{Z}_3$ 中 $(\bar{1},\bar{1})$ 是一个六阶元，因

$$2(\bar{1},\bar{1})=(\bar{0},\bar{2}),\quad 3(\bar{1},\bar{1})=(\bar{1},\bar{0}),\quad 4(\bar{1},\bar{1})=(\bar{0},\bar{1}),$$

$$5(\bar{1},\bar{1})=(\bar{1},\bar{2}),\quad 6(\bar{1},\bar{1})=(\bar{0},\bar{0}),$$

所以 $\mathbf{Z}_2\times\mathbf{Z}_3$ 是一个六阶循环群，由上面习题 4 知，$\mathbf{Z}_2\times\mathbf{Z}_3\cong\mathbf{Z}_6$.

7. 证明：任意一个四阶群要么与 $\mathbf{Z}_4$ 同构，要么与 $\mathbf{Z}_2\times\mathbf{Z}_2$ 同构. $\mathbf{Z}_4$ 与 $\mathbf{Z}_2\times\mathbf{Z}_2$ 是否同构？

证 （参阅 10.1 节习题 7 与习题 10 及其解答中关于循环子群和群中元素的阶的概念.）

因为四阶群 G 应包含 4 个元素，所以它不会只含有一阶元（或单位元）e，也不可能包含五阶及五阶以上的元素. 前一情况元素不足 4 个，后一情况将使包含的元素多于 4 个.

实际上，四阶群 G 也不会含有三阶元. 不然，假设三阶元 $p\in G$，则 $e,p,$

$p^2\in G$. 但 G 还应含有另外的元素 q. 于是又由群的性质可知,G 还应包含 $pq,p^2q,\cdots$,以上各元素都互不相同,这与 G 的阶是 4 矛盾. 故四阶群 G 除含单位元外只能包含四阶元和二阶元.

若 G 有四阶元 a,则 $G=\langle a\rangle\cong\mathbf{Z}_4$. 若 G 无四阶元,则 G 必有二阶元 b,使 $\langle b\rangle\cong\mathbf{Z}_2$,并且 G 中至少还有一个不在 $\langle b\rangle$ 中的二阶元 c,同时又含有 bc. 注意 $bc\neq e$,否则由 $b^2=e$,有 $b^2=bc$. 两边左乘 b^{-1},得 $b=c$,与前述矛盾. 于是 bc 也只能是二阶元. 因 G 为四阶群,故肯定 $G=\{e,b,c,bc\}$.

设 $\mathbf{Z}_2\times\mathbf{Z}_2=\{(\bar{0},\bar{0}),(\bar{0},\bar{1}),(\bar{1},\bar{0}),(\bar{1},\bar{1})\}$,作映射

$$\sigma:(\bar{0},\bar{0})\mapsto e,\quad (\bar{0},\bar{1})\mapsto b,\quad (\bar{1},\bar{0})\mapsto c,\quad (\bar{1},\bar{1})\mapsto bc.$$

在 $\mathbf{Z}_2\times\mathbf{Z}_2$ 中 $(\bar{0},\bar{0})$ 是单位元,$(\bar{1},\bar{0}),(\bar{0},\bar{1})$ 是二阶元,$(\bar{1},\bar{1})=(\bar{0},\bar{1})+(\bar{1},\bar{0})=(\bar{1},\bar{0})+(\bar{0},\bar{1})$ 也是二阶元,所以 $G\cong\mathbf{Z}_2\times\mathbf{Z}_2$.

因 $\mathbf{Z}_4$ 有四阶元,$\mathbf{Z}_2\times\mathbf{Z}_2$ 没有四阶元,故它们不同构.

10.3　环　和　域

1. 证明:在一个交换环 R 里,二项式定理

$$(a+b)^n=a^n+\binom{n}{1}a^{n-1}b+\binom{n}{2}a^{n-2}b^2+\cdots+b^n$$

对于任意 $a,b\in R$ 和正整数 n 成立.

证　用数学归纳法.

当 $n=2$ 时,有

$$\begin{aligned}(a+b)^2&=(a+b)(a+b)=a^2+ba+ab+b^2=a^2+2ab+b^2\\&=a^2+\binom{2}{1}a^{2-1}b+b^2\quad\text{(最后等式用到可换性)},\end{aligned}$$

结论成立.

假定 $n=k-1$ 时结论成立,则 $n=k$ 时,有

$$\begin{aligned}(a+b)^k&=(a+b)(a+b)^{k-1}=(a+b)\left[a^{k-1}+\binom{k-1}{1}a^{k-2}b+\cdots+b^{k-1}\right]\\&=a^k+ba^{k-1}+\binom{k-1}{1}a^{k-1}b+\binom{k-1}{1}ba^{k-2}b+\binom{k-1}{2}a^{k-2}b^2+\cdots\\&\quad+ab^{k-1}+b^k\\&=a^k+\binom{k}{1}a^{k-1}b+\cdots+b^k,\end{aligned}$$

结论成立. 故对任意 $a,b\in R$ 及任意正整数 n,结论成立.

2. 设 R 是一个环,并且 R 对于加法来说作成一个循环群(参看 10.1 节习题 7),证明 R 是一个交换环.

证　设 R 的元素 a 是加群的生成元,则对任意 $x,y\in R$,$x=ma$,$y=na$(m,n 为整数),有 $x\cdot y=(ma)(na)=mna^2=(na)(ma)=y\cdot x$,故 R 是交换环.

3. 证明:对于有单位元的环来说,加法适合交换律是环定义中其他条件的结果.

(提示:用两种方法展开$(a+b)(1+1)$.)

证　设 1 是环 R 的单位元. 对任意 $a,b\in R$,由乘法对加法分配律,有

$$(a+b)(1+1)=a+b+a+b,$$
$$(a+b)(1+1)=a+a+b+b,$$

于是 $a+b+a+b=a+a+b+b$,从而得 $b+a=a+b$. 可见,对有单位元的环来说,加法适合交换律是定义里其他条件的结果.

4. 写出域 $\mathbf{Z}_2$ 和 $\mathbf{Z}_7$ 的加法表和乘法表,找出 $\mathbf{Z}_7$ 中每一非零元素的逆元.

解　$\mathbf{Z}_2=\{\overline{0},\overline{1}\}$.

+	$\overline{0}$	$\overline{1}$
$\overline{0}$	$\overline{0}$	$\overline{1}$
$\overline{1}$	$\overline{1}$	$\overline{0}$

·	$\overline{0}$	$\overline{1}$
$\overline{0}$	$\overline{0}$	$\overline{0}$
$\overline{1}$	$\overline{0}$	$\overline{1}$

$\mathbf{Z}_7=\{\overline{0},\overline{1},\overline{2},\overline{3},\overline{4},\overline{5},\overline{6}\}$.

+	$\overline{0}$	$\overline{1}$	$\overline{2}$	$\overline{3}$	$\overline{4}$	$\overline{5}$	$\overline{6}$
$\overline{0}$	$\overline{0}$	$\overline{1}$	$\overline{2}$	$\overline{3}$	$\overline{4}$	$\overline{5}$	$\overline{6}$
$\overline{1}$	$\overline{1}$	$\overline{2}$	$\overline{3}$	$\overline{4}$	$\overline{5}$	$\overline{6}$	$\overline{0}$
$\overline{2}$	$\overline{2}$	$\overline{3}$	$\overline{4}$	$\overline{5}$	$\overline{6}$	$\overline{0}$	$\overline{1}$
$\overline{3}$	$\overline{3}$	$\overline{4}$	$\overline{5}$	$\overline{6}$	$\overline{0}$	$\overline{1}$	$\overline{2}$
$\overline{4}$	$\overline{4}$	$\overline{5}$	$\overline{6}$	$\overline{0}$	$\overline{1}$	$\overline{2}$	$\overline{3}$
$\overline{5}$	$\overline{5}$	$\overline{6}$	$\overline{0}$	$\overline{1}$	$\overline{2}$	$\overline{3}$	$\overline{4}$
$\overline{6}$	$\overline{6}$	$\overline{0}$	$\overline{1}$	$\overline{2}$	$\overline{3}$	$\overline{4}$	$\overline{5}$

·	$\overline{0}$	$\overline{1}$	$\overline{2}$	$\overline{3}$	$\overline{4}$	$\overline{5}$	$\overline{6}$
$\overline{0}$	$\overline{0}$	$\overline{0}$	$\overline{0}$	$\overline{0}$	$\overline{0}$	$\overline{0}$	$\overline{0}$
$\overline{1}$	$\overline{0}$	$\overline{1}$	$\overline{2}$	$\overline{3}$	$\overline{4}$	$\overline{5}$	$\overline{6}$
$\overline{2}$	$\overline{0}$	$\overline{2}$	$\overline{4}$	$\overline{6}$	$\overline{1}$	$\overline{3}$	$\overline{5}$
$\overline{3}$	$\overline{0}$	$\overline{3}$	$\overline{6}$	$\overline{2}$	$\overline{5}$	$\overline{1}$	$\overline{4}$
$\overline{4}$	$\overline{0}$	$\overline{4}$	$\overline{1}$	$\overline{5}$	$\overline{2}$	$\overline{6}$	$\overline{3}$
$\overline{5}$	$\overline{0}$	$\overline{5}$	$\overline{3}$	$\overline{1}$	$\overline{6}$	$\overline{4}$	$\overline{2}$
$\overline{6}$	$\overline{0}$	$\overline{6}$	$\overline{5}$	$\overline{4}$	$\overline{3}$	$\overline{2}$	$\overline{1}$

在 $\mathbf{Z}_7$ 中 $\overline{1}$ 的逆元是 $\overline{1}$,$\overline{2}$ 与 $\overline{4}$ 互逆,$\overline{3}$ 与 $\overline{5}$ 互逆,$\overline{6}$ 的逆元是 $\overline{6}$.

5. 设 R 是一个只有有限多个元素的交换环,且 R 没有零因子,证明 R 是一个域.

证　设 R 至少有一个非零元，因 R 无零因子，故消去律成立. 考虑 R 的非零元的集合 $R^*=\{a_1,a_2,\cdots,a_n\}$. 用 R^* 的元 a_i 左乘 R^* 的每一个元得集合 R_i. 因 R 无零因子，故 $R_i\subseteq R^*$. 又因消去律成立，$a_ia_j\neq a_ia_k(j\neq k)$，故 $R_i=R^*$. 同理，用 a_i 右乘 R^* 中的每一个元所得的集合与 R^* 相同，即

$$\{a_ia_1,a_ia_2,\cdots,a_ia_n\}=\{a_1,a_2,\cdots,a_n\}=\{a_1a_i,a_2a_i,\cdots,a_na_i\},$$

从而方程 $a_ix=a_j$，$ya_i=a_j$ 对任意 $a_i,a_j\in R^*$ 在 R^* 有解.

在 R^* 内令 $ya=a$ 的解为 e_1，对任意 b，由 $ax=b$ 的可解性得

$$e_1b=e_1(ax)=(e_1a)x=ax=b.$$

同样，记 $ax=a$ 的解为 e_2，对任意 b，由 $ya=b$ 的有解性得

$$be_2=(ya)e_2=y(ae_2)=ya=b.$$

易见 $e_1=e_1e_2=e_2$. 记 $e=e_1=e_2$，显然 $0e=e0=0$，故 e 是 R 的单位元.

再设 $a\neq 0$ 而 $ax=e$ 的解为 a'，$ya=e$ 的解为 a''，则

$$a'=ea'=(a''a)a'=a''(aa')=a''e=a''=a^{-1}.$$

可见 R 中一切非零元都是可逆元. 由于 R 是交换环，故 R 是一个域.

6. 设 R 是一个环，$a\in R$. 如果存在一个正整数 n，使得 $a^n=0$，就说 a 是一个幂零元素. 证明：在一个交换环里，两个幂零元素的和还是幂零元素.

证　设 a,b 都是交换环 R 的幂零元素，m,n 为正整数，$a^n=0$，$b^{m+1}=0$，于是 $k>m$ 时，$b^k=0$；$k\leqslant m$ 时，$a^{n+m-k}=0$，其中 $k=0,1,\cdots,n+m$. 综上所述，得

$$(a+b)^{n+m}=a^{n+m}+\binom{n+m}{1}a^{n+m-1}b+\binom{n+m}{2}a^{n+m-2}b^2+\cdots$$
$$+\binom{n+m}{k}a^{n+m-k}b^k+\cdots+b^{m+n}=0,$$

故 $a+b$ 是幂零元.

7. 证明在一个环 R 里，以下两个条件等价：

(i) R 没有非零的幂零元素；

(ii) 如果 $a\in R$ 且 $a^2=0$，则 $a=0$.

证　(i)→(ii). 如果 $a\in R$ 且 $a^2=0$，则因 R 没有非零的幂零元，所以 $a=0$.

(ii)→(i). 设 a 是 R 的一个非零的幂零元，n 是使 $a^n=0$ 的最小正整数，那么 $n\geqslant 2$ 且 $a^{n-1}\neq 0$. 令 $b=a^{n-1}$，则 $b^2=(a^{n-1})^2=a^n\cdot a^{n-2}=0$. 由(ii)得 $b=0$，即 $a^{n-1}=0$，这与假设矛盾. 所以 R 没有非零的幂零元素.

8. 设 R 与 R' 是环，$f:R\to R'$ 是一个同态映射. 证明：

(i) $\mathrm{Im}(f)=f(R)=\{f(a),a\in R\}$ 是 R' 的一个子环；

(ii) $I=\mathrm{Ker}(f)=\{a\in R\mid f(a)=0\}$ 是 R 的一个子环，并且对于任意 $r\in R$，$a\in I$，都有 $ra\in I$.

如果 R 与 R' 都有单位元，能不能断定 $f(1_R)$ 是 R' 的单位元 $1_{R'}$？当 f 是满射时，$f(1_R)$ 是不是 R' 的单位元？

证　(i) 由 $f(0)=f(0+0)=f(0)+f(0)$，得 $0=f(0)\in\mathrm{Im}(f)$，所以 $\mathrm{Im}(f)$ 非空. 设任意 $a',b'\in\mathrm{Im}(f)$，则存在 $a,b\in R$，使

$$f(a)=a',\quad f(b)=b',$$

于是
$$a'+b'=f(a)+f(b)=f(a+b)\in\mathrm{Im}(f).$$

由于
$$f(a)+f(-a)=f(a+(-a))=f(0)=0,$$

所以
$$-a'=-f(a)=f(-a)\in\mathrm{Im}(f).$$

又
$$a'b'=f(a)f(b)=f(ab)\in\mathrm{Im}(f),$$

所以 $\mathrm{Im}(f)$ 是 R' 的子环.

(ii) 因为 $0=f(0)$，所以 $0\in\mathrm{Ker}(f)$，$I=\mathrm{Ker}(f)$ 非空. 对任意 $a,b\in I$，有

$$f(a+b)=f(a)+f(b)=0,\quad a+b\in I.$$

又因为

$$f(-a)=-f(a)=0\ (-a\in I),\quad f(ab)=f(a)f(b)=0\ (ab\in I),$$

故 I 是 R 的子环. 对任意 $a\in I$，$r\in R$，有 $f(ra)=f(r)f(a)=0$，所以 $ra\in I$.

若 R,R' 都有单位元，当 $\mathrm{Im}(f)$ 是 R' 的一个有单位元的子环且 $\mathrm{Im}(f)$ 的单位元与 R' 的单位元不相同时，$f(I_R)$ 不是 R' 的单位元. 例如，

$$R=\left\{\begin{pmatrix}a&a\\0&0\end{pmatrix}\middle|\,a\in R\right\},\quad R'=\left\{\begin{pmatrix}a&b\\c&d\end{pmatrix}\middle|\,a,b,c,d\in R\right\},$$

$$f\left(\begin{pmatrix}a&a\\0&0\end{pmatrix}\right)=\begin{pmatrix}a&0\\0&0\end{pmatrix}$$

是 R 到 R' 的同态，R 的单位元是 $\begin{pmatrix}1&1\\0&0\end{pmatrix}$，$f\left(\begin{pmatrix}1&1\\0&0\end{pmatrix}\right)=\begin{pmatrix}1&0\\0&0\end{pmatrix}$ 是 $\mathrm{Im}(f)$ 的单位元而不是 R' 的单位元. 如果 f 是满射，则 $f(1_R)$ 是 R' 的单位元.

9. 设 F 和 F' 是域，$f:F\to F'$ 是一个同态映射. 证明：要么 $f(F)=\{0\}$，要么 f 是一个单射.

（提示：利用本节习题 8 中(ii)，证明 $\mathrm{Ker}(f)$ 要么等于 $\{0\}$，要么等于 F.）

证　如果 $\mathrm{Ker}(f)=\{0\}$，那么 f 是单射. 否则，存在 $a,b\in F$，$a\neq b$，使

$f(a)=f(b)$,于是

$$f(a-b)=f(a)+f(-b)=f(a)-f(b)=0,$$

从而 $a-b\in \mathrm{Ker}(f)$,但 $a-b\neq 0$,这与 $\mathrm{Ker}(f)=\{0\}$矛盾.

如果 $\mathrm{Ker}(f)\neq\{0\}$,即有 $a\in \mathrm{Ker}(f)$,但 $a\neq 0$,a^{-1}存在,则对任意 $b\in F$,由本节习题8中(ii)知,

$$b=b(a^{-1}a)=(ba^{-1})a=ra\in \mathrm{Ker}(f),$$

于是 $f(b)=0$,从而 $f(F)=0$.

10. 证明:二阶实矩阵环 $M_2(\mathbf{R})$的子集

$$F=\left\{\begin{pmatrix} a & b \\ -b & a \end{pmatrix} \middle| a,b\in \mathbf{R}\right\}$$

构成一个与复数 $\mathbf{C}$ 同构的域.

证 首先 F 含有零元 $\begin{pmatrix} 0 & 0 \\ 0 & 0 \end{pmatrix}$,故 F 非空. 假设 $\begin{pmatrix} a_1 & b_1 \\ -b_1 & a_1 \end{pmatrix}\in F$, $\begin{pmatrix} a_2 & b_2 \\ -b_2 & a_2 \end{pmatrix}\in F$,则

$$\begin{pmatrix} a_1 & b_1 \\ -b_1 & a_1 \end{pmatrix}-\begin{pmatrix} a_2 & b_2 \\ -b_2 & a_2 \end{pmatrix}=\begin{pmatrix} a_1-a_2 & b_1-b_2 \\ -(b_1-b_2) & a_1-a_2 \end{pmatrix}\in F,$$

$$\begin{pmatrix} a_1 & b_1 \\ -b_1 & a_1 \end{pmatrix}\begin{pmatrix} a_2 & b_2 \\ -b_2 & a_2 \end{pmatrix}=\begin{pmatrix} a_1a_2-b_1b_2 & a_1b_2+a_2b_1 \\ -(a_1b_2+a_2b_1) & a_1a_2-b_1b_2 \end{pmatrix}\in F,$$

故 F 是 $M_2(\mathbf{R})$的子环.

其次,非零元 $\begin{pmatrix} a & b \\ -b & a \end{pmatrix}$的逆元是 $\begin{bmatrix} \frac{a}{a^2+b^2} & -\frac{b}{a^2+b^2} \\ \frac{b}{a^2+b^2} & \frac{a}{a^2+b^2} \end{bmatrix}\in F$,又

$$\begin{pmatrix} a_1 & b_1 \\ -b_1 & a_1 \end{pmatrix}\begin{pmatrix} a_2 & b_2 \\ -b_2 & a_2 \end{pmatrix}=\begin{pmatrix} a_2 & b_2 \\ -b_2 & a_2 \end{pmatrix}\begin{pmatrix} a_1 & b_1 \\ -b_1 & a_1 \end{pmatrix},$$

即乘法满足交换律,故 F 构成 $M_2(\mathbf{R})$的子域.

定义

$$\sigma(a+b\mathrm{i})=\begin{pmatrix} a & b \\ -b & a \end{pmatrix},$$

显然 σ 是1-1映射. 又

$$\begin{aligned}\sigma[(a+b\mathrm{i})+(c+d\mathrm{i})]&=\sigma[(a+c)+(b+d)\mathrm{i}]\\&=\begin{pmatrix} a+c & b+d \\ -(b+d) & a+c \end{pmatrix}=\begin{pmatrix} a & b \\ -b & a \end{pmatrix}+\begin{pmatrix} c & d \\ -d & c \end{pmatrix}\end{aligned}$$

$$=\sigma(a+bi)+\sigma(c+di),$$

$$\sigma[(a+bi)(c+di)]=\sigma[(ac-bd)+(ad+bc)i]$$

$$=\begin{pmatrix} ac-bd & ad+bc \\ -(ad+bc) & ac-bd \end{pmatrix}=\begin{pmatrix} a & b \\ -b & a \end{pmatrix}\begin{pmatrix} c & d \\ -d & c \end{pmatrix}$$

$$=\sigma(a+bi)\sigma(c+di).$$

综上所述，$F\cong\mathbf{C}$.

11. 令 $\mathbf{Q}$ 是有理数域，R 是一个环，而 f,g 都是 $\mathbf{Q}$ 到 R 的环同态. 证明：如果对于任意整数 n，都有 $f(n)=g(n)$，则 $f=g$.

证 对任意 $\frac{m}{n}\in\mathbf{Q}$，有

$$f(m)=g(m),\quad f(n)=g(n),$$

$$f\left(\frac{m}{n}\right)=f(m)f(n)^{-1}=g(m)g(n)^{-1}=g\left(\frac{m}{n}\right),$$

所以 $f=g$.

12. 证明：一切形式为

$$\begin{pmatrix} a+bi & c+di \\ -c+di & a-bi \end{pmatrix}\quad (a,b,c,d\in\mathbf{R})$$

的二阶复矩阵所成的集合 K 作成一个环，这个环的每一非零元素都有逆元，K 是不是域？

证 因 $\begin{pmatrix} 0 & 0 \\ 0 & 0 \end{pmatrix}\in K$，$K$ 非空. 对于

$$\mathbf{A}=\begin{pmatrix} a+bi & c+di \\ -c+di & a-bi \end{pmatrix}\in K,\quad \mathbf{B}=\begin{pmatrix} a'+b'i & c'+d'i \\ -c'+d'i & a'-b'i \end{pmatrix}\in K,$$

根据矩阵的加法和乘法知，$\mathbf{A}+\mathbf{B}$，$\mathbf{AB}$ 都属于 K，并且对加法和乘法，结合律都成立. 乘法对加法的分配律也成立. $\mathbf{A}$ 的负元是 $-\mathbf{A}$，零矩阵是 K 的零元，所以 K 是一个环.

若
$$\begin{pmatrix} a+bi & c+di \\ -c+di & a-bi \end{pmatrix}\neq 0,$$

则 a,b,c,d 不同时为零，那么

$$D=\begin{vmatrix} a+bi & c+di \\ -c+di & a-bi \end{vmatrix}=a^2+b^2+c^2+d^2\neq 0,$$

$$\begin{pmatrix} a+bi & c+di \\ -c+di & a-bi \end{pmatrix}\text{有逆元}\begin{pmatrix} \frac{a-bi}{D} & \frac{-c-di}{D} \\ \frac{c-di}{D} & \frac{a+bi}{D} \end{pmatrix}\in K.$$

但
$$\begin{pmatrix} 0 & 1 \\ -1 & 0 \end{pmatrix}\begin{pmatrix} i & 0 \\ 0 & -i \end{pmatrix}\neq\begin{pmatrix} i & 0 \\ 0 & -i \end{pmatrix}\begin{pmatrix} 0 & 1 \\ -1 & 0 \end{pmatrix},$$

可见乘法不可换，故 K 不是域.

13. 在 $\mathbf{Z}_{15}$ 中，找出适合方程 $x^2=1$ 的一切元素.

解　在 $\mathbf{Z}_{15}=\{\overline{0},\overline{1},\overline{2},\cdots,\overline{14}\}$ 中，适合 $x^2=1$ 的元素有 $\overline{1},\overline{4},\overline{11},\overline{14}$.

14. 证明：一个特征为 0 的域一定含有一个与有理数域同构的子域；一个特征为 $p>0$ 的域一定含有一个与 $\mathbf{Z}_p$ 同构的子域.

证　(i) 设 F 是一个特征为 0 的域，e 是 F 的单位元，对任意 $n\in\mathbf{Z}$ 及加群 F，$ne\in F$. 令 $F_1=\{ne\,|\,n\in\mathbf{Z},e$ 是 F 的单位元$\}$. 因为当且仅当 $n=0$ 时，$ne=0$，所以对任意 $n\in\mathbf{Z}$，$\sigma:n\mapsto ne$ 是 $\mathbf{Z}$ 到 F_1 的一个双射，并且由倍数法则知，

$$n+m\mapsto(n+m)e=ne+me,\quad n\cdot m\mapsto nme=(ne)(me),$$

可见 σ 是 $\mathbf{Z}$ 到 F_1 的一个同构映射. 令 $F_2=\{(me)(ne)^{-1}\,|\,m,n\in\mathbf{Z},n\neq0\}$，则 $F_1\subseteq F_2\subseteq F$. 设对任意 $\frac{m}{n}\in\mathbf{Q}$，规定 $\tau:\frac{m}{n}\mapsto(me)(ne)^{-1}$，则 τ 是 $\mathbf{Q}$ 到 F_2 的双射，并且任意给定 $\frac{m_1}{n_1},\frac{m_2}{n_2}\in\mathbf{Q}$，有

$$\begin{aligned}\tau\left(\frac{m_1}{n_1}+\frac{m_2}{n_2}\right)&=\tau\left(\frac{m_1n_2+m_2n_1}{n_1n_2}\right)=(m_1n_2+m_2n_1)e(n_1n_2e)^{-1}\\&=[(m_1n_2)e+(m_2n_1)e](n_1e)^{-1}(n_2e)^{-1}\\&=(m_1e)(n_2e)(n_1e)^{-1}(n_2e)^{-1}+(m_2e)(n_1e)(n_1e)^{-1}(n_2e)^{-1}\\&=(m_1e)(n_1e)^{-1}+(m_2e)(n_2e)^{-1}=\tau\left(\frac{m_1}{n_1}\right)+\tau\left(\frac{m_2}{n_2}\right),\end{aligned}$$

$$\begin{aligned}\tau\left(\frac{m_1}{n_1}\cdot\frac{m_2}{n_2}\right)&=\tau\left(\frac{m_1m_2}{n_1n_2}\right)=(m_1m_2)e(n_1n_2e)^{-1}=(m_1e)(m_2e)(n_1e)^{-1}(n_2e)^{-1}\\&=(m_1e)(n_1e)^{-1}(m_2e)(n_2e)^{-1}=\tau\left(\frac{m_1}{n_1}\right)\tau\left(\frac{m_2}{n_2}\right).\end{aligned}$$

综上所述，$\mathbf{Q}\cong F_2$. 因为 $\mathbf{Q}$ 是域，所以 F_2 是域且为 F 的子域.

(ii) 设 F 是一个特征为 $p>0$ 的域，e 是 F 的单位元，令 $F_1=\{0,e,2e,\cdots,(p-1)e\}$. 对任意 $\overline{i}\in\mathbf{Z}_p$，规定 $\sigma:\overline{i}\mapsto ie$，则 σ 是 $\mathbf{Z}_p$ 到 F_1 的一个双射. 设任意 $\overline{i},\overline{j}\in\mathbf{Z}_p$，且 $i+j=kp+r,0\leqslant r<p,ij=lp+s,0\leqslant s<p$，那么 $\overline{i+j}=\overline{r}$，

$\overline{ij}=\bar{s}$，从而

$$\sigma(\overline{i+j})=\sigma(\bar{r})=re=kpe+re=(i+j)e=ie+je,$$

即
$$\sigma(\bar{i}+\bar{j})=\sigma(\bar{i})+\sigma(\bar{j}).$$

又
$$\sigma(\overline{ij})=\sigma(\bar{s})=se=lpe+se=ije=(ie)(je),$$

即
$$\sigma(\overline{ij})=\sigma(\bar{i})\sigma(\bar{j}),$$

所以，σ 是 $\mathbf{Z}_p$ 到 F_1 的同构映射. 因为 p 是素数，$\mathbf{Z}_p$ 是域，所以 F_1 是 F 的一个与 $\mathbf{Z}_p$ 同构的子域.

15. 令 $F=\mathbf{Z}_2$ 是仅含两个元素的域，$F[x]$是 F 上一元多项式环.

(i) 证明 x^2+x+1 是 $F[x]$中唯一的二次不可约多项式；

(ii) 找出 $F[x]$中一切三次不可约多项式.

解　(i) 由题设知，$F=\mathbf{Z}_2=\{\bar{0},\bar{1}\}$. 在 $F[x]$的多项式系数中 $\bar{0}$，$\bar{1}$ 简写为 0，1. 对于 $F[x]$中的二次多项式，由于首项系数必须是 1，其他可取 0 或 1，故共有四个：

$$f_1(x)=x^2,\quad f_2(x)=x^2+x,\quad f_3(x)=x^2+1,\quad f_4(x)=x^2+x+1.$$

易见 $f_1(x)$有根 $\bar{0}$，$f_2(x)$有根 $\bar{0}$ 和 $\bar{1}$，故可约. 而 $f_3(\bar{1})=(\bar{1})^2+\bar{1}=\bar{1}+\bar{1}=\bar{0}$，即 $f_3(x)$在 F 内有根(或由 $f_3(x)=x^2+1=x^2\pm\bar{0}+\bar{1}=x^2\pm(\bar{1}+\bar{1})x+\bar{1}=(x\pm\bar{1})^2$①)，$f_3(x)$亦可约. 但 $f_4(\bar{0})=\bar{1}$，$f_4(\bar{1})=\bar{1}$，可知 $f_4(x)$在 F 内没有根，故不可约，从而 $f_4(x)=x^2+x+1$ 是 $F[x]$中唯一的二次不可约多项式.

(ii) 类似地，$F[x]$中三次多项式有 x^3，x^3+x^2，x^3+x，x^3+1，x^3+x^2+x，x^3+x^2+1，x^3+x+1，x^3+x^2+x+1，共 8 个. 其中除 6，7 两个在 F 内没有根，其他都有根 $\bar{0}$ 或 $\bar{1}$，故不可约多项式只有 x^3+x^2+1 和 x^3+x+1.

补 充 讨 论

部分习题其他解法或补充说明.

1.“10.1 节　群”中第 8 题解答的一点说明.

说明　给定一个 n 次置换 $\boldsymbol{\sigma}=\begin{pmatrix}1 & 2 & \cdots & n\\ i_1 & i_2 & \cdots & i_n\end{pmatrix}$和一个 n 阶方阵 $\mathbf{A}=$

---

① 看起来，$-\bar{1}$ 与 $\bar{1}$ 都是 x^2+1 的二重根，但它们实质是一回事. 这是因为在 $\mathbf{Z}_2$ 中，$\bar{1}$ 的负元素 $-\bar{1}=\overline{n-1}=\overline{2-1}=\bar{1}$.

(a_{ij}),用 $\mathbf{A}$ 的第 j 行去替换 $i_j(=\sigma(j))$ 行与用 i_j 行替换第 j $(j=1,2,\cdots,n)$ 行,所得新矩阵一般是不同的,所得有关结论应有所变更.

2."10.3 节　环和域"中第 8 题的证明作如下补充.

如果 f 是满射,则对任意 $a'\in\mathbf{R}'$,存在 $a\in\mathbf{R}$,使 $f(a)=a'$. 于是 $a'f(I_R)=f(a)f(I_R)=f(aI_R)=f(a)=a'$,同时 $f(I_R)a'=f(I_R)f(a)=f(I_Ra)=f(a)=a'$,所以 $f(I_R)$ 为 $\mathbf{R}'$的单位元.

3."10.3 节　环和域"中习题 9 的另一证明.

证　如果 $f(F)\neq\{0\}$,则有 $a\in F$,使 $f(a)\neq 0$,由此可推知 $\mathrm{Ker}(f)=\{0\}$. 否则设 $b\in\mathrm{Ker}(f)$ 且 $b\neq 0$,就有 $a=ae_F=a(b^{-1}b)=(ab^{-1})b=rb\in\mathrm{Ker}(f)$ (参见本章习题 8 中(ii)),于是得 $f(a)=0$,与前面矛盾,故 $\mathrm{Ker}(f)=\{0\}$. 再由定理 7.1.2 知,f 是单射.

[**小结**]　与前面证明的论据一致,切入点不同.

附录 向量空间的分解和矩阵的若尔当标准形式

知识要点

1. 设 V 是一个 n 维向量空间，V 的一切线性变换构成一个 n^2 维向量空间. 对于 V 的每一线性变换 σ，以下的 n^2+1 个线性变换 $\sigma^k(k=0,1,\cdots,n^2)$ 必定线性相关，即存在非零多项式 $f(x)$，使 $f(\sigma)=\theta$，θ 为零变换. 因此，σ 必有**最小多项式**

$$p(x)=(x-\lambda_1)^{r_1}(x-\lambda_2)^{r_2}\cdots(x-\lambda_k)^{r_k},$$

其中 $r_1,r_2,\cdots,r_k$ 是正整数，$\lambda_1,\lambda_2,\cdots,\lambda_k$ 是互不相同的复数，它们组成 σ 的一切互不相同的本征值. 最小多项式即是 σ 所能满足的次数最低的最高次项系数是 1 的非零多项式.

设 $V_i=\mathrm{Ker}(\sigma-\lambda_i)^{r_i}=\{\boldsymbol{\xi}\in V\mid(\sigma-\lambda_i)^{r_i}\boldsymbol{\xi}=\mathbf{0}\}$，$i=1,2,\cdots,k$，那么

(i) 每一子空间 V_i 都在 σ 之下不变；

(ii) $V=V_1\oplus V_2\oplus\cdots\oplus V_k$；

(iii) 令 $\sigma_i=\sigma\big|_{V_i}$ 是 σ 在 V_i 上的限制，则 σ_i 的最小多项式是 $(x-\lambda_i)^{r_i}$ $(i=1,2,\cdots,k)$.

上面(ii)中给出的式子称为空间 V 关于线性变换 σ 的**准素分解**.

2. 记 $f_i(x)=\dfrac{p(x)}{(x-\lambda_i)^{r_i}}=\prod\limits_{j\neq i}(x-\lambda_j)^{r_j}$ $(i=1,2,\cdots,k)$，则诸 $f_i(x)$ 互素，并存在多项式 $u_1(x),u_2(x),\cdots,u_k(x)$，使

$$f_1(x)u_1(x)+f_2(x)u_2(x)+\cdots+f_k(x)u_k(x)=1,$$

于是

$$f_1(\sigma)u_1(\sigma)+f_2(\sigma)u_2(\sigma)+\cdots+f_k(\sigma)u_k(\sigma)=\iota$$

是 V 上的单位变换.

令 $\pi_i=g_i(\sigma)=f_i(\sigma)u_i(\sigma)$，则 π_i 在 V_i 上的限制是 V_i 的单位变换；当 $j\neq i$ 时，π_i 在 V_j 上的限制是 V_j 的零变换，从而

$$\delta=\lambda_1\pi_1+\lambda_2\pi_2+\cdots+\lambda_k\pi_k.$$

在每个 V_i 上的限制是以 λ_i 为系数的位似，因此也是 V 上的可对角化的线性变换.

又令 $\nu=\sigma-\delta$，ν 也是 σ 的多项式，所有 V_i 在 ν 之下不变，且对任意 $\boldsymbol{\xi}_i\in V_i$，有

$$\nu^{r_i}(\boldsymbol{\xi}_i)=(\sigma-\delta)^{r_i}(\boldsymbol{\xi}_i)=(\sigma-\lambda_i\pi_i)^{r_i}(\boldsymbol{\xi}_i)=\mathbf{0}.$$

于是正数 $r=\max\limits_{1\leqslant i\leqslant k}\{r_i\}$，使 ν 在 V 上满足 $\nu^r=\theta$，即 ν 是 V 上的幂零线性变换.由此可知：对于复数域上 n 维向量空间 V 的一个线性变换 σ，存在 V 上一个可对角化线性变换 δ 和一个幂零线性变换 ν，使得

(i) $\sigma=\delta+\nu$， (ii) $\delta\nu=\nu\delta$，

并且 δ,ν 由条件(i)和(ii)唯一确定，它们都是 σ 的多项式. $\sigma=\delta+\nu$ 称为线性变换 σ **的若尔当分解**.

复数域上的 n 阶矩阵 $\boldsymbol{A}$ 也有相应的若尔当分解 $\boldsymbol{A}=\boldsymbol{D}+\boldsymbol{N}$，$\boldsymbol{D}$ 为 $\boldsymbol{A}$ 的可对角化部分，$\boldsymbol{N}$ 为 $\boldsymbol{A}$ 的幂零部分，$\boldsymbol{D},\boldsymbol{N}$ 由条件 $\boldsymbol{A}=\boldsymbol{D}+\boldsymbol{N}$ 及 $\boldsymbol{DN}=\boldsymbol{ND}$ 唯一确定.

3. 设 σ 是向量空间 V 的幂零变换，x^r 是其最小多项式，于是存在向量 $\boldsymbol{\xi}_0\in V$，使 $\sigma^r(\boldsymbol{\xi}_0)=0$，而 $\boldsymbol{\xi}_0,\sigma(\boldsymbol{\xi}_0),\cdots,\sigma^{r-1}(\boldsymbol{\xi}_0)$ 线性无关. 后者组成 r 维子空间 W 的一个基，称为 W 的**循环基**. W 称为 σ-**循环子空间**. 显然 σ 在 W 上的限制 $\sigma\big|_W$ 是 W 的一个幂零变换，它关于循环基的矩阵是

$$\boldsymbol{N}_r=\begin{pmatrix}0&0&0&\cdots&0&0\\1&0&0&\cdots&0&0\\0&1&0&\cdots&0&0\\\vdots&\vdots&\vdots&&\vdots&\vdots\\0&0&0&\cdots&1&0\end{pmatrix},$$

矩阵 $\boldsymbol{N}_r$ 称为 r 阶**幂零若尔当矩阵**或**幂零若尔当块**.

对于 n 维向量空间的每一幂零变换 σ，V 可以分解为一些 σ-循环子空间 $W_1,W_2,\cdots,W_s$ 的直和. 将每一子空间 W_i 的循环基凑成 V 的一个基，则 σ 关于这个基的矩阵为

$$\begin{pmatrix}\boldsymbol{N}_{r_1}&&&\\&\boldsymbol{N}_{r_2}&&\\&&\ddots&\\&&&\boldsymbol{N}_{r_s}\end{pmatrix},$$

这里每一 $\boldsymbol{N}_{r_i}$ 是一个 r_i 阶的幂零若尔当块，$\sum_{i=1}^{s} r_i = n$.

4. 设 σ 是 n 维向量空间 V 的一个线性变换，$\lambda_1,\lambda_2,\cdots,\lambda_k$ 是 σ 的一切互不相同的本征值，那么 σ 有如下形式的最小多项式：

$$p(x)=(x-\lambda_1)^{r_1}(x-\lambda_2)^{r_2}\cdots(x-\lambda_k)^{r_k}.$$

而空间 V 有直和分解　　$V=V_1\oplus V_2\oplus\cdots\oplus V_k$，

其中 $V_i=\mathrm{Ker}(\sigma-\lambda_i)^{r_i}(i=1,2,\cdots,k)$.

对于每一 i，令 τ_i 是 $\sigma-\lambda_i$ 在 V_i 上的限制，那么 τ_i 是 V_i 上的幂零线性变换，子空间 V_i 又可分解为 τ_i-循环子空间的直和：

$$V_i=W_{i1}\oplus W_{i2}\oplus\cdots\oplus W_{is_i}.$$

在每一循环子空间 $W_{ij}(j=1,2,\cdots,s_i)$ 里取循环基凑成 V_i 的一个基，那么 τ_i 关于这个基的矩阵为

$$\boldsymbol{N}_i=\begin{pmatrix}\boldsymbol{N}_{i1} & & & \\ & \boldsymbol{N}_{i2} & & \\ & & \ddots & \\ & & & \boldsymbol{N}_{is_i}\end{pmatrix},$$

其中 $\boldsymbol{N}_{ij}(j=1,2,\cdots,s_i)$ 是幂零若尔当块. 令 $\sigma_i=\sigma\big|_{V_i}$，那么

$$\sigma_i=\lambda_i+\tau_i,$$

于是对 V_i 如上选取的基来说，σ_i 的矩阵为

$$\boldsymbol{B}_i=\begin{pmatrix}\lambda_i & & & \\ & \lambda_i & & \\ & & \ddots & \\ & & & \lambda_i\end{pmatrix}+\begin{pmatrix}\boldsymbol{N}_{i1} & & & \\ & \boldsymbol{N}_{i2} & & \\ & & \ddots & \\ & & & \boldsymbol{N}_{is_i}\end{pmatrix}=\begin{pmatrix}\boldsymbol{J}_{i1} & & & \\ & \boldsymbol{J}_{i2} & & \\ & & \ddots & \\ & & & \boldsymbol{J}_{is_i}\end{pmatrix},$$

这里 $\boldsymbol{J}_{i1},\boldsymbol{J}_{i2},\cdots,\boldsymbol{J}_{is_i}$ 都是属于 λ_i 的**若尔当块**.

将所有 V_i 的基合并为 V 的一个基，并注意到所有 V_i 在 σ 之下不变，故 σ 在此基的矩阵为

$$\begin{pmatrix}\boldsymbol{B}_1 & & & \\ & \boldsymbol{B}_2 & & \\ & & \ddots & \\ & & & \boldsymbol{B}_k\end{pmatrix},$$

它是 σ-矩阵的**若尔当标准形式**.

同理，复数域上每一 n 阶矩阵 $\mathbf{A}$ 都与一个若尔当标准形式相似，除了各若尔当块的排列次序外，与 $\mathbf{A}$ 相似的若尔当标准形式是由 $\mathbf{A}$ 唯一确定的.

5. 作为上述的一个特殊情况，n 维向量空间 V 的一个线性变换有可能对角化，其充分必要条件是其最小多项式没有重根.

6. 凯莱-哈密顿定理：设 σ 是 n 维向量空间 V 的一个线性变换，$f(x)$ 是 σ 的特征多项式，那么 $f(\sigma)=\theta$. 类似地，设 $\mathbf{A}$ 是一个 n 阶矩阵，而 $f(x)$ 是 $\mathbf{A}$ 的特征多项式，那么 $f(\mathbf{A})=\mathbf{0}$.

习题解答

向量空间的准素分解　凯莱-哈密顿定理

1. 令 V 是实数域 $\mathbf{R}$ 上一个三维向量空间，σ 是 V 的一个线性变换，它关于 V 的某一个基的矩阵是

$$\begin{pmatrix} 6 & -3 & -2 \\ 4 & -1 & -2 \\ 10 & -5 & -3 \end{pmatrix}.$$

(i) 求出 σ 的最小多项式 $p(x)$，并把 $p(x)$ 在 $\mathbf{R}[x]$ 内分解为两个最高次项系数是 1 的不可约多项式 $p_1(x)$ 与 $p_2(x)$ 的乘积.

(ii) 令 $W_i=\{\boldsymbol{\xi}\in V \mid p_i(\sigma)\boldsymbol{\xi}=\mathbf{0}\}$ $(i=1,2)$，证明 W_i 是 σ 的不变子空间，并且 $V=W_1\oplus W_2$.

(iii) 在每一子空间 W_i 中选取一个基，凑成 V 的一个基，使得 σ 关于这个基的矩阵里只出现三个非零元素.

解　(i) σ 的特征多项式 $\det(\lambda\boldsymbol{I}-\mathbf{A})=(\lambda-2)(\lambda^2+1)$. 因为 $\mathbf{A}-2\boldsymbol{I}\neq\boldsymbol{O}$，$\mathbf{A}^2+\boldsymbol{I}\neq\boldsymbol{O}$，所以 σ 的最小多项式为

$$p(x)=(x-2)(x^2+1),\quad p_1(x)=x-2,\quad p_2(x)=x^2+1.$$

(ii) 对任意 $\boldsymbol{\xi}\in W_i$，$p_i(\sigma)(\sigma\boldsymbol{\xi})=\sigma p_i(\sigma)\boldsymbol{\xi}=\mathbf{0}$，所以 $\sigma(\boldsymbol{\xi})\in W_i$，$W_i$ 是 σ 的不变子空间.

因 $W_1=\{\boldsymbol{\xi}\in V \mid (\sigma-2\iota)\boldsymbol{\xi}=\mathbf{0}\}$，所以 W_1 是 σ 的属于本征值 2 的本征子空间.

$$\dim W_1=3-\text{秩}(\mathbf{A}-2\boldsymbol{I})=1.$$

又由计算知,秩$(\mathbf{A}^2+1)=1$,所以

$$\dim W_2=3-\text{秩}(\mathbf{A}^2+1)=2.$$

取 $\boldsymbol{\alpha}\in W_2,\boldsymbol{\alpha}\neq\mathbf{0}$,则 $$\sigma(\sigma\boldsymbol{\alpha})=\sigma^2\boldsymbol{\alpha}=-\boldsymbol{\alpha}\neq\mathbf{0},$$

故 $\sigma(\boldsymbol{\alpha})\neq\mathbf{0}$. 设存在常数 k_1,k_2,使

$$k_1\boldsymbol{\alpha}+k_2\sigma(\boldsymbol{\alpha})=\mathbf{0}, \quad ①$$

则有 $$k_1\sigma(\boldsymbol{\alpha})+k_2\sigma^2(\boldsymbol{\alpha})=\mathbf{0},$$

或 $$-k_2\boldsymbol{\alpha}+k_1\sigma(\boldsymbol{\alpha})=\mathbf{0}, \quad ②$$

由式①$\times k_2$+式②$\times k_1$ 得

$$(k_1^2+k_2^2)\sigma(\boldsymbol{\alpha})=\mathbf{0}.$$

由于 $\sigma(\boldsymbol{\alpha})\neq\mathbf{0}$,从而有 $k_1=k_2=0$,因而 $\boldsymbol{\alpha}$ 与 $\sigma(\boldsymbol{\alpha})$线性无关并构成 W_2 的一个基.

再设 $\boldsymbol{\beta}\in W_1\cap W_2$,于是

$$\sigma(\boldsymbol{\beta})=2\boldsymbol{\beta},\quad \sigma^2(\boldsymbol{\beta})=2\sigma(\boldsymbol{\beta})=4\boldsymbol{\beta}.$$

又 $$\sigma^2(\boldsymbol{\beta})=-\boldsymbol{\beta},$$

所以 $$4\boldsymbol{\beta}=-\boldsymbol{\beta}\Rightarrow\boldsymbol{\beta}=\mathbf{0},$$

即 $$W_1\cap W_2=\{\mathbf{0}\}.$$

由于 $$W_1+W_2\subseteq V,$$

$$\dim(W_1+W_2)=\dim W_1+\dim W_2=3=\dim V,$$

所以 $$V=W_1\oplus W_2.$$

(iii) 取 σ 的属于特征根 2 的特征向量 $\boldsymbol{\alpha}_1$ 为 W_1 的一个基,取 W_2 的任一个非零向量 $\boldsymbol{\alpha}_2$,则 $\boldsymbol{\alpha}_2,\sigma(\boldsymbol{\alpha}_2)$是 W_2 的基. 那么 σ 关于基 $\boldsymbol{\alpha}_1,\boldsymbol{\alpha}_2,\sigma(\boldsymbol{\alpha}_2)$的矩阵是

$$\begin{pmatrix}2&0&0\\0&0&-1\\0&1&0\end{pmatrix}.$$

2. 令 $F_n[x]$是某个数域 F 上全体次数$\leqslant n$ 的多项式连同零多项式所组成的向量空间,令 $\sigma: f(x)\mapsto f'(x)$(参见 7.3 节习题 1). 求出 σ 的最小多项式.

解 设任意

$$f(x)=a_nx^n+a_{n-1}x^{n-1}+\cdots+a_1x+a_0\in F_n[x],$$

其中 $a_n\neq0$. 因 $$f^{(n+1)}(x)=0,f^{(k)}(x)\neq0\quad(k<n+1),$$

所以 $\sigma^{n+1}=\theta$,而 $\sigma^k\neq\theta(k<n+1)$. 故 σ 的最小多项式 $p(x)=x^{n+1}$.

3. 设 V 是复数域上 n 维向量空间,σ 是 V 的一个线性变换. 令

$$V=V_1\oplus V_2\oplus\cdots\oplus V_k$$

是本节定理 1 的那个准素分解；令 W 是 V 的一个在 σ 之下不变的子空间. 证明

$$W=W_1\oplus W_2\oplus\cdots\oplus W_k,$$

其中 $W_i=W\cap V_i(i=1,2,\cdots,k)$.

证　设 σ 的最小多项式为

$$p(x)=(x-\lambda_1)^{r_1}(x-\lambda_2)^{r_2}\cdots(x-\lambda_k)^{r_k},$$

其中 $\lambda_i\neq\lambda_j(i\neq j)$. 而

$$f_i(x)=\prod_{i\neq j}(x-\lambda_j)^{r_j}\quad(i,j=1,2,\cdots,k),$$

则存在 $u_1(x),u_2(x),\cdots,u_k(x)$，使

$$u_1(x)f_1(x)+u_2(x)f_2(x)+\cdots+u_k(x)f_k(x)=1.$$

任给 $\boldsymbol{\xi}\in W$，有

$$\boldsymbol{\xi}=u_1(\sigma)f_1(\sigma)\boldsymbol{\xi}+u_2(\sigma)f_2(\sigma)\boldsymbol{\xi}+\cdots+u_k(\sigma)f_k(\sigma)\boldsymbol{\xi},$$

其中 $u_i(\sigma)f_i(\sigma)\boldsymbol{\xi}\in V_i$.

因为 W 在 σ 下不变，所以 W 在 σ 的多项式 $u_i(\sigma)f_i(\sigma)$ 之下也不变，故 $u_i(\sigma)f_i(\sigma)\boldsymbol{\xi}\in W$，因而

$$u_i(\sigma)f_i(\sigma)\boldsymbol{\xi}\in W\cap V_i=W_i,$$

于是 $W=W_1+W_2+\cdots+W_k$.

任给 $\boldsymbol{\eta}\in W_i\cap\sum_{j\neq i}W_j$，因为 $W_i\subseteq V_i$，$\sum_{j\neq i}W_j\subseteq\sum_{j\neq i}V_j$，所以

$$\boldsymbol{\eta}\in W_i\cap\sum_{j\neq i}W_i\subseteq V_i\cap\sum_{j\neq i}V_j=\{\mathbf{0}\},$$

即
$$W_i\cap\sum_{j\neq i}W_j=\{\mathbf{0}\},$$

从而
$$W=W_1\oplus W_2\oplus\cdots\oplus W_k.$$

4. 设 $\mathbf{A}$ 是复数域上一个 n 阶可逆矩阵，证明：$\mathbf{A}^{-1}$ 可以表示成 $\mathbf{A}$ 的一个复系数多项式.

证　设 n 阶可逆矩阵 $\mathbf{A}$ 的最小多项式为

$$p(x)=a_nx^n+a_{n-1}x^{n-1}+\cdots+a_0,$$

因为 $\mathbf{A}$ 可逆，$\mathbf{A}$ 的特征根都不为零(参见 7.5 节习题 6 之(iii))，因而 $p(x)$ 的根也都不为零，所以 $a_0\neq0$. 从而有

$$p(\mathbf{A})=a_n\mathbf{A}^n+a_{n-1}\mathbf{A}^{n-1}+\cdots+a_0\mathbf{I}=\mathbf{O},$$

所以
$$I=A\left(-\frac{a_n}{a_0}A^{n-1}-\frac{a_{n-1}}{a_0}A^{n-2}-\cdots-\frac{a_1}{a_0}I\right),$$
$$A^{-1}=-\frac{a_n}{a_0}A^{n-1}-\frac{a_{n-1}}{a_0}A^{n-2}-\cdots-\frac{a_1}{a_0}I,$$
其中$\frac{a_n}{a_0},\frac{a_{n-1}}{a_0},\cdots,\frac{a_1}{a_0}$为复数.

线性变换的若尔当分解

1. 设σ是复数域上三维向量空间V的一个线性变换,它关于V的一个基的矩阵为
$$\begin{pmatrix}3 & 1 & -1\\ 2 & 2 & -1\\ 2 & 2 & 0\end{pmatrix}.$$
求出σ的若尔当分解.

解 σ的特征多项式$\det(\lambda I-A)=(\lambda-1)(\lambda-2)^2$,并且$(A-I)(A-2I)\neq O$,所以$\sigma$的最小多项式是$(\lambda-1)(\lambda-2)^2$. 因$(\lambda-2)^2-(\lambda-3)(\lambda-1)=1$,故令
$$\pi_1=(\sigma-2\iota)^2,\quad \pi_2=-(\sigma-3\iota)(\sigma-\iota)\quad (\iota\text{ 为单位变换}),$$
则
$$\delta=\pi_1+2\pi_2=-\sigma^2+4\sigma-2\iota,\quad \nu=\sigma-\delta=\sigma^2-3\sigma+2\iota.$$
所以σ的若尔当分解为$\sigma=\delta+\nu$.

2. 证明:一个秩是1的n阶矩阵要么是可对角化的,要么是幂零的,但这两种情形不能同时出现.

证 设n阶矩阵A的秩为1,又设A在某基下对应的n维向量空间V中线性变换为σ,则由7.1节习题5知
$$\dim\mathrm{Im}(\sigma)=1,\quad \dim\mathrm{Ker}(\sigma)=n-1.$$
在$\mathrm{Ker}(\sigma)$中取基$\beta_2,\beta_3,\cdots,\beta_n$. 如果存在$\alpha_1\notin\mathrm{Ker}(\sigma)$是$\sigma$的本征向量,则$\alpha_1,\beta_2,\cdots,\beta_n$为$\sigma$的由特征向量组成的基(其中$\beta_2,\beta_3,\cdots,\beta_n$对应的本征值为0),显然这时$\sigma$可以对角化,即$A$可对角化.

如果$\mathrm{Ker}(\sigma)$外无σ的特征向量,任取$\alpha_1\notin\mathrm{Ker}(\sigma)$,则$\alpha_1,\beta_2,\cdots,\beta_n$也线性无关. 事实上,若有不全为0的常数$k_1,k_2,\cdots,k_n$,使$k_1\alpha_1+k_2\beta_2+\cdots+k_n\beta_n=\mathbf{0}$,那么当$k_1=0$时,则$k_2,k_3,\cdots,k_n$不全为0,与$\beta_2,\beta_3,\cdots,\beta_n$线性无关矛盾;当$k_1\neq0$时,则$\alpha_1=\sum_{i=2}^{n}\frac{k_i}{k_1}\beta_i$与$\alpha_1\notin\mathrm{Ker}(\sigma)$矛盾. 因此,$\alpha_1,\beta_2,\cdots,\beta_n$构

成 V 的一个基.

设 $\sigma(\boldsymbol{\alpha}_1)=b_1\boldsymbol{\alpha}_1+b_2\boldsymbol{\beta}_2+\cdots+b_n\boldsymbol{\beta}_n$，由于 $\boldsymbol{\alpha}_1\notin \mathrm{Ker}(\sigma)$，故 $\sigma(\boldsymbol{\alpha}_1)\neq\mathbf{0}$，于是

$$\sigma(\sigma(\boldsymbol{\alpha}_1))=b_1\sigma(\boldsymbol{\alpha}_1)+\sigma(b_2\boldsymbol{\beta}_2+\cdots+b_n\boldsymbol{\beta}_n)=b_1\sigma(\boldsymbol{\alpha}_1),$$

可见 $\sigma(\boldsymbol{\alpha}_1)$ 是 σ 的特征向量. 由于 $\mathrm{Ker}(\sigma)$ 外无特征向量，故 $\sigma(\boldsymbol{\alpha}_1)\in\mathrm{Ker}(\sigma)$，从而 $\sigma(\sigma(\boldsymbol{\alpha}_1))=\mathbf{0}$，$b_1=0$. 由此得 $\sigma(\boldsymbol{\alpha}_1)=b_2\boldsymbol{\beta}_2+b_3\boldsymbol{\beta}_3+\cdots+b_n\boldsymbol{\beta}_n$，$b_2,b_3,\cdots,b_n$ 不全为 0. 不妨设 $b_2\neq 0$，取 $\boldsymbol{\alpha}_2=\sigma(\boldsymbol{\alpha}_1)$，$\boldsymbol{\alpha}_3=\boldsymbol{\beta}_3,\cdots,\boldsymbol{\alpha}_n=\boldsymbol{\beta}_n$，易见 $\boldsymbol{\alpha}_1,\boldsymbol{\alpha}_2,\cdots,\boldsymbol{\alpha}_n$ 仍是 V 的基. 满足 $\sigma(\boldsymbol{\alpha}_1)=\boldsymbol{\alpha}_2$，$\sigma(\boldsymbol{\alpha}_i)=\mathbf{0}$ $(i=2,3,\cdots,n)$. 进而 $\sigma^2(\boldsymbol{\alpha}_1)=\sigma(\boldsymbol{\alpha}_2)=\mathbf{0}$，$\sigma^2(\boldsymbol{\alpha}_i)=\mathbf{0}$ $(i=2,3,\cdots,n)$，所以 $\sigma^2=\theta$，$\boldsymbol{A}^2=\boldsymbol{O}$，$\boldsymbol{A}$ 为幂零矩阵.

$\mathrm{Ker}(\sigma)$ 之外有或无 σ 的特征向量，二者必居其一，所以 $\boldsymbol{A}$ 要么可对角化，要么是幂零的，二者不能同时出现.

3. 令 $V=M_n(\mathbf{C})$ 是复数域上全体 n 阶矩阵所组成的 n^2 维向量空间；令 $\boldsymbol{A}$ 是任意一个 n 阶复矩阵. 如下定义 V 的一个线性变换 $\alpha_{\boldsymbol{A}}:V\to V$，对于任意 $\boldsymbol{X}\in V=M_n(\mathbf{C})$，$\alpha_{\boldsymbol{A}}(\boldsymbol{X})=\boldsymbol{AX}-\boldsymbol{XA}$（参见 7.1 节习题 3）.

(i) 证明：$\alpha_{\boldsymbol{A}}^r(\boldsymbol{X})=\sum_{i=0}^{r}(-1)^{r-i}\binom{r}{i}\boldsymbol{A}^i\boldsymbol{X}\boldsymbol{A}^{r-i}$，$r$ 是非负整数. 由此推出，如果 $\boldsymbol{A}$ 是幂零矩阵，那么 $\alpha_{\boldsymbol{A}}$ 是 V 的幂零变换.

(ii) 如果 $\boldsymbol{A}=\boldsymbol{D}+\boldsymbol{N}$ 是 $\boldsymbol{A}$ 的若尔当分解，其中 $\boldsymbol{D}$ 是 $\boldsymbol{A}$ 的可对角化部分，$\boldsymbol{N}$ 是幂零部分，那么 $\alpha_{\boldsymbol{D}}$ 和 $\alpha_{\boldsymbol{N}}$ 分别是线性变换 $\alpha_{\boldsymbol{A}}$ 的若尔当分解.

证　(i) 用数学归纳法.

当 $r=2$ 时，有

$$\begin{aligned}\alpha_{\boldsymbol{A}}^2(\boldsymbol{X})&=\alpha_{\boldsymbol{A}}(\boldsymbol{AX}-\boldsymbol{XA})=\boldsymbol{A}(\boldsymbol{AX}-\boldsymbol{XA})-(\boldsymbol{AX}-\boldsymbol{XA})\boldsymbol{A}\\&=\boldsymbol{A}^2\boldsymbol{X}-2\boldsymbol{AXA}+\boldsymbol{XA}^2,\end{aligned}$$

结论成立.

假定 $r=k$ 时结论成立，则对于 $r=k+1$，有

$$\begin{aligned}\alpha_{\boldsymbol{A}}^{k+1}(\boldsymbol{X})&=\alpha_{\boldsymbol{A}}\left[\sum_{i=0}^{k}(-1)^{k-i}\binom{k}{i}\boldsymbol{A}^i\boldsymbol{XA}^{k-i}\right]\\&=\boldsymbol{A}\left[\sum_{i=0}^{k}(-1)^{k-i}\binom{k}{i}\boldsymbol{A}^i\boldsymbol{XA}^{k-i}\right]-\left[\sum_{i=0}^{k}(-1)^{k-i}\binom{k}{i}\boldsymbol{A}^i\boldsymbol{XA}^{k-i}\right]\boldsymbol{A}\\&=\sum_{i=0}^{k+1}(-1)^{k+1-i}\binom{k+1}{i}\boldsymbol{A}^i\boldsymbol{XA}^{k+1-i},\end{aligned}$$

所以对任意非负整数 r，结论成立.

若 $\boldsymbol{A}$ 是幂零矩阵，则存在正整数 m 使 $\boldsymbol{A}^m=\boldsymbol{O}$，那么 $\alpha_{\boldsymbol{A}}^{2m-1}=\theta$，$\alpha_{\boldsymbol{A}}$ 是幂零

变换.

(ii) 若 $\boldsymbol{A}=\boldsymbol{D}+\boldsymbol{N}$ 是 $\boldsymbol{A}$ 的若尔当分解,那么

$$\begin{aligned}\alpha_A(\boldsymbol{X})&=(\boldsymbol{D}+\boldsymbol{N})\boldsymbol{X}-\boldsymbol{X}(\boldsymbol{D}+\boldsymbol{N})=\boldsymbol{DX}+\boldsymbol{NX}-\boldsymbol{XD}-\boldsymbol{XN}\\&=\alpha_D(\boldsymbol{X})+\alpha_N(\boldsymbol{X})=(\alpha_D+\alpha_N)(\boldsymbol{X}).\end{aligned}$$

再注意分解式中 $\boldsymbol{N},\boldsymbol{D}$ 可换,从而有

$$\begin{aligned}\alpha_D\alpha_N(\boldsymbol{X})&=\alpha_D(\boldsymbol{NX}-\boldsymbol{XN})=\boldsymbol{D}(\boldsymbol{NX}-\boldsymbol{XN})-(\boldsymbol{NX}-\boldsymbol{XN})\boldsymbol{D}\\&=\boldsymbol{DNX}-\boldsymbol{DXN}-\boldsymbol{NXD}+\boldsymbol{XND}\\&=\boldsymbol{NDX}-\boldsymbol{NXD}-\boldsymbol{DXN}+\boldsymbol{XDN}\\&=\boldsymbol{N}(\boldsymbol{DX}-\boldsymbol{XD})-(\boldsymbol{DX}-\boldsymbol{XD})\boldsymbol{N}=\alpha_N\alpha_D,\end{aligned}$$

所以

$$\alpha_A=\alpha_D+\alpha_N,\quad \alpha_D\alpha_N=\alpha_N\alpha_D.$$

因为 $\boldsymbol{N}$ 是幂零矩阵,所以 α_N 是幂零变换. 又因为 $\boldsymbol{D}$ 是可对角化矩阵,所以存在可逆矩阵 $\boldsymbol{T}$,使

$$\boldsymbol{D}=\boldsymbol{T}\begin{pmatrix}d_1&&&\\&d_2&&\\&&\ddots&\\&&&d_n\end{pmatrix}\boldsymbol{T}^{-1}.$$

令

$$\boldsymbol{D}_1=\begin{pmatrix}d_1&&&\\&d_2&&\\&&\ddots&\\&&&d_n\end{pmatrix},$$

则

$$\begin{aligned}\alpha_D(\boldsymbol{TE}_{ij}\boldsymbol{T}^{-1})&=\boldsymbol{D}(\boldsymbol{TE}_{ij}\boldsymbol{T}^{-1})-(\boldsymbol{TE}_{ij}\boldsymbol{T}^{-1})\boldsymbol{D}\\&=\boldsymbol{TD}_1\boldsymbol{T}^{-1}\boldsymbol{TE}_{ij}\boldsymbol{T}^{-1}-\boldsymbol{TE}_{ij}\boldsymbol{T}^{-1}\boldsymbol{TD}_1\boldsymbol{T}^{-1}\\&=\boldsymbol{TD}_1\boldsymbol{E}_{ij}\boldsymbol{T}^{-1}-\boldsymbol{TE}_{ij}\boldsymbol{D}_1\boldsymbol{T}^{-1}=\boldsymbol{T}(d_i-d_j)\boldsymbol{E}_{ij}\boldsymbol{T}^{-1}\\&=(d_i-d_j)\boldsymbol{TE}_{ij}\boldsymbol{T}^{-1}\quad(i,j=1,2,\cdots,n).\end{aligned}$$

由此可知,α_D 关于 $M_n(\mathbf{C})$ 的基 $\boldsymbol{TE}_{11}\boldsymbol{T}^{-1},\cdots,\boldsymbol{TE}_{1n}\boldsymbol{T}^{-1},\boldsymbol{TE}_{21}\boldsymbol{T}^{-1},\cdots,\boldsymbol{TE}_{nn}\boldsymbol{T}^{-1}$ 的矩阵是对角形的,其主对角线上元素为 d_i-d_j,故 α_D 是可以对角化的线性变换. 因 $\boldsymbol{D},\boldsymbol{N}$ 由条件 $\boldsymbol{A}=\boldsymbol{D}+\boldsymbol{N},\boldsymbol{DN}=\boldsymbol{ND}$ 唯一确定,所以 α_D,α_N 由条件 $\alpha_A=\alpha_D+\alpha_N,\alpha_D\alpha_N=\alpha_N\alpha_D$ 唯一确定. 故 $\alpha_A=\alpha_D+\alpha_N$ 是 α_A 的若尔当分解.

4. 我们知道,复数域 $\mathbf{C}$ 上每一个 n 阶矩阵 $\boldsymbol{A}$ 都相似于一个上三角形矩阵(参见 7.5 节习题 5)

$$B=\begin{pmatrix}\lambda_1 & & & * \\ & \lambda_2 & & \\ & & \ddots & \\ 0 & & & \lambda_n\end{pmatrix}.$$

令
$$D=\begin{pmatrix}\lambda_1 & & & \\ & \lambda_2 & & \\ & & \ddots & \\ & & & \lambda_n\end{pmatrix},\quad N=B-D.$$

(i) 证明 N 是幂零矩阵，于是 $B=D+N$. 这样能不能作为本节教材中定理 2 的证明？

(ii) 设 $B=\begin{pmatrix}1 & 1\\ 0 & 2\end{pmatrix}$，$D=\begin{pmatrix}1 & 0\\ 0 & 2\end{pmatrix}$，$N=\begin{pmatrix}0 & 1\\ 0 & 0\end{pmatrix}$，

$B=D+N$ 是不是 B 的若尔当分解？B 的若尔当分解应该是什么样子？

(iii) 仔细阅读本节教材中定理 2，再看用(i)作为定理 2 的证明错在哪里？

证　(i) 因为 $N=B-D=\begin{pmatrix}0 & & & * \\ & 0 & & \\ & & \ddots & \\ 0 & & & 0\end{pmatrix}$，$N^n=O$，

所以 N 是幂零矩阵.

直接观察或验证可知，$BD\neq DB$，故

$$ND=(B-D)D=BD-D^2\neq DB-D^2=DN,$$

$B=D+N$ 不是 B 的若尔当分解. 尽管 $B=D+N$，且 D 为对角阵而 N 为幂零阵，仍不能作为定理 2 的证明.

(ii) 直接验证可知，$DN\neq ND$，所以 $B=D+N$ 不是 B 的若尔当分解.

因 $\det(\lambda I-B)=(\lambda-1)(\lambda-2)$，二阶矩阵 B 有两个不同的特征根，故可以对角化，B 的若尔当分解式是 $B=B+O$.

(iii) 上面(i)的工作没有完成 B 的若尔当分解，即便完成，也只是个别矩阵的特例，不是对定理 2 的一般证明.

幂零矩阵的标准形式

（无习题）

若尔当标准形式

1. 设

$$A=\begin{pmatrix}2&0&0\\a&2&0\\b&c&-1\end{pmatrix}.$$

(i) 求出 A 的一切可能的若尔当标准形式；

(ii) 给出 A 可对角化的一个充要条件.

解　(i) $\det(\lambda I-A)=(\lambda-2)^2(\lambda+1)$.

若 $a\neq0$，可验证 $(A-2I)(A+I)\neq O$，所以 A 的最小多项式为 $(\lambda-2)^2(\lambda+1)$. 不计若尔当块的次序，A 的若尔当标准形式为

$$\begin{pmatrix}2&0&0\\1&2&0\\0&0&-1\end{pmatrix}.$$

若 $a=0$，A 的最小多项式为 $(\lambda-2)(\lambda+1)$，不计若尔当块的次序，A 的若尔当标准形式为

$$\begin{pmatrix}2&&\\&2&\\&&-1\end{pmatrix}.$$

(ii) A 可以对角化 $\Leftrightarrow A$ 的最小多项式无重根，即 A 的最小多项式为 $(\lambda-2)(\lambda+1)\Leftrightarrow a=0$.

2. 求出

$$A=\begin{pmatrix}2&0&0&0\\1&2&0&0\\0&0&2&0\\0&0&a&2\end{pmatrix}$$

的一切可能的若尔当标准形式.

解　$\det(\lambda I-A)=(\lambda-2)^4$，$A$ 的最小多项式为 $(\lambda-2)^2$. 它的一切可能的若尔当形式在不考虑若尔当块次序的情况下，有

$$\begin{pmatrix}2&0&0&0\\1&2&0&0\\0&0&2&0\\0&0&1&2\end{pmatrix}\quad 或\quad \begin{pmatrix}2&0&0&0\\1&2&0&0\\0&0&2&0\\0&0&0&2\end{pmatrix}.$$

通过一般方法可以验证，$a\neq 0$ 时将得到第一种形式，$a=0$ 时将得到第二种形式.

3. 设 $\boldsymbol{N}_1$ 与 $\boldsymbol{N}_2$ 都是三阶幂零矩阵，证明 $\boldsymbol{N}_1$ 与 $\boldsymbol{N}_2$ 相似必需且只需它们有相同的最小多项式. 如果 $\boldsymbol{N}_1,\boldsymbol{N}_2$ 都是四阶幂零矩阵，上述论断是否成立？

证　必要性. 设 $\boldsymbol{N}_1$ 与 $\boldsymbol{N}_2$ 相似，即存在可逆矩阵 $\boldsymbol{T}$，使 $\boldsymbol{T}^{-1}\boldsymbol{N}_1\boldsymbol{T}=\boldsymbol{N}_2$. 因 $\boldsymbol{N}_1,\boldsymbol{N}_2$ 都是三阶幂零矩阵，故它们的最小多项式是 x^k 形式的. 设 $\boldsymbol{N}_1$ 的最小多项式是 x^r，则 $1\leqslant r\leqslant 3$，而

$$\boldsymbol{N}_2^r=\boldsymbol{T}^{-1}\boldsymbol{N}_1^r\boldsymbol{T}=\boldsymbol{O}.$$

又 $\boldsymbol{N}_1^{r-1}\neq\boldsymbol{O}$，所以

$$\boldsymbol{N}_2^{r-1}=\boldsymbol{T}^{-1}\boldsymbol{N}_1^{r-1}\boldsymbol{T}\neq\boldsymbol{O},$$

故 x^r 也是 $\boldsymbol{N}_2$ 的最小多项式.

充分性. 如果 $\boldsymbol{N}_1,\boldsymbol{N}_2$ 的最小多项式相同，设为 x^r，则 $1\leqslant r\leqslant 3$. 而对于三阶矩阵 $\boldsymbol{N}_1,\boldsymbol{N}_2$ 来说，无论它们的最小多项式是 x,x^2 还是 x^3，它们都有相同的幂零若尔当块，因而 $\boldsymbol{N}_1$ 与 $\boldsymbol{N}_2$ 相似.

如果 $\boldsymbol{N}_1,\boldsymbol{N}_2$ 都是四阶幂零矩阵，上述论断的充分性不成立. 例如，$\boldsymbol{N}_1$，$\boldsymbol{N}_2$ 的最小多项式均为 x^2，对四阶幂零矩阵可能有两种不同的若尔当标准形式：

$$\begin{pmatrix}0&0&0&0\\1&0&0&0\\0&0&0&0\\0&0&0&0\end{pmatrix}\quad\text{或}\quad\begin{pmatrix}0&0&0&0\\1&0&0&0\\0&0&0&0\\0&0&1&0\end{pmatrix}.$$

这二者的秩不相等，不可能相似. 如果 $\boldsymbol{N}_1,\boldsymbol{N}_2$ 的若尔当标准形式分别为这两种形式，则 $\boldsymbol{N}_1$ 与 $\boldsymbol{N}_2$ 不相似.

4. 设 $\boldsymbol{A},\boldsymbol{B}$ 都是 n 阶矩阵，并且有相同的特征多项式

$$f(x)=(x-c_1)^{d_1}(x-c_2)^{d_2}\cdots(x-c_k)^{d_k}$$

和相同的最小多项式. 证明：如果 $d_i\leqslant 3\ (i=1,2,\cdots,k)$，那么 $\boldsymbol{A}$ 与 $\boldsymbol{B}$ 相似.

证　由于 $\boldsymbol{A},\boldsymbol{B}$ 都有 k 个不同特征根，各特征根及其重数对应相等，所以存在准对角矩阵

$$\overline{\boldsymbol{A}}=\begin{pmatrix}\boldsymbol{A}_1&&&\\&\boldsymbol{A}_2&&\\&&\ddots&\\&&&\boldsymbol{A}_k\end{pmatrix},\quad \overline{\boldsymbol{B}}=\begin{pmatrix}\boldsymbol{B}_1&&&\\&\boldsymbol{B}_2&&\\&&\ddots&\\&&&\boldsymbol{B}_k\end{pmatrix}$$

分别与 $\boldsymbol{A},\boldsymbol{B}$ 相似. $\bar{\boldsymbol{A}},\bar{\boldsymbol{B}}$ 中对应子块 $\boldsymbol{A}_i,\boldsymbol{B}_i$ 有相同的阶数 d_i 而且特征多项式同为 $(x-c_i)^{d_i}(i=1,2,\cdots,k)$.

因 $d_i\leqslant 3$,所以 $\boldsymbol{A}_i,\boldsymbol{B}_i$ 的阶不超过 3,又 $\boldsymbol{A},\boldsymbol{B}$ 的最小多项式相同,所以 $\boldsymbol{A}_i$, $\boldsymbol{B}_i$ 的最小多项式也相同. 由于 $\boldsymbol{A}_i,\boldsymbol{B}_i$ 的阶不超过 3,它们有相同的若尔当块,因此 $\boldsymbol{A}_i$ 与 $\boldsymbol{B}_i$ 相似,并存在可逆矩阵 $\boldsymbol{T}_i$ 使 $\boldsymbol{T}_i^{-1}\boldsymbol{A}_i\boldsymbol{T}_i=\boldsymbol{B}_i(i=1,2,\cdots,k)$. 由此推知,两准对角矩阵 $\bar{\boldsymbol{A}},\bar{\boldsymbol{B}}$ 相似,并有可逆矩阵

$$\boldsymbol{T}=\begin{pmatrix}\boldsymbol{T}_1 & & & \\ & \boldsymbol{T}_2 & & \\ & & \ddots & \\ & & & \boldsymbol{T}_k\end{pmatrix}$$

使 $\boldsymbol{T}^{-1}\bar{\boldsymbol{A}}\boldsymbol{T}=\bar{\boldsymbol{B}}$. 再由相似矩阵的传递性知 $\boldsymbol{A}$ 与 $\boldsymbol{B}$ 相似.

5. 设 $\boldsymbol{A}$ 是一个六阶矩阵,具有特征多项式

$$f(x)=(x+2)^2(x-1)^4$$

和最小多项式

$$p(x)=(x+2)(x-1)^3.$$

求出 $\boldsymbol{A}$ 的若尔当标准形式. 如果 $p(x)=(x+2)(x-1)^2$,$\boldsymbol{A}$ 的若尔当标准形式有几种可能的形式?

解 当 $f(x)=(x+2)^2(x-1)^4$,$p(x)=(x+2)(x-1)^3$ 时,$\boldsymbol{A}$ 的若尔当标准形式为

$$\begin{pmatrix}-2 & & & & & \\ & -2 & & & & \\ & & 1 & & & \\ & & & 1 & & \\ & & & 1 & 1 & \\ & & & & 1 & 1\end{pmatrix}.$$

若 $p(x)=(x+2)(x-1)^2$,$\boldsymbol{A}$ 的若尔当标准形式为

$$\begin{pmatrix}-2 & & & & & \\ & -2 & & & & \\ & & 1 & & & \\ & & 1 & 1 & & \\ & & & & 1 & \\ & & & & 1 & 1\end{pmatrix} \quad 或 \quad \begin{pmatrix}-2 & & & & & \\ & -2 & & & & \\ & & 1 & & & \\ & & & 1 & & \\ & & & & 1 & \\ & & & & 1 & 1\end{pmatrix}.$$

综合练习题及解答

综合练习题

综合练习题(一)

1.(西南交通大学) 设 $f(x)$,$g(x)$是两个多项式,且 $f(x^3)+xg(x^3)$可被 x^2+x+1 整除,则 $f(1)=g(1)=0$.

2.(中国科技大学) 设 $\boldsymbol{A}=(a_{ij})$是 n 阶方阵,$a_{ij}=a^{i-j}$ $(a\neq 0;i,j=1,2,\cdots,n)$,求 $\det\boldsymbol{A}$.

3.(中国人民大学) 已知 $\boldsymbol{\alpha}_1=(7,-10,1,1,1)$,$\boldsymbol{\alpha}_2=(6,-8,-2,3,1)$,$\boldsymbol{\alpha}_3=(5,-6,-5,5,1)$,$\boldsymbol{\alpha}_4=(1,-2,3,-2,0)$都是线性方程组

$$\begin{cases} x_1+x_2+x_3+x_4+x_5=0, \\ 3x_1+2x_2+x_3+x_4-3x_5=0, \\ x_2+2x_3+2x_4+6x_5=0, \\ 5x_1+4x_2+3x_3+3x_4-x_5=0 \end{cases} \qquad ①$$

的解向量,试问方程组①的解能否都由 $\boldsymbol{\alpha}_1,\boldsymbol{\alpha}_2,\boldsymbol{\alpha}_3,\boldsymbol{\alpha}_4$ 线性表出?并求出方程组①的一组包含 $\boldsymbol{\alpha}_1,\boldsymbol{\alpha}_2,\boldsymbol{\alpha}_3,\boldsymbol{\alpha}_4$ 的一个极大线性无关组的基础解系.

4.(日本东京工业大学) 设 $\boldsymbol{A},\boldsymbol{B},\boldsymbol{X}_n(n=0,1,\cdots)$都是三阶方阵,$\boldsymbol{X}_{n+1}=\boldsymbol{A}\boldsymbol{X}_n+\boldsymbol{B}$,当

$$\boldsymbol{A}=\begin{pmatrix}0&1&0\\0&0&1\\1&0&0\end{pmatrix},\quad \boldsymbol{B}=\begin{pmatrix}1&0&0\\0&1&0\\0&0&1\end{pmatrix},\quad \boldsymbol{X}_0=\begin{pmatrix}0&0&0\\0&0&0\\0&0&0\end{pmatrix}$$

时,求 $\boldsymbol{X}_n$.

5.(吉林大学) 若矩阵 $\boldsymbol{A}-\boldsymbol{I}$ 和 $\boldsymbol{B}-\boldsymbol{I}$ 的秩分别为 p 和 q,则矩阵 $\boldsymbol{AB}-\boldsymbol{I}$ 的秩不大于 $p+q$,其中 $\boldsymbol{I}$ 是单位矩阵.

6.(南京大学) 把二次型 $f(x_1,x_2,x_3)=4x_1x_2-2x_1x_3-2x_2x_3+3x_3^2$

化为标准形式,并求相应的线性变换和二次型的符号差.

7.(高数三,1998年) 设矩阵

$$\boldsymbol{A}=\begin{pmatrix}1&0&1\\0&2&0\\1&0&1\end{pmatrix},$$

矩阵 $\boldsymbol{B}=(k\boldsymbol{I}+\boldsymbol{A})^2$,其中 k 为实数,$\boldsymbol{I}$ 为单位矩阵.求对角阵 $\boldsymbol{\Lambda}$,使 $\boldsymbol{B}$ 与 $\boldsymbol{\Lambda}$ 相似,并求 k 为何值时,$\boldsymbol{B}$ 为正定矩阵.

8.(北京大学) 设线性空间 V 中向量组 $\boldsymbol{\alpha}_1,\boldsymbol{\alpha}_2,\boldsymbol{\alpha}_3,\boldsymbol{\alpha}_4$ 线性无关.

(1) 试问:向量组 $\boldsymbol{\alpha}_1+\boldsymbol{\alpha}_2,\boldsymbol{\alpha}_2+\boldsymbol{\alpha}_3,\boldsymbol{\alpha}_3+\boldsymbol{\alpha}_4,\boldsymbol{\alpha}_4+\boldsymbol{\alpha}_1$ 是否线性无关?要求说明理由.

(2) 求向量组 $\boldsymbol{\alpha}_1+\boldsymbol{\alpha}_2,\boldsymbol{\alpha}_2+\boldsymbol{\alpha}_3,\boldsymbol{\alpha}_3+\boldsymbol{\alpha}_4,\boldsymbol{\alpha}_4+\boldsymbol{\alpha}_1$ 生成的线性空间 W 的一个基及 W 的维数.

9.(华中师范大学) 设 $\boldsymbol{A}=\begin{pmatrix}-5&6\\-4&5\end{pmatrix}$,求:(1) $\boldsymbol{A}$ 的特征值与特征向量;(2) 求 $\boldsymbol{A}^{2n}$(n 为正整数).

10.(北京大学) 设 $\mathscr{A}$ 是数域 K 上三维向量空间 V 的一个线性变换,在 V 的一组基 $\boldsymbol{\varepsilon}_1,\boldsymbol{\varepsilon}_2,\boldsymbol{\varepsilon}_3$ 下的矩阵为

$$\boldsymbol{A}=\begin{pmatrix}15&-32&16\\6&-13&6\\-2&4&-3\end{pmatrix}.$$

(1) 求出 V 的一组基,使 $\mathscr{A}$ 在此组基的矩阵为对角阵;

(2) 求三阶可逆矩阵 $\boldsymbol{T}$,使 $\boldsymbol{T}^{-1}\boldsymbol{AT}$ 成为对角矩阵.

11.(大连理工大学) 求 $\boldsymbol{A}$ 的全体零化多项式集,其中

$$\boldsymbol{A}=\begin{pmatrix}0&1&0&1\\1&0&1&0\\0&1&0&1\\1&0&1&0\end{pmatrix}.$$

12.(辽宁大学) 若 n 阶方阵 $\boldsymbol{A}$ 满足 $\boldsymbol{A}\overline{\boldsymbol{A}}'=\overline{\boldsymbol{A}}'\boldsymbol{A}$,称 $\boldsymbol{A}$ 为正规阵,证明:$\boldsymbol{A}$ 为正规阵的充要条件是 $\boldsymbol{A}$ 与对角阵酉相似.

综合练习题(二)

1.(美国大学生数学竞赛题) 求三次方程,使其三个根分别是三次方程

$x^3+ax^2+bx+c=0$ 的三个根的立方.

2.(武汉大学) 计算 n 阶行列式

$$D_n=\begin{vmatrix} 1+x & y & & & \\ z & 1+x & & & \\ & \ddots & \ddots & \ddots & \\ & & & & y \\ & & & z & 1+x \end{vmatrix},\quad 其中\ x=yz.$$

3.(高数一,2001年) 设 $\boldsymbol{\alpha}_1,\boldsymbol{\alpha}_2,\cdots,\boldsymbol{\alpha}_s$ 为线性方程组 $\mathbf{AX}=\mathbf{0}$ 的一个基础解系,且 $\boldsymbol{\beta}_1=t_1\boldsymbol{\alpha}_1+t_2\boldsymbol{\alpha}_2,\boldsymbol{\beta}_2=t_1\boldsymbol{\alpha}_2+t_2\boldsymbol{\alpha}_3,\cdots,\boldsymbol{\beta}_s=t_1\boldsymbol{\alpha}_s+t_2\boldsymbol{\alpha}_1$,其中 t_1,t_2 为实常数,试问 t_1,t_2 满足什么关系时,$\boldsymbol{\beta}_1,\boldsymbol{\beta}_2,\cdots,\boldsymbol{\beta}_s$ 也为 $\mathbf{AX}=\mathbf{0}$ 的一个基础解系.

4.(中国科技大学) 设 $\mathbf{A}=\begin{pmatrix} a & b \\ 0 & c \end{pmatrix}$,其中 a,b,c 为实数,试求 a,b,c 的一切可能值,使 $\mathbf{A}^{100}=\begin{pmatrix} 1 & 0 \\ 0 & 1 \end{pmatrix}$.

5.(吉林大学) 对任意方阵 $\mathbf{A}$,必存在正整数 m,使得矩阵 $\mathbf{A}^m$ 之秩等于矩阵 $\mathbf{A}^{m+1}$ 的秩.

6.(华中师范大学) 求二次型

$$f(x_1,x_2,x_3)=x_1^2+4x_2^2+x_3^2+2x_1x_2-10x_1x_3+6x_2x_3$$

的正惯性指数与符号差.

7.(高数三,2000年) 设有 n 元二次型

$$f(x_1,x_2,\cdots,x_n)=(x_1+a_1x_2)^2+(x_2+a_2x_3)^2+\cdots+(x_{n-1}+a_{n-1}x_n)^2+(x_n+a_nx_1)^2,$$

其中 $a_i(i=1,2,\cdots,n)$ 为实数.试问:当 $a_1,a_2,\cdots,a_n$ 满足何种条件时,二次型 $f(x_1,x_2,\cdots,x_n)$ 为正定二次型.

8.(湖北大学) 已知三维向量空间 P^3 的两组基 $\boldsymbol{\alpha}_1=(1,2,1),\boldsymbol{\alpha}_2=(2,3,3),\boldsymbol{\alpha}_3=(3,7,1)$;$\boldsymbol{\beta}_1=(3,1,4),\boldsymbol{\beta}_2=(5,2,1),\boldsymbol{\beta}_3=(1,1,-6)$,向量 $\boldsymbol{\alpha}$ 在这两组基下的坐标分别为 (x_1,x_2,x_3) 及 (y_1,y_2,y_3).求此二坐标之间的关系.

9.(华中师范大学) 设 $\boldsymbol{\alpha}_1,\boldsymbol{\alpha}_2,\boldsymbol{\alpha}_3$ 为线性空间 V 的一组基,σ 是 V 的线性变换,且 $\sigma\boldsymbol{\alpha}_1=\boldsymbol{\alpha}_1,\sigma\boldsymbol{\alpha}_2=\boldsymbol{\alpha}_1+\boldsymbol{\alpha}_2,\sigma\boldsymbol{\alpha}_3=\boldsymbol{\alpha}_1+\boldsymbol{\alpha}_2+\boldsymbol{\alpha}_3$.(1) 证明 σ 是可逆线性变换;(2) 求 $2\sigma-\sigma^{-1}$ 在基 $\boldsymbol{\alpha}_1,\boldsymbol{\alpha}_2,\boldsymbol{\alpha}_3$ 下的矩阵.

10.（福州大学） 设 $\boldsymbol{B}=\begin{pmatrix}\boldsymbol{B}_1 & \\ & \boldsymbol{B}_2\end{pmatrix}$ 为准对角阵，$g_1(\lambda),g_2(\lambda),g(\lambda)$ 是 $\boldsymbol{B}_1,\boldsymbol{B}_2,\boldsymbol{B}$ 的最小多项式，求证：

$$g(\lambda)=[g_1(\lambda),g_2(\lambda)].$$

其中 $[g_1(\lambda),g_2(\lambda)]$ 是 $g_1(\lambda),g_2(\lambda)$ 的首项系数为 1 的最小公倍式.

11.（北京大学） 设 φ 是 n 维欧氏空间 V 的一个线性变换，V 的线性变换 φ^* 称为 φ 的伴随变换，如果

$$\langle\varphi(\boldsymbol{\alpha}),\boldsymbol{\beta}\rangle=\langle\boldsymbol{\alpha},\varphi^*(\boldsymbol{\beta})\rangle,\quad \boldsymbol{\alpha},\boldsymbol{\beta}\in V.$$

(1) 设 φ 在 V 的一组标准正交基下的矩阵为 $\boldsymbol{A}$，证明：φ^* 在这组标准正交基下的矩阵为 $\boldsymbol{A}'$.

(2) 证明：$\varphi^*V=(\varphi^{-1}(\boldsymbol{0}))^{\perp}$，其中 φ^*V 为 φ^* 的值域，$\varphi^{-1}(\boldsymbol{0})$ 为 φ 的核.

12.（武汉大学） $\mathbf{R}$ 表示实数，在欧氏空间 $\mathbf{R}^4=\{(a_1,a_2,a_3,a_4)\mid a_i\in\mathbf{R}\}$ 中，其内积 $\langle(a_1,a_2,a_3,a_4),(b_1,b_2,b_3,b_4)\rangle=\sum_{i=1}^{4}a_ib_i$. 令 $\boldsymbol{\alpha}_1=(1,0,0,0)$，$\boldsymbol{\alpha}_2=\left(0,\frac{1}{2},\frac{1}{2},\frac{1}{\sqrt{2}}\right)$，求 $\boldsymbol{\alpha}_3,\boldsymbol{\alpha}_4\in\mathbf{R}^4$，使 $\boldsymbol{\alpha}_1,\boldsymbol{\alpha}_2,\boldsymbol{\alpha}_3,\boldsymbol{\alpha}_4$ 构成 $\mathbf{R}^4$ 的标准正交基.

综合练习题（三）

1.（俄罗斯大学生数学竞赛题） 设 $f(x)$ 是整系数多项式，若 $f(0)$ 与 $f(1)$ 都是奇数，求证：$f(x)$ 无整数根.

2.（厦门大学） 设多项式

$$f(x)=a_0x^n+a_1x^{n-1}+\cdots+a_{n-1}x+a_n\quad(a_0\neq 0)$$

的 n 个根为 $\alpha_1,\alpha_2,\cdots,\alpha_n$，得

$$D(f)=a_0^{2n-2}\prod_{1\leqslant j<i\leqslant n}(\alpha_i-\alpha_j)^2$$

为 $f(x)$ 的判别式. 证明：$f(x)$ 有重根的充要条件是

$$N=\begin{vmatrix} s_0 & s_1 & \cdots & s_{n-1}\\ s_1 & s_2 & \cdots & s_n\\ \vdots & \vdots & & \vdots\\ s_{n-1} & s_n & \cdots & s_{2n-2}\end{vmatrix}=0,$$

其中 $\quad s_k=\alpha_1^k+\alpha_2^k+\cdots+\alpha_n^k\quad(k=0,1,2,\cdots).$

3.（北京师范大学） 设 $\boldsymbol{A}=(a_{ij})_{n\times n}$ 的秩为 n，求齐次线性方程组 $\boldsymbol{BX}=$

0 的一个基础解系，其中 $\boldsymbol{B}=(a_{ij})_{r\times n}$，$r<n$.

4.（中国科学院） 设 $\mathbf{A}$ 为实对称阵，证明：若 $\mathbf{A}^2=\boldsymbol{O}$，则 $\mathbf{A}=\boldsymbol{O}$.

5.（江西大学） 设 $\boldsymbol{A}$，$\boldsymbol{B}$ 分别为 $s\times n$ 与 $n\times m$ 矩阵，则

$$\text{秩}(\mathbf{A})+\text{秩}(\boldsymbol{B})-n\leqslant\text{秩}(\boldsymbol{AB}).$$

6.（高数三，2001 年） 设 $\mathbf{A}$ 为 n 阶实对称阵，秩$(\mathbf{A})=n$，A_{ij} 是 $\mathbf{A}=(a_{ij})_{n\times n}$ 中 $a_{ij}(i,j=1,2,\cdots,n)$ 的代数余子式，二次型

$$f(x_1,x_2,\cdots,x_n)=\sum_{i=1}^{n}\sum_{j=1}^{n}\frac{A_{ij}}{|\mathbf{A}|}x_ix_j.$$

(1) 记 $\mathbf{X}=(x_1,x_2,\cdots,x_n)'$，把 $f(x_1,x_2,\cdots,x_n)$ 写成矩阵形式，并证明二次型 $f(x_1,x_2,\cdots,x_n)$ 的矩阵为 $\mathbf{A}^{-1}$；

(2) 二次型 $g(x_1,x_2,\cdots,x_n)=\boldsymbol{X}'\boldsymbol{AX}$ 与 $f(x_1,x_2,\cdots,x_n)$ 的规范形是否相同？并说明理由.

7.（高数三，1997 年） 设 $\mathbf{A}$，$\boldsymbol{B}$ 分别是 m，n 阶正定阵，试判定分块阵 $\boldsymbol{C}=\begin{pmatrix}\mathbf{A} & \boldsymbol{O}\\ \boldsymbol{O} & \boldsymbol{B}\end{pmatrix}$是否为正定阵.

8.（北京大学） 设 V 是定义于实数集 $\mathbf{R}$ 的所有实函数组成的集合，对于 $f,g\in V$，$a\in\mathbf{R}$，分别利用下列式子定义 $f+g$，af：

$$(f+g)(x)=f(x)+g(x),\quad x\in\mathbf{R};$$

$$(af)(x)=af(x),\quad x\in\mathbf{R},$$

则 V 成为实数域上的一个线性空间.

设 $f_0(x)=1$，$f_1(x)=\cos x$，$f_2(x)=\cos(2x)$，$f_3(x)=\cos(3x)$.

(1) 判断 f_0,f_1,f_2,f_3 是否线性相关，写出理由；

(2) 用 $\mathscr{L}(f,g)$ 表示 f,g 生成的线性子空间，判断

$$\mathscr{L}(f_0,f_1)+\mathscr{L}(f_2,f_3)$$

是否为直和？

9.（高数三，1997 年） 设三阶实对称矩阵 $\mathbf{A}$ 的特征值是 1，2，3. 矩阵 $\mathbf{A}$ 属于特征值 1，2 的特征向量分别是

$$\boldsymbol{\alpha}_1=(-1,-1,1)',\quad\boldsymbol{\alpha}_2=(1,-2,-1)'.$$

(1) 求 $\mathbf{A}$ 属于特征值 3 的特征向量；

(2) 求矩阵 $\mathbf{A}$.

10.（北京航空航天大学） 设 T 是由

$$T(x,y,z)=(0,x,y)$$

所给出的 $\mathbf{R}^3 \to \mathbf{R}^3$ 的线性变换,试求 T, T^2, T^3 的特征多项式.

11.(华中师范大学) 设 P 是数域,σ 是 P 上 n 维线性空间 V 的线性变换,$m(x)$是 $\mathbf{A}$ 的最小多项式.证明:对任意 $f(x)\in P[x]$,如果$(f(x),m(x))=d(x)$,则 $f(\sigma)$的秩$=d(\sigma)$的秩.

12.(中国人民大学) 欧氏空间 V 中保持向量长度不变的变换是否一定是正交变换?如果是,给出证明;如果不是,举出反例.

综合练习题(四)

1.(北京师范大学) 证明:一个非零复数 α 是某一有理系数非零多项式的根必需且只需存在一个有理系数多项式 $f(x)$,使得

$$\frac{1}{\alpha}=f(\alpha).$$

2.(郑州大学,河北师范大学) 计算

$$\Delta_n=\begin{vmatrix} 1+a_1 & 1 & \cdots & 1 \\ 2 & 2+a_2 & \cdots & 2 \\ \vdots & \vdots & & \vdots \\ n & n & \cdots & n+a_n \end{vmatrix},\quad 其中\ a_1a_2\cdots a_n\neq 0.$$

3.(华中科技大学) 设向量 $\boldsymbol{\alpha}_1=(1,-1,1,0)'$,$\boldsymbol{\alpha}_2=(1,1,0,1)'$,$\boldsymbol{\alpha}_3=(2,0,1,1)'$,它们生成的子空间为 $W=\mathscr{L}(\boldsymbol{\alpha}_1,\boldsymbol{\alpha}_2,\boldsymbol{\alpha}_3)$,试构造一个齐次线性方程组,使它的解空间为 W.

4.(高数一、高数二,1996 年) 设 $\boldsymbol{A}=\boldsymbol{I}-\zeta\zeta'$,其中 $\boldsymbol{I}$ 是 n 阶单位矩阵,ζ 是 n 维非零列向量,ζ'是ζ 的转置,证明:

(1) $\boldsymbol{A}^2=\boldsymbol{A}$ 的充要条件是$\zeta'\zeta=1$;

(2) 当$\zeta'\zeta=1$ 时,$\boldsymbol{A}$ 是不可逆矩阵.

5.(武汉理工大学) 设 $\boldsymbol{A}$ 是秩为 r 的 $m\times r\ (m>r)$矩阵,$\boldsymbol{B}$ 是 $r\times s$ 矩阵,证明:

(1) 存在非奇异矩阵 $\boldsymbol{P}$,使 $\boldsymbol{PA}$ 的后 $m-r$ 行全为 0;

(2) 秩$(\boldsymbol{AB})=$秩$(\boldsymbol{B})$.

6.(北京工业学院,西南交通大学) 设 $\boldsymbol{A}$ 是一个 n 阶实对称矩阵,且 $|\boldsymbol{A}|<0$,证明:存在实 n 维向量 $\boldsymbol{X}$,使 $\boldsymbol{X}'\boldsymbol{AX}<0$.

7.(北京大学,湖北大学) 证明:

(1) 正定矩阵一定可逆,且逆矩阵也是正定的;

(2) 两个同级正定矩阵的和也是正定的.

8.(吉林工业大学,华中师范大学) 若以 $f(x)$ 表示实系数多项式,试证

$$W=\{f(x)\mid f(1)=0,\text{秩}(f(x))\leqslant n\}$$

是实数域上线性空间,并求它的一组基底.

9.(武汉大学) 设 E 是由次数不超过 4 的一切实系数一元多项式组成的向量空间,对于 E 中任意 $P(x)$,以 x^2-1 除所得商及余式分别为 $Q(x)$ 和 $R(x)$,即

$$P(x)=Q(x)(x^2-1)+R(x).$$

设 φ 是 E 到 E 的映射,使

$$\varphi(P(x))=R(x),$$

试证 φ 是一个线性变换,并求它关于基底 $\{1,x,x^2,x^3\}$ 的矩阵.

10.(北京师范大学) 令 $i_1,i_2,\cdots,i_n$ 是 $1,2,\cdots,n$ 的一个排列,对于任意一个 $n\times n$ 矩阵 $\boldsymbol{A}$,令 $\sigma(\boldsymbol{A})$ 表示依次以 $\boldsymbol{A}$ 的第 $i_1,i_2,\cdots,i_n$ 行作为第 $1,2,\cdots,n$ 行所得的矩阵.

(1) 证明对任意 $n\times n$ 矩阵 $\boldsymbol{A},\boldsymbol{B}$,有 $\sigma(\boldsymbol{AB})=\sigma(\boldsymbol{A})\cdot\boldsymbol{B}$;

(2) 对任意 $n\times n$ 矩阵 $\boldsymbol{A}$,$\sigma(\boldsymbol{A})$ 与 $\boldsymbol{A}$ 是否相似?

11.(中国人民大学) 设 T 是 n 维欧氏空间 V 的一个线性变换,若 T 对一个基 $\boldsymbol{\varepsilon}_1,\boldsymbol{\varepsilon}_2,\cdots,\boldsymbol{\varepsilon}_n$,有

$$\langle T\boldsymbol{\varepsilon}_i,T\boldsymbol{\varepsilon}_i\rangle=\langle\boldsymbol{\varepsilon}_i,\boldsymbol{\varepsilon}_i\rangle\quad(i=1,2,\cdots,n).$$

问 T 是否为正交变换?对,给出证明;不对,请举出反例.

12.(北京大学) 用 $\mathbf{R}[X]_4$ 表示实数域 $\mathbf{R}$ 上次数小于 4 的一元多项式组成的集合,它是一个欧几里得空间,其上的内积为

$$\langle f,g\rangle=\int_0^1 f(x)g(x)\mathrm{d}x.$$

设 W 是由零次多项式组成的子空间,求 $W^{\perp}$ 及它的一个基.

综合练习题(五)

1.(北京大学) 设 $h(x),k(x),f(x),g(x)$ 是实系数多项式,且

$$(x^2+1)h(x)+(x+1)f(x)+(x-2)g(x)=0,$$
$$(x^2+1)k(x)+(x-1)f(x)+(x+2)g(x)=0,$$

则 $f(x),g(x)$ 能被 x^2+1 整除.

2.(武汉测绘科技大学) 证明:

$$\begin{vmatrix} x & y & z \\ z & x & y \\ y & z & x \end{vmatrix} = (x+y+z)(x+\omega y+\omega^2 z)(x+\omega^2 y+\omega z),$$

其中 ω 是 1 的立方根$\dfrac{-1+\sqrt{-3}}{2}$.

3.（清华大学） 已知 m 个向量 $\boldsymbol{\alpha}_1,\boldsymbol{\alpha}_2,\cdots,\boldsymbol{\alpha}_m$ 线性相关,但其中任意 $m-1$ 个都线性无关,证明:

(1) 如果等式 $k_1\boldsymbol{\alpha}_1+k_2\boldsymbol{\alpha}_2+\cdots+k_m\boldsymbol{\alpha}_m=\mathbf{0}$,则这些 $k_1,k_2,\cdots,k_m$ 或者全为 0,或者全不为 0;

(2) 如果存在两个等式

$$k_1\boldsymbol{\alpha}_1+k_2\boldsymbol{\alpha}_2+\cdots+k_m\boldsymbol{\alpha}_m=\mathbf{0}, \quad ①$$

$$l_1\boldsymbol{\alpha}_1+l_2\boldsymbol{\alpha}_2+\cdots+l_m\boldsymbol{\alpha}_m=\mathbf{0}, \quad ②$$

其中 $l_1\neq 0$,则

$$\frac{k_1}{l_1}=\frac{k_2}{l_2}=\cdots=\frac{k_m}{l_m}. \quad ③$$

4.（中国科技大学） 设 $\mathbf{A}$ 是 n 阶方阵,$\mathbf{A}+\mathbf{I}$ 可逆,且

$$f(\mathbf{A})=(\mathbf{I}-\mathbf{A})(\mathbf{I}+\mathbf{A})^{-1}.$$

试证明:

(1) $[\mathbf{I}+f(\mathbf{A})][\mathbf{I}+\mathbf{A}]=2\mathbf{I}$;　　(2) $f[f(\mathbf{A})]=\mathbf{A}$.

5.（复旦大学） 设 $\mathbf{A}$ 是 $s\times n$ 实矩阵,求证:

$$秩(\mathbf{I}_n-\mathbf{A}'\mathbf{A})-秩(\mathbf{I}_s-\mathbf{A}\mathbf{A}')=n-s.$$

6.（东北工业大学） 证明:正交矩阵的特征值的模等于 1.

7.（清华大学） 设

$$\begin{cases} x_1+x_2-2x_3+3x_4=0, \\ 2x_1+x_2-6x_3+4x_4=-1, \\ 3x_1+2x_2+px_3+7x_4=-1, \\ x_1-x_2-6x_3-x_4=t+2. \end{cases}$$

试讨论 p,t 取什么值时,方程组有解或无解,并在有解时,求其全部解.

8.（中国人民大学） 设 $\boldsymbol{\alpha}_1,\boldsymbol{\alpha}_2,\cdots,\boldsymbol{\alpha}_s$ 与 $\boldsymbol{\beta}_1,\boldsymbol{\beta}_2,\cdots,\boldsymbol{\beta}_t$ 是两组 n 维向量.证明:若这两个向量组都线性无关,则空间 $\mathscr{L}(\boldsymbol{\alpha}_1,\boldsymbol{\alpha}_2,\cdots,\boldsymbol{\alpha}_s)\cap\mathscr{L}(\boldsymbol{\beta}_1,\boldsymbol{\beta}_2,\cdots,\boldsymbol{\beta}_t)$的维数等于齐次线性方程组

$$\boldsymbol{\alpha}_1x_1+\cdots+\boldsymbol{\alpha}_sx_s+\boldsymbol{\beta}_1y_1+\cdots+\boldsymbol{\beta}_ty_t=\mathbf{0}$$

的解空间的维数.

9.(长春地质学院) 若 n 阶方阵 $\mathbf{A}=(a_{ij})$ 的每行元素之和都为常数 a，求证：

(1) a 为 $\mathbf{A}$ 的一个特征值；

(2) 对任意自然数 m，$\mathbf{A}^m$ 的每行元素之和为 a^m.

10.(中山大学，华中师范大学) 设 N,T 是 n 维线性空间 V_n 的任意两个子空间，维数之和为 n. 求证：存在线性变换 $\mathscr{A}$，使

$$\mathscr{A}V=T,\quad \mathscr{A}^{-1}(0)=N.$$

11.(四川大学) 设

$$\mathbf{A}=\begin{pmatrix}1&1&-1\\2&1&0\\1&-1&0\end{pmatrix},$$

试用哈密顿-凯莱定理，求 $\mathbf{A}^{-1}$.

12.(中山大学) 设 V_1,V_2 是 n 维欧氏空间 V 的线性子空间，且 V_1 的维数小于 V_2 的维数，证明：V_2 中必有一非零向量正交于 V_1 中的一切向量.

综合练习题(六)

1.(华中师范大学) 设 $n\geqslant 2$，且 $a_1,a_2,\cdots,a_n$ 是互不相同的整数，求证：

$$f(x)=(x-a_1)(x-a_2)\cdots(x-a_n)-1$$

不能分成两个次数都大于零的整系数多项式之积.

2.(吉林工业大学) 已知 $xyz\neq 0$，不展开行列式而证明下述恒等式：

$$\begin{vmatrix}0&x&y&z\\x&0&z&y\\y&z&0&x\\z&y&x&0\end{vmatrix}=\begin{vmatrix}0&1&1&1\\1&0&z^2&y^2\\1&z^2&0&x^2\\1&y^2&x^2&0\end{vmatrix}+\begin{vmatrix}x&y&z&1\\y&z&x&1\\z&x&y&1\\y+z&z+x&x+y&2\end{vmatrix}. \quad ①$$

3.(武汉大学，新疆工学院) 请证明：如果向量 $\boldsymbol{\beta}$ 可由 $\boldsymbol{\alpha}_1,\boldsymbol{\alpha}_2,\cdots,\boldsymbol{\alpha}_r$ 线性表示，则表示法唯一的充要条件是 $\boldsymbol{\alpha}_1,\boldsymbol{\alpha}_2,\cdots,\boldsymbol{\alpha}_r$ 线性无关.

4.(南京大学) 设 $\mathbf{A}^3=2\mathbf{I}$，$\mathbf{B}=\mathbf{A}^2-2\mathbf{A}+2\mathbf{I}$，求 $\mathbf{B}^{-1}$.

5.(武汉大学) 设 $\mathbf{A},\mathbf{B},\mathbf{C},\mathbf{D}$ 都是 n 阶方阵，并且 $\mathbf{AC}=\mathbf{CA}$，试证明：

$$\begin{vmatrix}\mathbf{A}&\mathbf{B}\\\mathbf{C}&\mathbf{D}\end{vmatrix}=|\mathbf{AD}-\mathbf{CB}|.$$

6.(复旦大学) 设 $\mathbf{A}=(a_{ij})$ 是 n 阶正交矩阵，证明

$$A_{ij}=\pm a_{ij}\quad (i,j=1,2,\cdots,n),$$

其中 A_{ij} 为 a_{ij} 的代数余子式.

7.（高数二,1997 年） λ 取何值时,方程组

$$\begin{cases}2x_1+\lambda x_2-x_3=1,\\ \lambda x_1-x_2+x_3=2,\\ 4x_1+5x_2-5x_3=-1\end{cases}$$

无解,有唯一解或有无穷多解?并在有无穷多解时,写出方程组的通解.

8.（东北师范大学） 令 S_1 和 S_2 都是线性空间 V 的子空间,如果 $S_1\cup S_2$ 也是 V 的子空间,则 $S_1\subseteq S_2$ 或 $S_2\subseteq S_1$.

9.（武汉测绘科技大学） 若 $\boldsymbol{A}$ 是 n 阶矩阵,当有一个常数项不为 0 的多项式 $f(x)$ 使 $f(\boldsymbol{A})=0$ 时,$\boldsymbol{A}$ 的特征值一定全不为 0.

10.（华南理工大学） 元素属于实数域 $\mathbf{R}$ 的 2×2 矩阵,按矩阵加法和矩阵与数的乘法构成数域 $\mathbf{R}$ 上的一个线性空间. 令 $\boldsymbol{M}=\begin{pmatrix}1&2\\0&3\end{pmatrix}$,在这线性空间中,变换

$$F(\boldsymbol{A})=\boldsymbol{AM}-\boldsymbol{MA} \qquad ①$$

是一个线性变换,试求 F 的核的维数与一个基.

11.（南京大学） 若复数域 F 上的 n 阶方阵

$$\boldsymbol{A}^m=\boldsymbol{A}\quad (1<m\leqslant n<\infty),$$

求证:$\boldsymbol{A}$ 必与一个对角阵相似.若限于实数域,如何?

12.（华中师范大学） 设 $\boldsymbol{A}=(a_{ij})$ 是 n 阶实可逆矩阵,$\boldsymbol{\alpha}=(a_{11},a_{12},\cdots,a_{1n})$ 是 $\boldsymbol{A}$ 的第 1 行元素组成的行向量,$V=\mathscr{L}(\boldsymbol{\alpha})$ 是 $\mathbf{R}^n$ 的子空间,求 V 在 $\mathbf{R}^n$ 中的正交补.

综合练习题(七)

1.（华中师范大学） 设 p 是素数,a 是整数,$f(x)=ax^p+px+1$,且 $p^2\mid(a+1)$,证明:$f(x)$ 没有有理根.

2.（高数二,1999 年） 设行列式

$$\begin{vmatrix}x-2&x-1&x-2&x-3\\2x-2&2x-1&2x-2&2x-3\\3x-3&3x-2&4x-5&3x-5\\4x&4x-3&5x-7&4x-3\end{vmatrix}$$

为 $f(x)$,则方程 $f(x)=0$ 的根的个数为(　　).

(A) 1　　(B) 2　　(C) 3　　(D) 4

3.(高数二,2000 年) 已知向量组 $\boldsymbol{\beta}_1=(0,1,-1)',\boldsymbol{\beta}_2=(a,2,1)',\boldsymbol{\beta}_3=(b,1,0)'$,与向量组 $\boldsymbol{\alpha}_1=(1,2,-3)',\boldsymbol{\alpha}_2=(3,0,1)',\boldsymbol{\alpha}_3=(9,6,-7)'$ 具有相同的秩,且 $\boldsymbol{\beta}_3$ 可由 $\boldsymbol{\alpha}_1,\boldsymbol{\alpha}_2,\boldsymbol{\alpha}_3$ 线性表出,求 a,b 的值.

4.(中国科学院) 求证:不存在正交矩阵 $\boldsymbol{A},\boldsymbol{B}$,使 $\boldsymbol{A}^2=\boldsymbol{AB}+\boldsymbol{B}^2$.

5.(内蒙古大学) 已知齐次线性方程组

$$\begin{cases}a_{11}x_1+a_{12}x_2+\cdots+a_{1n}x_n=0,\\ a_{21}x_1+a_{22}x_2+\cdots+a_{2n}x_n=0,\\ \qquad\vdots\\ a_{n1}x_1+a_{n2}x_2+\cdots+a_{nn}x_n=0\end{cases}\qquad ①$$

有非零解,问能否找到 $b_1,b_2,\cdots,b_n$,使系数为上述方程组的系数矩阵的转置,右端为 $b_1,b_2,\cdots,b_n$ 的方程组

$$\begin{cases}a_{11}x_1+a_{21}x_2+\cdots+a_{n1}x_n=b_1,\\ a_{12}x_1+a_{22}x_2+\cdots+a_{n2}x_n=b_2,\\ \qquad\vdots\\ a_{1n}x_1+a_{2n}x_2+\cdots+a_{nn}x_n=b_n\end{cases}\qquad ②$$

有唯一解?试述理由.

6.(高数三) 设三阶方阵 $\boldsymbol{A}$ 的伴随矩阵为 $\boldsymbol{A}^*$,且 $|\boldsymbol{A}|=\dfrac{1}{2}$,求

$$|(3\boldsymbol{A})^{-1}-2\boldsymbol{A}^*|.$$

7.(华中师范大学) 设 $\boldsymbol{B},\boldsymbol{C}$ 分别是 m 阶与 n 阶方阵,$\boldsymbol{B}$ 可逆,令 $\boldsymbol{G}=\begin{pmatrix}\boldsymbol{A}&\boldsymbol{C}\\ \boldsymbol{B}&\boldsymbol{D}\end{pmatrix}$.证明:$\boldsymbol{G}$ 可逆的充要条件是 $\boldsymbol{C}-\boldsymbol{AB}^{-1}\boldsymbol{D}$ 可逆.

8.(华中科技大学) 令 $M_n(F)$是数域 F 上全体 n 阶方阵所组成的向量空间,令

$$S=\{\boldsymbol{A}\in M_n(F)\,|\,\boldsymbol{A}'=\boldsymbol{A}\},\quad T=\{\boldsymbol{A}\in M_n(F)\,|\,\boldsymbol{A}'=-\boldsymbol{A}\}.$$

试证:$M_n(F)=S\oplus T$.

9.(吉林大学) (1) 设 $\boldsymbol{A}$ 是 $n\times n$ 方阵,若 λ_1,λ_2 是 $\boldsymbol{A}$ 的不同的特征值,$\boldsymbol{X}_1,\boldsymbol{X}_2$ 是相应的特征向量.证明:$\boldsymbol{X}_1+\boldsymbol{X}_2$ 不是 $\boldsymbol{A}$ 的特征向量.(2) 设 $\boldsymbol{A}$ 是 $n\times n$ 方阵,若 $\boldsymbol{A}^2=\boldsymbol{I}$,证明:$\boldsymbol{A}$ 的特征值为 -1 和 1.

10.(上海交通大学) 设 V 是全体次数不超过 n 的实系数多项式,再添上零多项式组成的实数域上的线性空间,定义 V 上的线性变换 $T[f(x)]=$

$xf'(x)-f(x)$，对任意 $f(x)\in V$.

(1) 求 T 的核 $T^{-1}(0)$ 和值域 $T(V)$；

(2) 证明：$V=T^{-1}(0)\oplus T(V)$.

11.（华中师范大学） 设 $\boldsymbol{A}$ 是 n 级实可逆矩阵，证明：存在实系数多项式 $g(x)$，使得 $\boldsymbol{A}^{-1}=g(\boldsymbol{A})$.

12.（浙江大学） 设 $\boldsymbol{A}$ 是秩为 r 的 n 阶方阵.

(1) 证明：$\boldsymbol{A}^2=\boldsymbol{A}$ 的充要条件是存在秩为 r 的 $n\times r$ 矩阵 $\boldsymbol{C}$，使得 $\boldsymbol{A}=\boldsymbol{C}\boldsymbol{B}$，$\boldsymbol{B}\boldsymbol{C}=\boldsymbol{I}_r$，其中 $\boldsymbol{I}_r$ 为 r 阶单位阵.

(2) 当 $\boldsymbol{A}^2=\boldsymbol{A}$ 时，证明：$|2\boldsymbol{I}-\boldsymbol{A}|=2n-r$，$|\boldsymbol{A}+\boldsymbol{I}|=2^r$.

综合练习题(八)

1.（中国人民大学） 若 $(x-1)\mid f(x^n)$，问是否必有 $(x^n-1)\mid f(x^n)$，若不成立，举出反例；若成立，请说明理由.

2.（湖北大学） 计算

$$D=\begin{vmatrix} 738 & 427 & 327 \\ 3042 & 543 & 443 \\ -972 & 721 & 621 \end{vmatrix}.$$

3.（高数三，1995 年） 已知向量组(Ⅰ)：$\boldsymbol{\alpha}_1,\boldsymbol{\alpha}_2,\boldsymbol{\alpha}_3$；(Ⅱ)：$\boldsymbol{\alpha}_1,\boldsymbol{\alpha}_2,\boldsymbol{\alpha}_3,\boldsymbol{\alpha}_4$；(Ⅲ)：$\boldsymbol{\alpha}_1,\boldsymbol{\alpha}_2,\boldsymbol{\alpha}_3,\boldsymbol{\alpha}_5$. 如果各向量组的秩分别为秩(Ⅰ)＝秩(Ⅱ)＝3，秩(Ⅲ)＝4，证明 $\boldsymbol{\alpha}_1,\boldsymbol{\alpha}_2,\boldsymbol{\alpha}_3,\boldsymbol{\alpha}_5-\boldsymbol{\alpha}_4$ 的秩为 4.

4.（高数四，1995 年） 已知三阶矩阵 $\boldsymbol{A}$ 的逆矩阵为

$$\boldsymbol{A}^{-1}=\begin{pmatrix} 1 & 1 & 1 \\ 1 & 2 & 1 \\ 1 & 1 & 3 \end{pmatrix},$$

试求伴随矩阵 $\boldsymbol{A}^*$ 的逆矩阵.

5.（中国科技大学） 设有分块阵 $\begin{pmatrix} \boldsymbol{A} & \boldsymbol{B} \\ \boldsymbol{C} & \boldsymbol{D} \end{pmatrix}$，其中 $\boldsymbol{A},\boldsymbol{D}$ 可逆，证明：

(1) $\begin{vmatrix} \boldsymbol{A} & \boldsymbol{B} \\ \boldsymbol{C} & \boldsymbol{D} \end{vmatrix}=|\boldsymbol{A}-\boldsymbol{B}\boldsymbol{D}^{-1}\boldsymbol{C}|\cdot|\boldsymbol{D}|$；

(2) $(\boldsymbol{A}-\boldsymbol{B}\boldsymbol{D}^{-1}\boldsymbol{C})^{-1}=\boldsymbol{A}^{-1}-\boldsymbol{A}^{-1}\boldsymbol{B}(\boldsymbol{C}\boldsymbol{A}^{-1}\boldsymbol{B}-\boldsymbol{D})^{-1}\boldsymbol{C}\boldsymbol{A}^{-1}$.

6.（武汉大学） 设实对称矩阵 $\boldsymbol{A}$ 所有特征根的模都是 1，请证明：$\boldsymbol{A}$ 为正交矩阵.

7.（华中师范大学） 设 $\boldsymbol{A}$ 为 $m\times n$ 实矩阵，证明：线性方程组 $\boldsymbol{AX}=\boldsymbol{0}$ 与 $\boldsymbol{A}'\boldsymbol{AX}=\boldsymbol{0}$ 同解.

8.（中国科学院原子能研究所） 已知 $\boldsymbol{A}$ 矩阵经过 $\boldsymbol{P}$ 矩阵可以变成相似矩阵 $\boldsymbol{C}$，$\boldsymbol{C}$ 为对角矩阵，求证：$\boldsymbol{P}$ 矩阵是由 $\boldsymbol{A}$ 的特征向量构成的.

9.（山东大学） 设 $\boldsymbol{A}$ 是数域 P 上的 $r\times n$ 矩阵，$\boldsymbol{B}$ 是 P 上 $(n-r)\times n$ 矩阵，$\boldsymbol{C}=\begin{pmatrix}\boldsymbol{A}\\ \boldsymbol{B}\end{pmatrix}$ 是非奇异矩阵，证明：n 维线性空间

$$P^n=\{\boldsymbol{X}=(x_1,x_2,\cdots,x_n)'\mid x_i\in P\}$$

是齐次线性方程组 $\boldsymbol{AX}=\boldsymbol{0}$ 的解子空间 V_1 与 $\boldsymbol{BX}=\boldsymbol{0}$ 的解子空间 V_2 的直和.

10.（南京大学） 设 $V=\mathbf{C}^4$（$\mathbf{C}$ 为复数域），f 为 V 上线性变换，$\{\boldsymbol{e}_1,\boldsymbol{e}_2,\boldsymbol{e}_3,\boldsymbol{e}_4\}$ 为 V 的基，而

$$f(\boldsymbol{e}_1)=\boldsymbol{e}_1+2\boldsymbol{e}_2+6\boldsymbol{e}_3+7\boldsymbol{e}_4,\quad f(\boldsymbol{e}_2)=-2\boldsymbol{e}_1-4\boldsymbol{e}_2-12\boldsymbol{e}_3-14\boldsymbol{e}_4,$$

$$f(\boldsymbol{e}_3)=3\boldsymbol{e}_1+5\boldsymbol{e}_2+17\boldsymbol{e}_3+18\boldsymbol{e}_4,\quad f(\boldsymbol{e}_4)=-4\boldsymbol{e}_1+7\boldsymbol{e}_2-9\boldsymbol{e}_3+17\boldsymbol{e}_4.$$

试求 $\mathrm{Ker}f$（即 $f^{-1}(\boldsymbol{0})$）之基底与维数.

11.（武汉大学） 求 $\boldsymbol{A}^{500}$，其中

$$\boldsymbol{A}=\begin{pmatrix}1&0&0&0\\-1&-1&-1&0\\1&1&1&0\\2&2&2&0\end{pmatrix}.$$

12.（北京大学） 设实数域上矩阵

$$\boldsymbol{A}=\begin{bmatrix}1&0&1\\0&6&-2\\1&-2&2\end{bmatrix}.$$

（1）判断 $\boldsymbol{A}$ 是否为正定阵，要求写出理由.

（2）设 V 是实数域上的三维线性空间，V 上的一个双线性函数 $f(\boldsymbol{\alpha},\boldsymbol{\beta})$ 在 V 的一个基 $\boldsymbol{\alpha}_1,\boldsymbol{\alpha}_2,\boldsymbol{\alpha}_3$ 下的度量矩阵为 $\boldsymbol{A}$，证明：$f(\boldsymbol{\alpha},\boldsymbol{\beta})$ 是 V 的一个内积；并且求出 V 对于这个内积所成的欧氏空间的一个标准正交基.

综合练习题解答

综合练习题(一)解答

1. 证 设 x^2+x+1 的两个复根为 α,β，则 $\alpha^3=\beta^3=1$. 因为 $x^2+x+1=$

$(x-\alpha)(x-\beta)$，且 $x^2+x+1\mid[f(x^3)+xg(x^3)]$，所以 $(x-\alpha)(x-\beta)\mid[f(x^3)+xg(x^3)]$，于是有

$$\begin{cases}f(\alpha^3)+\alpha g(\alpha^3)=0,\\ f(\beta^3)+\beta g(\beta^3)=0,\end{cases}\quad\text{或}\quad\begin{cases}f(1)+\alpha g(1)=0,\\ f(1)+\beta g(1)=0.\end{cases}$$

由于 $\alpha\neq\beta$，解得 $f(1)=g(1)=0$.

2. 解

$$|\boldsymbol{A}|=\begin{vmatrix}1 & a^{-1} & a^{-2} & \cdots & a^{-(n-1)}\\ a & 1 & a^{-1} & \cdots & a^{-(n-2)}\\ a^2 & a & 1 & \cdots & a^{-(n-3)}\\ \vdots & \vdots & \vdots & & \vdots\\ a^{n-1} & a^{n-2} & a^{n-3} & \cdots & 1\end{vmatrix},$$

用第 1 列的 $-a^{-1}$ 倍加到第 2 列上，可使第 2 列的元素全变为 0，所以 $|\boldsymbol{A}|=0$.

3. 解 设方程组①的系数矩阵为 $\boldsymbol{A}$，将 $\boldsymbol{A}$ 用初等行变换化为阶梯形矩阵

$$\boldsymbol{A}=\begin{pmatrix}1&1&1&1&1\\3&2&1&1&-3\\0&1&2&2&6\\5&4&3&3&-1\end{pmatrix}\longrightarrow\begin{pmatrix}1&1&1&1&1\\0&-1&-2&-2&-6\\0&1&2&2&6\\0&-1&-2&-2&-6\end{pmatrix}\longrightarrow\begin{pmatrix}1&1&1&1&1\\0&1&2&2&6\\0&0&0&0&0\\0&0&0&0&0\end{pmatrix}.$$

所以秩$(\boldsymbol{A})=2$，基础解系所含向量个数为 $5-2=3$.

再求 $\boldsymbol{\alpha}_1,\boldsymbol{\alpha}_2,\boldsymbol{\alpha}_3,\boldsymbol{\alpha}_4$ 的一个极大线性无关组，将它们写成列向量，再作行初等变换化为阶梯形

$$\begin{pmatrix}7&6&5&1\\-10&-8&-6&-2\\1&-2&-5&3\\1&3&5&-2\\1&1&1&0\end{pmatrix}\longrightarrow\begin{pmatrix}1&1&1&0\\7&6&5&1\\-10&-8&-6&-2\\1&-2&-5&3\\1&3&5&-2\end{pmatrix}$$

$$\longrightarrow\begin{pmatrix}1&1&1&0\\0&-1&-2&1\\0&2&4&-2\\0&-3&-6&3\\0&2&4&-2\end{pmatrix}\longrightarrow\begin{pmatrix}1&0&-1&1\\0&1&2&-1\\0&0&0&0\\0&0&0&0\\0&0&0&0\end{pmatrix}.$$

所以 $\boldsymbol{\alpha}_1,\boldsymbol{\alpha}_2$ 为 $\boldsymbol{\alpha}_1,\boldsymbol{\alpha}_2,\boldsymbol{\alpha}_3,\boldsymbol{\alpha}_4$ 的一个极大线性无关组，由此可知方程组的解不能都用 $\boldsymbol{\alpha}_1,\boldsymbol{\alpha}_2,\boldsymbol{\alpha}_3,\boldsymbol{\alpha}_4$ 线性表出.

再令 $\boldsymbol{\alpha}_5=(1,-2,1,0,0)$，它也是方程组①的解，且 $\boldsymbol{\alpha}_1,\boldsymbol{\alpha}_2,\boldsymbol{\alpha}_5$ 线性无关，从而它是方程组①的一个基础解系，即为所求.

4. 解

$$\begin{cases}\boldsymbol{X}_k=\boldsymbol{A}\boldsymbol{X}_{k-1}+\boldsymbol{B}, & ①\\ \boldsymbol{X}_{k-1}=\boldsymbol{A}\boldsymbol{X}_{k-2}+\boldsymbol{B}, & ②\end{cases}$$

由式①一式②得

$$\begin{aligned}\boldsymbol{X}_k-\boldsymbol{X}_{k-1}&=\boldsymbol{A}(\boldsymbol{X}_{k-1}-\boldsymbol{X}_{k-2})=\boldsymbol{A}^2(\boldsymbol{X}_{k-2}-\boldsymbol{X}_{k-3})=\cdots\\&=\boldsymbol{A}^{k-1}(\boldsymbol{X}_1-\boldsymbol{X}_0)=\boldsymbol{A}^{k-1}\boldsymbol{X}_1,\end{aligned}\qquad ③$$

而
$$\boldsymbol{X}_1=\boldsymbol{A}\boldsymbol{X}_0+\boldsymbol{B}=\boldsymbol{B}=\boldsymbol{I}.$$

由式③得
$$\boldsymbol{X}_k-\boldsymbol{X}_{k-1}=\boldsymbol{A}^{k-1}.$$

所以
$$\begin{aligned}\boldsymbol{X}_k&=\boldsymbol{X}_{k-1}+\boldsymbol{A}^{k-1}=(\boldsymbol{X}_{k-2}+\boldsymbol{A}^{k-2})+\boldsymbol{A}^{k-1}=\cdots\\&=(\boldsymbol{X}_1+\boldsymbol{A})+\boldsymbol{A}^2+\cdots+\boldsymbol{A}^{k-1}=\boldsymbol{I}+\boldsymbol{A}+\boldsymbol{A}^2+\cdots+\boldsymbol{A}^{k-1}.\end{aligned}\qquad ④$$

$$\boldsymbol{X}_n=\boldsymbol{I}+\boldsymbol{A}+\boldsymbol{A}^2+\cdots+\boldsymbol{A}^{n-1},\qquad ⑤$$

但是 $\boldsymbol{A}^3=\boldsymbol{I}$. 所以，由式⑤可得

$$\boldsymbol{X}_n=\begin{cases}m\boldsymbol{J} & (n=3m),\\ m\boldsymbol{J}+\boldsymbol{I} & (n=3m+1),\\ m\boldsymbol{J}+\boldsymbol{I}+\boldsymbol{A} & (n=3m+2),\end{cases}$$

其中
$$\boldsymbol{J}=\begin{pmatrix}1&1&1\\1&1&1\\1&1&1\end{pmatrix}.$$

5. 证
$$\boldsymbol{A}\boldsymbol{B}-\boldsymbol{I}=\boldsymbol{A}(\boldsymbol{B}-\boldsymbol{I})+\boldsymbol{A}-\boldsymbol{I},$$

所以
$$\begin{aligned}\text{秩}(\boldsymbol{A}\boldsymbol{B}-\boldsymbol{I})&\leqslant\text{秩}(\boldsymbol{A}(\boldsymbol{B}-\boldsymbol{I}))+\text{秩}(\boldsymbol{A}-\boldsymbol{I})\\&\leqslant\text{秩}(\boldsymbol{B}-\boldsymbol{I})+\text{秩}(\boldsymbol{A}-\boldsymbol{I})=p+q.\end{aligned}$$

6. 解
$$\begin{aligned}f&=3\left[x_3^2-2x_3\left(\frac{1}{3}x_1+\frac{1}{3}x_2\right)+\left(\frac{1}{3}x_1+\frac{1}{3}x_2\right)^2\right]\\&\quad-3\left(\frac{1}{3}x_1+\frac{1}{3}x_2\right)^2+4x_1x_2\\&=3\left(\frac{1}{3}x_1+\frac{1}{3}x_2-x_3\right)^2-\frac{1}{3}(x_1-5x_2)^2+8x_2^2.\end{aligned}$$

令
$$\begin{pmatrix}y_1\\y_2\\y_3\end{pmatrix}=\begin{pmatrix}\frac{1}{3}&\frac{1}{3}&-1\\1&-5&0\\0&1&0\end{pmatrix}\begin{pmatrix}x_1\\x_2\\x_3\end{pmatrix},$$

即作非退化线性变换

$$\begin{pmatrix} x_1 \\ x_2 \\ x_3 \end{pmatrix} = \begin{pmatrix} 0 & 1 & 5 \\ 0 & 0 & 1 \\ -1 & \frac{1}{3} & 2 \end{pmatrix} \begin{pmatrix} y_1 \\ y_2 \\ y_3 \end{pmatrix},$$

使
$$f(x_1, x_2, x_3) = 3y_1^2 - \frac{1}{3}y_2^2 + 8y_3^2,$$

于是得 f 的符号差为 $2-1=1$.

7. 解 因为 $\boldsymbol{A}$ 为实对称矩阵,从而 $\boldsymbol{B}$ 也是实对称矩阵,并算得

$$|\lambda \boldsymbol{I} - \boldsymbol{A}| = \lambda(\lambda-2)^2,$$

所以 $\lambda_1 = \lambda_2 = 2, \lambda_3 = 0$. 从而存在正交矩阵 $\boldsymbol{T}$,使

$$\boldsymbol{T}^{-1}\boldsymbol{A}\boldsymbol{T} = \begin{pmatrix} 2 & & \\ & 2 & \\ & & 0 \end{pmatrix},$$

所以

$$\boldsymbol{T}^{-1}\boldsymbol{B}\boldsymbol{T} = \boldsymbol{T}^{-1}(k\boldsymbol{I}+\boldsymbol{A})^2\boldsymbol{T} = \boldsymbol{T}^{-1}(k\boldsymbol{I}+\boldsymbol{A})\boldsymbol{T} \cdot \boldsymbol{T}^{-1}(k\boldsymbol{I}+\boldsymbol{A})\boldsymbol{T}$$

$$= \begin{pmatrix} k+2 & & \\ & k+2 & \\ & & k \end{pmatrix}^2 = \begin{pmatrix} (k+2)^2 & & \\ & (k+2)^2 & \\ & & k^2 \end{pmatrix}. \qquad ①$$

令
$$\boldsymbol{\Lambda} = \begin{pmatrix} (k+2)^2 & & \\ & (k+2)^2 & \\ & & k^2 \end{pmatrix},$$

则 $\boldsymbol{B} \sim \boldsymbol{\Lambda}$.

又由式①可知,$\boldsymbol{B}$ 的特征值为

$$\mu_1 = (k+2)^2, \quad \mu_2 = (k+2)^2, \quad \mu_3 = k^2,$$

所以
$$\begin{aligned} \boldsymbol{B} \text{ 为正定矩阵} &\Leftrightarrow \mu_i > 0 \quad (i=1,2,3) \\ &\Leftrightarrow k^2 > 0, (k+2)^2 > 0 \\ &\Leftrightarrow k \neq 0 \text{ 且 } \quad k \neq -2, \end{aligned}$$

即当 $k \in (-\infty, -2) \cup (-2, 0) \cup (0, +\infty)$ 时,$\boldsymbol{B}$ 为正定矩阵.

8. 解 (1) 令 $\boldsymbol{\beta}_1 = \boldsymbol{\alpha}_1 + \boldsymbol{\alpha}_2, \boldsymbol{\beta}_2 = \boldsymbol{\alpha}_2 + \boldsymbol{\alpha}_3, \boldsymbol{\beta}_3 = \boldsymbol{\alpha}_3 + \boldsymbol{\alpha}_4, \boldsymbol{\beta}_4 = \boldsymbol{\alpha}_4 + \boldsymbol{\alpha}_1$,那么

$$(\boldsymbol{\beta}_1, \boldsymbol{\beta}_2, \boldsymbol{\beta}_3, \boldsymbol{\beta}_4) = (\boldsymbol{\alpha}_1, \boldsymbol{\alpha}_2, \boldsymbol{\alpha}_3, \boldsymbol{\alpha}_4) \begin{pmatrix} 1 & 0 & 0 & 1 \\ 1 & 1 & 0 & 0 \\ 0 & 1 & 1 & 0 \\ 0 & 0 & 1 & 1 \end{pmatrix}. \qquad ①$$

因
$$|\boldsymbol{A}|=\begin{vmatrix}1&0&0&1\\1&1&0&0\\0&1&1&0\\0&0&1&1\end{vmatrix}=0,$$
所以 $\boldsymbol{\alpha}_1+\boldsymbol{\alpha}_2,\boldsymbol{\alpha}_2+\boldsymbol{\alpha}_3,\boldsymbol{\alpha}_3+\boldsymbol{\alpha}_4,\boldsymbol{\alpha}_4+\boldsymbol{\alpha}_1$ 线性相关.

(2) 由式①看出 $\boldsymbol{\beta}_1,\boldsymbol{\beta}_2,\boldsymbol{\beta}_3$ 线性无关(因为左上角有一个三阶子式不为0),所以秩$((\boldsymbol{\beta}_1,\boldsymbol{\beta}_2,\boldsymbol{\beta}_3,\boldsymbol{\beta}_4))=3$,且 $\boldsymbol{\beta}_1,\boldsymbol{\beta}_2,\boldsymbol{\beta}_3$ 为它的一个极大线性无关组.

令
$$\overline{W}=\mathscr{L}(\boldsymbol{\alpha}_1+\boldsymbol{\alpha}_2,\boldsymbol{\alpha}_2+\boldsymbol{\alpha}_3,\boldsymbol{\alpha}_3+\boldsymbol{\alpha}_4,\boldsymbol{\alpha}_4+\boldsymbol{\alpha}_1)=\mathscr{L}(\boldsymbol{\beta}_1,\boldsymbol{\beta}_2,\boldsymbol{\beta}_3,\boldsymbol{\beta}_4),$$
那么
$$\dim W=\text{秩}((\boldsymbol{\beta}_1,\boldsymbol{\beta}_2,\boldsymbol{\beta}_3,\boldsymbol{\beta}_4))=3,$$
且 $\boldsymbol{\alpha}_1+\boldsymbol{\alpha}_2,\boldsymbol{\alpha}_2+\boldsymbol{\alpha}_3,\boldsymbol{\alpha}_3+\boldsymbol{\alpha}_4$ 为 W 的一个基.

9. 解 (1) 因为 $|\lambda\boldsymbol{I}-\boldsymbol{A}|=(\lambda+1)(\lambda-1)$,

所以
$$\lambda_1=1,\quad \lambda_2=-1.$$
当 $\lambda=1$ 时,由 $(\boldsymbol{I}-\boldsymbol{A})\boldsymbol{\xi}=\boldsymbol{0}$ 得特征向量 $\boldsymbol{\alpha}_1=(1,1)'$;当 $\lambda=-1$ 时,由 $(-\boldsymbol{I}-\boldsymbol{A})\boldsymbol{\xi}=\boldsymbol{0}$ 得特征向量 $\boldsymbol{\alpha}_2=(6,4)'$. 所以 $\boldsymbol{A}$ 属于1的全部特征向量为 $k_1\boldsymbol{\alpha}_1$,其中 k_1 为任意非零常数,$\boldsymbol{A}$ 的属于-1的全部特征向量为 $k_2\boldsymbol{\alpha}_2$,其中 k_2 为任意非零常数.

(2) 令 $\boldsymbol{T}=(\boldsymbol{\alpha}_1,\boldsymbol{\alpha}_2)=\begin{pmatrix}1&6\\1&4\end{pmatrix}$,则 $\boldsymbol{T}^{-1}\boldsymbol{A}\boldsymbol{T}=\begin{pmatrix}1&\\&-1\end{pmatrix}$,所以
$$\boldsymbol{T}^{-1}\boldsymbol{A}^{2n}\boldsymbol{T}=\boldsymbol{I},\quad \boldsymbol{A}^{2n}=\boldsymbol{T}\boldsymbol{T}^{-1}=\begin{pmatrix}1&0\\0&1\end{pmatrix}.$$

10. 解 (1) 因 $|\lambda\boldsymbol{I}-\boldsymbol{A}|=(\lambda+1)^2(\lambda-1)$,所以
$$\lambda_1=\lambda_2=-1,\quad \lambda_3=1.$$
当 $\lambda=-1$ 时,由 $(-\boldsymbol{I}-\boldsymbol{A})\boldsymbol{X}=\boldsymbol{0}$ 解得基础解系为 $\boldsymbol{\alpha}_1=(2,1,0)'$,$\boldsymbol{\alpha}_2=(-1,0,1)'$;当 $\lambda=1$ 时,由 $(\boldsymbol{I}-\boldsymbol{A})\boldsymbol{X}=\boldsymbol{0}$ 解得基础解系为
$$\boldsymbol{\alpha}_3=(8,3,-1)'.$$
再令 $\boldsymbol{\beta}_1=(\boldsymbol{\varepsilon}_1,\boldsymbol{\varepsilon}_2,\boldsymbol{\varepsilon}_3)\boldsymbol{\alpha}_1$, $\boldsymbol{\beta}_2=(\boldsymbol{\varepsilon}_1,\boldsymbol{\varepsilon}_2,\boldsymbol{\varepsilon}_3)\boldsymbol{\alpha}_2$, $\boldsymbol{\beta}_3=(\boldsymbol{\varepsilon}_1,\boldsymbol{\varepsilon}_2,\boldsymbol{\varepsilon}_3)\boldsymbol{\alpha}_3$,那么
$$(\boldsymbol{\beta}_1,\boldsymbol{\beta}_2,\boldsymbol{\beta}_3)=(\boldsymbol{\varepsilon}_1,\boldsymbol{\varepsilon}_2,\boldsymbol{\varepsilon}_3)\begin{pmatrix}2&-1&8\\1&0&3\\0&1&-1\end{pmatrix}. \qquad ①$$
令 $\boldsymbol{T}=\begin{pmatrix}2&-1&8\\1&0&3\\0&1&-1\end{pmatrix}$,则 $|\boldsymbol{T}|\neq 0$,由式①知,$\boldsymbol{\beta}_1,\boldsymbol{\beta}_2,\boldsymbol{\beta}_3$ 线性无关,从而也是 V

的一组基，且 $\mathscr{A}$ 在基 $\boldsymbol{\beta}_1,\boldsymbol{\beta}_2,\boldsymbol{\beta}_3$ 下的矩阵为对角阵，即

$$\begin{pmatrix} -1 & & \\ & -1 & \\ & & 1 \end{pmatrix}.$$

(2) 由于 $\mathscr{A}$ 在两组基下的矩阵是相似的，所以

$$\boldsymbol{T}^{-1}\boldsymbol{A}\boldsymbol{T}=\begin{pmatrix} -1 & & \\ & -1 & \\ & & 1 \end{pmatrix}.$$

11. 解　因 $\boldsymbol{A}^3=4\boldsymbol{A}$，令 $g(x)=x^3-4x$，则 $g(x)$ 是 $\boldsymbol{A}$ 的一个零化多项式. 设 $\boldsymbol{A}$ 的最小多项式为 $m(x)$，则 $m(x)\mid(x^3-4x)$，而

$$x^3-4x=x(x^2-4)=x(x+2)(x-2),$$

因此 $g(x)$ 的首项系数为 1 的一切因式为 $x,x+2,x-2,x^2+2x,x^2-2x,x^2-4,x^3-4x$，而这些因式中零化多项式只有 x^2-2x 和 x^3-4x，所以 $m(x)=x^2-2x$.

再设 $\boldsymbol{A}$ 的零化多项式集为 M，则

$$M=\{h(x)(x^2-2x)\mid h(x)\in P[x]\}.$$

12. 证　先证充分性. 设有酉矩阵 $\boldsymbol{U}$，使

$$\boldsymbol{U}^{-1}\boldsymbol{A}\boldsymbol{U}=\boldsymbol{B}, \qquad ①$$

其中 $\boldsymbol{B}$ 为对角阵，则

$$\boldsymbol{B}\overline{\boldsymbol{B}}'=\overline{\boldsymbol{B}}'\boldsymbol{B}, \qquad ②$$

$$\boldsymbol{B}\overline{\boldsymbol{B}}'=\boldsymbol{U}^{-1}\boldsymbol{A}\boldsymbol{U}\overline{\boldsymbol{U}}'\overline{\boldsymbol{A}}'\overline{(\boldsymbol{U}^{-1})}'=\boldsymbol{U}^{-1}\boldsymbol{A}\overline{\boldsymbol{A}}'\boldsymbol{U}, \qquad ③$$

$$\overline{\boldsymbol{B}}'\boldsymbol{B}=\boldsymbol{U}^{-1}\overline{\boldsymbol{A}}'\boldsymbol{A}\boldsymbol{U}. \qquad ④$$

由式②、式③、式④得 $\boldsymbol{A}\overline{\boldsymbol{A}}'=\overline{\boldsymbol{A}}'\boldsymbol{A}$，即 $\boldsymbol{A}$ 为正规阵.

再证必要性. 用数学归纳法.

当 $n=1$ 时，结论显然成立. 假设结论对 $n=k-1$ 时成立，考虑 $n=k$ 的情形.

设 λ_1 为 $\boldsymbol{A}$ 的一个特征值，取 $\boldsymbol{\alpha}_1$ 为与 λ_1 相应的单位特征向量，令 $\boldsymbol{U}_1=(\boldsymbol{\alpha}_1,\boldsymbol{\alpha}_2,\cdots,\boldsymbol{\alpha}_k)$ 为酉矩阵（即由 $\boldsymbol{\alpha}_1$ 扩大为 $\boldsymbol{C}^k$ 的一组规范正交基 $(\boldsymbol{\alpha}_1,\boldsymbol{\alpha}_2,\cdots,\boldsymbol{\alpha}_k)$），则

$$\boldsymbol{U}_1^{-1}\boldsymbol{A}\boldsymbol{U}_1=\begin{pmatrix} \lambda_1 & \boldsymbol{\alpha} \\ \boldsymbol{O} & \boldsymbol{D} \end{pmatrix}=\boldsymbol{A}_1, \qquad ⑤$$

其中 $\boldsymbol{\alpha}_1=(c_1,c_2,\cdots,c_k)$. 由 $\boldsymbol{A}$ 为正规阵，可得 $\boldsymbol{A}_1$ 也是正规阵，即

$$\overline{A}'_1 A_1 = A_1 \overline{A}'_1. \quad ⑥$$

由式⑥,有
$$\begin{cases} \bar{\lambda}_1\lambda_1 = \bar{\lambda}_1\lambda_1 + \bar{c}_2 c_2 + \cdots + \bar{c}_k c_k, & ⑦ \\ \overline{D}'D = D\overline{D}', & ⑧ \end{cases}$$

由式⑦,有
$$c_2 = \cdots = c_k = 0.$$

所以
$$U_1^{-1} A U_1 = \begin{pmatrix} \lambda_1 & O \\ O & D \end{pmatrix} = A_1. \quad ⑨$$

由归纳假设可知,存在 $k-1$ 阶酉矩阵 γ,使

$$\gamma^{-1} D \gamma = \begin{pmatrix} \lambda_1 & & & \\ & \lambda_2 & & \\ & & \ddots & \\ & & & \lambda_{k-1} \end{pmatrix}, \quad ⑩$$

再令 $U_2 = \begin{pmatrix} 1 & O \\ O & \gamma \end{pmatrix} \in C^{k\times k}$,则 U_2 为酉矩阵. 令 $U = U_1 U_2$,则 U 为酉矩阵,且

$$U^{-1} A U = \begin{pmatrix} \lambda_1 & & & \\ & \lambda_2 & & \\ & & \ddots & \\ & & & \lambda_k \end{pmatrix},$$

其中 $\lambda_1, \lambda_2, \cdots, \lambda_k$ 为 A 的全部特征值,可见 $n=k$ 时结论成立. 由此知 n 为任意正整数时结论成立.

综合练习题(二)解答

1. 解 设 x_1, x_2, x_3 是 $x^3 + ax^2 + bx + c = 0$ 的三个根,那么

$$\begin{aligned} x_1^3 + x_2^3 + x_3^3 &= (x_1 + x_2 + x_3)^3 - 3(x_1 + x_2 + x_3)(x_1x_2 + x_2x_3 + x_1x_3) \\ &\quad + 3x_1x_2x_3 \\ &= -a^3 - 3ab + 3c, \end{aligned}$$

$$\begin{aligned} x_1^3x_2^3 + x_1^3x_3^3 + x_2^3x_3^3 &= (x_1x_2 + x_1x_3 + x_2x_3)^3 - 3x_1x_2x_3(x_1 + x_2 + x_3) \\ &\quad \cdot (x_1x_2 + x_1x_3 + x_2x_3) + 3x_1^2x_2^2x_3^2 \\ &= b^3 - 3abc + 3c^2, \end{aligned}$$

$$x_1^3x_2^3x_3^3 = c^3,$$

从而以 x_1^3, x_2^3, x_3^3 为根的三次方程为

$$y^3 + (a^3 + 3ab - 3c)y^2 + (b^3 - 3abc + 3c^2)y + c^3 = 0.$$

2. 解　按第 1 行展开，得

$$D_n=(1+x)D_{n-1}-yzD_{n-2}=(1+x)D_{n-1}-xD_{n-2},$$

所以
$$D_n-D_{n-1}=x(D_{n-1}-D_{n-2})=\cdots=x^{n-2}(D_2-D_1)$$
$$=x^{n-2}\left(\begin{vmatrix}1+x & y\\ z & 1+x\end{vmatrix}-(1+x)\right)=x^n. \qquad ①$$

由式①得

$$D_n=D_{n-1}+x^n=(D_{n-2}+x^{n-1})+x^n=\cdots=(D_2+x^3)+x^4+\cdots+x^{n-1}+x^n$$
$$=1+x+x^2+\cdots+x^{n-1}+x^n.$$

3. 解　若规定 $\boldsymbol{\alpha}_{s+1}=\boldsymbol{\alpha}_1$，那么

$$\boldsymbol{A}\boldsymbol{\beta}_i=\boldsymbol{A}(t_1\boldsymbol{\alpha}_i+t_2\boldsymbol{\alpha}_{i+1})=t_1\boldsymbol{A}\boldsymbol{\alpha}_i+t_2\boldsymbol{A}\boldsymbol{\alpha}_{i+1}=\boldsymbol{0}\quad(i=1,2,\cdots,s),$$

故 $\boldsymbol{\beta}_1,\boldsymbol{\beta}_2,\cdots,\boldsymbol{\beta}_s$ 都是 $\boldsymbol{AX}=\boldsymbol{0}$ 的解. 又

$$(\boldsymbol{\beta}_1,\boldsymbol{\beta}_2,\cdots,\boldsymbol{\beta}_s)=(\boldsymbol{\alpha}_1,\boldsymbol{\alpha}_2,\cdots,\boldsymbol{\alpha}_s)\begin{pmatrix}t_1 & 0 & \cdots & t_2\\ t_2 & t_1 & \cdots & 0\\ 0 & t_2 & \cdots & 0\\ \vdots & \vdots & & \vdots\\ 0 & 0 & \cdots & t_1\end{pmatrix},$$

所以 $\boldsymbol{\beta}_1,\boldsymbol{\beta}_2,\cdots,\boldsymbol{\beta}_s$ 为 $\boldsymbol{AX}=\boldsymbol{0}$ 的一个基础解系

$\Leftrightarrow\boldsymbol{\beta}_1,\boldsymbol{\beta}_2,\cdots,\boldsymbol{\beta}_s$ 线性无关

$$\Leftrightarrow\begin{vmatrix}t_1 & 0 & \cdots & t_2\\ t_2 & t_1 & \cdots & 0\\ 0 & t_2 & \cdots & 0\\ \vdots & \vdots & & \vdots\\ 0 & 0 & \cdots & t_1\end{vmatrix}=t_1^s+(-1)^{1+s}t_2^s\neq 0$$

$$\Leftrightarrow t_1\neq\begin{cases}\pm t_2, & s\text{ 为偶数},\\ -t_2, & s\text{ 为奇数},\end{cases}\qquad ①$$

即当 t_1,t_2 满足式①时，$\boldsymbol{\beta}_1,\boldsymbol{\beta}_2,\cdots,\boldsymbol{\beta}_s$ 就是 $\boldsymbol{AX}=\boldsymbol{0}$ 的一个基础解系.

4. 解　$\boldsymbol{A}$ 是上三角矩阵，它的乘方还是上三角矩阵，所以

$$\boldsymbol{A}^{100}=\begin{pmatrix}a^{100} & f(a,b,c)\\ 0 & c^{100}\end{pmatrix}=\begin{pmatrix}1 & 0\\ 0 & 1\end{pmatrix}, \qquad ①$$

其中 $f(a,b,c)$ 是 a,b,c 的整系数多项式. 由式①得

$$a^{100}=1,\quad c^{100}=1,\quad a=\pm 1,\quad c=\pm 1.$$

下面分别讨论.

(1) 当 $a=c=1$ 时,可得

$$\mathbf{A}^{100}=\begin{pmatrix}1 & b\\0 & 1\end{pmatrix}^{100}=\begin{pmatrix}1 & 100b\\0 & 1\end{pmatrix}=\begin{pmatrix}1 & 0\\0 & 1\end{pmatrix},$$

所以 $b=0$,这时 $\mathbf{A}=\begin{pmatrix}1 & 0\\0 & 1\end{pmatrix}$.

(2) 当 $a=c=-1$ 时,可得 $\mathbf{A}=\begin{pmatrix}-1 & 0\\0 & -1\end{pmatrix}$.

(3) 当 $a=-c=1$ 或 $a=-c=-1$ 时,这时 b 可以为任意实数.

综上可知,$\mathbf{A}$ 有 4 种可能:

$$\begin{pmatrix}1 & 0\\0 & 1\end{pmatrix},\quad \begin{pmatrix}-1 & 0\\0 & -1\end{pmatrix},\quad \begin{pmatrix}1 & b\\0 & -1\end{pmatrix},\quad \begin{pmatrix}-1 & b\\0 & 1\end{pmatrix},$$

其中 b 为任意实数.

5. 证 秩$(\mathbf{A})\geqslant$秩$(\mathbf{A}^2)\geqslant$秩$(\mathbf{A}^3)\geqslant\cdots\geqslant$秩$(\mathbf{A}^k)\geqslant\cdots$

而秩$(\mathbf{A})$是有限数,上面不等式不可能无限延续,即存在正整数 m,使

$$\text{秩}(\mathbf{A}^m)=\text{秩}(\mathbf{A}^{m+1}).$$

6. 解 用配方法求解.

$$f=(x_1+x_2-5x_3)^2+3\left(x_2+\frac{8}{3}x_3\right)^2-\frac{136}{3}x_3^2.$$

令

$$\begin{pmatrix}y_1\\y_2\\y_3\end{pmatrix}=\begin{pmatrix}1 & 1 & -5\\0 & 1 & \frac{8}{3}\\0 & 0 & 1\end{pmatrix}\begin{pmatrix}x_1\\x_2\\x_3\end{pmatrix},$$

得

$$f=y_1^2+3y_2^2-\frac{136}{3}y_3^2.$$

故正惯性指数为 2,符号差等于 1.

7. 解 令

$$\begin{pmatrix}y_1\\y_2\\\vdots\\y_n\end{pmatrix}=\begin{pmatrix}1 & a_1 & 0 & \cdots & 0 & 0\\0 & 1 & a_2 & \cdots & 0 & 0\\\vdots & \vdots & \vdots & & \vdots & \vdots\\0 & 0 & 0 & \cdots & 1 & a_{n-1}\\a_n & 0 & 0 & \cdots & 0 & 1\end{pmatrix}\begin{pmatrix}x_1\\x_2\\\vdots\\x_n\end{pmatrix},$$

当
$$\begin{vmatrix} 1 & a_1 & 0 & \cdots & 0 & 0 \\ 0 & 1 & a_2 & \cdots & 0 & 0 \\ \vdots & \vdots & \vdots & & \vdots & \vdots \\ 0 & 0 & 0 & \cdots & 1 & a_{n-1} \\ a_n & 0 & 0 & \cdots & 0 & 1 \end{vmatrix} = 1+(-1)^{n+1}a_1a_2\cdots a_n \neq 0,$$

即 $a_1a_2\cdots a_n \neq (-1)^n$ 时，原二次型

$$f(x_1,x_2,\cdots,x_n)=y_1^2+y_2^2+\cdots+y_n^2$$

为正定的.

8. 解
$$\boldsymbol{\alpha}=x_1\boldsymbol{\alpha}_1+x_2\boldsymbol{\alpha}_2+x_3\boldsymbol{\alpha}_3=\begin{pmatrix} 1 & 2 & 3 \\ 2 & 3 & 7 \\ 1 & 3 & 1 \end{pmatrix}\begin{pmatrix} x_1 \\ x_2 \\ x_3 \end{pmatrix},$$

$$\boldsymbol{\alpha}=y_1\boldsymbol{\beta}_1+y_2\boldsymbol{\beta}_2+y_3\boldsymbol{\beta}_3=\begin{pmatrix} 3 & 5 & 1 \\ 1 & 2 & 1 \\ 4 & 1 & -6 \end{pmatrix}\begin{pmatrix} y_1 \\ y_2 \\ y_3 \end{pmatrix},$$

所以
$$\begin{pmatrix} 1 & 2 & 3 \\ 2 & 3 & 7 \\ 1 & 3 & 1 \end{pmatrix}\begin{pmatrix} x_1 \\ x_2 \\ x_3 \end{pmatrix}=\begin{pmatrix} 3 & 5 & 1 \\ 1 & 2 & 1 \\ 4 & 1 & -6 \end{pmatrix}\begin{pmatrix} y_1 \\ y_2 \\ y_3 \end{pmatrix},$$

$$\begin{pmatrix} y_1 \\ y_2 \\ y_3 \end{pmatrix}=\begin{pmatrix} 3 & 5 & 1 \\ 1 & 2 & 1 \\ 4 & 1 & -6 \end{pmatrix}^{-1}\begin{pmatrix} 1 & 2 & 3 \\ 2 & 3 & 7 \\ 1 & 3 & 1 \end{pmatrix}\begin{pmatrix} x_1 \\ x_2 \\ x_3 \end{pmatrix}=\begin{pmatrix} 13 & \frac{74}{4} & \frac{181}{4} \\ -9 & -13 & -\frac{63}{2} \\ 7 & 10 & \frac{99}{4} \end{pmatrix}\begin{pmatrix} x_1 \\ x_2 \\ x_3 \end{pmatrix}.$$

9. 证 (1) 由假设知，

$$\sigma(\boldsymbol{\alpha}_1,\boldsymbol{\alpha}_2,\boldsymbol{\alpha}_3)=(\boldsymbol{\alpha}_1,\boldsymbol{\alpha}_2,\boldsymbol{\alpha}_3)\begin{pmatrix} 1 & 1 & 1 \\ 0 & 1 & 1 \\ 0 & 0 & 1 \end{pmatrix}=(\boldsymbol{\alpha}_1,\boldsymbol{\alpha}_2,\boldsymbol{\alpha}_3)\boldsymbol{A},$$

其中 $\boldsymbol{A}=\begin{pmatrix} 1 & 1 & 1 \\ 0 & 1 & 1 \\ 0 & 0 & 1 \end{pmatrix}$. 由于 $|\boldsymbol{A}|=1$，所以 $\boldsymbol{A}$ 可逆，σ 是可逆线性变换.

(2) 由 $\boldsymbol{A}$ 可求得

$$\boldsymbol{A}^{-1}=\begin{pmatrix} 1 & -1 & 0 \\ 0 & 1 & -1 \\ 0 & 0 & 1 \end{pmatrix}.$$

设 $2\sigma-\sigma^{-1}$ 在基 $\boldsymbol{\alpha}_1,\boldsymbol{\alpha}_2,\boldsymbol{\alpha}_3$ 下的矩阵为 $\boldsymbol{B}$,则

$$\boldsymbol{B}=2\boldsymbol{A}-\boldsymbol{A}^{-1}=\begin{pmatrix}1&3&2\\0&1&3\\0&0&1\end{pmatrix}.$$

10. 证　因

$$\boldsymbol{O}=g(\boldsymbol{B})=\begin{pmatrix}g(\boldsymbol{B}_1)&\\&g(\boldsymbol{B}_2)\end{pmatrix},$$

所以 $g(\boldsymbol{B}_1)=0,g(\boldsymbol{B}_2)=0$. 此即有 $g_1(\lambda)\mid g(\lambda),g_2(\lambda)\mid g(\lambda)$,因此 $g(\lambda)$是 $g_1(\lambda)$与 $g_2(\lambda)$的公倍式.

任取 $g_1(\lambda)$与 $g_2(\lambda)$的一个公倍式 $h(\lambda)$,则

$$h(\boldsymbol{B})=\begin{pmatrix}h(\boldsymbol{B}_1)&\\&h(\boldsymbol{B}_2)\end{pmatrix}=\boldsymbol{0},$$

故 $h(\lambda)$是 $\boldsymbol{B}$ 的零化多项式,$g(\lambda)\mid h(\lambda)$.

又因 $g(\lambda)$首项系数为 1,所以 $g(\lambda)=[g_1(\lambda),g_2(\lambda)]$.

11. 证　(1) 设 $\boldsymbol{\varepsilon}_1,\boldsymbol{\varepsilon}_2,\cdots,\boldsymbol{\varepsilon}_n$ 为 V 的一组标准正交基,且

$$\varphi(\boldsymbol{\varepsilon}_1,\boldsymbol{\varepsilon}_2,\cdots,\boldsymbol{\varepsilon}_n)=(\boldsymbol{\varepsilon}_1,\boldsymbol{\varepsilon}_2,\cdots,\boldsymbol{\varepsilon}_n)\boldsymbol{A},$$

其中 $\boldsymbol{A}=(a_{ij})_{nn}$.

再设 $\varphi^*(\boldsymbol{\varepsilon}_1,\boldsymbol{\varepsilon}_2,\cdots,\boldsymbol{\varepsilon}_n)=(\boldsymbol{\varepsilon}_1,\boldsymbol{\varepsilon}_2,\cdots,\boldsymbol{\varepsilon}_n)\boldsymbol{B}$,其中 $\boldsymbol{B}=(b_{ij})_{nn}$.

$$\begin{aligned}a_{ij}&=\langle a_{1j}\boldsymbol{\varepsilon}_1+a_{2j}\boldsymbol{\varepsilon}_2+\cdots+a_{nj}\boldsymbol{\varepsilon}_n,\boldsymbol{\varepsilon}_i\rangle=\langle\varphi(\boldsymbol{\varepsilon}_j),\boldsymbol{\varepsilon}_i\rangle\\&=\langle\boldsymbol{\varepsilon}_j,\varphi^*(\boldsymbol{\varepsilon}_i)\rangle=\langle\boldsymbol{\varepsilon}_j,b_{1i}\boldsymbol{\varepsilon}_1+b_{2i}\boldsymbol{\varepsilon}_2+\cdots+b_{ni}\boldsymbol{\varepsilon}_n\rangle\\&=b_{ji}\quad(i,j=1,2,\cdots,n),\end{aligned}$$

所以　$\boldsymbol{B}=\boldsymbol{A}'$.

(2) 设 $\dim\varphi^{-1}(\boldsymbol{0})=m$,任取 $\varphi^{-1}(\boldsymbol{0})$的一组标准正交基 $\boldsymbol{\alpha}_1,\boldsymbol{\alpha}_2,\cdots,\boldsymbol{\alpha}_m$,再扩大为 V 的一组标准正交基 $\boldsymbol{\alpha}_1,\cdots,\boldsymbol{\alpha}_m,\boldsymbol{\alpha}_{m+1},\cdots,\boldsymbol{\alpha}_n$,则

$$\varphi^{-1}(\boldsymbol{0})=\mathscr{L}(\boldsymbol{\alpha}_1,\boldsymbol{\alpha}_2,\cdots,\boldsymbol{\alpha}_m),\quad(\varphi^{-1}(\boldsymbol{0}))^{\perp}=\mathscr{L}(\boldsymbol{\alpha}_{m+1},\cdots,\boldsymbol{\alpha}_n).$$

于是

$$\varphi(\boldsymbol{\alpha}_1,\boldsymbol{\alpha}_2,\cdots,\boldsymbol{\alpha}_n)=(\boldsymbol{\alpha}_1,\boldsymbol{\alpha}_2,\cdots,\boldsymbol{\alpha}_n)\begin{pmatrix}0&\cdots&0&a_{1,m+1}&\cdots&a_{1n}\\\vdots&&\vdots&\vdots&&\vdots\\0&\cdots&0&a_{n,m+1}&\cdots&a_{nn}\end{pmatrix},\quad①$$

由式①知

$$\varphi^*(\boldsymbol{\alpha}_1,\boldsymbol{\alpha}_2,\cdots,\boldsymbol{\alpha}_n)=(\boldsymbol{\alpha}_1,\boldsymbol{\alpha}_2,\cdots,\boldsymbol{\alpha}_n)\begin{pmatrix}0&\cdots&0\\ \vdots&&\vdots\\ 0&\cdots&0\\ a_{1,m+1}&\cdots&a_{n,m+1}\\ \vdots&&\vdots\\ a_{1n}&\cdots&a_{nn}\end{pmatrix}. \quad ②$$

对任意 $\boldsymbol{\beta}\in\varphi^*(V)$，有 $\boldsymbol{\beta}=\varphi^*(\boldsymbol{\theta})$，其中 $\boldsymbol{\theta}\in V$，于是

$$\boldsymbol{\theta}=c_1\boldsymbol{\alpha}_1+c_2\boldsymbol{\alpha}_2+\cdots+c_n\boldsymbol{\alpha}_n,$$

$$\varphi^*(\boldsymbol{\theta})=c_1\varphi_1^*(\boldsymbol{\alpha}_1)+c_2\varphi_2^*(\boldsymbol{\alpha}_2)+\cdots+c_n\varphi_n^*(\boldsymbol{\alpha}_n).$$

由式②知，$\varphi^*(\boldsymbol{\theta})\in\mathscr{L}(\boldsymbol{\alpha}_{m+1},\cdots,\boldsymbol{\alpha}_n)$，所以

$$\boldsymbol{\beta}\in\mathscr{L}(\boldsymbol{\alpha}_{m+1},\cdots,\boldsymbol{\alpha}_n)=(\varphi^{-1}(\mathbf{0}))^{\perp},$$

因此

$$\varphi^*(V)\subseteq(\varphi^{-1}(\mathbf{0}))^{\perp}. \quad ③$$

又

$$\begin{aligned}\dim\varphi^*(V)&=\text{秩}(\boldsymbol{B})=\text{秩}(\boldsymbol{A}')=\dim\varphi(V)\\&=n-\dim\varphi^{-1}(\mathbf{0})=\dim(\varphi^{-1}(\mathbf{0}))^{\perp}.\end{aligned} \quad ④$$

由式③、式④，可得 $\varphi^*(V)=(\varphi^{-1}(\mathbf{0}))^{\perp}$.

12. 解 令 $\boldsymbol{\alpha}_3=(x_1,x_2,x_3,x_4)$，则由 $\langle\boldsymbol{\alpha}_1,\boldsymbol{\alpha}_3\rangle=0$， $\langle\boldsymbol{\alpha}_2,\boldsymbol{\alpha}_3\rangle=0$，得

$$\begin{cases}x_1=0,\\ \dfrac{1}{2}x_2+\dfrac{1}{2}x_3+\dfrac{1}{\sqrt{2}}x_4=0,\end{cases}$$

则

$$\boldsymbol{\alpha}_3=\left(0,\frac{1}{\sqrt{2}},-\frac{1}{\sqrt{2}},0\right).$$

再令 $\boldsymbol{\alpha}_4=(y_1,y_2,y_3,y_4)$，由 $\langle\boldsymbol{\alpha}_i,\boldsymbol{\alpha}_4\rangle=0\ (i=1,2,3)$ 得

$$\begin{cases}y_1=0,\\ \dfrac{1}{2}y_2+\dfrac{1}{2}y_3+\dfrac{1}{\sqrt{2}}y_4=0,\\ \dfrac{1}{\sqrt{2}}y_2-\dfrac{1}{\sqrt{2}}y_3=0,\end{cases}$$

则

$$\boldsymbol{\alpha}_4=\frac{1}{2}(0,-1,-1,\sqrt{2}).$$

故 $\boldsymbol{\alpha}_1,\boldsymbol{\alpha}_2,\boldsymbol{\alpha}_3,\boldsymbol{\alpha}_4$ 为 $\mathbf{R}^4$ 的一个标准正交基.

综合练习题(三)解答

1. 证 设

$$f(x)=a_nx^n+\cdots+a_1x+a_0, \quad ①$$

其中 $a_i\in\mathbf{Z}$. 由题设
$$f(0)=a_0 \quad ②$$
是奇数，则
$$f(1)=a_n+\cdots+a_1+a_0 \quad ③$$
也是奇数.

由式②知，$f(x)$无偶数根. 因为设 $2d\in\mathbf{Z}$，则
$$f(2d)=a_n(2d)^n+\cdots+a_1(2d)+a_0$$
是奇数，所以 $f(2d)\neq 0$.

再证 $f(x)$无奇数根. 因为
$$f(2d+1)=a_n(2d+1)^n+\cdots+a_1(2d+1)+a_0, \quad ④$$
由式④−式③得
$$f(2d+1)-f(1)=a_n[(2d+1)^n-1]+\cdots+a_1[(2d+1)-1], \quad ⑤$$
由式⑤右端知
$$f(2d+1)-f(1)=2s\in\mathbf{Z},$$
所以 $f(2d+1)=f(1)+2s$ 是奇数，从而 $f(2d+1)\neq 0$. 故 $f(x)$无整数根.

2. 证 因为
$$N=\begin{vmatrix}1&1&\cdots&1\\ \alpha_1&\alpha_2&\cdots&\alpha_n\\ \vdots&\vdots&&\vdots\\ \alpha_1^{n-1}&\alpha_2^{n-1}&\cdots&\alpha_n^{n-1}\end{vmatrix}\cdot\begin{vmatrix}1&\alpha_1&\cdots&\alpha_1^{n-1}\\ 1&\alpha_2&\cdots&\alpha_2^{n-1}\\ \vdots&\vdots&&\vdots\\ 1&\alpha_n&\cdots&\alpha_n^{n-1}\end{vmatrix}=\prod_{1\leqslant j<i\leqslant n}(\alpha_i-\alpha_j)^2,$$
所以
$$f\text{ 有重根}\Leftrightarrow D(f)=0\Leftrightarrow a_0^{2n-2}N=0\Leftrightarrow N=0.$$

3. 解 秩$(\mathbf{A})=n$，即$|\mathbf{A}|\neq 0$，所以秩$(\mathbf{B})=r$，因此 $\mathbf{BX}=\mathbf{0}$ 的基础解系所含向量个数为 $n-r$.

由秩$(\mathbf{A})=n$，可得秩$(\mathbf{A}^*)=n$. 令
$$\begin{cases}\boldsymbol{\eta}_{r+1}=(\mathbf{A}_{r+1,1},\mathbf{A}_{r+1,2},\cdots,\mathbf{A}_{r+1,n}),\\ \quad\vdots\\ \boldsymbol{\eta}_n=(\mathbf{A}_{n1},\mathbf{A}_{n2},\cdots,\mathbf{A}_{nn}).\end{cases}$$
由于
$$\text{秩}(\mathbf{A}^*)=n,\quad \text{秩}((\boldsymbol{\eta}_{r+1},\cdots,\boldsymbol{\eta}_n))=n-r, \quad ①$$
而
$$\mathbf{B}=\begin{pmatrix}a_{11}&\cdots&a_{1n}\\ \vdots&&\vdots\\ a_{r1}&\cdots&a_{rn}\end{pmatrix},$$
所以
$$\mathbf{B}\boldsymbol{\eta}_i=\mathbf{0}\quad(i=r+1,\cdots,n), \quad ②$$
即 $\boldsymbol{\eta}_{r+1},\cdots,\boldsymbol{\eta}_n$ 都是 $\mathbf{BX}=\mathbf{0}$ 的解. 由式①、式②可知，$\boldsymbol{\eta}_{r+1},\cdots,\boldsymbol{\eta}_n$ 是$\mathbf{BX}=\mathbf{0}$的一个基础解系.

4. 证 设 $\mathbf{A}=(a_{ij})_{n\times n}$，其中 $a_{ij}\in\mathbf{R}(i,j=1,2,\cdots,n)$，且 $\mathbf{A}'=\mathbf{A}$. 所以

$$\boldsymbol{O}=\boldsymbol{A}^2=\boldsymbol{A}\boldsymbol{A}'$$

$$=\begin{pmatrix} a_{11}^2+a_{12}^2+\cdots+a_{1n}^2 & * & \cdots & * \\ * & a_{21}^2+a_{22}^2+\cdots+a_{2n}^2 & \cdots & * \\ \vdots & \vdots & & \vdots \\ * & * & \cdots & a_{n1}^2+a_{n2}^2+\cdots+a_{nn}^2 \end{pmatrix}.$$

由于上式中对角元素都等于 0,故

$$\begin{cases} a_{11}^2+a_{12}^2+\cdots+a_{1n}^2=0, \\ a_{21}^2+a_{22}^2+\cdots+a_{2n}^2=0, \\ \qquad\qquad\vdots \\ a_{n1}^2+a_{n2}^2+\cdots+a_{nn}^2=0. \end{cases}$$

因为 $a_{ij}\in\mathbf{R}$,所以 $a_{ij}=0(i,j=1,2,\cdots,n)$,即 $\boldsymbol{A}=\boldsymbol{O}$.

5. 证

$$\begin{pmatrix} \boldsymbol{I}_n & \boldsymbol{O} \\ -\boldsymbol{A} & \boldsymbol{I}_s \end{pmatrix}\begin{pmatrix} \boldsymbol{I}_n & \boldsymbol{B} \\ \boldsymbol{A} & \boldsymbol{O} \end{pmatrix}\begin{pmatrix} \boldsymbol{I}_n & -\boldsymbol{B} \\ \boldsymbol{O} & \boldsymbol{I}_m \end{pmatrix}=\begin{pmatrix} \boldsymbol{I}_n & \boldsymbol{O} \\ \boldsymbol{O} & -\boldsymbol{AB} \end{pmatrix},$$

由上式知,

$$\text{秩}\left(\begin{pmatrix} \boldsymbol{I}_n & \boldsymbol{B} \\ \boldsymbol{A} & \boldsymbol{O} \end{pmatrix}\right)=\text{秩}\left(\begin{pmatrix} \boldsymbol{I}_n & \boldsymbol{O} \\ \boldsymbol{O} & -\boldsymbol{AB} \end{pmatrix}\right)=\text{秩}(\boldsymbol{I}_n)+\text{秩}(-\boldsymbol{AB})=n+\text{秩}(\boldsymbol{AB}),$$

但
$$\text{秩}\left(\begin{pmatrix} \boldsymbol{I}_n & \boldsymbol{B} \\ \boldsymbol{A} & \boldsymbol{O} \end{pmatrix}\right)\geqslant\text{秩}(\boldsymbol{A})+\text{秩}(\boldsymbol{B}),$$

所以
$$\text{秩}(\boldsymbol{AB})\geqslant\text{秩}(\boldsymbol{A})+\text{秩}(\boldsymbol{B})-n.$$

6. 解 (1) 由 $f(x_1,x_2,\cdots,x_n)=\sum\limits_{i=1}^{n}\sum\limits_{j=1}^{n}\frac{A_{ij}}{|\boldsymbol{A}|}x_ix_j$ 知,

$$f(x_1,x_2,\cdots,x_n)=\boldsymbol{X}'\begin{pmatrix} \frac{A_{11}}{|\boldsymbol{A}|} & \frac{A_{21}}{|\boldsymbol{A}|} & \cdots & \frac{A_{n1}}{|\boldsymbol{A}|} \\ \frac{A_{12}}{|\boldsymbol{A}|} & \frac{A_{22}}{|\boldsymbol{A}|} & \cdots & \frac{A_{n2}}{|\boldsymbol{A}|} \\ \vdots & \vdots & & \vdots \\ \frac{A_{1n}}{|\boldsymbol{A}|} & \frac{A_{2n}}{|\boldsymbol{A}|} & \cdots & \frac{A_{nn}}{|\boldsymbol{A}|} \end{pmatrix}\boldsymbol{X}=\boldsymbol{X}'\left(\frac{1}{|\boldsymbol{A}|}\boldsymbol{A}^*\right)\boldsymbol{X}. \qquad ①$$

但 $\boldsymbol{AA}^*=|\boldsymbol{A}|\boldsymbol{I}$,秩$(\boldsymbol{A})=n$,所以 $\boldsymbol{A}$ 可逆.

将 $\boldsymbol{A}^{-1}=\frac{1}{|\boldsymbol{A}|}\boldsymbol{A}^*$ 代入式①,得

$$f(x_1,x_2,\cdots,x_n)=\boldsymbol{X}'\boldsymbol{A}^{-1}\boldsymbol{X}. \qquad ②$$

（2）因

$$(A^{-1})'AA^{-1}=(A')^{-1}AA^{-1}=A^{-1}AA^{-1}=A^{-1},$$

所以 A 与 A^{-1} 合同，从而 $g(x_1,x_2,\cdots,x_n)=X'AX$ 与 $f(x_1,x_2,\cdots,x_n)=X'A^{-1}X$ 有相同的规范形.

7. 解 可证 C 是正定阵. 因为 A,B 都是实对称阵，从而 C 也是实对称阵，且对任意 $X\in\mathbf{R}^{m+n}$，有 $X\neq 0$. 令 $X=\begin{pmatrix}X_1\\X_2\end{pmatrix}$，则 $X_1\in\mathbf{R}^{m\times 1}$，$X_2\in\mathbf{R}^{n\times 1}$，且至少有一个不是零向量. 所以

$$X'CX=(X_1',X_2')\begin{pmatrix}A & O\\O & B\end{pmatrix}\begin{pmatrix}X_1\\X_2\end{pmatrix}=X_1'AX_1+X_2'BX_2>0.$$

故 C 为正定阵.

8. 解 （1）令 $k_0f_0+k_1f_1+k_2f_2+k_3f_3=0$，即

$$k_0+k_1\cos x+k_2\cos(2x)+k_3\cos(3x)=0.$$

分别将 $x=0,\frac{\pi}{4},\frac{\pi}{2},\pi$ 代入上式，得

$$\begin{cases}k_0+k_1+k_2+k_3=0,\\ k_0+\frac{\sqrt{2}}{2}k_1-\frac{\sqrt{2}}{2}k_3=0,\\ k_0-k_2=0,\\ k_0-k_1+k_2-k_3=0,\end{cases}$$

解得 $k_0=k_1=k_2=k_3=0$，所以 f_0,f_1,f_2,f_3 线性无关.

（2）令 $\qquad W_1=\mathscr{L}(f_0,f_1),\quad W_2=\mathscr{L}(f_2,f_3),$

则

$$W_1+W_2=\mathscr{L}(f_0,f_1,f_2,f_3),$$

$$\dim W_1+\dim W_2=2+2=4=\dim(W_1+W_2),$$

所以 W_1+W_2 是直和，即 $\mathscr{L}(f_0,f_1)+\mathscr{L}(f_2,f_3)$ 是直和.

9. 解 （1）设 A 属于特征值 3 的特征向量为

$$\boldsymbol{\alpha}_3=(x_1,x_2,x_3)'.$$

由于 A 是实对称矩阵，属于不同特征值的特征向量互相正交，所以有齐次方程组

$$\begin{cases}(-1)\cdot x_1+(-1)\cdot x_2+1\cdot x_3=0,\\ 1\cdot x_1+(-2)\cdot x_2+(-1)\cdot x_3=0.\end{cases}$$

由上述齐次方程组得基础解系 $\boldsymbol{\alpha}_3=(1,0,1)'$. 故 $\boldsymbol{\alpha}_3$ 就是 A 属于特征值 3 的

特征向量.

(2) 令

$$P=(\boldsymbol{\alpha}_1,\boldsymbol{\alpha}_2,\boldsymbol{\alpha}_3)=\begin{pmatrix}-1&1&1\\-1&-2&0\\1&-1&1\end{pmatrix},$$

所以
$$P^{-1}AP=\begin{pmatrix}1&&\\&2&\\&&3\end{pmatrix},$$

则
$$A=P\begin{pmatrix}1&&\\&2&\\&&3\end{pmatrix}P^{-1}=\frac{1}{6}\begin{pmatrix}13&-2&5\\-2&10&2\\5&2&13\end{pmatrix}.$$

10. 解　取 $\mathbf{R}^3$ 的一组基

$$\boldsymbol{\varepsilon}_1=(1,0,0),\quad \boldsymbol{\varepsilon}_2=(0,1,0),\quad \boldsymbol{\varepsilon}_3=(0,0,1),$$

由 $T(x,y,z)=(0,x,y)$ 可得

$$T(\boldsymbol{\varepsilon}_1,\boldsymbol{\varepsilon}_2,\boldsymbol{\varepsilon}_3)=(\boldsymbol{\varepsilon}_1,\boldsymbol{\varepsilon}_2,\boldsymbol{\varepsilon}_3)\begin{pmatrix}0&0&0\\1&0&0\\0&1&0\end{pmatrix}.$$

令 $A=\begin{pmatrix}0&0&0\\1&0&0\\0&1&0\end{pmatrix}$，设 T,T^2,T^3 的特征多项式分别为 $f_1(\lambda),f_2(\lambda),f_3(\lambda)$，则

$$f_1(\lambda)=|\lambda I-A|=\lambda^3,\quad f_2(\lambda)=|\lambda I-A^2|=\lambda^3,\quad f_3(\lambda)=|\lambda I-A^3|=\lambda^3.$$

11. 证　取 V 的一个基为 $\boldsymbol{\alpha}_1,\boldsymbol{\alpha}_2,\cdots,\boldsymbol{\alpha}_n$，且设 σ 在这个基下的矩阵为 A. 因 $d(x)=(f(x),m(x))$，从而存在 $u(x),v(x)\in P[x]$，使得

$$d(x)=u(x)f(x)+v(x)m(x).\qquad ①$$

设
$$f(x)=d(x)q(x),\qquad ②$$

由式②知，$f(\sigma)=d(\sigma)q(\sigma)$，所以

$$秩(d(\sigma))=秩(d(A))\geqslant 秩(f(A))=秩(f(\sigma)).\qquad ③$$

再由式①并注意 $m(A)=\mathbf{0}$，有

$$d(A)=u(A)f(A),\qquad ④$$

$$秩(d(\sigma))=秩(d(A))\leqslant 秩(f(A))=秩(f(\sigma)).\qquad ⑤$$

由式③、式⑤得
$$秩(f(\sigma))=秩(d(\sigma)).$$

12. 答 不一定是正交变换.反例如下.

设 $\mathbf{R}^2=\{(x,y)\mid x,y\in\mathbf{R}\}$,内积如通常所述.定义

$$T:\mathbf{R}^2\rightarrow\mathbf{R}^2,$$

$$T(x,y)=\left(\frac{1}{\sqrt{2}}\sqrt{x^2+y^2},\frac{1}{\sqrt{2}}\sqrt{x^2+y^2}\right),\quad (x,y)\in\mathbf{R}^2.$$

令 $\boldsymbol{\alpha}=(x,y)\in\mathbf{R}^2$,则有

$$|T\boldsymbol{\alpha}|^2=\frac{x^2+y^2}{2}+\frac{x^2+y^2}{2}=x^2+y^2=|\boldsymbol{\alpha}|^2,$$

所以 $|T\boldsymbol{\alpha}|=|\boldsymbol{\alpha}|$,$\boldsymbol{\alpha}\in V$,即保持长度不变.

但 T 不是线性变换.设 $\boldsymbol{\beta}=(2,1)$,则 $\boldsymbol{\beta}=\boldsymbol{\alpha}_1+\boldsymbol{\alpha}_2$,其中 $\boldsymbol{\alpha}_1=(1,0)$,$\boldsymbol{\alpha}_2=(1,1)$.

$$T\boldsymbol{\beta}=\left(\sqrt{\frac{5}{2}},\sqrt{\frac{5}{2}}\right),\quad T\boldsymbol{\alpha}_1=\left(\frac{1}{\sqrt{2}},\frac{1}{\sqrt{2}}\right),$$

$$T\boldsymbol{\alpha}_2=(1,1),\quad T\boldsymbol{\beta}\neq T\boldsymbol{\alpha}_1+T\boldsymbol{\alpha}_2,$$

故 T 不是正交变换.

综合练习题(四)解答

1. 证 先证充分性.设

$$f(x)=b_nx^n+\cdots+b_1x+b_0,$$

其中 $b_i(i=0,1,\cdots,n)$ 是有理数,且 $\frac{1}{\alpha}=f(\alpha)$,即

$$\frac{1}{\alpha}=b_n\alpha^n+\cdots+b_1\alpha+b_0,$$

所以
$$b_n\alpha^{n+1}+\cdots+b_1\alpha^2+b_0\alpha-1=0.$$

令 $g(x)=b_nx^{n+1}+\cdots+b_1x^2+b_0x-1$,则 $g(x)\in\mathbf{Q}[x]$,且 $g(\alpha)=0$.

再证必要性.设 α 是某一有理系数非零多项式 $h(x)$ 的根.

(1) 若 $h(x)=c_mx^m+\cdots+c_1x+c_0$,其中 $c_0\neq 0$,$c_i\in\mathbf{Q}(i=0,1,\cdots,m)$,由于

$$0=h(\alpha)=c_m\alpha^m+\cdots+c_1\alpha+c_0,$$

那么
$$\frac{1}{\alpha}=-\frac{c_m}{c_0}\alpha^{m-1}-\cdots-\frac{c_2}{c_0}\alpha-\frac{c_1}{c_0}. \qquad ①$$

令 $f(x)=-\frac{c_m}{c_0}x^{m-1}-\cdots-\frac{c_2}{c_0}x-\frac{c_1}{c_0}$,则由式①得 $\frac{1}{\alpha}=f(\alpha)$.

(2) 若 $h(x)=c_m x^m+\cdots+c_s x^s, c_s\neq 0(s\geqslant 1), c_i\in\mathbf{Q}(i=s,s+1,\cdots,m)$,则

$$0=h(\alpha)=c_m\alpha^m+\cdots+c_s\alpha^s. \quad ②$$

由于 $\alpha\neq 0$,由式②得

$$c_m\alpha^{m-s}+\cdots+c_{s+1}\alpha+c_s=0,$$

从而化为上述情况,有

$$\frac{1}{\alpha}=-\frac{c_m}{c_s}\alpha^{m-s-1}-\cdots-\frac{c_{s+2}}{c_s}-\frac{c_{s+1}}{c_s}. \quad ③$$

令

$$f(x)=-\frac{c_m}{c_s}x^{m-s-1}-\cdots-\frac{c_{s+2}}{c_s}x-\frac{c_{s+1}}{c_s},$$

那么由式③得 $\frac{1}{\alpha}=f(\alpha)$.

2. 解 加边得

$$\Delta_n=\begin{vmatrix}1&1&1&\cdots&1\\0&1+a_1&1&\cdots&1\\0&2&2+a_2&\cdots&2\\\vdots&\vdots&\vdots&&\vdots\\0&n&n&\cdots&n+a_n\end{vmatrix}=\begin{vmatrix}1&1&1&\cdots&1\\-1&a_1&0&\cdots&0\\-2&0&a_2&\cdots&0\\\vdots&\vdots&\vdots&&\vdots\\-n&0&0&\cdots&a_n\end{vmatrix}$$

$$=\begin{vmatrix}1+\frac{1}{a_1}+\cdots+\frac{n}{a_n}&1&1&\cdots&1\\0&a_1&0&\cdots&0\\0&0&a_2&\cdots&0\\\vdots&\vdots&\vdots&&\vdots\\0&0&0&\cdots&a_n\end{vmatrix}$$

$$=\left(1+\frac{1}{a_1}+\frac{1}{a_2}+\cdots+\frac{1}{a_n}\right)a_1a_2\cdots a_n.$$

3. 解 因为 $\boldsymbol{\alpha}_3=\boldsymbol{\alpha}_1+\boldsymbol{\alpha}_2$,又 $\boldsymbol{\alpha}_1,\boldsymbol{\alpha}_2$ 线性无关,从而 $\boldsymbol{\alpha}_1,\boldsymbol{\alpha}_2$ 为 W 的一个基,维 $W=2$. 所以

$$W=\mathscr{L}(\boldsymbol{\alpha}_1,\boldsymbol{\alpha}_2).$$

令

$$\mathbf{A}=\begin{pmatrix}\boldsymbol{\alpha}_1'\\\boldsymbol{\alpha}_2'\end{pmatrix}=\begin{pmatrix}1&-1&1&0\\1&1&0&1\end{pmatrix},$$

作齐次线性方程组

$$\mathbf{AX}=\mathbf{0}, \quad ①$$

即

$$\begin{cases}x_1-x_2+x_3=0,\\x_1+x_2+x_4=0,\end{cases} \quad ②$$

得基础解系为

$$\boldsymbol{\beta}_1{}'=(1,0,-1,-1),\quad \boldsymbol{\beta}_2{}'=(0,1,1,-1).$$

因为 $$\boldsymbol{A\beta}_1=\mathbf{0},\quad \boldsymbol{A\beta}_2=\mathbf{0},$$

所以 $$\boldsymbol{\alpha}_i{}'\boldsymbol{\beta}_j=\mathbf{0}\quad (i,j=1,2),$$

$$\boldsymbol{\beta}_i{}'\boldsymbol{\alpha}_j=\mathbf{0}\quad (i,j=1,2). \qquad ③$$

令 $\boldsymbol{B}=\begin{pmatrix}\boldsymbol{\beta}_1{}'\\ \boldsymbol{\beta}_2{}'\end{pmatrix}$,再作齐次方程组

$$\boldsymbol{BY}=\mathbf{0}, \qquad ④$$

即 $$\begin{cases} y_1-y_3-y_4=0,\\ y_2+y_3-y_4=0.\end{cases} \qquad ⑤$$

由式③知,$\boldsymbol{B\alpha}_i=\mathbf{0}(i=1,2)$,而秩$(\boldsymbol{B})=2$,所以$\boldsymbol{\alpha}_1,\boldsymbol{\alpha}_2$为$\boldsymbol{BY}=\mathbf{0}$的基础解系,从而$W$是$\boldsymbol{BY}=\mathbf{0}$的解空间.这就是说方程组④或方程组⑤即为所求.

4. 证 (1) $\boldsymbol{A}^2=\boldsymbol{A}\Leftrightarrow(\boldsymbol{I}-\zeta\zeta')(\boldsymbol{I}-\zeta\zeta')=\boldsymbol{I}-\zeta\zeta'$

$$\Leftrightarrow\boldsymbol{I}-2\,\zeta\zeta'+\zeta(\zeta'\zeta)\zeta'=\boldsymbol{I}-\zeta\zeta'$$

$$\Leftrightarrow\boldsymbol{I}-2\,\zeta\zeta'+(\zeta'\zeta)(\zeta\zeta')=\boldsymbol{I}-\zeta\zeta'$$

$$\Leftrightarrow(1-\zeta'\zeta)\zeta\zeta'=\mathbf{0}, \qquad ①$$

因为ζ是非零向量,所以$\zeta\zeta'\neq\mathbf{0}$,由式①得

$$\boldsymbol{A}^2=\boldsymbol{A}\Leftrightarrow1-\zeta'\zeta=0\Leftrightarrow\zeta'\zeta=1.$$

(2) 用反证法.若$\boldsymbol{A}$是可逆阵,当$\zeta'\zeta=1$时,由上面(1)得$\boldsymbol{A}^2=\boldsymbol{A}$,所以$\boldsymbol{A}=\boldsymbol{I}$.

但$\boldsymbol{A}=\boldsymbol{I}-\zeta\zeta'$,所以$\boldsymbol{I}=\boldsymbol{I}-\zeta\zeta'$,$\zeta\zeta'=\mathbf{0}$,矛盾,故$\boldsymbol{A}$是不可逆矩阵.

5. 证 (1) 因秩$(\boldsymbol{A})=r$,所以存在m阶可逆矩阵$\boldsymbol{P}$和r阶可逆矩阵$\boldsymbol{Q}$,使

$$\boldsymbol{PAQ}=\begin{pmatrix}\boldsymbol{I}_r\\ \boldsymbol{O}\end{pmatrix},$$

所以 $$\boldsymbol{PA}=\begin{pmatrix}\boldsymbol{I}_r\\ \boldsymbol{O}\end{pmatrix}\boldsymbol{Q}^{-1}=\begin{pmatrix}\boldsymbol{Q}^{-1}\\ \boldsymbol{O}\end{pmatrix},$$

其中$\boldsymbol{Q}^{-1}$为r阶方阵,即得证.

(2) 秩$(\boldsymbol{AB})=$秩$(\boldsymbol{PAB})=$秩$\left(\begin{pmatrix}\boldsymbol{Q}^{-1}\\ \boldsymbol{O}\end{pmatrix}\boldsymbol{B}\right)=$秩$(\boldsymbol{Q}^{-1}\boldsymbol{B})=$秩$(\boldsymbol{B})$.

6. 证 存在正交矩阵$\boldsymbol{T}$,使

$$T'AT=\begin{pmatrix}\lambda_1 & & & \\ & \lambda_2 & & \\ & & \ddots & \\ & & & \lambda_n\end{pmatrix},$$

其中 $\lambda_1,\lambda_2,\cdots,\lambda_n$ 为 $\boldsymbol{A}$ 的全部实特征根. 又

$$|\boldsymbol{A}|=\lambda_1\lambda_2\cdots\lambda_n,$$

因 $|\boldsymbol{A}|<0$,所以 $\lambda_1,\lambda_2,\cdots,\lambda_n$ 中至少有一个小于 0,不妨设为 $\lambda_k<0$.

令 $\boldsymbol{X}=\boldsymbol{T}\boldsymbol{\varepsilon}_k$,其中 $\boldsymbol{\varepsilon}_k$ 是第 k 个分量为 1,其余分量都为 0 的 n 维列向量,那么 $\boldsymbol{X}\neq\boldsymbol{0}$,且

$$X'AX=(0\cdots1\cdots0)T'AT\begin{pmatrix}0\\ \vdots\\ 1\\ \vdots\\ 0\end{pmatrix}=(0\cdots1\cdots0)\begin{pmatrix}\lambda_1 & & & \\ & \lambda_2 & & \\ & & \ddots & \\ & & & \lambda_n\end{pmatrix}\begin{pmatrix}0\\ \vdots\\ 1\\ \vdots\\ 0\end{pmatrix}=\lambda_k<0.$$

7. 证 (1) 设实对称矩阵 $\boldsymbol{A}$ 是正定的,那么 $|\boldsymbol{A}|>0$,所以 $\boldsymbol{A}$ 可逆,即

$$(\boldsymbol{A}^{-1})'=(\boldsymbol{A}')^{-1}=\boldsymbol{A}^{-1},$$

所以 $\boldsymbol{A}^{-1}$ 也是实对称矩阵. 设 $\boldsymbol{A}$ 的特征值为 $\lambda_1,\lambda_2,\cdots,\lambda_n$,则由 $\boldsymbol{A}$ 正定,有

$$\lambda_i>0\quad(i=1,2,\cdots,n),$$

但 $\boldsymbol{A}^{-1}$ 的全部特征值为 $\frac{1}{\lambda_i}(i=1,2,\cdots,n)$,所以

$$\frac{1}{\lambda_i}>0\quad(i=1,2,\cdots,n),$$

即 $\boldsymbol{A}^{-1}$ 为正定阵.

(2) 设 $\boldsymbol{A},\boldsymbol{B}$ 为两个 n 阶正定阵,可证 $(\boldsymbol{A}+\boldsymbol{B})'=\boldsymbol{A}+\boldsymbol{B}$,且对任意 $\boldsymbol{X}\in\mathbf{R}^{n\times1}$,$\boldsymbol{X}\neq\boldsymbol{0}$,有

$$X'(A+B)X=X'AX+X'BX>0,$$

所以 $\boldsymbol{A}+\boldsymbol{B}$ 是正定的.

8. 证 记 $\mathbf{R}[x]$ 为实系数多项式全体,已知 $\mathbf{R}[x]$ 是 $\mathbf{R}$ 上的线性空间.

因为 $0\in W$,所以 W 非空. 对任意 $f(x),g(x)\in W,k\in\mathbf{R}$,由 $f(1)=g(1)=0$,有

$$f(1)+g(1)=0,\quad kf(1)=0.$$

所以
$$f(x)+g(x)\in W,\quad kf(x)\in W,$$

从而 W 是 $\mathbf{R}[x]$的子空间,也是实数域上线性空间.

再令 $g_1(x)=x-1, g_2(x)=x^2-1, \cdots, g_n(x)=x^n-1$,由于

$$g_1(1)=g_2(1)=\cdots=g_n(1)=0,$$

且次 $g_i(x)\leqslant n(i=1,2,\cdots,n)$,所以

$$g_1(x), g_2(x), \cdots, g_n(x)\in W.$$

再证 $g_1(x), g_2(x), \cdots, g_n(x)$线性无关.设

$$k_1g_1(x)+k_2g_2(x)+\cdots+k_ng_n(x)=0, \qquad ①$$

那么 $$k_1x+k_2x^2+\cdots+k_nx^n-(k_1+k_2+\cdots+k_n)=0. \qquad ②$$

比较式②两边系数,可得

$$\begin{cases} k_1=k_2=\cdots=k_n=0, \\ k_1+k_2+\cdots+k_n=0, \end{cases}$$

所以 $g_1(x), g_2(x), \cdots, g_n(x)$线性无关.

又对任意

$$h(x)=a_nx^n+a_{n-1}x^{n-1}+\cdots+a_1x+a_0\in W,$$

有 $$0=h(1)=a_n+a_{n-1}+\cdots+a_1+a_0, \qquad ③$$

于是 $$\begin{aligned} h(x)&=a_n(x^n-1)+a_{n-1}(x^{n-1}-1)+\cdots+a_1(x-1) \\ &\quad+(a_n+a_{n-1}+\cdots+a_1+a_0) \\ &=a_ng_n(x)+a_{n-1}g_{n-1}(x)+\cdots+a_1g_1(x), \end{aligned}$$

即 $h(x)$可由 $g_1(x), g_2(x), \cdots, g_n(x)$线性表出.

综上可知,$g_1(x), g_2(x), \cdots, g_n(x)$为 W 的一个基底,且 $\dim W=n$.

9. 证 对任意 $f_1(x), f_2(x)\in E, k\in\mathbf{R}$,设用 x^2-1 除所得商和余式分别为 $q_i(x), r_i(x)(i=1,2)$,即

$$f_1(x)=q_1(x)(x^2-1)+r_1(x), \quad f_2(x)=q_2(x)(x^2-1)+r_2(x),$$

那么 $$f_1(x)+f_2(x)=[q_1(x)+q_2(x)](x^2-1)+(r_1(x)+r_2(x)),$$

所以 $$\varphi[f_1(x)+f_2(x)]=r_1(x)+r_2(x)=\varphi[f_1(x)]+\varphi[f_2(x)].$$

又因 $\varphi[kf_1(x)]=kr_1(x)=k\varphi[f_1(x)]$,所以 φ 是 E 的线性变换.

另外,由 $\varphi(P(x))=R(x)$知

$$\varphi(1)=1, \quad \varphi(x)=x, \quad \varphi(x^2)=1, \quad \varphi(x^3)=x, \quad \varphi(x^4)=1,$$

所以 $$\varphi(1,x,x^2,x^3,x^4)=(1,x,x^2,x^3,x^4)\mathbf{A},$$

其中 $$\mathbf{A}=\begin{pmatrix} 1 & 0 & 1 & 0 & 1 \\ 0 & 1 & 0 & 1 & 0 \\ 0 & 0 & 0 & 0 & 0 \\ 0 & 0 & 0 & 0 & 0 \\ 0 & 0 & 0 & 0 & 0 \end{pmatrix}.$$

10. 证　(1) $\sigma(\boldsymbol{AB})$的(s,t)元等于$\boldsymbol{AB}$的(i_s,t)元，即为

$$a_{i_s 1}b_{1t}+a_{i_s 2}b_{2t}+\cdots+a_{i_s n}b_{nt}. \quad ①$$

而$\sigma(\boldsymbol{A})\cdot\boldsymbol{B}$的$(s,t)$元也等于式①，所以$\sigma(\boldsymbol{AB})=\sigma(\boldsymbol{A})\cdot\boldsymbol{B}$.

(2) 由于$\sigma(\boldsymbol{A})$与$\boldsymbol{A}$的行的位置发生变化，所以$\boldsymbol{A}$与$\sigma(\boldsymbol{A})$不一定相似. 例如

$$\boldsymbol{A}=\begin{pmatrix}0&-1\\1&0\end{pmatrix},\quad \sigma(\boldsymbol{A})=\begin{pmatrix}1&0\\0&-1\end{pmatrix},$$

$$|\lambda\boldsymbol{I}-\boldsymbol{A}|=\begin{vmatrix}\lambda&1\\-1&\lambda\end{vmatrix}=\lambda^2+1\Rightarrow\lambda_1=\mathrm{i},\ \lambda_2=-\mathrm{i},$$

$$|\lambda\boldsymbol{I}-\sigma(\boldsymbol{A})|=\begin{vmatrix}\lambda-1&0\\0&\lambda+1\end{vmatrix}=(\lambda-1)(\lambda+1)\Rightarrow\lambda_1=1,\ \lambda_2=-1.$$

由于相似矩阵有相同特征值，而$\boldsymbol{A}$与$\sigma(\boldsymbol{A})$的特征值不同，故$\boldsymbol{A}$不相似于$\sigma(\boldsymbol{A})$.

11. 答　不一定是正交变换. 反例如下.

设$V=\mathbf{R}^2=\{(x,y)\mid x,y\in\mathbf{R}\}$，内积如通常所述. 取$V$的一个标准正交基$\boldsymbol{\varepsilon}_1=(1,0)$，$\boldsymbol{\varepsilon}_2=(0,1)$，并定义$T:\mathbf{R}^2\to\mathbf{R}^2$为

$$T(\boldsymbol{\varepsilon}_1,\boldsymbol{\varepsilon}_2)=(\boldsymbol{\varepsilon}_1,\boldsymbol{\varepsilon}_2)\boldsymbol{A}, \quad ①$$

其中$\boldsymbol{A}=\begin{pmatrix}1&1\\0&0\end{pmatrix}$. 由于$V$的全体线性变换所成集合与$\mathbf{R}^{2\times2}$是一一对应的，所以由$T(\boldsymbol{\varepsilon}_1,\boldsymbol{\varepsilon}_2)=(\boldsymbol{\varepsilon}_1,\boldsymbol{\varepsilon}_2)\boldsymbol{A}$定义的$T$是$V$的一个线性变换.

由式①知　$$T\boldsymbol{\varepsilon}_1=\boldsymbol{\varepsilon}_1,\quad T\boldsymbol{\varepsilon}_2=\boldsymbol{\varepsilon}_1, \quad ②$$

所以　$$\langle T\boldsymbol{\varepsilon}_1,T\boldsymbol{\varepsilon}_1\rangle=\langle\boldsymbol{\varepsilon}_1,\boldsymbol{\varepsilon}_1\rangle, \quad ③$$

$$\langle T\boldsymbol{\varepsilon}_2,T\boldsymbol{\varepsilon}_2\rangle=\langle\boldsymbol{\varepsilon}_1,\boldsymbol{\varepsilon}_1\rangle=1=\langle\boldsymbol{\varepsilon}_2,\boldsymbol{\varepsilon}_2\rangle. \quad ④$$

由式③、式④知　$\langle T\boldsymbol{\varepsilon}_i,T\boldsymbol{\varepsilon}_i\rangle=\langle\boldsymbol{\varepsilon}_i,\boldsymbol{\varepsilon}_i\rangle\quad(i=1,2,\cdots,n)$

成立. 但T不是正交变换，因为

$$\langle T\boldsymbol{\varepsilon}_1,T\boldsymbol{\varepsilon}_2\rangle=\langle\boldsymbol{\varepsilon}_1,\boldsymbol{\varepsilon}_1\rangle=1,$$

而　$$\langle\boldsymbol{\varepsilon}_1,\boldsymbol{\varepsilon}_2\rangle=0,\quad\langle T\boldsymbol{\varepsilon}_1,T\boldsymbol{\varepsilon}_2\rangle\neq\langle\boldsymbol{\varepsilon}_1,\boldsymbol{\varepsilon}_2\rangle,$$

即不能保持内积不变.

12. 解　因$W=\mathscr{L}(1)$，所以$\dim W^{\perp}=3$. 令

$$f_1(x)=1-2x,\quad f_2(x)=2x-3x^2,\quad f_3(x)=3x^2-4x^3,$$

先证$f_1(x),f_2(x),f_3(x)$线性无关.

令$k_1f_1(x)+k_2f_2(x)+k_3f_3(x)=0$，可得

$$k_1+2(k_2-k_1)x+3(k_3-k_2)x^2-4k_3x^3=0,$$

由此有 $k_1=k_2=k_3=0$,所以 $f_1(x),f_2(x),f_3(x)$线性无关.又

$$\langle 1,f_1(x)\rangle=\int_0^1 f_1(x)\mathrm{d}x=\int_0^1(1-2x)\mathrm{d}x=[x-x^2]_0^1=0,$$

$$\langle 1,f_2(x)\rangle=\int_0^1(2x-3x^2)\mathrm{d}x=[x^2-x^3]_0^1=0,$$

$$\langle 1,f_3(x)\rangle=\int_0^1(3x^2-4x^3)\mathrm{d}x=[x^3-x^4]_0^1=0,$$

所以
$$f_1(x),f_2(x),f_3(x)\in W^{\perp},$$

从而 $W^{\perp}=\mathscr{L}(f_1(x),f_2(x),f_3(x))$,且 $f_1(x),f_2(x),f_3(x)$ 为 $W^{\perp}$ 的一个基.

综合练习题(五)解答

1. 证一
$$(x^2+1)h(x)+(x+1)f(x)+(x-2)g(x)=0, \quad ①$$
$$(x^2+1)k(x)+(x-1)f(x)+(x+2)g(x)=0, \quad ②$$

由$(x-1)\times$式①$-(x+1)\times$式②,整理得

$$(x^2+1)[(x-1)h(x)-(x+1)k(x)]=6xg(x),$$

所以$(x^2+1)\mid 6xg(x)$.但$((x^2+1),6x)=1$,故

$$(x^2+1)\mid g(x).$$

类似地,可证
$$(x^2+1)\mid f(x).$$

证二 将 $x=i$ 代入式①、式②,得

$$\begin{cases}(i+1)f(i)+(i-2)g(i)=0,\\(i-1)f(i)+(i+2)g(i)=0,\end{cases}$$

解得 $f(i)=g(i)=0$,所以$(x-i)\mid f(x)$,$(x-i)\mid g(x)$.

类似地,将 $x=-i$ 代入,可得 $f(-i)=g(-i)=0$,所以

$$(x+i)\mid f(x),\quad (x+i)\mid g(x),$$

从而
$$(x^2+1)\mid f(x),\quad (x^2+1)\mid g(x).$$

2. 证

$$\begin{vmatrix}x&y&z\\z&x&y\\y&z&x\end{vmatrix}\cdot\begin{vmatrix}1&1&1\\1&\omega&\omega^2\\1&\omega^2&\omega\end{vmatrix}=\begin{vmatrix}x+y+z&x+\omega y+\omega^2z&x+\omega^2y+\omega z\\x+y+z&z+\omega x+\omega^2y&z+\omega^2x+\omega y\\x+y+z&y+\omega z+\omega^2x&y+\omega^2z+\omega x\end{vmatrix}$$

$$=(x+y+z)(x+\omega y+\omega^2 z)(x+\omega^2 y+\omega z)\cdot\begin{vmatrix}1&1&1\\1&\omega&\omega^2\\1&\omega^2&\omega\end{vmatrix}$$

由于 $\begin{vmatrix}1&1&1\\1&\omega&\omega^2\\1&\omega^2&\omega\end{vmatrix}\neq 0$,从上式两边消去,即得证.

3. 证 (1) 如果 $k_1=k_2=\cdots=k_m=0$,则证毕.否则,总有一个 k 不等于0.不失一般性,设 $k_1\neq 0$,那么其余的 k_i 都不能等于0.否则,若某个 $k_i=0$,则有 $\sum\limits_{j\neq i}k_j\cdot\boldsymbol{\alpha}_j=\mathbf{0}$,其中 $k_1\neq 0$,这与任意 $m-1$ 个向量线性无关的假设矛盾,从而 $k_1,k_2,\cdots,k_m$ 全不为0.

(2) 由于 $l_1\neq 0$,由(1)知,$l_1,l_2,\cdots,l_m$ 全不为0.再看 k_i,如果 $k_1=k_2=\cdots=k_m=0$,则式③(见题目编号,下同)成立.若 $k_1,k_2,\cdots,k_m$ 全不为0,则由 $l_1\times$式①$-k_1\times$式②得

$$(l_1k_2-k_1l_2)\boldsymbol{\alpha}_2+(l_1k_3-k_1l_3)\boldsymbol{\alpha}_3+\cdots+(l_1k_m-k_1l_m)\boldsymbol{\alpha}_m=0,$$

所以
$$0=l_1k_2-k_1l_2=\cdots=l_1k_m-k_1l_m,$$

于是
$$\frac{k_1}{l_1}=\frac{k_2}{l_2}=\cdots=\frac{k_m}{l_m}.$$

4. 证

(1)
$$[\boldsymbol{I}+f(\boldsymbol{A})](\boldsymbol{I}+\boldsymbol{A})=[\boldsymbol{I}+(\boldsymbol{I}-\boldsymbol{A})(\boldsymbol{I}+\boldsymbol{A})^{-1}](\boldsymbol{I}+\boldsymbol{A})$$
$$=\boldsymbol{I}+\boldsymbol{A}+\boldsymbol{I}-\boldsymbol{A}=2\boldsymbol{I}. \quad ①$$

(2)
$$f[f(\boldsymbol{A})]=[\boldsymbol{I}-f(\boldsymbol{A})][\boldsymbol{I}+f(\boldsymbol{A})]^{-1}. \quad ②$$

由式①得
$$[\boldsymbol{I}+f(\boldsymbol{A})]^{-1}=\frac{1}{2}(\boldsymbol{I}+\boldsymbol{A}), \quad ③$$

将式③代入式②,得

$$f[f(\boldsymbol{A})]=[\boldsymbol{I}-(\boldsymbol{I}-\boldsymbol{A})(\boldsymbol{I}+\boldsymbol{A})^{-1}]\cdot\frac{1}{2}(\boldsymbol{I}+\boldsymbol{A})=\frac{1}{2}[(\boldsymbol{I}+\boldsymbol{A})-(\boldsymbol{I}-\boldsymbol{A})]=\boldsymbol{A}.$$

5. 证 因

$$\begin{pmatrix}\boldsymbol{I}_s&-\boldsymbol{A}\\\boldsymbol{O}&\boldsymbol{I}_n\end{pmatrix}\begin{pmatrix}\boldsymbol{I}_s&\boldsymbol{A}\\\boldsymbol{A}'&\boldsymbol{I}_n\end{pmatrix}\begin{pmatrix}\boldsymbol{I}_s&\boldsymbol{O}\\-\boldsymbol{A}'&\boldsymbol{I}_n\end{pmatrix}=\begin{pmatrix}\boldsymbol{I}_s-\boldsymbol{A}\boldsymbol{A}'&\boldsymbol{O}\\\boldsymbol{O}&\boldsymbol{I}_n\end{pmatrix},$$

所以
$$秩\left(\begin{pmatrix}\boldsymbol{I}_s&\boldsymbol{A}\\\boldsymbol{A}'&\boldsymbol{I}_n\end{pmatrix}\right)=秩\left(\begin{pmatrix}\boldsymbol{I}_s-\boldsymbol{A}\boldsymbol{A}'&\boldsymbol{O}\\\boldsymbol{O}&\boldsymbol{I}_n\end{pmatrix}\right)=秩(\boldsymbol{I}_s-\boldsymbol{A}\boldsymbol{A}')+n. \quad ①$$

又　$$\begin{pmatrix} I_s & O \\ -A' & I_n \end{pmatrix}\begin{pmatrix} I_s & A \\ A' & I_n \end{pmatrix}\begin{pmatrix} I_s & -A \\ O & I_n \end{pmatrix}=\begin{pmatrix} I_s & O \\ O & I_n-A'A \end{pmatrix},$$

所以　$$秩\left(\begin{pmatrix} I_s & A \\ A' & I_n \end{pmatrix}\right)=秩(I_s)+秩(I_n-A'A)=s+秩(I_n-A'A). \qquad ②$$

由式②一式①可得

$$秩(I_n-A'A)-秩(I_s-AA')=n-s.$$

6. 证　设 $A\in C^{n\times n}$,若 $\overline{A'}A=I$,则称 A 为酉矩阵.

当 A 是正交矩阵时,A 必为酉矩阵.

下证酉矩阵的特征值的模等于1(从而正交矩阵的特征值的模等于1).

任取酉矩阵的一个特征值为 λ,其相应的特征向量为 α,于是

$$A\alpha=\lambda\alpha,\quad \overline{(A\alpha)}'=\overline{(\lambda\alpha)}',\quad \overline{\alpha}'\overline{A}'=\overline{\lambda\alpha}'. \qquad ①$$

后式两端分别左乘第一式两端,得

$$\overline{\alpha'A'}A\alpha=\overline{\lambda\alpha}'\lambda\alpha,$$

所以　$$\overline{\alpha}'\alpha=\overline{\lambda}\lambda\overline{\alpha}'\alpha=|\lambda|^2\overline{\alpha}'\alpha. \qquad ②$$

因 $\alpha\neq 0$,所以 $\overline{\alpha}'\alpha\neq 0$.从式②两边消去 $\overline{\alpha}'\alpha$,有

$$|\lambda|^2=1,$$

所以 $|\lambda|=1$.

7. 解

$$\begin{pmatrix} 1 & 1 & -2 & 3 & 0 \\ 2 & 1 & -6 & 4 & -1 \\ 3 & 2 & p & 7 & -1 \\ 1 & -1 & -6 & -1 & t+2 \end{pmatrix}\longrightarrow\begin{pmatrix} 1 & 1 & -2 & 3 & 0 \\ 0 & -1 & -2 & -2 & -1 \\ 0 & -1 & p+6 & -2 & -1 \\ 0 & -2 & -4 & -4 & t+2 \end{pmatrix}$$

$$\longrightarrow\begin{pmatrix} 1 & 0 & -4 & 1 & -1 \\ 0 & 1 & 2 & 2 & 1 \\ 0 & 0 & p+8 & 0 & 0 \\ 0 & 0 & 0 & 0 & t+4 \end{pmatrix}.$$

(1) 当 $t+4\neq 0$,$t\neq -4$ 时,原方程组无解.

(2) 当 $t=-4$ 时,分下列两种情况讨论.

(i) 若 $p=-8$,则原方程组有无穷多个解,其通解为

$$\begin{cases} x_1=-1+4k_1-k_2, \\ x_2=1-2k_1-2k_2, \\ x_3=k_1, \\ x_4=k_2, \end{cases}$$

其中 k_1,k_2 为任意常数.

(ii) 若 $p\neq -8$,则原方程组也有无穷多个解,其通解为

$$\begin{cases} x_1=-1-k, \\ x_2=1-2k, \\ x_3=0, \\ x_4=k, \end{cases}$$

其中 k 为任意常数.

8. 证 令

$$V_1=\mathscr{L}(\boldsymbol{\alpha}_1,\boldsymbol{\alpha}_2,\cdots,\boldsymbol{\alpha}_s),\quad V_2=\mathscr{L}(\boldsymbol{\beta}_1,\boldsymbol{\beta}_2,\cdots,\boldsymbol{\beta}_t),$$

由假设知 $$\dim V_1=s,\quad \dim V_2=t,$$

$$V_1+V_2=\mathscr{L}(\boldsymbol{\alpha}_1,\boldsymbol{\alpha}_2,\cdots,\boldsymbol{\alpha}_s,\boldsymbol{\beta}_1,\boldsymbol{\beta}_2,\cdots,\boldsymbol{\beta}_t),$$

$$\dim(V_1+V_2)=\text{秩}\{\boldsymbol{\alpha}_1,\boldsymbol{\alpha}_2,\cdots,\boldsymbol{\alpha}_s,\boldsymbol{\beta}_1,\boldsymbol{\beta}_2,\cdots,\boldsymbol{\beta}_t\}. \qquad ①$$

由维数公式有

$$\begin{aligned}\dim(V_1\cap V_2)&=\dim V_1+\dim V_2-\dim(V_1+V_2)\\&=s+t-\text{秩}((\boldsymbol{\alpha}_1,\boldsymbol{\alpha}_2,\cdots,\boldsymbol{\alpha}_s,\boldsymbol{\beta}_1,\boldsymbol{\beta}_2,\cdots,\boldsymbol{\beta}_t)). \qquad ②\end{aligned}$$

再设齐次方程组 $\boldsymbol{\alpha}_1x_1+\cdots+\boldsymbol{\alpha}_sx_s+\boldsymbol{\beta}_1y_1+\cdots+\boldsymbol{\beta}_ty_t=\mathbf{0}$ 的解空间为 V_3,则

$$\dim V_3=s+t-\text{秩}((\boldsymbol{\alpha}_1,\boldsymbol{\alpha}_2,\cdots,\boldsymbol{\alpha}_s,\boldsymbol{\beta}_1,\boldsymbol{\beta}_2,\cdots,\boldsymbol{\beta}_t)). \qquad ③$$

由式②、式③证得 $$\dim V_3=\dim V_1\cap V_2.$$

9. 证 (1) 由假设知

$$\boldsymbol{A}\begin{pmatrix}1\\1\\\vdots\\1\end{pmatrix}=a\begin{pmatrix}1\\1\\\vdots\\1\end{pmatrix}, \qquad ①$$

因此 a 为 $\boldsymbol{A}$ 的特征值.

(2) 由式①知,对任意自然数,有

$$\boldsymbol{A}^m\begin{pmatrix}1\\1\\\vdots\\1\end{pmatrix}=a^m\begin{pmatrix}1\\1\\\vdots\\1\end{pmatrix}, \qquad ②$$

由式②知,$\boldsymbol{A}^m$ 的每行元素之和为 a^m.

10. 证 设 $$\dim N=t,\quad \dim T=n-t.$$

(1) 若 $t=0$,则 $N=\{\mathbf{0}\}$,这时规定 $\mathscr{A}=\iota$(恒等变换)即可.

(2) 若 $t=n$,则 $\mathscr{A}V=\{\mathbf{0}\}$,这时规定 $\mathscr{A}=\theta$(零变换)即可.

(3) 若 $0<t<n$,令

$$N=\mathscr{L}(\boldsymbol{\alpha}_1,\boldsymbol{\alpha}_2,\cdots,\boldsymbol{\alpha}_t),$$

其中 $\boldsymbol{\alpha}_1,\boldsymbol{\alpha}_2,\cdots,\boldsymbol{\alpha}_t$ 为 N 的一个基;令

$$T=\mathscr{L}(\boldsymbol{\beta}_{t+1},\boldsymbol{\beta}_{t+2},\cdots,\boldsymbol{\beta}_n),$$

其中 $\boldsymbol{\beta}_{t+1},\boldsymbol{\beta}_{t+2},\cdots,\boldsymbol{\beta}_n$ 为 T 的一个基.

现将 $\boldsymbol{\alpha}_1,\boldsymbol{\alpha}_2,\cdots,\boldsymbol{\alpha}_t$ 扩大为 V 的一个基 $\boldsymbol{\alpha}_1,\cdots,\boldsymbol{\alpha}_t,\boldsymbol{\alpha}_{t+1},\cdots,\boldsymbol{\alpha}_n$,那么存在唯一的线性变换 $\mathscr{A}$,使

$$\mathscr{A}\boldsymbol{\alpha}_i=\begin{cases}\mathbf{0} & (i=1,2,\cdots,t),\\ \boldsymbol{\beta}_i & (i=t+1,t+2,\cdots,n).\end{cases} \quad ①$$

由式①不难看出 $\mathscr{A}^{-1}(\mathbf{0})=\mathscr{L}(\boldsymbol{\alpha}_1,\boldsymbol{\alpha}_2,\cdots,\boldsymbol{\alpha}_t)=N,$

$$\mathscr{A}V=\mathscr{L}(\boldsymbol{\beta}_{t+1},\boldsymbol{\beta}_{t+2},\cdots,\boldsymbol{\beta}_n)=T.$$

11. 解 因 $f(\lambda)=|\lambda\mathbf{I}-\mathbf{A}|=\lambda^3-2\lambda^2-3,$

所以

$$\mathbf{A}^3-2\mathbf{A}^2-3\mathbf{I}=\mathbf{O},$$

$$\mathbf{A}\left[\frac{1}{3}(\mathbf{A}^2-2\mathbf{A})\right]=\mathbf{I},$$

$$\mathbf{A}^{-1}=\frac{1}{3}(\mathbf{A}^2-2\mathbf{A})=\frac{1}{3}\begin{pmatrix}0&1&1\\0&1&-2\\-3&2&-1\end{pmatrix}.$$

12. 证 设 $\dim V_1=s,\dim V_2=t$,且 $s<t$,那么

$$\dim V_1^{\perp}=n-s.$$

令 $V_3=V_2\cap V_1^{\perp}$,则

$$\dim(V_2+V_1^{\perp})=\dim V_2+\dim V_1^{\perp}-\dim(V_2\cap V_1^{\perp})=t+(n-s)-\dim V_3. \quad ①$$

但

$$\dim(V_2+V_1^{\perp})\leqslant\dim V=n, \quad ②$$

由式①、式②得 $t+(n-s)-\dim V_3\leqslant n$,所以

$$\dim V_3\geqslant t-s>0.$$

因此 $V_2\cap V_1^{\perp}\neq\{\mathbf{0}\}$,从而存在非零向量 $\boldsymbol{\alpha}\in V_2\cap V_1^{\perp}$,即存在非零向量 $\boldsymbol{\alpha}\in V_2$ 正交于 V_1 中一切向量.

综合练习题(六)解答

1. 证 用反证法.若 $f(x)=g(x)\cdot h(x)$,其中 $g(x),h(x)$都是次数大

于零的整系数多项式，那么

$$g(a_i)h(a_i)=f(a_i)=-1\quad(i=1,2,\cdots,n).\tag{①}$$

由于 $g(a_i),h(a_i)$ 都是整数，由式①知，$g(a_i),h(a_i)$ 都只能等于 ±1，且两者反号. 于是有

$$g(a_i)+h(a_i)=0\quad(i=1,2,\cdots,n).\tag{②}$$

现令 $F(x)=g(x)+h(x)$，那么 $F(x)=0$ 或者 $\partial(F(x))<n$.

当 $\partial(F(x))<n$ 时，由式②得

$$F(a_i)=0\quad(i=1,2,\cdots,n),$$

矛盾. 所以 $F(x)=0$，从而 $g(x)=-h(x)$，故

$$f(x)=g(x)h(x)=-h^2(x).\tag{③}$$

但 $f(x)$ 的首项系数为 1，而 $-h^2(x)$ 的首项系数为负数，这与式③矛盾，从而问题得证.

2. 证　在式①(见题目编号，下同)右端第 2 行列式中，只要将第 2 行和第 3 行的 -1 倍统统加到第 4 行可得行列等于 0. 在式①右端第 1 行列式中，第 2 行提出 z，第 3 行提出 x，第 4 行提出 y，有

$$\begin{vmatrix}0&1&1&1\\1&0&z^2&y^2\\1&z^2&0&x^2\\1&y^2&x^2&0\end{vmatrix}=xyz\begin{vmatrix}0&1&1&1\\\frac{1}{z}&0&z&\frac{y^2}{z}\\\frac{1}{x}&\frac{z^2}{x}&0&x\\\frac{1}{y}&y&\frac{x^2}{y}&0\end{vmatrix}=\begin{vmatrix}0&x&y&z\\\frac{1}{z}&0&yz&y^2\\\frac{1}{x}&z^2&0&xz\\\frac{1}{y}&xy&x^2&0\end{vmatrix}$$

$$=xyz\begin{vmatrix}0&x&y&z\\\frac{1}{yz}&0&z&y\\\frac{1}{xz}&z&0&x\\\frac{1}{xy}&y&x&0\end{vmatrix}=\begin{vmatrix}0&x&y&z\\x&0&z&y\\y&z&0&x\\z&y&x&0\end{vmatrix}.$$

于是式①得证.

3. 证　先证必要性. 若

$$\boldsymbol{\beta}=l_1\boldsymbol{\alpha}_1+l_2\boldsymbol{\alpha}_2+\cdots+l_r\boldsymbol{\alpha}_r,\tag{①}$$

且表示法唯一.

用反证法. 若 $\boldsymbol{\alpha}_1,\boldsymbol{\alpha}_2,\cdots,\boldsymbol{\alpha}_r$ 线性相关，则存在一组不全为零的数 k_1，

$k_2,\cdots,k_r$(不失一般性,$k_j\neq 0$),使

$$\mathbf{0}=k_1\boldsymbol{\alpha}_1+k_2\boldsymbol{\alpha}_2+\cdots+k_r\boldsymbol{\alpha}_r, \qquad ②$$

由式①+式②得

$$\boldsymbol{\beta}=(k_1+l_1)\boldsymbol{\alpha}_1+(k_2+l_2)\boldsymbol{\alpha}_2+\cdots+(k_r+l_r)\boldsymbol{\alpha}_r, \qquad ③$$

那么必存在 k_j,使 $k_j+l_j\neq l_j$,因此,式①、式③是 $\boldsymbol{\beta}$ 的两种表示法,与假设矛盾.所以 $\boldsymbol{\alpha}_1,\boldsymbol{\alpha}_2,\cdots,\boldsymbol{\alpha}_r$ 线性无关.

再证充分性.设 $\boldsymbol{\alpha}_1,\boldsymbol{\alpha}_2,\cdots,\boldsymbol{\alpha}_r$ 线性无关,$\boldsymbol{\beta}$ 的一种表示法如式①所示,此外若 $\boldsymbol{\beta}$ 还有一种表示法为

$$\boldsymbol{\beta}=s_1\boldsymbol{\alpha}_1+s_2\boldsymbol{\alpha}_2+\cdots+s_r\boldsymbol{\alpha}_r, \qquad ④$$

那么由式①-式④得

$$\mathbf{0}=(l_1-s_1)\boldsymbol{\alpha}_1+(l_2-s_2)\boldsymbol{\alpha}_2+\cdots+(l_r-s_r)\boldsymbol{\alpha}_r,$$

但 $\boldsymbol{\alpha}_1,\boldsymbol{\alpha}_2,\cdots,\boldsymbol{\alpha}_r$ 线性无关,所以

$$l_i-s_i=0 \quad (i=1,2,\cdots,r),$$

即 $s_i=l_i(i=1,2,\cdots,r)$,故表示法唯一.

4. 解 因
$$\begin{aligned}\boldsymbol{B}&=\boldsymbol{A}^2-2\boldsymbol{A}+2\boldsymbol{I}=\boldsymbol{A}^2-2\boldsymbol{A}+\boldsymbol{A}^3\\&=\boldsymbol{A}(\boldsymbol{A}+2\boldsymbol{I})(\boldsymbol{A}-\boldsymbol{I}),\end{aligned}$$

所以
$$\boldsymbol{B}^{-1}=(\boldsymbol{A}-\boldsymbol{I})^{-1}(\boldsymbol{A}+2\boldsymbol{I})^{-1}\boldsymbol{A}^{-1}. \qquad ①$$

由 $\boldsymbol{A}^3=2\boldsymbol{I}$,有
$$\boldsymbol{A}\left(\frac{1}{2}\boldsymbol{A}^2\right)=\boldsymbol{I}, \quad \boldsymbol{A}^{-1}=\frac{1}{2}\boldsymbol{A}^2; \qquad ②$$

仍由 $\boldsymbol{A}^3=2\boldsymbol{I}$,有 $\boldsymbol{A}^3+8\boldsymbol{I}=10\boldsymbol{I}$,即

$$(\boldsymbol{A}+2\boldsymbol{I})(\boldsymbol{A}^2-2\boldsymbol{A}+4\boldsymbol{I})=10\boldsymbol{I},$$

所以
$$(\boldsymbol{A}+2\boldsymbol{I})^{-1}=\frac{1}{10}(\boldsymbol{A}^2-2\boldsymbol{A}+4\boldsymbol{I}). \qquad ③$$

再由 $\boldsymbol{A}^3=2\boldsymbol{I}$,有 $\boldsymbol{A}^3-\boldsymbol{I}=\boldsymbol{I}$,即

$$(\boldsymbol{A}-\boldsymbol{I})(\boldsymbol{A}^2+\boldsymbol{A}+\boldsymbol{I})=\boldsymbol{I},$$

所以
$$(\boldsymbol{A}-\boldsymbol{I})^{-1}=\boldsymbol{A}^2+\boldsymbol{A}+\boldsymbol{I}. \qquad ④$$

将式②、式③、式④统统代入式①,并利用 $\boldsymbol{A}^3=2\boldsymbol{I}$ 化简,可得

$$\boldsymbol{B}^{-1}=\frac{1}{10}(\boldsymbol{A}^2+3\boldsymbol{A}+4\boldsymbol{I}).$$

5. 证 (1) 当 $\boldsymbol{A}$ 可逆时,有

$$\begin{pmatrix}\boldsymbol{I} & \boldsymbol{O}\\ -\boldsymbol{C}\boldsymbol{A}^{-1} & \boldsymbol{I}\end{pmatrix}\begin{pmatrix}\boldsymbol{A} & \boldsymbol{B}\\ \boldsymbol{C} & \boldsymbol{D}\end{pmatrix}=\begin{pmatrix}\boldsymbol{A} & \boldsymbol{B}\\ \boldsymbol{O} & \boldsymbol{D}-\boldsymbol{C}\boldsymbol{A}^{-1}\boldsymbol{B}\end{pmatrix}, \qquad ①$$

式①两边取行列式,得

$$\begin{vmatrix} \boldsymbol{A} & \boldsymbol{B} \\ \boldsymbol{C} & \boldsymbol{D} \end{vmatrix} = |\boldsymbol{A}| \cdot |\boldsymbol{D}-\boldsymbol{C}\boldsymbol{A}^{-1}\boldsymbol{B}| = |\boldsymbol{A}(\boldsymbol{D}-\boldsymbol{C}\boldsymbol{A}^{-1}\boldsymbol{B})| = |\boldsymbol{A}\boldsymbol{D}-\boldsymbol{A}\boldsymbol{C}\boldsymbol{A}^{-1}\boldsymbol{B}|$$

$$= |\boldsymbol{A}\boldsymbol{D}-\boldsymbol{C}\boldsymbol{A}\boldsymbol{A}^{-1}\boldsymbol{B}| = |\boldsymbol{A}\boldsymbol{D}-\boldsymbol{C}\boldsymbol{B}|.$$

(2) 当 $\boldsymbol{A}$ 不可逆(即 $|\boldsymbol{A}|=0$)时,由于 $\boldsymbol{A}$ 至多有 n 个不同特征值,从而存在 λ,使 $|(-\lambda)\boldsymbol{I}-\boldsymbol{A}|\neq 0$,即 $|\lambda\boldsymbol{I}+\boldsymbol{A}|\neq 0$,那么由 $\boldsymbol{AC}=\boldsymbol{CA}$,从而得 $(\boldsymbol{A}+\lambda\boldsymbol{I})\boldsymbol{C}=\boldsymbol{C}(\boldsymbol{A}+\lambda\boldsymbol{I})$,再由(1)有

$$\begin{vmatrix} \boldsymbol{A}+\lambda\boldsymbol{I} & \boldsymbol{B} \\ \boldsymbol{C} & \boldsymbol{D} \end{vmatrix} = |(\boldsymbol{A}+\lambda\boldsymbol{I})\boldsymbol{D}-\boldsymbol{C}\boldsymbol{B}|. \qquad ②$$

式②两端都是关于 λ 的有限次多项式,由于有无穷多个 λ 使上式成立,所以式②是 λ 的恒等式.再令 $\lambda=0$ 并代入式②,得

$$\begin{vmatrix} \boldsymbol{A} & \boldsymbol{B} \\ \boldsymbol{C} & \boldsymbol{D} \end{vmatrix} = |\boldsymbol{A}\boldsymbol{D}-\boldsymbol{C}\boldsymbol{B}|.$$

6. 证 因 $\boldsymbol{A}$ 是正交矩阵,所以 $|\boldsymbol{A}|=\pm 1$,且 $\boldsymbol{A}^{-1}=\boldsymbol{A}'$.于是

$$\boldsymbol{A}^* = |\boldsymbol{A}|\boldsymbol{A}^{-1} = \pm\boldsymbol{A}^{-1} = \pm\boldsymbol{A}'. \qquad ①$$

当 $|\boldsymbol{A}|=1$ 时, $A_{ij}=a_{ij} \quad (i,j=1,2,\cdots,n).$

当 $|\boldsymbol{A}|=-1$ 时, $A_{ij}=-a_{ij} \quad (i,j=1,2,\cdots,n).$

所以 $A_{ij}=\pm a_{ij} \quad (i,j=1,2,\cdots,n).$

7. 解 方程组的系数行列式 $\Delta=(\lambda-1)(5\lambda+4)$.

(1) 当 $\lambda\neq 1$ 且 $\lambda\neq -\dfrac{4}{5}$ 时,方程组有唯一解.

(2) 当 $\lambda=-\dfrac{4}{5}$ 时,原方程组可变为

$$\begin{cases} 10x_1-4x_2-5x_3=5, \\ 4x_1+5x_2-5x_3=-10, \\ 4x_1+5x_2-5x_3=-1. \end{cases}$$

由后两个方程知,原方程组无解.

(3) 当 $\lambda=1$ 时,原方程组的增广矩阵为

$$\overline{\boldsymbol{A}} = \begin{pmatrix} 2 & 1 & -1 & 1 \\ 1 & -1 & 1 & 2 \\ 4 & 5 & -5 & -1 \end{pmatrix} \longrightarrow \begin{pmatrix} 1 & -1 & 1 & 2 \\ 2 & 1 & -1 & 1 \\ 4 & 3 & -5 & -1 \end{pmatrix}$$

$$\longrightarrow \begin{pmatrix} 1 & -1 & 1 & 2 \\ 0 & 3 & -3 & -3 \\ 0 & 9 & -9 & -9 \end{pmatrix} \longrightarrow \begin{pmatrix} 1 & -1 & 1 & 2 \\ 0 & 1 & -1 & -1 \\ 0 & 0 & 0 & 0 \end{pmatrix}$$

$$\longrightarrow\begin{pmatrix}1&0&0&-1\\0&1&-1&-1\\0&0&0&0\end{pmatrix},$$

所以秩$(\mathbf{A})=$秩$(\overline{\mathbf{A}})=2<3$,故原方程组有无穷多解,其通解为

$$\begin{cases}x_1=-1,\\x_2=k-1,\\x_3=k,\end{cases}$$

其中 k 为任意常数.

8. 证 一般 $S_1\cup S_2$ 与 S_1+S_2 不等,但在本题假设下,可证

$$S_1\cup S_2=S_1+S_2. \quad ①$$

任取 $\boldsymbol{\alpha}\in S_1\cup S_2$,$\boldsymbol{\alpha}\in S_1$ 或 $\boldsymbol{\alpha}\in S_2$,都有 $\boldsymbol{\alpha}\in S_1+S_2$,由此有

$$S_1\cup S_2\subseteq S_1+S_2. \quad ②$$

又任取 $\boldsymbol{\beta}\in S_1+S_2$,则 $\boldsymbol{\beta}=\boldsymbol{\beta}_1+\boldsymbol{\beta}_2$,其中 $\boldsymbol{\beta}_1\in S_1$,$\boldsymbol{\beta}_2\in S_2$,所以

$$\boldsymbol{\beta}_1,\boldsymbol{\beta}_2\in S_1\cup S_2.$$

因为 $S_1\cup S_2$ 是子空间,所以 $\boldsymbol{\beta}=\boldsymbol{\beta}_1+\boldsymbol{\beta}_2\in S_1\cup S_2$,于是

$$S_1+S_2\subseteq S_1\cup S_2. \quad ③$$

由式②、式③即证明了式①.

再用反证法讨论 S_1 与 S_2 的包含关系.

若 S_1 与 S_2 互不包含,则存在 $\boldsymbol{\alpha}_1,\boldsymbol{\alpha}_2$,使得

$$\begin{cases}\boldsymbol{\alpha}_1\in S_1,\\\boldsymbol{\alpha}_1\notin S_2\end{cases}\quad 且\quad\begin{cases}\boldsymbol{\alpha}_2\notin S_1,\\\boldsymbol{\alpha}_2\in S_2,\end{cases}$$

那么

$$\boldsymbol{\alpha}_1+\boldsymbol{\alpha}_2\in S_1+S_2=S_1\cup S_2. \quad ④$$

但另一方面,若 $\boldsymbol{\alpha}_1+\boldsymbol{\alpha}_2\in S_1$,则有

$$\boldsymbol{\alpha}_2=\boldsymbol{\alpha}_1+\boldsymbol{\alpha}_2-\boldsymbol{\alpha}_1\in S_1,$$

这不可能,故 $\boldsymbol{\alpha}_1+\boldsymbol{\alpha}_2\notin S_1$.同样,若 $\boldsymbol{\alpha}_1+\boldsymbol{\alpha}_2\in S_2$,则有

$$\boldsymbol{\alpha}_1=\boldsymbol{\alpha}_1+\boldsymbol{\alpha}_2-\boldsymbol{\alpha}_2\in S_2,$$

也不可能,故 $\boldsymbol{\alpha}_1+\boldsymbol{\alpha}_2\notin S_2$.因此

$$\boldsymbol{\alpha}_1+\boldsymbol{\alpha}_2\notin S_1\cup S_2. \quad ⑤$$

由式④、式⑤的矛盾可知,$S_1\subseteq S_2$ 或 $S_2\subseteq S_1$.

9. 证 设 $\qquad f(x)=a_mx^m+\cdots+a_1x+a_0,$

其中 $a_0\neq0$,使 $\qquad \mathbf{0}=f(\mathbf{A})=a_m\mathbf{A}^m+\cdots+a_1\mathbf{A}+a_0\boldsymbol{I},$

由上式知 $\qquad |\mathbf{A}|\cdot|a_m\mathbf{A}^{m-1}+\cdots+a_2\mathbf{A}+a_1\boldsymbol{I}|=(-a_0)^n\neq0,$

所以$|\boldsymbol{A}|\neq 0$.

再设$\lambda_1,\lambda_2,\cdots,\lambda_n$为$\boldsymbol{A}$的全部特征值,则$\lambda_1\lambda_2\cdots\lambda_n=|\boldsymbol{A}|\neq 0$,所以$\lambda_i\neq 0$ $(i=1,2,\cdots,n)$.

10. 解一　取$\mathbf{R}^{2\times 2}$的一组基

$$\boldsymbol{E}_{11}=\begin{pmatrix}1&0\\0&0\end{pmatrix},\quad \boldsymbol{E}_{12}=\begin{pmatrix}0&1\\0&0\end{pmatrix},\quad \boldsymbol{E}_{21}=\begin{pmatrix}0&0\\1&0\end{pmatrix},\quad \boldsymbol{E}_{22}=\begin{pmatrix}0&0\\0&1\end{pmatrix},$$

则由式①(见题目编号)可求得

$$F(\boldsymbol{E}_{11}\boldsymbol{E}_{12}\boldsymbol{E}_{21}\boldsymbol{E}_{22})=(\boldsymbol{E}_{11}\boldsymbol{E}_{12}\boldsymbol{E}_{21}\boldsymbol{E}_{22})\boldsymbol{B}, \tag{②}$$

其中

$$\boldsymbol{B}=\begin{pmatrix}0&0&-2&0\\2&2&0&-2\\0&0&-2&0\\0&0&2&0\end{pmatrix}.$$

令$\boldsymbol{BX}=\boldsymbol{0}$,得其基础解系为

$$\boldsymbol{\alpha}_1=(1,0,0,1)',\quad \boldsymbol{\alpha}_2=(0,1,0,1)'.$$

再令

$$\boldsymbol{B}_1=(\boldsymbol{E}_{11}\boldsymbol{E}_{12}\boldsymbol{E}_{21}\boldsymbol{E}_{22})\boldsymbol{\alpha}_1=\boldsymbol{E}_{11}+\boldsymbol{E}_{22}=\begin{pmatrix}1&0\\0&1\end{pmatrix},$$

$$\boldsymbol{B}_2=(\boldsymbol{E}_{11}\boldsymbol{E}_{12}\boldsymbol{E}_{21}\boldsymbol{E}_{22})\boldsymbol{\alpha}_2=\boldsymbol{E}_{12}+\boldsymbol{E}_{22}=\begin{pmatrix}0&1\\0&1\end{pmatrix},$$

则

$$\mathrm{Ker}(F)=\mathscr{L}(\boldsymbol{B}_1,\boldsymbol{B}_2),$$

所以$\dim\mathrm{Ker}(F)=2$,且$\boldsymbol{B}_1,\boldsymbol{B}_2$为$\mathrm{Ker}(F)$的一组基.

解二　设$\begin{pmatrix}x_1&x_2\\x_3&x_4\end{pmatrix}\in\mathrm{Ker}F$,则

$$\begin{pmatrix}0&0\\0&0\end{pmatrix}=F\left(\begin{pmatrix}x_1&x_2\\x_3&x_4\end{pmatrix}\right)=\begin{pmatrix}x_1&x_2\\x_3&x_4\end{pmatrix}\begin{pmatrix}1&2\\0&3\end{pmatrix}-\begin{pmatrix}1&2\\0&3\end{pmatrix}\begin{pmatrix}x_1&x_2\\x_3&x_4\end{pmatrix}, \tag{③}$$

由式③可得

$$\begin{cases}x_3=0,\\x_1+x_2-x_4=0,\end{cases} \tag{④}$$

由式④得其基础解系为

$$\boldsymbol{\alpha}_1=(1,0,0,1)',\quad \boldsymbol{\alpha}_2=(0,1,0,1)'.$$

同理,得

$$\boldsymbol{B}_1=\begin{pmatrix}1&0\\0&1\end{pmatrix},\quad \boldsymbol{B}_2=\begin{pmatrix}0&1\\0&1\end{pmatrix},$$

$$\mathrm{Ker}(F)=\mathscr{L}(\boldsymbol{B}_1,\boldsymbol{B}_2),\quad \dim\mathrm{Ker}(F)=2,$$

且 $\boldsymbol{B}_1,\boldsymbol{B}_2$ 为 Ker(F)的一组基.

11. 证 由已知条件知,$\boldsymbol{A}$ 有零化多项式 $g(\lambda)=\lambda^m-\lambda$,而$(g(\lambda),g'(\lambda))=1$,所以 $\boldsymbol{A}$ 相似于一个对角阵.

在实数域上,结论不一定成立.例如,

$$\boldsymbol{A}=\begin{pmatrix}0&-1&0&0&0\\1&0&0&0&0\\0&0&0&0&0\\0&0&0&0&0\\0&0&0&0&0\end{pmatrix},$$

则 $\boldsymbol{A}^5=\boldsymbol{A}$,但

$$|\lambda\boldsymbol{I}-\boldsymbol{A}|=(\lambda^2+1)\lambda^3.$$

而 $\boldsymbol{A}$ 在实数域上相似于对角阵,必须有 5 个实特征根,但由上式知 $\boldsymbol{A}$ 只有 3 个实特征根,故 $\boldsymbol{A}$ 在实数域上不能相似于一个对角阵.

12. 解 $$V^{\perp}=\{\boldsymbol{\beta}\,|\,\boldsymbol{\beta}\in\mathbf{R}^n,\langle\boldsymbol{\beta},\boldsymbol{\alpha}\rangle=0\}.$$

令 $\boldsymbol{\beta}=(x_1,x_2,\cdots,x_n)$,则问题化为求方程组

$$a_{11}x_1+a_{12}x_2+\cdots+a_{1n}x_n=0 \qquad ①$$

的基础解系.

因 $\boldsymbol{A}$ 可逆,$\boldsymbol{\alpha}\neq\boldsymbol{0}$,不妨设 $a_{1k}\neq0(1\leqslant k\leqslant n)$,则式①的基础解系为

$$\begin{cases}\boldsymbol{\beta}_1=\left(1,0,\cdots,-\dfrac{a_{11}}{a_{1k}},0,\cdots,0\right),\\ \boldsymbol{\beta}_2=\left(0,1,\cdots,-\dfrac{a_{12}}{a_{1k}},0,\cdots,0\right),\\ \quad\vdots\\ \boldsymbol{\beta}_{n-1}=\left(0,\cdots,0,-\dfrac{a_{1n}}{a_{1k}},0,\cdots,0,1\right),\end{cases} \qquad ②$$

所以 $$V^{\perp}=\mathscr{L}(\boldsymbol{\beta}_1,\boldsymbol{\beta}_2,\cdots,\boldsymbol{\beta}_{n-1}),\quad \dim V^{\perp}=n-1.$$

综合练习题(七)解答

1. 证 令 $x=y+1$,则

$$g(y)=f(y+1)=a(y+1)^p+p(y+1)+1$$

$$=(ay^p+a\binom{p}{1}y^{p-1}+\cdots+a\binom{p}{p-1}y+a)+py+p+1$$

$$=ay^p+p(ay^{p-1}+\cdots+ay+y)+(a+p+1)$$
$$=b_py^p+b_{p-1}y^{p-1}+\cdots+b_1y+b_0,$$

其中 $b_p=a,b_{p-1}=ap,\cdots,b_1=(a+1)p,b_0=(a+1)+p.$

注意:(1) $p\mid b_{p-1},\cdots,b_1,b_0$;

(2) $p\nmid b_p$,否则,$p\mid b_p$,即 $p\mid a$,

$$a=ps. \quad ①$$

又 $$p^2\mid(a+1),$$
$$a+1=p^2t. \quad ②$$

由式②－式①得 $1=p^2t-ps=p(pt-s)$,矛盾.

(3) $p^2\nmid b_0$. 否则 $p^2\mid b_0$,即 $p^2\mid(a+1)+p$,因 $p^2\mid(a+1)$,所以 $p^2\mid p$,矛盾.

由艾森斯坦因判别法知,$g(y)$在 **Q** 上不可约. 但 $g(y)$与 $f(x)$在 **Q** 上有相同的可约性,所以 $f(x)$在有理数域上不可约.

2. 答 (B). 因为将原行列式的第 1 列乘－1 分别加到其他 3 列上,得

$$f(x)=\begin{vmatrix} x-2 & 1 & 0 & -1\\ 2x-2 & 1 & 0 & -1\\ 3x-3 & 1 & x-2 & -2\\ 4x & -3 & x-7 & -3\end{vmatrix}=\begin{vmatrix} x-2 & 1 & 0 & 0\\ 2x-2 & 1 & 0 & 0\\ 3x-3 & 1 & x-2 & -1\\ 4x & -3 & x-7 & -6\end{vmatrix}$$
$$=\begin{vmatrix} x-2 & 1\\ 2x-2 & 1\end{vmatrix}\cdot\begin{vmatrix} x-2 & -1\\ x-7 & -6\end{vmatrix}=5x(x-1).$$

所以 $f(x)$有两个根 $x_1=0,x_2=1$,故选(B).

3. 解 因 $$|\boldsymbol{\alpha}_1\quad\boldsymbol{\alpha}_2\quad\boldsymbol{\alpha}_3|=\begin{vmatrix} 1 & 3 & 9\\ 2 & 0 & 6\\ -3 & 1 & -7\end{vmatrix}=0,$$

所以 $\boldsymbol{\alpha}_1,\boldsymbol{\alpha}_2,\boldsymbol{\alpha}_3$ 线性相关,但 $\boldsymbol{\alpha}_1,\boldsymbol{\alpha}_2$ 线性无关,所以秩$((\boldsymbol{\alpha}_1,\boldsymbol{\alpha}_2,\boldsymbol{\alpha}_3))=2$,于是秩$((\boldsymbol{\beta}_1,\boldsymbol{\beta}_2,\boldsymbol{\beta}_3))=2$,即 $\boldsymbol{\beta}_1,\boldsymbol{\beta}_2,\boldsymbol{\beta}_3$ 线性相关.

由 $$0=|\boldsymbol{\beta}_1\quad\boldsymbol{\beta}_2\quad\boldsymbol{\beta}_3|=\begin{vmatrix} 0 & a & b\\ 1 & 2 & 1\\ -1 & 1 & 0\end{vmatrix}=3b-a,$$

得 $$a=3b. \quad ①$$

其次,$\boldsymbol{\beta}_3$ 可由 $\boldsymbol{\alpha}_1,\boldsymbol{\alpha}_2,\boldsymbol{\alpha}_3$ 线性表出,$\boldsymbol{\alpha}_1,\boldsymbol{\alpha}_2$ 是 $\boldsymbol{\alpha}_1,\boldsymbol{\alpha}_2,\boldsymbol{\alpha}_3$ 的一个极大线性无关组,所以 $\boldsymbol{\beta}_3$ 可由 $\boldsymbol{\alpha}_1,\boldsymbol{\alpha}_2$ 线性表出,$\boldsymbol{\alpha}_1,\boldsymbol{\alpha}_2,\boldsymbol{\beta}_3$ 线性相关.

由于 $$0=|\boldsymbol{\alpha}_1\quad \boldsymbol{\alpha}_2\quad \boldsymbol{\beta}_3|=\begin{vmatrix}1&3&b\\-2&0&1\\3&1&0\end{vmatrix}=-2b+8,$$

所以 $b=4$. 代入式①，得 $a=12$. 故有 $a=12,b=4$.

4. 证 用反证法. 若存在 n 阶正交矩阵 $\boldsymbol{A},\boldsymbol{B}$，使

$$\boldsymbol{A}^2=\boldsymbol{AB}+\boldsymbol{B}^2, \quad ①$$

那么，由式①得 $$\boldsymbol{A}+\boldsymbol{B}=\boldsymbol{A}^2\boldsymbol{B}^{-1}, \quad ②$$

$$\boldsymbol{A}(\boldsymbol{A}-\boldsymbol{B})=\boldsymbol{B}^2,$$

所以 $$\boldsymbol{A}-\boldsymbol{B}=\boldsymbol{A}^{-1}\boldsymbol{B}^2. \quad ③$$

由于 $\boldsymbol{A},\boldsymbol{B}$ 是正交矩阵，从而 $\boldsymbol{A}^2,\boldsymbol{B}^{-1}$ 也都是正交矩阵，它们的积 $\boldsymbol{A}^2\boldsymbol{B}^{-1}$ 是正交矩阵，即 $\boldsymbol{A}+\boldsymbol{B}$ 是正交矩阵. 类似地，由式③可得 $\boldsymbol{A}-\boldsymbol{B}$ 是正交矩阵.

因 $$\boldsymbol{I}=(\boldsymbol{A}+\boldsymbol{B})'(\boldsymbol{A}+\boldsymbol{B})=2\boldsymbol{I}+\boldsymbol{A}'\boldsymbol{B}+\boldsymbol{B}'\boldsymbol{A}, \quad ④$$

$$\boldsymbol{I}=(\boldsymbol{A}-\boldsymbol{B})'(\boldsymbol{A}-\boldsymbol{B})=2\boldsymbol{I}-\boldsymbol{A}'\boldsymbol{B}-\boldsymbol{B}'\boldsymbol{A}, \quad ⑤$$

式④＋式⑤得 $2\boldsymbol{I}=4\boldsymbol{I}$，矛盾. 故结论成立.

5. 解 不能. 先设齐次线性方程组①（见题目编号）的系数矩阵为 $\boldsymbol{A}$，那么，方程组①可改写为

$$\boldsymbol{AX}=\boldsymbol{0}, \quad ③$$

方程组②（见题目编号）可改写为

$$\boldsymbol{A}'\boldsymbol{X}=\boldsymbol{B}, \quad ④$$

其中 $$\boldsymbol{B}=(b_1,b_2,\cdots,b_n)'.$$

因方程组③有非零解，所以 $|\boldsymbol{A}|=0$，秩$(\boldsymbol{A})\leqslant n-1$.

而秩$(\boldsymbol{A}')=$秩$(\boldsymbol{A})\leqslant n-1$，对于方程组④，$\bar{\boldsymbol{A}}=(\boldsymbol{A}',\boldsymbol{B})$ 有两种可能：

(1) 秩$(\bar{\boldsymbol{A}})\neq$秩$(\boldsymbol{A}')$，此时方程组②无解；

(2) 秩$(\bar{\boldsymbol{A}})=$秩$(\boldsymbol{A}')\leqslant n-1<n$，此时方程组②有无穷多解. 综上可知，方程组②不可能有唯一解.

6. 解 $$|\boldsymbol{A}|=\frac{1}{2},\quad \boldsymbol{A}^*=|\boldsymbol{A}|\cdot\boldsymbol{A}^{-1}=\frac{1}{2}\boldsymbol{A}^{-1},$$

所以 $$2\boldsymbol{A}^*=\boldsymbol{A}^{-1};$$

又 $$(3\boldsymbol{A})^{-1}=\frac{1}{3}\boldsymbol{A}^{-1},$$

所以 $$|(3\boldsymbol{A})^{-1}-2\boldsymbol{A}^*|=\left|-\frac{2}{3}\boldsymbol{A}^{-1}\right|=\left(-\frac{2}{3}\right)^3|\boldsymbol{A}^{-1}|$$

$$=-\frac{8}{27}\cdot 2=-\frac{16}{27}.$$

7. 证　因

$$\begin{pmatrix} \boldsymbol{I} & -\boldsymbol{A}\boldsymbol{B}^{-1} \\ \boldsymbol{O} & \boldsymbol{I} \end{pmatrix}\begin{pmatrix} \boldsymbol{A} & \boldsymbol{C} \\ \boldsymbol{B} & \boldsymbol{D} \end{pmatrix}=\begin{pmatrix} \boldsymbol{O} & \boldsymbol{C}-\boldsymbol{A}\boldsymbol{B}^{-1}\boldsymbol{D} \\ \boldsymbol{B} & \boldsymbol{D} \end{pmatrix},$$

两边取行列式，得

$$|\boldsymbol{G}|=(-1)^{mn}|\boldsymbol{B}|\cdot|\boldsymbol{C}-\boldsymbol{A}\boldsymbol{B}^{-1}\boldsymbol{D}|. \quad ①$$

因 $\quad |\boldsymbol{B}|\neq 0,$

所以 $\quad \boldsymbol{G}$ 可逆 $\Leftrightarrow|\boldsymbol{G}|\neq 0\Leftrightarrow|\boldsymbol{C}-\boldsymbol{A}\boldsymbol{B}^{-1}\boldsymbol{D}|\neq 0\Leftrightarrow\boldsymbol{C}-\boldsymbol{A}\boldsymbol{B}^{-1}\boldsymbol{D}$ 可逆.

8. 证　先证 $\quad M_n(F)=S+T. \quad ①$

显然有 $\quad S+T\subseteq M_n(F). \quad ②$

任取 $\boldsymbol{A}\in M_n(F)$，因为

$$\boldsymbol{A}=\frac{\boldsymbol{A}+\boldsymbol{A}'}{2}+\frac{\boldsymbol{A}-\boldsymbol{A}'}{2}, \quad ③$$

而 $$\left(\frac{\boldsymbol{A}+\boldsymbol{A}'}{2}\right)'=\frac{\boldsymbol{A}+\boldsymbol{A}'}{2},$$

所以 $$\frac{\boldsymbol{A}+\boldsymbol{A}'}{2}\in S.$$

又因 $$\left(\frac{\boldsymbol{A}-\boldsymbol{A}'}{2}\right)'=-\left(\frac{\boldsymbol{A}-\boldsymbol{A}'}{2}\right),$$

所以 $$\frac{\boldsymbol{A}-\boldsymbol{A}'}{2}\in T.$$

由式③知，$\boldsymbol{A}\in S+T$，因此 $\quad M_n(F)\subseteq S+T. \quad ④$

由式②、式④，即得式①.

再证 $\quad S\cap T=\{\boldsymbol{O}\}. \quad ⑤$

设 $\boldsymbol{A}\in S\cap T$，则 $\quad \boldsymbol{A}'=\boldsymbol{A},\quad \boldsymbol{A}'=-\boldsymbol{A},$

于是 $\boldsymbol{A}=-\boldsymbol{A}$，$\boldsymbol{A}=\boldsymbol{O}$，故式⑤成立. 由式①、式⑤得

$$M_n(F)=S\oplus T.$$

9. 证　(1) 用反证法. 若 $\boldsymbol{X}_1+\boldsymbol{X}_2$ 是 $\boldsymbol{A}$ 的特征向量，那么

$$\boldsymbol{A}(\boldsymbol{X}_1+\boldsymbol{X}_2)=\lambda_0(\boldsymbol{X}_1+\boldsymbol{X}_2), \quad ①$$

但 $\quad \boldsymbol{A}\boldsymbol{X}_1=\lambda_1\boldsymbol{X}_1,\quad \boldsymbol{A}\boldsymbol{X}_2=\lambda_2\boldsymbol{X}_2,$

将它们代入式①，得 $\quad \lambda_1\boldsymbol{X}_1+\lambda_2\boldsymbol{X}_2=\lambda_0\boldsymbol{X}_1+\lambda_0\boldsymbol{X}_2,$

所以 $$(\lambda_1-\lambda_0)\boldsymbol{X}_1+(\lambda_2-\lambda_0)\boldsymbol{X}_2=\boldsymbol{0}. \quad ②$$

由于不同特征值的特征向量线性无关，从而由式②得 $\lambda_1=\lambda_2=\lambda_0$，矛盾. 这就

证明了 $\boldsymbol{X}_1+\boldsymbol{X}_2$ 不是 $\boldsymbol{A}$ 的特征向量.

(2) 设 λ 是 $\boldsymbol{A}$ 的特征值,$\boldsymbol{\alpha}$ 是相应的特征向量,则

$$\boldsymbol{A\alpha}=\lambda\boldsymbol{\alpha},\quad \boldsymbol{A}^2\boldsymbol{\alpha}=\lambda^2\boldsymbol{\alpha},$$

即

$$\boldsymbol{\alpha}=\boldsymbol{I\alpha}=\boldsymbol{A}^2\boldsymbol{\alpha}=\lambda^2\boldsymbol{\alpha},$$

所以

$$(\lambda^2-1)\boldsymbol{\alpha}=\boldsymbol{0},$$

由于 $\boldsymbol{\alpha}\neq\boldsymbol{0}$,故 $\lambda^2-1=0,\lambda=\pm1$.

10. 解 (1) 取 V 的一组基 $1,x,x^2,\cdots,x^n$,则

$$T(1,x,\cdots,x^n)=(1,x,\cdots,x^n)\boldsymbol{A},$$

其中

$$\boldsymbol{A}=\begin{pmatrix}-1&0&0&\cdots&0\\0&0&0&\cdots&0\\0&0&1&\cdots&0\\\vdots&\vdots&\vdots&&\vdots\\0&0&0&\cdots&n-1\end{pmatrix}.$$

令 $\boldsymbol{AX}=\boldsymbol{0}$,可求得基础解系为 $\boldsymbol{\alpha}=(0,1,0,\cdots,0)'$.

令 $\boldsymbol{\xi}=(1,x,\cdots,x^n)\boldsymbol{\alpha}=x$,则

$$T^{-1}(0)=\mathscr{L}(x), \tag{①}$$

$$\dim T^{-1}(0)=1,\quad T^{-1}(0)=\{kx\mid k\in\mathbf{R}\}.$$

其次

$$\begin{aligned}T(V)&=T\mathscr{L}(1,x,x^2,\cdots,x^n)=\mathscr{L}(T(1),T(x),\cdots,T(x^n))\\&=\mathscr{L}(-1,0,x^2,2x^3,\cdots,(n-1)x^n)\\&=\mathscr{L}(1,x^2,\cdots,x^n),\end{aligned} \tag{②}$$

所以 $\dim T(V)=n$,且 $T(V)=\{k_0+k_2x^2+\cdots+k_nx^n\mid k_i\in\mathbf{R}\}$.

(2) 由式①、式②得

$$\begin{aligned}T^{-1}(0)+T(V)&=\mathscr{L}(x)+\mathscr{L}(1,x^2,\cdots,x^n)\\&=\mathscr{L}(1,x,x^2,\cdots,x^n)=V.\end{aligned}$$

又

$$\dim V=n+1=\dim T^{-1}(0)+\dim T(V),$$

所以

$$V=T^{-1}(0)\oplus T(V).$$

11. 证 设 $f(\lambda)$ 为 $\boldsymbol{A}$ 的特征多项式,则

$$f(\lambda)=|\lambda\boldsymbol{I}-\boldsymbol{A}|=\lambda^n+b_{n-1}\lambda^{n-1}+\cdots+b_1\lambda+b_0, \tag{①}$$

其中 $\quad b_0=(-1)^n|\boldsymbol{A}|\neq0,\quad b_i\in\mathbf{R}\quad(i=0,1,\cdots,n-1).$

由凯莱-哈密顿定理,有

$$\boldsymbol{A}^n+b_{n-1}\boldsymbol{A}^{n-1}+\cdots+b_1\boldsymbol{A}+b_0\boldsymbol{I}=\boldsymbol{0},$$

所以
$$\boldsymbol{A}\left[-\frac{1}{b_0}(\boldsymbol{A}^{n-1}+b_{n-1}\boldsymbol{A}^{n-2}+\cdots+b_1\boldsymbol{I})\right]=\boldsymbol{I}. \tag{②}$$

令
$$g(x)=-\frac{1}{b_0}(x^{n-1}+b_{n-1}x^{n-2}+\cdots+b_1)\in\mathbf{R}[x],$$

则由式②知
$$\boldsymbol{A}^{-1}=g(\boldsymbol{A}).$$

12. 证 (1) 先证必要性. 设 $\boldsymbol{A}^2=\boldsymbol{A}$,秩$(\boldsymbol{A})=r$,则存在可逆矩阵 $\boldsymbol{T}$,使

$$\boldsymbol{A}=\boldsymbol{T}^{-1}\begin{pmatrix}\boldsymbol{I}_r & \boldsymbol{O}\\ \boldsymbol{O} & \boldsymbol{O}\end{pmatrix}\boldsymbol{T}=\boldsymbol{T}^{-1}\begin{pmatrix}\boldsymbol{I}_r\\ \boldsymbol{O}\end{pmatrix}(\boldsymbol{I}_r,\boldsymbol{O})\boldsymbol{T}=\boldsymbol{C}\boldsymbol{B},$$

其中 $\boldsymbol{C}=\boldsymbol{T}^{-1}\begin{pmatrix}\boldsymbol{I}_r\\ \boldsymbol{O}\end{pmatrix}\in P^{n\times r}$,且秩$(\boldsymbol{C})=r$,$\boldsymbol{B}=(\boldsymbol{I}_r,\boldsymbol{O})\boldsymbol{T}$. 所以

$$\boldsymbol{B}\boldsymbol{C}=(\boldsymbol{I}_r,\boldsymbol{O})\boldsymbol{T}\boldsymbol{T}^{-1}\begin{pmatrix}\boldsymbol{I}_r\\ \boldsymbol{O}\end{pmatrix}=\boldsymbol{I}_r.$$

再证充分性. 设 $\boldsymbol{A}=\boldsymbol{C}\boldsymbol{B}$,$\boldsymbol{B}\boldsymbol{C}=\boldsymbol{I}_r$,秩$(\boldsymbol{C})=r$,则

$$\boldsymbol{A}^2=(\boldsymbol{C}\boldsymbol{B})(\boldsymbol{C}\boldsymbol{B})=\boldsymbol{C}\boldsymbol{I}_r\boldsymbol{B}=\boldsymbol{C}\boldsymbol{B}=\boldsymbol{A}.$$

(2) 设 $\boldsymbol{A}^2=\boldsymbol{A}$,且秩$(\boldsymbol{A})=r$,所以存在可逆矩阵 $\boldsymbol{P}$,使

$$\boldsymbol{P}^{-1}\boldsymbol{A}\boldsymbol{P}=\begin{pmatrix}\boldsymbol{I}_r & \boldsymbol{O}\\ \boldsymbol{O} & \boldsymbol{O}\end{pmatrix},$$

$$\boldsymbol{P}^{-1}(2\boldsymbol{I}-\boldsymbol{A})\boldsymbol{P}=\begin{pmatrix}\boldsymbol{I}_r & \boldsymbol{O}\\ \boldsymbol{O} & 2\boldsymbol{I}_{n-r}\end{pmatrix},$$

所以
$$|2\boldsymbol{I}-\boldsymbol{A}|=2^{n-r}.$$

又因
$$\boldsymbol{P}^{-1}(\boldsymbol{A}+\boldsymbol{I})\boldsymbol{P}=\begin{pmatrix}2\boldsymbol{I}_r & \\ & \boldsymbol{I}_{n-r}\end{pmatrix},$$

所以
$$|\boldsymbol{A}+\boldsymbol{I}|=2^r.$$

综合练习题(八)解答

1. 解 成立. 因$(x-1)\mid f(x^n)$,所以 $f(1)=0$,即$(x-1)\mid f(x)$,那么存在 $g(x)$,使得

$$f(x)=(x-1)g(x),$$

所以 $f(x^n)=(x^n-1)g(x^n)$,即

$$(x^n-1)\mid f(x^n).$$

2. 解 将第 3 列乘 -1 加到第 2 列上,再提公因子 100,得

$$D=100\begin{vmatrix}738 & 1 & 327\\ 3042 & 1 & 443\\ -972 & 1 & 621\end{vmatrix}=100\begin{vmatrix}738 & 1 & 327\\ 2304 & 0 & 116\\ -1710 & 0 & 294\end{vmatrix}$$

$$=-100\begin{vmatrix}2304 & 116\\ -1710 & 294\end{vmatrix}=-87573600.$$

3. 证 由于秩(Ⅰ)=3,所以 $\boldsymbol{\alpha}_1,\boldsymbol{\alpha}_2,\boldsymbol{\alpha}_3$ 线性无关.若 $\boldsymbol{\alpha}_1,\boldsymbol{\alpha}_2,\boldsymbol{\alpha}_3,\boldsymbol{\alpha}_5-\boldsymbol{\alpha}_4$ 线性相关,则

$$\boldsymbol{\alpha}_5-\boldsymbol{\alpha}_4=l_1\boldsymbol{\alpha}_1+l_2\boldsymbol{\alpha}_2+l_3\boldsymbol{\alpha}_3. \qquad ①$$

再由于秩(Ⅱ)=3,所以 $\boldsymbol{\alpha}_4$ 可由 $\boldsymbol{\alpha}_1,\boldsymbol{\alpha}_2,\boldsymbol{\alpha}_3$ 线性表出,即

$$\boldsymbol{\alpha}_4=k_1\boldsymbol{\alpha}_1+k_2\boldsymbol{\alpha}_2+k_3\boldsymbol{\alpha}_3. \qquad ②$$

将式②代入式①可证 $\boldsymbol{\alpha}_5$ 可由 $\boldsymbol{\alpha}_1,\boldsymbol{\alpha}_2,\boldsymbol{\alpha}_3$ 线性表出,所以 $\boldsymbol{\alpha}_1,\boldsymbol{\alpha}_2,\boldsymbol{\alpha}_3,\boldsymbol{\alpha}_5$ 线性相关,这与秩(Ⅲ)=4 矛盾.所以 $\boldsymbol{\alpha}_1,\boldsymbol{\alpha}_2,\boldsymbol{\alpha}_3,\boldsymbol{\alpha}_5-\boldsymbol{\alpha}_4$ 线性无关,此向量组的秩为 4.

4. 解 因 $\boldsymbol{AA}^*=|\boldsymbol{A}|\boldsymbol{I}$,两边取逆得 $(\boldsymbol{A}^*)^{-1}\boldsymbol{A}^{-1}=\frac{1}{|\boldsymbol{A}|}\boldsymbol{I}$,所以

$$(\boldsymbol{A}^*)^{-1}=\frac{1}{|\boldsymbol{A}|}\boldsymbol{A}=|\boldsymbol{A}^{-1}|\boldsymbol{A}. \qquad ①$$

注意

$$|\boldsymbol{A}^{-1}|=\begin{vmatrix}1 & 1 & 1\\ 1 & 2 & 1\\ 1 & 1 & 3\end{vmatrix}=2, \qquad ②$$

$$\boldsymbol{A}=(\boldsymbol{A}^{-1})^{-1}=\frac{1}{2}\begin{pmatrix}5 & -2 & -1\\ -2 & 2 & 0\\ -1 & 0 & 1\end{pmatrix}, \qquad ③$$

将式②、式③代入式①,得

$$(\boldsymbol{A}^*)^{-1}=\begin{pmatrix}5 & -2 & -1\\ -2 & 2 & 0\\ -1 & 0 & 1\end{pmatrix}.$$

5. 证 (1) $\begin{pmatrix}\boldsymbol{I} & -\boldsymbol{BD}^{-1}\\ \boldsymbol{O} & \boldsymbol{I}\end{pmatrix}\begin{pmatrix}\boldsymbol{A} & \boldsymbol{B}\\ \boldsymbol{C} & \boldsymbol{D}\end{pmatrix}=\begin{pmatrix}\boldsymbol{A}-\boldsymbol{BD}^{-1}\boldsymbol{C} & \boldsymbol{O}\\ \boldsymbol{C} & \boldsymbol{D}\end{pmatrix}$,

两边取行列式,得

$$\begin{vmatrix}\boldsymbol{A} & \boldsymbol{B}\\ \boldsymbol{C} & \boldsymbol{D}\end{vmatrix}=|\boldsymbol{A}-\boldsymbol{BD}^{-1}\boldsymbol{C}|\cdot|\boldsymbol{D}|.$$

(2) $(A-BD^{-1}C)[A^{-1}-A^{-1}B(CA^{-1}B-D)^{-1}CA^{-1}]$

$$=I-B(CA^{-1}B-D)^{-1}CA^{-1}-BD^{-1}CA^{-1}$$
$$+BD^{-1}CA^{-1}B(CA^{-1}B-D)^{-1}CA^{-1}. \quad ①$$

因为 $BD^{-1}CA^{-1}B(CA^{-1}B-D)^{-1}CA^{-1}-B(CA^{-1}B-D)^{-1}CA^{-1}$

$$=BD^{-1}(CA^{-1}B-D)(CA^{-1}B-D)^{-1}CA^{-1}$$
$$=BD^{-1}CA^{-1}, \quad ②$$

将式②代入式①,即证得

$$(A-BD^{-1}C)[A^{-1}-A^{-1}B(CA^{-1}B-D)^{-1}CA^{-1}]=I,$$

所以 $$(A-BD^{-1}C)^{-1}=A^{-1}-A^{-1}B(CA^{-1}B-D)^{-1}CA^{-1}.$$

6. 证 设正交矩阵 T,使

$$A=T'\begin{pmatrix}\lambda_1 & & & \\ & \lambda_2 & & \\ & & \ddots & \\ & & & \lambda_n\end{pmatrix}T, \quad ①$$

其中 $\lambda_1,\lambda_2,\cdots,\lambda_n$ 为 A 的全部实特征根,而 $|\lambda|=1$,由于实对称矩阵的特征根均为实数,所以 $\lambda_k=1$ 或 $\lambda_k=-1(k=1,2,\cdots,n)$. 不妨设

$$A=T'\begin{pmatrix}I_r & \\ & -I_{n-r}\end{pmatrix}T.$$

由于 T 为正交矩阵,所以 T' 也是正交矩阵,$\begin{pmatrix}I_r & \\ & -I_{n-r}\end{pmatrix}$ 也是正交矩阵.

三个正交矩阵之积仍为正交矩阵,所以 A 为正交矩阵.

7. 证 设 X_0 是 $AX=0$ 的解,则 $AX_0=0$,所以 $A'AX_0=0$,即 X_0 也是 $A'AX=0$ 的解. 反之,设 Y_0 是 $A'AX=0$ 的解,则 $A'AY_0=0$,所以 $Y_0'A'AY_0=0$,即

$$(AY_0)'AY_0=0. \quad ①$$

令 $AY_0=(b_1,b_2,\cdots,b_m)'\in R^{m\times 1}$,由式①有

$$b_1^2+b_2^2+\cdots+b_m^2=0,$$

所以 $$b_1=b_2=\cdots=b_m=0,$$

此即 $AY_0=0$,亦即 Y_0 是 $AX=0$ 的解. 综上两步,本题得证.

8. 证 设 A 是 n 阶方阵,C 为对角矩阵,即

$$C=\begin{pmatrix} c_1 & & & \\ & c_2 & & \\ & & \ddots & \\ & & & c_n \end{pmatrix},$$

$P=(\alpha_1,\alpha_2,\cdots,\alpha_n)$,其中 α_i 为 P 的列向量. 已知

$$P^{-1}AP=C=\begin{pmatrix} c_1 & & & \\ & c_2 & & \\ & & \ddots & \\ & & & c_n \end{pmatrix},$$

所以

$$AP=P\begin{pmatrix} c_1 & & & \\ & c_2 & & \\ & & \ddots & \\ & & & c_n \end{pmatrix}. \qquad ①$$

式①可改写成 $A\alpha_i=c_i\alpha_i(i=1,2,\cdots,n)$,这说明 α_i 是 A 属于特征值 $c_i(i=1,2,\cdots,n)$的特征向量. 所以 P 由 A 的特征向量所组成.

9. 证 因 $|C|\neq 0$,$CX=0$ 仅有零解,即方程组

$$\begin{cases} AX=0, \\ BX=0 \end{cases}$$

仅有零解,即

$$V_1\cap V_2=\{0\}. \qquad ①$$

但秩$(A)=r$,秩$(B)=n-r$(因秩$(C)=n$),故

$$\dim V_1+\dim V_2=(n-秩(A))+(n-秩(B))=n=\dim P^n. \qquad ②$$

又

$$V_1+V_2\subseteq P^n, \qquad ③$$

故由式①、式②、式③即证得 $P^n=V_1\oplus V_2$.

10. 解 已知

$$f(e_1,e_2,e_3,e_4)=(e_1,e_2,e_3,e_4)A \qquad ①$$

而

$$A=\begin{pmatrix} 1 & -2 & 3 & -4 \\ 2 & -4 & 5 & 7 \\ 6 & -12 & 17 & -9 \\ 7 & -14 & 18 & 17 \end{pmatrix}.$$

作齐次线性方程组

$$AX=0, \qquad ②$$

求得方程组②的基础解系为

$$\boldsymbol{\alpha}_1=(2,1,0,0)',\quad \boldsymbol{\alpha}_2=(-41,0,15,1)'.$$

则 $\dim \mathrm{Ker}(f)=2$. 令

$$\boldsymbol{\xi}_1=(\boldsymbol{e}_1,\boldsymbol{e}_2,\boldsymbol{e}_3,\boldsymbol{e}_4)\boldsymbol{\alpha}_1,\quad \boldsymbol{\xi}_2=(\boldsymbol{e}_1,\boldsymbol{e}_2,\boldsymbol{e}_3,\boldsymbol{e}_4)\boldsymbol{\alpha}_2,$$

则 $\boldsymbol{\xi}_1,\boldsymbol{\xi}_2$ 为 $\mathrm{Ker}(f)$的一个基.

11. 解　设 $f(\lambda)$为 $\mathbf{A}$ 的特征多项式,$g(\lambda)=\lambda^{500}$,则

$$f(\lambda)=|\lambda\mathbf{I}-\mathbf{A}|=\lambda^3(\lambda-1),$$

$$g(\lambda)=q(\lambda)f(\lambda)+(a\lambda^3+b\lambda^2+c\lambda+d). \tag{①}$$

令 $\lambda=0$,由式①得 $d=0$. 再令 $\lambda=1$,由式①得

$$a+b+c=1. \tag{②}$$

再由式①有

$$g'(\lambda)=500\lambda^{499}=q'(\lambda)f(\lambda)+q(\lambda)f'(\lambda)+3a\lambda^2+2b\lambda+c. \tag{③}$$

在式③中,令 $\lambda=0$,得 $c=0$. 由式③有

$$\begin{aligned}g''(\lambda)&=500\times 499\lambda^{498}\\&=q''(\lambda)f(\lambda)+2q'(\lambda)f'(\lambda)+q(\lambda)f''(\lambda)+6a\lambda+2b.\end{aligned} \tag{④}$$

在式④中令 $\lambda=0$,得 $b=0$.

将 $b=c=0$ 代入式②,得 $a=1$. 再由式①得

$$g(\lambda)=q(\lambda)f(\lambda)+\lambda^3.$$

所以
$$\mathbf{A}^{500}=g(\mathbf{A})=q(\mathbf{A})f(\mathbf{A})+\mathbf{A}^3=\begin{pmatrix}1&0&0&0\\-1&0&0&0\\1&0&0&0\\2&0&0&0\end{pmatrix}.$$

12. 解　(1) 实对称矩阵 $\mathbf{A}$ 的三个顺序主子式.

$$\Delta_1=1>0,\quad \Delta_2=6>0,\quad \Delta_3=2>0,$$

所以 $\mathbf{A}$ 为正定阵.

(2) 任取
$$\boldsymbol{\beta}_1=\sum_{i=1}^3 x_i\boldsymbol{\alpha}_i=(\boldsymbol{\alpha}_1,\boldsymbol{\alpha}_2,\boldsymbol{\alpha}_3)\mathbf{X},$$

$$\boldsymbol{\beta}_2=\sum_{i=1}^3 y_i\boldsymbol{\alpha}_i=(\boldsymbol{\alpha}_1,\boldsymbol{\alpha}_2,\boldsymbol{\alpha}_3)\mathbf{Y},\quad \boldsymbol{\gamma}=\sum_{i=1}^3 z_i\boldsymbol{\alpha}_i=(\boldsymbol{\alpha}_1,\boldsymbol{\alpha}_2,\boldsymbol{\alpha}_3)\mathbf{Z},$$

其中 $\mathbf{X}=(x_1,x_2,x_3)^{\mathrm{T}}$,$\mathbf{Y}=(y_1,y_2,y_3)^{\mathrm{T}}$,$\mathbf{Z}=(z_1,z_2,z_3)^{\mathrm{T}}$,$x_i,y_i,z_i\in\mathbf{R}$ $(i=1,2,3)$,又 $k\in\mathbf{R}$,则有

(1) $f(\boldsymbol{\beta}_1,\boldsymbol{\beta}_2)=\mathbf{X}^{\mathrm{T}}\mathbf{A}\mathbf{Y}=(\mathbf{X}^{\mathrm{T}}\mathbf{A}\mathbf{Y})^{\mathrm{T}}=\mathbf{Y}^{\mathrm{T}}\mathbf{A}^{\mathrm{T}}\mathbf{X}=\mathbf{Y}^{\mathrm{T}}\mathbf{A}\mathbf{X}=f(\boldsymbol{\beta}_2,\boldsymbol{\beta}_1)$;

(2) $f(k\boldsymbol{\beta}_1,\boldsymbol{\beta}_2)=(k\mathbf{X})^{\mathrm{T}}\mathbf{A}\mathbf{Y}=k(\mathbf{X}^{\mathrm{T}}\mathbf{A}\mathbf{Y})=kf(\boldsymbol{\beta}_2,\boldsymbol{\beta}_1)$;

(3) $f(\boldsymbol{\beta}_1+\boldsymbol{\beta}_2,\boldsymbol{\gamma})=(\boldsymbol{X}+\boldsymbol{Y})^{\mathrm{T}}\boldsymbol{AZ}=\boldsymbol{X}^{\mathrm{T}}\boldsymbol{AZ}+\boldsymbol{Y}^{\mathrm{T}}\boldsymbol{AZ}$

$$=f(\boldsymbol{\beta}_1,\boldsymbol{\gamma})+f(\boldsymbol{\beta}_2,\boldsymbol{\gamma});$$

(4) $f(\boldsymbol{\beta}_1,\boldsymbol{\beta}_1)=\boldsymbol{X}^{\mathrm{T}}\boldsymbol{AX}\geqslant 0$（因 $\boldsymbol{A}$ 正定），且 $f(\boldsymbol{\beta}_1,\boldsymbol{\beta}_2)=0\Leftrightarrow\boldsymbol{X}^{\mathrm{T}}\boldsymbol{AX}=0\Leftrightarrow \boldsymbol{X}=\boldsymbol{0}\Leftrightarrow\boldsymbol{\beta}_1=\boldsymbol{0}$.

综上所述，$f(\boldsymbol{\alpha},\boldsymbol{\beta})$是 V 的内积.

令 $q(x_1,x_2,x_3)=\boldsymbol{X}^{\mathrm{T}}\boldsymbol{AX}$，则

$$\begin{aligned}q(x_1,x_2,x_3)&=x_1^2+6x_2^2+2x_1x_3-4x_2x_3+2x_3^2\\&=(x_1^2+2x_1x_3+x_3)^2+(x_3^2-2x_3(2x_2)+4x_2^2)+2x_2^2\\&=(x_1+x_3)^2+(2x_2-x_3)^2+2x_2^2,\end{aligned}$$

取
$$\begin{pmatrix}y_1\\y_2\\y_3\end{pmatrix}=\begin{pmatrix}1&0&1\\0&2&-1\\0&\sqrt{2}&0\end{pmatrix}\begin{pmatrix}x_1\\x_2\\x_3\end{pmatrix}$$

或
$$\begin{pmatrix}x_1\\x_2\\x_3\end{pmatrix}=\begin{pmatrix}1&0&1\\0&2&-1\\0&\sqrt{2}&0\end{pmatrix}^{-1}\begin{pmatrix}y_1\\y_2\\y_3\end{pmatrix}=\begin{pmatrix}1&1&-\sqrt{2}\\0&0&1/\sqrt{2}\\0&-1&\sqrt{2}\end{pmatrix}\begin{pmatrix}y_1\\y_2\\y_3\end{pmatrix},$$

则化 q 为 y_1,y_2,y_3 的函数 $q=y_1^2+y_2^2+y_3^2$.

记 $\boldsymbol{P}=\begin{pmatrix}1&1&-\sqrt{2}\\0&0&1/\sqrt{2}\\0&-1&\sqrt{2}\end{pmatrix}$，显然 $\boldsymbol{P}$ 非奇异，由上可知，$\boldsymbol{P}^{\mathrm{T}}\boldsymbol{AP}=\boldsymbol{I}$（单位矩阵）.

令$(\boldsymbol{\gamma}_1,\boldsymbol{\gamma}_2,\boldsymbol{\gamma}_3)=(\boldsymbol{\alpha}_1,\boldsymbol{\alpha}_2,\boldsymbol{\alpha}_3)\boldsymbol{P}$，则 $\boldsymbol{\gamma}_1,\boldsymbol{\gamma}_2,\boldsymbol{\gamma}_3$ 就是所求的 V 的一个标准正交基. 设 $f(\boldsymbol{\alpha},\boldsymbol{\beta})$在基 $\boldsymbol{\gamma}_1,\boldsymbol{\gamma}_2,\boldsymbol{\gamma}_3$ 下的矩阵为 $\boldsymbol{B}$，则

$$\boldsymbol{B}=\boldsymbol{P}^{\mathrm{T}}\boldsymbol{AP}=\boldsymbol{I}.$$

参考文献

[1] 张禾瑞，郝钢新．高等代数[M]．5版．北京：高等教育出版社，2007.

[2] 北京大学数学系．高等代数[M]．3版．北京：高等教育出版社，2003.

[3] 陈志杰．高等代数与解析几何[M]．2版．北京：高等教育出版社，2008.

[4] 张肇炽．线性代数及其应用[M]．西安：西北工业大学出版社，1992.

[5] 王萼芳，石生明．高等代数辅导与习题解答[M]．北京：高等教育出版社，2007.

[6] 宁波．高等代数同步辅导与习题全解[M]．徐州：中国矿业大学出版社，2008.

[7] 张均本．高等代数习题课参考书[M]．北京：高等教育出版社，1991.

[8] 蔡剑芳，钱吉林，李桃生．高等代数综合题解[M]．武汉：湖北科学技术出版社，1986.

图书在版编目(CIP)数据

高等代数学习指导与题解/陈光大编.—武汉：华中科技大学出版社，2011.4

ISBN 978-7-5609-6994-7

Ⅰ.高… Ⅱ.陈… Ⅲ.高等代数-高等学校-教学参考资料 Ⅳ.O15

中国版本图书馆CIP数据核字(2011)第044236号

高等代数学习指导与题解 陈光大 编

策划编辑：周芬娜

责任编辑：王汉江

封面设计：潘 群

责任校对：张 琳

责任监印：徐 露

出版发行：华中科技大学出版社(中国·武汉) 电话：(027)81321913

武汉市东湖新技术开发区华工科技园 邮编：430223

录 排：武汉市洪山区佳年华文印部

印 刷：虎彩印艺股份有限公司

开 本：850mm×1168mm 1/32

印 张：10.75

字 数：364千字

版 次：2017年7月第1版第2次印刷

定 价：26.00元